基于偏微分方程的图像去噪

基于分水岭的图像分割

对图像灰度进行指数变换

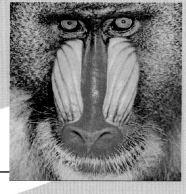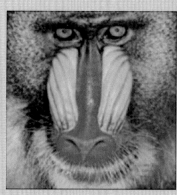

高斯模糊

KL逆变换，未压缩

KL逆变换，50%压缩

KL逆变换，75%压缩

KL逆变换，87.5%压缩

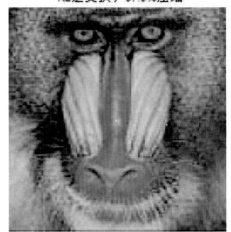

检测图像中的圆

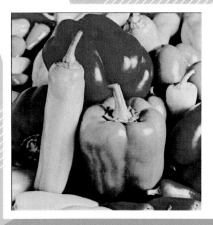

— 图像的边缘检测

图像的轮廓跟踪 —

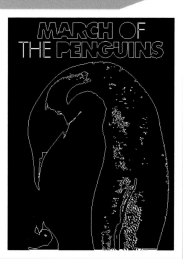

基于种子填充的图像分割

图像特征的匹配

图像的形态学膨胀

图像的双边滤波

图像的多尺度融合

图像的去雾处理

数字图像处理
原理与实践（MATLAB版）

— 左飞 / 著 —

电子工业出版社

Publishing House of Electronics Industry

北京·BEIJING

内 容 简 介

本书全面系统地介绍了数字图像处理技术的理论与方法，内容涉及几何变换、灰度变换、图像增强、图像分割、图像去噪、小波变换、形态学处理、多尺度融合、偏微分方程应用、正交变换与图像压缩、边缘及轮廓检测、图像复原、图像去雾、多尺度空间构建与特征匹配等 15 大核心话题。工欲善其事，必先利其器。本书所有算法均配有完整的 MATLAB 实现代码，并以此为基础详细介绍了 MATLAB 中与图像处理有关的近 200 个函数的使用方法，便于读者学习与实践。此外，本书还提供了丰富的在线支持资源，方便为读者答疑解惑及提供辅助资料下载。

本书源于实践，贴近应用，又兼顾各层次读者需求，既可作为大专院校相关专业在校师生或工程技术人员的参考书，亦可作为图像处理研究爱好者之自学教程。

图书在版编目（CIP）数据

数字图像处理：原理与实践：MATLAB 版 / 左飞著. —北京：电子工业出版社，2014.11

ISBN 978-7-121-24469-8

Ⅰ. ①数… Ⅱ. ①左… Ⅲ. ①数字图象处理－Matlab 软件 Ⅳ. ①TN911.73

中国版本图书馆 CIP 数据核字（2014）第 230394 号

策划编辑：付 睿
责任编辑：葛 娜
印　　刷：北京七彩京通数码快印有限公司
装　　订：北京七彩京通数码快印有限公司
出版发行：电子工业出版社
　　　　　北京市海淀区万寿路 173 信箱　　　　　邮编 100036
开　　本：787×1092　1/16　　　印张：36　　　字数：722 千字　　　彩插：2
版　　次：2014 年 11 月第 1 版
印　　次：2023 年 1 月第 10 次印刷
定　　价：89.00 元

凡所购买电子工业出版社图书有缺损问题，请向购买书店调换。若书店售缺，请与本社发行部联系，联系及邮购电话：(010) 88254888。

质量投诉请发邮件至 zlts@phei.com.cn，盗版侵权举报请发邮件至 dbqq@phei.com.cn。

本书咨询联系方式：010-51260888-819，faq@phei.com.cn。

前　言

1. 引子

于本书之前，笔者已经在数字图像处理领域陆续出版了多部作品。彼时我的新作《数字图像处理：技术详解与 Visual C++实践》一书刚刚问世，余便开始筹划或许应该出一本用 MATLAB 来作为描述语言的数字图像处理书籍。此前的"Visual C++数字图像处理"系列已经出到了第三版，先后重印近十次，可以说在业界赢得了颇佳的成绩。许多读者纷纷来信与笔者讨论技术问题，交流心得感想。此外，据不完全统计，前两本图书的科技文献参考引用量已经超过百余篇次。另根据中国互动出版网的实际销售数据统计，前两个版本的图书自问世以来一直居于数字图像处理类图书畅销排行榜前五名之列（由于第三版刚刚问世暂无统计数据）。可见这一系列的图书在市场表现上也值得肯定。

当前，关于数字图像处理开发方面的书籍主要分为两大阵营，即 Visual C++（或 C/C++）和 MATLAB，且二者可谓各有千秋，不分伯仲。但笔者此前的作品却一直专注于 Visual C++环境下的数字图像处理技术。所以，在这里笔者也想同各位分享一下二者之于图像处理开发中的异同。

MATLAB 很适合做科学研究，借助它提供的各种功能强大的工具箱，图像处理编程将变得非常轻松，代码也更简短。MATLAB 中提供的许多现成可用的函数大大简化了实际开发过程，一个显而易见的事实就是用 MATLAB 进行图像处理编程甚至无须考虑内存的分配与回收这种琐碎的问题。

相对而言，使用 Visual C++进行图像处理开发难度较大，需要考虑的问题更多，很多矩阵运算函数都需要自己编写。读入不同格式和类型的图像数据，然后进行解码，这种问题也没有现成的方法。但是，Visual C++在工业开发中则更实用，可移植性、通用性以及效率表现都更优越。

就绝对的初学者而言，我还是建议他们从 Visual C++环境入手。MATLAB 用起来很简单、很方便，但是它掩盖了太多细节，不利于读者深入理解底层实现，也不利于读者打好基础。不积跬步，无以至千里。最初学习时如果基础不打牢，后续再讲什么创新其实都是纸上谈兵、空中楼阁。在读者对底层实现比较清楚的情况下，进行后续的科学研究时，再去考虑使用 MATLAB 可能才是明智的选择。

以图像编解码为例。在 MATLAB 中，只需一个函数就能将图像读入，然后得到一个现成的像素矩阵。在这个过程中，就忽略了很多细节。而在 Visual C++中，如果不调用现成的函数库（例如 OpenCV），那么就需要自己编写解码函数。这时就不得不去考虑不同图像格式的编码方案和算法，考虑图像文件在存储器上到底是如何存储的等问题。这时才会知道原来图像被写进存储器的时候不是简简单单的一个像素矩阵，原来还有调色板、文件头等内容。

我经常喜欢拿武侠小说《天龙八部》中的一段情节来向读者说明此中的道理，相信读者对这部曾经被多次搬上银幕的金庸作品已经耳熟能详了。书中讲到有个名叫鸠摩智的番僧一心想练就绝世武学，而且他也算是个相当勤奋的人了。但是，他错就错在太过于急功近利，甚至使用道家的小无相功来催动少林绝技。看上去威力无比，而且可以在短时间内"速成"，但实则后患无穷。最终鸠摩智走火入魔，前功尽废，方才大彻大悟。这个故事其实就告诉我们打牢基础是非常重要的，特别是要取得更长足的发展，就更是要对基本原理刨根问底，力求甚解，从而做到庖丁解牛，烂熟于心。

所以，总结起来，笔者撰写本书的目的主要是考虑那些对于 Visual C++（或者 C/C++）编程不是特别熟悉，而对于 MATLAB 编程有一定基础，又希望深入学习图像处理技术的读者的实际需求，以期帮助他们深入剖析相关理论，并为他们继续深入研究助一臂之力。

2. 天书 VS.儿歌三百首

说到这里，我想告诉读者本书并非一本 MATLAB 的入门书。更准确地说，本书是一本介绍数字图像处理技术的书，只不过书中的描述语言选择了 MATLAB。因此，我希望阅读和使用本书的读者应当具有一定的 MATLAB 基础。当然，笔者也确信无论你现在处于图像处理学习的哪个层次，本书都会在某种程度上帮到你。之所以这样说，主要是因为本书关于理论部分的描述和讲解都是在畅销系列图书"Visual C++数字图像处理"数度再版后精心锤炼和筛选之后留存的精华部分。这些地方笔者均经过反复雕琢，力求做到深入浅出、翔实全面。

众所周知，数字图像处理的理论基础主要就是数学，而数学本身又是一个极其庞杂的系统，它的分支层出不穷，不计其数。读者现在所要学习的数字图像处理，至少涉及数学中三门主干课程的内容，即高等数学、线性代数和概率论。在本书中，读者会发现这些内容几乎无处不在，以高等数学中的泰勒公式为例，本书中就至少用到过三次以上。除了上述提到的大家在本科阶段就应学过的三门数学课程之外，本书还用到了复变函数、偏微分方程和泛函理论等内容。从这个角度说，数字图像处理对于很多学生而言，无异于"天书"。

霍金也说："在书中每增加一条公式，读者就会流失一半"。如果你现在手捧着的是这样一部由公式罗列而成的天书，相信很多读者都会望而却步。当然，数学公式亦有数学公式的好处。从数学角度解释图像处理算法的原理，是深入到了算法本质层面的。如果不谈任何公式，而把如何处理一张图片的方法用文字描述的方式告诉读者也不是不可能的，但是这其实只是让读者"知其然，而不知其所以然"。这样的弊端就在于读者想进行更为深入的研究时，几乎难如登天。那么有没有什么方法能够调和这两者之间的矛盾，而把"天书"写得如同"儿歌三百首"一样通俗易懂呢？

笔者一直以把复杂晦涩的理论写得深入浅出、浅显明了为终极目标。但是要做到这一点实非易事，为此笔者也进行了诸多探索。所有数学公式集中爆发的地方必然都是读者学习上的薄弱环节和理解上的峻岭鸿沟。但本书绝非仅仅简单地罗列公式，为了帮助读者打牢根基，融会贯通，在写本书时，笔者主要做了三项工作：首先，给足背景的铺垫，而非凭空丢来一个公式。例如，本书在介绍 PM 方程时，为了让读者能够真正理解它的原理，笔者是从一个简单的物理现象开始一步步引导读者进行学习的；其次，在给出公式的同时，笔者基本都给出了最为浅显的证明过程，而且力求过程之详细。例如，在率失真理论的介绍中，对于这部分公式的证明，国内教材都是以詹森不等式为基础的，但是读者不禁又困惑了，詹森不等式为什么会成立呢？所以笔者在这些地方完全摒弃了詹森不等式，而是用初等数学中的基本不等式来开展有关证明，这无疑会大大减少读者心中的困惑；最后，在某些时候我们可能需要的是严密的数学证明，而有些时候可能需要的是感性的认识。笔者试图将两者有机地结合在一起，需要严密的时候就尽量严密，需要感性的时候就努力感性。例如，我们在推导欧拉-拉格朗日方程时，其实证明过程并不完全严格，但是从读者对于该公式的理解以及后续学习的可开展性上，这种程度的解释可能才是最佳的方式。

尽管为了能把理论讲得更明白、更透彻，笔者查阅了许多资料，进行了诸多求索，但科技文章写作永远是留有遗憾的艺术。可能本书仍有许多未尽之处，可能本书还不能完全把"天书"降低到"儿歌三百首"那种地步，但笔者相信只要读者能够仔细研读本书，定能有所长进，有所收获。

3. 一些建议

为了使读者充分用好本书，提升自我，笔者也想给各位提点学习图像处理以及使用本书方面的建议。

纸上得来终觉浅，绝知此事要躬行。

数字图像处理绝对是面向应用的技术，因此学习它的第一精要就是绝对不能"纸上谈兵"。特别是好的想法也要通过实践的检验和验证才能有说服力和实用价值。本书提供了涉及的全部算法的完整 MATLAB 实现代码，而读者在使用时切不可大行"拿来主义"，完全不假思索地照搬照抄。最好是可以亲自动手运行一下，这样既能帮助巩固所学之理论，又能增进动手能力。更重要的是，当读者面对实际的开发问题时心中也更有底气、更自信。当然，要想在编程开发时做到得心应手、游刃有余，必然是要以对理论的深刻认知和绝对领悟为前提的。因此，在面对每一个具体的算法时，读者都应当努力做到知其然，更知其所以然。而不能因一些模棱两可、似是而非的理解就沾沾自喜、自以为是。

合抱之木，生于毫末；九层之台，起于累土。

学习和研究的过程都是一个不断积累的过程。做高深学问当然应该成为每个学子的追求，但是这肯定不能成为你研究的开端。很多人习惯于接到一个问题时，马上查资料看当前学术界解决该问题的最先进方法是什么，然后一头扎进去。学术研究就像是一个接力的过程，即使最先进、最有效的方法也必然是基于前人的成果发展而来的。如果你一开始就钻到所谓的最新方法上，你可能很快就会发现自己的困惑和不解实在太多了，这样往往会搞得自己筋疲力尽、事倍功半。不积跬步，无以致千里；不积小流，无以成江海。因此学习也应该讲究循序渐进，切忌妄图一蹴而就。特别是对于数字图像处理这个领域来说，很多当前流行的技术也都是在一些简单算法的合并重组之后发展而来的。例如 SIFT 特征检测中就用到了像直方图、高斯滤波等这些基础的算法。更重要的是，了解一个学科或者一门技术，应该设法理清它的发展脉络。要想明白前人的方法有哪些优点，又有哪些缺点，后来的改进方法是从哪个角度出发设计而来的。

如果理清了这个脉络，那么你在研究过程中才好把握准方向。这一点会在边缘检测那一章体现得尤为明显。

无冥冥之志者，无昭昭之明；无惛惛之事者，无赫赫之功。

数字图像处理的相关理论都是比较晦涩的、复杂的。对此读者务必要知难而上，挑硬骨头啃。要想后续能够取得一定的成绩，前期就必须劳其筋骨，饿其体肤。最开始可能会感觉很痛苦，但是这样做必然会使后续的道路更顺畅、更平坦。而在这个过程中，读者一是不要半途而废、浅尝辄止；二就是要沉得下心，沉得住气。志向越是高远，脚步就越是要踩稳走实。学习任何知识都不可能是一日之功，长期的积累往往必不可少。所以，不要因为一时不顺而灰心丧气。就像古人所说的："试玉要烧三日满，辨材须待七年期；向使当初身便死，一生真伪复谁知？"特别是在研究陷入一时的困境时，更要坚持。其实每一次失败往往都是朝成功迈进了一步。而我们之所以会困惑，往往是因为不知道距离成功到底还有多远。但大家始终都应该相信，天道酬勤，付出总会有回报的。

4. 关于本书

白居易说："文章合为时而著，歌诗合为事而作。"我想不管是写诗还是做文章都要有些现实意义。特别是对于类似数字图像处理这种发展非常迅猛的领域，每天都有新方法和新理论诞生，读者当然不能总是拘泥于最原始、最简单的一些知识。本书考虑到当前研究的一些热门话题，着重在读者深入研究时可能会遇到的重点、难点上花费了较多精力。类似频域变换（包括小波变换）、基于偏微分方程的应用以及图像特征检测等内容，尽管已经取得了长足的发展，但仍然是理论界的热门话题。这些内容的特点是，首先是对于数学要求高，理解起来比较费力；其次是许多读者在进行后续深入研究时往往又需要用到这些知识。因此，这部分内容也是建议读者重点研习的部分。本书在这些内容上花费了大量的笔墨，就是希望能够帮助读者叩开久闭的山门，同时也希望为读者挺进这些方兴未艾的领域披荆斩棘、扫除障碍。

本书在保持系列作品突出实践的特色基础之上，兼有深入浅出、通俗易懂的优点。在此基础上，本书详细地介绍了包括频域变换、几何变换、灰度变换、形态学处理、图像增强、图像分割、小波变换和偏微分方程降噪等十多个数字图像处理领域的核心话题，并配有完整的 MATLAB 实现代码。可以说，本书更适合期望对相关理论进行系统学习和深入研究的读者。

在本书写作过程中，笔者参考研读了众多先贤以及业界专家的著作，在此谨向他们表示衷心的感谢。其中需要特别提及的是，暗通道图像去雾算法中用到的导向滤波代码来自微软亚洲研究院的何恺明博士；种子填充算法的部分代码，以及 SURF 特征检测函数代码来自荷兰特温特大学 Ir. D. Kroon 博士；基于 Hough 变换的直线检测部分，在不使用系统函数情况下获取的处理结果由美国马里兰大学的 Tao Peng 所编写之程序得到；图像的双边滤波程序代码和基于全变分的图像去噪代码最初版本分别来自布朗大学的 Douglas Lanman 博士和以色列理工学院的 Gilboa Guy 教授，作者稍有修改。另外，笔者在研究 KAZE 特征检测算法时，承蒙佐治亚理工学院的 Pablo F. Alcantarilla 博士不吝赐教，笔者深表感谢。参与本书编写的还有胡俊、向永歆、吴凯、何鹏，感谢他们在本书撰写过程中提供的无私帮助，以及对作者本人长久以来的大力支持。

欢迎读者就书中的问题同笔者展开交流，具体请访问笔者在 CSDN 上的博客 http://blog.csdn.net/baimafujinji，关于本书的勘误和补遗也将实时发布在此博客上。另外，书中所有示例程序的完整代码也全部可以在此博客上得到，具体请见 "MATLAB 数字图像处理" 专栏。本书所有代码均在 MATLAB 8.0 版本上测试通过，不同版本的程序在执行代码过程中可能存在差异，这一点请读者留意。此外，附录中还提供了本书中反复被使用到的几个数学知识点的详细介绍和证明过程，建议有深入学习需求的读者参阅。

自知论道需思量，几度无眠一文章。由于时间和能力有限，书中纰漏在所难免，真诚地希望各位读者和专家不吝批评斧正。

目　录

绪　　论

欢迎学习数字图像处理技术。绪论部分将向读者介绍一些较为基础的概念，包括数字图像处理的研究内容和应用领域等问题。同时，本章还将对 MATLAB 进行初步的介绍，从而让读者对其有一个基本的认识。本书后续各章节的示例程序都在 MATLAB 环境下开发完成。因此通过本章的学习，读者将初步建立对于数字图像处理技术以及 MATLAB 软件的感性认识。而绪论中所讨论的许多内容都将会在本书后续章节中得到更为详细的研究和论述。

1.1　数字图像处理概述

本节介绍数字图像处理方面的一些概念，从认识图像与数字图像开始，读者将了解到数字图像处理所研究和考虑的问题，以及数字图像处理技术的应用等内容。

1.1.1　图像与数字图像

所谓图像可以解释为绘制、摄制或印制的形象。而图像在计算机中是以数字的方式存储与工作的，换句话说，数字图像其实是用数字信号来表示的图像。数字图像相当于一个 $m \times n$ 的矩阵，也可以形象化地将数字图像比喻成一个 $m \times n$ 的网格，而一幅图像的每个网格则用一定的颜色元素去填充，就形成了我们所看到的完整图像。其中 $m \times n$ 称为图像的分辨率，显然分辨率越高，图像就越逼真。每个网格中的颜色只能是所有可表达的颜色中的一种，这个过程称为图像颜色的离散化。颜色数越多，用以表示颜色的位数越长，图像色彩就越逼真。作为以数字形式进行存储和处理的图像，数字图像的优点在于，通过计算机就能实现对图像进行各种处理和加工，还可以将它在网上传输，甚至可以多次复制而不失真。相比之下，模拟图像则以一个连续的形式存储数据。

我们还可以用另外一种形式来定义图像和数字图像。通常可以把一幅图像定义为平面上的位置点与其对应的某种属性的关系。用数学的方法可以通过函数 $f(x,y)$ 来表示，其中 x 和 y 是平面上的位置点坐标，而 $f(x,y)$ 表示这一点的图像的灰度或强度。以这种数学描述为基础来定义数字图像的概念是非常容易的，即当平面上的位置点与其对应的灰度或强度的关系满足函数 $f(x,y)$，且 x、y 与 $f(x,y)$ 同时为有限的、离散的数值时，该图像就称为数字图像。

在实际生活中，数字信号和模拟信号的区别也会被经常提到，即数字信号总是离散存在的，而模拟信号则是连续变化的。模拟信号与数字信号的例子十分常见。当声音录制在磁带中时，声音就是以模拟信号的形式被记录下来的；而当声音被转换成 MP3 格式后存储在音乐播放器中时，它就以数字信号的形式存在。同样，当影像被胶片记录下来时，它是以模拟信号的形式存在的；而数码相机拍摄的图像则是以数字信号的形式存在的。

数字图像处理（Digital Image Processing）是指通过计算机对图像进行降噪、增强、复原、分割、提取特征等处理的方法和技术。而数字图像是由有限的元素组成的，每一个元素都有一个特定的位置和色彩属性，通常把这些元素称为图像元素，简称像素。像素是广泛用于表示数字图像元素的词汇。

数字图像处理的历史可以追溯到近百年以前，大约在 1920 年的时候，图像首次通过海底电缆从英国伦敦传送到美国纽约。图像处理的首次应用是为了改善伦敦和纽约之间海底电缆发送的图片质量，那时就应用了图像编码，被编码后的图像通过海底电缆传送至目的地，再通过特殊设备进行输出。这是一次历史性的进步，传送一幅图片的时间从原来的一个多星期减少到了 3 小时。

1946 年 2 月，世界上第一台电子计算机 ENIAC 在美国的宾夕法尼亚大学诞生，该项目的负责人是莫契利（John William Mauchly）和埃克特（J. Presper Eckert）。ENIAC 一共使用了 17 468 个真空管、7200 个晶体二极管、1500 个继电器、10 000 个电容器，还有大约 500 万个手工焊接头。它的重量达 27 吨，占地 167 平方米，约有两间教室那么大，运行时耗电 150 千瓦，每秒可执行 5000 次简单加减操作。

1950 年，美国的麻省理工学院制造出了第一台配有图形显示器的电子计算机——旋风 I 号（Whirlwind I），如图 1-1 所示。旋风 I 号的显示器使用一个类似于示波器的阴极射线管（Cathode Ray Tube, CRT）来显示一些简单的图形。1958 年，美国 Calcomp

公司研制出了滚筒式绘图仪，GerBer 公司把数控机床发展成为平板式绘图仪。在这一时期，电子计算机都主要应用于科学计算，而为这些计算机配置的图形设备也仅仅是作为一种简单的输出设备。

图 1-1　旋风 I 号计算机

数学家冯·诺依曼（John von Neumann）提出的"程序存储、顺序执行"思想为现代计算机的发展奠定了理论基础，此后计算机技术突飞猛进、日新月异，并经历了从电子管到晶体管、集成电路、大规模集成电路，再到超大规模集成电路等阶段。时至今日，计算机已经走进千家万户，并融入到人们生活的方方面面。

随着计算机技术的进步，数字图像处理技术也得到了很大的发展。1962 年，当时还在麻省理工学院攻读博士学位的伊凡·苏泽兰（Ivan Sutherland）成功地开发了具有划时代意义的"画板"（Sketchpad）程序。而这正是有史以来第一个交互式绘图系统，同时也是交互式计算机绘图的开端。从此计算机和图形图像被更加紧密地联系到一起。鉴于伊凡·苏泽兰为计算机图形学创立所做出的杰出贡献，他于 1988 年被授予计算机领域最高奖——图灵奖。

1964 年，美国加利福尼亚的喷气推进实验室用计算机对"旅行者七号"太空船发回的大批月球照片进行处理，以校正航天器上摄影机中各种类型的图像畸变，收到了明显的效果。在后来的宇航空间技术中，数字图像处理技术都发挥了巨大的作用。

到了 20 世纪 60 年代末期，数字图像处理已经形成了比较完善的学科体系，这套理论在 20 世纪 70 年代发展得十分迅速，并开始应用于医学影像和天文学等领域。1972 年，美国物理学家阿伦·马克利奥德·柯麦科（Allan MacLeod Cormack）和英国电机工程师戈弗雷·纽博尔德·豪恩斯弗尔德（Godfrey Newbold Housfield）发明了轴向断层术，并将其用于头颅诊断。世界上第一台 X 射线计算机轴向断层摄影装置由 EMI

公司研制成功，这就是人们通常所说的 CT（Computer Tomograph），如图 1-2 所示为 CT 原型机。轴向断层术的原理可描述为一个检测器环绕着一个物体，并且一个与检测器同心的 X 射线也绕着物体旋转，X 射线穿过物体并由位于对面环中的相应检测器收集起来，重复这一过程，断层技术即可通过一些算法用感知到的数据去重建通过物体的"切片"图像。这些图像组成了物体内部的再现图像，也就是根据人的头部截面的投影，经计算机处理来进行图像重建。后来，EMI 公司又成功研制出全身用的 CT 装置。鉴于 CT 对于医学诊断技术的发展所起到的巨大推动作用，柯麦科和豪恩斯弗尔德于 1979 年获得了诺贝尔生理学或医学奖。

图 1-2　豪恩斯弗尔德设计的 CT 原型机

随后在 2003 年，诺贝尔生理学或医学奖的殊荣再次授予了两位在医疗影像设备研究方面做出杰出贡献的科学家——美国化学家保罗·劳特伯尔（Paul Lauterbur）和英国物理学家彼得·曼斯菲尔（Peter Mansfield）。两位获奖者在利用磁共振成像（Magnetic Resonance Imaging，MRI）显示不同结构方面分别取得了开创性成就。瑞典卡罗林斯卡医学院称，这两位科学家在 MRI 领域的开创性工作，代表了医学诊疗和研究的重大突破。而事实上，核磁共振的成功同样也离不开数字图像处理方面的发展。即使在今天，诸如 MRI 图像降噪等问题依然是数字图像处理领域的热门研究方向。

说到数字图像的发展历程，还有一项至关重要的成果不得不提，那就是电荷耦合元件（Charge-coupled Device，CCD）。CCD 最初是由美国贝尔实验室的科学家维拉德·波义耳（Willard Sterling Boyle）和乔治·史密斯（George Elwood Smith）于 1969 年发明的，如图 1-3 所示。最初，波义耳和史密斯所设计的元件是用来作为记忆装置的。那是因为这种元件的特性是可以沿着一片半导体的表面传递电荷，当时只能从暂存器用

"注入"电荷的方式输入记忆。但他们随即发现光电效应能使此种元件表面产生电荷，而组成数字影像。CCD 的作用就像胶片一样，它能够把光学影像转化为数字信号。CCD 上有许多排列整齐的电容，能感应光线，并将影像转变成数字信号。经由外部电路的控制，每个小电容都能将其所带的电荷转给与它相邻的电容。今天人们所广泛使用的数码照相机、数码摄影机和扫描仪都是以 CCD 为基础发展而来的。换句话说，我们现在所研究的数字图像主要也都是通过 CCD 设备获取的。由于波义耳和史密斯在 CCD 研发上所做出的巨大贡献，他们两人共同荣获了 2009 年度的诺贝尔物理学奖。

图 1-3　波义耳和史密斯

　　早期图像处理的目的主要是为了改善图像的质量，以使得图像更易于人类观察。它是以人为出发点，以改善视觉效果为目的的。在图像处理中，常用的图像增强、复原、编码和压缩等手段对输入的图像进行加工，并输出改善后的图像。但从 20 世纪 70 年代中期开始，随着人工智能和思维科学等理论研究的迅速发展，数字图像处理开始应用于机器感知领域，研究人员将这个方向称为计算机视觉或机器视觉。当然，人工智能理论并不是十分完善的，同样许多支持计算机视觉的理论也都处在探索阶段，因此计算机视觉仍然有待研究。

　　我们从上面的论述中已经可以得知数字图像处理的研究源自两个主要的应用领域，即辅助分析和机器感知。

　　在近百年的发展历程中，数字图像处理技术突飞猛进，这主要得益于计算机科学的发展和相关数学理论的进步与完善。此外，诸如医学、军事、地质学和天文学等学科的需要也是刺激数字图像处理技术发展的一大因素。

1.1.2 数字图像处理研究的内容

数字图像处理在今天是非常热门的技术之一，生活中无处不存在着它的影子，可以说它是一种每时每刻都在改变着人类生活的技术。但长久以来，很多人对数字图像处理存在着较大的曲解，人们总是不自觉地将图像处理和 Photoshop 联系在一起。

大名鼎鼎的 Photoshop 无疑是当前使用最为广泛的图像处理工具。它是由美国 Adobe 公司开发的一款集图像扫描、编辑修改、图像制作、图像合成与输入/输出于一体的专业图像处理软件。与 Photoshop 类似的软件还有 Corel 公司生产的 CorelDRAW 等软件。如图 1-4 所示为 Photoshop 和 CorelDRAW 软件。

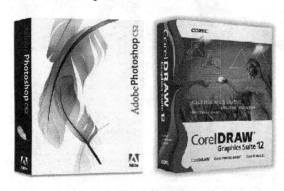

图 1-4　Photoshop 和 CorelDRAW

尽管 Photoshop 是一款非常优秀的图像处理软件，但它的存在并不代表数字图像处理的全部理论与方法。它所具有的功能仅仅是数字图像处理中的一部分。总的来说，数字图像处理研究的内容主要包括如下几个方面。

（1）图像获取和输出

数字图像的获取与输出依然是目前数字图像处理中重要的研究方向。它的目的主要是把模拟图像信号转化为计算机所能接收的数字形式，并把数字图像用所需要的形式显示出来。数码相机、扫描仪等都是常见的图像获取设备。正如前面提到过的，当前的数字图像获取设备主要都是以 CCD 为基础的。此外，打印机、显示器和投影仪则是常见的图像输出设备。

（2）图像编码和压缩

正如前面所说的，早在 1920 年图像的编码就已经应用于实际了。图像编码压缩技术的目的在于减少描述图像的数据量，以节省图像传输、处理时间和减少所占用的存储器容量。尤其是在计算机网络出现之后，为了提高图像的传输速度，图像的编码变得尤为重要。图像的压缩本身属于一种有损压缩，保证压缩后的图像不失真，且能获得较高的压缩比率是这一领域的核心问题。在后面的章节中，将详细论述这一部分的相关内容。

（3）图像增强和复原

图像增强和复原的目的是为了提高图像的质量，常用的平滑、模糊及锐化等处理就属于这部分内容研究的范围。图像复原是当造成图像退化或降质的原因已知时，通过复原技术来进行图像的校正。一般来说，复原技术是基于一定的"降质模型"和数据的图像恢复，它会在此基础之上采用某种滤波方法，恢复或重建原来的图像，其目的是消除退化的影响，从而产生一个等价于理想成像系统所获得的图像。与图像复原不同，图像增强是指当无法得知与图像退化有关的定量信息时，强化图像中的某些分量。图像增强技术较为主观地改善了图像的质量并将突出图像中人们所感兴趣的部分。

（4）图像变换

图像变换的主要目的是将空间域的处理转换为变换域处理，从而减少计算量并获得更有效的处理。通常采用的方法包括傅里叶变换、离散余弦变换、沃尔什变换和小波变换等。通过本书后续内容的学习，读者就会知道，借由这些变换可以进一步实现包括图像压缩、降噪处理、图像信息加密和数字版权保护等多种应用。

（5）图像分割

图像分割的目的是对图像中有意义的特征部分进行提取。所谓有意义的特征包括图像中的边缘和区域等，这是进一步进行图像识别、分析和理解的基础。当前图像分割研究已经取得了诸多成果，比较常用的分割方式包括边缘检测、轮廓跟踪、基于数学形态学（例如分水岭）的分割、基于聚类的分割，以及基于偏微分方程的分割等。目前，对于图像分割的研究仍然是研究热点，相关研究还在不断深入之中。

（6）图像信息安全

随着互联网技术的发展，人们的生活正变得越来越便利，数字医疗、网上教育、电子政务、电子商务和互联网金融正在深入千家万户，并正在潜移默化地改变着我们的传统生活方式。但是互联网又并非是绝对安全的，黑客攻击、计算机病毒和木马等安全隐患时刻威胁着我们。而图像又是互联网上最为常用的信息载体之一，显然，图像信息安全不可置之不理。一方面，一些敏感和机密图像（例如军事目标图像、个人医疗影像和机密图纸等）在网络上进行传递时，我们有必要对其进行必要的加密；另一方面，一些有版权的数字图像为了防止被盗用，或者在产生法律纠纷时可以提供充分的版权佐证，都必须做好相应的数字影像版权保护。这两方面的内容都是数字图像信息安全研究的关键内容。可以认为图像信息安全是将传统信息安全技术与数字图像处理相结合而产生的新方向，相关研究内容包括图像加密、数字水印等，这些都是当前研究的热点话题。

（7）图像的识别与检测

图像的识别与检测主要是经过某些预处理后，对图像进行分割和特征提取，以有利于计算机对图像进行识别、理解或解释，进而解决图像中是否含有目标，以及目标的所在位置等问题。例如人脸识别、指纹识别、特征提取等属于这部分内容。严格来说，图像的识别与检测一般不完全算是图像处理领域的内容，更多的时候它被认为是计算机视觉领域所研究的主要内容，或者说它是图像处理向计算机视觉过渡的一部分内容，属于两者的交叉部分。这部分内容中往往会用到许多人工智能方面的研究成果（例如神经网络等）。

1.1.3 数字图像处理的应用

数字图像处理技术广泛应用于医学、天文学、生物学和国防科学等领域，目前几乎不存在与数字图像处理无关的技术领域。

① 数字图像处理在地质学、矿藏勘探和森林、水利、农业等资源的调查和自然灾害预测预报方面有着非常广泛的应用。

② 工业生产中可以应用数字图像处理技术来进行产品质量检测、生产过程的自动控制和计算机辅助设计与制造等。

③ 数字图像处理广泛应用于生物学和医学影像学领域中。X 射线、超声波、显微图像分析及前面提过的 CT 等都是典型代表。

④ 数字图像处理在通信领域同样应用广泛。数字图像处理在通信领域中的典型应用包括图像的传输、电视电话和电视会议等。

⑤ 场所采集的照片，例如，指纹、手迹、印章等都需要做进一步的处理方能辨识；历史文字和图片档案的修复与管理同样需要用到相应的数字图像处理技术。

⑥ 数字图像处理与太空科技同样密不可分。数字图像处理在宇宙探测中同样随处可见，大量的星体照片都需要用数字图像处理技术进行处理。

1996 年，美国发射了"探索者"宇宙飞船。"探索者"于 1997 年 7 月抵达火星并发回了上千张照片。如图 1-5 所示是"探索者"从火星上发回来的土壤照片，这些照片是由美国国家航空航天局（NASA）公布的，照片显示了火星上颜色深浅不一的土壤的不同种类。

2004 年 1 月 3 日，NASA "勇气"号火星车成功着陆火星。后来"勇气"号成功地脱离了着陆器，并在火星表面上开始漫游。如图 1-6 所示是"勇气"号发回的火星日落照片。

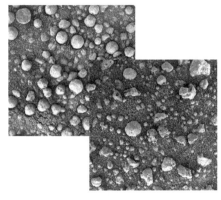

图 1-5 "探索者"宇宙飞船发回的火星表面土壤照片　　图 1-6 "勇气"号发回的火星日落照片

综上易见，数字图像处理技术的确在人们生活中的方方面面都得以应用，因此学习和掌握数字图像处理技术也是从事许多研究工作所需要的。恰当地运用这项技术能够有力地推动许多研究工作的发展，为人类造福。

1.2　MATLAB 概述

MATLAB 是由 MATrix 和 LABoratory 两个单词组合而成的缩写，意为矩阵实验室。它是一款由美国 MathWorks 公司出品的商业数学软件，是一种用于算法开发、数据可视化、数据分析以及数值计算的高级技术计算语言和交互式环境。

1.2.1　MATLAB 的发展

20 世纪 70 年代，时任美国新墨西哥大学教授的克里夫·莫勒尔（Cleve Moler）为了减轻学生的编程负担，使用 FORTRAN 语言独立开发了第一个版本的 MATLAB。这个版本的 MATLAB 只能进行简单的矩阵运算，例如矩阵转置、计算行列式和特征值。

1984 年，杰克·李特（John N. Little）、克里夫·莫勒尔（Cleve Moler）和斯蒂夫·班格尔特（Steve Bangert）合作成立了 MathWorks 公司，正式把 MATLAB 推向市场。李特和班格尔特花了约一年半的时间用 C 重新编写了 MATLAB 并增加了一些新功能，同时，李特还开发了第一个系统控制工具箱，其中一些代码到现在仍然在使用。C 语言版的面向 MS-DOS 系统的 MATLAB 1.0 在拉斯维加斯举行的 IEEE 决策与控制会议（IEEE Conference on Decision and Control）上正式推出。

目前广泛使用的 MATLAB 版本是 MATLAB 7.x，其中 MATLAB 7.0，即 R14，于 2004 年推出。从 2006 年开始，MathWorks 公司每年进行两次 MATLAB 产品发布，时间分别在每年的 3 月和 9 月，其中 3 月份发布的版本号后面会有一个小写的英文字母 a，而 9 月份的版本号后面则有一个小写的英文字母 b。2012 年 9 月，MATLAB 8.0 正式推出，版本号为 R2012b，如图 1-7 所示为 MATLAB 8.0 的工作界面。到本书完稿时，MATLAB 的最新版本为 MATLAB 8.3，即 R2014a。

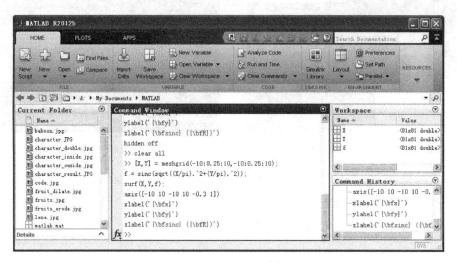

图 1-7　MATLAB 8.0 工作界面

时至今日，MATLAB 已经取得了巨大成功，它是和 Mathematica 以及 Maple 并列的三大数学软件。MATLAB 可以进行包括矩阵运算、绘制函数和数据、实现算法、创建用户界面、连接其他编程语言的程序等多种操作，而且在数学类科技应用软件中，MATLAB 的数值计算表现首屈一指。利用为数众多的附加工具箱（Toolbox），MATLAB 同样也适合不同领域的应用，当前它已经广泛应用于工程计算、控制设计、信号处理与检测、数字图像处理、金融建模设计与分析等领域。此外，每次 MATLAB 新版本发布时，都会随之发布新版本的 Simulink。Simulink 是 MATLAB 最重要的组件之一，是与 MATLAB 配套的仿真工具，它提供了一个动态系统建模、仿真和综合分析的集成环境。在该环境中，无须大量书写程序，而只需要通过简单直观的鼠标操作，就可构造出复杂的系统。与 Simulink 结合后，MATLAB 还常常应用于系统模拟、动态/嵌入式系统开发等方面。目前世界上有 100 多个国家和地区的超过 100 万工程师和科学家在使用 MATLAB 和 Simulink。

1.2.2　MATLAB 的特点

MATLAB 之所以在全世界范围内得到如此广泛的应用，这与其自身所具有的诸多优势特点是分不开的。

首先，MATLAB 具有高效完善的数值计算及符号计算功能，能使用户从繁杂的数学运算分析中彻底解脱出来。MATLAB 拥有 600 多个工程中要用到的数学运算函数，可以方便地实现用户所需的各种计算功能。函数中所使用的具体算法都紧跟科研和工程计算发展的步伐，体现了当代科技发展的最新成果。这些算法调用方便，使用简单，而且都经过了各种优化和容错处理，能够大大降低科研人员的编程工作量。此外，MATLAB 的一个重要特色就是具有一套程序扩展系统和一组称之为工具箱的特殊应用子程序。工具箱是 MATLAB 函数的子程序库，每一个工具箱都是为某一类学科专业和应用而设计的，这些针对专门领域的工具箱，一般来说都是由特定领域的专家定制的，用户可以直接使用工具箱，而无须自己编写代码。MATLAB 工具箱所涵盖的领域极其广泛，主要包括信号处理、控制系统、神经网络、模糊逻辑、小波分析和系统仿真等领域。

其次，MATLAB 具有友好的用户界面，以及接近数学表达式的自然化语言，易于学习和掌握。MATLAB 中的许多工具采用图形用户界面，其中包括桌面和命令窗口、历史命令窗口、编辑器和调试器、路径搜索和用于用户浏览帮助、工作空间、文件的浏览器等。随着 MATLAB 的商业化以及软件本身的不断升级，MATLAB 的用户界面也越来越精致，更加接近 Windows 的标准界面，人机交互性更强，操作更简单。而且新版本的 MATLAB 还提供了完备的联机查询、帮助系统，极大地方便了用户的使用。此外，MATLAB 的基本数据单位是矩阵，它的指令表达式与数学、工程中常用的形式十分相似。作为一种高级的脚本语言，MATLAB 包含了控制语句、函数、数据结构、输入/输出，以及面向对象的编程特点。用户可以在命令窗口中将输入语句与执行命令同步，也可以先编写好一个较大的复杂的应用程序（M 文件）后再一起运行。新版本的 MATLAB 语言是以当前最为流行的 C++语言为基础发展而来的，语法特征与 C++语言极为相似，但又更加简单，而且更加符合科技人员对数学表达式的书写格式。

再次，MATLAB 具有完备的图形处理功能，实现了计算结果和编程的可视化。MATLAB 自产生之日起就具有方便的数据可视化功能，以将向量和矩阵用图形表现出来，并且可以对图形进行标注和打印。高层次的作图包括二维和三维的可视化、图像处理、动画和表达式作图，可用于科学计算和工程绘图。新版本的 MATLAB 对整个图形处理功能做了很大的改进和完善，使它不仅在一般数据可视化软件都具有的功能方面更加完善，同时对一些特殊的可视化要求，例如图形对话等，MATLAB 也有相应的功能函数，保证了用户不同层次的要求。另外，新版本的 MATLAB 还着重在图形用户界面（GUI）的制作上进行了很大的改善，对这方面有特殊要求的用户也可以得到满足。如图 1-8 所示为在 MATLAB 中绘制生成的三维立体图形。

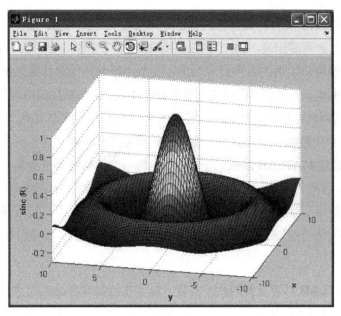

图 1-8　在 MATLAB 中绘制的三维立体图形

最后，MATLAB 提供了面向其他计算机语言的程序接口，可以方便地实现混合编程。新版本的 MATLAB 中加入了对 C、FORTRAN、C++，Java 的支持，用户可以直接调用，也可以将自己编写的实用程序导入到 MATLAB 函数库中方便自己以后调用。用户还可以利用 MATLAB 编译器以及 C/C++数学库和图形库，将自己的 MATLAB 程序自动转换为独立于 MATLAB 运行的 C 和 C++代码。允许用户编写可以和 MATLAB 进行交互的 C 或 C++语言程序。另外，MATLAB 网页服务程序还容许在 Web 应用中使用自己的 MATLAB 数学和图形程序。

1.2.3　MATLAB 的结构

MATLAB 的核心部分是 MATLAB 软件主包，它由 MATLAB 开发环境、MATLAB 数学函数库、MATLAB 语言、MATLAB 图形处理系统和 MATLAB 应用程序接口（API）5 大部分构成。

（1）开发环境

MATLAB 开发环境是一套方便用户使用的 MATLAB 函数和文件工具集，其中许多工具是基于图形化用户接口的。它是一个集成的用户工作空间，与我们所熟悉的 Visual Studio 或者 Eclipse 类似，允许用户输入或输出数据，并提供了 M 文件的编译和调试环境，包括 MATLAB 桌面、命令窗口、M 文件编辑调试器、MATLAB 工作空间和在线帮助文档。

（2）数学函数库

MATLAB 数学函数库包括了大量的计算算法。从基本算法如算术运算、三角函数运算等，到复杂算法如矩阵求逆、快速傅里叶变换等。

（3）语言

MATLAB 语言是一种交互性的数学脚本语言，其语法与 C/C++类似，提供包括流程控制、函数调用等在内的语法规则。它同时支持包括布尔型、数值型、文本类型和函数句柄等在内的 15 种数据类型，每一种类型都定义为矩阵或阵列的形式。执行 MATLAB 代码的最简单方式是在 MATLAB 程序的命令窗口的提示符处输入代码，MATLAB 会即时返回操作结果。此时，MATLAB 可以看作是一个交互式的数学终端，或者可以简单地看成是一个功能强大的"计算器"。MATLAB 代码同样可以保存在一个以.m 为后缀的文件中，然后在命令窗口或其他函数中直接调用。

（4）图形处理系统

MATLAB 图形处理系统使得 MATLAB 能方便地图形化显示向量和矩阵，而且能对图形添加标注和打印。它包括强大的二维/三维图形函数、图像处理和动画显示等函数。

（5）应用程序接口

MATLAB 应用程序接口（API）是一个使 MATLAB 语言能与 C/C++、Java 等其他高级编程语言进行交互的函数库。该函数库的函数通过调用动态链接库（DLL）实现与 MATLAB 文件的数据交互，其主要功能包括在 MATLAB 中调用其他高级语言所编写的程序，以及在 MATLAB 与其他应用程序间建立连接关系。

1.3　在 MATLAB 中处理数字图像

本节介绍在 MATLAB 中进行图像处理的一些基本操作，这些知识将为读者后续学习奠定必要的基础。这些基本操作主要是图像文件的读/写操作。不同格式的图像文件在计算中存储时所采用的编码方式是不同的，但是 MATLAB 向用户隐去了这部分差异，对于用户而言，MATLAB 所接受的任何一种图像文件都是一个数字矩阵。但是，读者仍然有必要了解关于图像在计算机中表示形式的最基本知识。对此，笔者将稍做介绍。

1.3.1　MATLAB 中的图像存储

在计算机中，数据是以文件的形式存储在外存储器上的。将图像数据以文件形式保存在外存储器上就形成了图像文件，图像文件就是以数字形式存储的图像数据。正如许多其他计算机文件一样，图像文件也有不同的格式。读者应当有这样的经历：在计算机上播放的数字音乐可以是 MP3 格式的，也可以是 WMV 格式的；播放的视频可以是 RMVB 格式的，也可以是 AVI 格式的；那么计算机上的图像显示会基于什么样的格式呢？读者一定能够马上想到 BMP、JPEG、PNG 等许多格式。计算机中图像文件格式的种类是非常多的，而且不时还会有新的图像文件格式出现。

据统计，目前现有的图像文件格式已经达到数十种之多，它们都是由不同的计算机软件公司、计算机硬件制造厂商或其他组织和研究机构开发的，因此它们之间势必存在着这样或那样的差异。各种图像文件格式的差异，主要体现在它们所采用的编码方式上。而且这里所说的编码往往是指带有一定数据压缩成分的编码。图像压缩编码的目的无非是尽可能地减小图像存储所占用的磁盘空间，特别是在网络高速发展的今天，海量图像数据在网络上传递，如果不对图像进行压缩将对网络造成严重的负荷。图像的压缩主要分为两种，即无损压缩和有损压缩。例如，PNG 是无损压缩格式，而 JPEG 就是有损压缩格式。

当然，无论何种图像文件格式，它们又都具有一定的共性。任何一种图像文件格式总是通过特定的色彩组织方法和参数方案来储存丰富的图像信息。这些共性也可以归结为图像文件的一般结构。图像文件一般由文件头、调色板数据和像素数据三部分共同组成。其中文件头用于存放图像文件的各种参数，这些参数表征了图像本身的许多特性；调色板是图像的颜色索引表；像素数据是图像信息的实体所在，它存储了图像矩阵中各个点的像素信息。一般压缩编码主要就是针对像素数据进行的。

文件头中所存放的特征参数是十分重要的，它们包括图像的类型、图像的宽度、高度、每个像素所占的位数、压缩类型、像素数据的首地址和有无调色板等。需要注意的是，文件头中的参数可以是固定格式的，也可以是灵活格式的。例如 BMP 文件，它所采取的参数形式就是固定格式的，不但存储的参数类型固定，每个参数的位数也是固定的。在某些图像文件格式中，参数的灵活格式表现为除了必要的参数外还存在自定义参数，参数数据在文件中的存储位置也不固定。

图像的调色板使图像显示具有真正的意义。在任何情况下，调色板仅存在于二值、16 色、256 色图像之中，它指导这些图像正确地呈现色彩，但真彩色图像中没有调色板。值得注意的是，并不是每一种图像都能够完全支持从二值、16 色、256 色到真彩色图像范围内的所有图像。例如，GIF 文件就不支持真彩色图像，因此在 GIF 文件中必然存在调色板。

像素数据通常占据了图像文件的大部分，其存放形式可以是压缩的，也可以是非压缩的。压缩的数据在存储上节省了空间的消耗，但在解码时也要付出相应的时间代价。不压缩的像素数据在不同格式的图像文件中具有基本相同的存储结构。对于压缩数据来说，存在有损和无损两种形式。通常有损压缩以牺牲画面质量为代价换取了更高的压缩比。如何取得空间与时间上的平衡，以及如何取得画质与压缩比的平衡，是设计像素存储形式和设计图像文件格式时都需要考虑的问题。

任何图像在被计算机输出设备（例如显示器）呈现时，都经过了解码的步骤，最终用户所看到的图像就是一个二维的网格。每个网格上都被填涂了相应的颜色，只是由于每个网格都足够小，以至于用户无法察觉，所以我们才能看到画质清晰的图像。如图 1-9 所示是一幅放大了的图像，读者可以清楚地看到，这是一张扑克牌中的图案，它由 32×32 个网格所构成，每个网格上都被唯一地填涂上了一种颜色。当这幅图像被还原缩小之后，我们是无法察觉到它的离散性的。

既然数字图像的每个网格上都被填涂了唯一的一种颜色，那么我们还需要知道计算机中颜色的表示方法，也就是通常所说的颜色空间（或称颜色模型）。RGB（Red 红、Green 绿、Blue 蓝）颜色空间是最常见的一种颜色模型，它被称作是与设备相关的色彩空间。在 CRT 显示系统中，彩色阴极射线管使用 R、G、B 数值来驱动电子枪发射电子，并分别激发荧光屏上的 R、G、B 这 3 种颜色的荧光粉以发出不同亮度的光线，并通过相加混合产生各种颜色。这就是 RGB 颜色系统的原理。RGB 色彩系统之所以能够用来表示色彩，归根结底是因为人眼中的锥状细胞和棒状细胞对红色、蓝色和绿色特别敏感。

RGB 颜色模型对应笛卡儿坐标系中的一个立方体，R、G、B 分别代表 3 个坐标轴，如图 1-10 所示。当 R、G、B 对应的数值都取 0 时，即坐标原点处，则表示黑色；反之，当 R、G、B 对应的数值都取最大值时，即 255，则表示白色。立方体空间中的其他各点表示其他某一种颜色。RGB 是面向设备的，通常在任何一种编程语言和编译环境下，都直接提供对于 RGB 颜色表示的支持。当 3 个分量的取值范围都是 0~255 之间的整数时，可以表示 16 777 216 种颜色。

根据基本的几何知识，读者可以很容易知道在图 1-10 中那条由黑到白的对角线上所有点的 R、G、B 值都是相等的，此时它们组合起来所表示的颜色都是介于黑、灰、白之间的，如果用这些值来显示图像，读者最终所看到的就是一张"黑白照片"，而非"彩色照片"。因此，图中那条对角线所表示的就是灰度级。

显然，彩色图像要比黑白图像更逼真、更清晰。这是因为彩色图像中可以呈现出的颜色更多。即使同样是彩色图像，能够呈现更丰富颜色的看起来就会更加逼真。读者应该都有过这样的经历：当使用 Windows 中的画图程序保存图像时，可以选择单色、16 色、256 色和 24 位真彩色几种形式。而当选择更高的色彩分辨率来保存图像时，所得到的图像也就更逼真、更精美。这里的单色位图也就是我们通常所说的二值图像，这种图像中的每个像素只能在黑色和白色两者之间选其一。所以，对于二值图像而言，每个像素只需要 1 个比特就可以表示；对于 16 色的图像而言，像素数组中的每 4 个比特代表一个像素；对于 256 色的图像来说，像素数组中的每个字节代表一个像素，也就是 8 个比特来表示一个像素颜色，这是因为 2^8=256；对于 24 位真彩色图像来说，3 个字节被用来代表一个像素颜色，每个字节分别代表 RGB 中的一个分量。

图 1-9　一幅被放大的位图

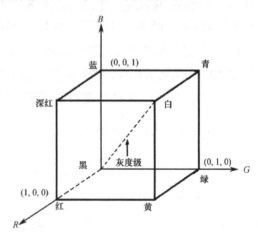

图 1-10　RGB 色彩空间模型

在 MATLAB 中，数值一般都采用 double 型（64 位）存储和运算，出于节省存储空间的考虑，MATLAB 为图像提供了特殊的数据类型 uint8（8 位无符号整数），以此方式来存储的图像称为 8 位型图像。这一点与上面介绍的常规图像存储形式相呼应。但在 MATLAB 中，图像的类型划分又稍有不同。MATLAB 中的图像类型包括灰度图像、RGB 图像、二值图像和索引图像 4 种。

灰度图像看起来有点像旧式的黑白照片，从白到黑，灰度的级别最多只有 256 级，也就是从 0 到 255。MATLAB 把灰度图像存储为一个数据矩阵，这个矩阵中元素的大小分别代表了图像中像素的灰度值。矩阵中的元素可以是 double 型的浮点数，也可以是 uint8 型的无符号整数。

RGB 图像也就是真彩色图像，它分别以红、绿、蓝 3 个亮度值为一组，代表每个像素的颜色。这些亮度值直接存储在图像数组矩阵中，图像数组矩阵大小为 $m×n×3$，其中 m 和 n 分别表示图像像素的行列数，3 则代表 R、G、B 三个分量。MATLAB 中的真彩色图像矩阵可以是 double 型数据，也可以是 uint8 型数据。在真彩色图像的 double 数组中，每一种颜色都用 0~1 之间的数值来表示。例如，颜色值为（0, 0, 0）的像素显示的是黑色；颜色值为（1, 1, 1）的像素显示的颜色则是白色。每个像素的 3 个颜色值都保存在矩阵的第 3 个维度中。例如，像素（20, 10）的红、绿、蓝颜色值分别保存在元素（20, 10, 1）、（20, 10, 2）和（20, 10, 3）中。

　　二值图像只能显示黑或白两种颜色。与灰度图像相同，二值图像只需要一个数据矩阵，每个像素只取 0 或 1 一个值。二值图像可以采用 uint8 或 double 型来存储。

　　索引图像包括一个数据矩阵 **X** 和一个颜色映射矩阵 **Map**。**Map** 是一个包含 3 列和若干行的数据矩阵，其中每个元素的值均是[0, 1]之间的 double 型数据。**Map** 矩阵的每一行分别为红、绿、蓝（R, G, B）的颜色值。颜色矩阵是按图像中颜色值进行排序后的数组。对于每个像素，图像矩阵包含一个值，这个值就是颜色图数组中的索引。在 MATLAB 中，索引图像是从像素值到颜色映射表值的直接映射。像素颜色由数据矩阵 **X** 作为索引指向矩阵 **Map** 进行映射。

　　函数 image()可以直接显示 8 位图像，但 8 位型数据和 double 型数据在 image()中意义是不一样的。对于索引图像，数据矩阵中的数值给出的是具体某个像素的颜色种类在色图矩阵中的行数。当数据矩阵中的数值为 0 时，表示用色图矩阵中第 1 行表示的颜色进行绘制；当数据矩阵中的数值为 1 时，表示用色图矩阵中的第 2 行表示的颜色来绘制该像素，依此类推，即数据与色图矩阵中的行数总是相差 1。于是索引图像 double 型和 uint8 型在显示方法上并没有差异，只是 8 位数据矩阵的值和颜色种类之间有一个数值为 1 的偏差。调用格式如下：

```
image(x);
colormap(map);
```

　　对于灰度图像，uint8 型表示范围为[0, 255]，double 型表示范围为[0, 1]。可见，double 型和 uint8 型灰度图像是不一样的，二者的格式转换方法如下：

```
I8 = uint8(round(I64*255));     %double 转换成 uint8
I64 = double(I8) / 255;         %uint8 转换成 double
```

　　相反，函数 imread()根据文件中的图像种类进行不同的处理。当文件中的图像是灰度图像时，imread()把图像存入一个 8 位矩阵中，把色图矩阵转换为双精度矩阵，矩阵中的每个元素都在 0 至 1 之间取值；当图像为 RGB 图像时，imread()则把数据存入一个 8 位的 RGB 矩阵中。

　　此时，我们需要注意的一个问题是，MATLAB 中读入图像的数据类型是 uint8，而在矩阵中使用的数据类型是 double。所以需要将数组转换成 double 型，否则在对 uint8 型数据进行加减时就可能会产生溢出。图像数据类型转换函数如下：

- im2double()：将图像数组转换成 double 型。
- im2uint8()：将图像数组转换成 uint8 型。

- im2uint16()：将图像数组转换成 uint16 型。

在默认情况下，MATLAB 将图像中的数据存储为 double 型，即 64 位浮点数；MATLAB 还支持无符号整型数据（uint8 和 uint16），uint 型的优势在于节省存储空间，涉及运算时要转换成 double 型。数据类型转换时 uint8 和 im2uint8 的区别在于，uint8 的操作仅仅是将一个 double 型小数点后面的部分去掉；但 im2uint8 则是将输入中所有小于 0 的数值设置为 0，而将所有大于 1 的数值设置为 255，再将所有其他数值都乘以 255。

图像数据在进行计算前要转换为 double 型，这样可以保证图像数据运算的精度。很多矩阵的数据也都是 double 型的，要想显示其数据，必须先转换为图像的标准数据格式。若转换前的数据符合图像数据的标准（即如果是 double 型，则要位于 0~1 之间），那么便可以直接使用 im2uint8。如果转换前不满足这个分布规律，则使用 uint8，将其自动切割至 0~255 之间。当然，我们也建议使用函数 mat2gray()，该函数可以把一个 double 型的任意数组转换成取值范围在 0~1 之间的数组，将一个矩阵转换为灰度图像的数据格式（double 型）。此外，还可以用 isgray()函数来判定矩阵是否为一个图像数据矩阵。

1.3.2 MATLAB 中的图像转换

所谓 MATLAB 中的图像转换其实包括两个层面的内容，首先是不同图像文件格式之间的转换（例如将 BMP 格式转换为 PNG 格式）；其次是 MATLAB 中不同图像存储形式之间的转换（例如将灰度图像转换为二值图像）。关于不同图像文件格式之间的转换我们将留存到本章稍后关于图像文件读/写部分进行介绍，在此我们主要关注第二种类型的图像转换。之前我们提到，计算机中根据图像存储一个像素所占的空间可以将图像分为 24 位彩色图像、256 色图像和二值图像等，而 MATLAB 中的图像数据划分与此类似，又稍有不同，分为索引图像、RGB 彩色图像、灰度图像和二值图像 4 种。

1. 索引图像与灰度图像之间的相互转换

灰度图像向索引图像转换的函数为 gray2ind()，其语法形式如下：

```
[X, MAP] = gray2ind(I, [n])
```

其中，参数 I 表示存储灰度图像的变量，n 表示颜色值（默认为 64）。

将索引图像转换为灰度图像的函数为 ind2gray()，其语法形式如下：

```
I = ind2gray(X, MAP)
```

其中，X 表示图像矩阵变量，MAP 表示颜色图数组变量。

2. RGB 彩色图像与索引图像之间的相互转换

RGB 彩色图像向索引图像转换的函数为 rgb2ind()，其语法形式如下：

```
[X, MAP] = rgb2ind(RGB)
```

其中，参数 RGB 表示存储 RGB 图像数据的变量。

将索引图像转换为 RGB 彩色图像的函数为 ind2rgb()，其语法形式如下：

```
RGB = ind2rgb(X, MAP)
```

其中，X 表示图像矩阵变量，MAP 表示颜色图数组变量。

3. RGB 彩色图像与灰度图像之间的转换

将 RGB 彩色图像转换为灰度图像所使用的函数是 rgb2gray()，此函数的语法形式如下：

```
I = rgb2gray(I_RGB);
```

上述语句完成的任务是将真色彩图像 I_RGB 转换为灰度图像 I。实际上，我们在计算机中或网络上看到的图像大部分都是彩色图像，但是在数字图像处理中所需要使用的图像往往都是灰度图像。一方面，这样做可以简化处理，加快计算速度；另一方面，灰度图像中往往已经包含了足够的信息量来支撑具体的分析意图，这里所谓的"足够的信息量"主要是指类似轮廓、纹理等内容。

最后读者可能还想问：既然 MATLAB 中已经提供了将 RGB 彩色图像转换为灰度图像的函数，那么为何没有提供将灰度图像再转换回彩色图像的函数呢？回顾一下我们之前介绍过的 RGB 色彩空间，读者应该知道从坐标点(0, 0, 0)到(255, 255, 255)的一条对角线代表的就是灰度级。换言之，一幅灰度图像上的所有像素其实都是在这条线上取的。而这条线上的所有点的特点就是 R、G、B 三个分量都相等。于是灰度图像只需要留存一个分量即可，这样做无疑节省了存储空间。将 R、G、B 三个原本不相等的分量归一化成一个数值只要做算术平均即可，但是如果想从单一一个数值还原为三个各不相同的分量则非常困难。这也就回答了我们心中的疑问。

4. 将索引图像、灰度图像和 RGB 彩色图像转换为二值图像

将索引图像、灰度图像和 RGB 彩色图像转换为二值图像所使用的函数是 im2bw()，此函数调用形式如下：

```
BW = im2bw(X, MAP, level);
BW = im2bw(I, level);
```

```
BW = im2bw(RGB, level);
```

其中，参数 level 是用来控制二值化结果的阈值，它的取值范围是 0~1 之间，表示对于输入图像而言，所有亮度值小于给定值（level）的像素点都将被置为 0，其他像素点则均被置为 1。在默认情况下，MATLAB 会自动赋一个阈值。

下面这段代码演示了该函数的使用。

```
I = imread('lena.jpg');
BW1 = im2bw(I);
BW2 = im2bw(I, 0.3);
BW3 = im2bw(I, 0.6);
figure
subplot(2,2,1),imshow(I);
title('original');
subplot(2,2,2),imshow(BW1);
title('\default');
subplot(2,2,3),imshow(BW2);
title('level = 0.3');
subplot(2,2,4),imshow(BW3);
title('level = 0.6')
```

运行上述程序，结果如图 1-11 所示。关于图像显示的内容我们将在本章后续内容中做详细介绍，这里不再做过多解释。

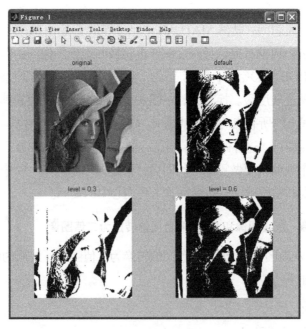

图 1-11　图像的二值化

1.3.3　MATLAB 中图像的基本操作

在 MATLAB 中进行数字图像处理主要是通过使用图像处理工具箱提供的各种函数来实现的。MATLAB 中的图像处理工具箱功能完善，使用方便，它提供了一套全方位的标准算法、函数和程序，用于图像处理、分析、可视化和算法开发，可进行图像增强、图像去模糊、特征检测、降噪、图像分割、几何变换和图像配准等处理。图像处理工具箱支持一组多样化的图像类型。可视化函数可用于探查图像、检查像素区域、调节对比度、创建轮廓或柱状图以及操作感兴趣区域。使用工具箱算法，可以还原质量欠佳的图像、检测和测量特征、分析形状和纹理以及调整色彩平衡。本节介绍MATLAB 中图像处理的一些基本操作，这些操作在本书后续的示例程序中都将被频繁地用到。

1. 图像的读取

在读取图像之前，如果需要清除 MATLAB 工作平台中所有的变量，此时需要使用如下命令：

```
clear;
```

然后再使用 imread()函数来读取一幅图像。例如，下面这行代码实现的就是打开一个名为 "baboon.jpg" 的图像文件，并将图像的像素矩阵赋值给变量 I。这里需要注意：文件名需要用单引号括起来。另外，末尾的分号在 MATLAB 中用于取消输出，如果去掉命令行末尾的分号，则 MATLAB 会显示该行运行的结果。

```
I = imread = ('baboon.jpg');
```

上面这个命令没有包含任何路径信息，imread()函数会从当前工作目录中寻找并读入图像文件。如果在当前目录中没有找到该文件，则 MATLAB 会尝试在搜索路径中寻找该文件。

我们还可以显式地给出文件的完整路径，例如：

```
I = imread = ('C:\baboon.jpg');
```

函数 size()可以求出一幅二维图像的大小，例如输入如下语句：

```
I = imread = ('fruits.jpg');
size(I);
```

程序运行结果如下：

```
ans =
```

```
    480    512     3
```

结果表示该图像宽为 480 个像素，高为 512 个像素，因为是彩色图像，所以有 3 个分量。如果是灰度图像，则上述输出结果中将不包含最后一项"3"。

使用下面这种语法形式也可以自动确定一幅图像的大小：

```
I = imread('fruits.jpg');
[R, C, D] = size(I)
```

上述代码运行结果如下：

```
R =
   480
C =
   512
D =
    3
```

函数 whos 可以用于显示一个数组的附加信息，对于一个图像数组而言，这些所谓的附加信息主要是指存储方式，例如：

```
whos I
```

程序运行结果如下：

```
Name        Size              Bytes  Class    Attributes
I         480x512x3          737280  uint8
```

以上输出结果表明图像采用 8 位存储方式，并占用了 737 280 字节的存储空间。

目前，MATLAB 所支持的图像文件格式非常广泛，几乎包括了所有常见的文件格式，如表 1-1 所示。

表 1-1　MATLAB 中支持的图像文件格式

格 式 名 称	描　述	扩 展 名
BMP	Windows Bitmap	.bmp
CUR	Cursor File	.cur
GIF	Graphics Interchange Format	.gif
HDF4	Hierarchical Data Format	.hfd
ICO	Icon File	.ico
JPEG	Joint Photographic Experts Group	.jpg、.jpeg
PNG	Portable Network Graphics	.png

格 式 名 称	描　　述	扩 展 名
PGM	Portable Graymap	.pgm
XWD	X Window Dump	.xwd
PBM	Portable Bitmap	.pbm
RAS	Sun Raster	.ras
PCX	Windows Paintbrush	.pcx
TIFF	Tagged Image File Format	.tif、.tiff
JPEG2000	Joint Photographic Experts Group 2000	.jp2
PPM	Portable Pixmap	.ppm

2. 图像的写入

在 MATLAB 中，使用函数 imwrite()来写入图像文件，该函数的语法形式为：

```
imwrite(I, 'filename')
```

其中，filename 必须是一种可识别的文件格式。例如，下面的命令可以将图像 I 以 snight 为文件名存储为 PNG 格式的文件：

```
imwrite(I, 'snight.png')
```

也可以写成

```
imwrite(I, 'snight', 'png')
```

这里需要提醒读者注意的是，如果 filename 中不包含路径信息，那么 imwrite()就会把文件保存至当前的工作目录中。此外，imwrite()函数还有一种比较常用的语法形式，但这种形式仅仅适用于 JPEG 图像，如下：

```
imwrite(I, 'filename.jpg', 'quality',q)
```

其中，q 是整数，取值范围是 0~100 之间。我们知道 JPEG 是一种采用有损压缩为编码方式的图像文件格式，这里的 q 就是用来控制压缩后的图像质量的，q 值越小，则表示图像的质量退化就越严重。

另外，imwrite()函数还有一种专门用于 TIF 图像的常用语法形式，如下：

```
imwrite(I, 'fname.tif', 'compression', 'p', 'res',...[colres rowres])
```

其中，参数 p 可以是如下值：none 表示无压缩，ccitt 表示采用 CCITT 压缩（二值图像的默认参数），packbits 表示比特压缩。1×2 的矩阵[colres rowres]中包含两个整数，分别表示以每单位的点数给出的图像列和行的分辨率（默认值为[72 72]）。如果一幅图像的大小以英寸来表示，那么 colres 就表示垂直方向上每英寸的像素数，而 rowres 表示水平方向上每英寸的像素数。

有时可能会需要将图像按照它们在 MATLAB 窗口中显示的那样保存至硬盘中，这时我们可以在图形窗口的"File"菜单中选择"Save As"，通过该选项，用户可以指定保存路径、文件名以及文件格式等内容，如图 1-12 所示。

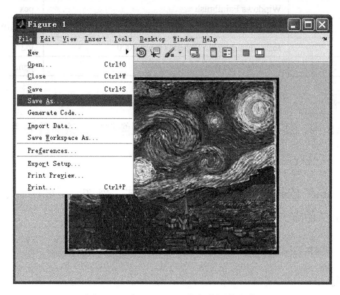

图 1-12　在 MATLAB 中保存图像文件

3. 图像的显示

在 MATLAB 中，通常使用 imshow() 函数来显示图像文件，它可以自动地创建句柄图形图像对象，并自动设置各句柄图形属性和图像特征，从而使得显示效果得以优化。imshow() 函数的基本语法形式如下：

```
imshow(f, G)
```

其中，参数 f 表示一个二维图像数组，G 表示该图像的灰度级数，默认的灰度级数为 256。另外，还可以写成如下格式：

```
imshow(f, [low, high])
```

此时参数 f 表示的意义与前式相同，而 low 和 high 则表示所有小于 low 的值都显示为黑色，所有大于 high 的值都显示为白色，在 low 和 high 之间的值都以默认的级数显示为中等亮度值。

结合前面关于 MATLAB 中图像数据类型的一些讨论，这里还需要说明的是，在

MATLAB 中出于保证精度的考虑，经过运算的图像矩阵其数据类型可能会从 uint8 转变为 double。此时如果直接运行 imshow()函数来进行显示的话，则可能呈现出来的就是一幅白色的图像。这是因为 imshow()显示默认的 double 型图像在 0~1 范围内，即大于 1 时都显示为白色；而 imshow()显示 uint8 型图像在 0~255 范围内。这就需要用到 imshow()的另外一种语法形式。这也是当要显示的图像中像素区间较小时，常被采用的一种语法形式，该语法形式用来对图像中的像素区间进行拉伸：

```
imshow(f, [])
```

该条语句的作用是将图像中像素的最大值和最小值分别作为纯白（255）和纯黑（0），中间的像素值则映射为 0 到 255 之间的标准灰度值。

当使用 imshow()同时输出多幅图像时，我们就会遇到一个问题，即后面的图像总是会覆盖前面的图像。读者可以尝试运行下面这段代码：

```
IMG1 = imread('airplane.jpg');
IMG2 = imread('baboon.jpg');
IMG3 = imread('lena.jpg');
imshow(IMG1)
imshow(IMG2)
imshow(IMG3)
```

结果不难发现，最终我们只能看到第 3 幅图像，其实前两幅图像并非没有显示，只是被后面的一幅图像覆盖了而已。为了同时显示多幅图像，就需要用到 figure()函数。该函数的作用是建立图形窗口对象，请读者看如下一段示例代码：

```
% figure
imshow(IMG1)
figure(5)
imshow(IMG2)
```

运行上述代码，显示结果如图 1-13 所示。

需要向读者说明的内容有两点。第一，正如前面所述，figure()函数的作用是建立新的图形窗口对象。imshow()函数为了将图像输出也会创建图形窗口对象，不同的是 imshow()只有在当前没有可用的图形窗口对象时才默认创建一个，否则它就会使用当前已经存在的（如果其中已经有显示图像，则覆盖原有图像），而 figure()函数则总是创建新的。所以，代码中第 1 行注释掉的部分可有可无。如果加上这条语句，那么 MATLAB 会首先创建一个空的图形窗口对象（其中不显示任何内容），然后运行到下面一条语句时，窗口中才会显示图像。第二，figure()函数中的参数表示的是新创建的图形窗口对象的句柄，在未定义句柄名的情况下，它只能是一个整数，也就是显示在左上角的编号。在默认情况下，MATLAB 会按顺序自动赋一个整数值。所以，如果我们把语句 figure(5)改成 figure，那么最终显示在窗口左上角的数字就会是 2。

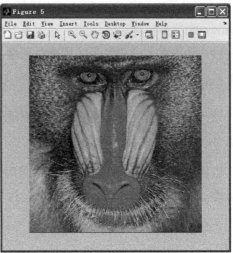

图 1-13 显示多幅图像

要关闭图形窗口，使用 close()函数。例如下面这条语句：

```
close(5)
```

括号中的参数是窗口句柄，这条语句的作用就是关闭 Figure 5 窗口。在默认情况下（即不输入任何参数），MATLAB 会选择关闭当前窗口（也就是最后创建的一个窗口）。此外，我们还可以使用 close all 命令来关闭所有的图形窗口。

若要清除当前图形窗口中的内容，但不关闭窗口，则可以使用 clf()函数。该函数所带参数的用法与 close()相同，读者可以自行尝试，这里就不再赘述了。

关于图像显示的最后一个问题是，假如我们希望在同一个窗口中显示多幅图像，该如何操作？此时需要用到的函数是 subplot()，该函数的语法形式为 subplot (m, n, p)或者 subplot (m n p)。其中，m 表示图排成 *m* 行，n 表示图排成 *n* 列，也就是整个 figure 中有 *n* 个图是排成一行的，一共有 *m* 行。p 表示图所在的位置，p=1 表示从左到右、从上到下的第 1 个位置。例如下面这段示例代码：

```
figure;
subplot(1,2,1),subimage(IMG1);
title('airplane');
subplot(1,2,2),subimage(IMG2);
title('baboon');
```

　　运行上述代码，结果如图 1-14 所示。这里需要补充说明的是，函数 title()的作用是给子图加标题，而函数 subimage()的作用则是显示子图，这里也可以换成 imshow()。但是二者不同之处在于，使用 subimage()函数后，图像在窗口中显示时会被加上坐标，而使用 imshow()则不会。这一点读者可以自己编码尝试一下。此外，对图像而言，坐标原点位于左上角，这与通常对平面直角坐标系的认识不同，所以读者从图中也可以看到，纵轴上的坐标值是从上向下递增的。

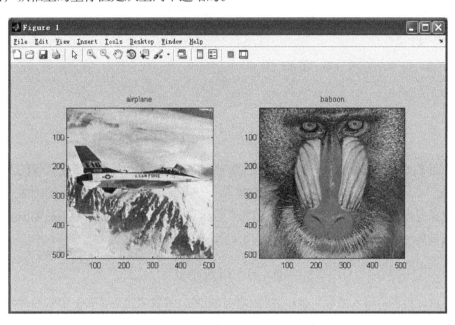

图 1-14　在同一个窗口内显示多幅图像

本章参考文献及推荐阅读材料

　　[1] 马晓路，刘倩，胡开云，时翔. MATLAB 图像处理从入门到精通. 北京：中国铁道出版社，2013.

　　[2] 周建兴，岂兴明，矫津毅，张延伟. MATLAB 从入门到精通（第 2 版）. 北京：人民邮电出版社，2012.

2

图像的点运算

图像的点运算是图像处理中相对基础的技术，它主要用于改变一幅图像的灰度分布范围。点运算通过变换函数将图像的像素一一转换，最终构成一幅新的图像。由于操作对象是图像的单个像素值，故得名为"点运算"。点运算的最大特点是输出像素值只与当前输入像素值有关。其处理过程可以用以下公式表示：

$$g(x, y) = T[f(x, y)]$$

其中，$f(x, y)$ 表示输入图像，$g(x, y)$ 表示输出图像。函数 T 是对 f 的一个变换操作，在这里它表示灰度变换公式。可以看到，对于点运算而言，最重要的是灰度变换公式。变换公式一旦确定，点运算对于图像的处理效果就确定了。

本章研究的主要内容包括灰度直方图、线性变换、非线性变换、阈值变换、灰度拉伸及灰度均衡等。若无特别说明，本章的点运算函数均是针对 8 位灰度图而言的。

2.1 灰度直方图

本节介绍灰度直方图的相关概念和实现原理，它是提取图像信息的重要工具之一。

2.1.1 灰度直方图简介

任何一幅图像都包含着丰富的图像信息，对于图像处理而言，如何提取这些信息并找出其中的特征就显得十分关键。灰度直方图直观地显示了图像灰度分布的情况，这些信息在图像灰度变换等处理过程中显得十分重要。在本章随后的内容中，也会经常通过直方图来分析变换后的图像效果。

图 2-1 显示了一幅灰度图及其所对应的灰度直方图。易见,灰度直方图是一个二维的统计图表。从数学上来说,它描绘了图像各灰度值的统计特性,显示了各个灰度值出现的次数或概率。从图形上来说,其横坐标表示图像的灰度值,取值范围是 0~255;其纵坐标则通过高度来表示出现次数的多少或者概率的高低。在本章中,纵坐标表示像素出现的次数,最大值为该图像在 0~255 阶灰度上分布像素出现次数的最大值。

需要说明的是,如果没有特别指出,在本章后续内容中的所有变换都是基于图 2-1 中左侧的图像进行的。

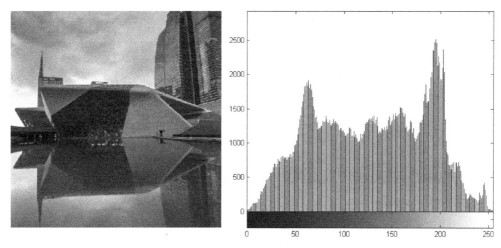

图 2-1 利用灰度直方图显示图像灰度分布

接下来分析直方图的作用。如图 2-2 所示,左侧上下两图分别为原始图像经处理后得到的高亮度和低亮度图像,右侧上下两图是结果图像的灰度直方图。仔细观察可以发现,在高亮度图像的直方图中,像素主要集中在灰度高的一侧。上一章中已经介绍过,8 位灰度图像能够表示从黑到白总共 256 个灰度等级,即灰度取值范围为 0~255,其中 0 表示黑色,255 表示白色。对于高亮度图像而言,整个画面的颜色偏亮,所以灰度直方图偏向灰度高的一侧;相反,低亮度图像的直方图则偏向灰度较低的一侧。

图像对比度上的变化在直方图中仍然有所体现。如图 2-3 所示,左侧上下两图分别为原始图像经处理后得到的高对比度和低对比度图像,右侧上下两图是处理结果的对应灰度直方图。可见,在高对比度图像的直方图中,灰度的覆盖范围很广。图像在任意一段灰度范围中都有一定的像素数量。高对比度图像的灰度分布相比其他图像而言也更为均匀,整个直方图显得比较平滑;而低对比度图像的灰度则主要集中分布在中间狭窄的区域,图像效果就像被冲淡了一样。对于彩色图像而言,对比度高的图像颜色显得更加丰富、更加艳丽鲜亮,但是对比度低的图像则恰恰相反。

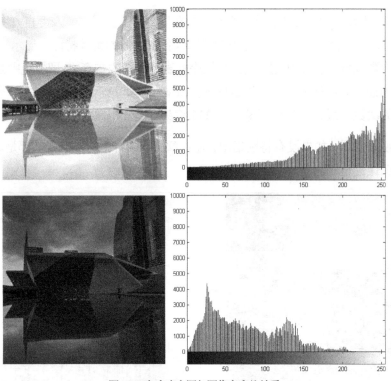

图 2-2　灰度直方图与图像亮度的关系

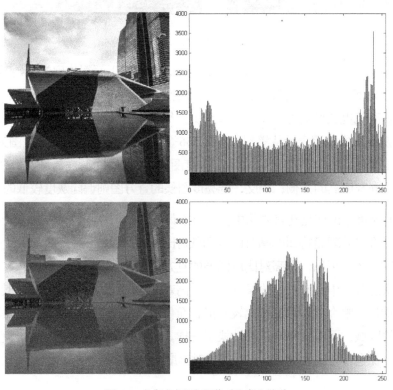

图 2-3　灰度直方图与图像对比度的关系

灰度直方图体现的是图像的统计特性，它在不同的领域中（例如图像的分析）有着非常广泛的应用。例如，在图像信息加密领域，理想的秘图除了应当摆脱原始图像的纹理特征信息而呈现地毯式均匀分布以外，在直方图中最好也能够呈现均匀分布，从而提升加密算法的抗破译能力。此外，还有学者在利用直方图进行信息隐藏方面展开了研究工作，例如在 2006 年，有学者就提出了一种基于图像直方图移位的无损信息隐藏方法，该方法能够简单、高效地产生冗余空间以实现信息的有效嵌入，随后许多学者对此算法进行了改进。建议有兴趣的读者可以参阅参考文献[2]和[3]以获得更多相关信息。

2.1.2　基本原理

灰度直方图的基本思想是数量统计。对于拥有 256 种灰度的图像，灰度值为 k 的像素个数由一个离散函数确定：

$$u(k) = n_k \ (0 \leqslant k \leqslant 255, n_k \geqslant 0)$$

其中，n_k 表示当前图像灰度值为 k 的像素的个数，则对应的出现概率可以使用如下公式表示：

$$p(k) = \frac{n_k}{n} \ (0 \leqslant k \leqslant 255, n_k \geqslant 0)$$

并且显然有 $\sum_{k=0}^{255} p(k) = 1$ 成立。其中，n 表示图像像素个数的总和，可以用图像宽度与高度的乘积来表示。

本章介绍的灰度直方图的坐标系为（$x=k$, $y=n_k$），横坐标表示输入灰度值 k，而纵坐标表示对应灰度值的统计个数 n_k。可见，绘制直方图最重要的是确定灰度值为 k 的像素的个数。直方图在绘制时采用相对高度，即纵坐标的最大值为 $y_{max} = \max(n_0, n_1, n_2, \cdots, n_{255})$，如果 y_{max} 的绘制高度为 1，则灰度值 k 的绘制高度为 $h(k) = n_k/y_{max}$。

2.1.3　编码实现

在 MATLAB 中，可以使用 imhist()函数来获得图像的灰度直方图，其语法形式如下：

```
imhist(I)
imhist(I, n)
[counts, x]=imhist(...)
```

其中，I 是需要计算灰度直方图的图像。参数 n 是指定的灰度级数目，对于灰度图像而言，在默认情况下 n 等于 256，也就是从 0~255。对于二值图像而言，则 n 等于 2，即表示 0 和 1 两个灰度级。如果指定参数 n，则会将所有的灰度级均匀分布在 n 个小区间内，而不是将所有灰度全部展开。

返回值 counts 为直方图的数据向量。所以，counts(i)也就表示第 i 个灰度区间中的像素数目，x 是保存了对应的灰度小区间的向量。如果调用时采用前两种语法形式，则系统会直接显示直方图；如果采用第三种语法形式，则需要配合使用 stem()函数来手动绘制直方图，这一点稍后我们也会举例说明。

1. 绘制直方图的一般方法

下面这段代码演示了在 MATLAB 中使用灰度直方图的最一般方式，程序的运行结果如图 2-4 所示。

```
i = imread('theatre.jpg');
g = rgb2gray(i);
figure
subplot(121), imhist(g);
subplot(122), imhist(g, 64);
```

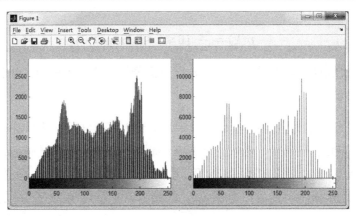

图 2-4　在 MATLAB 中显示直方图

未经归一化处理的直方图纵轴表示图像中所有像素取得某一个特定灰度值的统计次数，横轴则对应从 0 到 255 之间总计 256 个灰度等级，这也就覆盖了 uint8 存储格式的灰度图像中所有可能的取值。

有些时候可能并不需要将 256 个灰度等级都统计一遍，从直方图中也可以看到，相邻的灰度值统计特性也比较相近，这时可能会考虑将灰度等级划分为若干个小的区间，然后统计像素点落在这些区间内的情况。前面给出的 imhist()函数的第二种语法形式为实现这种类型的统计提供了便利。如图 2-4 右图所示，我们将灰度等级划分成了 64 个小区间，然后独立统计落在这些小区间内的像素情况。对比左图，不难发现，右图中的图像是一条条彼此离散的竖线。另外，由于每条竖线对应的不再是某一个灰度等级的像素点个数，而是某一个灰度区间内像素的个数，每条离散的竖线所表示的点数也更多，所以从图中来看，右图纵轴上的刻度范围要比左图中的大，但两者的统计特性（反映在柱状图的走势上）是一致的，因为它们都是对同一幅图像进行的统计。

2. 绘制归一化灰度直方图

之前所给出的直方图中统计的都是一个灰度等级或一个灰度区间内像素点的个数，有时可能需要知道的是像素出现的概率，这就是所谓的归一化直方图。归一化直方图的绘制需要借助前面给出的 imhist() 函数的第三种语法形式来实现。下面这段示例代码演示了在 MATLAB 中绘制归一化直方图的基本方法。

```
i = imread('baboon.jpg');
i = rgb2gray(i);
[m,n]=size(i);
[counts1, x]=imhist(i, 32);
subplot(121), stem(x, counts1);
counts2 = counts1/m/n;
subplot(122), stem(x, counts2);
```

前面已经介绍过，在 imhist() 函数的返回值中，向量 counts 保存的是落入每个灰度区间内的像素个数，所以用 counts 中的每个值去除以图像中像素的总数，就计算出了图像中每种灰度值出现的概率。stem() 函数是 MATLAB 中用来绘制针线图的函数，它的调用形式有很多种，限于篇幅，这里不一一列举，如果读者有兴趣深入学习，则可以参考 MATLAB 的帮助文档。

上述程序的运行结果如图 2-5 所示，其中左图为常规的直方图，右图为归一化直方图。根据概率知识，易知归一化直方图中所有取值相加之和应该等于 1。读者也可以在 MATLAB 中通过语句 sum(counts2) 来验证，其中 counts2 是上面程序中求得的归一化直方图的数据向量，sum() 函数用于求和。

3. 丰富直方图的显示形式

图形化显示是 MATLAB 一直以来的一大特色。在 MATLAB 中绘制函数图形也非常方便，而就直方图而言，我们也可以通过一些操作来自定义显示形式。

MATLAB 中图形显示窗口的背景颜色默认一般都是浅灰色，如果需要自定义背景颜色，那么就需要在图形显示窗口中单击菜单栏上的"Edit"菜单，然后在下拉菜单中选择"Figure Properties..."，随后在窗口下方弹出的对话框中找到背景颜色编辑按钮，单击打开操作面板后选择颜色即可。

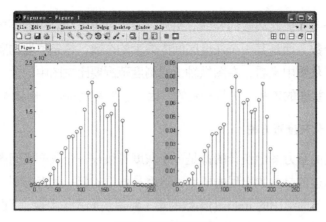

图 2-5　归一化直方图

而对于绘制的统计图表而言，类似于自定义坐标轴刻度，以及是否加入网格线等都是最常见的需求。为此，需要在 MATLAB 的图形显示窗口中单击菜单栏上的"Edit"菜单，然后在下拉菜单中选择"Axes Properties..."，随后在窗口下方就会弹出一个对话框，如图 2-6 所示。在这个对话框中读者可以自定义坐标轴取值范围和刻度分布等事项，还可以选择是否要显示网格线（对于二维图形而言，可在 X、Y 两个方向上选择）。勾选"Box"复选框，则意味着直方图周围有 4 个边框。在此对话框中甚至还可以编辑图表的"Title"。其实上述这些功能用函数命令的形式也可以实现，但显然基于 GUI 的操作界面用起来会更加方便。若想修改更多坐标轴的属性，还可以单击对话框右上角的"More Properties..."按钮。

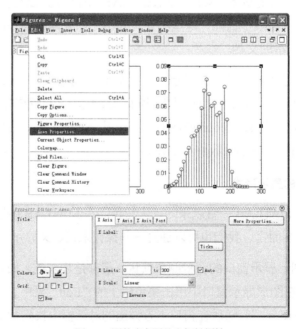

图 2-6　调整直方图的坐标轴属性

除了可以对坐标轴属性进行编辑以外，对统计图形对象的属性进行编辑也是常见的需求。这时的操作需要在图 2-5 所示的界面上双击图形对象（对于如图 2-5 所示的情况就是内部的针线图），这样图形显示窗口下方的对话框就会改变，如图 2-7 所示。此时可以编辑修改的属性就更多了，建议读者自行尝试操作一下，这里就不再赘言了。

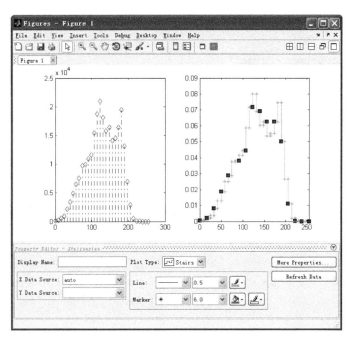

图 2-7　修改直方图中的图形显示效果

4. 彩色图像的分量直方图

之前讨论的直方图都是针对灰度图像而言的，下面再来考虑一下彩色图像的情况。在彩色图像中，每个像素的颜色并不是简单的一个数值，而是由 3 个分量数值组成的一个向量。显然所谓彩色图像的直方图，其实是对图像中所有像素的 R、G、B 分量分别统计得到的 3 个直方图。但在提取这 3 个分量的直方图前，先来考虑一下在 MATLAB 中如何提取彩色图像的 3 个分量图像。下面这段示例代码演示了一种思路，它也充分借助了 MATLAB 中对于矩阵操作的一些方法。

```
i=imread('theatre.jpg');
[x,y,z]=size(i);

figure
subplot(221), imshow(i);
title('original image')
```

```
%提取红色分量
r=i;
%r(:,:,1)=a(:,:,1);
r(:,:,2)=zeros(x,y);
r(:,:,3)=zeros(x,y);
r=uint8(r);
subplot(222),imshow(r);
title('R-component-image')

%提取绿色分量
g=i;
g(:,:,1)=zeros(x,y);
%g(:,:,2)=a(:,:,2);
g(:,:,3)=zeros(x,y);
g=uint8(g);
subplot(223),imshow(g);
title('G-component-image')

%提取蓝色分量
b=i;
b(:,:,1)=zeros(x,y);
b(:,:,2)=zeros(x,y);
%b(:,:,3)=a(:,:,3);
b=uint8(b);
subplot(224),imshow(b);
title('B-component-image')
```

请读者完成编码后运行上述程序，其运行结果如图 2-8 所示。由于本书内页为黑白印刷，因此读者无法从中直接感受到仅仅呈现彩色图像中某一个色彩分量后的效果，因此也建议读者通过程序在计算机上观察结果。但是目前呈现的结果仍然能够带给读者一些启迪。3 个分量的黑白印刷效果其实就是 3 个灰度图像，于是我们不禁开始思考将一幅彩色图像转换成灰度图像（有点类似于过去的黑白照片）的方法。

在上一章中介绍 RGB 色彩模型的时候，本书就介绍过，当 3 个分量的值相等时，像素的颜色就是介于黑和白之间的一个灰度等级。所以分别提取 R、G、B 分量中的一个分量来作为结果图像的灰度，其他两个分量再置为与选定分量同等大小的值，这就类似于读者现在看到的黑白印刷结果。但是经过这种方式处理的图像，其显示效果并不十分理想，毕竟有两个分量被忽略掉了，而它们对于最终，其显示效果显然也有贡献。使图像灰度化的方法一般分为以下 3 种。

original image

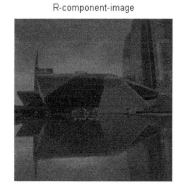
R-component-image

G-component-image

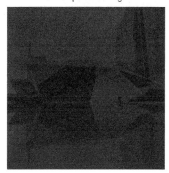
B-component-image

图 2-8　彩色图像的分量提取图

（1）平均值法

每个像素的三原色值等于红、绿、蓝 3 个分量的平均值，如此一来，结果图像中的像素值构成也就均匀地考虑到了 3 个分量的影响，用公式表示即为：

$$R = G = B = \frac{(R + G + B)}{3}$$

（2）最大值法

每个像素的三原色值等于红、绿、蓝 3 个分量的最大值，公式为：

$$R = G = B = \max(R, G, B)$$

（3）加权平均值法

在加权平均值法中给予红、绿、蓝 3 个分量不同的权值，然后相加，公式如下：

$$R = G = B = W_{R}R + W_{G}G + W_{B}B$$

人眼对于三原色的敏感度从高到低分别是绿、红、蓝，所以三原色权值的取值关

系应该是 $W_G > W_R > W_B$。由 YUV 颜色空间可知，当 $R=G=B=0.299R+ 0.587G+0.114B$ 时能够得到最合理的灰度图像。由此得出加权平均值法的颜色变换公式为：

$$\begin{bmatrix} R_T & G_T & B_T & A_T & 1 \end{bmatrix}=\begin{bmatrix} R & G & B & A & 1 \end{bmatrix}\begin{bmatrix} 0.299 & 0.299 & 0.299 & 0 & 0 \\ 0.587 & 0.587 & 0.587 & 0 & 0 \\ 0.114 & 0.114 & 0.114 & 0 & 0 \\ 0 & 0 & 0 & 1 & 0 \\ 0 & 0 & 0 & 0 & 1 \end{bmatrix}$$

在上面例子的基础上再来做彩色图像的分量色彩直方图就容易很多了，下面给出示例程序：

```
a=imread('theatre.jpg');
r=a(:,:,1);
g=a(:,:,2);
b=a(:,:,3);
subplot(1,3,1), imhist(r), title('R component');
subplot(1,3,2), imhist(g), title('G component');
subplot(1,3,3), imhist(b), title('B component');
```

运行上述程序，其结果如图 2-9 所示。注意到 3 个直方图采用了 3 种不同的色彩来绘制，这就用到了前面在介绍"丰富直方图的显示形式"时所提到的方法。有兴趣的读者不妨也试着操作一下。

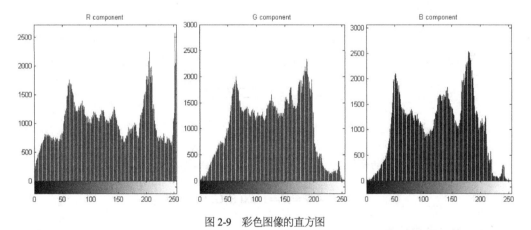

图 2-9 彩色图像的直方图

2.2 灰度线性变换

灰度线性变换是最常用的点运算操作之一，下面先介绍其基本原理。

2.2.1　基本原理

灰度线性变换是灰度变换的一种，图像的灰度变换通过建立灰度映射来调整源图像的灰度，从而达到图像增强的目的。灰度映射通常是用灰度变换曲线来表示的，如图 2-10 所示。

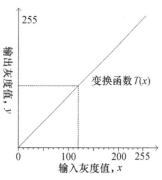

图 2-10　灰度线性变换

灰度线性变换就是将图像的像素值通过指定的线性函数进行变换，以此增强或者减弱图像的灰度。灰度线性变换的公式就是常见的一维线性函数：

$$g(x,y) = k \cdot f(x,y) + d$$

设 x 为原始灰度值，则变换后的灰度值 y 为：

$$y = kx + d \ (0 \leqslant y \leqslant 255)$$

在坐标系中表示转化关系可参看图 2-10。图 2-10 坐标中的横轴表示输入灰度值，范围是 0~255；纵坐标表示输出灰度值，范围同样是 0~255；直线则为线性变换函数的图形。如果将输入灰度值当作自变量 x，则输出灰度值就是函数 $y = T(x)$ 的运算结果。对于线性变换而言，有 $T(x)=kx+d$。例如，图 2-10 中的变换函数为 $T(x)=x$，即原公式中的 $k=1$，$d=0$。

由数学知识可以知道，k 表示直线的斜率，也就是倾斜程度；d 为线性函数在 y 轴上的截距。下面通过讨论 k 的取值来分析灰度线性变换的效果。

（1）当 $k>1$ 时

此时可用于增加图像的对比度。图像的像素值在变换后全部增大，整体显示效果被增强，对应的灰度变换曲线如图 2-11 左上图所示。从图 2-12 左上图亦可以看出图像经过变换后，对比度增大。这种处理效果在直方图（见图 2-13 左上图）中的表现就是其灰度分布被拉伸了。读者可以与上一节中给出的原始图像直方图做对比。

（2）当 $k=1$ 时

这种情况常用于调节图像亮度。亮度的调节就是让图像的各像素值都增加或者减少一定量。在这种情况下可以通过改变 d 值达到增加或者减少图像亮度的目的。当 k 值等于 1 时，修改 d 值，结果是原图只有亮度被改变了。当 k 值和 d 值都改变时，则表明先通过 k 值来改变对比度，然后再通过 d 值来改变亮度。如果增加 d 值，灰度变换曲线将整体上移，如图 2-11 左下图所示（图中 $k = 0.5$）。

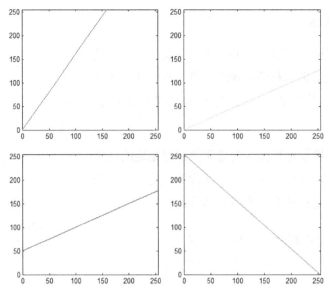

图 2-11　线性变换对应的变换函数

　　如图 2-12 左下图所示，当 $d>0$ 时图像亮度增加（反之则减少）。对应的直方图如图 2-13 左下图所示，可见 d 值的改变反映在显示效果上的表现就是灰度分布整体向右或者向左平移。

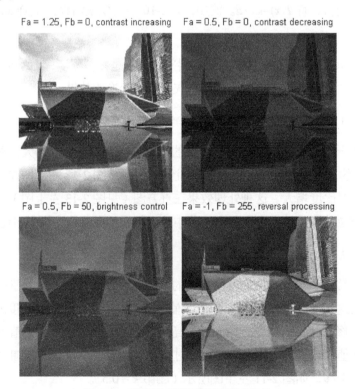

图 2-12　对图像灰度进行线性变换的效果

（3）当 0<*k*<1 时

效果与 *k*>1 时刚刚相反，对应的灰度变换曲线如图 2-11 右上图所示，可见图像的对比度和整体效果都被削弱了。从图 2-13 右上图所示的直方图中可以看到，灰度分布被集中在一段区域上。*k* 值越小，图像的灰度分布越窄，图像看起来也就显得越灰暗。

（4）当 *k*<0 时

在这种情况下，原始图像中较亮的区域将会变暗，而较暗的区域则会变亮。使函数中的 *k*=−1，*d*=255，对应的灰度变换曲线如图 2-11 右下图所示，可以让图像实现反色效果（或称底片效果），如图 2-12 右下图所示，此时结果图像的直方图如图 2-13 右下图所示。

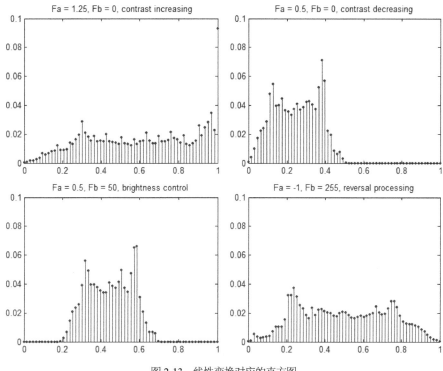

图 2-13　线性变换对应的直方图

2.2.2　编码实现

下面这段代码演示了在 MATLAB 中进行灰度线性变换的方法，请读者完成编码后观察程序运行效果。

```
i = imread('theatre.jpg');
i = im2double(rgb2gray(i));
[m,n]=size(i);
```

```
%增加对比度
Fa = 1.25; Fb = 0;
O = Fa.*i + Fb/255;
figure(1), subplot(221), imshow(O);
title('Fa = 1.25, Fb = 0, contrast increasing');
figure(2),subplot(221), [H,x]=imhist(O, 64);
stem(x, (H/m/n), '.');
title('Fa = 1.25, Fb = 0, contrast increasing');

%减小对比度
Fa =0.5; Fb = 0;
O = Fa.*i + Fb/255;
figure(1), subplot(222),imshow(O);
title('Fa = 0.5, Fb = 0, contrast decreasing');
figure(2), subplot(222), [H,x] = imhist(O, 64);
stem(x, (H/m/n), '.');
title('Fa = 0.5, Fb = 0, contrast decreasing');

%线性亮度增加
Fa = 0.5; Fb = 50;
O = Fa.*i + Fb/255;
figure(1), subplot(223), imshow(O);
title('Fa = 0.5, Fb = 50, brightness control');
figure(2), subplot(223), [H,x]=imhist(O,64);
stem(x, (H/m/n), '.');
title('Fa = 0.5, Fb = 50, brightness control');

%反相显示
Fa = -1; Fb = 255;
O = Fa.*i + Fb/255;
figure(1), subplot(224), imshow(O);
title('Fa = -1, Fb = 255, reversal processing');
figure(2), subplot(224),[H,x]=imhist(O, 64);
stem(x, (H/m/n), '.');
title('Fa = -1, Fb = 255, reversal processing');
```

  MATLAB 在矩阵运算上具有先天的优势，所以在处理图像方面得心应手。但是如果换一种环境来编写代码实现上述功能，又该如何入手？可以想到的点运算的一般处理方式是将每个点都经过变换函数计算，变换后的像素值就是函数计算后得到的值。

如果是未优化的处理方法，那么一幅大小为 $m×n$ 的图像至少要运算 $m×n$ 次。而 8 位灰度图像的灰度取值范围是 0~255，也就是说，256 种取值只对应于 256 种变换结果。可见，如果不优化会有很多重复运算，效率很差。此时可以考虑使用灰度映射表的方式加快处理速度。也就是将所有灰度取值都提前进行变换运算，并将结果保存在一个大小为 256 的数组中。这样一来，输入灰度值与运算后的值之间就建立了映射关系，运算时通过查找映射表就能够直接获取变换后的结果。这种方法对于任意图像都只进行 256 次运算，大大提高了效率。

2.3　灰度非线性变换

本节介绍灰度非线性变换，具体内容包括：对数变换、幂次变换、指数变换等。它们的共同特点是使用非线性变换关系式对图像的灰度进行变换。

2.3.1　灰度对数变换

1. 基本理论

对数变换的基本形式为：

$$y = \frac{\log(1 + x)}{b}$$

其中 b 为一个正常数，用以控制曲线的弯曲程度，其取值对函数曲线的影响如图 2-14 所示。x 是原始灰度值，y 是变换后的目标灰度值。从图中不难看出，在对数函数的曲线上，函数自变量较低时，曲线的斜率很大；而自变量较高时，曲线的斜率变得很小。

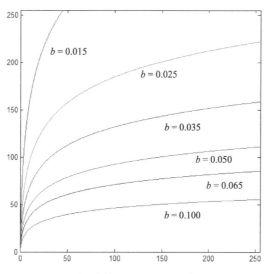

图 2-14　对于参数 b 的不同取值，曲线示意图

对数变换实现了图像灰度扩展和压缩的功能。它扩展低灰度值而压缩高灰度值，让图像的灰度分布更加符合人的视觉特征。根据这一特性，对数变换的一个非常重要的应用就是用来增强图像中较暗部分的细节。例如本书后面会介绍到的傅里叶变换，图像经傅里叶变换后，图像中心绝对高灰度值的存在压缩了低灰度部分的动态范围，所以无法在显示时表现出原有的细节。这时就需要应用一个对数变换来对结果图像进行修正。经过适当的处理后，原始图像中低灰度区域的对比度将会增加，暗部细节将被增强。

2. 编码实现

下面这段代码演示了在 MATLAB 中对图像灰度进行对数变换的基本方法。函数 log()会对输入图像矩阵中的每个元素进行操作，但是却仅能处理 double 型的矩阵数据。从图像文件中得到的矩阵数据大多数是 uint8 型的，因此需要进行必要的类型转换。除此之外，就是要注意对可能越界的数值进行处理。

```
i = imread('theatre.jpg');
i = rgb2gray(i);
i = double(i);

out1 = log(1+i)/0.065;
out2 = log(1+i)/0.035;
out1(find(out1>255)) = 255;
out2(find(out2>255)) = 255;
out1 = uint8(out1);
out2 = uint8(out2);

subplot(221), imshow(out1), title('image, p = 0.065');
subplot(222), imhist(out1), title('histgram, p = 0.065');
subplot(223), imshow(out2), title('image, p = 0.035');
subplot(224), imhist(out2), title('histgram, p = 0.035');
```

运行上述程序，其结果如图 2-15 所示。显然图像中亮度高的部分被收缩在直方图上一段狭小的区间内，而灰度值相对较低的值则被扩散开来。

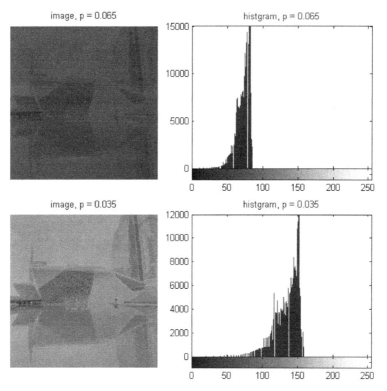

图 2-15　经过对数变换后的图像及其信息

2.3.2　灰度幂次变换

1. 基本理论

幂次变换的基本表达式为：

$$y = cx^r$$

其中，c、r 均为正数。与对数变换相同，幂次变换将部分灰度区域映射到更宽的区域中。当 $r=1$ 时，幂次变换转变为线性变换。图 2-16 显示了各种 r 值对幂次变换函数曲线的影响（$c=0.1$）。

可以看到，输出灰度值会随着指数的增加迅速扩大。当指数稍大时（例如 $r \geq 2$），整个变换曲线趋近于一条垂直线。此时原始图像中的绝大部分灰度值经过变换后会变成最大值，产生的图像几乎全白，失去了非线性变换的意义。在实际运用中经常对基本表达式的 x 和 y 进行约束，让它们的取值范围在 0~1 之间。

下面修改幂次变换公式，使 x 与 y 的取值范围都在 0~255 之间。

$$y = 255c \left(\frac{x}{255} \right)^r$$

对于各种 r 值，上式的曲线图如图 2-17 所示。

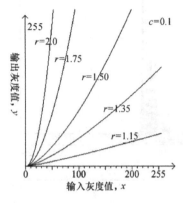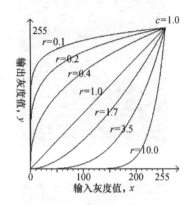

图 2-16 对于各种 r 值，公式 $y=0.1x^r$ 的曲线　　图 2-17 修改后的幂次变换函数曲线

图 2-17 十分直观地表明了以下关系：一方面，当 $r < 1$ 时，变换函数曲线在正比函数上方。此时扩展低灰度级，压缩高灰度级，使图像变亮。这一点与对数变换十分相似，如图 2-18 中的下图所示；另一方面，当 $r>1$ 时，变换函数曲线在正比函数下方。此时扩展高灰度级，压缩低灰度级，使图像变暗，如图 2-18 中的上图所示。

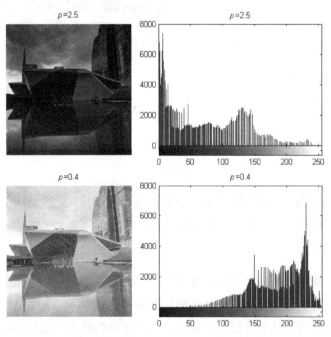

图 2-18 对图像灰度进行幂次变换的效果

幂次变换常用于显示设备的伽马校正中。目前几乎所有的 CRT 显示设备、摄影胶片和许多电子照相机的光电转换特性都是非线性的，也就是说，设备显示的图像效果没有完全还原原始图像，它们之间存在一个幂次关系：

$$\text{output} = \text{input}^{\gamma}$$

例如，显像管显示器有一个电压与光强度的响应装置，它负责将电信号转变为光信号输出。正如前面介绍的一样，这个装置转换特征是一个指数变化范围为 1.8~2.5 的幂函数。所以真实显示的图像要比原始图像暗。

为了精确显示图像，常常在显示前对图像进行伽马校正，即在显示之前通过幂次变换对图像进行修正。整个过程利用公式表示如下：

$$\text{output} = [T(\text{input})]^{\gamma} = \left(\text{input}^{\frac{1}{\gamma}}\right)^{\gamma} = \text{input}$$

可得出伽马校正函数：

$$T(x) = x^{\frac{1}{\gamma}}$$

其中，γ 表示显示设备转换特征方程的指数。实验表明，经过伽马校正后的图像可以与实际图像十分接近。如果涉及图像的精确显示，伽马校正是十分常用的手段。

2．编码实现

下面这段代码演示了在 MATLAB 中对图像灰度进行幂次变换的基本方法。如图 2-18 所示的结果就是经过如下处理而得到的。

```
i = rgb2gray(imread('theatre.jpg'));
i = double(i);
y1 = 255*(i/255).^2.5;
y2 = 255*(i/255).^0.4;
y1 = uint8(y1);
y2 = uint8(y2);
subplot(221), imshow(y1), title('p =2.5');
subplot(222), imhist(y1), title('p =2.5');
subplot(223), imshow(y2), title('p =0.4');
subplot(224), imhist(y2), title('p =0.4');
```

分析上述代码易知，其中的两个幂次变换就是互为伽马校正的。但是 MATLAB 中还提供了用以实现灰度变换的基本函数 imadjust()，借助该函数同样能够帮助我们实现伽马校正。它的常用语法形式如下：

```
J = imadjust(I,[low_in; high_in],[low_out; high_out])
J = imadjust(I,[low_in; high_in],[low_out; high_out],gamma)
```

该函数的作用是将图像 I 中的亮度值映射到 J 中的新值，即将 low_in 至 high_in 之间的值映射到 low_out 至 high_out 之间的值。而 low_in 以下，以及 high_in 以上的值将被剪切掉。换言之，low_in 以下的值映射到 low_out，high_in 以上的值映射到 high_out。在给定以上 4 个参数时，需要按照 double 型来赋值，即它们的取值范围在 0~1 之间。它们也都可以使用空的矩阵[]，默认值是[0 1]。该种语法形式实际上实现的是上一节中的灰度线性变换。

采用第二种语法形式时，同样是将图像 I 中的亮度值映射到 J 中的新值，但其中 gamma 指定描述值 I 和值 J 关系的曲线形状。如果 gamma 小于 1，则映射被加权到更高的输出值，此时偏重更高数值（明亮）输出；如果 gamma 大于 1，则映射被加权到更低的输出值，此时偏重更低数值（灰暗）输出；如果省略此参数，则默认为线性映射，也就回归到了第一种语法形式。如果采用默认的映射值对应范围，那么也就实现了伽马校正。下面这段代码演示了对图 2-18 中的上图进行伽马校正的方法。

```
i = rgb2gray(imread('theatre.jpg'));
y1 = double(i);
y1 = 255*(y1/255).^2.5;
y2 = uint8(y1);
y3 = imadjust(y2, [ ], [ ], 0.4);
subplot(131), imshow(i), title('original image');
subplot(132), imshow(y2),title('power = 2.5');
subplot(133), imshow(y3),title('gamma = 0.4');
```

以上程序的运行结果如图 2-19 所示，易见经过伽马校正，图像已经基本得到了复原。

图 2-19　图像的伽马校正效果

2.3.3　灰度指数变换

1．基本理论

指数变换的基本表达式为：

$$y = b^{c(x-a)} - 1$$

其中，b、c 控制曲线形状，a 控制曲线的左、右位置。指数变换函数的曲线如图 2-20 所示。

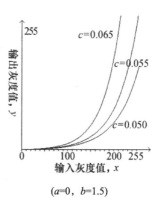

$(a=0,\ b=1.5)$

图 2-20　指数变换函数的曲线

　　指数变换的作用是扩展图像的高灰度级，同时压缩低灰度级。从图 2-20 中可以看出，指数变换函数的曲线在灰度值较低的时候保持了较小的斜率，而在灰度值较高的时候则拥有较大的斜率。这就意味着，原始图像中分布在很大区间上的低灰度值像素（灰度值小于某个阈值 T）映射到输出图像上，将被收缩到一个很窄小的区间内；相反，原始图像中分布在很小区间上的高亮度值像素（灰度值大于某个阈值 T）映射到输出图像上，将被扩散到一个很宽泛的区间内。虽然幂次变换也可以实现类似功能，但指数变换函数曲线上的转折点要比幂次变换函数曲线上的拐点更明显，所以在合理选择参数的情况下（即令原始图像的高亮度值和低灰度值像素刚好分别位于指数变换函数曲线上拐点的两侧），就可以使得经过指数变换后的图像获得更高的对比度，高灰度级也被扩展到了更宽的范围，如图 2-21 中的上图所示。而图 2-21 中的下图所示的则是参数选择不合理的情况。

2．编码实现

　　下面这段示例代码实现了图像的指数变换，其运行结果如图 2-21 所示。这段代码在实现方法上与前面几种灰度变换算法基本保持一致。

```
i = imread('theatre.jpg');
i = rgb2gray(i);
i = double(i);


y1 = 1.5.^(i*0.070)-1;
y2 = 1.5.^(i*0.050)-1;
y1(find(y1>255)) = 255;
y2(find(y2>255)) = 255;
y1 = uint8(y1);
y2 = uint8(y2);
```

```
subplot(221), imshow(y1), title('c=0.070');
subplot(222), imhist(y1), title('c=0.070');
subplot(223), imshow(y2), title('c=0.050');
subplot(224), imhist(y2), title('c=0.050');
```

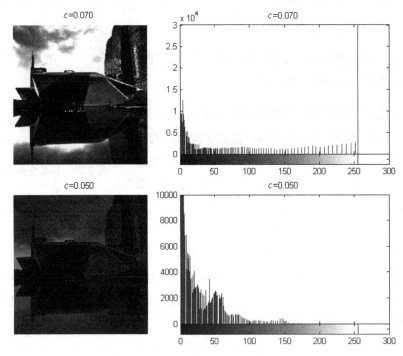

图 2-21　图像的指数变换效果

2.4　灰度拉伸

本节介绍灰度拉伸的相关知识，它是改变图像对比度的常用方法。简单来说，对比度就是最黑与最白亮度单位的相除值，所以白色越亮，黑色越暗，对比度就越高。灰度拉伸从本质上来说，其实就是通过伸缩直方图在横轴上的分布区间来实现的。

2.4.1　基本原理

由于环境光线或采集设备等原因，图像的灰度有时会集中于某一较小区间，如图像过亮或过暗等，这时就需要对图像的灰度进行拉伸使其覆盖较大的取值区间，从而提高图像的对比度以便观察。这种处理就可以利用线性变换曲线建立灰度映射来完成。

灰度拉伸又叫作对比度拉伸，它与线性变换有些类似，不同之处在于灰度拉伸使用的是分段线性变换，所以它最大的优势是变换函数可以由用户任意合成。灰度拉伸的公式为：

$$y = \begin{cases} \dfrac{y_1}{x_1}x & x < x_1 \\[2mm] \dfrac{y_2 - y_1}{x_2 - x_1}(x - x_1) + y_1 & x_1 < x < x_2 \\[2mm] \dfrac{255 - y_2}{255 - x_2}(x - x_2) + y_2 & x > x_2 \end{cases}$$

其变换函数的图形如图 2-22 所示。可见，灰度拉伸需要指定两个控制点，它们用于控制灰度拉伸变换函数的图形。一般情况下有 $x_2 \geqslant x_1, y_2 \geqslant y_1$ 成立。正如其名，灰度拉伸常用于扩展指定的灰度范围，以改善图像质量。接下来通过讨论控制点来分析灰度拉伸的作用。

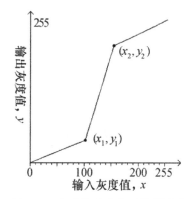

图 2-22　灰度拉伸变换函数的图形

（1）$\dfrac{y_2 - y_1}{x_2 - x_1} > 1$

即中间线段的斜率大于 1，如果一幅图像对比度较低，就可以利用这类控制点对图像进行灰度拉伸。如图 2-23 所示为对一幅对比度较低的图像进行灰度拉伸处理的情况。从图中可以明显地发现原始图像的对比度较低，其灰度分布主要集中在 50~150 范围内。经过(50, 20)、(150, 230)两个控制点的灰度拉伸变换后，灰度分布范围被拉伸了，达到了 20~230，图像的对比度大大增加，整体显示效果得到加强。

（2）$\dfrac{y_2 - y_1}{x_2 - x_1} < 1$

即中间线段的斜率小于 1，作用与上一条刚好相反，用于降低图像的对比度。

（3）$\dfrac{y_2 - y_1}{x_2 - x_1} = 1$

此时变换函数变化为一个线性函数，它将产生一个没有变化的图像。

（4）$x_2 = x_1$，$y_1 = 0$，$y_2 = 255$

这也是一种特殊情况，此时变换函数变为阈值函数，产生二值图像。

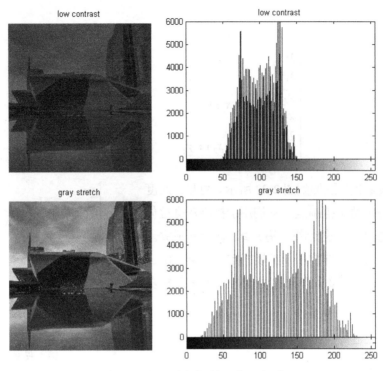

图 2-23　利用灰度拉伸增加图像的对比度

2.4.2　编码实现

借助之前介绍过的 imadjust()函数，可以非常容易地实现图像的灰度拉伸。下面这段示例代码首先运用灰度拉伸方法将原图的对比度降低，然后再对低对比度图像进行灰度拉伸，从而使其对比度变大。该程序的运行结果如图 2-23 所示。

```
i = imread('theatre.jpg');
i = rgb2gray(i);
L = imadjust(i,[ ],[50/255;150/255]);
J = imadjust(L,[50/255;150/255 ],[20/255;230/255]);
subplot(221), imshow(L), title('low contrast');
subplot(222), imhist(L), title('low contrast');
subplot(223), imshow(J), title('gray stretch');
subplot(224), imhist(J), title('gray stretch');
```

2.5　灰度均衡

灰度均衡，又称直方图均衡化，它是增强图像的有效手段之一，本节介绍它的原理和实现方法。

2.5.1　基本原理

灰度均衡是以累计分布函数变换为基础的直方图修正法，它可以产生一幅灰度级分布概率均匀的图像。也就是说，经过灰度均衡后的图像在每一级灰度上像素点的数量相差不大，对应灰度直方图的每一级灰度高度也差不多。灰度均衡同样属于改进图像的方法，灰度均衡后的图像具有较大的信息量。图 2-24 显示了一幅低对比度图像经过灰度均衡后的效果，可以看到灰度均衡对图像效果进行了重要的改进。从变换后图像的直方图来看，灰度分布更加均匀。

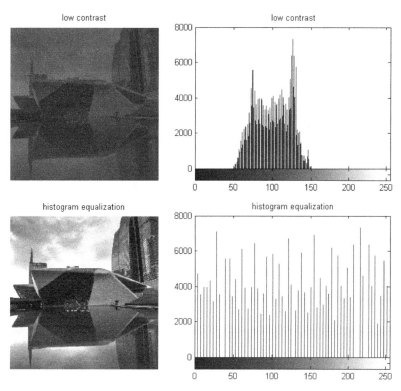

图 2-24　利用灰度均衡处理低对比度图像

下面进行灰度均衡变换函数的推导。

设转化前图像的密度函数为 $p_r(r)$，其中 $0 \leqslant r \leqslant 1$；转化后图像的密度函数为 $p_s(s)$，同样有 $0 \leqslant s \leqslant 1$；灰度均衡变换函数为 $s = T(r)$。从概率理论可以得到如下公式：

$$p_s(s) = p_r(r)\frac{\mathrm{d}r}{\mathrm{d}s}$$

转化后图像灰度均匀分布，有 $p_s(s)=1$，故：

$$\mathrm{d}s = p_r(r)\mathrm{d}r$$

两边取积分有：

$$s = T(r) = \int_0^r p_r(t)\mathrm{d}t$$

这就是图像的累计分布函数。对于图像而言，密度函数为：

$$p(x) = \frac{n_x}{n}$$

其中，x 表示灰度值，n_x 表示灰度级为 x 的像素个数，n 表示图像总像素个数。前面的公式都是在灰度值处于[0, 1]范围内的情况下推导得到的，对于[0, 255]的情况，只要乘以最大灰度值 $D_{\max}$（对于灰度图像而言就是 255）即可。此时灰度均衡的转化公式为：

$$D_{\mathrm{B}} = f(D_{\mathrm{A}}) = D_{\max} \int_0^{D_{\mathrm{A}}} P_{D_{\mathrm{A}}}(t)\mathrm{d}t$$

其中，D_{B} 是转化后的灰度值，D_{A} 是转化前的灰度值。通过上面的公式就能推导出基于离散型的灰度均衡公式：

$$D_{\mathrm{B}} = f(D_{\mathrm{A}}) = \frac{D_{\max}}{A_0} \sum_{i=0}^{D_{\mathrm{A}}} H_i$$

式中，H_i 表示第 i 级灰度的像素个数，A_0 是图像的面积，即像素总数。

2.5.2　编码实现

MATLAB 中图像处理工具箱提供了用以实现灰度均衡算法的函数 histeq()，它的语法形式为：

```
[J, T] = histeq(I, n)
J = histeq(I, n)
```

其中，I 表示原始图像，J 是灰度均衡化后的输出图像，T 是变换矩阵（即返回能将图像 I 的直方图变换成图像 J 的直方图的变换 T）。参数 n 指定直方图均衡后的灰度级数，默认值为 64。

下面这段示例代码演示了图像灰度均衡的实现方法，程序运行结果请见图 2-24。

```
i = rgb2gray(imread('theatre.jpg'));
LC = imadjust(i,[ ],[50/255;150/255]);
figure(1), subplot(221), imshow(LC);
title('low contrast');
figure(1),subplot(222), imhist(LC);
```

```
title('low contrast');
HE1 = histeq(LC);
figure(1), subplot(223), imshow(HE1);
title('histogram equalization');
figure(1),subplot(224), imhist(HE1);
title('histogram equalization');
```

　　直方图均衡化是图像增强的有效手段,它在图像的对比度调节上成效显著。后来又有学者提出了自适应的直方图均衡化(AHE)算法。和普通的直方图均衡化算法不同,AHE 算法通过计算图像的局部直方图,然后重新分布亮度来改变图像对比度。因此,该算法更适合于改进图像的局部对比度,以及获得更多的图像细节。但是,AHE 有过度放大图像中相同区域的噪声的问题。为了解决该问题,于是又有学者设计了另外一种自适应的直方图均衡化算法,即对比度有限的自适应直方图均衡化(CLAHE)算法。当前,CLAHE 算法在图像去雾处理中被广泛采用,图像去雾算法本质上就是对原始图像对比度以及亮度的调节,强烈推荐读者参阅参考文献[1]以了解更多。除了 CLAHE 算法外,在图像去雾技术中几乎无人不知的经典算法是由何恺明博士等人提出的暗通道算法,该文曾经荣获 2009 年 CVPR 最佳论文奖,为该会创办 25 年以来,首次有亚洲学者获授这项最高殊荣。在本书的后面我们也会向读者介绍该算法。

2.6　直方图规定化

　　上一节讲到的灰度均衡可以自动确定灰度变换函数,从而获得拥有均匀直方图的输出图像。就对比度动态范围偏小的图像而言,该算法基于非常简单的操作即能有效地丰富灰度级,因此成为图像自动增强的有效手段。然而,这个过程又是不受控制的,如果我们希望获得具有指定直方图的输出图像,从而有选择性地增强某个灰度范围内的对比度,以使得图像拥有某种特定的分布,此时需要用到的方法称为直方图规定化(histogram specification),或称为直方图匹配。

2.6.1　基本原理

　　直方图规定化是以灰度均衡为基础的,它通过建立原始图像和带直方图匹配的图像之间的关系,来使得原始图像直方图呈现出特定的形状,从而弥补灰度均衡过程无法自由控制的缺憾。

　　该处理过程,首先需要对原始图像做灰度均衡处理:

$$s = T(r) = \int_0^r p_r(t)\mathrm{d}t$$

同时对直方图匹配的图像也做灰度均衡处理：

$$v = F(z) = \int_0^z p_z(\lambda)d\lambda$$

因为以上两式都是均衡化的，所以可以令 $s = v$，则有：

$$z = F^{-1}(v) = F^{-1}(s) = F^{-1}[T(r)]$$

于是便可以按照如下步骤由输入图像得到一个具有规定化概率密度函数的图像：首先根据第一个公式得到变换关系 $T(r)$，然后再根据第二个公式得到变换关系 $F(z)$，并求得反函数 $z = F^{-1}(v)$，最后对所有输入像素应用第三个公式，即可求得输出图像。

在实现的时候，需要利用上述公式的离散形式。其中，T 是输入图像灰度均衡的离散化关系，F 是标准图像灰度均衡的离散化关系，而 F^{-1} 则是参考图像均衡化的逆映射关系，相当于均衡化处理的逆过程。

2.6.2 编码实现

基于上一节中用到的 histeq()函数就可以实现图像的直方图规定化，需要采用如下语法形式：

```
[J, T] = histeq(I, hgram)
J = histeq(I, hgram)
```

此时函数会将原始图像 I 的直方图变成用户指定的向量 hgram（也就是参考图像的直方图）。参数 hgram 的分量数目就是直方图的收集箱数目，对于 double 型的图像，hgram 中各元素的值域为[0,1]；而对于 uint8 型的图像，hgram 中各元素的取值范围则是[0, 255]。

下面这段代码演示了在 MATLAB 中实现图像直方图规定化的基本方法。

```
img = rgb2gray(imread('theatre.jpg'));
img_ref = rgb2gray(imread('rpic.jpg'));
[hgram, x] = imhist(img_ref);
J = histeq(img, hgram);
subplot(2,3,1), imshow(img), title('original image');
subplot(2,3,4), imhist(img), title('original image');
subplot(2,3,2), imshow(img_ref), title('reference image');
subplot(2,3,5), imhist(img_ref), title('reference image');
subplot(2,3,3), imshow(J), title('output image');
subplot(2,3,6), imhist(J), title('output image');
```

运行上述代码，输出结果如图 2-25 所示。可见，经过直方图规定化处理之后，原始图像直方图已经呈现出了参考图像直方图分布的形状，这不仅体现在灰度分布的范围上，还体现在直方图波动的走势上。

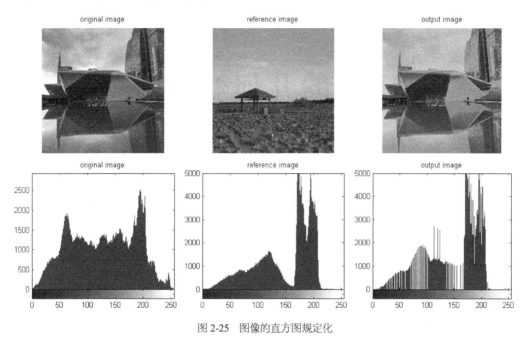

图 2-25　图像的直方图规定化

本章参考文献及推荐阅读材料

[1] Karel Zuiderveld. Contrast Limited Adaptive Histograph Equalization. Graphic Gems IV. Academic Press Professional, 1994.

[2] Zhicheng Ni, Yun-Qing Shi, Nirwan Ansari, Wei Su. Reversible Data Hiding. IEEE Transactions on Circuits and Systems for Video Technology, Vol. 16, No. 3, Mar. 2006.

[3] 曾宪庭，李卓，平玲娣. 基于图像块动态参照像素的无损信息隐藏算法. 电信科学，2012.1.

3

图像的几何变换

上一章介绍的图像点运算是一种基于像素级别的图像变换，这一章将介绍图像的几何变换。图像的几何变换是在不改变图像内容的前提下对图像像素进行相对空间位置移动的一种处理方式，它主要包括图像的平移变换，镜像变换，图像的转置、缩放和旋转等内容。

3.1　图像几何变换的基本理论

本节对图像几何变换的概念及相关基础知识进行简单概述，内容包括：几何变换的映射关系及对应的数学表示法。

3.1.1　图像几何变换概述

图像几何变换用于改变图像中像素与像素之间的空间关系，从而重构图像的空间结构，达到处理图像的目的。简而言之，图像几何变换就是建立一种源图像像素与变换后的图像像素之间的映射关系。通过这种映射关系能够知道源图像任意像素点变换后的坐标，或者变换后的图像像素在源图像的坐标位置等。其数学公式描述如下：

$$\begin{cases} x = U(x_0, y_0) \\ y = V(x_0, y_0) \end{cases}$$

其中，x、y 表示输出图像像素的坐标，x_0、y_0 则表示输入图像像素的坐标。而 U、V 表示两种映射关系，它们通过输入的 x_0 和 y_0 来确定相应的 x 和 y。映射关系可以是线性关系，例如：

$$\begin{cases} U(x,y) = k_1 x + k_2 y + k_3 \\ V(x,y) = k_4 x + k_5 y + k_6 \end{cases}$$

也可以是如下的多项式关系：

$$\begin{cases} U(x,y) = k_1 + k_2 x + k_3 y + k_4 x^2 + k_5 xy + k_6 y^2 \\ V(x,y) = k_7 + k_8 x + k_9 y + k_{10} x^2 + k_{11} xy + k_{12} y^2 \end{cases}$$

可以看到，只要给出图像上任意像素的坐标，都能通过对应的映射关系获得几何变换后的像素坐标位置。这种将输入映射到输出的过程称为"向前映射"。

如图 3-1 所示，通过向前映射能够确定源图像在经过变换后各像素的坐标。由于多个输入坐标可以对应同一个输出坐标，所以向前映射是一个满射。在使用向前映射处理图像的几何变换时还需要解决以下问题。

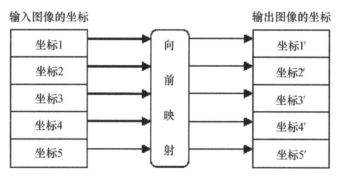

图 3-1　向前映射

（1）浮点数坐标

对于数字图像而言，像素坐标是用离散型的非负整数表示的，但是通过映射函数变换后可能产生浮点数的坐标。例如，源图像(3, 3)点在缩小一倍后将变成(1.5, 1.5)，这显然是个无效坐标。本章后面将介绍几种方法解决该问题。

（2）映射不完全和映射重叠

向前映射在处理图像的缩放、旋转等几何变换上有先天的不足，常常产生两种问题。

① 映射不完全：指输入图像的像素总数小于输出图像的像素总数，这会使得输出图像的部分像素与原始图像没有映射关系，如图 3-2 所示。

在图 3-2 中，一个 2×2 的图像被放大一倍后大小变为 4×4。输入图像的像素总数为 4 个，经过向前映射建立关联的像素坐标只有 4 个。而输出图像的像素总数为 16，所以有 12 个像素没有有效值（图 3-2 中的颜色为深色的坐标），这就是映射不完全。

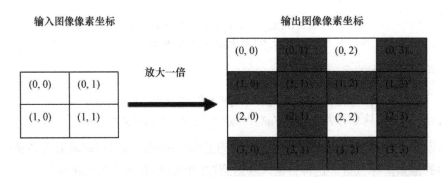

图 3-2　映射不完全

② **映射重叠：**如果将图 3-2 中的输入图像和输出图像交换，就会出现新的问题——映射重叠，如图 3-3 所示。

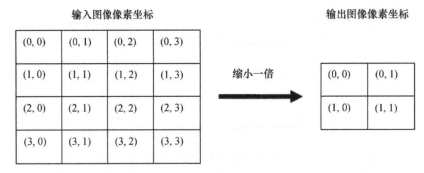

图 3-3　映射重叠

源图像像素坐标为(0, 0)、(0, 1)、(1, 0)和(1, 1)，经过缩小 1 倍后对应的输出图像坐标分别为(0, 0)、(0, 0.5)、(0.5, 0)和(0.5, 0.5)，取整后坐标都为(0, 0)。那么输出图像坐标为(0, 0)的像素值究竟由源图像的哪个像素决定呢？是不是会觉得难以取舍？同样，输出图像的其他 3 个像素值也存在这个问题。

下面介绍另一种映射方法——向后映射。它解决了向前映射产生的问题，其数学表达式为：

$$\begin{cases} x_0 = U'(x, y) \\ y_0 = V'(x, y) \end{cases}$$

同样，x、y 表示输出图像像素的坐标，x_0、y_0 表示输入图像像素的坐标，U'、V' 表示两种映射方式，图示表示见图 3-4。

向后映射与向前映射刚好相反，它是由输出图像像素坐标反过来推算该像素在源图像的坐标位置。这样，输出图像的每个像素都能通过映射找到对应的位置，而不会产生映射不完全和映射重叠的现象。在实际处理中基本运用向后映射来进行图像的几何变换。

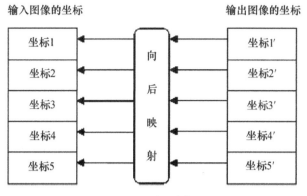

图 3-4 向后映射

总之，向前映射有效率偏低、映射不完全等缺点，但是在一些不改变图像大小的几何变换中，向前映射还是十分有效的。向后映射主要运用在图像的旋转和缩放中，这些几何变换都会改变图像的大小，运用向后映射则可以有效解决大小改变产生的各类映射问题。

3.1.2 图像几何变换的数学描述

本章的几何变换全部采用统一的矩阵表示法，形式为下面的表达式：

$$[x \quad y \quad 1] = [x_0 \quad y_0 \quad 1] \begin{bmatrix} a_1 & a_2 & 0 \\ a_3 & a_4 & 0 \\ a_5 & a_6 & 1 \end{bmatrix}$$

这就是向前映射的矩阵表示法。其中 x、y 表示输出图像像素的坐标，x_0、y_0 则表示输入图像像素的坐标。由矩阵运算可知：

$$\begin{cases} x = a_1 x_0 + a_3 y_0 + a_5 \\ y = a_2 x_0 + a_4 y_0 + a_6 \end{cases}$$

向后映射的矩阵表示为：

$$[x_0 \quad y_0 \quad 1] = [x \quad y \quad 1] \begin{bmatrix} b_1 & b_2 & 0 \\ b_3 & b_4 & 0 \\ b_5 & b_6 & 1 \end{bmatrix}$$

同理有：

$$\begin{cases} x_0 = b_1 x + b_3 y + b_5 \\ y_0 = b_2 x + b_4 y + b_6 \end{cases}$$

可以看到，向后映射的矩阵表示正好是向前映射的逆变换。

3.2 图像的平移变换

本节介绍图像平移变换的基本原理和实现方法，它是最简单的几何变换。读者可以通过平移变换了解几何变换的处理过程。

3.2.1 效果预览

图像的平移变换就是将图像中所有像素的坐标分别加上（或减去）指定的水平和垂直偏移量，从而使整张图出现移位的效果。

图 3-5 显示了图像经过平移变换后的效果，水平偏移量为 100，垂直偏移量为 150。图中左侧的原始图像经过平移变换，但是其大小并没有改变，故超出范围的部分被截去。

图 3-5　图像的平移变换效果

3.2.2 基本原理

图像平移变换示意图如图 3-6 所示。

图 3-6　图像平移变换示意图

设 dx 为水平偏移量，dy 为垂直偏移量，则平移变换的坐标映射关系为：

$$\begin{cases} x = x_0 + \mathrm{d}x \\ y = y_0 + \mathrm{d}y \end{cases}$$

平移变换的矩阵表示为：

$$[x \quad y \quad 1] = [x_0 \quad y_0 \quad 1] \begin{bmatrix} 1 & 0 & 0 \\ 0 & 1 & 0 \\ \mathrm{d}x & \mathrm{d}y & 1 \end{bmatrix}$$

其逆变换为：

$$[x_0 \quad y_0 \quad 1] = [x \quad y \quad 1] \begin{bmatrix} 1 & 0 & 0 \\ 0 & 1 & 0 \\ -\mathrm{d}x & -\mathrm{d}y & 1 \end{bmatrix}$$

为提高处理速度，这里采取整行复制的方法。下面通过讨论 dx、dy 的值来确定复制方法。

（1）dx≥width、dx≤–width、dy≥height 或 dy≤–height

此时图像完全移出画布范围，可以不予处理。

（2）dx < 0

此时左侧部分图像将被截去。依次从源图像每行的第|dx|个像素开始复制，复制图像宽度为 width–|dx|。

（3）dx > 0

此时右侧部分图像将被截去。依次从源图像每行的第 0 个像素开始复制，复制图像宽度为 width–dx。

3.2.3　编程实现

下面我们给出在 MATLAB 中实现图像平移变换的代码。由于 MATLAB 中并没有提供直接用于实现图像平移变换的函数，因此这里其实是通过移动矩阵中元素的方法来实现平移效果的。请读者留意其中关于类型转换的部分语句，对于这些语句的理解可以参考本书第 1 章中所介绍的相关内容。另外，还需要补充说明的是，在 MATLAB 的编辑器中如果某句代码比较长，没办法在一行内写完，则可以使用三个点 "…" 来实现续行。

```
I = imread('apostles.jpg');
I = double(I);
B = zeros(size(I));
H = size(I);
move_x = 100;
move_y = 150;
B(move_y + 1:H(1), move_x+1:H(2), 1:H(3))=...
I(1:H(1)-move_y, 1:H(2) - move_x, 1:H(3));
subplot(1,2,1),subimage(uint8(I))
title('原图像')
subplot(1,2,2),subimage(uint8(B))
title('平移变换');
```

除了上面给出的这种常规方法之外，我们还可以利用本书后面将要介绍的图像形态学处理函数来实现图像的平移。关于图像形态学处理的方法将在后续章节中介绍，这里暂不做过多介绍。

```
I = imread('apostles.jpg');
se=translate(strel(1),[150 100]);
B = imdilate(I,se);
figure;
subplot(1,2,1),subimage(I);
title('原图像');
subplot(1,2,2),subimage(B);
title('平移变换');
```

3.3 图像的镜像变换

在数学上，我们都学过给定一个函数求它关于纵轴（或横轴）的对称函数的方法，这与本节将要介绍的图像镜像变换非常相似。

3.3.1 效果预览

图像的镜像变换分为两种——水平镜像和垂直镜像。水平镜像变换就是以图像垂直中线为轴，将图像的所有像素进行对称变换。换句话说，就是将图像的左半部和右半部对调，效果如图 3-7 所示。

图 3-7　图像的水平镜像效果

　　垂直镜像变换同样也是对图像进行像素的对称变换，但不同的是垂直镜像变换不再以垂直中线为轴，而是以图像的水平中线为轴进行上半部分和下半部分的对调，效果如图 3-8 所示。

图 3-8　图像的垂直镜像效果

　　总之，水平镜像变换产生原始图像的水平投影，就像图像在镜子中的显示效果；而垂直镜像变换则让图像在垂直方向上进行投影，效果好比水中的影子。

3.3.2　基本原理

1. 水平镜像变换

设图像的宽度为 width，则水平镜像变换的映射关系如下：

$$\begin{cases} x = \text{width} - x_0 - 1 \\ y = y_0 \end{cases}$$

用矩阵描述为：

$$[x \quad y \quad 1] = [x_0 \quad y_0 \quad 1] \begin{bmatrix} -1 & 0 & 0 \\ 0 & 1 & 0 \\ \text{width}-1 & 0 & 1 \end{bmatrix}$$

相应的逆运算矩阵如下：

$$[x_0 \quad y_0 \quad 1] = [x \quad y \quad 1] \begin{bmatrix} -1 & 0 & 0 \\ 0 & 1 & 0 \\ \text{width}-1 & 0 & 1 \end{bmatrix}$$

可以发现，水平镜像变换的向前映射与向后映射关系式相同。也就是说，水平镜像的结果如果再做镜像就会复原得到原始图像。在垂直镜像变换中，我们也可以得到同样的结论。

2．垂直镜像变换

设图像的高度为 height，则垂直镜像变换的映射关系如下：

$$\begin{cases} x = x_0 \\ y = \text{height} - y_0 - 1 \end{cases}$$

用矩阵描述为：

$$[x \quad y \quad 1] = [x_0 \quad y_0 \quad 1] \begin{bmatrix} 1 & 0 & 0 \\ 0 & -1 & 0 \\ 0 & \text{height}-1 & 1 \end{bmatrix}$$

相应的逆运算矩阵如下：

$$[x_0 \quad y_0 \quad 1] = [x \quad y \quad 1] \begin{bmatrix} 1 & 0 & 0 \\ 0 & -1 & 0 \\ 0 & \text{height}-1 & 1 \end{bmatrix}$$

3.3.3　编程实现

下面就利用 MATLAB 来编程实现图像的镜像变换。我们最容易想到的实现方法就是利用前面"基本原理"中介绍的矩阵映射来完成变换。下面这段程序就以此为基础来演示图像镜像变换的实现方法。

```
I = imread('apostles.jpg');
[height, width, dim]=size(I);
%水平镜像变换
tform = maketform('affine',[-1 0 0;0 1 0; width 0 1]);
```

```
B=imtransform(I, tform, 'nearest');
%垂直镜像变换
tform2 = maketform('affine', [1 0 0; 0 -1 0; 0 height 1]);
C=imtransform(I, tform2, 'nearest');
subplot(1,3,1),imshow(I);
title('原图像');
subplot(1,3,2),imshow(B);
title('水平图像');
subplot(1,3,3),imshow(C);
title('垂直图像');
```

读者可以自行运行上述程序并观察结果。

除了上面这种实现方法之外，我们还可以参考图像平移变换中所使用的语法形式，于是便有了下面这种实现方式。对此我们不再做过多的解释，读者可以自行运行程序并观察结果。

```
A = imread('apostles.jpg');
A = double(A);
figure(1), imshow(uint8(A));
H = size(A);
figure(2),B(1:H(1),1:H(2),1:H(3))=A(H(1):-1:1,1:H(2),1:H(3));%垂直镜像
imshow(uint8(B));
figure(3),C(1:H(1),1:H(2),1:H(3))=A(1:H(1),H(2):-1:1,1:H(3));%水平镜像
imshow(uint8(C));
```

3.4　图像的转置

本节主要介绍图像转置的基本原理和实现方法，图像转置实现了一种图形坐标互换的效果。

3.4.1　效果预览

图像的转置就是将图像像素的横坐标和纵坐标交换位置，效果见图 3-9。图像的转置可以看成水平镜像变换和旋转的组合，即先将图像进行水平镜像变换，然后按逆时针旋转 90°。转置操作会改变图像的大小，转置后图像的宽度和高度将互换。

图 3-9   图像的转置效果

3.4.2   基本原理

转置的映射关系如下：

$$\begin{cases} x = y_0 \\ y = x_0 \end{cases}$$

用矩阵表示则为：

$$\begin{bmatrix} x & y & 1 \end{bmatrix} = \begin{bmatrix} x_0 & y_0 & 1 \end{bmatrix} \begin{bmatrix} 0 & 1 & 0 \\ 1 & 0 & 0 \\ 0 & 0 & 1 \end{bmatrix}$$

逆运算为：

$$\begin{bmatrix} x_0 & y_0 & 1 \end{bmatrix} = \begin{bmatrix} x & y & 1 \end{bmatrix} \begin{bmatrix} 0 & 1 & 0 \\ 1 & 0 & 0 \\ 0 & 0 & 1 \end{bmatrix}$$

可见，逆运算矩阵与原始矩阵相同，故图像的运算使用向前映射和向后映射都可以。

3.4.3   编程实现

下面这段代码向读者演示了在 MATLAB 中进行图像转置操作的基本方法，请读者完成编码后运行程序并观察结果。

```
I = imread('apostles.jpg');
tform = maketform('affine',[0 1 0; 1 0 0; 0 0 1]);%定义转置矩阵
B = imtransform(I, tform, 'nearest');
subplot(1,2,1),imshow(I)
title('原图像');
subplot(1,2,2),imshow(B)
title('转置图像');
```

3.5　图像的缩放

本节介绍图像缩放的原理和实现方法。由于它是本章第 1 个需要使用插值算法的几何变换，故会详细介绍两种常见插值算法的相关理论。

3.5.1　效果预览

图像的缩放主要用于改变图像的大小，图像在缩放后其宽度或者高度会发生变化。在图像的缩放中常常提到两个概念——水平缩放系数和垂直缩放系数。水平缩放系数控制水平像素的缩放比例，如果水平缩放系数为 1，则图像宽度保持不变；如果水平缩放系数小于 1，则图像宽度减小，图像在水平位置上被压缩，如图 3-10 左图所示；相反，如果水平缩放系数大于 1，则图像宽度增大，图像在水平位置上被拉伸，如图 3-10 右图所示。垂直缩放系数与水平缩放系数类似，不过作用在垂直方向上。

图 3-10　图像的缩放效果

实际运用缩放时，常常需要保持原始图像宽度与高度的比例，即水平缩放系数与垂直缩放系数取值相同，这种缩放方法不会使图像变形。

3.5.2　基本原理

设水平缩放系数为 s_x，垂直缩放系数为 s_y，则缩放的坐标映射关系如下：

$$\begin{cases} x = s_x \times x_0 \\ y = s_y \times y_0 \end{cases}$$

矩阵表示形式为：

$$[x \quad y \quad 1] = [x_0 \quad y_0 \quad 1] \begin{bmatrix} s_x & 0 & 0 \\ 0 & s_y & 0 \\ 0 & 0 & 1 \end{bmatrix}$$

这是向前映射的矩阵表示。前面已经介绍了向前映射在缩放时的缺点，所以这里更加关心向后映射的矩阵表示：

$$[x_0 \quad y_0 \quad 1] = [x \quad y \quad 1] \begin{bmatrix} 1/s_x & 0 & 0 \\ 0 & 1/s_y & 0 \\ 0 & 0 & 1 \end{bmatrix}$$

向后映射的坐标映射关系为：

$$\begin{cases} x_0 = \dfrac{x}{s_x} \\ y_0 = \dfrac{y}{s_y} \end{cases}$$

下面研究利用向后映射进行图像缩放的过程。首先需要计算新图像的大小，如果设 newWidth 和 newHeight 分别表示新图像的宽度和高度，width 和 height 表示原始图像的宽度和高度，则它们之间的关系为：

$$\begin{cases} \text{newWidth} = s_x \times \text{width} \\ \text{newHeight} = s_y \times \text{height} \end{cases}$$

然后枚举新图像每个像素的坐标，通过向后映射计算出该像素映射在原始图像的坐标位置，再获取该像素值。如图 3-11 所示，输出图像的 A' 像素对应输入图像的 A 像素。

输入图像   输出图像

图 3-11   利用向后映射输出图像

映射过程中可能产生浮点数的坐标值。例如，将图像放大一倍，即 $s_x=s_y=2$，则输出图像坐标为(0，0)的点在原始图像的位置为 $x_0=0/2=0$，$y_0=0/2=0$，故对应的原始坐标为(0，0)。同理，(0，1)像素对应原始图像的(0，0.5)，(0，2)像素对应原始图像的(0，1)点，依此类推。可以看到，某些像素的坐标出现了浮点数，但是数字图像是以离散型的整数存储数据的，所以无法得到原始图像坐标为(0，0.5)的像素值。这里就需要使用插值算法计算坐标为(0，0.5)像素的近似值。

3.5.3　插值算法介绍

插值算法主要用于处理在几何变换中出现的浮点坐标像素，它可以通过一系列算法获得浮点坐标像素的近似值。由于浮点数坐标是"插入"在整数坐标之间的，所以这种算法被称为"插值算法"。插值算法被广泛运用在图像的缩放、旋转、卷绕等变换中。

比较常见的插值算法有最临近插值法、双线性插值法和二次立方插值法等。一般来说，最临近插值法效果最差，图像放大后出现了"马赛克"，图像细节十分模糊；而双线性插值法则大大改善了放大图像的质量，避免了马赛克的产生，但是细节体现得同样不够；二次立方插值法效果最好，放大后的图像显得锐利清晰，图像细节较双线性插值法而言有了改善。当然，良好的效果也会伴随着计算时间增长。二次立方插值法效果最好，但是运算时间最长；而最临近插值法的处理速度则比后两种算法快上百倍甚至千倍。表 3-1 总结了 3 种插值算法的优缺点。

表 3-1　3 种插值算法的优缺点比较

插值算法名称	速　　度	细 节 效 果	整 体 效 果
最临近插值法	最快	差	较差
双线性插值法	中等	一般	较好
二次立方插值法	最慢	较好	好

本节主要介绍最临近插值法和双线性插值法的原理及实现过程。对于二次立方、三次线性等高阶插值法，读者可以自己查阅相关资料。

1. 最临近插值法

最临近插值法也称为零阶插值法。它的插值算法思想相当简单，通俗地讲，就是"四舍五入"。换句话说，浮点数坐标的像素值等于离该点最近的输入图像像素值。

如图 3-12 所示为获得坐标为(6.6，4.3)的像素值。易见，坐标为(6.6，4.3)的像素点周围有 4 个像素，它们的坐标分别是(6，4)、(7，4)、(6，5)和(7，5)。可以发现其中点(6.6，4.3)距离点(7，4)最近，所以点(6.6，4.3)像素的插值结果为原始图像中坐标为点(7，4)的像素值。最临近像素点坐标可以直接利用四舍五入获得。

正是因为最临近插值法几乎没有多余的运算，所以速度相当快。但是这种临近取值的方法也造成了图像的马赛克、锯齿等现象，如图 3-13 所示。

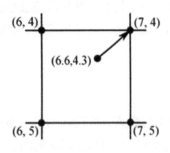 

图 3-12　最临近插值法示意图　　　　图 3-13　最临近插值法产生的锯齿边缘

2．双线性插值法

双线性插值法又称为二次线性插值法，它的插值效果比最临近插值法要好很多，但是也慢不少。双线性插值法的主要思想就是计算出浮点坐标像素的近似值。如果要计算出一对浮点坐标对应的颜色应该怎么办呢？这就需要从该坐标周围的 4 个像素值入手，将这 4 个像素值按照一定的比例混合，最终得到该浮点坐标的像素值。比例混合的依据就是离哪个像素越近，哪个像素的比例就越大。下面通过一些例子推导出双线性插值法的公式。假设现在需要获得坐标为$(6.6, 4)$的像素值 T，从图 3-14 可以知道，该坐标离$(6, 4)$和$(7, 4)$这两个像素点最近。

设$(6, 4)$像素值为 T_{64}，$(7, 4)$像素值为 T_{74}，按照距离越近混合比例越大的原则可以得到：

$$T=T_{64}×(1-u)+T_{74}×(1-v)$$

其中，u、v 分别表示浮点坐标距离$(6, 4)$和$(7, 4)$两像素点的距离。很明显，$u=0.6$，$v=0.4$，故有：

$$T=T_{64}×0.4+T_{74}×0.6$$

可以看到，点$(6.6, 4)$距离点$(7, 4)$较近，所以权重为 0.6；对应地，点$(6, 4)$的权重只有 0.4。现在读者已经知道什么叫作线性插值了，如果两个坐标都为浮点数，则需要使用多次线性插值。下面会介绍如何获取坐标为$(6.6, 4.3)$的像素值。如图 3-15 所示，总体思路是先求出$(6.6, 4)$和$(6.6, 5)$的像素值，然后用一次线性插值求得坐标为$(6.6, 4.3)$的像素值。

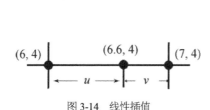

图 3-14　线性插值

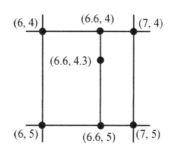

图 3-15　线性插值示意图 1

设坐标为(6, 4)、(6, 5)、(7, 4)、(7, 5)的像素值分别是 T_{64}、T_{65}、T_{74} 和 T_{75}，则有：

- (6.6, 4)像素值为 $T_1 = T_{64} \times 0.4 + T_{74} \times 0.6$。
- (6.6, 5)像素值为 $T_2 = T_{65} \times 0.4 + T_{75} \times 0.6$。
- (6.6, 4.3)像素值为 $T = T_1 \times 0.7 + T_2 \times 0.3$。

这样就得出了(6.6, 4.3)的像素值。从这个例子中可以推导出双线性插值的一般公式。现在需要获得指定浮点坐标的像素值 f，设该浮点坐标周围的 4 个像素值分别是 T_1、T_2、T_3、T_4，u 和 v 分别表示浮点坐标距离左上角的横坐标差值和纵坐标差值，如图 3-16 所示。

可按照如下步骤求得 f 的值。

- $f_1 = T_1 \times (1-u) + T_2 \times u$
- $f_2 = T_3 \times (1-u) + T_4 \times u$
- $f = f_1 \times (1-v) + f_2 \times v$

这个就是双线性插值法的基本公式。可以看到，每个像素点需要经过 6 次浮点运算才能获得较为准确的近似值，所以计算速度相对慢一些。仔细分析双线性插值可以发现，浮点坐标的像素值是由周围 4 个像素值决定的，如果这 4 个像素值差别较大，插值后的结果为中间值，这就使图像在颜色分界较为明显的部分变得较为模糊，如图 3-17 所示。

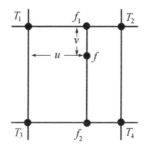

图 3-16　双线性插值示意图 2

图 3-17　双线性插值法产生的细节模糊

总之，双线性插值法需要花费一定的运算时间，但是效果相对较好。当用户需要在较短的时间内完成几何变换并且不希望在效果上做出让步的时候，双线性插值法无疑是最好的选择。

3.5.4　编程实现

MATLAB 已经提供了专门用于图像缩放的函数 imresize()，它的语法形式如下：

```
B = imresize(A, scale, method);
```

其中，参数 A 是待缩放的原始图像，scale 为统一缩放比例。可选参数 method 用于指定插值方法，在缺省情况下默认使用最临近插值法。下面这段示例代码演示了图像缩放功能的处理方法。

```
I = imread('C:\apostles.jpg');
A = imresize(I, 1.5, 'nearest');
B = imresize(I, 1.5, 'bilinear');
C = imresize(I, 1.5, 'bicubic');
subplot(2,2,1), imshow(I), title('original');
subplot(2,2,2), imshow(A), title('nearest');
subplot(2,2,3), imshow(B), title('bilinear');
subplot(2,2,4), imshow(C), title('bicubic');
```

这里分别演示了 3 种不同的插值方法的效果，如图 3-18 所示。需要说明的是，MATLAB 在显示结果图像时，会根据窗口进行缩放调整，所以看上去似乎几幅结果图像和原图都是一样大的。此时读者可以在显示窗口中单击"Data Cursor"按钮，然后在图像上任意选择一点，那么 MATLAB 就会将该点的详细信息呈现出来，包括位置和颜色值。

此外，如果希望在水平和垂直两个方向上以不同的比例进行缩放，则可以采用下面这种语法形式：

```
B = imresize(A, [mrows ncols], method);
```

其中，向量参数[mrows ncols]给出了变换后结果图像 B 的具体行高和列宽（均以像素计），其他参数与前面等比例缩放的情况相同，此处不再重复。

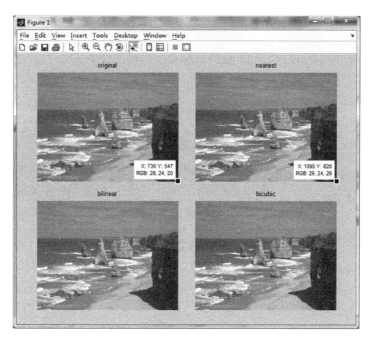

图 3-18　各种插值方法的效果比较

3.6　图像的旋转

本节介绍图像旋转的基本原理和实现方法，它是本章最复杂的几何变换。

3.6.1　效果预览

图像的旋转就是让图像按照其中心点旋转指定角度，效果如图 3-19 所示。图像旋转后不会变形，但是其垂直对称轴和水平对称轴都会改变，旋转后像素的坐标已不能通过简单的加减法获得，而需要经过较复杂的数学运算。而且图像在经过旋转变换后，其宽度和高度都要发生改变，所以原始图像中心点和输出图像中心点的坐标是不相同的。这些都是图像的旋转比较难以实现的原因。

图 3-19　图像的旋转效果

3.6.2 基本原理

图像的旋转不再是由一个矩阵变换就能获得坐标的映射关系了，它涉及多次矩阵变换。下面将一步步介绍旋转的基本原理。

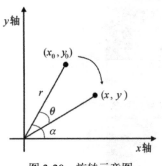

图 3-20　旋转示意图

1．旋转公式

下面我们在数学坐标系中推导旋转公式。将坐标为(x_0, y_0)的像素点顺时针旋转 θ 角度后，其坐标变为(x, y)，如图 3-20 所示。其中 r 表示像素坐标距离原点的距离，α 表示旋转前像素点与原点连线夹角的度数。

旋转前有如下等式成立：

$$\begin{cases} x_0 = r\cos\alpha \\ y_0 = r\sin\alpha \end{cases}$$

旋转后则有：

$$\begin{cases} x = r\cos(\alpha - \theta) \\ y = r\sin(\alpha - \theta) \end{cases}$$

由数学知识可知：

$$\cos(\alpha - \theta) = \cos\alpha\cos\theta + \sin\alpha\sin\theta \quad \sin(\alpha - \theta) = \sin\alpha\cos\theta - \cos\alpha\sin\theta$$

带入原公式有：

$$\begin{cases} x = r\cos\alpha\cos\theta + r\sin\alpha\sin\theta = x_0\cos\theta + y_0\sin\theta \\ y = r\sin\alpha\cos\theta - r\cos\alpha\sin\theta = -x_0\sin\theta + y_0\cos\theta \end{cases}$$

矩阵表示为：

$$\begin{bmatrix} x & y & 1 \end{bmatrix} = \begin{bmatrix} x_0 & y_0 & 1 \end{bmatrix} \begin{bmatrix} \cos\theta & -\sin\theta & 0 \\ \sin\theta & \cos\theta & 0 \\ 0 & 0 & 1 \end{bmatrix}$$

逆变换为：

$$\begin{bmatrix} x_0 & y_0 & 1 \end{bmatrix} = \begin{bmatrix} x & y & 1 \end{bmatrix} \begin{bmatrix} \cos\theta & \sin\theta & 0 \\ -\sin\theta & \cos\theta & 0 \\ 0 & 0 & 1 \end{bmatrix}$$

2．坐标变换

图像的坐标系与数学中的坐标系不相同。在数字图像的坐标系中，y 轴在下方；而在默认的数学坐标系中，y 轴在上方，如图 3-21 左图所示。在旋转过程中，需要进行两次坐标变换。

输入图像的坐标系　　　　　　　　　　　　　数学坐标系

图 3-21　坐标变换 1

（1）旋转操作前

图像的旋转是按照图像的中心点旋转指定角度，为了变换方便，需要以图像的中心作为坐标原点，故在进行旋转操作前需要先对坐标进行变换，即将图像坐标系转换为数学默认坐标系，如图 3-21 右图所示。设原始图像的宽度和高度分别是 W 和 H，则第 1 次变换的映射关系为：

$$\begin{cases} x = x_0 - 0.5W \\ y = -y_0 + 0.5H \end{cases}$$

矩阵表示如下：

$$[x \quad y \quad 1] = [x_0 \quad y_0 \quad 1] \begin{bmatrix} 1 & 0 & 0 \\ 0 & -1 & 0 \\ -0.5W & 0.5H & 1 \end{bmatrix}$$

逆运算为：

$$[x_0 \quad y_0 \quad 1] = [x \quad y \quad 1] \begin{bmatrix} 1 & 0 & 0 \\ 0 & -1 & 0 \\ 0.5W & 0.5H & 1 \end{bmatrix}$$

（2）旋转操作后

如图 3-22 所示，图像经过旋转后需要再次进行坐标转换，将数学坐标系转换为数字图像的坐标系。转换方式与第 1 次坐标变换相似，唯一不同的是输出图像的中心已经不再是$(0.5W, 0.5H)$。如果设 W_{new} 和 H_{new} 分别表示输出图像的宽度和高度，那么输出图像的中心为$(0.5W_{new}, 0.5H_{new})$。

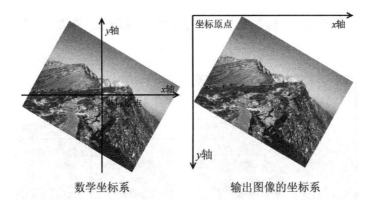

数学坐标系   输出图像的坐标系

图 3-22　坐标变换 2

故第 2 次坐标变换的映射关系为：

$$\begin{cases} x = x_0 + 0.5W_{new} \\ y = -y_0 + 0.5H_{new} \end{cases}$$

矩阵表示如下：

$$\begin{bmatrix} x & y & 1 \end{bmatrix} = \begin{bmatrix} x_0 & y_0 & 1 \end{bmatrix} \begin{bmatrix} 1 & 0 & 0 \\ 0 & -1 & 0 \\ 0.5W_{new} & 0.5H_{new} & 1 \end{bmatrix}$$

逆运算为：

$$\begin{bmatrix} x_0 & y_0 & 1 \end{bmatrix} = \begin{bmatrix} x & y & 1 \end{bmatrix} \begin{bmatrix} 1 & 0 & 0 \\ 0 & -1 & 0 \\ -0.5W_{new} & 0.5H_{new} & 1 \end{bmatrix}$$

3. 旋转公式

有了前面的基础就能推导出旋转公式。图像的每个像素需要经过如下 3 步完成旋转。

- 由输入图像的坐标系转换为数学坐标系。
- 通过数学旋转坐标系计算指定像素旋转后的坐标。
- 由旋转坐标系转换为输出图像的坐标系。

矩阵表示为：

$$\begin{bmatrix} x & y & 1 \end{bmatrix} = \begin{bmatrix} x_0 & y_0 & 1 \end{bmatrix} \begin{bmatrix} 1 & 0 & 0 \\ 0 & -1 & 0 \\ -0.5W & 0.5H & 1 \end{bmatrix} \begin{bmatrix} \cos\theta & -\sin\theta & 0 \\ \sin\theta & \cos\theta & 0 \\ 0 & 0 & 1 \end{bmatrix} \begin{bmatrix} 1 & 0 & 0 \\ 0 & -1 & 0 \\ 0.5W_{new} & 0.5H_{new} & 1 \end{bmatrix}$$

$$= \begin{bmatrix} x_0 & y_0 & 1 \end{bmatrix} \begin{bmatrix} \cos\theta & \sin\theta & 0 \\ -\sin\theta & \cos\theta & 0 \\ -0.5W\cos\theta + 0.5H\sin\theta + 0.5W_{\text{new}} & -0.5W\sin\theta - 0.5H\cos\theta + 0.5H_{\text{new}} & 1 \end{bmatrix}$$

逆运算为：

$$\begin{bmatrix} x_0 & y_0 & 1 \end{bmatrix} = \begin{bmatrix} x & y & 1 \end{bmatrix} \begin{bmatrix} 1 & 0 & 0 \\ 0 & -1 & 0 \\ -0.5W_{\text{new}} & 0.5H_{\text{new}} & 1 \end{bmatrix} \begin{bmatrix} \cos\theta & \sin\theta & 0 \\ -\sin\theta & \cos\theta & 0 \\ 0 & 0 & 1 \end{bmatrix} \begin{bmatrix} 1 & 0 & 0 \\ 0 & -1 & 0 \\ 0.5W & 0.5H & 1 \end{bmatrix}$$

$$= \begin{bmatrix} x & y & 1 \end{bmatrix} \begin{bmatrix} \cos\theta & -\sin\theta & 0 \\ \sin\theta & \cos\theta & 0 \\ -0.5W_{\text{new}}\cos\theta - 0.5H_{\text{new}}\sin\theta + 0.5W & 0.5W_{\text{new}}\sin\theta - 0.5H_{\text{new}}\cos\theta + 0.5H & 1 \end{bmatrix}$$

这就是旋转后映射的矩阵关系。可以将与 x、y 无关的表达式用两个变量表示：

$$\begin{cases} \text{num}_1 = -0.5W_{\text{new}}\cos\theta - 0.5H_{\text{new}}\sin\theta + 0.5W \\ \text{num}_2 = 0.5W_{\text{new}}\sin\theta - 0.5H_{\text{new}}\cos\theta + 0.5H \end{cases}$$

则有：

$$\begin{cases} x_0 = x\cos\theta + y\sin\theta + \text{num}_1 \\ y_0 = -x\sin\theta + y\cos\theta + \text{num}_2 \end{cases}$$

这就是图像旋转的核心公式，通过该公式能够求得输出图像任意像素映射在原始图像的坐标位置。

4．利用插值进行图像的旋转

通过前面介绍的旋转公式求出映射坐标同样会有浮点坐标的问题，所以图像的旋转也必须使用插值进行优化。这里同样使用最临近插值法和双线性插值法实现图像的旋转。插值相关原理请参看本章前面的相关内容。

3.6.3　编程实现

在 MATLAB 中可以采用前面已经用过的方法，设定适当的变换结构，然后调用函数 imtransform() 来实现图像的旋转。但这并不是推荐的做法，因为 MATLAB 中已经提供了专门用于实现图像旋转的函数 imrotate()，其语法形式如下：

```
B = imrotate(A , angle, method, bbox);
```

其中，参数 A 表示待旋转的原始图像，angle 为旋转的角度，单位为度，如果指定其为一个正数，那么函数将按逆时针方向旋转图像。可选参数 method 用来指定要使用的插值方法，在缺省情况下系统默认使用最邻近插值法。最后一个参数 bbox 也是可选的，在缺省情况下它的取值是'loose'（也可以不写），此时表示旋转后的图像不会被截取，也就是会按旋转后的情况重新定义尺寸；如果选择'crop'，那么选择后的图像大小将不会改变，对于超出边界的部分系统会进行截取。

如果不希望旋转结果图像被截取，那么就必须调整结果图像的尺寸。假设图像的 4 个角分别用 A、B、C 和 D 来表示（对应左上、右上、左下、右下 4 个角），并设这 4 个点旋转后的坐标分别是(x_1, y_1)、(x_2, y_2)、(x_3, y_3)和(x_4, y_4)。可以发现，新图像的宽度 W_{new} 和高度 H_{new} 可以由如下公式确定：

$$\begin{cases} W_{new} = \max(|x_2 - x_3|, |x_1 - x_4|) \\ H_{new} = \max(|y_2 - y_3|, |y_1 - y_4|) \end{cases}$$

下面这段示例代码给出了在 MATLAB 中进行图像旋转的方法。

```
I = imread('apostles.jpg');
A = imrotate(I, 30, 'nearest');%旋转 30°，最邻近插值
figure(1),imshow(A)
B = imrotate(I, 45, 'bilinear','loose');%旋转 45°，二次线性插值
figure(2),imshow(B)
```

程序运行结果如图 3-23 所示，其中左图为采用最近邻插值法得到的结果，右图为采用二次线性插值法得到的结果。读者也可以尝试将参数'loose'改写成'crop'，然后看看截取后的效果。

图 3-23　旋转后的结果

本章参考文献及推荐阅读材料

[1] 张德丰. MATLAB 数字图像处理. 北京：机械工业出版社，2009.

[2] 左飞，万晋森，刘航. Visual C++数字图像处理开发入门与编程实践. 北京：电子工业出版社，2008.

[3] David C. Lay. 刘深泉，等译. 线性代数及其应用（原书第 3 版）. 北京：机械工业出版社，2005.

图像的增强处理

增强处理的目的在于突出图像中感兴趣的成分，而抑制不感兴趣的成分。为此，增强处理需要针对具体的应用场合，改善图像的视觉效果，有目的地强调图像的整体或局部特性。这个过程可能是将原来不清晰的图像变得清晰，也可能是将原本清晰的图像设法变得模糊，或者是扩大图像中不同物体特征之间的差别等。无论何种处理，最终目的都是为了满足某些特殊分析的需要。显然在不同的特定应用下，图像增强处理的手段和目的常常是完全不同的。

4.1 卷积积分与邻域处理

卷积积分（Convolution），简称"卷积"，是分析数学中一种重要的运算。在泛函分析中，卷积是通过两个函数 f 和 g 生成第三个函数的一种数学算子，它表征了函数 f 与经过翻转和平移的 g 的重叠部分的累积。卷积与数字图像处理有着千丝万缕的联系，本章所涉及的每一种处理方法，归根结底在数学上都表现为一种卷积运算。

4.1.1 理解卷积积分的概念

1. 从信号时域分解角度解释卷积

信号的产生、传输和处理需要一定的物理装置，这样的物理装置就是系统。如果给系统下一个逻辑定义，那么可以表述为：系统是指若干相互关联的事物组合而成具有特定功能的整体。系统的基本作用是对输入信号进行加工和处理，将其转换为所需要的输出信号。对于一个系统而言，它的输入信号有时又称作"激励"，输出信号又称作"响应"。

狄拉克 δ 函数（Dirac Delta function），因由狄拉克[1]提出而得名，有时也称作单位脉冲函数或单位冲激函数，通常用 δ 表示。在概念上，单位脉冲函数是这样一个"函数"，它满足如下性质：除了零以外的点都等于零，而其在整个定义域上的积分等于1。严格来说，狄拉克 δ 函数又不能算是一个函数，因为满足以上条件的函数是不存在的。但可以用分布的概念来解释，称为狄拉克 δ 分布，或 δ 分布。

单位脉冲函数是一个奇异函数，它是对强度极大、作用时间极短的一种物理量的理想化模型，它可以由如下方式定义：

$$\begin{cases} \delta(t) = 0, & t \neq 0 \\ \displaystyle\int_{-\infty}^{\infty} \delta(t)\mathrm{d}t = 1 \end{cases}$$

也可以将上述形式推广至更为一般的情况：

$$\begin{cases} \delta(t-a) = 0, & t \neq a \\ \displaystyle\int_{-\infty}^{\infty} \delta(t-a)\mathrm{d}t = 1 \end{cases}$$

可以用如图 4-1 所示的矩形脉冲 $p_n(t)$ 来对单位脉冲函数进行直观定义，并表述为这样一个定义式：$\delta(t) \stackrel{\text{def}}{=} \lim_{n \to \infty} p_n(t)$。可见，当 n 趋近于无穷大时，该图形表现为一个作用时间极短（宽度为无穷小），但强度极大（高度为无穷大）的脉冲，且该矩形的面积永远为 1。同时，我们很容易推断出 δ 函数是一个偶函数，即 $\delta(-t) = \delta(t)$。

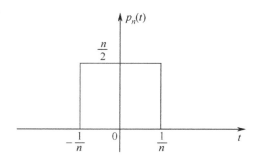

图 4-1　单位脉冲函数的图形表示

另外，也很容易证明，对单位阶跃函数求导所得的结果就是单位脉冲函数。如图 4-2 所示，$p_n(t) = \dfrac{\mathrm{d}\gamma_n(t)}{\mathrm{d}t}$，当 n 趋于无穷大时，则有 $\delta(t) = \dfrac{\mathrm{d}\varepsilon(t)}{\mathrm{d}t}$ 或 $\varepsilon(t) = \int_{-\infty}^{t} \delta(t)\mathrm{d}t$。单位脉冲函数 $\delta(t)$ 与常数 1 构成了一个傅里叶变换对。同理，$\delta(t-a)$ 与 e^{-jwa} 也构成了一个傅里叶变换对（此处证明从略）。

对于 $p_n(t)$，令 $n = \dfrac{2}{\Delta}$，则可以得到如图 4-3 左图所示的一个脉冲信号，不难得出这

---

1 保罗·狄拉克（1902—1984），英国理论物理学家，量子力学的创始者之一，1933 年诺贝尔物理学奖得主。

个脉冲信号同右图所示的信号 $f_1(t)$ 之间具有这样一种关系：$f_1(t) = \dfrac{A}{\frac{1}{\Delta}} p(t) = A\Delta\, p(t)$。

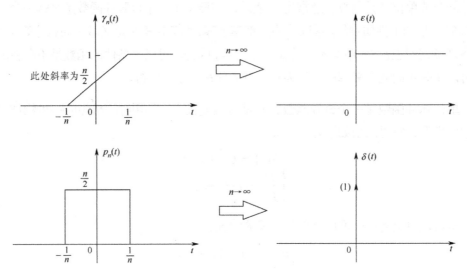

图 4-2　单位阶跃函数与单位脉冲函数的关系

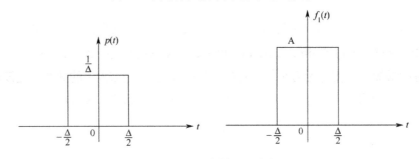

图 4-3　信号时域分解的预备知识

下面对任意信号进行时域分解（请注意对于信号时域分解的方法有多种，这里采用的是以卷积为基础的分解）。假设有如图 4-4 所示的一个波形 $f(t)$，我们很容易想到用无数个 $p(t)$ 信号去分解它，逼近它。

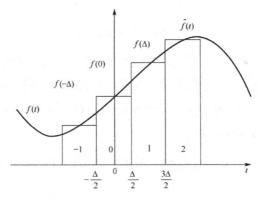

图 4-4　基于卷积的信号时域分解

其中，"0" 号脉冲高度为 $f(0)$，宽度为 Δ，则 "0" 号脉冲用 $p(t)$ 可以表示为 $f(0)\Delta p(t)$；"1" 号脉冲高度为 $f(\Delta)$，宽度为 Δ，用 $p(t-\Delta)$ 可以表示为 $f(\Delta)\Delta p(t-\Delta)$；"-1" 号脉冲高度为 $f(-\Delta)$，宽度为 Δ，用 $p(t+\Delta)$ 可以表示为 $f(-\Delta)\Delta p(t+\Delta)$……$\hat{f}(t)$ 是由无数多个矩形脉冲组成的对波形 $f(t)$ 的一个逼近，它等于所有矩形脉冲的累加，即（后面我们会发现这就是卷积的离散定义）：

$$\hat{f}(t) = \sum_{-\infty}^{\infty} f(n\Delta)\Delta p(t - n\Delta)$$

当 n 趋近于无穷时，$\hat{f}(t)$ 就等于 $f(t)$，则有（下面这个式子就是卷积积分的表达式）：

$$\lim_{\Delta \to 0} \hat{f}(t) = f(t) = \int_{-\infty}^{\infty} f(\tau)\,\delta(t - \tau)\mathrm{d}\tau$$

符合上述形式的式子就是卷积积分。下面给出卷积积分的定义：已知定义在 $(-\infty, \infty)$ 上的两个函数 $f(t)$ 和 $g(t)$，则定义积分 $y(t) = \int_{-\infty}^{\infty} f(\tau)g(t - \tau)\mathrm{d}\tau$ 为 $f(t)$ 和 $g(t)$ 的卷积积分，简称 "卷积"，简记为 $y(t)=f(t)*g(t)$。从定义中不难看出，卷积其实就是一种数学运算。

2. 从物理意义上对卷积进行解释

卷积在工程中的应用非常广泛，因此前面我们就通过信号时域分解引出了卷积的表达式。但卷积并非是凭空定义的一个运算规则，它在现实中是具有深刻的物理含义的一种计算方式。它可以用来解释和计算生活中许多的现象和问题。比如，想计算一下此时此刻，我们肚子里还剩下多少食物。显然，腹中食物的残量应当与两个函数有关，第一个是今天我们进食的情况，可以用 $f(t)$ 来表示；第二个则是我们的肠胃的消化能力，可以用 $g(t)$ 来表示，如图 4-5 所示。假设当前时间是夜里 24 点，我们想计算一下早上 7 点吃下去的食物还剩余多少，显然早上 7 点到晚上 24 点，共有 17 个小时，函数 $g(t)$ 就表征了单位进食量经历了 t 个小时后在腹中的残量，所以早上 7 点吃下去的食物量 $f(7)$ 在夜里 24 点时剩余的量应该是 $f(7) \cdot g(24-7)$。同理，中午 12 点吃的东西在 24 点时剩余的量应该是 $f(12) \cdot g(24-12)$，晚上 18 点吃的东西，在 24 点时剩余的量应该是 $f(18) \cdot g(24-18)$……而且我们的进食函数也可以变得更普适（而无须非得呈现出早、中、晚 3 个峰值），消化函数也可能变成其他一些更普适的形式。但是它们都满足这样一种关系，即我们在 t 时刻吃下去的东西，需要 $24-t$ 的时间来消化，或者说 $f(t) \cdot g(a-t)$ 所表示的含义就可以理解为在 t 时刻吃下去的食物在 a 时刻的消化情况。然后对 t 做积分，就相当于把过去某时刻直到当前时间内所有进食情况对此时此刻腹中食物残留累积情况的加总，也就得出了 $y(a) = \int_0^a f(t)g(a - t)\mathrm{d}t$。

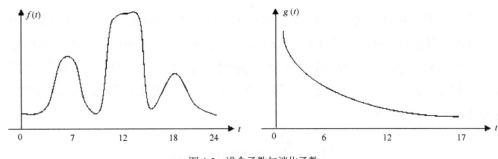

图 4-5　进食函数与消化函数

在生活当中有很多现象都体现了卷积的意义，比如古人钻木取火就是一个很形象的例子。当用一根木头与另一根木头接触并钻一下时，由于摩擦生热，在两根木头接触的地方就会发热，但是很明显，就只钻一下，木头是不可能燃烧起来的，而且随着时间变长，那一点由摩擦产生的热量会一点点地消失掉。如果我们加快钻的频率，也就是在之前所钻出来的热量还没有消失掉的时候再多钻几下，把之前所有的残余热量叠加起来，时间越短，残余的热量就会越多，这样热量就会在发热的地方积累得很多，木头的温度也就会越来越高，最后达到着火点而燃烧起来。

对于这个例子，其中有几个关键的地方。第一，每一次钻出来的热量消失的速度快慢是由环境客观条件比如温度和木头的导热系数所决定的。古人钻木取火时的客观条件应该是固定的，或者说温度和木头不会在短时间内发生较大的变化，这样每一次钻出来的热量都会按照同样的趋势衰减（这相当于前例中的消化函数，也就是说，衰减函数有固定的形式，或者加权函数有固定的形式）；第二，我们认定木头是一个线性系统，也就是对于任意两次钻的过程互不影响，只存在叠加关系（这也就相当于每个时刻的进食情况彼此只能叠加而不会影响）。

这样就可以把此类问题抽象成一个数学模型。每个钻木的过程都是一个输入 $f(t)$，木头接触处的热量为输出 y。我们不妨设 $f(t)$ 为一个连续函数，$f(t)$ 可以写成多个冲激函数的和的形式，也就是把一个连续的钻木过程分解成很多单次钻木过程的和，每一次钻的时间都无穷小。而 $g(t)$ 就可以相当于一个衰减系数，对应不同的衰减时间有不同的衰减程度，用衰减系数的大小表示，也就相当于一个加权因子。

现在解析这个公式：$y(a) = \int_{-\infty}^{+\infty} f(t)g(a-t)\mathrm{d}t$。在这个公式中，我们的目的是求 a 时刻的输出，它应该是由 a 时刻及之前的所有输出乘以相应的衰减系数后的一个累积和。对于一个实际的物理系统，容易得出：$a<0$ 时，$f(a)=0$，$g(a)=0$，所以我们可以把这个公式的积分的上、下限写为 $t \in (0, a)$，即 $y(a) = \int_0^a f(t)g(a-t)\mathrm{d}t$。其中，$f(t)\mathrm{d}t$ 可以理解为在 t 时刻的冲激函数的强度。即从 t 时刻开始，初值为 $f(t)\mathrm{d}t$ 的衰减函数，从 t 到 a，经过了 $(a-t)$ 那么长的时间，说明衰减系数为 $g(a-t)$，那么 t 时刻的响应到了

a 时刻残余量为 $f(t)\mathrm{d}t*h(a\text{-}t)$。得到了单个冲激函数在 a 时刻的残余后，做一次积分把 t $\in (0,\ a)$ 上所有的残余量加起来就可以得到 a 时刻总的输出了：$y(a) = \int_0^a f(t)g(a - t)\mathrm{d}t$。这就是卷积的物理意义。

3. 卷积的数学形式

一维连续函数的卷积定义为：

$$h(x) = \int_{-\infty}^{+\infty} f(x')g(x - x')\mathrm{d}x'$$

若为离散函数，上式则变形为：

$$h(x) = \sum_{-\infty}^{+\infty} f(x')g(x - x')$$

二维连续函数的卷积定义为：

$$h(x, y) = f(x, y) * g(x, y) = \int_{-\infty}^{+\infty}\int_{-\infty}^{+\infty} f(x', y')g(x - x', y - y')\mathrm{d}x'\mathrm{d}y'$$

若为离散函数，上式则变形为：

$$h[x, y] = f[x, y] * g[x, y] = \sum_{-\infty}^{+\infty}\sum_{-\infty}^{+\infty} f[x', y']g[x - x', y - y']$$

卷积与傅里叶变换有着密切的关系。卷积定理指出，两函数的傅里叶变换的乘积等于它们卷积后的傅里叶变换。换言之，一个域中的卷积相当于另一个域中的乘积（例如时域中的卷积就对应于频域中的乘积）。而且，利用这一原理能使傅里叶分析中许多问题的处理得到简化。

傅里叶变换把空间域和频域联系起来，一个空间域的序列可以通过其变换得到对应的频域的序列。而通过反变换亦能得到原始的序列。

4.1.2　卷积应用于图像处理的原理

图像增强的基本方法有空域处理和频域处理两种。图像的平滑处理是图像增强的典型应用，其主要任务是既平滑掉噪声，又尽量保持图像的细节；在频域处理中，噪声和图像的细节部分都位于高频，所以如何在低通滤波的同时保持高频细节是处理时需要考虑的问题。

由卷积得到的函数 $f*g$ 一般要比 f 和 g 都光滑。特别地，当 g 为具有紧支集的光滑函数，f 为局部可积时，它们的卷积 $f*g$ 也是光滑函数。利用这一性质，对于任意的可

积函数 f，都可以简单地构造出一列逼近于 f 的光滑函数列 f'，这种方法称为函数的光滑化或正则化。这就是卷积可以用于图像增强的基本原理。

如果 $f[x,y]$ 和 $h[x,y]$ 表示图像，则卷积就变成对像素点的加权计算，冲激响应 $g[i,j]$ 就可以看成是一个卷积模板。对图像中每个像素点 $[x,y]$ 输出响应值 $h[x,y]$ 是通过平移卷积模板，使其中心移动到像素点 $[x,y]$ 处，并计算模板与像素点 $[x,y]$ 邻域加权得到的，其中各加权值就是卷积模板中的对应值。

图像处理中的卷积都是针对某像素的邻域进行的，它实现了一种邻域计算，即某个像素点的结果不仅仅与本像素点灰度有关，而且与其邻域点的值有关。其实质就是对图像邻域像素的加权求和得到输出像素值，其中权矩阵称为卷积核（所有卷积核的行列数都是奇数），也就是图像滤波器。

4.1.3 邻域处理的基本概念

在本书前面的章节里，对于图像的像素一直采用孤立的方法进行处理和运算，即忽略像素与其周边像素之间的联系。从本节开始，介绍的重点将从孤立像素的处理转到图像邻域的处理，这一转变十分重要，准确建立邻域处理的概念将为本书后面章节的学习打下良好的基础。

1. 邻点与邻域

图像是由像素构成的，图像中的相邻像素构成邻域，邻域中的像素点互为邻点。对于任意像素而言，处于它上、下、左、右 4 个方向的像素点称为它的 4 邻点，再加上左上、右上、左下、右下 4 个方向的点，就称为它的 8 邻点。像素的 4 邻点和 8 邻点由于与像素直接邻接，因此在邻域处理中较为常用，然而像素的邻点并不仅限于这 8 个点，像素的邻点是相对邻域而言的。如图 4-6 所示，其中 a 表示像素的 4 邻点，b 表示像素的 8 邻点，c 表示像素的 24 邻点。

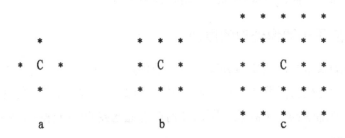

图 4-6 像素的邻点

像素的邻域可以看作是像素邻点的集合，在图像处理中有时也将中心像素和它的特定邻点合称为邻域。为了方便处理，邻域的划定通常使用正方形，邻域的位置由中心像素决定，大小一般用边长表示，如 3×3 邻域、5×5 邻域等。图 4-6 中 a、b 所表示的邻点可以认为存在于一个 3×3 邻域中，而 c 表示的邻点可以认为存在于一个 5×5 邻域中。

2. 邻域处理

邻域处理是图像局部处理的一种，它以包含中心像素的邻域为分析对象，处理得到的像素灰度来源于对邻域内像素灰度的计算。邻域处理能够将像素有机地关联起来，因此广泛用于图像处理中，常用的邻域处理包括图像的平滑、图像的锐化、边缘检测、腐蚀膨胀等。

3. 卷积与模板

前面我们已经介绍了卷积的概念，以及它应用于数字图像处理的基本原理。卷积是图像处理中非常常用的一种处理手段。在对图像进行卷积运算时，原始数据与结果数据是分开保存的，对原始数据分块处理，在处理过程中保持原始数据不变，最终得到完整的结果数据。用卷积对图像进行处理时，改变对原始图像各部分的处理顺序不会对处理结果造成影响。

模板是卷积运算的核心，在图像处理中模板的实质是一组系数因子（模板其实就是前面提到的卷积核），卷积处理是通过将邻域内各像素点的灰度乘以模板上对应的系数再求和来得到运算结果的。

图 4-7 中列举了两种常用的 3×3 邻域模板，其中的整数表示系数。

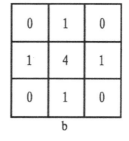

图 4-7　卷积模板

4. 卷积运算在处理中的使用

图像的卷积运算实际是通过模板在图像上的移动完成的。在图像处理中，不断在图像上移动模板的位置，每当模板中心对准一个像素时，就对此像素所在邻域内的像素灰度根据模板进行加权求和，得到的结果通常远大于原像素灰度，这就需要将求和结果除以一个比例因子（这里称为衰减因子）。最后将结果限制在 0~255 之间作为中心像素的灰度保存在结果中。对图像上的每个邻域依次重复上述过程，直到模板遍历所有的可能位置。

4.1.4 运用模板实现邻域处理

首先明确一点，在图像处理中，使用模板进行邻域处理，本质上就是执行二维卷积计算。MATLAB 中已经提供了执行二维卷积计算的函数 conv2()，针对图像，MATLAB 图像处理工具箱还提供了基于卷积的图像滤波函数 filter2()。实际上，filter2()和 conv2()是等价的。程序在执行 filter2()时先将卷积核旋转180度，再调用 conv2()函数进行计算。本书在执行相关处理时则主要通过另外一个函数 imfilter() 来完成。相比而言，函数 imfilter()的使用更为灵活和方便，它可以直接对多维矩阵（也就是 RGB 图像）进行空间滤波，而 filter2()只能处理二维矩阵（灰度图像），conv2()实现的仅仅是对二维矩阵的卷积操作。另外，利用 conv2()对图像矩阵进行处理，所得结果图像的大小将会发生改变；而使用 imfilter()，系统会自动执行对于图像四边像素的处理而保持图像大小不变。函数 imfilter()的语法形式如下：

```
g = imfilter(f, w, option1, option2, ...)
```

其中，f 是要进行滤波操作的图像，w 是滤波操作所使用的模板。option1, option2, … 是可选参数，具体包括：

（1）边界选项。如表 4-1 所示，这是由于模板操作没办法计算出原始图像 4 条边上的像素值，因为它们没有完整的邻域。

表4-1　边界选项

合　法　值	含　　义
X（X代表一个具体的数字）	用固定数值 X 填充虚拟边界，在默认情况下用 0 填充
'symmetric'	填充虚拟边界的内容是通过对靠近原始图像边缘的像素相对于原始图像边缘镜像得到的
'replicate'	填充虚拟边界的内容总是重复它最近的边缘像素
'circular'	认为原始图像模式具有周期性，从而周期性地填充虚拟边界的内容

（2）尺寸选项。因为滤波中填充了边界，因此有必要指定输出图像 g 的大小，如表 4-2 所示。

表4-2　尺寸选项

合　法　取　值	含　　义
'same'	输出图像 g 与输入图像 f 尺寸相同
'full'	输出图像 g 的尺寸为填充虚拟边界后图像 f 的尺寸

（3）模式选项。给出滤波过程是相关还是卷积，如表 4-3 所示。

表 4-3　模式选项

合 法 取 值	含　　义
'corr'	滤波过程为相关
'conv'	滤波过程为卷积

用于滤波的模板可以自定义，也可以使用系统预设的模板。此时与 imfilter()相配合的另外一个函数是 fspecial()，该函数用于创建一些预定义的二维滤波器（也就是模板），来供 imfilter()使用。该函数的语法形式如下：

```
h = fspecial(type, parameters)
```

参数 type 用于指定模板的类型，它的合法取值如表 4-4 所示。这些类型的模板在本书中大多都有提及，有的将在本章后面介绍，有的则在边缘检测部分介绍。

表 4-4　参数取值说明

合 法 取 值	功能描述
'average'	平均模板
'disk'	圆形邻域的平均模板
'gaussian'	高斯模板
'laplacian'	拉普拉斯模板
'log'	高斯-拉普拉斯模板
'prewitt'	prewitt 水平边缘检测滤波器
'sobel'	sobel 水平边缘检测滤波器
'unsharp'	unsharp 对比度增强滤波器

参数 parameters 为可选项，是和所指定的模板相关的配置参数，如尺寸大小或者标准差等。该函数的返回值 h 为一个特定的模板。在函数的具体使用上，本章后续将有更多示例供读者参考学习。

4.2　图像的简单平滑

图像的简单平滑是指通过邻域简单平均对图像进行平滑处理的方法，用这种方法进行平滑处理可以有在一定程度上消除原始图像中的噪声、降低原始图像对比度的作用。

4.2.1 图像的简单平滑原理

图像的简单平滑是图像增强处理中最基本的方法之一，它利用卷积运算对图像邻域的像素灰度进行平均，从而达到减少图像中噪声影响、降低图像对比度的目的。图4-8 中 a 表示原始图像，b 表示 a 受到离散点状噪声干扰后的图像，不难发现，在用人眼观察时，b 的图像质量严重下降。

图 4-8　噪声对图像的影响

图像的简单平滑就是对图像中一定邻域内的像素灰度求平均值，将平均的结果作为中心像素的灰度保存在结果图中，这样就可以在一定程度上把噪声点的影响分担到邻域各像素中，减小了噪声对图像的影响。

1	1	1
1	1	1
1	1	1

图 4-9　简单平滑模板

利用如图 4-9 所示的卷积模板，选取 9 作为衰减因子，就可以很容易地实现图像的简单平滑。值得注意的是，当邻域内像素灰度相同时，得到的卷积运算结果与原像素灰度相同，这样就可以保证简单平滑处理不会对图像造成新的噪声影响。这一点在以后的平滑处理中也会提到。

4.2.2 简单平滑的编码实现

下面这段代码演示了在 MATLAB 中对图像进行简单平滑的基本方法。我们既可以用矩阵的形式来定义模板，也可以通过 fspecial() 函数来生成模板，这两种方法的结果是一样的。

```
i = imread('Hepburn.jpg');
%注意 w 和 h1 这两个模板是等价的
w = [1 1 1;1 1 1;1 1 1]/9;
```

```
h1 = fspecial('average', [3 3]);
h2 = fspecial('average', [5 5]);
h3 = fspecial('average', [7 7]);
%执行图像的简单平滑
g1 = imfilter(i, w, 'conv', 'replicate');
g2 = imfilter(i, h2, 'conv', 'replicate');
g3 = imfilter(i, h3, 'conv', 'replicate');
```

图 4-10 显示了算法的运行结果，其中 a、b、c 分别为对图 4-8 中 b 进行 3×3、5 ×5、7×7 邻域简单平滑处理的结果。从简单平滑的试验结果中不难发现，用增大平滑 邻域边长的方法可以消除更多的噪声影响，同时图像的对比度下降也越多。使用简单 平滑的方法进行噪声消除往往以大幅降低图像清晰度为代价。此外，使用简单平滑处 理实质上并不能真正消除噪声点，它只是尽可能使人眼不易察觉到噪声的影响。因为 噪声点一般都是亮度比较大的突兀点，即使将这些点与邻域做平均，得到的结果也仍 然要比那些亮度较低、过渡和缓的点做平均所得的结果要大。这也是图像简单平滑处 理的不足之处。

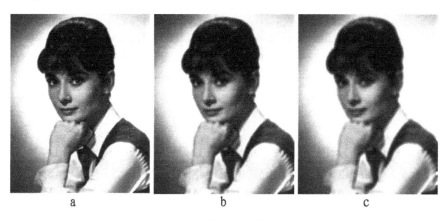

图 4-10　图像的简单平滑效果

4.3　图像的高斯平滑

图像的高斯平滑也是利用邻域平均的思想对图像进行平滑的一种方法。与图像 的简单平滑不同的是，在图像的高斯平滑中，在对图像邻域进行平均时，不同位置 的像素被赋予了不同的权值。本节将对平滑线性滤波器做归纳，并对高斯平滑算法 进行介绍。

4.3.1 平滑线性滤波器

在图像的简单平滑处理中，算法利用卷积模板逐一处理图像中的每个像素，最终得到处理结果。这一过程可以形象地比做对原始图像中的像素一一进行过滤整理，同时进行必要的运算，最后产生结果数据。在图像处理中把对邻域像素逐一处理的算法过程称为滤波器。

平滑线性滤波器的工作原理是利用模板对邻域内像素灰度进行加权平均，因此平滑线性滤波器也被称为均值滤波器。图像的简单平滑就是平滑线性滤波器的一种应用。

平滑线性滤波器的衰减因子一般选用模板中所有权值的和，这样就可避免处理对图像整体属性的影响。另外，线性滤波器不仅能用于图像的平滑，也可以用于图像的其他增强处理，这些会在后面的章节为大家介绍。

图 4-11 显示了两种平滑线性滤波器的模板和衰减因子。

a

1	1	1	
1	1	1	/9
1	1	1	

b

0	1	0	
1	2	1	/6
0	1	0	

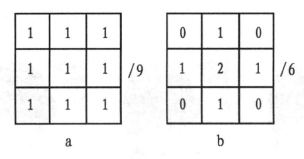

图 4-11　线性模板和衰减因子

图 4-11 中 a 图所示的模板就是之前已经介绍过的图像简单平滑模板，它只是对图像邻域进行简单的平均，模板中各位置的权值相同，因此在处理中认为邻域内各像素对中心像素灰度的影响是等同的。这样的处理方法比较简单，但也存在很多不足，相比之下 b 图所示的模板在图像处理中往往更加重要，模板中权值的不同表示邻域内不同位置的像素在处理中具有不同的重要性。

4.3.2 高斯平滑的原理

图像的高斯平滑是平滑线性滤波器的另一种应用，与图像的简单平滑不同的是，它在对邻域内像素灰度进行平均时，给予了不同位置的像素不同的权值。图 4-12 显示的是 3×3 邻域的高斯模板，模板上越是靠近邻域中心的位置，其权值就越高。如此安排权值的意义在于用此模板进行图像平滑时，在对图像细节进行模糊的同时，可以更多地保留图像总体的

1	2	1
2	4	2
1	2	1

图 4-12　高斯模板

灰度分布特征。

　　相比图像的简单平滑，高斯平滑对高对比度图像的平滑效率较低，在离散型噪声的消除方面，高斯平滑的效果并不理想。然而，如果要对图像的总体特征进行提取和增强，高斯模糊就具有很大的优势。图 4-13 对比了图像的简单平滑和高斯平滑的处理差异，图中 a 表示一个 5×5 邻域内的像素灰度，从图中可以看出此邻域内有两处灰度较高的亮点。b 为对 a 进行 3×3 邻域简单平滑的结果，从 b 中可以看出，原始图像中的两处亮点被连接在一起，失去了原始图像的特征。c 为对 a 进行 3×3 邻域高斯平滑的结果，可以发现 c 中依然保留着原始图像的特征。

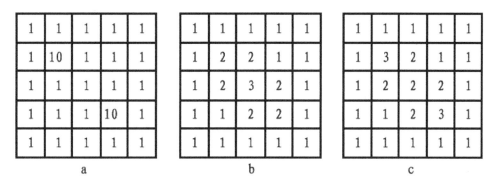

图 4-13　简单平滑和高斯平滑处理的差异

4.3.3　高斯分布

　　高斯平滑不仅能进行 3×3 邻域的图像平滑处理，也可以对更大范围的邻域进行平滑处理，高斯模板上的权值是由高斯分布函数确定的。下面对高斯分布做简要描述，描述的目的是尽可能将用到的数学概念以最直白的形式表达，以加深读者对于高斯模糊原理的认识。有兴趣的读者也可以参考概率论中正态分布方面的相关内容。

　　高斯分布又称正态分布，它最早是由数学家亚伯拉罕·棣莫弗在求二项分布的渐近公式中得到的。大数学家高斯在研究测量误差时从另一个角度导出了它。后来，拉普拉斯和高斯都对其性质进行过研究。一维正态分布的函数定义为：

$$p(x) = \frac{1}{\sqrt{2\pi}\sigma} e^{-\frac{(x-\mu)^2}{2\sigma^2}}, \ -\infty < x < \infty$$

式中，第 1 个参数 μ 是遵从正态分布的随机变量的均值（也就是数学期望），第 2 个参数 σ^2 是此随机变量的方差，所以正态分布可以记作 $N(\mu, \sigma^2)$。

　　可以将正态分布函数简单理解为"计算一定误差出现概率的函数"。例如，某工厂生产长度为 L 的钉子，然而由于制造工艺的原因，实际生产出来的钉子长度会存在一

定的误差 d，即钉子的长度在区间$(L-d, L+d)$中。那么如果想知道生产出的钉子中某特定长度钉子的概率是多少，就可以利用正态分布函数来计算。

设上例中生产出的钉子长度为 L_1，则生产出长度为 L_1 的钉子的概率为 $p(L_1)$。套用上述公式，其中 μ 取 L，e 为常数，其值约等于 2.7182818，σ 的取值与实际生产情况有关，则有：

$$p(L_1) = \frac{1}{\sqrt{2\pi}\sigma} \mathrm{e}^{-\frac{(L_1-L)^2}{2\sigma^2}}$$

设误差 $x = L_1 - L$，则：

$$p(x) = \frac{1}{\sqrt{2\pi}\sigma} \mathrm{e}^{-\frac{x^2}{2\sigma^2}}$$

当参数 σ 取不同值时，上式中 $p(x)$ 的值曲线如图 4-14 所示。可见，正态分布描述了一种概率随误差量增加而逐渐递减的统计模型。正态分布是概率论中最重要的一种分布，经常用来描述测量误差、随机噪声、产品尺寸等随机现象。遵从正态分布的随机变量的概率分布规律为：取 μ 邻近的值的概率大，而取离 μ 越远的值的概率越小；参数 σ 越小，分布越集中在 μ 附近；σ 越大，分布越分散。通过前面的介绍，可知在高斯分布中，参数 σ 越小，曲线越高越尖；σ 越大，曲线越低越平缓。

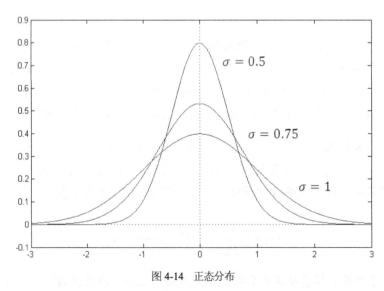

图 4-14　正态分布

而且从正态分布的函数图像中，我们也很容易发现，正态分布的密度函数的特点是关于 μ 对称的，且在 μ 处达到最大值，在正（负）无穷远处取值为 0，在 $\mu\pm\sigma$ 处有拐点。它的形状是中间高两边低，图像是一条位于 x 轴上方的钟形曲线。当 $\mu = 0$，

$\sigma^2 = 1$ 时，称为标准正态分布，记作 $N(0, 1)$。

现在回到高斯平滑的问题上，我们非常想知道高斯平滑中的半径到底是什么。半径 radius 表征了特定点距参考点的相对位置。在一维正态分布函数中，半径 radius=x；而在二维正态分布函数中，半径 radius^2=x^2+y^2。正态分布曲线的图形和半径的含义如图 4-15 所示。

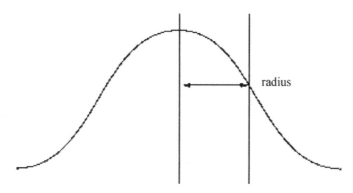

图 4-15　正态分布曲线的半径

可以想象一下，数字图像 $P(x, y)$ 的信息如果映射到三维空间中，将是一个高低起伏的曲面。其中，x 和 y 是坐标，用来表示图像中某个像素点的位置；而 $P(x, y)$ 则表示对应位置像素点的颜色信息，可以理解为灰度值。因此，如果要对数字图像进行高斯平滑，这时就需要将一维高斯函数进行扩展，使用二维高斯曲面，其函数定义如下：

$$f(x, y) = \frac{1}{2\pi\sigma^2} e^{-\frac{(x^2+y^2)}{2\sigma^2}}$$

对高斯分布的二维曲面图形来说，它是一个钟形曲面，当高斯半径 σ 越小时，曲面越高越尖越陡峭；如果高斯半径 σ 越大，则曲面越低越平缓。当给定参数 σ 时，函数曲面就已经固定了。

通过前面的公式可以计算出不同半径下的高斯模板（实际上模板是无穷大的，只是在距中心较远处，权值会趋近于 0）。公式中的 x 和 y 表示当前点到参考点的距离（距离公式为 radius^2=x^2+y^2），也就相当于坐标，它给出了高斯模板中各个点的位置。$f(x, y)$ 计算就得到了该点的权值。前面给出的高斯平滑模板正是根据该公式的一些特例计算而来的。高斯模板给出了围绕在中心点周围的各点像素值的权重。

这样的权值分配策略是通过正态分布函数来实现的。如果邻域中任意像素距离中心像素的距离为 (x, y)，取 μ=0，则该像素对应的权值为 $f(x, y)$。当选定了 σ 的取值，并将得到的权值乘以一个常数时，就可以得到本节前面介绍过的高斯平滑模板。需要注意的是，σ的取值必须为正数。

图像的高斯平滑与简单平滑最显著的差异在于高斯平滑在计算邻域平均值时，赋予了邻域中不同位置的像素不同的权值。而在权值的分配中遵循以下原则：首先，邻域中心的像素拥有最大的权值；其次，邻域中离中心像素越远的像素，其权值越小。因此，高斯半径 radius 越小，则模糊程序越小；高斯半径 radius 越大，则模糊程度越大。

4.3.4 高斯平滑的算法实现

下面这段代码演示了在 MATLAB 中对图像进行高斯平滑的基本方法。

```
i = imread('baboon.jpg');
h = fspecial('gaussian', 7, 2);
g = imfilter(i, h,'conv');
subplot(121), imshow(i), title('original image');
subplot(122), imshow(g), title('gaussian smooth');
```

如图 4-16 所示为灰度图像的高斯平滑效果，其中左图为原始图像，右图为对原始图像进行 7×7 邻域高斯平滑处理的效果。

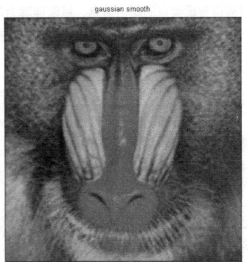

图 4-16 灰度图像的高斯平滑效果

图像的高斯平滑相比于图像的简单平滑，在保留图像全局特征方面有很大的改进，然而仅仅基于高斯平滑的图像除噪效果往往并不理想。这主要是因为，高斯平滑在降低图像噪声的同时，无法对图像中本来的边缘或纹理信息进行有效的保护，客观上也削弱了图像的视觉质量。另外，高斯平滑还有一个非常重要的应用——在当前被广泛使用的尺度不变特征检测算法 SIFT 中，高斯平滑是构建多尺度空间表达的重要步骤，这部分内容在本书后面还会有更为详细的介绍。

4.4 图像的中值滤波

图像的中值滤波是一种非线性的图像处理方法，它通过对邻域内像素按灰度排序的结果决定中心像素的灰度，这种思想与前面两节介绍的均值处理思想有较大不同。

4.4.1 统计排序滤波器

不同于线性滤波器，统计排序滤波器不是简单地利用模板对邻域内像素灰度进行加权平均，而是通过对采样窗口内的奇数个像素的灰度数值进行排序，并取出序列中位于中间位置的灰度作为中心像素的灰度。

图 4-17 中列举了几种常用的采样窗口。值得注意的是，由于中值滤波需要对采样窗口内像素灰度数值进行排序并取中间位置的灰度作为结果，所以采样窗口通常覆盖奇数个像素。

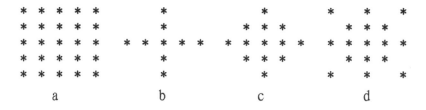

图 4-17　中值滤波的采样窗口

在算法实现中，统计排序滤波器的采样窗口可以用模板来描述，例如图 4-18 所示，其中 a、b、c、d 分别为对应图 4-17 中 4 种采样窗口的模板。

1	1	1	1	1
1	1	1	1	1
1	1	1	1	1
1	1	1	1	1
1	1	1	1	1

a

0	0	1	0	0
0	0	1	0	0
1	1	1	1	1
0	0	1	0	0
0	0	1	0	0

b

0	0	1	0	0
0	1	1	1	0
1	1	1	1	1
0	1	1	1	0
0	0	1	0	0

c

1	0	1	0	1
0	1	1	1	0
1	1	1	1	1
0	1	1	1	0
1	0	1	0	1

d

图 4-18　采样窗口的模板

在邻域处理过程中，统计排序滤波器可根据采样窗口模板逐一检查邻域内的像素，对模板上权值为 1 的位置对应的像素灰度——保存，完成数据采样，再对采样得到的数据进行统计学处理，最终得到符合要求的结果。

4.4.2 图像中值滤波的原理

图像的中值滤波是统计排序滤波器的一种常见应用，它是通过对邻域内的采样数据进行排序并取得中值来决定中心像素灰度的一种处理手段。相比本章前面部分介绍过的图像增强算法，图像的中值滤波在少量离散噪声点的消除方面效果显著。

前面介绍过的图像简单平滑和高斯平滑，以这两种算法为代表的平滑线性滤波算法在消除离散型噪声方面，采取的都是将噪声的干扰分摊到整个邻域中的每个像素，以此减小噪声点的影响，然而这样做的代价就是图像清晰度的大量损失。如图 4-19 所示，a 表示一个 5×5 邻域的像素灰度，其中中点位置的像素为孤立的噪声点，b 为对 a 进行一次简单平滑处理的结果，c 为对 b 进行简单平滑的结果，从图中可以看出简单平滑将噪声点对图像的影响分担到了邻域的其他像素。

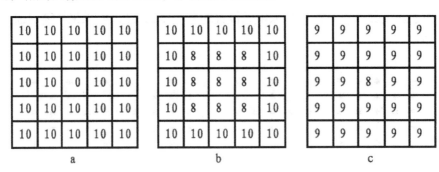

图 4-19 孤立噪声点的简单平滑

从图 4-19 中可以发现，简单平滑对于孤立噪声点的消除较为有效，而对于稍大的噪声斑或密集的噪声点，图像简单平滑的效果就不够理想了。如图 4-20 所示，其中 a 表示一个 5×5 邻域的像素灰度，其中灰度为 0 的点为噪声点，b 为对 a 进行简单平滑的结果，从图中可以看出简单平滑使画面质量严重下降，并且并没有很好地去除噪声影响。

究其原因，平滑线性滤波器的工作原理可以比喻为用水冲洗桌面上的污点，冲洗的结果是污点并没有消失，只是被淡化，如果污点较大、较密集，则冲洗的结果是整个桌面都被污点所影响。

尝试换一种思路，如果不采取冲淡污点的办法，而是将污点直接去除，这样就可以避免污点数量较多时去除的困难。这就是中值滤波的基本思想。

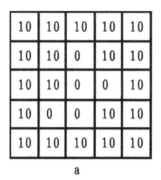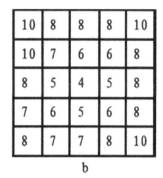

图 4-20　稍大噪声点的简单平滑

在中值滤波算法中，对于孤立像素的属性并不非常关注，而是认为图像中的每个像素都跟邻域内的其他像素有着密切的关系，对于每一个邻域，算法都会在采样得到的若干像素中选择一个最有可能代表当前邻域特征的像素灰度作为中心像素灰度，这样就有效地避免了离散型噪声点对图像的影响。

明白了中值滤波算法的思路后，如何有效地选择一个最有可能代表邻域特征的像素灰度，就成了算法的核心问题。直观地，邻域像素中灰度大小居中的点通常能很好地描述邻域的属性，因此在中值滤波算法中，中心像素的灰度是通过对邻域内像素灰度排序然后取中值来确定的。

图 4-21 中 a 表示一个 5×5 邻域的灰度信息，若选择边长为 3 的正方形作为采样窗口对中心像素进行处理，那么采样会得到 9 个灰度数值 0、3、4、5、6、7、8、9、10，对这些灰度数值进行排序并取中值后得到中心像素的灰度值为 6，如 b 所示。

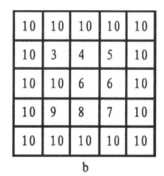

图 4-21　中值滤波示例

选择 3×3 的正方形作为采样窗口，图 4-22 演示了采用中值滤波的方法去除孤立噪声点的效果，其中 a 表示一个 5×5 邻域的像素灰度，其中灰度为 0 的点为噪声点，b 为对 a 进行中值滤波的结果。

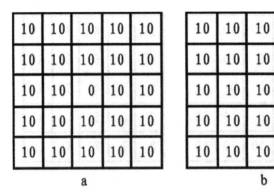

图 4-22　中值滤波去除孤立噪声点

中值滤波不仅对孤立噪声点的消除效果显著，对稍密集的噪声点或稍大的噪声点也有很好的去除效果。如图 4-23 所示，其中 a 表示一个 5×5 邻域的像素灰度，其中灰度为 0 的点为噪声点，b 为对 a 进行中值滤波的结果。对比简单平滑的结果不难看出，中值滤波对消除离散型噪声点的效果显著。

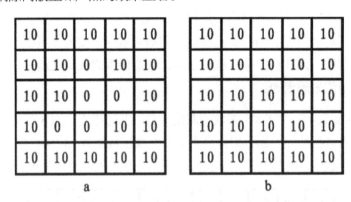

图 4-23　中值滤波消除离散型噪声点

4.4.3　图像中值滤波的算法实现

MATLAB 中提供了用以实现中值滤波的函数 medfilt2()，但需要注意该函数只适用于处理灰度图像。它的语法形式如下：

```
I2 = medfilt2(I1, [m n])
```

其中，I1 是待处理图像的像素矩阵，参数 m 和 n 给出了中值滤波处理模板的大小，默认为 3×3。

中值滤波在处理某些类型的随机噪声时，拥有得天独厚的优势。例如，在对付椒盐噪声时，利用中值滤波进行降噪，将会得到非常理想的效果。椒盐噪声也称为脉冲噪声，是图像中经常见到的一种噪声，它通常是由图像传感器、传输信道、解码处理等产生的黑白相间的亮暗点噪声。这种随机出现的亮点或者暗点噪声，可能是在亮的区域有黑色像素或是在暗的区域有白色像素，也可能是两者皆有。简单平滑和高斯滤波本质上都是采取一种加权平均的思想将噪声的影响分散到其他像素上，而一个高亮度值无论怎么做平均，结果只能是削弱突兀的程度，而不能彻底根除。但在中值滤波处理的过程中，噪声点往往是直接被剔除掉的，而且中值滤波在降噪的同时所引起的模糊效应也较低，所以中值滤波在处理椒盐噪声时成效显著。

在 MATLAB 中可以使用函数 imnoise() 来模拟图像受到噪声污染的过程，它的语法形式如下：

```
J = imnoise(I, type, parameters);
```

其中，I 是原始图像，可选参数 type 指定了噪声的类型，它的合法取值可以是'gaussian'或者'salt & pepper'。如果选择'gaussian'，则表示引入高斯白噪声。如果一个噪声的幅度分布服从高斯分布，那么它就是高斯噪声；而如果这个噪声的功率谱密度同时又是均匀分布的，则它是高斯白噪声。如果选择'salt & pepper'，则表示向图像中引入椒盐噪声。参数 parameters 用来控制噪声被加入的程度，这与加入的噪声类型有关。例如，如果语句写成下面这种情况：

```
J = imnoise(I, 'gaussian', m, v)
```

就表示对原始图像中每个像素叠加一个服从均值为 m、方程为 v 的高斯分布产生的随机噪声。当 $m=0$ 时，较小的方差 v 通常保证了高斯分布具有一个较大的概率产生数值位于 0 附近的随机样本。因为方差越小，从图形上来看高斯分布的中间部分就越高越尖，即概率密度函数在 0 点附近的取值也变得更大。

下面这段代码演示了在 MATLAB 中运用中值滤波对图像进行降噪的基本方法，同时也对比了高斯滤波和简单平滑的处理效果。

```
i = rgb2gray(imread('lena.jpg'));
i_noise = imnoise(i, 'salt & pepper');
w1 = [1 2 1; 2 4 2; 1 2 1]/16;
output1 = imfilter(i_noise, w1, 'conv', 'replicate');
w2 = [1 1 1; 1 1 1; 1 1 1]/9;
output2 = imfilter(i_noise, w2, 'conv', 'replicate');
output3 = medfilt2(i_noise, [3, 3]);
```

图 4-24 显示了上述程序的运行结果，其中左上图是引入椒盐噪声的待处理图像，右上图是经过高斯滤波处理后的结果，左下图是经过简单平滑处理后的结果，右下

图是经过中值滤波处理后的结果。可见，中值滤波方法在处理椒盐噪声方面效果非常明显。

图 4-24　图像中值滤波的处理结果

图像的中值滤波很好地解决了图像除噪的问题，然而对于细节较多的图像，中值滤波处理常常导致图像信息丢失。在实际应用中，读者应当根据图像特点和处理要求，灵活选用图像的简单平滑、高斯平滑或中值滤波来进行图像增强，这几种算法之间并没有优劣之分，只是适用情况不同。

4.5　图像的双边滤波

高斯滤波可以起到平滑图像、降低噪声的效果，但是经过高斯滤波处理的图像会变得模糊不清。也就是说，高斯滤波会对图像中所有区域都进行同样的处理，它并不会区分被处理的局部对象到底是属于尖锐的边缘信息还是平缓的过渡区域，结果就会导致图像中的特有纹理以及细节信息被破坏。可否设计一种滤波方法，既能平滑过渡区域，又可以保持边缘等细节信息呢？很多学者在这个问题上进行了不懈的探索，如果仍然从高斯滤波本身进行演化发展，那么最具代表性的成果有两个，其中之一就是本节将要介绍的双边滤波，另一个是本书后面章节中将要介绍的 PM 方程。

双边滤波（Bilateral Filter）是一种非线性的滤波方法，是结合图像的空间邻近度和像素值相似度的一种折中处理，它同时考虑了空域信息和灰度相似性，从而力求在保持图像中边缘信息的同时，又实现降噪的效果。它具有简单、非迭代以及局部性等特点。

先来回忆一下本章前面刚刚介绍过的高斯函数，如下式所示。注意到这里我们稍微进行了一些改写，主要是一些变量替换。其中，W 是权重，i 和 j 是像素索引，K 是归一化常量，相当于之前公式里的 $\sqrt{2\pi}\sigma$。另外，这里 σ_G^2 对应前面公式里的 $2\sigma^2$。从公式中可以看出，权重只和像素之间的空间距离有关系，无论图像的内容是什么，都有相同的滤波效果。

$$W_{ij} = \frac{1}{K_i} e^{-\frac{(x_j - x_i)^2}{\sigma_G^2}}$$

再来看看双边滤波器，它只是在原有高斯函数的基础上加了一项，如下：

$$W_{ij} = \frac{1}{K_i} e^{-\frac{(x_j - x_i)^2}{\sigma_s^2}} \cdot e^{-\frac{(I_j - I_i)^2}{\sigma_r^2}}$$

其中，I 是像素的灰度值。根据指数函数的特点，$e^{-f(x)}$ 应该是一个关于 $f(x)$ 的单调递减函数，所以在灰度差距大的地方（例如边缘），权重反而会减小，滤波效应也就变小。总体而言，在像素灰度过渡和缓的区域，双边滤波有类似于高斯滤波的效果，而在图像边缘等梯度较大的地方，则有保持的效果。

对于数字图像而言，滤波处理最终体现为一种利用模板来进行卷积运算的形式，而这其实就表明输出像素的值依赖于邻域像素的值的加权组合，可用下式表述：

$$h(i, j) = \frac{\sum_{k,l} f(k, l) \omega(i, j, k, l)}{\sum_{k,l} \omega(i, j, k, l)}$$

权重系数 $\omega(i, j, k, l)$ 取决于定义域核

$$d(i, j, k, l) = e^{-\frac{(i-k)^2 + (j-l)^2}{\sigma_s^2}}$$

和值域核

$$r(i, j, k, l) = e^{-\frac{\|f(i,j) - f(k,l)\|^2}{\sigma_r^2}}$$

的乘积

$$\omega(i, j, k, l) = e^{-\frac{(i-k)^2 + (j-l)^2}{\sigma_s^2} - \frac{\|f(i,j) - f(k,l)\|^2}{\sigma_r^2}}$$

之所以称这种滤波器为双边滤波器，就是因为它其实是空间位置和灰度差距两种滤波器的组合。图 4-25 很好地阐释了这一滤波过程。其中，左图表示两个各自过渡和缓的区域（每个区域中都包含有噪声）交接处有一条尖锐的边缘。中图表示一个双边滤波器（它的一半看起来就像一个高斯滤波器的半边），利用这样一个滤波器来对图像进行处理，在非边缘区域内，小邻域内的像素值都是彼此差距不大的，这时双边滤波器等同于一个标准的空域高斯滤波器，平滑掉那些由于噪声引起的弱相关值，也就是利用图中双边滤波器的右半边来处理非边缘区域内的噪声。而面对灰度值变化剧烈的边缘信息时，则使用双边滤波器的左半边来处理，这时边缘信息就会被较好地保留下来。

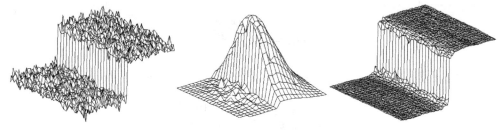

图 4-25　双边滤波示意图

下面给出对图像进行双边滤波的函数，对彩色图像和灰度图像在计算灰度差距时计算方法不同，所有需要分两种情况来处理。

```matlab
function B = bfilter2(A,w,sigma)

% 针对灰度图像或彩色图像选择应用不同的处理函数
if size(A,3) == 1
  B = bfltGray(A,w,sigma(1),sigma(2));
else
  B = bfltColor(A,w,sigma(1),sigma(2));
end

% 对灰度图像进行双边滤波处理的函数
function B = bfltGray(A,w,sigma_d,sigma_r)

% 计算高斯模板
[X,Y] = meshgrid(-w:w,-w:w);
G = exp(-(X.^2+Y.^2)/(2*sigma_d^2));

% 进行双边滤波
dim = size(A);
```

```
B = zeros(dim);
for i = 1:dim(1)
    for j = 1:dim(2)
            % 抽取一块局部区域，这与值域核的大小相对应
            iMin = max(i-w,1);
            iMax = min(i+w,dim(1));
            jMin = max(j-w,1);
            jMax = min(j+w,dim(2));
            I = A(iMin:iMax,jMin:jMax);
            % 计算值域核，也就是灰度值的权值模板
            H = exp(-(I-A(i,j)).^2/(2*sigma_r^2));

            % 计算双边滤波响应
            F = H.*G((iMin:iMax)-i+w+1,(jMin:jMax)-j+w+1);
            B(i,j) = sum(F(:).*I(:))/sum(F(:));

    end
end

% 对彩色图像进行双边滤波处理的函数
function B = bfltColor(A,w,sigma_d,sigma_r)

% 将输入的 RGB 图像转换到 CIE 颜色空间中
if exist('applycform','file')
    A = applycform(A,makecform('srgb2lab'));
else
    A = colorspace('Lab<-RGB',A);
end

[X,Y] = meshgrid(-w:w,-w:w);
G = exp(-(X.^2+Y.^2)/(2*sigma_d^2));
sigma_r = 100*sigma_r;

% 进行滤波处理
dim = size(A);
B = zeros(dim);
for i = 1:dim(1)
    for j = 1:dim(2)
```

```
         iMin = max(i-w,1);
         iMax = min(i+w,dim(1));
         jMin = max(j-w,1);
         jMax = min(j+w,dim(2));
         I = A(iMin:iMax,jMin:jMax,:);

         dL = I(:,:,1)-A(i,j,1);
         da = I(:,:,2)-A(i,j,2);
         db = I(:,:,3)-A(i,j,3);
         H = exp(-(dL.^2+da.^2+db.^2)/(2*sigma_r^2));

         F = H.*G((iMin:iMax)-i+w+1,(jMin:jMax)-j+w+1);
         norm_F = sum(F(:));
         B(i,j,1) = sum(sum(F.*I(:,:,1)))/norm_F;
         B(i,j,2) = sum(sum(F.*I(:,:,2)))/norm_F;
         B(i,j,3) = sum(sum(F.*I(:,:,3)))/norm_F;

   end
end


% 将滤波结果转换回 RGB 色彩空间
if exist('applycform','file')
   B = applycform(B,makecform('lab2srgb'));
else
   B = colorspace('RGB<-Lab',B);
end
```

以上函数基本上是遵照算法最初的设计来实现的，所以执行起来有一定的时延（特别是对于尺寸较大的图像而言）。目前关于双边滤波的快速算法已经有很多研究成果问世，建议有兴趣的读者不妨查阅有关文献以了解更多。下面这段示例程序调用了前面的函数，对一幅灰度图像进行了双边滤波处理。

```
I = imread('cat.gif');
I = double(I)/255;

w = 5;
sigma = [3 0.1];
B = bfilter2(I,w,sigma);
```

请读者执行以上代码，其运行结果如图 4-26 所示。

图 4-26　双边滤波效果

4.6　图像的拉普拉斯锐化

在图像增强中，平滑是为了消除图像中的噪声干扰或降低图像的对比度，而与之相反的是，有些时候为了强调图像的边缘和细节，需要对图像进行锐化以提高对比度。本节就来介绍为了突出图像细节而进行的边缘增强处理。

4.6.1　图像的锐化

图像锐化处理的目的是提高图像的对比度，从而使图像清晰起来。在图像的平滑中，为了使图像模糊，通常采用邻域平均的方法缩小邻域内像素之间的灰度差异，因此在图像的锐化中，可以采用相反的手段，即提高邻域内像素的灰度差来提高图像的对比度。

在图 4-27 中，a 表示图像中某直线方向上的灰度变化，其中像素灰度的数值用线段的高度来表示，b 为对 a 进行平滑处理的结果，c 为对 a 进行锐化处理的结果，从图中可以看出平滑处理和锐化处理对图像邻域内像素灰度的影响。

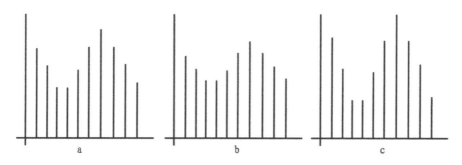

图 4-27　图像平滑和锐化处理对邻域像素的影响

在图像的锐化处理中，被增强的像素点应是与邻域内其他像素有较大差异的，因此原始图像中灰度相同的区域不应受锐化处理的影响，这点在图像的锐化处理中应格外注意。

4.6.2 拉普拉斯锐化的原理

图像的拉普拉斯锐化是利用拉普拉斯算子对图像进行边缘增强的一种方法。拉普拉斯算子是以图像邻域内像素灰度差分计算为基础，通过二阶微分推导出的一种图像邻域增强算法。它的基本思想是，当邻域的中心像素灰度值低于它所在邻域内其他像素的灰度的平均值时，此中心像素的灰度应被进一步降低；当邻域的中心像素灰度值高于它所在邻域内其他像素的平均灰度值时，此中心像素的灰度应被进一步提高，以此实现图像的锐化处理。

在算法实现过程中，拉普拉斯锐化通过对邻域中心像素的四方向或八方向求梯度，并将梯度和相加来判断中心像素灰度与邻域内其他像素灰度的关系，并用梯度运算的结果对像素灰度进行调整。通过数学推导，以上过程被简化为如图 4-28 所示的模板，其中 a 为四方向模板，b 为八方向模板。

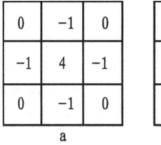 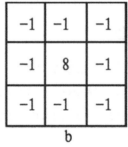

图 4-28　拉普拉斯锐化模板

通过模板可以发现，当邻域内像素灰度相同时，模板的卷积运算结果为 0；当中心像素的灰度高于邻域内其他像素的平均灰度时，模板的卷积运算结果为正数；当中心像素的灰度低于邻域内其他像素的平均灰度时，模板的卷积运算结果为负数。对卷积运算结果用适当的衰减因子处理并加在原中心像素上，就可以实现图像的锐化处理。当然，除了 3×3 邻域，图像的拉普拉斯锐化算法还可以扩展到其他大小邻域的情况。

4.6.3 拉普拉斯锐化的编码实现

在 MATLAB 中对图像进行拉普拉斯锐化，同样可以用 imfilter() 和 fspecial() 来配合实现。但是在创建拉普拉斯锐化模板时，很多人会想到使用参数'laplacian'，但事实上这是行不通的。真正用来创建拉普拉斯锐化模板的代码如下：

```
h = fspecial('unsharp', alpha)
```

以上代码返回一个 3×3 的 unsharp 对比度增强滤波器，其实就是一个 Laplacian 锐化模板。参数 alpha 用来控制拉普拉斯模板的形状，它的取值范围介于 0.0 和 1.0 之间。在缺省情况下，alpha 的默认值是 0.2。

很多读者可能会被'unsharp'这个滤波器的名字给欺骗了，会误以为它是一个用来去除锐化效果的算子。事实上，unsharp 滤波器就是一个用来锐化图像的算子。这个名字本身来源于印刷业中的一个处理步骤，这个步骤旨在通过锐化图像的方式来增强印刷成品的显像效果。而具体实施的时候，就是从原始图像减去一个它自身的模糊版本，这个模糊版本也被称作 unsharp 版本，所得的结果就是被锐化的图像。这整个过程被称作 unsharp 步骤，所以便有了现在我们所看到的这个滤波器的名字。

后续章节中我们还会讲到基于 Laplacian 算子的边缘检测算法，读者难免会对用于边缘检测的 Laplacian 算子和这里采用的 Laplacian 锐化模板感到困惑。首先，二者是不同的；其次，二者是有关联的。这个关联就是，Laplacian 锐化模板是拉普拉斯算子取反得到的。

还有一点需要说明的就是，MATLAB 中生成的 unsharp 滤波器与图 4-28 所示的情况仍然略有不同。当参数 alpha 取默认值 0.2 时，生成的滤波器如图 4-29 所示。显然，按照四舍五入取整处理后，得到的结果就是图 4-28 左图所示的模板。但是在这个处理过程中锐化模板就被归一化了，所以图 4-28 所示模板中的所有权值相加等于 0，而 unsharp 滤波器中的所有权值相加总等于 1。

-0.167	-0.667	-0.167
-0.667	4.333	-0.667
-0.167	-0.667	-0.167

图 4-29　unsharp 滤波器

下面这段代码演示了在 MATLAB 中利用 unsharp 滤波器对图像进行拉普拉斯锐化的基本方法。

```
I = imread('cameraman.tif');
H = fspecial('unsharp');
sharpened = imfilter(I,H,'replicate');
subplot(121), imshow(I), title('Original Image')
subplot(122), imshow(sharpened); title('Sharpened Image')
```

上述代码的运行结果如图 4-30 所示，其中左图为原始图像，右图为经过锐化处理的图像，可见图像经过锐化后边缘以及棱角更加分明，纹理也更加清晰。此外，图像的拉普拉斯锐化还是噪声敏感的，任何细小的噪声点都会在处理结果中被清晰地显示出来。这一点在本书后续的边缘检测部分还会被着重讲到。

Original Image

Sharpened Image

图 4-30　灰度图像的拉普拉斯锐化结果

如果不使用 fspecial()生成的 unsharp 算子，而使用图 4-28 所示的模板来自行编写图像锐化代码，再配合使用 imfilter()函数似乎也可以很容易实现图像的锐化。但其实这是行不通的。因为 imfilter()在识别出所采用的模板是 unsharp 算子时，其实所执行的操作并不仅仅是卷积。为了完成拉普拉斯锐化，还需要与原始图像进行叠加。下面这段示例代码演示了这其中的细微差别。

```
I = imread('cameraman.tif');
Laplace=[0 -1 0;-1 4 -1; 0 -1 0 ];
Data = double(I);
LaplaceImage=conv2(Data,Laplace,'same');
%上面这句也可以写成下面这种形式，作用是等同的
%LaplaceImage=imfilter(Data,Laplace,'conv','same');
subplot(1,2,1); imshow(uint8(LaplaceImage)); title('Laplace 图像');

%原始图像与拉普拉斯图像叠加
DataLap=imadd(Data,LaplaceImage);
subplot(1,2,2),imshow(uint8(DataLap));
title('锐化增强后的图像');
```

上述程序的运行结果如图 4-31 所示。

Laplace图像　　　　　　　　　　锐化增强后的图像

图 4-31　拉普拉斯锐化结果

　　图像的锐化处理是与平滑处理恰好相反的一种图像增强手段，通过对拉普拉斯锐化的学习，读者应当重点理解拉普拉斯算子的原理，因为微分算子在图像处理中的使用非常广泛，本书后面章节中的很多算法就是以微分算子为基础来实现的。本章对高斯平滑的数学基础进行了较为详细的讲解，关于拉普拉斯锐化方面的内容则更侧重于应用层面的介绍。但是在后续的图像边缘检测部分中，我们将对拉普拉斯算子的数学基础进行更为深入的探讨。

本章参考文献及推荐阅读材料

　　[1] Carlo Tomasi, Roberto Manduchi. Bilateral Filtering for Gray and Color Images. Procedings of the 6th International Conference on Computer Vision , Jan. 1998.

　　[2] 徐伟，赵选民，师义民，秦超英. 概率论与数理统计（第 2 版）. 西安：西北工业大学出版社，2008.

　　[3] 左飞. 数字图像处理：技术详解与 Visual C++实践. 北京：电子工业出版社，2014.

5

图像的形态学处理

图像的形态学处理是以数学形态学（Mathematics Morphology）为理论基础，借助数学方法对图像进行形态处理的技术。在图像的形态学处理中，图像所具有的几何特性将成为算法中最让人关心的信息。因此，在几何层面上对图像进行分析和处理也就成了图像形态学所研究的中心内容。由于图像形态学算法大部分通过集合的思想实现，在实践中具有处理速度快，算法思路清晰等特点，被广泛应用于许多领域。本章重点通过大量实例介绍图像形态学处理的常用方法。

5.1 数学形态学

数学形态学是由法国巴黎矿业学院博士生赛拉（Serra）和导师马瑟荣（Matheron）于 1964 年提出的，他们在理论层面上第一次引入了形态学的表达式，并建立了颗粒分析方法。数学形态学最初应用于铁矿核的定量岩石学分析及预测其开采价值的研究，它是以集合代数为基础的，用集合论的方法定量描述几何结构的科学。1985 年以后，数学形态学开始应用于数字图像处理领域，成为分析图像几何特征的工具，它的基本思想是用具有一定形态的结构元素去度量和提取图像中的对应形状，以达到对图像分析和识别的目的。

数学形态学由一组形态学代数算子组成，最基本的形态学代数算子包括腐蚀、膨胀、开运算和闭运算等。通过组合应用这些算子，可以实现对图像形状、结构的分析和处理。数学形态学可以完成图像分割、特征提取、边界检测、图像滤波、图像增强和恢复等工作。

数学形态学具有完备的数学基础，这为形态学用于图像分析和处理、形态滤波器的特性分析和系统设计奠定了坚实的基础。数学形态学的应用可以简化图像数据，保持它们基本的形状特性，并除去不相关的结构。数学形态学的算法具有天然的并行实现结构，实现了形态学分析和处理算法的并行，具有很高的图像分析和处理速度。

数学形态学的基本思想及方法广泛应用于医学诊断、地质探测、食品检验及细胞分析等领域，由于它在理论上的坚实性和应用上的灵活性，被很多学者称作是最严谨却又优美的科学。

5.2　一些必要的概念和符号约定

数学形态学以集合代数为基础，因此数学形态学算法大都建立在集合论思想之上，在介绍数学形态学算法之前，首先要了解集合代数的基本理论和研究方法。本节主要对集合代数中的一些必要概念和符号约定，以及其在数字图像中的延伸进行简单的介绍。

1. 元素和集合

在数学上，我们称具有某种特定性质的事物的总体为一个集合，集合中的每个事物称为该集合的元素。集合通常用大写字母表示，例如 A、B、C，元素通常用小写字母表示，例如 a、b、x。如果 a 是集合 A 的元素，就说 a 属于 A，记作 $a \in A$，含有有限个元素的集合称为有限集，含有无限多个元素的集合称为无限集，不含任何元素的集合称为空集，记作 $\varnothing$。

如果集合 A 中的每一个元素都是集合 B 的元素，则称 A 是 B 的子集，或说 B 包含 A，记作 $A \subseteq B$。

如图 5-1 所示，左图中 A 表示一个集合，a 为 A 中的元素，因此 $a \in A$，而 b 不是 A 中的元素，因此 $b \notin A$。右图中集合 B 中的元素同时属于集合 A，因此 $B \subseteq A$。

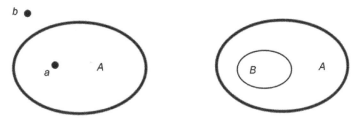

图 5-1　集合的元素与包含

如果集合 A、B 拥有相同的元素，即 A、B 互为子集，就称 A 与 B 相等，记作 $A=B$。

在数字图像处理中，通常把像素点看作元素，把图像上的区域看作集合，如果像

素 a 处于区域 A 内部，则认为 $a \in A$，否则认为 $a \notin A$。

例如，在图 5-2 中，若定义深色区域为集合 A，浅色区域为集合 B，那么由图可知 $a \in A$、$b \in A$、$c \notin A$。

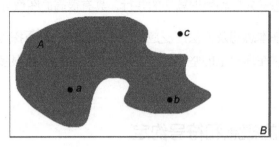

图 5-2　数字图像中的集合

2．集合运算

集合的基本运算包括求集合的交集、并集、差集和补集等。

设 A、B 为两个集合，那么：

A 与 B 的交集，记作 $A \cap B$，表示由既属于 A 又属于 B 的所有元素组成的集合。

A 与 B 的并集，记作 $A \cup B$，表示由属于 A 或者属于 B 的所有元素组成的集合。

A 与 B 的差集，记作 A/B，表示由属于 A 而不属于 B 的所有元素组成的集合。

A 的补集，记作 A^C，若把研究某一问题时所考虑的对象的全体称作全集，并用 I 表示，则 A^C 就是差集 I/A。

集合的运算同样可以推广到图像处理，在图 5-3 中，a 表示区域 A，b 表示区域 B，则区域 $A \cap B$、$A \cup B$、A/B、A^C 可分别由 c、d、e、f 表示。

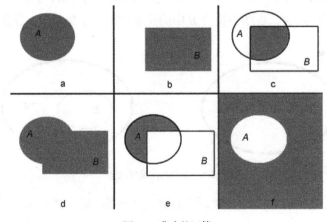

图 5-3　集合的运算

3．击中与不击中

击中与不击中的概念定义以集合论为基础，设有两个集合 A、B，若 $A\cap B$ 不为空，则称 B 击中 A，或 A 击中 B。若 $A\cap B$ 为空，则称 B 不击中 A，或 A 不击中 B。

对于数字图像，可理解为若图像上的两个区域有重叠，则称这两个区域互相击中，否则互相不击中，如图 5-4 所示。

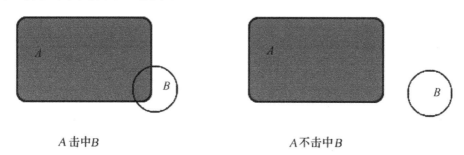

A 击中 B　　　　　　　　　　A 不击中 B

图 5-4　击中与不击中

4．平移和反射

在对数字图像进行处理的时候，经常需要对图像进行一些简单的变换，平移和反射就是图像处理中非常基本的变换手段。本书前面的章节已经介绍过图像的平移了，下面将对平移的概念进行简单的回顾。

设 A 是一个图像区域，$p(\mathrm{d}x,\mathrm{d}y)$ 是一个平面向量，那么 A 被 p 平移的过程可看作是将 A 中每个点的坐标平移 p，其结果如图 5-5 所示。

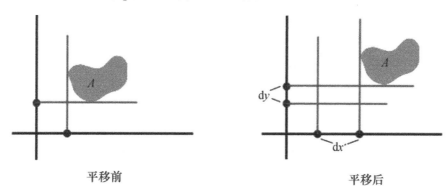

平移前　　　　　　　　　　　　平移后

图 5-5　图像的平移

而 A 的反射可以看作是对 A 中每个点的坐标取相反数，例如，原坐标为 (x,y)，反射后的坐标变为 $(-x,-y)$。A 被反射的结果如图 5-6 所示。

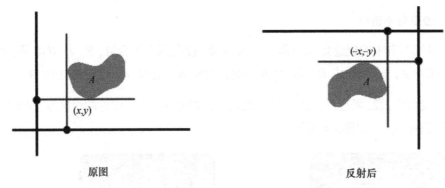

图 5-6　图像的反射

5．目标和结构元素

在处理数字图像时，常把要处理的图像称为目标，用集合论的思想，目标可以用一个集合来描述，它是由一切属于它的元素构成的，例如，由像素构成的一个图像区域就可以当作一个目标。

在对目标进行分析时，常常需要把目标分解为更小的组成部分，称为结构元素。结构元素通常具有相同的形状，很多的结构元素并在一起构成目标。对结构元素的划分可以用模板来实现，结构元素的尺寸应当远远小于目标。图 5-7 显示了结构元素构成图像的方式。

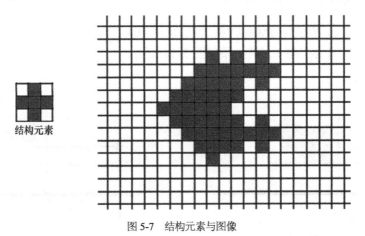

图 5-7　结构元素与图像

5.3　图像的腐蚀

腐蚀在数学形态学运算中的作用是消除物体的边界点。在数字图像处理中，对于确定的结构元素，通过腐蚀运算可以消除小于结构元素的点。同时，若一个目标区域中含有细小的连接部分，那么通过腐蚀处理可以对区域进行分割，如图 5-8 所示。

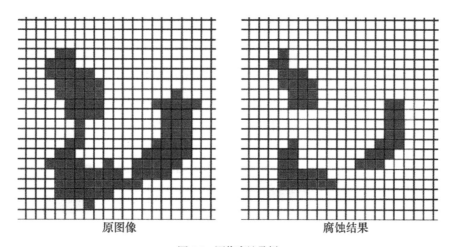

原图像　　　　　　　　　　　　腐蚀结果

图 5-8　图像腐蚀示例

5.3.1　腐蚀原理

在数学形态学中，设 A 为 (x, y) 平面上一目标区域，S 为指定大小和形状的结构元素，定义位于坐标 (x, y) 上的结构元素 S 所表示的区域为 $S(x, y)$，那么对于 A 的腐蚀结果可以表示为：

$$\{(x, y) \mid (x, y) \in A, S(x, y)/A = \varnothing\}$$

在图像处理中，上式可理解为定义一个结构元素 S，从图像左上角开始，按顺序移动结构元素的位置，当结构元素位于某坐标上时，且此时结构元素完全处于目标区域内部，则保留此坐标上的像素点，否则删除此坐标上的像素点。

根据腐蚀的原理，可以将结构元素在图像上的位置分为 3 类，即完全处于目标区域内部、完全处于目标区域外部和处于目标区域边界。分别如图 5-9 中 B1、B2、B3 所示，深色部分为目标区域，B1 完全处于目标区域内部，B3 完全处于目标区域外部，B2 处于目标区域边界，若定义结构元素的位置由其左上角点来确定，在腐蚀运算中，只有 B1 类位置的像素点会被保留。

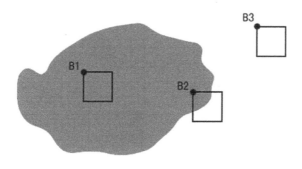

图 5-9　结构元素的位置

在实际操作中，可以将结构元素用模板的形式定义，矩形模板中属于结构元素的部分用 1 表示，不属于结构元素的部分可以标记为 0。在腐蚀处理过程中，只要对图像的每个位置都用模板进行检验，如果对于所有模板中为 1 的位置源图像上都存在指定像素，那么就保留模板所在位置的像素点，否则就清除模板所在位置的像素点。图 5-10 给出了两种不同的模板，以及它们分别对应的结构元素形状。

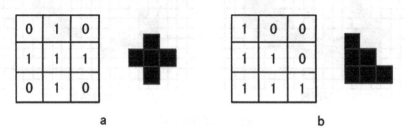

图 5-10　结构元素和模板

对于相同的图像，用不同的结构元素进行腐蚀操作的结果是不同的，因此结构元素的形状和大小往往直接决定了腐蚀操作的性能和效果。例如，用边长为 3 的正方形结构元素进行腐蚀处理可以使目标图像近似收缩 1 像素，而若选用边长为 5 的正方形结构元素则可以使目标图像近似收缩 2 像素。同时，相同邻域大小但形状不同的结构元素对目标图像的腐蚀效果也有所不同。在图 5-11 中，a 为目标图像，b、c 分别展示了用不同形状的结构元素对 a 进行腐蚀操作的结果。

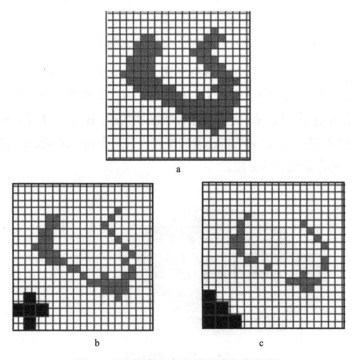

图 5-11　不同结构元素对目标图像的腐蚀结果

　　在某些特殊情况下，图像的腐蚀处理可通过对目标图像的平移和求交集来实现。例如，对于如图 5-12 所示的几种结构元素，图像的腐蚀就可以分别移动目标图像，然后将移动的图像与原目标图像求交集来得到腐蚀运算的结果。

　　由于用平移目标图像的方法获得图像的腐蚀结果省去了逐一检测像素的过程，因此具有速度快、操作简单的特点，在实际处理中应用非常广泛。

　　图像的腐蚀处理可以去除目标图像中的部分像素，然而对于二值图像而言，腐蚀的结果是否一定是原目标图像的一个子集呢？考虑结构元素的形状，对于 3×3 邻域的结构元素，定义结构元素的位置由其中点决定，那么如果结构元素覆盖其中点，就可以保证得到的腐蚀结果一定是原目标图像的一个子集，或者说，腐蚀结果是原目标图像的收缩，否则，上述关系不一定成立。

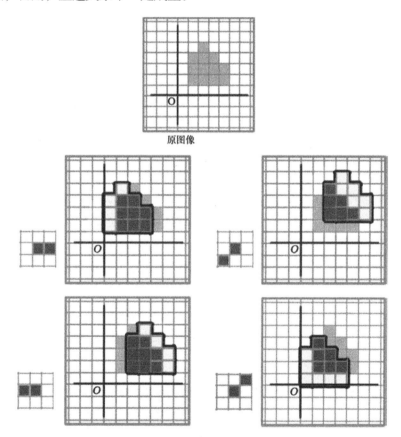

图 5-12　用平移进行图像的腐蚀结果

　　在图 5-13 中，分别对目标图像使用 a、b 两种结构元素进行腐蚀处理，其中 a 结构元素覆盖其中点，b 结构元素未覆盖其中点。由图中可以看出，用 b 结构元素进行腐蚀处理的结果不是目标图像的收缩。

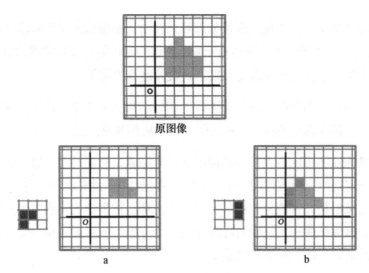

图 5-13　不同结构元素的腐蚀性质

对于彩色图像的腐蚀，仅仅用判断特定像素是否存在进行腐蚀显然是不够的。不同于二值图，彩色图像中一个像素的存在有多种状态，对于彩色图像，在图像处理中通常不仅要关心像素是否存在，还要关心像素的颜色差异。通过前面章节的学习，我们知道颜色可以描述成 RGB 三种颜色分量的叠加形式，那么在腐蚀操作中，同样可以对三种颜色分量分别进行腐蚀处理，这样就可以把彩色图像的腐蚀处理转化为对灰度图的腐蚀处理。

回顾二值图的腐蚀处理原理，计算当前结构元素所在位置的像素值的过程可以描述为：依次对结构元素模板中所有为 1 的位置对应的像素进行检测，若存在值为 0 的像素，则当前结构元素所在位置的像素值置为 0，否则置为 1。由于二值图中的像素值只有 0 或 1 两种情况，那么用最值的思想去理解上述过程，就可以得到计算当前结构元素所在位置的像素值的另一种描述：依次对结构元素模板中所有为 1 的位置对应的像素进行检测，取出其中的最小值 min，将当前结构元素所在位置的像素值置为 min，可以将此描述方式称为最小值描述法。仔细分析可以发现这两种描述方式得到的结果完全相同。

图 5-14 左图显示了结构元素的形状，中图显示了目标图像和结构元素模板在目标图像上的两个位置 B1、B2，右图中数字表示 B1、B2 处结构元素的每个位置对应的像素值。不难发现，B1、B2 中与结构元素重合的所有像素的最小值分别为 0 和 1，因此 B1 所在位置处像素将被腐蚀掉，这与之前方法判断的结果完全相同。

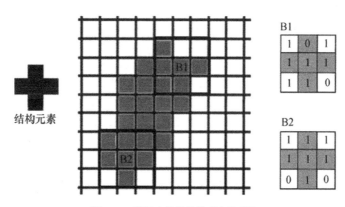

图 5-14　用最小值描述法确定像素值

可以将最小值描述法推广到灰度图的腐蚀处理中。设目标图像 A 为灰度图，图中每个像素的值可以取 0~255 中的任意整数，定义结构元素 S，腐蚀结果保存在图像 C 中，则使用 S 对 A 进行腐蚀操作的过程为：依次将 S 放置在 A 中的每一个位置，当 S 位于 A 中 (x, y) 位置时，求出所有与 S 重合的 A 中像素的灰度最小值 min，则 C 中 (x, y) 位置的像素灰度为 min。

5.3.2　编程实现

在 MATLAB 中与腐蚀处理有关的常用函数是 imerode() 和 strel()。其中 imerode() 主要用于实现图像的腐蚀，它的语法形式如下：

```
I2 = imerode(I, SE)
```

其中，参数 I 表示原始图像，SE 表示由 strel() 函数返回的自定义或预设的结构元素对象。返回值 I2 是处理后的结果图像矩阵。该函数对彩色图像、灰度图像以及二值图像都有效，后面的示例程序我们选用的是一幅彩色图像。

函数 strel() 可以为各种常见的形态学运算生成结构元素(SE)，它的语法形式如下：

```
SE = strel(shape, parameters)
```

其中，参数 shape 指定了结构元素的形状，其常用的合法取值如表 5-1 所示。另外，参数 parameters 则指定了和输入 shape 相关的参数，主要是结构元素的大小等，对于一个指定的元素，该参数会影响处理效果的程度。返回值 SE 是得到的结构元素对象。

表 5-1　常用结构元素的 shape 参数的取值

合 法 取 值	功 能 描 述
'arbitrary'或为空	自定义结构元素
'disk'	圆形结构元素

合 法 取 值	功 能 描 述
'square'	正方形结构元素
'rectangle'	长方形结构元素
'line'	线形结构元素
'pair'	包含 2 个点的结构元素
'diamond'	菱形结构元素
'octagon'	八角形结构元素

下面我们给出一段示例代码，该代码实现了对于一幅图像的腐蚀操作，这里所使用的结构元素为长方形。

```
I = imread('fruits.jpg');
SE = strel('rectangle',[10 10]);
I2 = imerode(I, SE);
figure(2),imshow(I2)
```

运行结果如图 5-15 所示，其中 a 为目标图像，b 为腐蚀结果，结构元素是边长为 10 的正方形。对于每一种不同的结构元素，参数 parameters 都有不同的形式。本例中我们使用的是长方形结构元素，此时 SE 的形式为：

```
SE = strel('rectangle',MN)
```

a　　　　　　　　　　　　　　　　b

图 5-15　图像的腐蚀

该语句表明返回一个高、宽均由向量 MN 指定的长方形结构元素。MN 是一个长度为 2 的向量，其中第一项表示结构元素的高，第二项表示结构元素的宽。不同的结构元素对于 parameters 的形式要求是不一样的，具体情况读者可以参阅 MATLAB 的帮助信息，这里不再一一赘述。

5.4　图像的膨胀

膨胀在数学形态学运算中的作用是扩展物体的边界点。在数字图像处理中，对于确定的结构元素，通过膨胀运算可以使一些相邻距离较短的区域进行连接。不过，图像的膨胀处理是杂点敏感的，细小的杂点通过膨胀处理往往会变得较为明显，如图 5-16 所示。

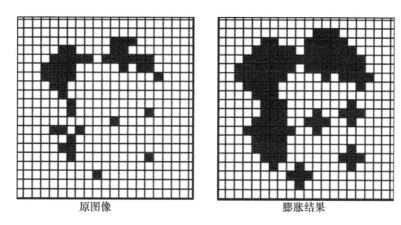

原图像　　　　　　　　　　膨胀结果

图 5-16　图像膨胀示例

5.4.1　膨胀原理

在数学形态学中，设 A 为(x, y)平面上一目标区域，S 为指定大小和形状的结构元素，定义位于坐标(x, y)上的结构元素 S 所表示的区域为$S(x, y)$，那么对于 A 的膨胀结果可以表示为：

$$\{(x,y)\,|\,(x,y)\in A\,,S(x,y)\cap A\neq\varnothing\}$$

在图像处理中，上式可理解为定义一个结构元素 S，从图像左上角开始，按顺序移动结构元素的位置，当结构元素位于某坐标上时，且此时结构元素与目标图像存在交集，则保留此坐标上的像素点，否则删除此坐标上的像素点。

与图像的腐蚀处理相对应，在图像的膨胀处理中同样可以将结构元素在目标图像上的位置分为 3 类，即完全处于目标区域内部、完全处于目标区域外部和处于目标区域边界。在腐蚀运算中，只有完全处于目标区域外部的结构元素位置对应的像素点会被清除。

图像的膨胀处理同样可以借助模板来实现，像图像的腐蚀处理一样，用模板表示结构元素的形状，则图像的膨胀处理可以描述为：移动模板使之遍历目标图像的每一个像素，当模板处于坐标(x, y)处时，若模板中任意为 1 的位置对应的像素存在，则膨胀结果中坐标(x, y)对应位置的像素存在，否则坐标(x, y)对应位置的像素不存在。

利用不同形状的结构元素对相同的目标图像进行膨胀处理得到的结果是不同的，图 5-17 中显示了几种不同结构元素对目标图像膨胀的结果。

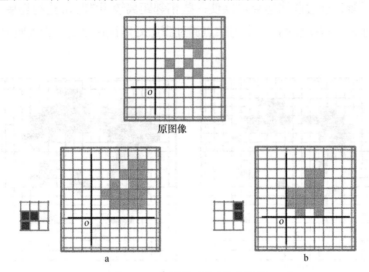

图 5-17　不同结构元素的膨胀性质

由图 5-17 可以看出，定义结构元素的位置由模板中心在目标图像上的位置来决定，则使用经过模板中心的结构元素进行膨胀处理得到的结果会完全包含原目标图像，即为原目标图像的一个扩展，而使用不经过模板中心的结构元素进行膨胀处理得到的结果常常不能完全包含原目标图像。图 5-17 中的 a 为原目标图像的一个扩展，而 b 则不是。

对于某些特定的结构元素，图像的膨胀操作也可利用图像的平移来实现，只是在膨胀处理中，要对原目标图像和移动后的图像取并集运算。图 5-18 显示了几种利用图像平移实现的图像膨胀操作。

在解决二值图像的膨胀处理时，用数学逻辑中集合的运算思想就完全可以解决所有问题，但对于彩色图像的膨胀处理，纯粹的集合运算是远远不够的。回顾前面小节介绍的相关内容，对于彩色图像的腐蚀处理，可以通过最小值描述法来解决，那么对于彩色图像的膨胀处理，同样可以利用取最大值的办法来实现。

图 5-19 描述了用最大值描述法进行二值图像膨胀操作的过程，当模板位于 B1 处时，结构元素覆盖的所有像素中灰度最大为 0，因此 B1 位置像素值将被置为 0；而当模板位于 B2 处时，结构元素覆盖的所有像素中灰度最大为 1，因此 B2 位置像素值将被置为 1。

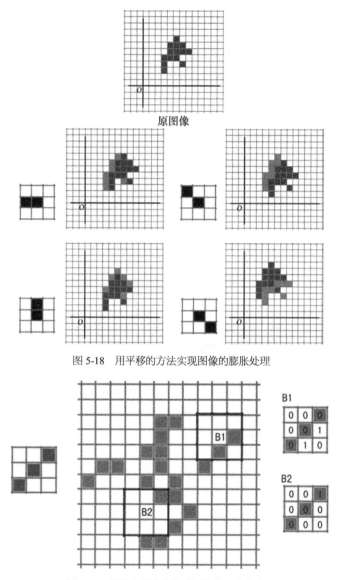

图 5-18　用平移的方法实现图像的膨胀处理

图 5-19　用最大值描述法对图像进行膨胀处理

将最大值描述法推广到灰度图像，设目标图像 A 为灰度图像，图像中每个像素的值可以取 $0\sim255$ 中的任意整数，定义结构元素 S，腐蚀结果保存在图像 C 中，则使用 S 对 A 进行膨胀操作的过程为：依次将 S 放置在 A 中的每一个位置，当 S 位于 A 中的(x,y)位置时，求出所有与 S 重合的 A 中像素的灰度最大值 max，则 C 中(x, y)位置的像素灰度值为 max。

5.4.2　编程实现

在 MATLAB 中用以实现膨胀处理的函数是 imdilate()，它的语法形式如下：

```
I3 = imdilate(I, SE);
```

其中，参数 I 表示原始图像，SE 是由 strel()函数返回的自定义或预设的结构元素对象，这一点在使用上与之前介绍的腐蚀处理相同。返回值 I3 表示经过膨胀处理后的结果图像。

下面这段示例代码演示了在 MATLAB 中进行膨胀处理的基本方法。

```
I = imread('fruits.jpg');
SE = strel('rectangle',[10 10]);
I3 = imdilate(I, SE);
figure(3),imshow(I3)
```

程序运行结果如图 5-20 所示，其中 a 为目标图像，b 为 a 的膨胀处理结果。膨胀的作用和腐蚀相反，膨胀能使物体边界扩大，具体的膨胀结果与图像本身和所使用的结构元素有关。

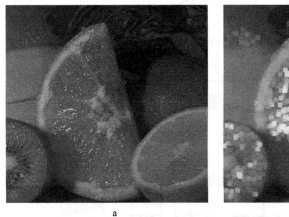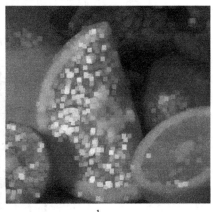

a　　　　　　　　　　b

图 5-20　彩色图像的膨胀处理

5.5　腐蚀和膨胀的性质及应用

由于图像的腐蚀和膨胀是以数学形态学为基础的，因此具有较为完备的理论支持，同时，腐蚀和膨胀处理在实践中应用非常广泛。本节以数学形态学理论为基础对腐蚀和膨胀的性质进行讨论，并从实践出发对腐蚀和膨胀的应用进行介绍。

5.5.1　腐蚀和膨胀的代数性质

设目标图像为 A，结构元素为 S，用 $A-S$ 表示对 A 的腐蚀运算，用 $A+S$ 表示对 A 的膨胀运算，根据运算结果和原目标图像的关系，可推导出如下代数性质。

1. 对偶性

$$(A^C - S)^C = A + S$$

$$(A^C + S)^C = A - S$$

通过腐蚀和膨胀的对偶性可以发现，图像的形态学处理最终可以仅用一种运算来实现，同时，对于用低灰度作为前景色的图像，利用对偶性也可以灵活处理而不必先对图像进行反相操作。在图 5-21 中，a 为目标图像 A，b 为 a 的补集 A^C，c 为对 a 进行腐蚀的结果，d 为对 b 进行膨胀的结果，其中腐蚀和膨胀的结构元素均为正方形。从图中可以看出，d 恰好为 c 的补集。

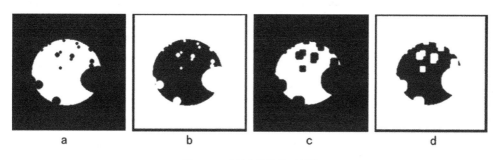

图 5-21　腐蚀和膨胀的对偶性

2. 单调性

对于任意目标图像 $A' \subseteq A$，可以得到：

$$A' - S \subseteq A - S$$

$$A' + S \subseteq A + S$$

对于任意结构元素 $S' \subseteq S$，可以得到：

$$A - S' \supseteq A - S$$

$$A + S' \subseteq A + S$$

单调性是腐蚀和膨胀处理中非常重要的性质，对于用不规则的结构元素腐蚀或膨胀过的图像，有时需要用比较规则的轮廓进行裁剪，为了保证裁剪后的图像轮廓尽可能接近原轮廓，可以根据需要利用单调性建立一个原结构元素的外接矩形或圆作为结构元素，对源图像进行处理以得到比较规则的轮廓，这样得到的轮廓既可以完整地包含图像，又能与原轮廓尽可能地接近。

3. 递减（递增）性

$$0 \in S \Rightarrow A - S \subseteq A \subseteq A + S$$

从递减（递增）性中可以看出，如果结构元素包含原点（中点），那么 $A-S$ 完全包含于 A，是 A 的一个收缩；$A+S$ 完全包含 A，是 A 的一个扩展。利用这一性质，可以通过先腐蚀再膨胀的方法去除目标图像中的杂点，这一应用在后一节中会详细介绍。

4．交换律

$$A + B = B + A$$

交换率这一性质说明，在二值图像的情况下，利用结构元素对目标图像进行膨胀的结果等同于用目标图像作为结构元素对结构元素进行膨胀。

值得注意的是，交换律仅适用于图像的膨胀，对于图像的腐蚀操作，交换律通常不成立。

5．结合律

$$A - (S_1 + S_2) = A - S_1 - S_2$$

$$A + (S_1 + S_2) = A + S_1 + S_2$$

结合律也是图像形态学处理中非常重要的性质，它允许在实际操作中，把较大、较复杂的结构元素分解为较小、较简单的结构元素，利用此性质，在很多情况下可以大大提高算法的运行效率。在图 5-22 中，a 表示一个较复杂的结构元素，通过观察发现，要得到 a 可以利用 b 作为结构元素对 c 进行膨胀处理，这样就把 a 分解成了 b、c 两个较简单的结构元素。

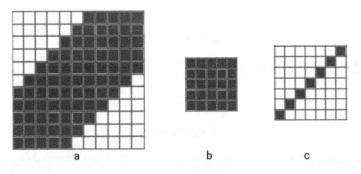

图 5-22　结构元素的分解

在图 5-23 中，a 为目标图像，b 显示了用 a 作为结构元素对目标图像进行腐蚀处理的结果，c 显示了用 c 作为结构元素对目标图像进行腐蚀处理的结果，d 为对 c 使用 b 作为结构元素进行腐蚀处理的结果。从图中可以看出，b 和 d 完全相同。

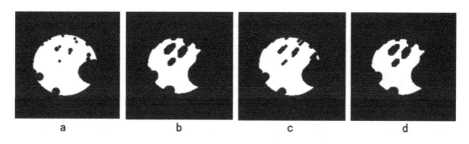

图 5-23 结合律的应用

6．腐蚀和膨胀的集合运算

设 B 为与 A 不同的目标图像，S_1、S_2 为不同的结构元素，则有如下关系：

$$A-(S_1 \cup S_2)=(A-S_1) \cap (A-S_2)$$
$$A+(S_1 \cup S_2)=(A+S_1) \cup (A+S_2)$$

$$(A \cup B)-S \supseteq (A-S) \cup (B-S)$$
$$(A \cup B)+S=(A+S) \cup (B+S)$$

$$(A \cap B)-S=(A-S) \cap (B-S)$$
$$(A \cap B)+S \subseteq (A+S) \cap (B+S)$$

7．平移不变性

设 p 为一平面向量，用 $A[p]$ 表示将图像 A 沿 p 平移，则平移不变性可以描述为：

$$A[p]-S=(A-S)[p]$$

$$A[p]+S=(A+S)[p]$$

$$A-S[p]=(A-S)[p]$$

$$A+S[p]=(A+S)[p]$$

平移不变性说明，无论是平移目标图像还是结构元素，都不会对形态学处理结果的形状造成影响，仅会使结果中图像的位置发生偏移，且偏移的向量与目标图像或结构元素被平移的向量相同。也就是说对于特定形状，无论它出现在目标图像的什么位置，对它的形态学处理结果是相同的。

5.5.2 腐蚀和膨胀的应用

腐蚀和膨胀在形态学处理中有着非常广泛的应用，最常见的是对图像形态学边界的提取。通过前面的学习可以知道，通过腐蚀处理可以将目标图像收缩，而通过膨胀处理可以将目标图像扩展，利用收缩或扩展后的图像，借助适当的逻辑运算，便可比较精确地提取源图像的内外边界，这样提取的边界不仅精确，而且可以有效地控制边界线条的宽度。下面通过实例对形态学边界的提取进行介绍。

1．形态学边界

所谓形态学边界是指区域内外边界的总和，区域的内边界可以直接由边界点构成，它是区域的一部分，而区域的外边界指位于区域外部且与边界点相邻的像素集合。

在图 5-24 中，a 为平面区域，b 中 S2 标记出了区域的外边界，c 中 S1 标记出了区域的内边界。

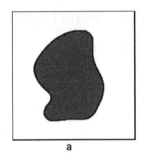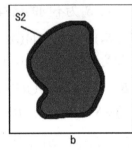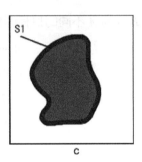

图 5-24　形态学边界示例

2．边界提取的原理

在形态学处理中，边界的提取是通过对目标图像进行腐蚀或膨胀处理，比较结果图像和原图像的差别来实现的。内边界的提取利用图像的腐蚀处理得到源图像的一个收缩，再将收缩结果与目标图像进行异或运算，以此实现差值部分的提取。直观地说，内边界的提取可以理解为用目标图像减去目标图像的一个收缩，用集合运算表示为：

$$A\,/\,(A{-}S)$$

在图 5-25 中，a 为目标图像 A，b 中深色区域表示 A 的一个收缩，即 $A{-}S$，c 为 A 减去 b 中深色部分的结果，即 A 的内边界 $A/(A{-}S)$。

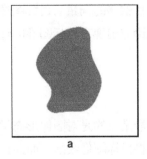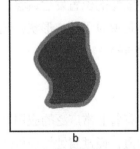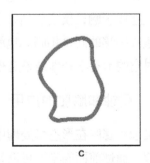

图 5-25　图像的内边界

图像的外边界提取的思路与内边界相似，不同之处在于，在提取外边界时要首先对目标图像进行膨胀处理，然后用膨胀结果与原目标图像进行异或运算，也就是求膨胀结果与原目标图像的差集，这样就得到了目标图像的外边界。

综合运用图像的内外边界提取方法，可以实现多种功能，例如获得空心文字的效果等。利用图像的内边界可以得到较细的空心文字，利用图像的外边界可以得到较粗的空心文字，而利用内外边界的复合得到的空心文字则具有双线条的笔画。

3．编程实现

结合前面所述之原理，下面这段示例程序给出了利用图像形态学处理方法提取图像内外边界的实现代码。

```
I = imread('character.jpg');
figure, imshow(I);
SE = strel('square',3);
Ie = imerode(I, SE);
I2 = I - Ie; %计算内边界
figure(2), imshow(I2);
Id = imdilate(I, SE);
I3 = Id - I; %计算外边界
figure(3), imshow(I3);
```

如图 5-26 所示为程序的运行结果，其中 a 为目标图像，b、c 分别为对 a 提取内边界和外边界的结果。

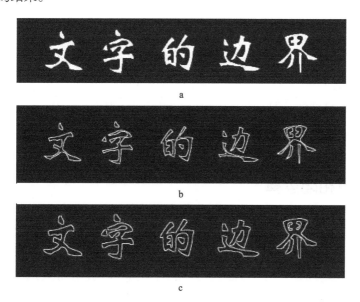

图 5-26　文字边界的提取

如图 5-27 所示为一种双线空心文字的效果。若想得到这种双线的空心文字，直接对内外边界进行复合是不可行的，因为那样只会得到一个稍大于源图像中文字的实心文字。为了解决这样的问题，可以分别利用目标图像的一个收缩提取内边界，一个扩展提取外边界，然后将这两个边界复合起来。

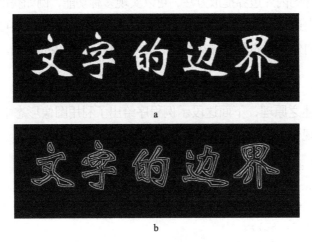

图 5-27　文字边界的复合

下面这段示例程序给出了双线空心文字效果的实现代码。

```
I = imread('character.jpg');
SE = strel('square',3);
Ie = imerode(I, SE);
Iee = imerode(Ie, SE);
Id = imdilate(I, SE);
Idd = imdilate(Id, SE);
I1 = Ie - Iee;
I2 = Idd - Id;
I3 = I1 + I2;
figure(3), imshow(I3);
```

程序运行结果与图 5-27 所示的效果一致，其中 a 为目标图像，b 为处理结果。

5.6　开运算和闭运算

腐蚀和膨胀是数字图像形态学处理中最基本的两个算子，通过对它们的组合及配合集合的运算，可以构造出形态运算簇来实现更复杂的功能。开运算和闭运算就是两个最常用的形态运算簇。对于目标图像 A 和结构元素 S，用 $A+S$ 表示利用 S 对 A 进行膨胀，用 $A-S$ 表示利用 S 对 A 腐蚀，定义 $A \circ S$、$A \bullet S$ 分别表示利用 S 对 A 做开运算、闭运算，则有如下关系：

$$A \circ S = (A - S) + S$$

$$A \bullet S = (A + S) - S$$

可见对于目标图像 A 的开运算可以分解为先对 A 进行腐蚀处理，再对腐蚀结果进行膨胀处理；而 A 的闭运算可以分解为先对 A 进行膨胀处理，再对膨胀结果进行腐蚀处理。开运算和闭运算在图像处理中常用来对目标图像进行过滤或修补，图 5-28 显示了对目标图像分别进行开运算和闭运算的结果。其中 a 为目标图像，b 为开运算结果，c 为闭运算结果。

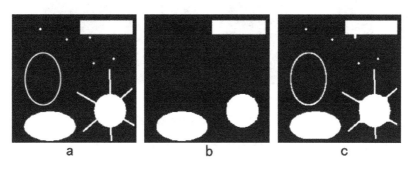

图 5-28　图像的开运算和闭运算

5.6.1　开运算

图像的开运算可以看作是对目标图像先做腐蚀处理，再用膨胀处理的方法进行恢复。但不难看出恢复的结果是有损的，也就是说，进行开运算后的图像并不等于目标图像。

思考图像腐蚀和膨胀的原理可以发现，经过开运算处理后只有那些在附近存在完整结构元素的像素点会被保留，其他的像素点都会被清除。这里附近范围的定义与结构元素的形状和大小有关。在图 5-29 中，a 表示目标图像，b 表示进行开运算处理后的图像，源图像中 A 点的周围存在完整的结构元素，因此被保留，而 B、C 点则被清除。

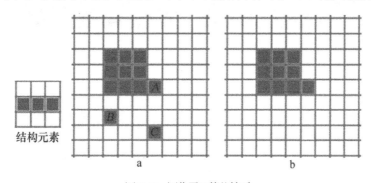

图 5-29　图像开运算的性质

图像的开运算常常用来对目标图像进行消噪处理，同时，图像的开运算可以选择性地保留目标图像中符合结构元素几何性质的部分，而过滤掉相对结构元素而言残损的部分。

在图 5-30 中使用正方形结构元素对目标图像 a 进行开运算处理，结果为 b，从图中看出开运算去除了 a 中的棱角，并使原棱角呈现近似正方形的轮廓。

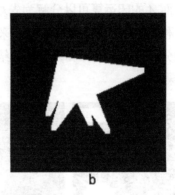

图 5-30　用开运算去除图像棱角

在图 5-31 中同样使用正方形结构元素对目标图像 a 进行开运算处理，结果为 b，从图中看出开运算扩大了目标图像中的孔，并使孔的形状呈现正方形，同时开运算将目标图像中原本平滑的轮廓变成了锯齿状，这实际上是由于正方形结构元素层叠的原因。

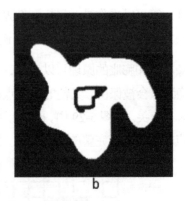

图 5-31　用开运算扩大图像中的孔

在图 5-32 中使用圆形结构元素对目标图像 a 进行开运算处理，结果为 b，从图中看出开运算去除了 a 中的棱角，并使原棱角呈现比较平滑的轮廓。因此，圆形结构元素常常用于对图像进行平滑处理。

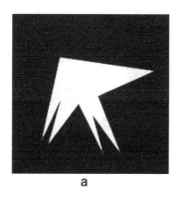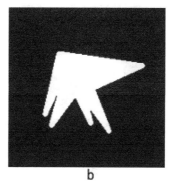

a b

图 5-32 用开运算对图像进行平滑

5.6.2 闭运算

图像的闭运算可以看作是对目标图像先做膨胀处理，再用腐蚀处理的方法进行恢复。但恢复的结果同样是有损的，闭运算的结果常常会比源图像增加一些像素。在闭运算处理中，距离较近的区域可能被连接，离散的杂点通常会被放大，放大的程度和形状由结构元素的形状和大小决定。在图 5-33 中，a 表示目标图像，b 表示进行闭运算处理后的图像，图中 A、B 点所在区域之间的距离较近，经过闭运算处理，这两个区域被连接，C 点所在区域离 A、B 点所在区域相对较远，因此未被连接。

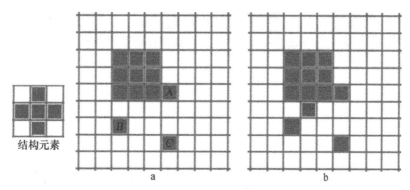

图 5-33 图像闭运算的性质

图像的闭运算常常用来对目标图像分开的区域进行连接及对图像中的细小缝隙进行填补，通过适当地选择结构元素，图像的闭运算可以令图像的填补结果具有一定的几何特征，适当地对图像进行闭运算有时可以使图像变得更加清晰和连贯，同时可以避免源图像中的线条加粗。

在图 5-34 中使用正方形结构元素对目标图像 a 进行闭运算处理，结果为 b，从图中看出闭运算填补了 a 中较细的缝隙，并使填补后的图形呈现近似正方形的轮廓。

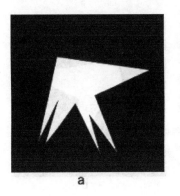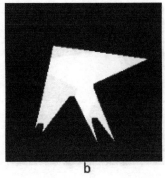

图 5-34　用闭运算填补图像的细小缝隙

在图 5-35 中同样使用正方形结构元素对目标图像 a 进行闭运算处理，结果为 b，从图中看出闭运算消除了源图像中的孔，同时闭运算将目标图像中原本平滑的轮廓变成了近似折线的轮廓。

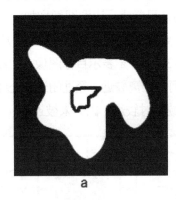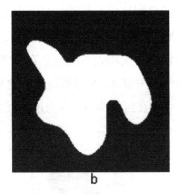

图 5-35　用闭运算扩大图像中的孔

在图 5-36 中使用圆形结构元素对目标图像 a 进行闭运算处理，结果为 b，从图中看出闭运算填补了 a 中较细的缝隙，并使填补后的图形呈现较平滑的轮廓。

图 5-36　用闭运算对图像进行平滑

5.6.3　编程实现

根据前面的理论介绍，我们知道以相同的结构元素先后调用函数 imerode()和 imdilate()即可实现开操作。除此以外，MATLAB 中还直接提供了开运算函数 imopen()，其语法形式如下：

```
I2 = imopen(I, SE)
```

其中，参数 I 是原始图像，可以是二值图像或灰度图像。SE 与之前的情况类似，同样是由函数 strel()返回的自定义或预设的结构元素对象。返回值 I2 为执行开运算后的输出图像。

下面这段代码是 MATLAB 帮助系统中提供的关于 imopen()函数的示例程序。

```
original = imread('snowflakes.png');
figure, imshow(original);
se = strel('disk',5);
afterOpening = imopen(original,se);
figure, imshow(afterOpening,[]);
```

程序运行结果如图 5-37 所示，其中 a 为原始图像，b 为结果图像。

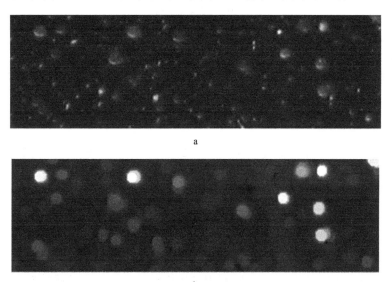

a

b

图 5-37　图像的开运算

同理，以相同的结构元素先后调用函数 imdilate()和 imerode()即可实现闭操作。而且 MATLAB 中也直接提供了闭运算函数 imclose()，其语法形式与 imopen()函数类似，这里不再赘言。

下面这段代码是 MATLAB 帮助系统中提供的关于 **imclose()** 函数的示例程序。

```
originalBW = imread('circles.png');
imshow(originalBW);
se = strel('disk',10);
closeBW = imclose(originalBW,se);
figure, imshow(closeBW)
```

程序运行结果如图 5-38 所示，其中 a 为原始图像，b 为结果图像。

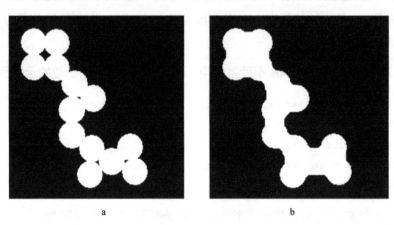

a   b

图 5-38 图像的闭运算

5.6.4 开运算和闭运算的代数性质

同腐蚀和膨胀一样，开运算和闭运算在数学形态学中也具有一定的代数性质，在实际应用中，这些性质对算法优化起着非常重要的作用。下面将对开运算和闭运算的代数性质逐一进行介绍。

设 A 为目标图像，S 为结构元素，则开运算和闭运算的代数性质列举如下。

1. 对偶性

$$(A^C \circ S)^C = A \bullet S$$

$$(A^C \bullet S)^C = A \circ S$$

对照腐蚀和膨胀的对偶性，可以看出开运算和闭运算也可以通过数学变换实现相互替代，在处理前景色为低灰度的图像时，可以不用先将图像反相处理，而直接通过对目标图像的补集进行处理来实现对目标图像的运算。

在图 5-39 中，a 中白色部分为目标图像，b 为对 a 进行闭运算的结果，c 为 a 中目标图像的补集，d 为对 c 进行开运算的结果，从图中可以发现，d 恰好是 b 的补集。

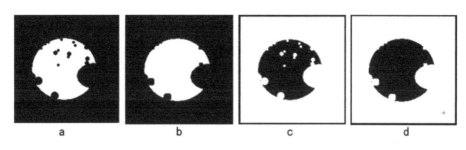

图 5-39　开运算和闭运算的对偶性

2. 扩展（收缩）性

$$A \bullet S \supseteq A \supseteq A \circ S$$

扩展（收缩）性说明，通过开运算可以得到目标图像的一个收缩，通过闭运算可以得到目标图像的一个扩展。

3. 单调性

对于任意目标图像 $A' \subseteq A$ 有：

$$A' \circ S \subseteq A \circ S$$

$$A' \bullet S \subseteq A \bullet S$$

若对于结构元素 S' 有 $S \subseteq S'$，且 $S' \circ S = S'$，那么

$$A \circ S' \subseteq A \circ S$$

$$A \bullet S' \subseteq A \bullet S$$

值得注意的是，在目标图像不变的情况下扩展结构元素时，只有当新的结构元素对原结构元素进行开运算不改变时，单调性才成立；否则，此性质在大多数情况下不成立。

4. 平移不变性

设 p 为一平面向量，用 $A[p]$ 表示将 A 沿向量 p 平移，那么：

$$A[p] \circ S = (A \circ S)[p]$$

$$A[p] \bullet S = (A \bullet S)[p]$$

$$A \circ S[p] = A \circ S$$

$$A \bullet S[p] = A \bullet S$$

平移不变性说明，当保持结构元素不变时，平移目标图像再进行开运算或闭运算

处理，结果会得到原处理结果的一个平移图像，且偏移的向量与目标图像被平移的向量相同。而保持目标图像不变并平移结构元素时，处理结果不会发生任何改变。

5. 等幂性

$$(A \circ S) \circ S = A \circ S$$

$$(A \bullet S) \bullet S = A \bullet S$$

开运算和闭运算的等幂性说明，在利用开运算或闭运算对目标图像进行处理时，只要一次就可以达到最终效果，而重复进行处理不会对结果图像造成影响。例如，在利用开运算对图像进行平滑处理时，若保持结构元素不变，则一次开运算就可以达到最好效果，这与其他平滑算法有明显不同。

5.7 图像形态学的其他运算

前面几节中简单介绍了图像形态学处理中最基本的算法，通过对它们的学习有助于理解图像形态学处理的思想和目标。本节将对前面所学内容稍加延伸，介绍另外两种形态学处理算法。

5.7.1 击中/不击中运算

1. 算法原理

利用图像的腐蚀操作可以去除目标图像中与结构元素几何特征不符的部分，保留符合某种特定集合特征的图像，利用多个结构元素的依次腐蚀，可以对目标图像进行多种条件的过滤。然而，在很多情况下图像处理不仅要保证处理结果具有某些特征，还要保证结果中不含有某些特征，击中/不击中运算就是针对这类需求产生的。

设 A 为目标图像，S_1、S_2 为两个不同的结果元素且 $S_1 \cap S_2 = \varnothing$，令 $S = S_1 \cup S_2$，则 A 被 S 击中的结果可表示为：

$$A \otimes S = (A - S_1) \cap (A^C + S_2) \ \text{或} \ A \otimes S = (A - S_1)/(A - S_2)$$

由此看出，A 被 S 击中的结果可以理解为 A 中具有 S_1 几何特征的部分除去 A 中具有 S_2 几何特征的部分的差集。另外，击中/不击中运算也可以利用腐蚀和膨胀操作来实现。

在图 5-40 中，a 为目标图像，b、c、d 分别表示 S、S_1、S_2，e 表示以 c 为结构元素对 a 进行腐蚀的结果，f 表示用 d 对 a 进行腐蚀的结果，g 表示 b 对 a 进行击中/不击中运算的结果，即 e/f。分析图中的点不难发现，e 中所有的点在目标图像中都具有结构元素 c 的特征，而 f 中的点在目标图像中都满足结构元素 d 的特征，e/f 的结果显然满足结构元素 c，却不满足结构元素 d。

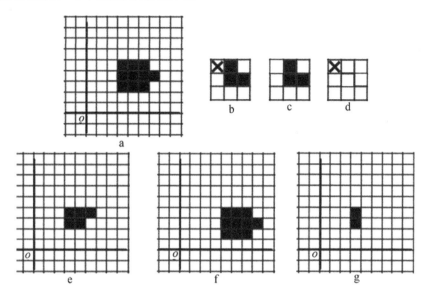

图 5-40　图像的击中/不击中运算

利用击中运算可以实现简单的图像识别功能，例如，图 5-41 中的结构元素就可以用于对边长为 5 的正方形轮廓的识别。

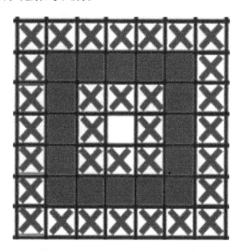

图 5-41　用于图形识别的结构元素

2．编程实现

在 MATLAB 中我们可以使用 bwhitmiss()函数来实现击中/不击中运算，该函数的语法形式如下：

```
I2 = bwhitmiss(I, S1, S2)
```

其中，参数 I 为输入图像，S1 和 S2 分别表示前面算法原理中给出的公式里的结构元素。返回值 I2 表示处理后的结果。

下面这段示例程序向读者演示了在 MATLAB 中进行击中/不击中运算的基本方法，其中 shape1 和 shap2 是我们自己定义的结构元素。

```
bw = imread('bw.bmp');
shape1 = [0 0 0 0 1
          0 0 0 1 1
          0 0 1 1 1
          0 1 1 1 1
          1 1 1 1 1];
shape2 = [1 1 0 0 0
          1 0 0 0 0
          0 0 0 0 0
          0 0 0 0 0
          0 0 0 0 0];
bw2 = bwhitmiss(bw, shape1, shape2);
imshow(bw2)
```

程序运行结果如图 5-42 所示，其中 a 为目标图像，b 为处理结果。

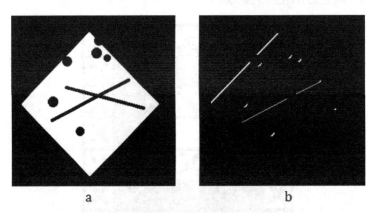

图 5-42　击中运算结果

5.7.2　细化处理

图像的细化处理是指在保留源图像几何形状的前提下，尽量减少图像所包含的信息量。图像细化的结果被形象地称为图像的骨架，获得图像骨架的方法有很多，下面介绍的图像细化算法是基于形态学处理的思想实现的。

1．细化原理

图像细化的操作实际上是一个逐渐腐蚀的过程，每次从图像的边缘处腐蚀掉一个像素，直到不能继续腐蚀为止。算法实现的关键是如何在每次的腐蚀中判断像素点是否可以清除。根据不同的需要，图像细化的算法和判断条件有很多，但最基本的有两条准则：首先，图像的细化不能缩短图像骨架的长度；其次，细化不能将图像分解成不同部分。

这两条准则在判断时可以总结为以下条件。

- 计算当前像素邻域内 8 个方向的可见像素数目，如果少于 2 个像素，则删除此像素会缩短图像骨架长度；若多于 6 个像素，则删除此像素会改变图像骨架的几何形状。
- 计算当前像素周围邻域内的区域数目，如果多余 1 个，那么删除中心像素会将目标图像分解成不同部分。

图 5-43 显示了几种邻域的情况，其中 a 中的中心像素如果删除，就会缩短图像骨架的长度，b 中的中心像素如果删除就会影响图像的几何形状，c 中的中心像素如果删除就会将图像分割开来。

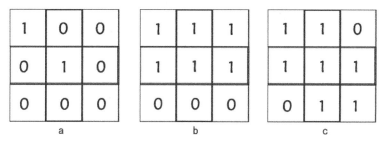

图 5-43　细化中的邻域判断

2．编程实现

与前面的编程实例有点不太一样，MATLAB 中并没有提供一个专门的函数来实现对图像的细化操作，而是通过一个通用的形态学处理函数 bwmorph() 来完成，该函数用以实现对二值图像进行一般数学形态学运算的操作。它的语法形式如下：

```
BW2 = bwmorph(BW,operation,n)
```

其中，BW 是原始图像，参数 n 是一个整数，表示对二值图像进行 n 次指定的形态学处理，n 可以是 Inf（无穷大），这意味着将一直对该图像做同样的形态学处理，直到图像不再发生变化。n 有时也可以缺省，这主要取决于具体的形态学处理类型。形态学处理的类型由 operation 来指定，operation 是一个字符串，它的取值情况请参见表 5-2。

通过观察该表读者可知，配合响应的操作值，函数 bwmorph()甚至可以完成前面专有函数所实现的功能（例如开/闭运算、膨胀/腐蚀运算等）。

表 5-2　操作值描述

操作值	具 体 描 述	操作值	具 体 描 述
'bothat'	进行"bottom hat"形态学运算，即返回原图像减去闭运算的图像	'tophat'	进行"top hat"形态学运算，返回原图像减去开运算的图像
'branchpoints'	找到骨架中的分支点	'endpoints'	找到骨架中的结束点
'bridge'	进行像素连接操作	'hbreak'	断开图像中的 H 型连接
'clean'	去除图像中孤立的亮点，比如一个像素点，像素值为 1，其周围像素的像素值全为 0，则这个孤立的亮点将被去除	'shrink'	这里 n = Inf，对于无孔洞的对象会收缩到一点上，而对于有孔洞的对象则会收缩成一个环；不改变图像欧拉数
'close'	进行形态学闭运算（即先膨胀后腐蚀）	'open'	进行形态学开运算（即先腐蚀后膨胀）
'diag'	采用对角线填充，去除八邻域的背景	'spur'	去除小的分支，或引用电学术语"毛刺"
'dilate'	使用结构元素 ones(3)对图像进行膨胀运算	'erode'	使用结构元素 ones(3)对图像进行腐蚀运算
'majority'	如果一个像素的八邻域中有等于或超过 5 个像素点的像素值为 1，则将该点像素值置 1	'remove'	若一个像素点的四邻域都为 1，则该像素点将被置 0；该选项将保留边界像素上的 1
'skel'	这里 n = Inf，骨架提取但保持图像中物体不发生断裂；不改变图像欧拉数	'fill'	填充孤立的黑点，除了中间元素为 0 外，其余元素全部为 1，则这个 0 将被填充为 1
'thicken'	这里 n = Inf，通过在边界上添加像素以加粗物体轮廓	'thin'	在这里 n = Inf，进行细化操作

下面这段示例代码给出了使用 bwmorph()来对图像进行细化操作的方法。

```
I = imread('letter2.jpg');
I = im2bw(I);
I1 = bwmorph(I, 'thin',inf);
figure(1), imshow(I1);
```

程序运行结果如图 5-44 所示，其中 a 为目标图像，b 为细化结果。

二值图像细化处理的结果有时看起来和提取图像骨架的结果非常类似。下面这段示例代码通过修改 bwmorph()函数中操作值实现了对图像骨架提取的作用。

```
I2 = bwmorph(I, 'skel',inf);
figure(2), imshow(I2);
```

a

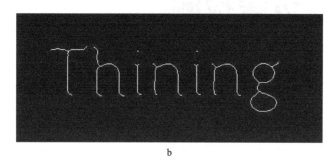

b

图 5-44 细化程序运行结果

提取目标图像骨架的程序其运行结果如图 5-45 所示，请读者注意对比它与图像细化结果的差异。

图 5-45 提取文字的骨架

本章参考文献及推荐阅读材料

[1] 张铮，王艳平，薛桂香. 数字图像处理与计算机视觉——Visual C++与 Matlab 实现. 北京：人民邮电出版社，2010.

[2] 左飞，万晋森，刘航. 数字图像处理原理与实践：基于 Visual C++开发. 北京：电子工业出版社，2011.

6

边缘检测

图像上颜色相近的像素连在一起形成了不同的区域，而不同区域间的边缘表现为颜色灰度的跃变。边缘检测就是利用微分等方法，通过对灰度跃变的分析寻找图像上区域边缘的技术。对于数字图像，通常使用卷积或类似卷积的方法来实现对灰度的分析。边缘检测是很多其他图像处理技术的基础。

6.1 基本概念及思想

6.1.1 边缘检测的基本概念

（1）边缘

直观上，边缘是一组相连像素的集合，而且它们通常位于两个不同区域之间，所以在某个方向上边缘灰度具有连续性，而在另外的方向上边缘又显示为像素灰度的跃变。从狭义上讲，边缘的界定与具体算法有关，或者说跟具体的需求相关。所以有可能在某种情况下期望求得的边缘在另外一种情况下却不再算是边缘。

（2）邻域像素编码

边缘检测中经常要提到邻域，为了方便说明，这里对 2×2、3×3 邻域内像素予以编号，如图 6-1 所示。

		N0	N1	N2
A0	A1	N7	C	N3
A2	A3	N6	N5	N4
	a		b	

图 6-1 邻域像素编号

（3）灰度差分

由于边缘检测中的灰度微分通常利用邻域差分得到，为了方便表示，在本章中对邻域灰度微分运算的结果统一称为灰度差分。

（4）综合灰度差分

在彩色图像处理中，因为要同时针对 R、G、B 分量进行综合灰度运算，为了方便表示，在本章代码注释中对各颜色分量的灰度差分平均值统一称为综合灰度差分。在对图像各颜色分量灰度差分求平均值时，可采用直接平均值法或加权平均值法，本章中算法统一选用直接平均值法实现。图 6-2 中 a 为原始图像，b 显示了原图 a 的综合灰度差分，c~e 则分别显示了原图 a 中各颜色分量的灰度差分。

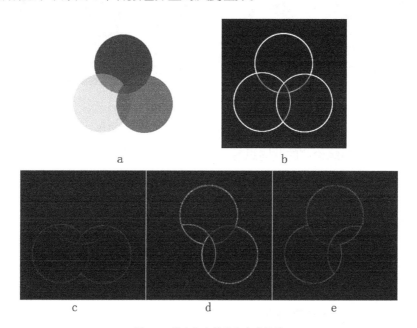

图 6-2 综合灰度差分和灰度差分

6.1.2 边缘检测的基本思想

边缘检测的算法通常通过对邻域内像素灰度求一阶导数、二阶导数及梯度来实现，这些计算经过化简的结果称为算子。算子（operator）这个词在英语中也是操作符的意思，像数学中的加号（+）、减号（-）等也都是操作符，它既表示一种操作符号，同时也表示一种运算规则。在使用算子进行边缘检测时，我们定义边缘为像素集合：

$$\{x \mid F(x) > I\}$$

其中，x 为像素编号，$F(x)$为算子计算结果，I 为临界值。从定义中可以看出，边缘检测的过程可以分解为对图像的每个像素分别计算判断的过程。

边缘检测的结果通常用灰度图或二值图来表示，原图像中的边缘部分用灰度较高的像素显示，而没有边缘的部分在灰度图中显示为黑色或灰色。如图 6-3 所示，左图为原始图像，其中越明显的边缘，在右侧的边缘检测结果图中显示得越明亮。

图 6-3　边缘检测示例

边缘检测结果图中的灰度值可以直接通过算子计算原图像中对应像素的灰度差分来得到。几乎所有边缘检测的共同思想都是以像素灰度差分为基础的。在实现时，只需依次对原图像的每个像素进行运算，并把结果保存为灰度图中的像素即可。在计算时，由于灰度差分的结果通常较小，直接转换为灰度图会使检测结果模糊，可以使用阈值因子对差分结果进行缩放，从而得到清晰的边缘图像。

6.2　基于梯度的常规方法

6.2.1　梯度算子及其离散化表示

对于任意 N 维的标量函数我们都可以定义它的梯度。而在图像处理中，我们所面对的都是二维的情况，则有：

$$\mathrm{grad}f(x,y) = \frac{\partial f}{\partial x}i + \frac{\partial f}{\partial y}j$$

此时对于二维函数 $f(x,y)$ 来说，梯度算子就是能够由标量函数产生向量函数的一种运算：

$$\boldsymbol{g} = \vec{g}(x,y) \triangleq \nabla f(x,y) = f_x \vec{i} + f_y \vec{j}$$

其中，$f_x = \partial f / \partial x$，$f_y = \partial f / \partial y$，向量 $\boldsymbol{g}$ 的方向为 $\angle \boldsymbol{g} = \arctan(f_y / f_x)$，它的模为 $\|\boldsymbol{g}\| = \left(f_x^2 + f_y^2\right)^{1/2}$。基于已有的数学知识，我们都知道函数 $f(x,y)$ 沿着 $\boldsymbol{g} = \vec{g}(x,y)$ 的方向变换最快，而变化率就是 $\boldsymbol{g} = \vec{g}(x,y)$ 的模。

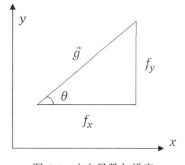

图 6-4　方向导数与梯度

如图 6-4 所示，函数 $f(x,y)$ 的方向导数具有任意方向 r，于是有：

$$\frac{\mathrm{d}}{\mathrm{d}r} f(x,y) = \frac{\partial f}{\partial x}\frac{\mathrm{d}x}{\mathrm{d}r} + \frac{\partial f}{\partial y}\frac{\mathrm{d}y}{\mathrm{d}r} = f_x \cos\theta + f_y \sin\theta$$

易见，这个方向导数是关于 θ 的函数，而 θ 是由方向 r 与 x 轴的正方向形成的夹角。为了找到沿着方向 $\mathrm{d}f/\mathrm{d}r$ 的最大值，根据费马定理，我们令

$$\frac{\mathrm{d}}{\mathrm{d}\theta}\frac{\mathrm{d}f(x,y)}{\mathrm{d}r} = \frac{\mathrm{d}}{\mathrm{d}\theta}\left(f_x \cos\theta + f_y \sin\theta\right) = -f_x \sin\theta + f_y \cos\theta = 0$$

然后解关于 θ 的方程，得到：

$$f_x \sin\theta = f_y \cos\theta$$

即

$$\theta = \arctan\frac{f_y}{f_x}$$

这也就是向量 $\boldsymbol{g} = \vec{g}(x,y)$ 的方向角 $\angle \boldsymbol{g}$。

从 $\tan\theta = f_y / f_x$，我们还可以得到：

$$\sin\theta = \frac{f_y}{\sqrt{f_x^2 + f_y^2}}, \cos\theta = \frac{f_x}{\sqrt{f_x^2 + f_y^2}}$$

将上述式子带回 $\mathrm{d}f/\mathrm{d}r$ 的原表达式，即可求得它的最大值：

$$\frac{\mathrm{d}}{\mathrm{d}r} f(x,y)|_{\max} = \frac{f_x^2 + f_y^2}{\sqrt{f_x^2 + f_y^2}} = \sqrt{f_x^2 + f_y^2}$$

这也就是向量 $\vec{g}(x,y)$ 的模值。

对于离散的数字图像而言，梯度算子的导数将由原来的

$$D_x[f(x)] = \frac{\mathrm{d}}{\mathrm{d}x}f(x) = \lim_{\Delta x \to 0}\frac{f(x+\Delta x)-f(x)}{\Delta x}$$

变成差分的形式：

$$D_n[f(n)] = f[n+1]-f[n] \text{ 或 } \frac{f[n+1]-f[n-1]}{2}$$

寻找一幅数字图像的离散梯度分为两个步骤，首先在两个方向上寻找差分：

$$g_m[m,n] = D_m[f(m,n)] = f[m+1,n]-f[m,n]$$

$$g_n[m,n] = D_n[f(m,n)] = f[m,n+1]-f[m,n]$$

然后找到梯度向量的模值以及方向：

$$\|\boldsymbol{g}[m,n]\| = \sqrt{g_m^2[m,n]+g_n^2[m,n]} \text{ 或 } \|\boldsymbol{g}[m,n]\| \approx \|g_m\|+\|g_n\|$$

$$\angle\boldsymbol{g}[m,n] = \arctan\frac{g_n[m,n]}{g_m[m,n]}$$

两个方向g_m和g_n之间的差值可以通过下列卷积核来得出，这些也是最常用的边缘检测算子。

Roberts 算子：

-1	1
0	0

-1	0
1	0

或

0	1
-1	0

1	0
0	-1

Sobel 算子（3×3）：

-1	0	1
-2	0	2
-1	0	1

-1	-2	-1
0	0	0
1	2	1

Prewitt 算子（3×3）：

-1	0	1
-1	0	1
-1	0	1

-1	-1	1
0	0	0
1	1	1

Prewitt 算子（4×4）：

-3	-1	1	3
-3	-1	1	3
-3	-1	1	3
-3	-1	1	3

-3	-3	-3	-3
-1	-1	-1	-1
1	1	1	1
3	3	3	3

6.2.2　用梯度算子进行边缘检测

在 MATLAB 中，我们可以使用 edge() 函数来对图像进行边缘检测，它的语法形式为：

```
BW = edge(I, type, thresh, direction, 'nothinning')
```

其中，参数 I 是要进行边缘检测的输入图像，type 用来控制选取的梯度算子的类型，它的合法取值包括'roberts'（Roberts 算子）、'sobel'（表示 Sobel 算子）和'prewitt'（表示 Prewitt 算子）。敏感度阈值参数 thresh 表示任何灰度值低于阈值的边缘将不会被检测到，其默认值为一个空矩阵，这时系统会自动设定阈值。direction 指定了我们感兴趣的方向，edge() 函数将只检测 direction 中指定方向的边缘，它的合法取值有 3 个，即'horizontal'（水平方向）、'vertical'（垂直方向）和'both'（所有方向）。关于边缘检测的方向我们将在下一小节中做更为深入的讨论。最后，可选参数'nothinning'指定时可以通过跳过边缘细化算法来加快运算速度。缺省时，这个参数是'thinning'，也就是进行边缘细化。

下面这段示例程序演示了在 MATLAB 中进行基于梯度的边缘检测的方法，请读者运行该段程序并观察输出结果。

```
I = imread('lena.jpg');
I = rgb2gray(I);
BW1 = edge(I, 'roberts');
BW2 = edge(I, 'sobel');
BW3 = edge(I, 'prewitt');
figure
subplot(2,2,1),imshow(I),title('original')
subplot(2,2,2),imshow(BW1),title('roberts')
subplot(2,2,3),imshow(BW2),title('sobel')
subplot(2,2,4),imshow(BW3),title('prewitt')
```

程序运行结果如图 6-5 所示。从图中可以看出，通过增大检测邻域可以过滤掉相当一部分没有意义的边缘信息。需要说明的是，这几种算子都是图像边缘检测技术中的基础方法，事实上它们的检测效果都是比较粗糙的。而 MATLAB 最终呈现出来的结果都是经过一定优化处理的。如果我们自己编写它们的实现代码，就会发现由于原图像中存在过多的细节信息或受噪声影响，单纯使用上面这些方法是无法得到理想的边缘信息的。要得到较为理想的边缘信息，一般都先要对原图像进行一定的预处理，如平滑除噪等。另外，通过边缘检测得到的边缘图像通常不够清晰，并且边缘线条不够规整，这就需要对边缘图像进行细化和平滑，最终才能得到较为理想的结果。

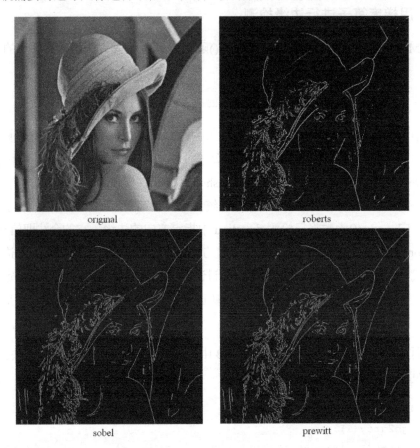

图 6-5　基于梯度的边缘检测

6.2.3　带有方向信息的边缘检测

在边缘检测中，有时不希望对所有的边缘都进行检测，而是只检测某种类型的边缘，这就需要对边缘进行筛选。例如，只想找出原图像中水平方向的边缘或与水平方向成 45°角的边缘，这就需要使用带方向的边缘检测。若把图像像素的灰度看作高度，则可以把图像想象成一块高低不平的丘陵，其中灰度较高的像素在较高处，灰度低的像素在较低处，那么图像的边缘可看作丘陵中较陡的斜坡，而边缘的方向就是斜坡方向。以 45°为区间，可以把图像的边缘分为 8 个方向，使用带方向的边缘检测就是为了在检测中区分它们。

上一小节中我们在介绍 MATLAB 中的内置函数 edge() 时就提过，该函数可以通过所带参数来控制是检测图像中的"垂直方向"上的边缘，还是"水平方向"上的边缘（或者两者兼而有之）。但 MATLAB 中内置的函数仅仅能区分这两种类型的边缘，也是由于所给的模板只能满足这种基本需求。而这一小节我们所要讨论的方向类型则更加丰富，它包括 8 个方向：东（E）、西（W）、南（S）、北（N）、东南（SE）、西南（SW）、东北（NE）以及西北（NW）。

带方向的边缘检测同样需要对邻域内像素灰度求差分，与常规边缘检测不同的是，带方向的边缘检测不仅要考虑邻域像素的灰度跃变，还要考虑跃变的方向。常用的带方向的边缘检测模板有 3 种，分别是 Prewitt、Kirsch 和 Robinson。

Prewitt 最早在他的著作中给出的包含 8 个方向信息的边缘检测模板如下：

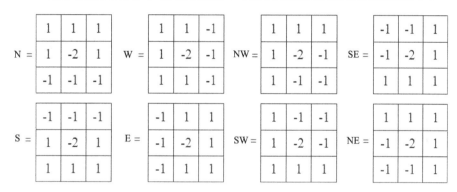

Kirsch 提出的包含方向信息的边缘检测模板如下：

$$N = \begin{bmatrix} 5 & 5 & 5 \\ -3 & 0 & -3 \\ -3 & -3 & -3 \end{bmatrix} \quad W = \begin{bmatrix} 5 & -3 & -3 \\ 5 & 0 & -3 \\ 5 & -3 & -3 \end{bmatrix} \quad NW = \begin{bmatrix} 5 & 5 & -3 \\ 5 & 0 & -3 \\ -3 & -3 & -3 \end{bmatrix} \quad SE = \begin{bmatrix} -3 & -3 & -3 \\ -3 & 0 & 5 \\ -3 & 5 & 5 \end{bmatrix}$$

$$S = \begin{bmatrix} -3 & -3 & -3 \\ -3 & 0 & -3 \\ 5 & 5 & 5 \end{bmatrix} \quad E = \begin{bmatrix} -3 & -3 & 5 \\ -3 & 0 & 5 \\ -3 & -3 & 5 \end{bmatrix} \quad SW = \begin{bmatrix} -3 & -3 & -3 \\ 5 & 0 & -3 \\ 5 & 5 & -3 \end{bmatrix} \quad NE = \begin{bmatrix} -3 & 5 & 5 \\ -3 & 0 & 5 \\ -3 & -3 & -3 \end{bmatrix}$$

Robinson 最初在前面介绍过的 3×3 的 Prewitt 算子基础上进行了简单的拓展，于是得到了他称之为"3-level"的 Robinson 算子：

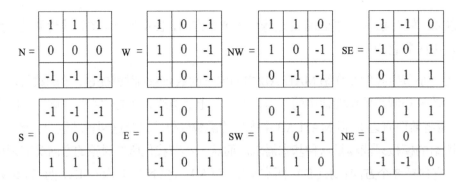

而后来被更为广泛使用的 Robinson 算子则是如下这组被他称为 "5-level" 的算子：

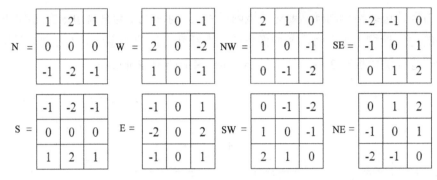

其实 Robinson 给出的带方向的边缘检测模板与 Kirsch 的模板非常相像，但是 Robinson 的方法则更易于实现。因为 Robinson 算子仅仅依赖于系数 0、1 和 2，而且在形式上它们都是沿着方向轴对称的，这就意味着我们只要算出其中的 4 组结果，其余 4 组的结果在此基础上通过简单反转便能推出。

观察上述模板可以发现，边缘模板中邻域内各处权值相加的结果为 0。也就是说，当邻域内各像素的灰度相同时，算子的运算结果为 0，而邻域内各像素灰度差别越大，算子的运算结果的差别也就越大。

图 6-6　待检测边缘的原始图像

不同的模板对不同方向的边缘检测灵敏度不同，对于一组给定的灰度信息，使用某一算子的某个方向模板来进行计算，结果可能为 0，而使用同一算子的另一模板再进行计算的结果可能又远远大于 0。

现在就在 MATLAB 中实际测试一下上述模板的边缘检测效果。假设有如图 6-6 所示的这样一幅图像，下面这段示例程序演示了运用 Robinson 方向模板进行边缘检测的方法。

```
I = imread('einstein.bmp');
I = rgb2gray(I);
N = [1, 2, 1
     0, 0, 0
     -1,-2,-1];
edge_n = imfilter(I,N,'symmetric','conv');
imwrite(edge_n, 'edge_n.jpg');
```

MATLAB 中没有直接提供用以执行 Robinson 边缘检测的函数,但是可以借助之前介绍过的 imfilter()函数外加自定义的模板矩阵来实现我们所期望的功能。上述代码中仅仅列出了一个方向上的 Robinson 模板,其他方向的模板的实现方式可以据此推得,此处我们不再一一列举。如图 6-7 所示为利用 Robinson 模板处理得到的包含 8 个方向信息的边缘检测结果。从图中可以清楚地看出,不同方向的模板只对特定斜率范围的边缘敏感,同时,对于斜率相同的边缘,模板还会对边缘两侧灰度跃变的方向做出区分。例如,对于某垂直方向的边缘,沿水平向右方向灰度向高跃变和向低跃变的检测结果是截然不同的,这一点从图中也能明显地看出。

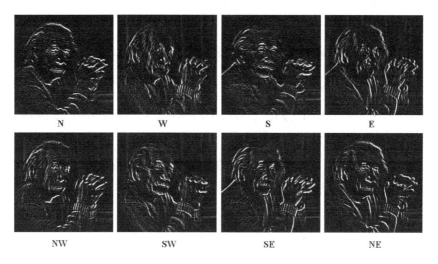

图 6-7 带方向的边缘检测结果

6.3 拉普拉斯算子

拉普拉斯边缘检测算子也是针对图像中 3×3 邻域的检测。从数学角度来讲,拉普拉斯算子是一个标量算子,它被定义成两个梯度向量算子的内积:

$$\Delta = \nabla^2 = \nabla \cdot \nabla = \left(\frac{\partial}{\partial x_1}, \cdots, \frac{\partial}{\partial x_N}\right)\left(\frac{\partial}{\partial x_1}, \cdots, \frac{\partial}{\partial x_N}\right)^T = \sum_{n=1}^{N} \frac{\partial^2}{\partial x_n^2}$$

在 $N=2$ 的情况下（对于二维空间），则有：

$$\Delta = \nabla^2 = \nabla \cdot \nabla = \left(\frac{\partial}{\partial x_1}\vec{\imath}, \cdots, \frac{\partial}{\partial x_N}\vec{\jmath}\right) \cdot \left(\frac{\partial}{\partial x_1}\vec{\imath}, \cdots, \frac{\partial}{\partial x_N}\vec{\jmath}\right) = \frac{\partial^2}{\partial x^2} + \frac{\partial^2}{\partial y^2}$$

对于一个二维函数 $f(x,y)$，这个算子产生一个标量函数，即

$$\Delta f(x,y) = \frac{\partial^2 f}{\partial x^2} + \frac{\partial^2 f}{\partial y^2}$$

在离散的情况下，二阶微分变成了二阶差分。对于一维的情况，如果一阶差分定义为：

$$\nabla f[n] = f'[n] = D_n[f[n]] = f[n+1] - f[n]$$

那么二阶差分就定义为：

$$\Delta f[n]: \nabla^2 f[n] = f''[n] = D_n^2[f[n]] = f'[n] - f'[n-1];$$
$$= (f[n+1] - f[n]) - (f[n] - f[n-1]) = f[n+1] - 2f[n] + f[n-1]$$

注意到 $f''[n]$ 的定义形式是以元素 $f[n]$ 为中心而对称的。此时，拉普拉斯运算可以通过一个卷积核 $[1 \quad -2 \quad 1]$ 来完成。

对于二维的情况，拉普拉斯算子就是两个维度上二阶差分的和：

$$\Delta f[m,n]: D_m^2[f[m,n]] + D_n^2[f[m,n]]$$
$$= f[m+1,n] - 2f[m,n] + f[m-1,n] + f[m,n+1] - 2f[m,n] + f[m,n-1]$$
$$= f[m+1,n] + f[m-1,n] + f[m,n+1] + f[m,n-1] - 4f[m,n]$$

拉普拉斯算子可以通过一个二维卷积模板来执行，下面这两个矩阵都是常用的拉普拉斯模板：

$$\begin{bmatrix} 0 & 1 & 0 \\ 1 & -4 & 1 \\ 0 & 1 & 0 \end{bmatrix}, \quad \begin{bmatrix} 1 & 1 & 1 \\ 1 & -8 & 1 \\ 1 & 1 & 1 \end{bmatrix}$$

拉普拉斯模板的情况和高斯平滑模板的情况是截然相反的。高斯平滑模板是一个低通滤波器，而拉普拉斯模板则相当于一个高通滤波器。

对于那些比较尖锐（也就是灰度级变化非常快）的边缘而言，梯度算子是一个非常有效的边缘检测器。但是当灰度级变化比较缓慢的时候，也就是存在一个相对比较宽的由暗变亮（或由亮变暗）的过渡区域时，梯度算子所给出的边缘信息将无法收敛到一条清晰而明确的线条上，也许会是一条比较粗的曲线，甚至可能是一个宽泛的区域。对于此种情况，考虑使用拉普拉斯算子将会大有助益。对于一条较宽的边缘进行二阶求导，就会在这条宽泛的边缘中形成零交叉点（zero crossing），或称过零点。因

此，图像中边缘的位置就可以通过检测图像二阶差分后形成的过零点来确定。

下面我们通过例子来具体说明拉普拉斯算子用于边缘检测的原理。如图 6-8 所示，图例中的第一条线表示一段过渡非常缓慢的边缘（也就是灰度级相对比较和缓的区域）。然后对其求一阶导数，即求其梯度，结果如图例中第二条线所示，求得的边缘是非常粗的（反映在绿色突起的部分在横轴上的跨度较大）。如果对原图像求二阶导数，则得到图例中的第三条线所示的结果，此时不难发现过零点出现了，由波峰（取值为正）向波谷（取值为负）过渡区域中间存在为零的取值。一组过零点可以被连成一条边缘线，这条线显然比仅仅求一阶导数所得到的边缘线要纤细很多（在原图像边缘部分灰度变换比较缓慢的情况下）。

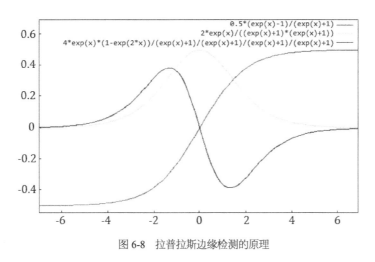

图 6-8 拉普拉斯边缘检测的原理

还可以在二维的情况下利用前面给出的拉普拉斯模板来验证一下边缘检测的效果。假设有如下一个像素矩阵：

$$\begin{bmatrix} 5 & 5 & 5 & 5 & 5 & 5 & 5 \\ 4 & 5 & 5 & 5 & 5 & 5 & 5 \\ 3 & 4 & 5 & 5 & 5 & 5 & 5 \\ 3 & 3 & 4 & 5 & 5 & 5 & 5 \\ 3 & 3 & 3 & 4 & 4 & 4 & 4 \\ 3 & 3 & 3 & 3 & 3 & 3 & 3 \\ 3 & 3 & 3 & 3 & 3 & 3 & 3 \end{bmatrix}$$

分别利用前面给出的两种拉普拉斯模板来对其进行卷积，得到如下所示的两个结果矩阵，注意卷积计算会有减边效应，所以结果矩阵要比原矩阵小一圈。显然，其中零交叉点所标识出来的边缘两侧，必然分别有一个正值（相当于图 6-8 图例中第三条线所示的波峰）和一个负值（相当于图 6-8 图例中第三条线所示的波谷），符号相同的一侧与符号相反的一侧则分别是由该边缘划定的不同区域。

$$\begin{bmatrix} 2 & 0 & 0 & 0 & 0 \\ 0 & 2 & 0 & 0 & 0 \\ -2 & 0 & 2 & 1 & 1 \\ 0 & -2 & 1 & 0 & 0 \\ 0 & 0 & -1 & -1 & -1 \end{bmatrix}, \begin{bmatrix} 4 & 1 & 0 & 0 & 0 \\ 0 & 4 & 1 & 0 & 0 \\ -4 & 0 & 5 & 3 & 3 \\ -1 & -4 & 2 & 0 & 0 \\ 0 & -1 & -2 & -3 & -3 \end{bmatrix}$$

需要特别提醒读者注意的是，对于一个给定像素，它的邻域（3×3、5×5、7×7 等）中如果存在对立的两极，例如既有像素大于 0，又有像素小于 0，那么这个像素就是零交叉点。从这个定义角度来说，零交叉点像素的值本身不一定为 0，所以上述两个结果矩阵中被着色的 "1" 和 "2" 也属于零交叉点。于是上述两个矩阵得到的都是一条连续的边缘。特别地，当仅仅考虑一个像素的所有邻域像素中的最大值和最小值时，如果最大值大于零而最小值小于零，则该像素就是零交叉点。

由于受到随机噪声的影响，一些错误的零交叉点也可能被误检测到。在此情况下，就必须检测邻域最大值和最小值之间的差是否大于设定的一个阈值。如果答案是肯定的，那么它就可以被认为是边缘；否则，这种零交叉点就被认为是由噪声引起的，这种不满足条件的点应当剔除。

下面这段程序演示了在 MATLAB 中利用拉普拉斯算子进行边缘检测的方法。大致的思路与上面所描述的方法一致，首先是利用一个拉普拉斯模板对原始图像进行处理，然后再检测零交叉点，进而确定图像边缘。稍有不同的地方是，imfilter()函数会对处理结果进行调整，以使得运算结果符合图像像素的数值要求（注意：这里原始图像的数据存储类型是 uint8），即位于 0~255 之间，因此直接搜索图像中灰度值为零的像素点显然不太可能得到我们所预期的结果。基于前面对于零交叉点的讨论，不难发现，零交叉点本来就不一定是数值为零的点，但是它一定位于波峰与波谷的过渡路线上。据此，我们的程序会遍历图像中每个像素点的邻域（除图像的 4 条边上的元素外，因为这些边上的像素点邻域不完整，在此对这些点不做处理），并找出其中的灰度最大值和最小值。如果中心像素的灰度值介于最大值与最小值之间，再判断灰度最大值与最小值的差是否大于某个设定的阈值。如果上述条件都成立，则认为该中心点为边缘信息点，并做标记。

```
I = rgb2gray(imread('lena.jpg'));
M = [1,1,1
     1,-8,1
     1,1,1];
img=imfilter(I,M);
[x,y]=size(I);
img2 = img;
for i = 2:x-1
```

```
    for j = 2:y-1
        a = [img(i,j+1),img(i,j-1),img(i+1,j+1),img(i+1,j-1), ...
            img(i-1,j+1),img(i-1,j-1),img(i+1,j),img(i-1,j)];
        if ( (max(a)-min(a))>64 && max(a)>img(i,j) && min(a)< img(i,j))
            img2(i,j)=255;
        else
            img2(i,j)=0;
        end
    end
end
```

上述程序所设定的阈值为 64，修改该阈值会对边缘检测精度产生影响。如图 6-9 所示为利用拉普拉斯算子进行边缘检测的结果。其中 a 为原始图像，b 是经过拉普拉斯模板处理后的结果，目测它受噪声影响的现象是比较明显的。c 和 d 都是经过零交叉点判别后得出的结果，其中 c 是在设定阈值为 64 的情况下得到的，d 是在设定阈值为 96 的情况下得到的。

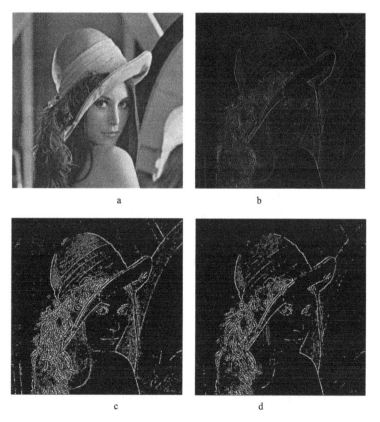

图 6-9 拉普拉斯边缘检测结果

6.4　基于 LoG 和 DoG 的边缘检测

6.4.1　高斯拉普拉斯算子（LoG）

在本章前面部分的边缘检测算法中，一直使用的是 3×3 邻域的检测模板，这样的模板覆盖像素较少，运算量也就相对较小，而不足之处是检测精度低，得到的边缘线条不规整。特别地，对于拉普拉斯算子而言，它对噪声是非常敏感的，这时我们开始考虑是否能采取一定的方法压制噪声对边缘检测结果的影响。

在图像处理中经常要用到高斯函数，高斯滤波是典型的低通滤波，对图像有平滑作用。高斯函数的一阶、二阶导数也可以进行高通滤波，比如 Canny 算子中用到的是高斯函数的一阶导数，LoG 算子中用到的是高斯函数的二阶导数。一维和二维的高斯函数表达式分别为：

$$G(x) = \frac{1}{\sqrt{2\pi\sigma^2}}\exp\left(-\frac{x^2}{2\sigma^2}\right)$$

$$G(x,y) = \frac{1}{2\pi\sigma^2}\exp\left(-\frac{x^2+y^2}{2\sigma^2}\right)$$

二维高斯函数的一阶偏导数表达式为：

$$\frac{\partial G}{\partial x} = -\frac{1}{2\pi\sigma^4}x\mathrm{e}^{-\frac{x^2+y^2}{2\sigma^2}}$$

$$\frac{\partial G}{\partial y} = -\frac{1}{2\pi\sigma^4}y\mathrm{e}^{-\frac{x^2+y^2}{2\sigma^2}}$$

二维高斯函数的二阶偏导数表达式为：

$$\frac{\partial^2 G}{\partial x^2} = \left(-\frac{1}{2\pi\sigma^4}\right)\left(1-\frac{x^2}{\sigma^2}\right)\mathrm{e}^{-\frac{x^2+y^2}{2\sigma^2}}$$

$$\frac{\partial^2 G}{\partial y^2} = \left(-\frac{1}{2\pi\sigma^4}\right)\left(1-\frac{y^2}{\sigma^2}\right)\mathrm{e}^{-\frac{x^2+y^2}{2\sigma^2}}$$

二维高斯函数的各阶导数可以写成如下形式（仅列出对 x 求偏导的情况，y 的情况可参照写出）：

$$G_x(x,y,\sigma) = -\frac{x}{\sigma^2}G(x,y,\sigma)$$

$$G_{xx}(x,y,\sigma) = \frac{x^2-\sigma^2}{\sigma^4}G(x,y,\sigma)$$

$$\nabla^2 G(x,y,\sigma) = G_{xx}(x,y,\sigma) + G_{yy}(x,y,\sigma)$$

拉普拉斯算子在检测边缘时对噪声比较敏感，因此我们很容易想到在利用其进行边缘检测之前先用高斯模板进行平滑处理。假设在做边缘检测之前，我们使用下面这个高斯函数

$$G_\sigma(x, y) = \frac{1}{\sqrt{2\pi\sigma^2}} \exp\left(-\frac{x^2 + y^2}{2\sigma^2}\right)$$

来降低噪声的影响，那么整个联合处理过程就为（先做高斯平滑，再做拉普拉斯检测）：

$$\Delta[G_\sigma(x, y) * f(x, y)] = [\Delta G_\sigma(x, y)] * f(x, y) = \text{LoG} * f(x, y)$$

第一个等号之所以成立，可以由下面的式子来说明：

$$\frac{\mathrm{d}}{\mathrm{d}t}[h(t) * f(t)] = \frac{\mathrm{d}}{\mathrm{d}t}\int f(\tau)h(t-\tau)\mathrm{d}\tau = \int f(\tau)\frac{\mathrm{d}}{\mathrm{d}t}h(t-\tau)\mathrm{d}\tau = f(t) * \frac{\mathrm{d}}{\mathrm{d}t}h(t)$$

因此，我们可以先设法得到高斯拉普拉斯算子 $\Delta G_\sigma(x, y)$，然后再将其与输入图像做卷积，从而完成我们所期望的操作。为此，结合本小节最开始时我们已经给出的高斯函数的各阶导数，可以得到：

$$\frac{\partial}{\partial x}G_\sigma(x, y) = \frac{\partial}{\partial x}e^{-\frac{x^2+y^2}{2\sigma^2}} = -\frac{x}{\sigma^2}e^{-\frac{x^2+y^2}{2\sigma^2}}$$

以及

$$\frac{\partial^2}{\partial^2 x}G_\sigma(x, y) = \frac{x^2}{\sigma^4}e^{-\frac{x^2+y^2}{2\sigma^2}} - \frac{1}{\sigma^2}e^{-\frac{x^2+y^2}{2\sigma^2}} = \frac{x^2 - \sigma^2}{\sigma^4}e^{-\frac{x^2+y^2}{2\sigma^2}}$$

注意：为了简化处理，此处忽略了系数 $1/\sqrt{2\pi\sigma^2}$。

同理，我们可以得到：

$$\frac{\partial^2}{\partial^2 y}G_\sigma(x, y) = \frac{y^2 - \sigma^2}{\sigma^4}e^{-\frac{x^2+y^2}{2\sigma^2}}$$

现在我们就有了 LoG 这样一个算子，或者也可以将卷积核定义为：

$$\text{LoG} \triangleq \Delta G_\sigma(x, y) = \frac{\partial^2}{\partial^2 x}G_\sigma(x, y) + \frac{\partial^2}{\partial^2 y}G_\sigma(x, y) = \frac{x^2 + y^2 - 2\sigma^2}{\sigma^4}e^{-\frac{x^2+y^2}{2\sigma^2}}$$

高斯函数 $G(x, y)$，它的第一阶和第二阶导数，即 $G'(x, y)$ 和 $\Delta G(x, y)$ 如图 6-10 所示。

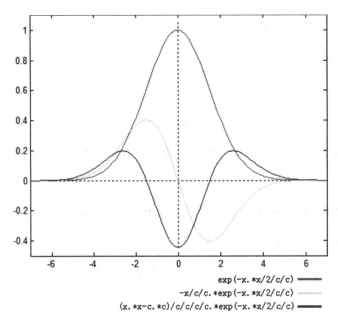

图 6-10　高斯拉普拉斯函数

二维 LoG 算子是基于 5×5 邻域的边缘检测算子，可以用卷积模板表示如下：

$$
\begin{bmatrix}
0 & 0 & -1 & 0 & 0 \\
0 & -1 & -2 & -1 & 0 \\
-1 & -2 & 16 & -2 & -1 \\
0 & -1 & -2 & -1 & 0 \\
0 & 0 & -1 & 0 & 0
\end{bmatrix}
$$

任意尺寸的卷积核模板都可以由前面给定的 LoG 算子的表达式计算给出。但在这个过程中应该确保模板中所有元素的和等于零，如此一来，一个同质性区域的卷积结果也会总保持为零。

借助 LoG 算子，图像的边缘可以通过如下步骤获取：

- 应用 LoG 算子处理图像。
- 检测图像中的零交叉点。
- 筛选掉那些不满足条件的点（例如可以通过设定阈值的方法进行过滤）。

最后一步处理旨在压制那些弱的零交叉点，因为这些点更可能是由噪声引起的。

在 MATLAB 中进行基于高斯拉普拉斯算子的边缘检测是非常容易的，只需借助之前讲过的 edge() 函数即可，但这里的参数设定稍有差异，如下：

```
BW = edge(I, 'log', thresh, sigma)
```

其中，I 是待处理的原始图像，参数'log'表示所选择的算子是高斯拉普拉斯算子，敏感度阈值参数 thresh 表明任何灰度值低于此阈值的边缘将不会被检测到。它的默认值是一个空矩阵，此时算法会自动设定阈值。如果将 thresh 设为 0，那么输出的边缘图像将包含围绕所有物体的闭合的轮廓线，因为这样的运算会包含输入图像中所有的零交叉点（当然其中也包括噪声信息）。最后，sigma 指定生成高斯滤波器所使用的标准差。缺省时，标准差的值为 2，滤镜大小为 $n \times n$，n 的计算方法为 $n = \text{ceil}(\text{sigma} \times 3) \times 2 + 1$。下面这段代码演示了该函数的使用方法。

```
I = imread('lena.jpg');
IMG = rgb2gray(I);
Edge_LoG = edge(IMG, 'log');
imshow(Edge_LoG);
figure
subplot(1,2,1), imshow(IMG);
subplot(1,2,2), imshow(Edge_LoG);
```

上述程序的运行结果如图 6-11 所示，其中左图为原始图像，右图为高斯拉普拉斯算子的检测结果。需要说明的是，MATLAB 中提供的 edge()函数会对边缘检测结果继续进行优化处理。事实上，如果我们仅仅是通过高斯拉普拉斯模板来对原始图像做卷积，那么得到的结果图像中的噪声还是很多的。正如前面已经讲到过的，对于经过 LoG 算子初步处理的中间结果，还应当设法筛选掉那些不符合条件的点。例如，最简单的方法就是通过设定阈值的方法来滤除不合格的边缘信息点，下一小节中我们将在另外一种与 LoG 算子类似的处理算法中演示这种方法。

图 6-11　高斯拉普拉斯算法和拉普拉斯正相算法结果比较

6.4.2　高斯差分算子（DoG）

与高斯拉普拉斯算子的处理过程类似，我们还是先采用下面这个高斯卷积模板来对待处理图像进行平滑降噪：

$$G_{\sigma_1}(x, y) = \frac{1}{\sqrt{2\pi\sigma_1^2}} \exp\left(-\frac{x^2 + y^2}{2\sigma_1^2}\right)$$

于是得到：

$$g_1(x, y) = G_{\sigma_1}(x, y) * f(x, y)$$

然后我们再使用一个具有不同参数σ_2的高斯模板来平滑图像，于是得到：

$$g_2(x, y) = G_{\sigma_2}(x, y) * f(x, y)$$

将上述两个高斯平滑之后的结果图像做差分，称之为高斯差分（Difference of Gaussian，DoG），就可以用来对图像进行边缘检测，如下：

$$g_1(x, y) - g_2(x, y) = G_{\sigma_1}(x, y) * f(x, y) - G_{\sigma_2}(x, y) * f(x, y)$$

$$= \left(G_{\sigma_1} - G_{\sigma_2}\right) * f(x, y) = \text{DoG} * f(x, y)$$

将 DoG 作为一个算子或者一个卷积核，它可以定义为如下形式：

$$\text{DoG} \triangleq G_{\sigma_1} - G_{\sigma_2} = \frac{1}{\sqrt{2\pi}} \left[\frac{1}{\sigma_1} e^{-\frac{x^2 + y^2}{2\sigma_1^2}} - \frac{1}{\sigma_2} e^{-\frac{x^2 + y^2}{2\sigma_2^2}} \right]$$

高斯函数$G_{\sigma_1}(x, y)$和$G_{\sigma_2}(x, y)$，以及它们的差分情况如图 6-12 所示（注意：这里我们仅给出一维的情况，二维的情况同理可得）。

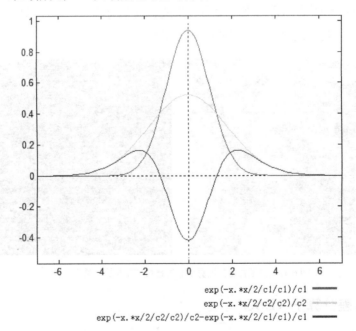

图 6-12　高斯差分函数

作为两个不同的低通滤波器的差，DoG 算子实际上就是一个带通滤波器，它既剔除了信号中高频的部分（一般被认为是噪声），又剔除了低频的部分（一般被认为是图像中的同质化区域，也就是非边缘信息的区域），从而实现对图像边缘的检测。DoG 算子的离散卷积模板可以通过上面的 DoG 函数的连续型表达式得到。此外，我们还是需要注意保证模板矩阵中所有元素的总和或平均值为零。

将 DoG 函数的曲线与上一小节给出的 LoG 函数的曲线做比较，不难发现它们是非常相近的。事实上，DoG 是 LoG 的一种近似。但是就计算量而言，DoG 要比 LoG 的效率高，在当前广泛使用的特征检测算法 SIFT 中，为了保证构建多尺度空间和检测特征值的性能表现，设计者就是使用 DoG 函数对 LoG 函数进行了替代。利用 DoG 进行边缘检测的主要步骤与 LoG 算子的情况如出一辙，特别是最后都需要设法筛选掉那些不满足条件的点，也就是通过压制那些弱的零交叉点来降低噪声的干扰。

下面这段示例代码演示了在 MATLAB 中运用高斯差分算子对图像进行边缘检测的方法。由于 MATLAB 中没有提供直接用于进行 DoG 图像处理的函数，于是我们借助之前用过的 imfilter() 函数来进行处理。但是这还远远不能得到我们预期的边缘检测结果。为了压制噪声的影响，该程序通过设置一定的阈值来过滤掉那些不满足要求的零交叉点，尽管这种方法非常简单，但是它却能显著提升检测结果的最终表现。

```
I = double(rgb2gray(imread('lena.jpg')));
figure, imshow(uint8(I))
DoG=fspecial('gaussian',5,0.8)-fspecial('gaussian',5,0.6);
ImageDoG=imfilter(I,DoG,'symmetric','conv');
figure, imshow(ImageDoG)
% threshold = 2
proc_Img1 = ImageDoG;
proc_Img1(find(proc_Img1 < 2))=0;
figure, imshow(proc_Img1)
% threshold = 3
proc_Img2 = ImageDoG;
proc_Img2(find(proc_Img2 < 3))=0;
figure, imshow(proc_Img2)
```

上述程序的运行结果如图 6-13 所示，其中 b 是未经处理的 DoG 图像，c 和 d 是选择不同阈值过滤掉噪声影响之后的边缘检测结果。

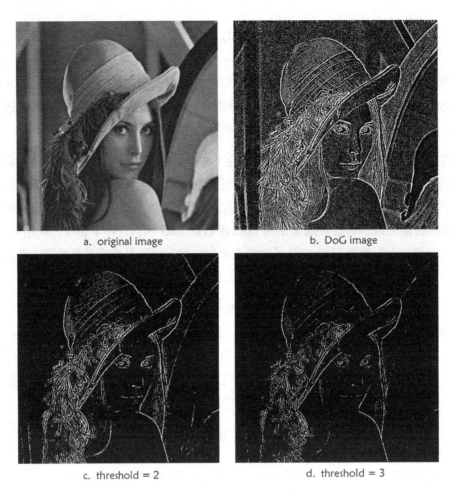

a. original image　　　　　　　　　　　b. DoG image

c. threshold = 2　　　　　　　　　　　d. threshold = 3

图 6-13　基于 DoG 的图像边缘检测

6.5　Canny 边缘检测算法

6.5.1　Canny 准则

　　任何一个学科或者一门学问从提出到发展，再到完善，都是一个漫长而循序渐进的过程。这个过程可能是几十年，也可能是上百年。但后人在学习的时候可能只需要几天的时间。如何在这样有限的时间里最大程度地汲取前人几十年的思想精髓应当是一个值得思索的问题。如果仅仅是零星地学到了几个知识点，那么这些离散的知识点终不能构筑起稳健和完备的知识体系。要真正学到精华，首先就必须要着力理清这门学问的发展脉络，然后从它的一次次具有重大意义的改进中深入考察先贤们当初所面对的问题是什么，他们又是如何思考，以及如何解决问题的。如果能够把这个脉络整理清楚，不仅说明你对相关理论的认识已经有了质的飞跃，而且更是为你后续的进一步创新奠定了坚实的基础。

20 世纪 60 年代到 80 年代末是边缘检测理论发展最为迅猛的黄金时段，我们现在所学习的主要理论和方法几乎都诞生在那段时期。Prewitt 是关于梯度的边缘检测理论的集大成者和主要代表人物，他的主要理论都收录在 1970 年出版的文献[6]中，这部文献在后续涉及边缘检测内容的图像处理著作中被引用率极高。Prewitt 和 Kirsch 已经开始对带有方向性的边缘检测技术有所涉足，但是为这一部分内容的发展和应用起到至关重要作用的人当属后来的 Robinson，Robinson 总结并发展了 Prewitt 和 Kirsch 的有关成果，他最重要的理论贡献主要被收录在 1977 年的文章[5]中。当然，值得一提的是，上面这些人当中 Kirsch 的名气其实是最大的。早在 1947—1950 年间，他所领导的研究小组就创造出了美国第一台内部可程序化计算机（SEAC），他同时是扫描仪的发明人，也是创造了第一张数字图像的人，他的突破性成果成为了后来卫星成像，以及诺贝尔奖获得者豪斯费尔德的 CT 扫描技术等众多科技创新的基础。

利用梯度的方法对灰度值变化强烈的边缘进行检测效果非常明显，但是对于过渡和缓的边缘则力不从心。考虑到基于多次求导（拉普拉斯算子）所得的边缘图像中噪声的影响非常大，Marr 在 1980 年发表的文章[4]中提出了 LoG 算法，通过引入高斯滤波的方法来降低噪声的影响。Marr 本来是一位英国神经科学家和心理学家，他最初引入高斯滤波的想法其实主要是从人类视觉特性角度出发考虑的。Marr 创造性地将神经生理学、心理学和人工智能融入到新的视觉处理模型中，并当之无愧地成为视觉计算理论的创始人。可惜天妒英才，Marr 在 35 岁时因病英年早逝。就本书所涉及的内容而言，许多经典算法在设计上都明显受到 Marr 学术思想的影响。在 Marr 的 LoG 算法之后提出的边缘检测算法中，高斯滤波都是必选项（例如经典的 Canny 算法中也保留了高斯滤波的处理过程），甚至到后面本书会讲到的 SIFT 算法中，通过高斯滤波构建多尺度空间表达的做法，也是从人类视觉生理特性角度考虑的。

到了 1986 年，站在众多巨人肩上的美国计算机科学家 John Canny 系统地对过往的一些边缘检测方法和应用做了总结，提出了当前被广泛使用的 Canny 边缘检测算法，更重要的是他还提出了后来被称为 Canny 准则（Canny's Criteria）的边缘检测三准则。Canny 准则的目的在于：在对信号和滤波器做出一定假设的条件下利用数值计算方法求出最优滤波器并对各种滤波器的性能进行比较。

Canny 准则的具体内容包括 3 个方面。

（1）好的检测效果

好的检测效果应当首先要满足对边缘的错误检测率要尽可能低这个条件。这也就意味着在图像上边缘出现的地方检测结果中不应该没有，同时没有出现边缘的地方也不应当存在虚假的结果。尽管边缘检测是存在一定误差的，但边缘检测的最终要求应当是使误差尽可能的减小，并最终收敛在一个实际中可以允许的范围内。

（2）对边缘的定位要准确

也就是要求检测结果所标记的边缘位置要和图像上真正边缘的中心位置充分接近。

（3）对同一边缘要有低的响应次数

这一点是出于对检测速度的考虑。

Canny 不但首次明确而全面地提出了这 3 条准则，更重要的是 Canny 给出了这 3 条准则的数学表达式。由此寻找给定条件下最优算子的工作转化为一个泛函的优化问题，从而为寻找给定条件下最优滤波器开辟了新的更有效的道路。上述这些工作的重要意义就在于由 Canny 创立的计算理论解释了边缘检测这项技术是如何工作的。

6.5.2 Canny 算法与实现

由 Canny 提出的多级边缘检测算法汲取了前人许多优秀的思想精华，是当前最为广泛使用的图像边缘检测算法。在此，笔者将对该算法进行介绍。总的来说，这个检测算法的基本步骤大致可以分为 5 步。

Step 01 用二维高斯模板进行卷积以消除杂点。实现图像的边缘检测，就是要用离散化梯度逼近函数根据二维灰度矩阵梯度向量来寻找图像灰度矩阵的灰度跃变位置，然后在图像中将这些位置的点连起来就构成了所谓的图像边缘。在实际情况中理想的灰度阶跃及其线条边缘图像是很少见到的，同时大多数的传感器件具有低频滤波特性，这样会使得阶跃边缘变为斜坡性边缘，看起来其中的强度变化不是瞬间的，而是跨越了一定的距离。这就使得在边缘检测中首先要进行的工作是滤波。

图像的边缘信息主要是通过对图像像素灰度进行一阶或二阶求导而得到的，但是导数通常对噪声很敏感，因此必须采用滤波器来改善与噪声有关的边缘检测器的性能。常见的滤波方法主要有高斯滤波，即采用离散化的高斯函数产生一组归一化的高斯核，然后基于高斯核函数对图像灰度矩阵的每一点进行加权求和。这一点本书前面已经有专门介绍的章节，在此不再赘述。

Step 02 用一阶偏导数的有限差分来计算梯度的幅值和方向。增强边缘的基础是确定图像各点邻域强度的变化值。增强算法可以将图像灰度点邻域强度值的显著变化的点凸显出来。在具体编程实现时，可通过计算梯度幅值来确定。关于图像灰度值的梯度可使用一阶有限差分来进行近似，这样就可以得到图像在 x 和 y 方向上偏导数的两个矩阵。可以使用本章前面讲到的那些梯度算子，找到图像灰度沿着两个方向的偏导数（G_x, G_y），并求出梯度的大小，进而计算出梯度的方向。

对于已经求得的边缘方向，把边缘的梯度方向大致地分为 4 种（水平、竖直、45°方向、135°方向）。对这种划分方式的描述如下：把 0~180°分为 5 个部分：0~22.5°及157.5°~180°算水平方向；22.5°~67.5°算 45°方向；67.5°~112.5°算竖直方向；112.5°~157.5°记为 135°方向。这里提醒读者注意：这些方向是梯度的方向，也就是可能的边缘方向的正交方向。计算梯度方向的意义在于可以找到特定像素梯度方向的邻接像素。

Step 03 对梯度幅值进行非极大值抑制。图像梯度幅值矩阵中的元素值越大，说明图像中该点的梯度值越大，但这不能说明该点就是边缘（也有可能是由随机噪声引起的）。在 Canny 算法中，非极大值抑制是进行边缘检测的重要步骤。这一步需要遍历整个图像，若某个像素的灰度值与其梯度方向上前后两个像素的灰度值相比不是最大的，那么这个像素值置为 0，即不是边缘。如此便可剔除掉一大部分非边缘的点。

基于已有的关于梯度的数学知识，我们知道沿着梯度的方向，数值变化率最大。但我们还想知道当前的梯度值（即变化率的绝对值）在梯度方向上是否为一个局部最大值。这也就是非最大抑制要解决的终极问题。一种近似处理的方法是，可以直接判定中心像素点的灰度值在邻域内是否为最大。而更为理想的处理方式是，将当前位置的梯度值与梯度方向上两侧的梯度值（两侧的梯度值是指梯度方向上与邻域边界相交处的点的梯度值）进行比较。因为沿着梯度的方向，梯度值取得最大值，所以可以确定局部最大值肯定分布在梯度方向线上，也就是中心点外加梯度方向同邻域边界相交处的两个点，这三点中必有一个是局部极大值。如果经过判断，中心点灰度值小于其他两个点中的任一个，那就说明中心点不是局部极大值，则可以排除其为边缘。

当然，实际上我们只能得到中心点邻域的 8 个点的值，梯度方向上两侧的梯度值不一定位于这 8 个点之列。要得到这两个值可以对该两个点两端的已知灰度进行线性插值，或者根据方向近似归为 8 个点中的一个。这也就是之前我们把边缘的梯度方向大致地分为 4 种的原因。

Step 04 双阈值算法检测和连接边缘。完成非极大值抑制后，会得到一个二值图像，但这样一个检测结果还是包含了很多由噪声及其他原因造成的假边缘，因此还需要进一步的处理。Canny 算法中减少假边缘数量的方法是采用双阈值法。选择两个阈值，根据高阈值得到一个边缘图像，这样一个图像含有很少的假边缘，但是由于阈值较高，产生的图像边缘可能不闭合，为解决这样的问题采用了另外一个低阈值。在高阈值图像中把边缘链接成轮廓，当到达轮廓的端点时，该算法会在断点的 8 个邻域点中寻找满足低阈值的点，再根据此点收集新的边缘，直到整个图像边缘闭合。

Step 05 利用多尺度综合技术对结果进行优化。优化的方法并不唯一，可以根据具体应用或针对具体图像特征再做考虑。

从 Canny 算法的描述上读者可能会感觉这个算法很复杂，但是在 MATLAB 中进行基于 Canny 算法的边缘检测却是非常容易的，只需要借助本章前面已经多次用到的 edge()函数即可。但对于 Canny 算法而言，edge()函数在参数使用上与之前的算子稍有不同，此时该函数的语法形式如下：

```
BW = edge(I, 'canny', thresh, sigma)
```

其中，I 是待处理的原始图像，'canny'表示采用 Canny 算法，敏感的阈值参数 thresh 的默认值是一个空矩阵。但与前面给出的算法不同，Canny 算法的敏感度阈值是一个列向量，因为需要为算法指定双阈值。在指定阈值矩阵时，第一个元素是阈值的下界，而第二个元素则是阈值的上界。如果只指定一个阈值元素，则这个阈值元素将被视为阈值的上界，而它与 0.4 的乘积将被作为阈值的下界。如果阈值参数没有被显式地给出，那么算法会自动确定双阈值的具体大小。最后的 sigma 参数指定生成高斯滤波器的标准差，缺省时这个标准差为 1，模板大小为 $n \times n$，n 的计算方法为 $n = \text{ceil}(\text{sigma} \times 3) \times 2 + 1$。

下面这行代码演示了在 MATLAB 中运用 Canny 算法进行边缘检测的方法。

```
img = edge(I, 'canny',[0.032,0.08], 3);
```

运行上述代码，其结果如图 6-14 所示。有兴趣的读者也可以尝试运行一下缺省参数情况下的代码，并观察检测效果。

图 6-14 Canny 边缘检测效果

本章参考文献及推荐阅读材料

[1] Muthukrishnan R., M. Radha. Edge Detection Techniques for Image Segmentation. International Journal of Computer Science & Information Technology, Vol. 3, No. 6, Dec. 2011.

[2] William K. Pratt. Digital Image Processing: PIKS Inside, Third Edition. John Wiley & Sons, Inc., 2001.

[3] John Canny. Computational Approach To Edge Detection. IEEE Transactions on Pattern Analysis and Machine Intelligence, Vol. 8, No. 6, Nov. 1986.

[4] D. Marr, E. Hildreth. Theory of Edge Detection. Proceedings of the Royal Society of London, Vol. 207, No. 1167, Feb. 1980.

[5] G. S. Robinson. Edge Detection by Compass Gradient Masks. Computer Graphics and Image Processing, Vol. 6, No. 5, Oct. 1977.

[6] J. M. S. Prewitt. Object Enhancement and Extraction, in Picture Processing and Psychopictorics (B.S. Lipkin and A. Rosenfeld, eds). Academic Press, 1970.

7

图像分割

图像分割就是把图像划分成若干个特定的、具有独特性质的区域，并提取其中感兴趣目标的技术和过程。图像分割是由图像处理到图像分析的关键步骤，因此它在图像处理与分析中具有重要意义。图像分割的方法有许多种，本书前面介绍过的阈值处理和边缘检测也属于图像分割的范畴。在之前内容的基础上，本章将向读者介绍包括种子填充、轮廓跟踪、区域分割以及水域分割等几种常见的图像分割算法。此外，本章还将介绍关于 Hough 变换的知识，Hough 变换可以用于检测图像中的直线、圆周等，一方面，这被认为是从图像中提取特征成分的一种技术；另一方面，被检测出来的圆周和直线也会将图像划分成独立的区域，客观上也实现了图像分割的功能。

7.1 豪格变换

在计算机识别中，常常需要从图像上寻找特定形状的图形，如果直接利用图像点阵进行搜索判断显然难以实现，这时就需要将图像像素按一定的算法映射到参数空间。豪格（Hough）变换提供了一种将图像像素信息按坐标映射到参数空间的方法，通过它构建的参数空间可以容易地对特定形状进行判定。国内大部分资料上常将"Hough"一词翻译成"霍夫"，但事实上无论是英式英语还是美式英语，这个英文单词都没有"霍夫"的发音，因此笔者认为，译作"豪格"更为妥当。

7.1.1 平面坐标系的转换

在正式介绍 Hough 变换之前，有必要先熟悉一下平面坐标系。这是因为 Hough 变换正是利用不同平面坐标系之间点的映射关系，简化了在预先知道区域形状的条件下，寻找轮廓像素的方法。本节力求以尽可能简单易懂的方式介绍平面坐标系的一些基础知识，以此加深读者对 Hough 变换核心思想的理解。

1. 平面坐标系

平面坐标系是用来将平面上的点与二元有序数组一一对应起来的数学模型，用来将抽象的几何图形与具体的代数方程关联起来。常见的平面坐标系有平面直角坐标系、平面极坐标系。在选定的平面坐标系中，任意一点 P，可用一组数(a, b)来唯一标识，我们称其为坐标。平面直角坐标系相信大家都非常熟悉，下面重点介绍平面极坐标系。

2. 平面极坐标系

如图 7-1 所示，在平面内取一点 O，从点 O 引一条射线 Ox，规定一个长度单位，并取逆时针方向为正方向，这样就建立了极坐标系。其中 O 为极点，Ox 为极轴。在平面内任取一点 P，连接 OP，定义线段 OP 的长度为极径，用 ρ 表示，定义射线 Ox 与线段 OP 的夹角 $\angle xOP$ 为极角，用 θ 表示。那么平面上点 P 的位置就可以表示为(ρ, θ)。θ 的单位通常为弧度。

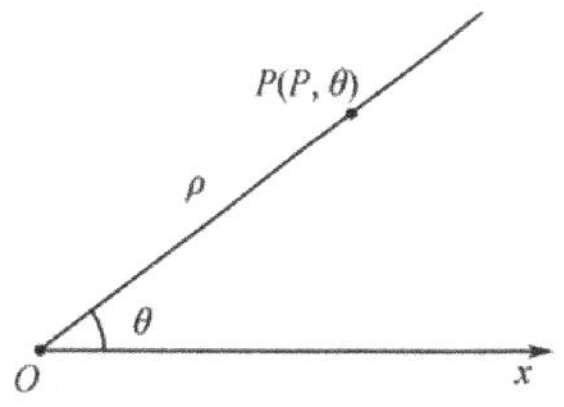

图 7-1　平面极坐标系

在平面直角坐标系中，点的位置由点到 x 轴和 y 轴的距离来表示，而在极坐标系中，点的位置由点到极点的距离和点与极点间线段和极轴的夹角来表示。当然，点的位置还可以由其他的方式来表示，所以可以定义任何形式的平面坐标系，只要它能将平面上的点与数组一一对应起来。平面坐标系只是用来描述平面上的点位置的工具。

3. 平面坐标系的转换

通过前面的介绍可知，平面上的点在不同的平面坐标系中会有不同的表示形式，既然平面上的点在特定坐标系中与坐标之间存在一一对应的关系，那么不同平面坐标系中的坐标之间应当也存在一一对应的关系。打个比方，用十进制表示的数字 12_{10}，对应二进制下的 1100_2，同时也对应八进制下的 14_8，那么其实也就是表明，二进制下的 1100_2 在八进制下可以写成 14_8。下面就介绍平面直角坐标系与平面极坐标系之间的转换。

如图 7-2 所示，令平面直角坐标系的原点与平面极坐标系的极点重合，对于平面内的任意点 P，设线段 OP 长度为 ρ，线段 OP 与射线 Ox 的夹角为 θ，点 P 在 Ox 上的投影为 x，在 Oy 上的投影为 y，则点 P 的平面极坐标表示为(ρ, θ)，平面直角坐标表示为(x, y)。则对于

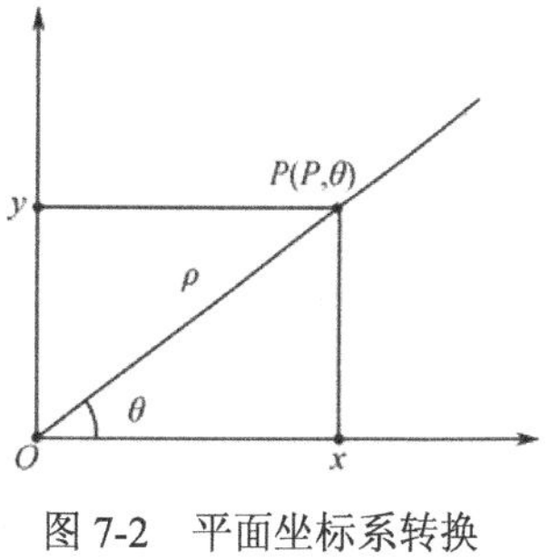

图 7-2　平面坐标系转换

x、y 有：

$$\begin{cases} x = \rho \cos \theta \\ y = \rho \sin \theta \end{cases}$$

对于 ρ、θ 有：

$$\begin{cases} \rho^2 = x^2 + y^2 \\ \tan \theta = \dfrac{y}{x}, \quad x \neq 0 \end{cases}$$

在极点和原点重合的条件下，应用以上两个公式可以完成平面直角坐标和平面极坐标的互相转换。

4. 直线的极坐标表示

在平面直角坐标系中，直线可以用斜率式来表示，即 $y = kx + b$，其中 k 是直线的斜率。如图 7-3 所示，设任意直线 L，从原点引一条射线 OA 垂直于直线，并与直线 L 相交于 A 点。则对于任意直线 L 均有符合上述条件的线段 OA 与之一一对应。因此平面直角坐标系上的任意直线可由线段 OA 来表示。以原点 O 为极点构造平面极坐标系，设线段 OA 的长度为 ρ，OA 与极轴夹角为 θ，固定 O 点，则点 A 可由极坐标 (ρ, θ) 表示。

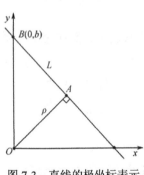

图 7-3　直线的极坐标表示

事实上，在极坐标系中，平面上任一点 P 的位置都可以用线段 OP 的长度 ρ，以及从水平方向到线段 OP 的角度 θ 来确定，有序数对 (ρ, θ) 就称为 P 点的极坐标；ρ 称为 P 点的极径，θ 称为 P 点的极角。当限制 $\rho \geqslant 0$，$0 \leqslant \theta < 2\pi$ 时，平面上除极点 O 以外，其他每一点都有唯一的一个极坐标。极点的极径为零，极角任意。所以在直角坐标系下的任意图形也都可以映射到极坐标系下。假设直线 L 与 y 轴相交于点 B，那么根据直线斜率式可知此时 B 点的平面直角坐标为 $(0, b)$，不难得到：

$$b = \frac{\rho}{\sin \theta}$$

如果将直线斜率式中的 x 和 y 用极坐标系中的表示法替换，则可以得到：

$$\rho \sin \theta = k \rho \cos \theta + b$$

将 k 也替换成极坐标的形式，可得：

$$k = -\frac{\cos \theta}{\sin \theta}$$

这时再将直线斜率式中的参数 k 和 b 用极坐标系中的表示法替换，最终可以得到下式：

$$\rho = y\sin\theta + x\cos\theta$$

如此，将任意一组(ρ, θ)代入上式即可得到唯一的直线方程，这样就将平面直角坐标系里的任意直线映射为平面极坐标系中的一个点。准确理解上述的映射关系将对理解后面的内容至关重要。

7.1.2　Hough 变换的思想

Hough 变换是一种利用图像的全局特征将特定形状的边缘像素连接起来，形成连续平滑边缘的一种方法。它通过将原图像上的点映射到用于累加的参数空间，实现对已知解析式曲线的识别。这里将需要识别的曲线称为目标曲线，将可用来构成目标曲线的像素称为有效像素，则 Hough 变换的核心思想可简略概括如下。

（1）确定要识别的曲线解析式集，即在一定精度上枚举带参数的解析式中所有参数的可能取值。

（2）为解析式集中的每个元素构造计数器。

（3）遍历图像中的有效像素，并将每个有效像素的坐标依次代入解析式集中的每个元素，若解析式成立，则将该解析式对应的计数器加 1。

（4）设定阈值 t，对于计数器值大于 t 的解析式，可认为其对应的曲线被识别。

Hough 变换常用来对图像中的直线和圆进行识别，下面通过对识别过程的了解来进一步理解 Hough 变换。

7.1.3　直线的 Hough 变换

直线的解析式有多种形式，由于用斜率描述的直线存在斜率无穷大的特殊情况，这里选用直线的极坐标描述：

$$\rho = x\cos\theta + y\sin\theta$$

式中，ρ 为直线到原点的距离，θ 限定了直线的斜率。对于任意一组确定的(ρ, θ)，上式都可以唯一确定一条直线。开辟二维参数空间 $H(\rho, \theta)$，使 ρ、θ 整数化，则对于任意有限平面区域，参数空间 H 可以表示为有限个点的集合。而 $H(\rho, \theta)$ 中的任意点都一一对应原平面区域上的一条直线。

将上述结论推广到任意平面图形，则图形上任意直线都可以一一对应参数空间中的一个点，而图像上的任意像素都同时存在于很多条直线区域之上。可以将图像上的直线区域想象为容器，把特定像素想象成放在容器中的棋子，只不过在这里，每个棋子都可以同时存在于多个容器中。那么 Hough 变换可以理解为依次检查图像上的每个棋子（特定像素），对于每个棋子，找到所有包含它的容器（平面上的直线区域），并为每个容器的计数器加 1，这样就可以统计出每个容器（平面上的直线区域）所包含的棋子（特定像素）数量。当图像上某个直线区域包含的特定像素足够多时，就可以认为这个直线区域表示的直线存在。

如图 7-4 所示，像素 A 同时存在于图像上的多条直线区域中，如 L1、L2、L3、L4，像素 B 也同时存在于很多直线区域中，例如 L2、L6、L7、L8 等。当进行 Hough 变换时，依次对 A、B 像素进行处理，处理 A 像素的结果将使得 L1、L2、L3、L4 等直线区域的计数器加 1，而处理 B 像素的结果则会使 L2、L6、L7、L8 等直线区域的计数器加 1，最终得到的结果除 L2 直线区域计数器值为 2 外，其余的直线区域计数器值均为 1。

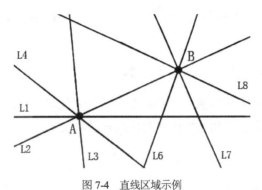

图 7-4　直线区域示例

又如图 7-5 所示，图中列举了 8 条直线区域，一些特定像素散落在这些区域中，对图像进行 Hough 变换，得到各直线区域计数器值如下。

L1：1　　　　　　　L2：1　　　　　　　L3：13　　　　　　L4：1

L5：2　　　　　　　L6：1　　　　　　　L7：10　　　　　　L8：2

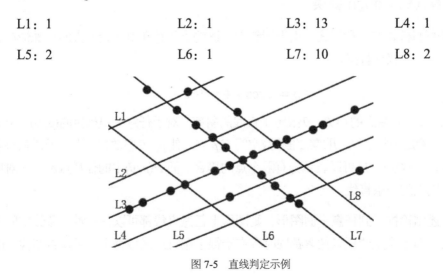

图 7-5　直线判定示例

根据图像大小设定阈值 K，规定若某个直线区域内包含的特定像素数量超过 K，则认为此直线区域所对应的直线存在。例如，若规定 $K=7$，则图中存在两条直线，即 L3、L7 所对应的直线；而若规定 $K=11$，那么图中只存在一条直线，即 L3 所对应的直线。阈值 K 的设定通常要以图像的大小及检测的精度为参考。

用二维向量(ρ, θ)描述图像上的每一条直线区域，则可将图像上的直线区域计数器映射到参数空间 $H(\rho, \theta)$中的存储单元。由于 ρ 为直线区域到原点的距离，因此对于对角线长度为 n 的图像，固定左上角为原点，可得到 ρ 的取值范围为$[0, n]$，令 θ 以 1°为增量，可得到 θ 的取值范围为$[0°, 360°]$。定义二维数组 HoughBuf$[n][360]$作为存储单元，其中对于任意(ρ, θ)决定的直线区域，计数器为 HoughBuf$[\rho][\theta]$。

对于直线的 Hough 变换过程可简单描述为，依次遍历图像的所有像素，对于每个像素判断是否满足特定的条件，若满足则对经过该像素的所有直线区域的计数器加 1，否则继续判断下一个像素。为了得到经过某个像素的所有直线区域，可依次使用 θ 的所有可能取值，借助此像素的坐标和直线的极坐标方程计算 ρ 的值，而每一组(ρ, θ)就对应了一条经过此像素的直线区域。

为了避免在 Hough 变换中多次重复计算三角函数值，可以采用查表的方法提高效率。在进行变换前，首先对 0°~359°范围内所有整数角度的三角函数值进行计算，将计算结果按下标保存在线性数组中，使用的时候只需按照下标从数组中取值即可。

若将 Hough 变换得到的各直线区域的计数器值看作图像的灰度，把用于存储的二维数组看作像素矩阵，则可得到 Hough 变换的图像。图 7-6 左图为一幅二值图，它经过 Hough 变换得到右图。由于在 $\rho>0$ 和 $\rho<0$ 的区间中，描述的直线区域完全相同，因此这里忽略 $\rho<0$ 的部分。从图中可以看出，利用直线极坐标方程得到的 Hough 变换图像呈类似正弦曲线样的形状，其中灰度较高的点标识出特定像素较集中的直线区域。Hough 变换图像按照(ρ, θ)坐标系分布，水平方向为 θ 轴，垂直方向为 ρ 轴，每个(ρ, θ)坐标点对应原图像中的一条直线区域，处于同一行的坐标点对应的直线区域与原点具有相同的距离，处于同一列的坐标点对应的直线区域相互平行。同时，原图像中直线越长越规则，Hough 变换图像上对应的点灰度就越高，原图像中直线线宽越宽，Hough 变换图像上对应的点直径就越大。在图 7-6 右图中，可以清楚地找到对应图 7-6 左图内 10 条直线的 10 个亮点。根据每个亮点中心所在的坐标，很容易得到原直线的解析式。

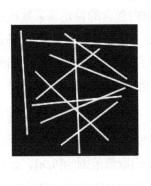

图 7-6　直线的 Hough 变换

　　如果原图像中不存在清晰的直线，通过直线的 Hough 变换得到的结果也就不会产生清楚的亮点，图 7-7 给出了对不包含直线的左图进行直线的 Hough 变换的结果，如其中的右图所示。

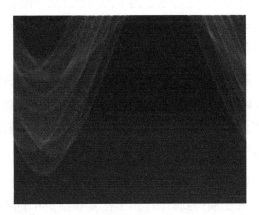

图 7-7　用直线的 Hough 变换处理圆

　　现实中要进行直线检测的图像不可能都是灰度图像。更多情况下，处理对象可能都是彩色的，而在对彩色图像进行处理时，通常也不可能直接用彩色图像的像素灰度做 Hough 变换。为了保证实现效果，通常都先要对图像做一定的预处理。Hough 变换的主要目的是对图像上的特定形状进行检测识别。换言之，Hough 变换关心的是图像上的区域边界，由此可以想到首先使用边缘检测的方法对图像中的边缘信息进行提取。同时，边缘检测的结果可用灰度图来表示，这恰好符合 Hough 变换的要求。但这里需要提醒读者在做边缘检测的时候，要注意双边缘的情况，例如图 7-8 所示的边缘检测结果，其中左图为原图像，右图为边缘检测图像。双边缘情况总是难以避免的，不过只要对 Hough 变换的结果稍加处理就可以消除它的影响，例如对 Hough 变换的结果进行邻域平均等。

图 7-8 双边缘检测结果

在 MATLAB 中可以使用函数 hough() 来对一幅二值图像执行 Hough 变换，从而得到 Hough 矩阵，它的语法形式如下：

```
[H, theta, rho] = hough(BW, ParaName,ParaValue)
```

参数 BW 是一幅二值图像。可选参数 ParaName 和 ParaValue 需要成对使用，其中 ParaName 的合法取值有两个，分别是'ThetaResolution'和'RhoResolution'，注意这两个值可以同时采用。如果使用了参数'ThetaResolution'，那么与其相对应的 ParaValue 就表示 Hough 矩阵中 θ 轴方向上单位区间的长度（以度为单位），可取(0, 90)区间上的实数，默认为 1。如果用了参数'RhoResolution'，那么与其相对应的 ParaValue 就表示 Hough 矩阵中 ρ 轴方向上单位区间的长度，可取(0, norm(size(BW)))区间上的实数，默认为 1。返回值 H 是变换得到的 Hough 矩阵，theta 和 rho 分别对应于 Hough 矩阵每一列和每一行的 θ 和 ρ 值组成的向量。

检测直线所必需的另外一个函数是 houghpeaks()，该函数用于在 Hough 矩阵中寻找指定数目的峰值点，其调用形式如下：

```
peaks = houghpeaks(H, numpeaks, paraName, paraValue)
```

其中，参数 H 是由 hough()函数得到的 Hough 矩阵，numpeaks 是要寻找的峰值数目，默认为 1。可选参数 ParaName 和 ParaValue 需要成对使用，其中 ParaName 的合法取值有两个，分别是'Threshold'和'NHoodSize'，与前面的情况类似，这两个值是可以同时采用的。如果使用了参数'Threshold'，那么与其相对应的 ParaValue 就表示峰值的阈值，即只有大于该阈值的点才被认为是可能的峰值，其取值大于 0，默认为 0.5*max(H(:))。如果使用了参数'NHoodSize'，则表示在每次检测出一个峰值后，其对应的 ParaValue 就指出了在该峰值周围需要清零的邻域信息，并以向量[M N]的形式给出，其中 M 和 N 均为正的奇数，默认为不小于 size(H)/50 的最小奇数。返回值 peaks 是一个 $Q \times 2$ 的矩阵，每行的两个元素分别为某一个峰值点在 Hough 矩阵中的行和列索引，Q 为找到的峰值点的数目。

最后一个需要说明的函数是 houghlines()，它可以根据 Hough 矩阵的峰值检测结果提取直线。该函数的常用语法形式如下：

```
lines = houghlines(BW, theta, rho, peaks, paraName, paraValue)
```

其中，BW 是一幅二值图像，也就是要进行直线提取的数字图像。参数 theta 和 rho 是 Hough 函数的返回值，peaks 是 houghpeaks 函数的返回值。可选参数 ParaName 和 ParaValue 需要成对使用，其中 ParaName 的合法取值有两个，分别是'FillGap'和'MinLength'，这两个值也可以同时采用。如果使用了参数'FillGap'，那么与之相对应的 ParaValue（是一个正实数）就用来表示同一幅图像中两条线的距离的阈值。当两条线的距离小于这个指定的阈值时，houghlines 函数就会将这两条线合并成一条线，在缺省情况下，其默认值为 20。如果使用了参数'MinLength'，那么与之相对应的 ParaValue（同样也是一个正实数）就给出了被检测出来的直线段最小长度阈值。换言之，若线条的长度小于这个阈值，线条将会被擦除，否则就保存。在缺省情况下，其默认值为 40。最后，函数的返回值 lines 是一个结构体数组，其长度是找到的直线的条数，而每一个数组元素（直线段结构体）的内部都包含 4 种成分，即 point1（直线段的端点 1）、point2（直线段的端点 2）、theta（Hough 矩阵中的 θ）、rho（Hough 矩阵中的 ρ）。

在 MATLAB 中通过 Hough 变换在二值图像里检测直线需要 3 个步骤。首先，利用 hough()函数执行 Hough 变换，得到 Hough 矩阵。然后，利用 houghpeaks()函数在 Hough 矩阵中寻找峰值点。最后，利用 houghlines()函数在之前两步结果的基础上得到原二值图像中的直线信息。假设有如图 7-9 所示的一幅原图像，下面就利用 Hough 变换的方法检测其中的直线。

图 7-9　待进行 Hough 变换的原图像

```
RGB= imread('building.jpg');
I = rgb2gray(RGB);
BW = edge(I, 'canny');

[H, T, R]=hough(BW, 'RhoResolution',0.5,'ThetaResolution',0.5);
figure, imshow(imadjust(mat2gray(H)), 'XData', T, ...
'YData', R, 'InitialMagnification', 'fit');
xlabel('\theta'), ylabel('\rho');
axis on; axis normal; hold on;
colormap(hot);
peaks = houghpeaks(H, 15);
figure, imshow(BW);
hold on;
lines = houghlines(BW, T, R, peaks, 'FillGap',25, 'MinLength',15);

max_len = 0;
for k=1:length(lines)
xy = [lines(k).point1; lines(k).point2];
  plot(xy(:,1),xy(:,2),'LineWidth',3,'Color','b');
  plot(xy(1,1),xy(1,2),'x','LineWidth',3,'Color','yellow');
  plot(xy(2,1),xy(2,2),'x','LineWidth',3,'Color','red');

  len = norm(lines(k).point1 - lines(k).point2);
  if ( len > max_len)
    max_len = len;
    xy_long = xy;
  end
end
```

如图 7-10 所示为原图像的 Hough 变换结果。

用 Hough 变换进行图像处理,大部分情况下还需将 Hough 变换的结果还原成图像,并将检测的结果（如直线或圆）标注在图像上,如图 7-11 所示为利用上述程序对图像中的直线进行检测的结果。

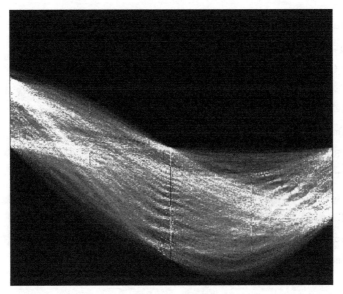

图 7-10　Hough 变换示例

图 7-11　直线的 Hough 检测

　　事实上 MATLAB 中提供的基于 Hough 变换的直线检测函数准确度并不高，而且使用起来也很不方便，一方面体现在这些现成的函数的抗干扰能力不强；另一方面函数的自适应性较差，用户也很难把握函数中各个参数的合适取值。所以，在实际应用中并不提倡直接使用 MATLAB 中现有的函数来执行基于 Hough 变换的直线检测。在本书的在线支持资源中，笔者另外提供了一个利用 Hough 变换进行直线检测的函数源代码及测试程序。相比于 MATLAB 中的内置函数，这个自行实现的版本对图像中直线信息的提取更为充分，可供读者参考学习之用。由于原函数较长，限于篇幅这里不再详细列出。如图 7-12 所示是利用该版本的方法对直线进行检测的效果图，读者可以将其同前面的检测效果进行对比。

图 7-12　改进的直线 Hough 检测

7.1.4　圆的 Hough 变换

通过对直线 Hough 变换的介绍，可以知道 Hough 变换的核心是将图像中的特定曲线区域一一映射到参数空间中的点，由于直线的解析方程中有两个参数，因此直线 Hough 变换使用二维参数空间。对于圆的解析方程：

$$(x - C_x)^2 + \left(y - C_y\right)^2 = R^2$$

可以看出方程中含有 3 个参数，分别是 C_x、C_y、R，因此圆的 Hough 变换需要使用三维的参数空间。定义参数空间 $C(C_x, C_y, R)$，设定原图像左上角为原点，那么 C_x、C_y 可以理解为原图像中圆周区域的圆心坐标，R 对应于圆周区域的半径。这里同样将参数空间 C 进行整数化，对于每一组(C_x, C_y, R)，都可以唯一确定一个圆周区域。

将原图像所在平面想象成大量圆周区域的集合，而每个特定像素都同时存在于若干个圆周区域之中，这些圆周区域可以具有不同的圆心位置和半径，如图 7-13 所示。图中特定像素 A 就同时存在于圆周区域 C1、C2、C3、C4、C5、C6 中。

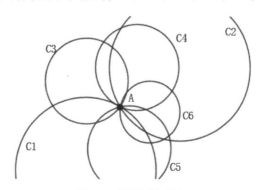

图 7-13　圆周区域示例

与直线的 Hough 变换情形一样，这里也为每个圆周区域在对应的参数空间指定一个计数器，那么圆的 Hough 变换也可以描述为如下过程：依次遍历图像的所有像素，对于每个像素判断是否满足特定的条件，若满足则对包含该像素的所有圆周区域的计数器加 1，否则继续判断下一个像素。

对于宽、高分别为 w、h 的图像，如果设定要检测的圆周半径不超过 R_m，则容易得到 C_x 的取值范围为$[-R_m, w+R_m]$，C_y 的取值范围为$[-R_m, h+R_m]$，R 的取值范围为 $[0, R_m]$。为了便于存储，这里为 C_x、C_y 统一加上 R_m 以避免负值出现，这样对于任意圆周区域有：

$$(x - a)^2 + (y - b)^2 = r^2$$

其中，a、b、c 在取值范围内取任意整数，并且均与参数空间 $C(C_x, C_y, R)$中的坐标计数器$(a+R_m, b+R_m, c)$一一对应。在搜索某一特定像素所在的所有圆周区域时，可以在值域内依次取遍 C_x、C_y 的所有可能取值，然后通过圆的解析方程$(x-C_x)^2 + (y - C_y)^2 = R^2$ 来计算对应的 R，每得到一组(C_x, C_y, R)，就为参数空间中对应的计数器加 1。对于检测结果，同样可以设定阈值 K，对于计数器值大于 K 的圆周区域，则认为对应的圆周在原图像中存在。这与直线的 Hough 变换过程类似。

由于圆的 Hough 变换结果得到的是一个三维的参数空间，而三维空间中元素的值无法直接显示，对此可以采取将三维参数空间沿 R 轴方向叠加成二维平面的方法来显示。这种叠加过程的现实意义在于，将检测到的任意半径圆周的圆心显示在结果图像上。

在新版本的 MATLAB 中（MATLAB 8.0 及以上版本）已经提供了利用 Hough 变换检测图像中圆的函数 imfindcircles()，它的常用语法形式如下：

```
centers = imfindcircles(A,radius)
[centers,radii] = imfindcircles(A,radiusRange)
[centers,radii,metric] = imfindcircles(A,radiusRange)
```

其中，参数 A 是待检测的原始图像，radius 是目标圆的半径，radiusRange 是一个二维数组，它给出的是目标圆的半径范围。返回值 centers 和 radii 是经检测后得到的圆形的圆心以及半径。metric 是一个按照降序排列的向量，其中包含了每个检测到的圆形的累积峰值大小，也就是每个圆形的相对强度，centers 和 radii 的行与 metric 的行一一对应。下面这段示例程序演示了在 MATLAB 中进行圆形检测的基本方法。

```
A = rgb2gray(imread('circle.png'));
B = edge(A, 'canny');
```

```
[centers, radii, metric] = imfindcircles(B,[22 65]);
imshow(A);
viscircles(centers, radii,'EdgeColor','b');
```

上述程序的执行结果如图 7-14 所示，其中左图为原始图像，右图是结果图像，可见图像中的 3 个圆形物体都被标识出来了。

图 7-14　检测图像中的圆

7.2　轮廓跟踪

轮廓跟踪是根据图像边界点的连通性，通过逐点跟踪获得区域轮廓的方法。利用轮廓跟踪技术，可以将图像上的不同区域进行区分，为图像的进一步分析提供基础。本节通过对原理算法及应用的介绍，让读者理解轮廓跟踪技术。

7.2.1　区域表示方法

图像处理的一个重要任务是对图像中的对象区域进行提取和分析。描述区域的数据结构直接影响图像分析的算法实现，因而极其重要。常用的区域表示方法有两种，分别是轮廓表示法和线段表示法。轮廓表示法利用区域轮廓的连通性，依次记录每个轮廓点，最终绕轮廓一周回到起点；而线段表示法利用数字图像像素排列的规律，依次记录图像每行中的轮廓点。区域的轮廓表示法能够直观地描述一个区域边界，适用于轮廓完整的区域，在对轮廓求周长时，使用轮廓表示法较为方便；区域的线段表示法体现了图像上区域内线段的连通性，在求区域面积及区域内点的判定时非常方便。图 7-15 列举了两种表示法的编码方式，其中 a 用轮廓表示法，b 用线段表示法，字母表示编码顺序。

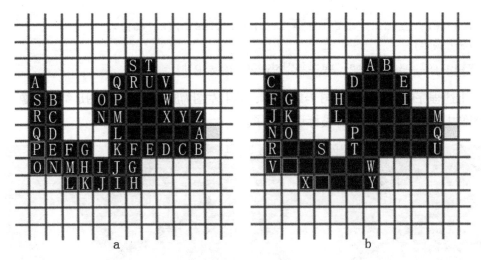

图 7-15　轮廓的不同编码方式

两种描述法的存储结果，分别被称为链码表和线段表。

1. 链码表

（1）链码

链码是图像处理中的基本概念，它的定义类似于前面提到的方向编码，链码将中心像素邻域内的 8 个点按逆时针方向编码，其对应编号与方向编码完全相同。图 7-16 显示了八方向链码和四方向链码的编码方式。

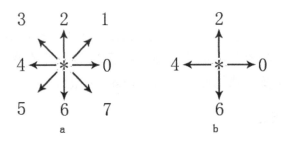

图 7-16　链码

（2）链码的寻址

通过链码获得中心像素邻近像素的过程，叫作链码的寻址。链码的寻址是通过中心像素坐标加上偏移向量来实现的。这个过程经常借助偏移向量表来实现。

表 7-1 为八方向的偏移向量表，表中按照链码的顺序给出了八方向的 X、Y 偏移量，在编程实现中，偏移向量表可利用二维数组 int directData[8][2] 来存储。

表 7-1　偏移向量表

链　码	0	1	2	3	4	5	6	7
X 偏移	1	1	0	−1	−1	−1	0	1
Y 偏移	0	−1	−1	−1	0	1	1	1

（3）链码方向的旋转

用链码描述的方向很容易旋转，从图 7-16 可以看出，方向每逆时针旋转 45°，链码值加 1，若链码值大于 7 时，则对其以 8 取模就可以得到正确的链码。若想取相反方向，可以对链码值加 4 得到，给链码值加 8 可以回到原方向。这些特性在轮廓跟踪中常常被用到。

（4）链码表的存储结构

在用链码表存储轮廓信息时，不必对轮廓上的每个点坐标都进行记录，而只需记录起始点坐标，然后依次记录后一个轮廓点相对前点的方向链码即可。链码表中前 2 个单元存储起始点坐标，第 3 个单元记录链码表长度，从第 4 个存储单元开始为轮廓上每个点的链码值。表 7-2 为链码表的存储结构。

表 7-2　链码表的存储结构

存储下标	0	1	2	3	4	5	…	$N+2$
存放内容	X	Y	N	D1	D2	D3	…	D_{N-1}

使用链码表存储的图像轮廓，可以比较容易地进行轮廓绘制和周长计算。在绘制轮廓时，只用读取轮廓的起始点坐标，然后依次按照链码对下一轮廓点进行寻址，每找到一个轮廓点，就将其绘制到图像上。

2. 线段表

数字图像由像素组成，因此区域可以表示为一系列像素组成的水平线段的集合，每一条线段可由它的两个端点来表示。将构成区域的各线段的端点按顺序存储起来就可以得到线段表。最简单的线段表就是按照扫描顺序将线段端点两个一组地保存在数组 dot[]中，数组的第一个元素用来存储线段表的长度，这样构成区域的第 i 条线段的端点就可以通过 dot[i*2−1]和 dot[i*2]来获取。表 7-3 为线段表的存储结构。

表 7-3　线段表的存储结构

线段编号		1		2		……	N	
存储下标	0	1−2	3−4	5−6	7−8	……	$N×4−3$ $N×4−2$	$N×4−1$ $N×4$
存储内容	N	左端点	右端点	左端点	右端点		左端点	右端点

若一个图像区域利用线段表来存储，那么很容易得到区域中的每一个像素，这点对于区域的填充、复制和面积的计算都十分有利。另外，在计算区域重心时，通常也要用到区域的线段表描述。在区域填充时，由于通过线段表可知道区域的每一条构成线段，因此只要对线段表中每一组端点之间的部分进行填充即可。

3. 链码表到线段表的转换

在计算机识别技术中，对数字图像进行轮廓跟踪的目的往往是对图像的进一步综合分析，从本节前面的内容中可以知道，图像轮廓的线段表示法和轮廓表示法在分析图像时各有利弊，因此，如果能通过一定的算法实现图像轮廓链码表和线段表之间的转换，就可以方便地利用两种表示法的优点进行图像分析了。

实现链码表和线段表的转换时，若采用还原轮廓再重新跟踪的方法显然十分不智，然而可以看出，两种表示法在对轮廓描述的思路和顺序方面存在很大差异，利用公式转换也很难实现，那么首先就要找到两种表示法的共同点。不难想到，两种表示法对轮廓的描述都是基于轮廓点的，而线段表示法中明确地把点分为线段的左端点和右端点，如果能从轮廓的链码表中提取轮廓点的信息，并按照左、右端点分类，就可以实现从链码表到线段表的转换。

这里将图像的轮廓点按照线段表示法的思路分为 4 类，即左端点、右端点、中间点和奇异点。

- 如果某轮廓点的右边为区域的内部而左边为区域的外部，则称此点为左端点；相反，若该点的左边为区域的内部而右边为区域的外部，那么称此点为右端点。
- 如果某轮廓点的左、右相邻点都是轮廓点，则称此点为中间点。
- 如果某轮廓点的左、右两边都为区域外部，那么称此点为奇异点。

例如，在图 7-17 中点 A、D、H 等为左端点，点 B、E、I 等为右端点，点 C 为奇异点，未标字母的轮廓点都为中间点。

从图中可以看出，在轮廓的线段表示法中，一个左端点和一个右端点或一个奇异点即可确定一条线段。因此，只要利用链码表提取轮廓中的左、右端点和奇异点，并按照点的坐标进行排序，即可实现链码表到线段表的转换。需要注意的是，由于奇异点既是线段的左端点又是线段的右端点，因此在提取时应提取两次。

在实现中，可以利用轮廓点的进入链码和离开链码作为点类型判断的依据。图 7-18 中的箭头表示进入和离开的方向。如图中左端点 A 的进入链码为 2、离开链码为 0，左端点 B 的进入链码为 2、离开链码为 1，右端点 C 的进入链码为 5、离开链码为 4，右端点 D 的进入链码为 6、离开链码为 4，奇异点 E 的进入链码为 1、离开链码为 6。

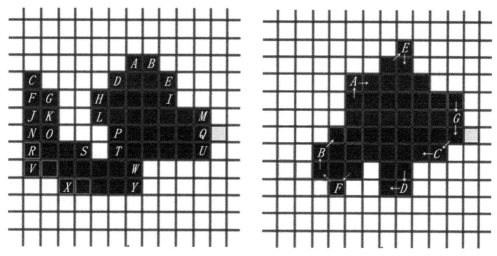

图 7-17　轮廓点的分类　　　　　图 7-18　轮廓点的进入链码和离开链码

如果用 0 表示中间点，1 表示左端点，2 表示右端点，3 表示奇异点，那么根据表 7-4 可以容易地通过进入链码和离开链码判断轮廓点的类型。

表 7-4　轮廓点的分类

边界点类型		离 开 链 码							
		0	1	2	3	4	5	6	7
进入链码	0	0	0	0	0	2	2	2	2
	1	1	1	1	1	0	3	3	3
	2	1	1	1	1	0	0	3	3
	3	1	1	1	1	0	0	0	3
	4	1	1	1	1	0	0	0	0
	5	0	3	3	3	2	2	2	2
	6	0	0	3	3	2	2	2	2
	7	0	0	0	3	2	2	2	2

利用上述分类生成线段表的实现步骤如下。

（1）顺序检测链码表，根据链码表提取轮廓中的左端点、右端点和奇异点，并存入线段表中。其中奇异点提取两次。

（2）将线段表中的所有点按照纵坐标排序。

（3）将纵坐标相同的点按照横坐标排序。

4．区域的形状参数

对于任意封闭区域，如果知道该区域的周长 L 和面积 S，那么就可以利用公式 $F=L^2/4\pi S$ 求得区域的形状参数。对于圆形区域，形状参数的计算结果为 1，形状参数越接近 1，说明区域的形状越接近圆。形状参数的这一特性常常用于圆形区域的检测和区域重叠的判断。

5. 计算区域的面积和周长

在实际应用中，灵活地运用区域的链码表和线段表往往能让你事半功倍；相反，运用不当常常会极大地增加工作的难度。

使用链码表能够非常方便地计算出轮廓的周长。在 3×3 的邻域中，中心像素与链码为 0、2、4、6 的相邻像素间距离为 1，而与链码为 1、3、5、7 的相邻像素间距离为 $\sqrt{2}$。因此只要对链码表中的奇数链码和偶数链码的数量进行分别统计，然后用奇数链码的数量乘以 $\sqrt{2}$ 再加上偶数链码的数量即可得到轮廓的周长。计算区域面积的最佳方法无疑是利用区域的线段表，可以通过将构成区域的每条线段的长度相加来实现。

7.2.2 单区域跟踪

轮廓跟踪是利用区域边界点的连通性搜索区域轮廓的方法。它的原理是从某一边界点出发，通过沿着一个方向不断搜索下一个轮廓点的方法，得到区域的完整轮廓。轮廓跟踪算法的关键在于对下一轮廓点的搜索。

在搜索轮廓点时，方向性是必须考虑的，轮廓的搜索要保证从一点出发，绕区域一周再回到出发点。如图 7-19 中的 a 所示，A、B、C、D 都为图中黑色区域的轮廓点，搜索从 A 点开始，当搜索到 B 点时我们发现，A、C 两点都是与 B 点相邻的轮廓点，那么如何保证搜索沿 ABCD 的方向进行而不会出现 ABAB……这样的死循环，成了非常重要的问题。

这里引入轮廓方向的概念。对于任意区域可以定义，轮廓的正方向是指沿着此方向前进时，区域的内部总是处于轮廓的右边，而轮廓的反方向恰好与正方向相反。在搜索轮廓点时，只要时刻保证搜索沿轮廓的正方向进行，就可以避免死循环的出现。在实际操作中，可以通过顺时针搜索邻域的方法保证搜索沿轮廓的正方向进行。在图 7-19 的 b 中，当搜索进行到 B 点时，可以从 BA 方向开始沿顺时针搜索邻域，如箭头方向所示。

上述过程可通过链码的旋转来实现，搜索下一边界点的过程可描述如下。

（1）获得上一边界点到当前边界点的链码。

（2）将链码加 4 反向再减 1，并以此链码为起点对邻域进行搜索。

（3）获得下一边界点并返回下一边界点相对当前点的链码。

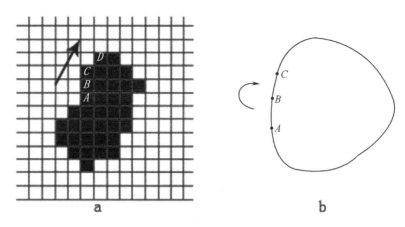

图 7-19　轮廓跟踪的搜索顺序

此外，在搜索中还要特别注意图像边界的因素。

若已知图像中某区域的一个边界点，并且知道一个从区域外到达此边界点的链码，通过循环调用 NextPoint 方法，就可以得到区域的完整轮廓信息，这个过程就是单区域的轮廓跟踪。

单区域的轮廓跟踪可描述为以下过程。

（1）以当前轮廓点为中心在邻域内搜索下一轮廓点。

（2）获得下一轮廓点的链码并保存在链码表中。

（3）若下一轮廓点为起始点，则轮廓跟踪完成；否则，将当前点移动到下一轮廓点并重复步骤 1、2。

7.2.3　多区域跟踪

在对数字图像进行处理的时候，经常需要同时对图像中多个区域进行分析，这时单区域轮廓跟踪就无法满足要求。多区域轮廓跟踪就是要将图像中满足一定要求的区域一一找出来，并获得它们的轮廓信息。多区域轮廓跟踪的过程一般分为如下几步。

（1）搜索起始点并确定起始方向链码。

（2）单区域轮廓跟踪。

（3）绘制区域轮廓。

（4）区域填充。

如果图像中包含多个区域，在轮廓跟踪时要首先确定区域特征，例如，指定要跟踪的区域颜色。搜索起始点时可以从图像左上角起逐行搜索每个像素，对于满足区域特征的像素就可以认为是一个起始点。而起始方向链码可以通过起始点的 x 坐标来确定，如图 7-20 所示，由于扫描是从上到下、从左至右逐行进行的，因此图中两区域被搜索到的起始区域分别为 A、B 点，可以认为两起始点的进入方向分别为箭头所示，则起始方向链码可定为箭头方向的反向。由 A、B 点的特征发现，若起始点处于图像的左边缘，则它的进入链码为 6，否则为 0。

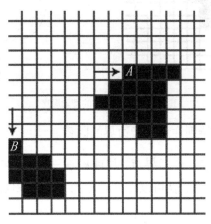

图 7-20　进入链码图示

确定了起始点和起始方向链码，即可对区域进行轮廓跟踪，轮廓跟踪的结果通过轮廓绘制的方法显示到结果图中。由于对起始点的搜索会一直进行到图像的最后一个像素，为了防止一个区域被重复跟踪，这里采取区域填充的方法将已跟踪的区域从图像中清除。实现时填充颜色可以选择背景色或与区域颜色差别较大的颜色。图 7-21 显示了对多区域图像进行轮廓跟踪的处理过程。图中的 a 为区域图像，子图 b1、b2、b3 为区域图像被填充的过程，c1、c2、c3 为轮廓跟踪的过程。

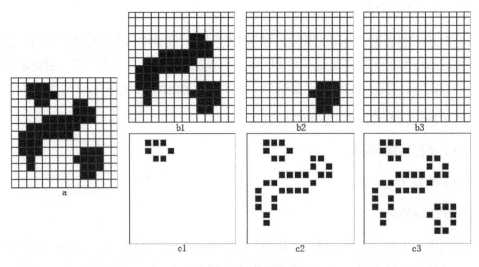

图 7-21　多区域轮廓跟踪过程

7.2.4 编码实现

MATLAB 图像处理工具箱中包含了两个用以实现轮廓跟踪的函数，即 bwtraceboundary()和 bwboundaries()。其中前者采用基于曲线跟踪的策略，结合给定搜索起点和搜索方法实现单区域轮廓跟踪，后者则用于实现多区域轮廓跟踪。

函数 bwtraceboundary()的常用语法形式如下：

```
B = bwtraceboundary(BW, P, fstep)
B = bwtraceboundary(BW, P, fstep, conn)
B = bwtraceboundary(BW, P, fstep, conn, N, dir)
```

其中，BW 是图像矩阵，值为 0 的元素视为背景像素点，非 0 元素视为待提取边界的物体。参数 P 是一个 2×1 维矢量，两个元素分别对应起始点的行坐标和列坐标。字符串 fstep 指定起始搜索方向，它的取值方向与对应关系请参见表 7-5；conn 指定搜索算法所使用的连通方法，具体参数请见表 7-5。N 指定提取的边界的最大长度，即这段边界所含像素的最大数目。字符串 dir 指定所有边界的方向，具体参数设置请见表 7-5。返回值 B 是一个 $Q \times 2$ 维的矩阵，其中 Q 为所提取的边界长度（也就是边界所含像素点的数目），B 矩阵中存储边界像素点的行坐标和列坐标。

表 7-5 参数的取值

参　　数		描　　述
dir	'clockwise'	在 clockwise 方向上搜索（默认值）
	'counterclokcwise'	在 counterclockwise 方向上搜索
conn	4	四连通
	8	八连通
fstep	'N'	从 3×3 邻域中心点的上方开始搜索
	'S'	从 3×3 邻域中心点的下方开始搜索
	'E'	从 3×3 邻域中心点的右方开始搜索
	'W'	从 3×3 邻域中心点的左方开始搜索
	'NE'	从 3×3 邻域中心点的右上方开始搜索
	'SE'	从 3×3 邻域中心点的右下方开始搜索
	'NW'	从 3×3 邻域中心点的左上方开始搜索
	'SW'	从 3×3 邻域中心点的左下方开始搜索

下面这段代码演示了该函数的使用方法。

```
BW = imread('contour.bmp');
imshow(BW,[]);
hold on
```

```
s=size(BW);
for row = 2:55:s(1)
  for col=1:s(2)
    if BW(row,col),
      break;
    end
  end

  contour = bwtraceboundary(BW, [row, col], 'W', 8);
  if(~isempty(contour))
    plot(contour(:,2),contour(:,1),'g','LineWidth',2);
  end
end
```

请读者完成编码后运行程序，其执行结果如图 7-22 所示。

图 7-22　轮廓跟踪结果

另外一个需要介绍的函数是 bwboundaries()，它的常用语法形式如下：

```
B = bwboundaries(BW, conn, options)
[B, L] = bwboundaries(BW, conn, options)
[B, L, N, A] = bwboundaries(BW, conn, options)
```

其中，BW 和 conn 的意义同前，这里不再重复。参数 options 是一个字符串，可选的取值有两个，即'holes'或'noholes'，其中前者为默认值，它指定算法既搜索物体的外边界，也搜索物体的内边界（即洞的边界）；后者使算法仅仅搜索物体的外边界。返回值 L 标志了该图像被边界所划分的区域，包括物体和洞。它是一个整数矩阵，与原始图像具有相同的维数，元素值代表了该位置上像素点所在区域的编号，属于同一区域的像素点对应的元素值相同。N 为该图像被边界所划分成的区域数目。A 标志了被划分的区域的邻接关系，它是一个 $N \times N$ 的逻辑矩阵，其中 N 是被划分区域的数目，$A(i,j)=1$说明第 i 个区域与第 j 个区域存在邻接关系，并且第 i 个区域（子区域）在第 j 个区域（父区域）内。

假设有如图 7-23 所示的一幅图像，下面这段代码演示了该函数的使用方法。

图 7-23　待处理图像

```
I = im2bw(imread('penguins.bmp'), 0.38);
BW = 1-I;
B = bwboundaries(BW,8,'noholes');
imshow(I)
hold on

for k = 1:length(B)
    boundary = B{k};
    plot(boundary(:,2), boundary(:,1), 'g', 'LineWidth', 2)
end
```

请读者完成编码后运行程序，其执行结果如图 7-24 所示。

7.3　种子填充

在分析图像时，为了标识特定区域或避免对同一区域进行重复分析，常需要对指定区域进行填充处理。种子填充（Flood Fill）原本是计算机图形学中的经典算法，在数字图像处理领域中，因其较为直观且实现方便，也常被拿来作区域填充之用。本节就向读者讲解该算法的原理，并结合代码示例向介绍它的具体应用。

图 7-24 多区域轮廓跟踪效果

7.3.1 算法介绍

种子填充，或种子算法，它是一种根据事前定义的准则将像素或子区域聚合成更大区域的过程。其基本方法是以一组种子点为开始，将与种子性质相似（诸如灰度级或颜色的特定范围）的像素附加到生长区域的每个种子上。这里提到的"一组种子点"是根据具体所需解决的问题性质而选择的一个或多个起点。生长过程总是从这些种子点开始，检验邻域像素点并决定是否将这些临近点归属到某个区域内。在形成新的种子后，不断重复生长的过程，直到满足终止规则。或许有读者还接触过"区域生长（Region Growing）"这个叫法，对于初学者而言种子填充和区域生长往往令人感到困惑，因为尽管称谓不同，但是两种算法的核心思想却似乎没什么差异。从广义上讲，二者所指代的其实是同一种算法。如果从狭义的角度上非要给二者找出点差异的话，则可以认为区域生长算法在"生长规则"的设定上要更为复杂。正如前面所说的那样，种子填充其实是从计算机图形学上引入的叫法，因此它所处理的模型相对简单一些，但区域生长对应的则是数字图像处理中的概念，所以它在生长规则的设计上要相对更复杂一些。当然，细究这些差异的意义不大，关于这两个概念的辨析主要是希望读者在参阅其他文献时不会有什么困扰。而笔者还是建议将两个概念统一起来考虑，我们也约定在本书中，种子填充和区域生长二者是等同的概念。对于种子填充而言，最终图像的分割效果一方面跟最初的种子点的选取有很大关系，另一方面相似性准则的选择也在很大程度上左右最终产生的结果。

图像的区域可以理解为相互连通的颜色相近的像素集合，而区域的填充就是通过一定的算法将图像区域内的像素设定为指定颜色的过程。区域填充的算法有很多种，包括扫描线填充、种子填充等。其中种子填充算法因其操作上的直观性被广泛用于数字图像处理和计算机图形学领域。

考虑图 7-25 中的区域。如果要对图中区域进行填充，通常可能会想到的方法有两种：一是通过获取边缘 T 的信息，根据边缘判断每个像素是否处于区域内部，然后对区域内部的像素进行填充；二是任意确定区域内部的一个像素，然后根据这个像素的颜色，将它周围所有与其颜色相近的像素予以填充。比较两种方式，会发现后者更加直观，也更加方便，因为在实际操作时，获取一个区域内部的像素往往比获得整个轮廓信息容易得多。本节要介绍的种子算法就是利用任意一个区域内部像素，完成对整个区域填充的方法。

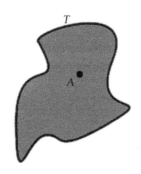

图 7-25　区域填充示例

种子算法的思想是在填充区域的过程中不关心区域的形状，而是通过获得区域内部的任意一个像素，并以这个像素为种子，不断扩大填充的面积，最终覆盖整个填充区域。算法的关键是连通像素的搜索和边界的判断，首先介绍连通像素的搜索。

连通像素的搜索分为四方向搜索和八方向搜索。四方向搜索认为，只有中心像素上、下、左、右 4 个方向的相邻像素是与中心像素相连通的，左上、左下、右上、右下 4 个方向相邻的像素与中心像素不连通。而在八方向搜索中认为，中心像素 8 个方向上相邻的像素都与中心像素连通。若用方向代码来描述，则四方向搜索中连通方向为 0、2、4、6，而八方向搜索中连通方向为 0~7。如图 7-26 所示为两种搜索的邻域情况，X 表示不连通的像素，其中 a 为四方向情况，b 为八方向情况。使用不同的搜索方式对图像进行处理时，往往会得到完全不同的结果。例如，对图 7-27 中的区域进行处理时，若采用八方向搜索，则结果图像中只包含一个区域；而若采用四方向搜索，则图像会不分割为上下两个不同的区域。图中方格表示像素。在理想的情况下，种子算法考虑的是对原图像上具有相同颜色的区域进行填充，然而实际中，由于图像清晰度及噪声的干扰，具有相同颜色的理想区域是不存在的。若将填充的区域扩大到颜色相近的像素，那么就出现了一个问题：怎样判定两个像素颜色是否相近？

X	2	X
4	c	0
X	6	X

a

3	2	1
4	c	0
5	6	7

b

图 7-26　搜索中的邻域编码

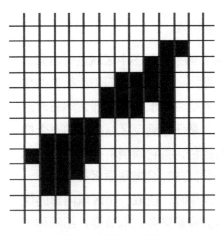

图 7-27　图像区域示例

区域生长的另一个问题是用公式描述一个终止规则。基本上，在没有像素满足加入某个区域的条件时，区域生长就会停止。

区域生长技术是区域分割的最基本方法，它大致可分为单连接区域生长、混合连接区域生长、中心连接区域生长及混合连接组合技术。

单连接区域生长是把两个像素看成是连接图中的一个节点，把单个像素同其邻域像素的特征进行比对，并用一条弧将满足相似性准则的相邻像素连在一起，从而完成区域的生长过程。相似性准则因具体情况而不同，对于灰度图而言最简单的处理方式是计算相邻像素的灰度值之差。

这里引入容差的概念，容差可以理解为颜色相近的两个像素间的最大颜色误差。若用灰度差值来量化容差，则容差的值域为[0, 255]，在应用中，容差一般指相似判定中所允许的最大灰度差。在彩色图像处理中，容差同时对颜色的各分量进行限制，容差越小，填充的精度越高；容差越大，填充的精度就越低。特殊地，当容差为 0 时，填充只针对颜色完全相同的连通像素；当容差为 255 时，填充将针对一切连通像素。图 7-28 列举了对相同图像使用不同容差时的区域划分，划分时以 A 点颜色为基准。a 图中划分容差为 15，b 图中划分容差为 32。

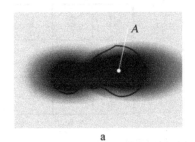
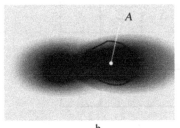

a　　　　　　　　　　　　　b

图 7-28　不同容差下的区域

根据种子像素设定基准颜色 C，它的颜色三个分量的灰度分别为 Cr、Cg、Cb，设定容差 delta，那么区域内像素颜色的三个分量 r、g、b 满足：

$$\max (\ abs(r - Cr), abs(g - Cg), abs(b - Cb)) \leqslant delta$$

在填充过程中，凡遇到不符合上式的像素，即可视为边界像素。

知道了连通区域的搜索和边界判断，下面对种子算法的实现进行介绍。种子填充最直观的方法是使用回溯算法，即从一点出发，按照方向编码用递归的方式遍历填充区域，每到达一个像素就按照方向编码依次判断它相邻的每个像素是否该被填充，是则填充该点并移动到该点继续上述判断，否则继续判断下一个方向上的邻近像素。填充中，对于已填充的像素或边界像素不予填充。

这种算法虽然较为直观，但由于用到函数的递归调用，执行效率较低。可以通过堆栈的方法将递归消除，这就得到很常用的种子算法——漫水法。此算法的执行过程可描述如下。

（1）选取一个起始种子点，获得基准颜色，将种子点压入堆栈。

（2）从堆栈中取出一个像素，对其进行填充，然后搜索其四邻域（或八邻域），如果有需要填充的像素，就压入堆栈。

（3）重复步骤 2，直至堆栈为空。

漫水法相对回溯的方法，执行效率大大提高，然而当图像较大时，漫水法的堆栈大小成了制约填充区域面积的瓶颈。对漫水法进行优化，可以得到行扫描法。顾名思义，行扫描法在填充过程中，采取每次填充一整行像素的方法，这样就大大减少了搜索填充区域的运算量，同时对堆栈的容量要求也较小。该算法的执行过程如下。

（1）选取一个起始种子点，获得基准颜色，将种子点压入堆栈。

（2）从堆栈中取出一个像素，依次对该像素的左、右连通像素进行填充，并在填充过程中判断每个填充位置的上、下两行中相邻像素是否需要填充，将需要填充的相邻像素压入堆栈。

（3）对堆栈中的像素进行检查，去除已被填充的像素。

（4）重复步骤 2、3、直至堆栈为空。

单连接区域生长的优点是简单，易于实现，但对于存在杂点或者较为复杂的图像，这种方法将会导致不希望的区域出现。混合连接区域生长法的基本过程与单连接区域生长法很相似，不同的是对于每个节点，相似性准则将不再依赖从一个像素到另一个相邻像素的特性相似与否。混合连接区域生长法所采用的相似性准则是针对节点所对应的 $k×k$ 邻域而言的，即两个节点的相似性判定依赖于它们各自邻域是否满足某种条件。这种处理方式与单连接区域生长法相比提高了抗干扰能力。

中心连接区域生长法依赖的物理依据是：物体中同一区域的各像素的灰度级不会发生较大的差异。因此这种方法是从满足某种相似性准则的点开始的，在各个方向上进行区域生长。假设 P 是已经接受的一小块区域，则检验它的全部邻接点像素，若该点满足预置的相似性准则，那么将它加入区域 P，这样原来的区域 P 生长得到了新的区域 P'，对于 P' 重复上述过程，直到达到终止条件为止。

确定相似性准则对于基于区域生长的图像分割十分重要，除了前面给出的以绝对容差为基础的相似性准则以外，对于灰度图像而言，平均灰度的均匀测度度量也可以作为区域增长的相似性检验准则。下面给出均匀测度度量的定义，假设图像区域 P 中的像素数目为 N，则图像的灰度平均值表示为：

$$m = \frac{1}{N} \sum_{(x,y) \in P} f(x,y)$$

相应地，区域 P 的均匀测度度量如下，其中 K 为阈值：

$$\max_{(x,y) \in P} |f(x,y) - m| < K$$

这表示在区域 P 中，当各个像素的灰度值与总体像素的灰度平均值之差不超过某阈值 K 时，其均匀测度度量为真。下面举例来说明基于上述相似性准则的区域生长过程。假设有一幅数字图像，如图 7-29 左图所示。检测灰度值为 9 和 7，平均灰度均匀测度度量中阈值为 2，下面以灰度值 9 为起点进行区域增长。观察左图发现，原图中灰度值为 9 的像素仅有一点，故将该点纳入种子点集并以此为起点开始区域增长。第一次区域生长，扫描四邻域内不属于任何区域的像素点，结果检测到灰度值为 8 的邻接点有 3 个，易算得 8 与 9 的灰度值差为 1，小于阈值 2，因此接受这 3 个点并形成新的种子点集，如图 7-29 中图所示。此时种子点集形成的局部图像的平均灰度值可由前面的公式求得，为 8.25，由此可得均匀测度度量为真，则区域继续生长且灰度值为 7 的邻接点被纳入点集，如图 7-29 右图所示。再次进行计算，此时种子点集形成的局部图像的平均灰度值为 8，若想再次满足相似性准则，则需要区域邻域内出现灰度值大于 6 的像素点，显然没有，则均匀灰度测度度量为假，区域生长停止。

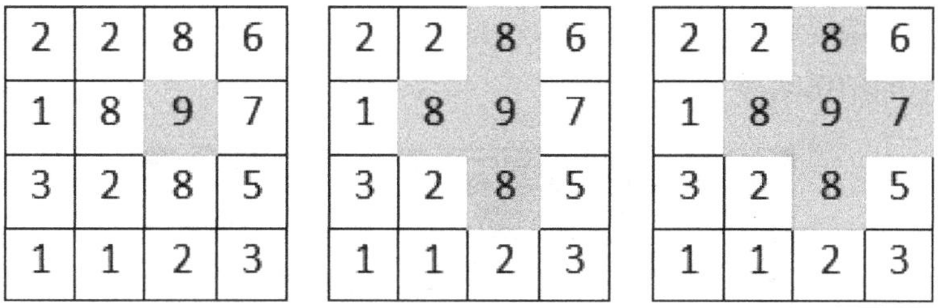

图 7-29　区域生长的例子

7.3.2　编码实现

MATLAB 图像处理工具箱中提供的用以实现类似填充功能的函数有多个，其中与本节前面所述之算法最为接近的应该是 imfill()函数。尽管如此，具体来讲，imfill()函数仍然不是完全遵照前面介绍的算法来实现的。换言之，也就表明 imfill()并不能完全等同于区域生长算法。在此将对与填充功能有关的两个函数稍作介绍，然后笔者将提供用以实现种子算法的示例代码。

下面首先来介绍 imfill()函数，该函数用于填充图像区域和"空洞"。imfill()函数是以形态学重建算法为基础来实现图像填充的。该函数的语法形式有多种，这里挑选其中比较常用的几种进行介绍。

```
BW2 = imfill(BW)
```

该语法形式向用户提供了一种交互式操作模式。执行该语句，则呈现有待处理图像的一个窗口将被显示在屏幕上，并允许用户使用鼠标左键在图像上点几个点，这几个点就是起始的种子点。要以这种交互方式操作，BW 必须是一个二值图像。用户可以通过按下键盘上的"Backspace"或者"Delete"键来取消之前选择的区域；或者通过单击鼠标右键（或双击）来执行填充操作。

```
BW2 = imfill(BW,locations,conn)
```

上面这种语法形式允许用户编程时通过参数来指定种子点。其中，BW 是待处理的二值图像，参数 locations 给出的是起始种子点的位置。如果 locations 是个多维数组，那么数组的每一行就指定一个区域。对于一幅二维图像而言，可选参数 conn 的合法取值是 4 或者 8，如果选择 4，则表示进行 4 个方向上的连通；如果选择 8，则表示进行 8 个方向上的连通。下面这段代码演示了这种用法。

```
I = imread('nums.bmp');
locs =[57 64;47 103;81 224;94 274;11 365;85 461;86 540];
BW = imfill(I, locs, 4);
imshow(BW);
```

请读者完成编码后运行程序，其执行结果如图 7-30 所示，其中上图为原始图像，下图为填充后的结果图像。

图 7-30　对空心数字进行填充

下面这种语法形式将对二值图像中的空洞区域进行填充。例如，黑色的背景上有个白色的圆圈，则这个圆圈内区域将被填充。

```
BW2 = imfill(BW,'holes')
```

下面这段代码演示了这种用法。

```
I = imread('nums.bmp');
BW2 = imfill(I,'holes');
imshow(BW2);
```

请读者完成编码后运行程序，其执行结果如图 7-31 所示，其中上图为原始图像，下图为填充后的结果图像。可见图像中所有的洞都被填充了。

图 7-31　对空心数字中的洞进行填充

前面例子的处理对象都是二值图像，imfill()也有一种可以接受灰度图像作为处理对象的语法形式。

```
I2 = imfill(I)
```

但是这种调用格式在使用上是有一定局限的，上述语句将填充灰度图像中所有的空洞区域。从这个角度来说，imfill()函数尽管非常接近本节介绍的种子算法，但二者却不能完全等同。在 MATLAB 中要想对彩色图像或者灰度图像进行自定义的种子填充，仍然需要自己手动编写处理函数。

下面这段代码演示了上述语句的使用方法。

```
I = imread('tire.tif');
I2 = imfill(I);
figure, imshow(I), figure, imshow(I2)
```

请读者完成编码后运行程序，其执行结果如图 7-32 所示，其中左图为原始图像，右图为处理后的结果图像。

图 7-32　对灰度图像进行填充

MATLAB 图像处理工具箱中另外一个涉及图像填充的函数是 roifill()，该函数用于实现对图像中指定的感兴趣区域（Region Of Interest，ROI）进行填充。该函数的常用语法形式如下：

```
J = roifill(I)
J = roifill(I, c, r)
```

其中，I 是待处理图像。该函数会在一幅图像上圈定一个多边形区域，然后对该区域进行自适应填充（也就是利用周边环境色彩）。其中第一种函数形式给出的是一种交互式的操作环境，当使用者执行该命令时，MATLAB 会弹出显示有原始图像的一个窗口，用户通过单击鼠标左键的方式在图像上选择用来构建多边形区域的各条边的端点（此时鼠标指针呈十字形），双击左键则结束多边形区域的选定，如图 7-33 所示。如果采用第二种语法形式，则通过参数 c 和 r 来控制多边形区域，其中 c 是多边形各边端点的列坐标数组，与之相对应的 r 是多边形各边端点的行坐标数组。

图 7-33　交互式操作

下面这段示例代码演示了该函数的基本使用方法。

```
I = imread('eight.tif');
c = [222 272 300 270 221 194];
r = [21 21 75 121 121 75];
J = roifill(I,c,r);
imshow(I)
figure, imshow(J)
```

请读者完成编码后运行程序，其执行结果如图 7-34 所示，其中左图为原始图像，右图为经过填充后的结果图像。

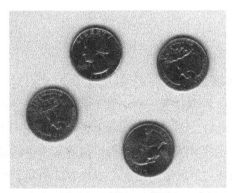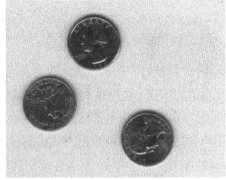

图 7-34　对感兴趣区域的填充

MATLAB 中提供的现成函数在使用时存在诸多限制，无法满足个性化需求。在本节的最后，我们提供一个用以实现区域生长算法的函数源码，请读者留意其中注释说明的地方。该函数是基于 8 个方向上的邻域进行区域填充的，读者也可以做适当修改以实现 4 个方向上的邻域填充。

```
function J = regiongrowing(I,x,y,threshold)

if(exist('threshold','var')==0), threshold=0.2; end
J = zeros(size(I)); %用来标记输出结果的二值矩阵
[m n] = size(I); %输入图像的尺寸
reg_mean = I(x,y); %被分割区域的灰度均值
reg_size = 1; %区域中像素的数目
%用以存储被分割出来的区域的邻域点的堆栈
neg_free = 10000; neg_pos=0;
neg_list = zeros(neg_free,3);
delta=0; %最新被引入的像素与区域灰度均值的差值

%区域生长直至满足终止条件
while(delta<threshold && reg_size<numel(I))

    %检测邻域像素，并判断是否将其划入区域
    for i = -1:1
        for j = -1:1
            xn = x + i; yn = y + j; %计算邻域点的坐标
            %检查邻域像素是否越界
            indicator = (xn >= 1)&&(yn >= 1)&&(xn <= m)&&(yn <= n);

            %如果邻域像素还不属于被分割区域，则加入堆栈
            if(indicator && (J(xn,yn)==0))
                neg_pos = neg_pos+1;
                neg_list(neg_pos,:) = [xn yn I(xn,yn)]; J(xn,yn)=1;
            end
        end
    end

    if(neg_pos+10>neg_free), %如果堆栈空间不足，则对其进行扩容
        neg_free=neg_free+10000;
        neg_list((neg_pos+1):neg_free,:)=0;
    end

    %将那些灰度值最接近区域均值的像素加入到区域中
    dist = abs(neg_list(1:neg_pos,3)-reg_mean);
```

```
        [delta, index] = min(dist);
        J(x,y)=2; reg_size=reg_size+1;

        %计算新区域的均值
        reg_mean = (reg_mean*reg_size + neg_list(index,3))/(reg_ size+1);
        %保存像素坐标，然后将像素从堆栈中移除
        x = neg_list(index,1); y = neg_list(index,2);
        neg_list(index,:)=neg_list(neg_pos,:); neg_pos=neg_pos-1;
    end

%将由区域生长得到的分割区域以二值矩阵的形式返回
J=J>1;
```

下面这段测试程序调用了上述函数，并对由图 7-23 所给出的原始图像做种子填充。试验表明，使用该函数对那些区域过渡平缓且边界清晰的图像进行分割可以取得比较理想的效果。

```
I = im2double(rgb2gray(imread('penguins.bmp')));
x = 244; y = 679;
J = regiongrowing(I,x,y,0.2);
figure, imshow(I+J);
```

请读者完成编码后运行程序，其执行结果如图 7-35 所示。

图 7-35　种子填充效果

7.4　区域分割

基于区域的分割方法是利用区域内特征的相似性把图像划分成一系列有意义区域的处理方法。之前介绍的区域生长也属于区域分割领域中的一种很有代表性的算法。区域生长的固有缺点是分割效果依赖于种子点的选择及生长顺序，区域分裂技术的缺点是可能会使边界被破坏，有方块效应。由于相似性通常是用统计的方法确定的，所以区域同质性的标准通常比较容易定义，因而这些方法对杂点不敏感，但计算时间和计算所占的存储空间量大。除此之外，区域分裂与合并也是区域分割领域中的典型算法。与区域生长不同，区域分裂技术是将种子区域不断分裂为 4 个矩形区域，直到每个区域内部都是相似的为止。区域合并通常和区域生长、区域分裂技术相结合，以便把相似的子区域合并成尽可能大的区域。当图像区域的同一性准则容易定义时，则这些方法分割质量较好，并且不易受杂点影响。本节重点向读者介绍区域分裂与合并技术。

7.4.1　区域分裂与合并

与区域生长方式不同，区域分裂与合并技术在开始时就将图像分割为一系列任意不相交的区域，然后再将它们进行合并或拆分。这种通过将图像不断进行拆分和组合的操作方法摆脱了种子点的选择及生长顺序对于分割效果的影响。

区域分裂与合并技术利用了图像数据的金字塔或四叉树数据结构的层次概念，将图像划分为一组任意不相交的初始区域，如图 7-36 所示，其中左图是图像金字塔，右图是四叉树结构。下面对图像金字塔的意义进行解释。设原始图像 $f(x,y)$ 的尺寸为 $2^N \times 2^N$。若用 n 来表示其层次，则第 n 层上的图像的大小为 $2^{N-n} \times 2^{N-n}$。那么在图像金字塔中，最底层即第 0 层就是原始图像，上一层的图像数据的每一个像素灰度值就是该层图像数据相邻 4 点的平均值，因此上一层的图像尺寸比下一层的图像尺寸小，分辨率低，但上一层图像所含信息更具有概括性。当然，最顶层即第 N 层只有一个点。图像数据的金字塔数据结构也可以用四叉树来表示，对于四叉树而言，第 n 层上共有 $4n$ 个节点。

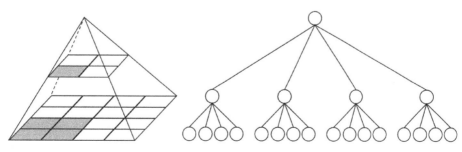

图 7-36　4×4 图像的金字塔数据结构及其四叉树表示

区域分裂与合并算法的中心思想形象地说就是从图像金字塔或四叉树数据结构的任一中间层开始，根据给定的均匀性检验准则进行分裂或合并操作，并以此来逐步改善区域划分的性能，直到最后将图像分成数量最少的均匀区域为止。

对于区域分裂的过程，先来考虑一个简单的例子。当整幅图像区域用 Ω 表示时，选择一个谓词 P 来进行分裂判定。如果用区域 Ω_i 来表示图像经过反复分裂而得到的任意图像区域，那么 $P(\Omega_i)$ 就是均匀性检验准则。这时，对 Ω 进行反复分裂，每次分裂都会再次得到 4 个区域，直到对任何区域 Ω_i，都有 $P(\Omega_i)$=TRUE。当从整幅图像开始时，如果无法满足均匀性检验准则，即 $P(\Omega)$=FALSE，那么就将图像分裂成 4 个区域。对任何区域如果均匀性检验准则是 FALSE，就将这 4 个区域的每个区域再次分成 4 个区域，并如此不断地继续下去。显而易见，这种特殊的分裂技术用四叉树形式表示最方便。四叉树的根对应于整幅图像，每个节点对应于划分的子部分。如图 7-37 所示为被分裂的图像及其对应的四叉树。

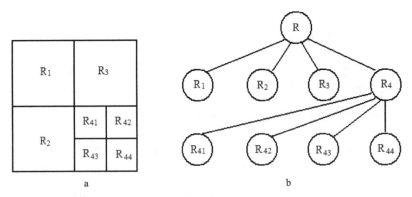

图 7-37　被分裂的图像及其对应的四叉树

考虑到如果仅仅使用分裂，最后得到的分区可能会包含具有相同性质的相邻区域，所以引进合并机制以克服这种缺陷。满足图像分割数学定义中的条件的相邻区域将被进行合并，但要求合并的不同区域中相互连接的像素必须满足谓词 P。换句话说，只有在满足下列条件时，两个相邻的区域 Ω_j 和 Ω_k 才能被合并：

$$P(\Omega_j \cup \Omega_k) = \text{TRUE}$$

区域分裂与合并算法的步骤总结如下。

（1）确定均匀性测试准则 P，将原始图像构造成四叉树数据结构。

（2）将图像四叉树结构中的某一中间层作为初始的区域进行划分。对于任何区域 Ω_i，如果 $P(\Omega_i)$=FALSE，就将每个区域都拆分为 4 个相连的象限区域。如果任意 1/4 子区域 $\Omega_{i/4}$，满足 $P(\Omega_{i/4})$=FALSE，那么就再将该子区一分为四。

（3）对于任意两个相邻的区域满足上述公式所示之条件时，则把它们合并成一个区域。

（4）重复上述操作，当无法再进行分裂与合并时停止操作。

美国普林斯顿大学的两位研究人员霍罗威茨（Steven L. Horowitz）和帕夫利季斯（Theodosios Pavlidis）最早用这种方法分割图像。在最开始时，他们使用每个图像区域中极大与极小灰度值之差是否在允许的偏差范围内来作为均匀性测试准则。后来均匀性测试准则又被不断发展。目前，统计检验，如均方误差最小、F 检测等都是最常用的均匀性测试准则方法。这里仅对均方误差最小测试准则进行介绍。

首先，定义某个区域 Ω 上的方差为：

$$S_n^2 = \frac{1}{N} \sum_{(x,y) \in \Omega} [f(x,y) - C]^2$$

其中，C 是区域 R 中 N 个点的平均值，即：

$$C = \frac{1}{N} \sum_{(x,y) \in \Omega} f(x,y)$$

下面举例说明这种算法的操作过程。假设图像中物体和背景各自的灰度值都是均匀分布的。由此可知，仅当子区 Ω_i 中所有像素同为物体或同为背景时，均匀性测试准则 $P(\Omega_i) = \text{TRUE}$。因为仅当子区 Ω_i 中所有像素同为物体或背景时 $C=f(x,y)$，此时子区域的方差 S_n^2 取得最小值 0。

基于以上假设，对图 7-38 中的图 a 所示的起始区域使用方差最小的测试准则进行区域分裂与合并。对于起始区域，显然 $P(\Omega)=\text{FALSE}$，因此将其分成 4 个子区域。此时左下角和右下角的区域满足 $P(\Omega_i)=\text{TRUE}$，因此不需要再分开，且它们满足合并条件，所以将其合并。剩余的两个区域继续被各自分成 4 部分，如图 7-38 中的图 b 所示。此时对应于区域 A、B、C、D，$P(\Omega_i)=\text{FALSE}$，因此把它们再一次各自分成 4 个子区域。这时对于区域 E、F，$P(\Omega_i)=\text{TRUE}$，满足合并条件将其合并，如图 7-38 中的图 c 所示。此时所有的子区域均满足 $P(\Omega_i)=\text{TRUE}$，所以最终区域分裂与合并的结果如图 7-38 中的图 d 所示。

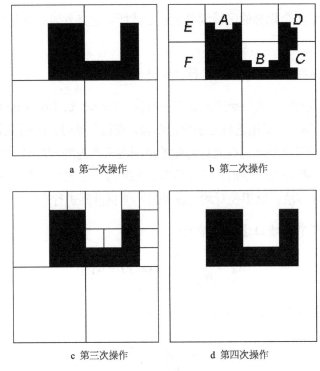

a 第一次操作　　　　　　　　b 第二次操作

c 第三次操作　　　　　　　　d 第四次操作

图 7-38　区域分裂与合并算法举例

最后对该算法做一个简单的评价。相对于区域生长法而言，区域分裂与合并技术不再依赖于种子点的选择与生长顺序。但选用合适的均匀性测试准则 P 对于提高图像分割质量却至关重要，当均匀性测试准则 P 选择不当时，会很容易引起"方块效应"。

7.4.2　编程实现

在 MATLAB 中，与区域分裂相关的函数一共有 3 个，分别是 qtdecomp()、qtgetblk() 和 qtsetblk()。其中，qtdecomp() 函数可以进行四叉树分解，它首先将图像划分成相等大小的 4 块，然后对每一块进行一致性检测。如果该块不符合一致性标准，则将该块继续分为 4 块；否则将不对其做进一步的分割。这个过程将会一直重复，直至每个块都符合一致性标准，分解的结果可能包含许多大小不同的块。该函数的语法形式如下：

```
S = qtdecomp(I, threshold, [mindim maxdim])
```

其中，I 为输入的灰度图像，可选参数 threshold 是分割成子块中允许的阈值，默认值为 0。如果子块中最大元素和最小元素的差值小于该阈值，就认为满足一致性条件。对于 double 类型矩阵，threshold 将直接作为阈值；而对于 uint8 类型的矩阵，threshold 将被乘以 255 以作为实际阈值。对于图像而言，threshold 的取值范围是 0 到 1。[mindim maxdim] 是尺度阈值。参数 mindim 可以屏蔽函数对尺度上小于 mindim 的子块的处理，而不论这个子块是否满足一致性条件；如果参数形式为[mindim maxdim]，则表示不产生小于 mindim 尺度的子块，也不保留大于 maxdim 尺度的子块，此时 maxdim/mindim 必须是 2 的整数次幂。

需要说明的是，qtdecomp()函数主要适用于边长是 2 的整数次幂的正方形图像，如 128×128 或 512×512 等，如此，分解便可一直进行下去，直到子块的大小为 1×1。对于长、宽不是 2 的整数次幂的图像，分解可能无法进行到底。例如，对于 48×48 的图像，将首先分解到 24×24……最后是 3×3，便无法再继续分解。此时必须指定参数 mindim 为 3 或者 2 的整数次幂与 3 的乘积。

在得到稀疏矩阵 S 后，利用函数 qtgetblk()可以进一步获得四叉树分解后所有指定大小的子块像素及位置信息。它的常用语法形式如下：

```
[vals, r, c] = qtgetblk(I, S, dim)
```

其中，I 是输入的灰度图像。稀疏矩阵 S 是 I 经过 qtdecomp()函数处理的输出结果。dim 指定了子块的大小。返回值 vals 是 $dim \times dim \times k$ 的三维矩阵，包含 I 中所有符合条件的子块数据。其中，k 为符合条件的 $dim \times dim$ 大小的子块的个数，vals(:, :, i)表示符合条件的第 i 个子块的内容。r 和 c 均为列向量，分别表示图像 I 中符合条件子块左上角的纵坐标（行索引）和横坐标（列索引）。

最后一个需要介绍的函数是 qtsetblk()，在将图像划分为子块后，该函数可以把四叉树分解所得到的子块中符合条件的部分全部替换为指定的子块。它的常用语法形式如下：

```
J = qtsetblk(I, S, dim, vals)
```

其中，I、S 和 dim 的意义都与前面描述的情况一致。参数 vals 是 $dim \times dim \times k$ 的三维矩阵，包含了用来替换原有子块的新子块信息。其中，k 应为图像 I 中大小为 $dim \times dim$ 的子块的总数，vals(:, :, i)表示要替换的第 i 个子块。返回值 J 是经过子块替换的新图像。

下面这段程序演示了在 MATLAB 中对图像进行基于四叉树的区域分割的方法，它用到了前面介绍的几个函数，可供读者参考学习。请读者完成编码后运行程序，执行效果如图 7-39 所示，其中左图为原始图像，右图为经过区域分割后的图像。

```
I = imread('liftingbody.png');
S = qtdecomp(I,.27);
blocks = repmat(uint8(0),size(S));
```

```
for dim = [512 256 128 64 32 16 8 4 2 1];
  numblocks = length(find(S==dim));
  if (numblocks > 0)
    values = repmat(uint8(1),[dim dim numblocks]);
    values(2:dim,2:dim,:) = 0;
    blocks = qtsetblk(blocks,S,dim,values);
  end
end

blocks(end,1:end) = 1;
blocks(1:end,end) = 1;
imshow(I), figure, imshow(blocks,[])
```

 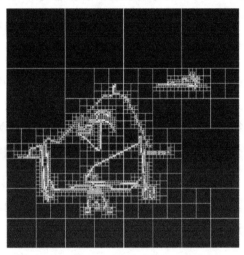

图 7-39　基于四叉树的区域分割

7.5　水域分割

水域分割，又称分水岭算法。分水岭（watershed）是地形学中的经典概念，也是图像形态学的一个主要算子。本节介绍利用分水岭算法实现图像分割的基本过程。

7.5.1　从必备的基本概念开始

分水岭的概念是以对图像进行三维可视化处理为基础的。首先，3 个分量中的两个定义了像素点的坐标，在这个由二维分量构成的平面内每个像素点都相应地获得了位置这一属性。其次，3 个分量除去用于表示坐标的两个分量后的一个剩余分量被用来指示灰度级。

　　这里所说的分水岭分割方法是一种基于拓扑理论的数学形态学的分割方法。那么如何将地形学上的"分水岭"概念映射到分割算法上呢？基本思想是把图像看作是测地学上的拓扑地貌，图像中每一点像素的灰度值表示该点的海拔高度，每一个局部极小值及其影响区域称为集水盆，而集水盆的边界则形成分水岭。这里需要注意 3 个地方，首先是属于局部性极小值的点，这里称地理区域内局部范围的海拔最低点为局部性极小值点。其次，当一滴水放在某点的位置上时，水一定会下落到一个单一的最小值点，于是称对于一个特定的区域最小值能够满足该条件的点的集合为"集水盆"或"分水岭"。最后，当水处在某个点的位置时，水会等概率地流向不止一个这样的最小值点。满足这个条件的点的集合组成地形表面的峰线，术语称作"分割线"或"分水线"。

　　基于这些概念的分割算法的主要目标是找出分水线。在图像处理领域，计算分水岭的算法也有很多。其中，最典型的一种方法是以所谓的"浸没模拟"（Immersion Simulation）为基础的。同样，还是先来看看地理上的分水岭形成模拟。在每一个局部极小值表面，刺穿一个小孔，即在每个区域最小值的位置打一个洞，然后把整个模型慢慢浸入水中，随着浸入的加深，每一个局部极小值的影响域慢慢向外扩展，在两个集水盆汇合处便构筑成了大坝，即形成分水岭。由于修建的大坝将阻止聚合，水将只能到达大坝的顶部处于水线之上的程度。这些大坝的边界对应分水岭的分割线。也就是说，浸没结束时，所建立的堤坝就对应于区域的轮廓，而聚水盆则对应于分割区域。

7.5.2　分水岭分割算法的原理

　　分水岭分割算法实现的关键在于聚水盆的生长和堤坝的建立，图 7-40 将帮助读者理解分水岭算法处理的流程。其中，图 a 为一幅灰度图像，可以将其想象成一幅立体的地形图，其中浅色表示海拔较高的区域，深色表示低洼的区域。从图中可以看出，地图上的高海拔区域将图像围成了几个不同的部分，图像的分水岭分割算法就是要对这些部分进行划分。想象图中黑色表示该地形图中地形最低的区域，现从黑色区域开始注水，用颜色逐渐变浅表示水位的上升，图 b 显示了水位上升一段时间后的情况。从图中可以看出，由于水位的上升，图像中被高海拔区域环绕的聚水盆范围逐渐扩大，这里称为生长，在其影响下，右上部分的高海拔区域即将被淹没。为了防止由于高海拔区域被水淹没而导致的不同水域的连通，需要在图像右上部分筑起堤坝，如图 c 所示。在图 c 中 A 处堤坝的建立阻挡了水域间的连通，而随着水位的继续上升，堤坝的长度也应随之变长。图 d 显示了水位进一步上升后的情况，这时图像中 A 处的堤坝被延长，同时在图像的其他位置也陆续出现新的堤坝。

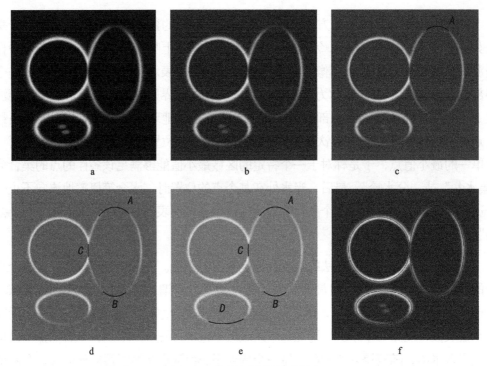

图 7-40　分水岭分割算法示意图

不难发现堤坝的建立时间与高海拔地区被水淹没密切相关，但并不是所有的高海拔地区被淹没时都应建立堤坝，如图 e 所示，图中 D 处的小岛被不断上升的水淹没，而由于 D 处小岛的消失并不会导致不同的水域连通，因而这里不应出现堤坝。当水位涨到最高点时，整个图像中就只剩下堤坝，这时堤坝对水域的划分就是图像分割的结果。这里将分水岭分割的结果用黑线表示并叠加在原灰度图像上，就得到图 f 所示的结果。

在实际操作中，水位的上升常利用灰度 0~255 的分层处理来实现，当处理到第 N 层时，灰度小于 N 的像素就会被淹没。对于大多数情况，聚水盆的生长速度是不定的，也许在第 $N–1$ 次处理时，两个聚水盆之间还有相当的距离，而在第 N 次处理中它们就已经相互连通了，这为堤坝的建立带来了一定的难度。

图 7-41 中 a 显示了两个相邻的聚水盆，其中颜色越深的区域海拔越低，当水位逐渐上升到第 $N–1$ 阶段时，黑色区域首先被淹没，如图 7-41 中 b 所示，这时图中存在两个彼此分开的水域，它们之间还有相当一段距离。然而当水面继续上升至第 N 阶段时，图中的水域已经连通，如图 7-41 中 c 所示。

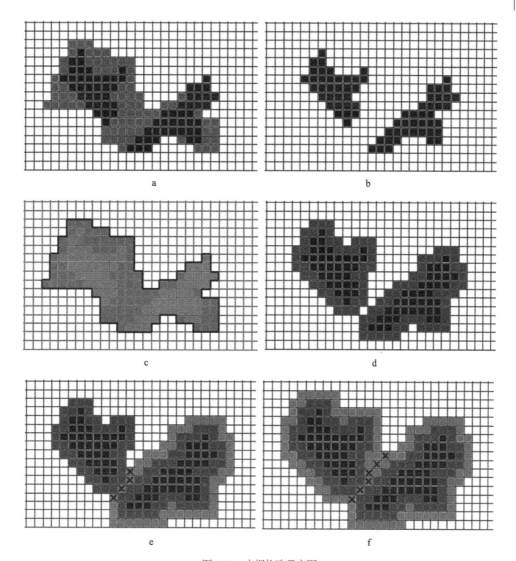

图 7-41　水坝构造示意图

　　为了在水域之间适当的位置构建堤坝防止水域的连通，可以借助图像形态学处理中的膨胀方法。由于已知两个水域会在第 $N-1$ 阶段至第 N 阶段间连通，回到第 $N-1$ 阶段的图像如图 7-41 中 b 所示，尝试对图中不同水域分别进行膨胀操作，并在膨胀中寻找两个区域的交点。如图 7-41 中 d 所示为两个水域分别进行一次膨胀操作的结果，从结果中可以看出两个区域仍没有交点，因此还不能形成堤坝。继续对两个水域进行膨胀操作，在对右边区域的膨胀操作中，两个区域出现了交点，标记这些交点并在交点处修建堤坝，如图 7-41 中 e 所示，其中堤坝位置用交叉图案表示。继续进行膨胀操作，并不断标记新的交点，最终就能够得到完整的水坝轮廓。值得注意的是，在算法实现中，应对每次膨胀结果与第 N 阶段的淹没区域进行比较，保证堤坝位置在第 N 阶段的淹没区域之内，算法需一直进行直到经过膨胀的水域完全覆盖第 N 阶段中淹没区域为止。通过以上步骤就能够获得较为准确的堤坝位置，如图 7-41 中 f 所示。

由于实际中处理的图像往往比较复杂，图中灰度极小值点较多，这就导致聚水盆数目过多，从而造成图像的过度分割。解决图像的过度分割问题最直接的方法就是进行区域的合并。如果在分水岭算法中定义聚水盆的最小深度，就能比较好地解决过度分割的问题。

聚水盆的深度可以定义为盆地中海拔最低点与当前水面高度的差值，在计算时可以用当前已淹没的灰度值减去区域的灰度极小值来得到。当水位上升造成两个不同的水域连通时，判断两个水域所在聚水盆的深度是否都大于定义的最小深度，若是则在两个区域间构建堤坝，否则对两个水域进行合并。运用这样的办法，就可以通过改变最小深度的值来控制图像分割的程度，从而获得图像最有效的分割结果。

7.5.3 标记控制的分水岭算法

图像的分水岭分割算法有很多实现版本，其中最常见于各类文献中的是基于图像梯度的分水岭分割算法，这种算法先根据原始图像计算出梯度图像，再使用梯度图像作为算法输入进行分割。由于梯度图像直接反映出了图像的边缘信息，因此大幅提高了图像分割的速度和准确度。

但本书作者认为，图像的分水岭分割算法本身就具有检测图像中边缘的能力，它之所以独立于其他的分割算法，正因为它在判定图像边缘中独到的思想。因此，本节所介绍的分水岭算法是以分水岭算法的原始描述为基础的原始分水岭算法，而非基于梯度的分水岭分割算法。如果参照原始的分水岭模型来编写算法，读者应该把思路重心放在对于浸水及建坝全过程的模拟上。

在分水岭算法中，输入的图像被转化为三维图像，其中像素的灰度表示为三维图像中像素所在位置的高度。于是二维图像被转换成了一幅三维地形图，灰度较高的像素构成了山峰，灰度较低的像素构成了山谷，我们称三维图像中的像素为土地。

假设存在一个水平面，初始时水平面高度为 0，然后水平面不断上升，逐渐淹没了三维图像中低洼的土地。于是这些被淹没的土地就形成了一个个不同的水域，我们给每一个水域一个独一无二的编号，水域中被淹没的每一块土地都用水域的编号标识。

每一次水面上升时，都会有一些新的土地被淹没，给每一块被淹没的土地一个新的水域编号，使之成为新的水域。如果一片新的水域连着若干已有的水域，就通过一定的规则判断是否要与其中的一些进行合并，未合并的水域间便自然形成了分水线。

最终，水面淹没了所有的土地，此时水域间的分水线便构成了图像的分割。

通过上面的描述不难看出，分水岭算法的关键就是水域的建立与合并，而其中最重要的就是水域合并的规则。本节中使用的水域合并规则归纳如下。

- 如果新的水域与若干浅水域相连，则将这些浅水域合并到新的水域。
- 如果新的水域与若干小水域相连，则将这些小水域合并到新的水域。
- 如果新的水域与若干深水域相邻，则选择平均深度最浅的一个进行合并。

值得注意的是，这里并没有使用显式筑坝的方法隔离各个水域，而是利用水域编号区分分割的各个部分。浅水域、深水域和小水域通过阈值进行区分，水域合并的规则读者可根据需要进行调整和改进。

根据上述描述，读者完全可以自己编写一个分水岭图像分割函数，笔者在已经出版的另外一本图像处理书籍中，也曾经用 C++语言实现了分水岭算法，并取得了较好的试验效果。当然，在 MATLAB 中，读者还可以调用图像处理工具箱中提供的 watershed()函数来实现分水岭分割。通常，如果图像中的目标物体是相互黏连在一起的，这时分割处理常常显得力不从心，而分水岭分割算法在面对这类问题时，往往会取得比较好的效果。但是直接使用 MATLAB 中提供的现成函数进行分割往往很难达到预期效果。而若是在图像中对前景对象和背景对象进行标注区别，再应用分水岭算法就会取得较好的分割效果。MATLAB 的帮助文档中给出了一种基于标记控制的分水岭分割方法，它的基本步骤如下。

（1）计算分割函数。图像中较暗的区域是要分割的对象。

（2）计算前景标志。这些是每个对象内部连接的斑点像素。

（3）计算背景标志。这些是不属于任何对象的像素。

（4）修改分割函数，使其仅在前景和后景标记位置有极小值。

（5）对修改后的分割函数做分水岭变换计算。

下面笔者就通过一个例子一步步地向读者介绍该方法，这个处理过程将使用 MATLAB 图像处理工具箱中的众多函数，读者结合先前的学习再次熟悉一下这些函数的使用。

首先，读入彩色图像，并将其转换成灰度图像，代码如下：

```
rgb = imread('potatos.jpg');
I = rgb2gray(rgb);
```

结果如图 7-42 所示，其中左图为原始图像，右图为转换后的灰度图像。

图 7-42　将彩色图像灰度化

然后，将梯度幅值作为分割函数，使用 Sobel 边缘算子对图像进行水平和垂直方向的滤波，再求取模值，Sobel 算子滤波后的图像在边界处会显示比较大的值，在没有边界处的值会很小。

```
hy = fspecial('sobel');
hx = hy';
Iy = imfilter(double(I), hy, 'replicate');
Ix = imfilter(double(I), hx, 'replicate');
gradmag = sqrt(Ix.^2 + Iy.^2);
```

这时我们不禁会想能否直接对梯度幅值图像使用分水岭算法，测试代码如下：

```
L = watershed(gradmag);
Lrgb = label2rgb(L);
figure
subplot(1, 2, 1); imshow(gradmag,[]), title('梯度幅值图像')
subplot(1, 2, 2); imshow(Lrgb); title('对梯度图直接做分水岭分割')
```

程序执行结果如图 7-43 所示，显然直接使用梯度模值图像进行分水岭分割得到的结果往往会导致过度分割现象的发生。因此，通常需要分别对前景对象和背景对象进行标记，以获得更好的分割效果。

梯度幅值图像　　　　　　　　　　　对梯度图直接做分水岭分割

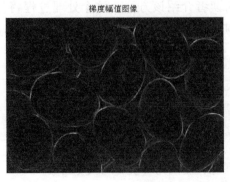

图 7-43　直接对梯度图进行水域分割

有多种方法可以应用在这里来获得前景标记，这些标记必须是前景对象内部的连接斑点像素。在此，我们选择使用形态学处理中的"基于开的重建"和"基于闭的重建"来清理图像。这些操作将会在每个对象内部创建单位极大值，然后我们在此基础上使用函数 imregionalmax()来做定位。根据前面的学习，读者应该知道，开和闭这两种运算可以除去比结构元素小的特定图像细节，同时保证不产生全局几何失真。开运算可以把比结构元素小的突刺滤掉，切断细长搭接而起到分离作用；闭运算可以把比结构元素小的缺口或孔填充上，搭接短的间隔而起到连接作用。

开操作是腐蚀后膨胀，基于开的重建操作是腐蚀后再进行形态学重建。开操作后，接着进行闭操作，可以移除较暗的斑点。但实验告诉我们，在移除小污点同时不影响对象全局形状的应用下，基于重建的开闭操作要比标准的开闭操作更加有效。下面就通过腐蚀后重建来做基于开的重建计算。

```
se = strel('disk', 12);
Ie = imerode(I, se);
Iobr = imreconstruct(Ie, I);
```

接下来使用函数 imdilate()，再使用函数 imreconstruct()。注意：必须先通过imcomplement()对函数 imreconstruct()的输入图像求补，然后再对该函数的输出图像求补。

```
Iobrd = imdilate(Iobr, se);
Iobrcbr = imreconstruct(imcomplement(Iobrd), imcomplement(Iobr));
Iobrcbr = imcomplement(Iobrcbr);
```

上述代码的执行结果如图 7-44 所示，其中左图为基于开操作的重建图像，右图是基于重建的开闭操作图像。

图 7-44　基于重建的开闭操作图像

下面通过计算 Iobrcbr 的局部极大值来得到更好的前景标记。为了帮助理解这个结果，设法将前景标记叠加到原图上。

```
fgm = imregionalmax(Iobrcbr);
It1 = rgb(:, :, 1);
It2 = rgb(:, :, 2);
It3 = rgb(:, :, 3);
It1(fgm) = 255; It2(fgm) = 0; It3(fgm) = 0;
I2 = cat(3, It1, It2, It3);


figure
subplot(1, 2, 1); imshow(fgm, []); title('局部极大值图像');
subplot(1, 2, 2); imshow(I2); title('局部极大值叠加图像');
```

上述代码的执行结果如图 7-45 所示，其中左图是局部极大值检测的结果图，右图是将其在原图中叠加显示的效果。

注意到大多闭塞处和阴影对象没有被标记，这就意味着这些对象在结果中将不会得到合理的分割。此外，一些对象的前景标记一直延伸到了对象的边缘，应该设法清理标记斑点的边缘，然后收缩它们。可以通过闭操作和腐蚀操作来完成。这个过程可能会留下一些偏离的孤立像素，应该移除它们。可以使用函数 bwareaopen()，用来移除少于特定像素个数的斑点。语句 BW2 = bwareaopen(BW,P)可以从二值图像中移除所有少于 P 像素值的连通块，得到另外的二值图像 BW2。

局部极大值图像   局部极大值叠加图像

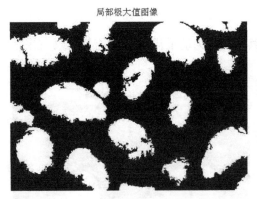 

图 7-45　局部极大值检测结果

```
se2 = strel(ones(15,15));
fgm2 = imclose(fgm, se2);
fgm3 = imerode(fgm2, se2);
fgm4 = bwareaopen(fgm3, 400);
```

上述代码的执行结果如图 7-46 所示，其中左图是局部极大值检测的修正结果，右图是将其在原图中叠加显示的效果。

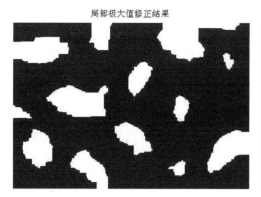
局部极大值修正结果

局部极大值修正的叠加结果

图 7-46 极大值结果修正

现在，需要标记背景。在清理后的图像 Iobrcbr 中，暗像素属于背景，所以可以从阈值操作开始。背景像素在黑色区域，但是在理想情况下，不必要求背景标记太接近于要分割的对象边缘。通过计算"骨架影响范围"来"细化"背景。这个可以通过计算 BW 的距离变换的分水岭来实现，然后寻找结果的分水岭脊线（DL==0）。D = bwdist(BW) 计算二值图像 BW 的欧几里得矩阵。对 BW 的每一个像素，距离变换指定像素和最近的 BW 非零像素的距离。函数 bwdist() 默认使用欧几里得距离公式。BW 可以由任意维数，D 与 BW 有同样的大小。此外，函数 imimposemin() 可以用来修改图像，使其只在特定的要求位置有局部极小值。这里可以使用函数 imimposemin() 来修改梯度幅值图像，使其只在前景和后景标记像素有局部极小值。

```
BW = im2bw(Iobrcbr, graythresh(Iobrcbr));
D = bwdist(BW);
DL = watershed(D);
bgm = DL == 0;
gradmag2 = imimposemin(gradmag, bgm | fgm4);
```

基于上述处理，现在终于可以进行基于分水岭的图像分割了。最后，为了便于结果的显示，下面给出了两种呈现方法。

```
L = watershed(gradmag2);
%第一种显示方法
Lrgb = label2rgb(L, 'jet', 'w', 'shuffle');
figure
subplot(1,2,1), imshow(Lrgb), title('分水岭分割结果显示 1');
%第二种显示方法
```

```
subplot(1, 2, 2); imshow(rgb, []), title('分水岭分割结果显示2');
hold on;
himage = imshow(Lrgb);
set(himage, 'AlphaData', 0.3);
```

最终分水岭分割的结果如图 7-47 所示，可见基于标记控制的方法比直接使用内置函数 watershed()的效果明显理想很多。

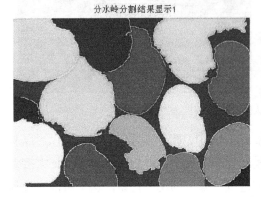

图 7-47　分水岭分割的结果

本章参考文献及推荐阅读材料

[1] Steven L. Horowitz, Theodosios Pavlidis. Picture Segmentation by a Tree Traversal Algorithm. Journal of the Association for Computing Machinery, Vol. 23, No. 2, Apr. 1976.

[2] Richard O. Duda, Peter E. Hart. Use of the Hough Transformation to Detect Lines and Curves in Pictures. Journal of the Association for Computing Machinery, Vol. 15, No. 1, Jan. 1972.

[3] Adam Herout, Markéta Dubská, Jiří Havel. Real-Time Detection of Lines and Grids By PClines and Other Approaches, Springer London, 2013.

8 正交变换与图像压缩

本章向读者介绍关于图像的频域变换方面的内容。频域为处理数字图像提供了一种另类的视角，在这个世界里可以完成许多过去在空间域中较难实现的功能。本章将着重介绍三个最具代表性的频域变换，即傅里叶变换、离散余弦变换、沃尔什-哈达玛变换。而另外一个非常重要的频域变换代表则是小波变换，鉴于小波变换的内容较多，本书将其安排在下一章，以便详细阐述。本章最后还将介绍卡洛南-洛伊变换的有关内容，它在模式识别和特征提取等领域具有重要应用。此外，本章所介绍的 4 种正交变换都有一个共同的应用，即图像数据压缩，本章将结合具体事例对此进行论述。

8.1 傅里叶变换

时域分析，以冲激信号为基本信号，任意输入信号可以分解为一系列冲激函数之和的形式 $y(t)= f(t) *g(t)$，也就是用卷积的形式来表示。而在频域分析中，则是以正弦信号和虚指数信号 e^{jwt} 为基本信号，从而将任意输入信号分解为一系列不同频率的正弦信号或虚指数信号之和。在此，独立变量不再是时间而是频率，因此这种分析被称为频域分析。频域分析将时间变量变换成频率变量，揭示了信号内在的频率特性，以及信号时间特性与其频率特性之间的密切关系。信号可以在时域上分解，也可以在频域上进行分解。傅里叶变换就是对信号进行频域分解时常用的一种重要方法。

8.1.1 傅里叶变换的数学基础

傅里叶变换建立的就是以时间为自变量的"信号"与以频率为自变量的"频谱函数"之间的某种变换关系。所以当自变量"时间"或"频率"取连续值或离散值时，就形成了各种不同形式的傅里叶变换。

1. 连续时间，连续频率——傅里叶变换

连续时间的非周期信号$f(t)$的傅里叶变换关系所得到的是非周期的频谱密度函数$F(\omega)$，此时，$f(t)$和$F(\omega)$组成的变换对表示为：

$$F(\omega) = \int_{-\infty}^{\infty} f(t) e^{-i\omega t} dt$$

$$f(t) = \frac{1}{2\pi} \int_{-\infty}^{\infty} F(\omega) e^{i\omega t} d\omega$$

时域连续函数造成频域是非周期的谱，而时域的非周期性则造成频域是连续的谱密度函数。

2. 连续时间，离散频率——傅里叶级数

设$f(x)$代表一个周期为$2l$的周期性连续时间函数，则$f(x)$一定可以展开成傅里叶级数的形式，傅里叶级数的系数为$F(n\omega)$，$F(n\omega)$是离散频率的非周期函数。此时，$f(x)$和$F(n\omega)$组成的变换对表示为：

$$F(n\omega) = \frac{1}{2l} \int_{-l}^{l} f(x) e^{-in\omega x} dx$$

$$f(x) = \sum_{n=-\infty}^{\infty} F(n\omega) e^{in\omega x}$$

其中，$\omega = \pi/l$，ω为离散频谱相邻两个谱线之间的角频率间隔，n 为谐波序号。因为$F(n\omega)$是离散的频率，所以 n 就可以理解为第 n 个离散的角频率。在下一小节中，我们还将深入讨论傅里叶变换与傅里叶级数的关系。这里若做一个简单的符号替换，令$c_n = F(n\omega)$，则可以将上式变换为如下形式，这也是下一小节中我们需要用到的一种形式。

$$c_n = \frac{1}{2l} \int_{-l}^{l} f(x) e^{-i\frac{n\pi}{l}x} dx$$

$$f(x) = \sum_{n=-\infty}^{\infty} c_n e^{i\frac{n\pi}{l}x}$$

当然，读者可能会注意到无论上述哪种形式似乎都与印象中高等数学里讲过的傅里叶级数的形式相差较大，这种现实与印象之间的差距也会在下一小节中有更为详尽的解释。

时域的连续函数造成频域是非周期的频谱函数，而频域的离散就与时域的周期性时间函数相对应。频域上的抽样会造成时域上表现为周期函数。

3. 离散时间，连续频率——序列的傅里叶变换

序列的傅里叶变换表达式为：

$$F\left(e^{j\omega}\right) = \sum_{n=-\infty}^{\infty} f(n)\, e^{-j\omega n}$$

$$f(n) = \frac{1}{2\pi} \int_{-\pi}^{\pi} F\left(e^{j\omega}\right) e^{j\omega n} d\omega$$

这里 ω 是数字频率（数字频率是指每个采样点间隔之间的弧度大小，通常只用于数字信号），它和模拟角频率 Ω（模拟角频率是指每秒经历多少弧度，通常只用于模拟信号）的关系为 $\omega = \Omega T$，T 是采样间隔（或称采样周期）。

如果把序列看成模拟信号的抽样，抽样时间间隔为 T，抽样频率 $f_s = 1/T$，$\Omega_s = 2\pi/T$，则这一变换对也可以写成（带入 $f(n) = f(nT)$，以及 $\omega = \Omega T$）：

$$F\left(e^{j\Omega T}\right) = \sum_{n=-\infty}^{\infty} f(nT)\, e^{-j\Omega T n}$$

$$f(nT) = \frac{1}{\Omega_s} \int_{-\frac{\Omega_s}{2}}^{\frac{\Omega_s}{2}} F\left(e^{j\Omega T}\right) e^{j\Omega T n} d\Omega$$

这一变换的示意图如图 8-1 所示。易见，在时域上进行了抽样，各个采样点之间是离散的，可以用数字来表示序列，也可以用采样周期来表示时间。在频域上，表现出了周期性的连续谱密度，若从数字频率 ω 去考察，则它表示每个采样点频率之间的弧度大小；而从模拟角频率 Ω 的角度则标示出了到某个周期的采样点处，经历了多少个抽样间隔的 Ω_s。该变换意味着时域的离散化造成频域的周期延拓，而时域的非周期对应频域的连续。

4. 离散时间，离散频率——离散的傅里叶变换

上述讨论的情况都不适合在计算机上进行处理，因为它们都至少在一个域上（时域或频域）函数是连续的。从这个角度出发，我们感兴趣的是时域和频域都离散的情况，这就是接下来要谈到的离散傅里叶变换（Discrete Fourier Transform，DFT）。首先应指出，这一变换是针对有限长序列或周期序列才存在的；其次，它相当于把序列的连续傅里叶变换式加以离散化（抽样），频域的离散化造成时间函数也呈周期性，故级数应限制在一个周期之内。

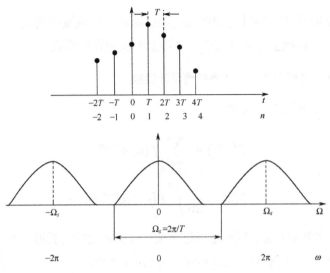

图 8-1　离散非周期信号及连续的周期性谱密度

令 $\Omega = k\Omega_0$，则 $\mathrm{d}\Omega = \Omega_0$，因而可以从上一小节中最后得出的序列的傅里叶变换公式中推得离散傅里叶变换对的表达式为：

$$F\left(\mathrm{e}^{jk\Omega_0 T}\right) = \sum_{n=0}^{\infty} f(nT)\,\mathrm{e}^{-jk\Omega_0 Tn}$$

$$f(nT) = \frac{1}{\Omega_s}\int_{-\frac{\Omega_s}{2}}^{\frac{\Omega_s}{2}} F\left(\mathrm{e}^{j\Omega T}\right)\mathrm{e}^{j\Omega Tn}\mathrm{d}\Omega = \frac{\Omega_0}{\Omega_s}\sum_{k=0}^{N-1} F\left(\mathrm{e}^{jk\Omega_0 T}\right)\mathrm{e}^{jk\Omega_0 T} = \frac{1}{N}\sum_{k=0}^{N-1} F\left(\mathrm{e}^{jk\Omega_0 T}\right)\mathrm{e}^{jk\Omega_0 T}$$

其中，$f_s/F_0 = \Omega_0/\Omega_s = N$ 表示有限长序列（时域及频域）的抽样点数，或周期序列中一个周期的抽样点数。时间函数是离散的，其抽样间隔为 T，故频率函数的周期（即抽样频率）为 $f_s = \Omega_s/2\pi = 1/T$。又因为频率函数也是离散的，其抽样间隔为 F_0，故时间函数的周期 $T_0 = 1/F_0 = 2\pi/\Omega_0$，又有 $\Omega_0 T = 2\pi\Omega_0/\Omega_s = 2\pi/N$。将其带入上面的两个式子中，得到另外一种也是更为常用的离散傅里叶变换对的形式：

$$F(k) = \sum_{x=0}^{N-1} f(x)\,\mathrm{e}^{-j\frac{2\pi}{N}xk}$$

$$f(x) = \frac{1}{N}\sum_{k=0}^{N-1} F(k)\,\mathrm{e}^{j\frac{2\pi}{N}xk}$$

其中，$F(k) = F\left(\mathrm{e}^{j\frac{2\pi}{N}k}\right)$，$f(x) = f(xT)$。

当然，也可以通过对前面讲过的第 2 种傅里叶变换（连续时间、离散频率的傅里叶变换）的时间函数进行抽样来导出上述变换对，则彼时 $1/N$ 的系数将由反变换式处移动到正变换式处，显然这只差一个常数，对函数的形状是没有影响的。读者可能会在不同的参考书中发现给出的 DFT 公式中系数 $1/N$ 出现的位置不一样，通过上面的解释，读者应该明白，这两种写法都是正确的。

综合上述 4 种情况，可见一个域的离散就必然会造成另一个域的周期延拓，这一点可以通过数学推导来给出严格的证明，但这已不再是此处关注的重点，因此不再赘言。

8.1.2　傅里叶变换与傅里叶级数的关系

要搞清楚傅里叶变换的来龙去脉，有必要回忆一下高等数学中关于级数、泰勒公式以及傅里叶级数等这些概念。首先来看看什么是级数。给定一个数列 $u_1, u_2, \cdots, u_n, \cdots$，则式子

$$\sum_{n=1}^{\infty} u_n = u_1 + u_2 + \cdots + u_n + \cdots$$

称为常数项无穷级数，简称数项级数，其中第 n 项 u_n 称为一般项或通项。

如果级数

$$\sum_{n=1}^{\infty} u_n(x) = u_1(x) + u_2(x) + \cdots + u_n(x) + \cdots$$

的各项都是定义在某个区间上的函数，则称为函数项级数，$u_n(x)$ 称为一般项。显然，数项级数是函数项级数的一个特例。

形如

$$\sum_{n=0}^{\infty} a_n(x - x_0)^n = a_0 + a_1(x - x_0) + a_2(x - x_0)^2 + \cdots + a_n(x - x_0)^n + \cdots$$

的函数项级数，被称为 $x - x_0$ 的幂级数，其中常数项 $a_0, a_1, a_2, \cdots, a_n, \cdots$ 称为幂级数的系数。当 $x_0 = 0$ 时，上式变为：

$$\sum_{n=0}^{\infty} a_n x^n = a_0 + a_1 x + a_2 x^2 + \cdots + a_n x^n + \cdots$$

此时称为 x 的幂级数。

显然，这令我们想起了泰勒公式和麦克劳林公式。泰勒公式是一个用函数在某点的信息描述其附近取值的公式。如果函数足够光滑，在已知函数在某一点的各阶导数

值的情况下，泰勒公式可以用这些导数值做系数构建一个多项式来近似函数在这一点的邻域值。泰勒公式还给出了这个多项式和实际的函数值之间的偏差。换言之，泰勒公式可以用（无限或者有限）若干项连加式（级数）来表示一个函数，这些相加的项由函数在某一点（或者加上在临近的一个点的次导数）的导数求得。

如果函数 $f(x)$ 在 x_0 的某邻域 (a,b) 内具有 $n+1$ 阶的导数，则当 $x \in (a,b)$ 时，有 $f(x)$ 的 n 阶泰勒公式为：

$$f(x) = f(x_0) + \frac{f'(x_0)}{1!}(x-x_0) + \frac{f''(x_0)}{2!}(x-x_0)^2 + \cdots + \frac{f^n(x_0)}{n!}(x-x_0)^n + R_n(x)$$

其中，$R_n(x)$ 为 n 阶泰勒公式的余项。当 $x \to x_0$ 时，它是比 $(x-x_0)^n$ 高阶的无穷小，故一般将其写成 $o[(x-x_0)^n]$。余项 $R_n(x)$ 有多种形式，一般常用的形式有拉格朗日型余项等。

在泰勒公式中，当 $x_0 = 0$ 时，则得到麦克劳林公式：

$$f(x) = f(0) + \frac{f'(0)}{1!}x + \frac{f''(0)}{2!}x^2 + \cdots + \frac{f^n(0)}{n!}x^n + R_n(x)$$

其中，余项 $R_n(x) = o(x^n)$。

显然，$R_n(x)$ 随着 n 的增大而减小，因此可以用增加泰勒多项式项数的方法来提高多项式替代原函数的精度。如果 n 无限制地增大，那么此时的 n 阶泰勒多项式就变成一个幂级数了，这时我们把它称为泰勒级数。

泰勒公式采用多项式和的形式在某一点附近逼近一个函数，但泰勒逼近同时也存在严重的缺陷：它的条件很苛刻，要求 $f(x)$ 足够光滑并提供它在点 x_0 处的各阶导数值；此外，泰勒逼近的整体效果较差，它仅能保证在展开点 x_0 的某个临域内，即某个局部范围内有效。泰勒展式对函数 $f(x)$ 的逼近仅仅能够保证在 x_0 附近有效，且只有当展式的长度不断变长时，这个临域的范围才会随之不断变大。

斗转星移，百年之后的 19 世纪初，法国数学家、物理学家傅里叶指出，"任何函数，无论怎样复杂，都可以表示为三角级数的形式"。傅里叶在《热传导的解析理论》（1822 年）这本数学经典文献中，肯定了今日被称为"傅里叶分析"的重要数学方法。傅里叶的成就使人们从解析函数或强光滑的函数中解放出来。傅里叶分析方法不仅放宽了光滑性的限制，还可以保证整体的逼近效果。

从数学美的角度来看，傅里叶逼近也比泰勒逼近更加优美，其基函数系（三角函数系）是一个完备的正交函数集；尤其值得注意的是，这个函数系可以看作是由一个函数 $\cos x$ 经过简单的伸缩平移变换加工生成的。傅里叶逼近表明，在某种意义上，任何复杂函数都可以用一个简单函数 $\cos x$ 来刻画。这是一个惊人的事实。在这里，被逼近函数的"繁"与逼近工具 $\cos x$ 的"简"两者反差很大，因此傅里叶逼近很优美。

下面我们就来研究关于傅里叶级数的一些问题。泰勒展式给出了将一个函数表示成幂级数的方法。而除了幂级数之外，还有一种常用的函数项级数是三角级数：

$$a_0 + \sum_{n=1}^{\infty} (a_n \cos nx + b_n \sin nx)$$

其中，$a_0, a_1, a_2, \cdots; b_1, b_2, \cdots$ 都是常数，称为三角级数的系数。上述三角级数的部分和

$$S_n(x) = a_0 + \sum_{k=1}^{n} (a_k \cos kx + b_k \sin kx)$$

称为 n 阶三角多项式。显然，三角级数的和函数 $S(x)$ 存在时，是一个周期为 2π 的函数。与幂级数不同的是，$S(x)$ 不但不是无穷次可微的，甚至是不连续的。这非但不是缺点，反而正是它的优点，这使我们可以指望将较差的函数展开成三角级数。这时我们关心的问题就是函数被展开成三角级数时，各个系数是如何确定的。傅里叶给出了这个问题的答案。

设 $f(x)$ 是以 2π 为周期，在 $[-\pi, \pi]$ 绝对可积，则由公式：

$$a_n = \frac{1}{\pi} \int_{-\pi}^{\pi} f(x) \cos nx \, \mathrm{d}x, \quad n = 0,1,2,\cdots$$

$$b_n = \frac{1}{\pi} \int_{-\pi}^{\pi} f(x) \sin nx \, \mathrm{d}x, \quad n = 1,2,3,\cdots$$

决定的 a_n, b_n 称为 $f(x)$ 的傅里叶系数，由这些 a_n, b_n 决定的三角级数

$$\frac{a_0}{2} + \sum_{n=1}^{\infty} (a_n \cos nx + b_n \sin nx)$$

称为傅里叶级数，记为：

$$f(x) \sim \frac{a_0}{2} + \sum_{k=1}^{\infty} (a_k \cos kx + b_k \sin kx)$$

需要说明的是，上式并不意味着

$$f(x) = \frac{a_0}{2} + \sum_{k=1}^{\infty} (a_k \cos kx + b_k \sin kx)$$

后者成立包含两重意思：右边的级数收敛，且收敛于 $f(x)$；前者仅表示 $f(x)$ 的傅里叶级数为右边级数，而右边级数甚至可能不收敛。另外，在具体讨论函数的傅里叶

级数展开式时，常只给出函数 $f(x)$ 在 $(-\pi, \pi]$ 或 $[-\pi, \pi)$ 上的解析表达式，但应理解为它是定义在整个数轴上以 2π 为周期的函数，即在 $(-\pi, \pi]$ 以外的部分按函数在 $(-\pi, \pi]$ 上的对应关系做周期延拓。

我们还可以考虑更为一般的情况，即当函数以 $2l$ 为周期时，它的傅里叶级数。设 $f(x)$ 是以 $2l$ 为周期的函数，通过变换可将 $f(x)$ 变成以 2π 为周期的函数：

$$\varphi(t) = f\left(\frac{l}{\pi}t\right)$$

若 $f(x)$ 在 $[-l, l]$ 可积，则 $\varphi(t)$ 在 $[-\pi, \pi]$ 也可积。这时，函数 $\varphi(t)$ 的傅里叶级数为：

$$\varphi(t) \sim \frac{a_0}{2} + \sum_{n=1}^{\infty} (a_k \cos nt + b_k \sin nt)$$

其中

$$a_n = \frac{1}{\pi} \int_{-\pi}^{\pi} \varphi(t) \cos nt \, \mathrm{d}t, \quad n = 0,1,2,\cdots$$

$$b_n = \frac{1}{\pi} \int_{-\pi}^{\pi} \varphi(t) \sin nt \, \mathrm{d}t, \quad n = 1,2,3,\cdots$$

将反变换 $t = \pi x/l$ 代回，便得：

$$f(x) \sim \frac{a_0}{2} + \sum_{n=1}^{\infty} \left(a_n \cos \frac{n\pi}{l} x + b_n \sin \frac{n\pi}{l} x\right)$$

其中

$$a_n = \frac{1}{l} \int_{-l}^{l} f(x) \cos n \frac{n\pi}{l} x \, \mathrm{d}x, \quad n = 0,1,2,\cdots$$

$$b_n = \frac{1}{l} \int_{-l}^{l} f(x) \sin \frac{n\pi}{l} x \, \mathrm{d}x, \quad n = 1,2,3,\cdots$$

这就是周期为 $2l$ 的函数 $f(x)$ 的傅里叶级数。

根据欧拉公式（可以通过泰勒公式证明）：

$$\mathrm{e}^{\mathrm{i}\varphi} = \cos \varphi + \mathrm{i} \sin \varphi$$

易得：

$$\mathrm{e}^{\mathrm{j}\omega t} = \cos \omega t + \mathrm{j} \sin \omega t$$

$$\cos \omega t = \frac{1}{2} \mathrm{e}^{\mathrm{j}\omega t} + \frac{1}{2} \mathrm{e}^{-\mathrm{j}\omega t}$$

$$\sin \omega t = \mathrm{j}\left(\frac{1}{2}\mathrm{e}^{-\mathrm{j}\omega t} - \frac{1}{2}\mathrm{e}^{\mathrm{j}\omega t}\right)$$

则周期为 $2l$ 的函数 $f(x)$ 的傅里叶级数的表达式可以写为：

$$f(x) \sim \frac{a_0}{2} + \sum_{n=1}^{\infty}\left[\frac{a_n}{2}\left(\mathrm{e}^{\mathrm{i}\frac{n\pi}{l}x} + \mathrm{e}^{-\mathrm{i}\frac{n\pi}{l}x}\right) - \frac{\mathrm{i}b_n}{2}\left(\mathrm{e}^{\mathrm{i}\frac{n\pi}{l}x} - \mathrm{e}^{-\mathrm{i}\frac{n\pi}{l}x}\right)\right]$$

$$\frac{a_0}{2} + \sum_{n=1}^{\infty}\left[\frac{a_n - \mathrm{i}b_n}{2}\left(\mathrm{e}^{\mathrm{i}\frac{n\pi}{l}x}\right) + \frac{a_n + \mathrm{i}b_n}{2}\left(\mathrm{e}^{-\mathrm{i}\frac{n\pi}{l}x}\right)\right]$$

令

$$\frac{a_0}{2} = c_0, \quad \frac{a_n - \mathrm{i}b_n}{2} = c_n, \quad \frac{a_n + \mathrm{i}b_n}{2} = c_{-n}$$

c_n 与 c_{-n} 互为共轭，则上式变为：

$$f(x) \sim c_0 + \sum_{n=1}^{\infty}\left[c_n\left(\mathrm{e}^{\mathrm{i}\frac{n\pi}{l}x}\right) + c_{-n}\left(\mathrm{e}^{-\mathrm{i}\frac{n\pi}{l}x}\right)\right]$$

如果将上式中的第一项 c_0 看作是

$$c_0 = c_0\left(\mathrm{e}^{\mathrm{i}\frac{0\pi}{l}x}\right) = c_0\left(\mathrm{e}^{\mathrm{i}\frac{n\pi}{l}x}\right)_{n=0}$$

则原式可重写为：

$$f(x) = \sum_{n=-\infty}^{\infty} c_n \mathrm{e}^{\mathrm{i}\frac{n\pi}{l}x}$$

结合前面关于 $a_0, b_0, a_n, b_n, c_0, c_n, c_{-n}$ 的定义，可以发现 c_n 的统一表达式为：

$$c_n = \frac{1}{2l}\int_{-l}^{l} f(x)\,\mathrm{e}^{-\mathrm{i}\frac{n\pi}{l}x}\mathrm{d}x, \quad n = 0, \pm1, \pm2, \pm3, \cdots$$

将傅里叶级数用复数表示后，就是上述这样简洁的形式。而且傅里叶级数转变为复数形式后，原来每一项中的

$$a_n \cos\frac{n\pi}{l}x + b_n \sin\frac{n\pi}{l}x$$

都被分为正、负两个频率的波：

$$c_n\left(\mathrm{e}^{\mathrm{i}\frac{n\pi}{l}x}\right) + c_{-n}\left(\mathrm{e}^{-\mathrm{i}\frac{n\pi}{l}x}\right)$$

只不过这两个频率的振幅 c_n、c_{-n} 都不再是实数，而是一对共轭复数。若 $f(x)$ 为偶（或奇）函数，则所有的 b_n（或 a_n）将为 0，此时的 c_n 将变为实数（或纯虚数），且 a_n（或

b_n）是转换后所得的c_n的 2（或 2i）倍，而c_{-n}与c_n相等（或纯虚共轭）。

周期函数可以看成由很多频率是原函数频率整数倍的正余弦波叠加而成，每个频率的波都有各自的振幅和相位，必须将所有频率的振幅和相位同时记录才能准确表达原函数。从以周期为$2l$的函数$f(x)$的傅里叶级数表达式中来看我们将每个频率的波分成了一个正弦分量和一个余弦分量，同时记录了这两个分量的振幅a_n、b_n其实就已经包含了这个频率的波的相位信息；而对于经过欧拉公式变换后的式子，每个频率的波被分成了正、负两个频率的复数"波"，这种方式其实比正余弦形式更加直观，因为复振幅c_n恰好同时记录了这个频率的振幅和相位。它的物理意义很明显：c_n的幅值$|c_n|$即为该频率的振幅（准确地说是振幅的一半），而其幅角恰好就是相位（准确地说是反相的相位，c_{-n}的幅角才恰好代表该频率波分量的相位）。

下面我们再来看看复变函数中的傅里叶变换：

$$F(\omega) = \int_{-\infty}^{\infty} f(t)e^{-i\omega t}dt$$

$$f(t) = \frac{1}{2\pi}\int_{-\infty}^{\infty} F(\omega)e^{i\omega t}d\omega$$

若$f(t)$为偶函数，则$F(\omega)$将为纯实数，且同为偶函数（利用这一点便可以得到下一节中将要介绍的余弦变换）；若$f(t)$为奇函数，则$F(\omega)$将为纯虚数，且同为奇函数；而对任意$f(t)$，$F(\omega)$与$F(-\omega)$始终共轭，这意味着$|F(\omega)|$与$|F(-\omega)|$恒相等，即$F(\omega)$的绝对值是偶函数。

傅里叶变换针对的是非周期函数，或者说是周期为无穷的函数。它是傅里叶级数的一个特例。当傅里叶级数的周期l趋于无穷时，自然就变成了上面的傅里叶变换。这种关系从二者的表达式中大概能看出点端倪，但是也不是特别明显，毕竟它们的表达形式差别仍然很大。如果不把傅里叶级数表达成复数形式，那就更加难看出二者之间的联系了。傅里叶变换要求$f(t)$在$(-\infty, +\infty)$上绝对可积，其实可以理解成"傅里叶级数要求函数在一个周期内的积分必须收敛"。需要注意的是，本书为便于介绍，省略了函数收敛等方面的限定条件，有关表达式的成立条件，请读者参阅高等数学或复变函数方面的相关文献，这里就不再赘言了。

为了建立傅里叶级数与傅里叶变换之间的联系，我们现在就是要考虑当周期l趋于无穷时，傅里叶级数的表达式：

$$f(x) = \sum_{n=-\infty}^{\infty} c_n e^{i\frac{n\pi}{l}x}$$

$$c_n = \frac{1}{2l} \int_{-l}^{l} f(x)\, e^{-i\frac{n\pi}{l}x} dx, \quad n = 0, \pm 1, \pm 2, \pm 3, \cdots$$

能否变为傅里叶变换的表达式。为此，我们首先做变量代换，令 $\omega_n = n\pi/l$，如此便会
得到下列式子：

$$f(x) = \sum_{n=-\infty}^{\infty} c_n\, e^{i\omega_n x}$$

$$c_n = \frac{1}{2l} \int_{-l}^{l} f(x)\, e^{-i\omega_n x} dx, \quad n = 0, \pm 1, \pm 2, \pm 3, \cdots$$

为了更直观地对比，再创造一个符号 F_n，将它定义为 $F_n = c_n \times 2l$，这样我们就可
以彻底抛弃 c_n 这个符号了，全部用 F_n 代替后，重写上式可得：

$$f(x) = \frac{1}{2l} \sum_{n=-\infty}^{\infty} F_n\, e^{i\omega_n x}$$

$$F_n = \int_{-l}^{l} f(x)\, e^{-i\omega_n x} dx$$

然后，我们再做一次变量替换，令 $\Delta\omega = \pi/l$，然后再对上两式中的一式进行改写，
第二个式子不变，直接列出，得到：

$$f(x) = \frac{1}{2\pi} \sum_{n=-\infty}^{\infty} F_n\, e^{i\omega_n x} \Delta\omega$$

$$F_n = \int_{-l}^{l} f(x)\, e^{-i\omega_n x} dx$$

重新对比上式中的一式和傅里叶变换中的式子，发现形式已经很相近了，只不过
一个是积分一个是和式。于是，再来构造两个函数 $F^*(\omega)$ 和 $\omega^*(\omega)$，构造方法如下：

$$F^*(\omega) = F_n, \quad [(n-1/2)\Delta\omega] < \omega < [(n+1/2)\Delta\omega]$$

$$\omega^*(\omega) = \omega_n, \quad [(n-1/2)\Delta\omega] < \omega < [(n+1/2)\Delta\omega]$$

这是两个分段跳跃函数，它们都以 ω 为自变量，并每隔 $\Delta\omega$ 函数值变化一次。有了这
两个函数，再来仔细看看上式中的一式，不难看出，这个和式其实就是函数 F^* 在
$(-\infty, +\infty)$ 上的积分（也就是面积）。这次我们再进一步，将上面两个式子中的 F_n 和 ω_n
也都换掉，使其变成 F^* 和 ω^* 这两个函数之间的关系式：

$$F^*(\omega) = \int_{-l}^{l} f(x)\, e^{-i\omega^* x} dx$$

$$f(x) = \frac{1}{2\pi} \int_{-\infty}^{\infty} F^*(\omega)\, e^{i\omega^* x} d\omega$$

这就是转换后的结果，上述两个式子与最初的表达式意义完全一样，适用范围也一样（都适用于周期函数），但形式却发生了变化。而且它们与傅里叶变换的表达式也完全一致。现在我们再看看周期 l 趋于无穷时会发生什么。

首先，l 趋于无穷时，因为 $\Delta\omega = \pi/l$，所以 $\Delta\omega$ 会趋近于 0。同时，对于 $\omega^*(\omega) = \omega_n$，由于 $\Delta\omega$ 是连续的两个 ω 的差，当 $\Delta\omega$ 趋近于 0 时，有 $\omega_n = \omega$，即所有的 ω 都相等，此时 $\omega^*(\omega)$ 就由阶梯跳跃变得连续了，同时有 $\omega^*(\omega) = \omega$。另外，两个相邻的 F_n，它们的差别也会越来越小直至变成 0。因为 $F_n = c_n \times 2l$，从 c_n 的表达式可以看出，l 趋于无穷时 c_n 本身就是一个与 $1/l$ 同阶的无穷小量，那相邻的 c_n 之间的差值就是比 $1/l$ 更高阶的无穷小量，因此相邻的 F_n 之间的差值就趋近于 0 了。

如此一来，函数 $F^*(\omega)$ 就渐渐地由阶梯跳跃变得连续了，于是得到如下式子：

$$F^*(\omega) = \int_{-\infty}^{\infty} f(x)\, e^{-i\omega x} dx$$

$$f(x) = \frac{1}{2\pi} \int_{-\infty}^{\infty} F^*(\omega)\, e^{i\omega x} d\omega$$

上式已经变得和傅里叶变换的表达式完全一致了！傅里叶分析最初是研究周期性现象，即傅里叶级数的，后来通过傅里叶变换将其推广到了非周期性现象。理解这种推广过程的一种方式是将非周期性现象视为周期性现象的一个特例，即其周期为无限长。

从刚才的证明过程中，可以看到 $F_n = c_n \times 2l$，前面已经提过 c_n 其实就代表某个频率波分量的振幅和相位，而 F_n 与 c_n 是成正比的，它的值同样可以表征一个波分量的振幅和相位。$F(\omega)$ 与 F_n 有相同的意义，因此 $F(\omega)$ 的分布其实就代表了各角频率波分量的分布。由于 $F(\omega)$ 是复数，$|F(\omega)|$ 的分布正比地体现了各个角频率波分量的振幅分布。$F(\omega)$ 的幅角体现了各个角频率波分量的相位分布。平时所说的"频谱图"，其实指的就是 $|F(\omega)|$ 的函数图像，它始终是偶函数（这个就是实数了，因为我们取的是 $|F(\omega)|$ 的幅值而不是 $F(\omega)$ 本身）。对于满足傅里叶变换条件的非周期函数，它们的频谱图一般都是连续的；而对于周期函数，它们的频谱则都是离散的点，只在整数倍角基频（π/l）的位置有非零的频谱点存在。根据频谱图可以很容易判断该原函数是周期函数还是非周期函数（看频谱图是否连续就可以了），而且对于周期函数，可以从频谱图读出周期大小（相邻的离散点之间的横轴间距就是角基频，这个角频率对应的周期就是原函数的周期）。

一般情况下，若"傅里叶变换"一词不加任何限定语，则指的是"连续傅里叶变换"（连续函数的傅里叶变换）。连续傅里叶变换将平方可积的函数$f(x)$表示成复指数函数的积分或级数形式。

$$F(\omega) = \int_{-\infty}^{\infty} f(t)e^{-i\omega t}dt$$

这是将频率域的函数$F(\omega)$表示为时间域的函数$f(t)$的积分形式。

连续傅里叶变换的逆变换为：

$$f(t) = \frac{1}{2\pi}\int_{-\infty}^{\infty} F(\omega)e^{i\omega t}dt$$

即将时间域的函数$f(t)$表示为频率域的函数$F(\omega)$的积分。一般可称函数$f(t)$为原函数，而称函数$F(\omega)$为傅里叶变换的象函数，原函数和象函数构成一个傅里叶变换对。

8.1.3　数字图像的傅里叶变换

为了在科学计算和数字信号处理等领域使用计算机进行傅里叶变换，必须将函数$f(t)$定义在离散点而非连续域内，且须满足有限性或周期性条件。在这种情况下，使用离散傅里叶变换。将连续函数$f(t)$等间隔采样就得到一个离散序列$f(x)$，假设采样 N次，则这个离散序列可以表示为$\{f(0),f(1),f(2),\cdots,f(N-1)\}$。如果令 x 为离散实变量，u为离散频率变量，则一维离散傅里叶变换的正变换定义为：

$$F(u) = \sum_{x=0}^{N-1} f(x)\,e^{-j\frac{2\pi}{N}xu}$$

其中 $u = 0, 1, 2,\cdots, N\text{-}1$。

离散傅里叶变换的逆变换为：

$$f(x) = \frac{1}{N}\sum_{u=0}^{N-1} F(u)\,e^{j\frac{2\pi}{N}xu}$$

其中 $x = 0, 1, 2,\cdots, N\text{-}1$。

数字图像是由离散的信号组成的，因此对数字图像进行傅里叶变换时所采用的是离散傅里叶变换。另外，上式给出的是一维离散傅里叶变换的表达式，图像是二维的信号，因此需要将上式拓展到二维的情况。一个尺寸为 $M\times N$ 的图像用函数 $f(x, y)$ 来表示，则它的离散傅里叶变换由以下等式给出：

$$F(u,v) = \sum_{x=0}^{M-1}\sum_{y=0}^{N-1} f(x,y)e^{-j2\pi(\frac{ux}{M}+\frac{vy}{N})}$$

其中 $u = 0, 1, 2, \cdots, M\text{-}1$；$v = 0, 1, 2, \cdots, N\text{-}1$。变量 u 和 v 用于确定它们的频率，频域系统是由 $F(u, v)$ 所张成的坐标系，其中 u 和 v 用作频率变量；空间域是由 $f(x, y)$ 所张成的坐标系。可以得到频谱系统在频谱图四角 $(0, 0)$，$(0, N\text{-}1)$，$(N\text{-}1, 0)$，$(N\text{-}1, N\text{-}1)$ 处沿 u 和 v 方向的频谱分量均为 0。

二维离散傅里叶逆变换由下式给出：

$$f(x, y) = \frac{1}{MN} \sum_{u=0}^{M-1} \sum_{v=0}^{N-1} F(u, v) e^{j2\pi(\frac{ux}{M} + \frac{vy}{N})}$$

令 R 和 I 分别表示 F 的实部和虚部，则傅里叶频谱、相位角、功率谱（幅度）定义如下：

$$|F(u, v)| = [\mathrm{R}(u, v)^2 + \mathrm{I}(u, v)^2]^{\frac{1}{2}}$$

$$\phi(u, v) = \arctan[\frac{\mathrm{I}(u, v)}{\mathrm{R}(u, v)}]$$

$$|F(u, v)| = \left\{ [\sum_{x=0}^{M-1} \sum_{y=0}^{N-1} f(x, y) \cos(2\pi(\frac{ux}{M} + \frac{vy}{N}))]^2 + [\sum_{x=0}^{M-1} \sum_{y=0}^{N-1} \sin(2\pi(\frac{ux}{M} + \frac{vy}{N}))]^2 \right\}^{\frac{1}{2}}$$

$$P(u, v) = |F(u, v)|^2 = \mathrm{R}(u, v)^2 + \mathrm{I}(u, v)^2$$

在频谱的原点变换值称为傅里叶变换的直流分量，下面是傅里叶变换的周期公式：

$$F(u, v) = F(u + M, v) = F(u, v + N) = F(u + M, v + N)$$

图像的频率是表征图像中灰度变化剧烈程度的指标，是灰度在平面空间上的梯。傅里叶频谱图上我们看到的明暗不一的亮点，实际是图像上某一点与邻域点差异的强弱，即梯度的大小，也就是该点的频率大小（可以这么理解，图像中的低频部分指低梯度的点，高频部分相反）。一般来讲，梯度大则该点的亮度强，否则该点的亮度弱。这样通过观察傅里叶变换后的频谱图（也叫功率图），我们可以看出图像的能量分布，如果频谱图中暗的点数多，那么实际图像是比较柔和的（因为各点与邻域点的差异都不大，梯度相对较小）；反之，如果频谱图中亮的点数多，那么实际图像一定是尖锐的，边界分明且边界两边像素差异较大。对频谱移频到原点以后，可以看出图像的频率分布是以原点为圆心、对称分布的。变换最慢的频率成分（$u=v=0$）对应一幅图像的平均灰度级。当从变换的原点移开时，低频对应着图像的慢变换分量，较高的频率开始对应图像中变化越来越快的灰度级。这些是由物像边缘和灰度级突发（如噪声）所标志的图像成分。通常在进行傅里叶变换之前用 $(-1)^{(x+y)}$ 乘以输入的图像函数，这样就可以将傅里叶变换的原点 $(0, 0)$ 移到 $(M/2, N/2)$ 上。

8.1.4　快速傅里叶变换的算法

离散傅里叶变换（DFT）已经成为数字信号处理和图像处理的一种重要手段，但是 DFT 的计算量太大，速度太慢。1965 年，Cooley 和 Tukey 提出了一种快速傅里叶变换算法（Fast Fourier Transform，FFT），极大地提高了傅里叶变换的速度。正是 FFT 的出现，才使得傅里叶变换得以广泛应用。

FFT 并不是一种新的变换，它只是傅里叶变换算法实现过程的一种改进。FFT 中比较常用的是蝶形算法。蝶形算法主要是利用傅里叶变换的可分性、对称性和周期性来简化 DFT 的运算量。下面我们就来介绍蝶形算法的基本思想。

由于二维离散傅里叶变换具有可分离性，即它可由两次一维离散傅里叶变换计算得到，因此，仅研究一维离散傅里叶变换的快速算法即可。一维离散傅里叶变换的公式为：

$$F(u) = \sum_{x=0}^{N-1} f(x) W^{ux} \quad u = 0, 1, 2, \cdots, n$$

其中 $W = \mathrm{e}^{-\mathrm{j}2\pi/N}$，称为旋转因子。这样，可将一维离散傅里叶变换公式用矩阵的形式表示为：

$$
\begin{bmatrix} F(0) \\ F(1) \\ \vdots \\ F(N-1) \end{bmatrix} =
\begin{bmatrix}
W^{0\times0} & W^{1\times0} & W^{2\times0} & \dots & W^{(N-1)\times0} \\
W^{0\times1} & W^{1\times1} & W^{2\times1} & \dots & W^{(N-1)\times1} \\
\vdots & \vdots & \vdots & \dots & \vdots \\
W^{0\times(N-1)} & W^{1\times(N-1)} & W^{2\times(N-1)} & \dots & W^{(N-1)\times(N-1)}
\end{bmatrix}
\begin{bmatrix} f(0) \\ f(1) \\ \vdots \\ f(N-1) \end{bmatrix}
$$

式中，由 W^{ux} 构成的矩阵称为 $\boldsymbol{W}$ 阵或系数矩阵。观察 DFT 的 $\boldsymbol{W}$ 阵，并结合 W 的定义表达式 $W = \mathrm{e}^{-\mathrm{j}2\pi/N}$，可以得到（根据欧拉公式）：

$$W^0 = \mathrm{e}^0 = 1$$

$$W^N = \mathrm{e}^{-\mathrm{j}\frac{2\pi}{N}\times N} = \mathrm{e}^{-\mathrm{j}2\pi} = 1$$

$$W^{\frac{N}{2}} = \mathrm{e}^{-\mathrm{j}\frac{2\pi}{N}\times\frac{N}{2}} = \mathrm{e}^{-\mathrm{j}\pi} = -1$$

易见，系数 W 是以 N 为周期的，所以有：

$$W^{ux+N} = W^{ux} \times W^N = W^{ux}$$

且由于 W 的对称性，可得：

$$W^{ux+\frac{N}{2}} = W^{ux} \times W^{\frac{N}{2}} = -W^{ux}$$

这样，$\boldsymbol{W}$ 阵中很多系数就是相同的，不必进行多次重复计算，因而可以有效地降低计算量。例如，对于 $N=4$，$\boldsymbol{W}$ 阵为：

$$
\begin{array}{c}
u = 0 \rightarrow \\
u = 1 \rightarrow \\
u = 2 \rightarrow \\
u = 3 \rightarrow
\end{array}
\begin{bmatrix}
W^0 & W^0 & W^0 & W^0 \\
W^0 & W^1 & W^2 & W^3 \\
W^0 & W^2 & W^4 & W^6 \\
W^0 & W^3 & W^6 & W^9
\end{bmatrix}
$$

由 W 的周期性得：$W^4 = W^{0+N} = W^0$，$W^6 = W^{2+N} = W^2$，$W^9 = W^{1+N} = W^1$；再由 W 的对称性可得：$W^3 = -W^1$，$W^2 = -W^0$。于是上式可变为：

$$
\begin{bmatrix}
W^0 & W^0 & W^0 & W^0 \\
W^0 & W^1 & -W^0 & -W^1 \\
W^0 & -W^0 & W^0 & -W^0 \\
W^0 & -W^1 & -W^0 & W^1
\end{bmatrix}
$$

可见，$N=4$ 的 $\boldsymbol{W}$ 阵中只需计算 W^0 和 W^1 两个系数即可。这说明 $\boldsymbol{W}$ 阵的系数有许多计算工作是重复的，如果把一个离散序列分解成若干短序列，并充分利用旋转因子 W 的周期性和对称性来计算离散傅里叶变换，便可以简化运算过程，这就是 FFT 的基本思想。

设 N 为 2 的正整数次幂，即 $N=2^n$，其中 $n=1, 2, \cdots$；令 M 为正整数，且 $N=2M$。那么就可以按照奇偶次序将一维离散序列 $\{f(0), f(1), f(2), \cdots, f(N\text{-}1)\}$ 划分为：

$$
\begin{cases}
g(x) = f(2x) \\
h(x) = f(2x+1)
\end{cases}
\quad x = 0, 1, 2, \cdots, M-1
$$

离散傅里叶变换可改写成如下形式：

$$
F(u) = \sum_{x=0}^{2M-1} f(x) W_{2M}^{ux} = \sum_{x=0}^{M-1} f(2x) W_{2M}^{u(2x)} + \sum_{x=0}^{M-1} f(2x+1) W_{2M}^{u(2x+1)}
$$

由旋转因子 W 的定义可知 $W_{2M}^{2ux} = W_M^{ux}$，因此上式变为：

$$
F(u) = \sum_{x=0}^{M-1} f(2x) W_M^{ux} + \sum_{x=0}^{M-1} f(2x+1) W_M^{ux} W_{2M}^{u}
$$

现定义：

$$
F_e(u) = \sum_{x=0}^{M-1} f(2x) W_M^{ux}
$$

$$
F_o(u) = \sum_{x=0}^{M-1} f(2x+1) W_M^{ux}
$$

则有

$$F(u) = F_e(u) + W_{2M}^u F_o(u)$$

其中，$F_e(u)$和$F_o(u)$分别是$g(x)$和$h(x)$的傅里叶变换。进一步考虑 W 的对称性和周期性可得：

$$F(u + M) = F_e(u) - W_{2M}^u F_o(u)$$

上面这个式子之所以成立,是因为 $F_e(u)= F_e(u+M)$,$F_o(u)= F_o(u+M)$,$W_{2M}^{u+M} = -W_{2M}^u$。这里对 $F_e(u)= F_e(u+M)$做简单证明,$F_o(u)= F_o(u+M)$同理可得。根据 $F_e(u)$的定义式可得：

$$F_e(u + M) = \sum_{x=0}^{M-1} f(2x)W_M^{(u+M)x} = \sum_{x=0}^{M-1} f(2x)W_M^{ux+Mx} = \sum_{x=0}^{M-1} f(2x)W_M^{ux}W_M^{Mx}$$

其中

$$W_M^{Mx} = W_M^M \cdot W_M^M \cdot \dots \cdot W_M^M = 1$$

因此, $F_e(u)= F_e(u+M)$得证。

由此,长度为N的离散傅里叶变换可以分解为两个长度为$N/2$的离散傅里叶变换,即分解为偶数和奇数序列的离散傅里叶变换 $F_e(u)$和$F_o(u)$。而且, 由于 N 是 2 的整数次幂,这个分解过程可以一直进行, 直到长度是 2 为止。

下面以计算 $N=8$ 的 DFT 为例,此时 $n=3$, $M=4$。所以有

$$\begin{cases} F(0) = F_e(0) + W_8^0 F_o(0) \\ F(1) = F_e(1) + W_8^1 F_o(1) \\ F(2) = F_e(2) + W_8^2 F_o(2) \\ F(3) = F_e(3) + W_8^3 F_o(3) \\ F(4) = F_e(0) - W_8^0 F_o(0) \\ F(5) = F_e(1) - W_8^1 F_o(1) \\ F(6) = F_e(2) - W_8^2 F_o(2) \\ F(7) = F_e(3) - W_8^3 F_o(3) \end{cases}$$

此时, 可以定义由 $F(0)$、$F(4)$、$F_e(0)$和$F_o(0)$所构成的蝶形运算单元。左方的两个节点为输入节点,代表输入数值;右方的两个节点为输出节点,表示输入数值的叠加,运算由左向右进行。线旁的W_8^0和$-W_8^0$为加权系数。蝶形运算单元如图 8-2 所示。

$$F(0) = F_e(0) + W_8^0 F_o(0)$$

$$F(4) = F_e(0) - W_8^0 F_o(0)$$

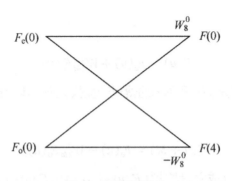

图 8-2　蝶形运算单元

可见，一个蝶形运算单元要计算一次复数乘法和两次复数加法。对于其他 $F(u)$ 可以用同样的方法。因此，8 点 FFT 的蝶形算法一级分解图如图 8-3 所示。

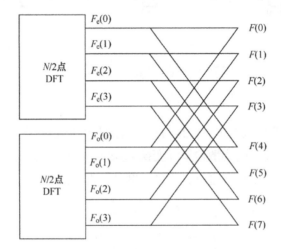

图 8-3　$N=8$ 的蝶形算法一级分解图

由于 $F_e(u)$ 和 $F_o(u)$ 都是 4 点的 DFT，因此，如果对它们再按照奇偶进行分组，则有：

$$\begin{cases} F_e(0) = F_{ee}(0) + W_8^0 F_{eo}(0) \\ F_e(1) = F_{ee}(1) + W_8^2 F_{eo}(1) \\ F_e(2) = F_{ee}(0) - W_8^0 F_{eo}(0) \\ F_e(3) = F_{ee}(1) - W_8^2 F_{eo}(1) \end{cases}$$

$$\begin{cases} F_o(0) = F_{oe}(0) + W_8^0 F_{oo}(0) \\ F_o(1) = F_{oe}(1) + W_8^2 F_{oo}(1) \\ F_o(2) = F_{oe}(0) - W_8^0 F_{oo}(0) \\ F_o(3) = F_{oe}(1) - W_8^2 F_{oo}(1) \end{cases}$$

在此稍作说明。因为 $F_e(u)$ 和 $F_o(u)$ 都是 4 点的 DFT，所以这里 $N=4$，$M=2$。又根据公式 $F(u) = F_e(u) + W_{2M}^u F_o(u)$ 和 $F(u+M) = F_e(u) - W_{2M}^u F_o(u)$ 可以求出系数应该为

W_4^0和W_4^1，但是最终我们计算的 W 阵应该是 $N=8$ 的，所以要根据公式$W_{2M}^{2ux} = W_M^{ux}$来对W_4^0和W_4^1进行规整，因此最终采用的系数是W_8^0和W_8^2。上述计算过程的蝶形算法分解图如图 8-4 所示。

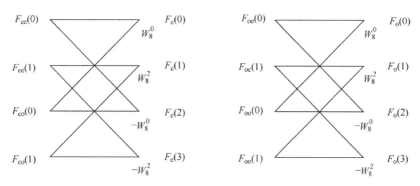

图 8-4 $N=4$ 分解到 $N=2$ 的 DFT 蝶形算法分解图

此时，$F_{ee}(u)$、$F_{oo}(u)$、$F_{eo}(u)$和 $F_{oe}(u)$都是 2 点的 DFT，它们的结果可以直接由原始序列 $f(0), f(1), f(2), \cdots, f(N\text{-}1)$求出：

$$\begin{cases} F_{ee}(0) = f(0) + W_8^0 f(4) \\ F_{ee}(1) = f(0) - W_8^0 f(4) \end{cases} \quad \begin{cases} F_{eo}(0) = f(2) + W_8^0 f(6) \\ F_{eo}(1) = f(2) - W_8^0 f(6) \end{cases}$$

$$\begin{cases} F_{oe}(0) = f(1) + W_8^0 f(5) \\ F_{oe}(1) = f(1) - W_8^0 f(5) \end{cases} \quad \begin{cases} F_{oo}(0) = f(3) + W_8^0 f(7) \\ F_{oo}(1) = f(3) - W_8^0 f(7) \end{cases}$$

综合以上分解过程，$N=8$ 时 FFT 的蝶形运算完整流程图如图 8-5 所示。

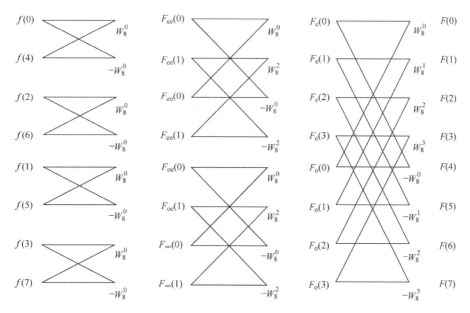

图 8-5 8 点 FFT 的蝶形运算完整流程图

如图 8-6 所示为 8 点 FFT 的蝶形算法逐级分解框图。

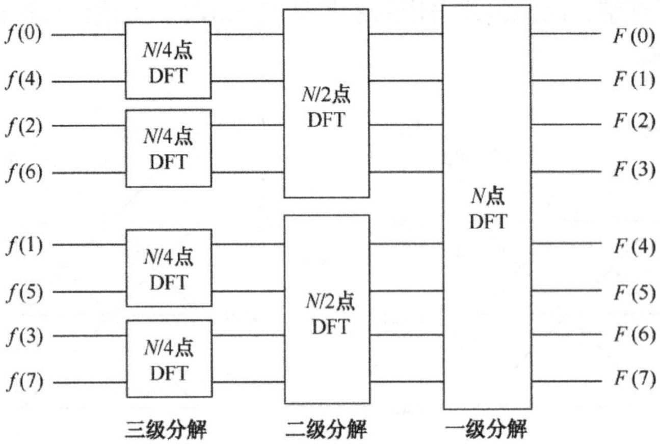

图 8-6　8 点 FFT 的蝶形算法逐级分解框图

可见，如果输入序列的长度是 2 的整数次幂，那么蝶形算法的分解次数为 $\log_2 N$。对于每一级分解来说，蝶形算法的个数都是 $N/2$，而每一个蝶形运算单元都要计算一次复数乘法和两次复数加法。因此 N 点的 FFT 一共需要计算 $(N/2)\log_2 N$ 次乘法和 $N\log_2 N$ 次加法。在计算复数乘法时，根据 W 的对称性，只需要用到 $N/2$ 个 W。

上述 FFT 是将 $f(x)$ 序列按 x 的奇偶进行分组计算的，称之为时间抽选 FFT。如果将频域序列的 $F(u)$ 按 u 的奇偶进行分组计算，也可实现快速傅里叶计算，这称为频率抽选 FFT。

另外，通过对图 8-6 的观察可以发现，蝶形算法的频率域是按照正常顺序排列的，而空间域是按照一种叫作"码位倒序"的方式排列的。这个倒序的过程可以采用下面的方法来实现：将十进制数转换成二进制数，然后将二进制数的序列倒序重排，再把颠倒顺序后的二进制数转换成十进制数。倒序重排的程序是一段经典程序，它以巧妙的构思、简单的语句完成了倒序重排的功能。表 8-1 给出了倒序重排的示例。

表 8-1　自然顺序与码位倒序（$N=8$）

十进制数	二进制数	二进制数的码位倒序	码位倒序后的十进制数
0	000	000	0
1	001	100	4
3	010	010	2
3	011	110	6
4	100	001	1
5	101	101	5
6	110	011	3
7	111	111	7

8.1.5　编程实现图像的快速傅里叶变换

MATLAB 中提供了用以实现二维快速离散傅里叶变换及其逆变换的函数 fft2()和 ifft2()。fft2()的语法形式如下：

```
Y = fft2(X)
Y = fft2(X, m, n)
```

其中，X 为输入图像，m 和 n 分别用以将 X 的第一维和第二维规整到指定的长度。当 m 和 n 均为 2 的整数次幂时，算法的执行速度要比 m 和 n 均为素数时更快。返回值 Y 是计算得到的傅里叶频谱，它是一个复数矩阵。另外，计算 abs(Y)可以得到幅度谱，计算 angle(Y)可以得到相位谱。

函数 ifft2()的语法形式如下：

```
Y = ifft2(X)
Y = ifft2(X, m, n)
```

其中，X 是要计算逆变换的频谱，m 和 n 的意义与前面的相同。返回值 Y 是经逆变换后得到的图像。

下面这段示例代码演示了对图像进行快速傅里叶变换及其逆变换的方法。通常，在自己编写处理函数时，为了将频谱移到图像中心显示，对于空间域的每一个 $f(x, y)$ 都需要乘以$(-1)^{(x+y)}$。而在 MATLAB 中，只需要调用函数 fftshift()即可，具体的使用方式请参考下面的代码片段。

```
I = imread('lena.png');
fcoef=fft2(double(I));              %FFT 变换
tmp1 =log(1+abs(fcoef));
spectrum = fftshift(fcoef);         %调整中心
tmp2 = log(1+abs(spectrum));
ifcoef = ifft2(fcoef);              %逆变换

figure                              %显示处理结果
subplot(2,2,1), imshow(I), title('source image');
subplot(2,2,2), imshow(tmp1,[]), title('FFT image');
subplot(2,2,3), imshow(tmp2,[]), title('shift FFT image');
subplot(2,2,4), imshow(ifcoef,[]), title('IFFT image');
```

请读者完成编码后自行运行并编译程序。图 8-7 给出了该程序的运行效果。这里需要说明的问题有如下几点：① 本例处理的对象是灰度图像，如果需要处理彩色图像，那么就必须对红、绿、蓝三通道分别进行处理，然后再将处理结果组合到一起。② 在图像显示的时候，上述代码使用到了本书前面讲过的灰度对数变换，对数变换是为了提升频谱图像的对比度。在 MATLAB 中如果不使用对数变换，图像傅里叶变换的结果将会是漆黑一片。③ 上述程序中傅里叶逆变换的执行对象是由 fft2()函数生成的复数矩阵。如果我们将幅度谱图像存入硬盘，也就是生成一个图像文件，然后再对这个图像文件进行傅里叶逆变换是不会得到原始图像的。这是因为傅里叶变换的结果中存在虚数，而这个正变换的结果被存储到硬盘上时，虚数部分是不会被保留下来的（换言之，存在硬盘上的结果只有振幅而没有相位信息，所以存储的结果都是实数）。因此，傅里叶逆变换只有对存在内存中的复数矩阵进行操作，才有意义。

图 8-7　对图像进行傅里叶变换

8.2　离散余弦变换

离散余弦变换（Discrete Cosine Transform，DCT）是图像频域变换的一种，它也可以被看成是离散傅里叶变换的一种特殊情况，JPEG 编码技术中就使用到了离散余弦变换。

8.2.1　基本概念及数学描述

余弦变换实际上可以看成是一种空间域的低通滤波器。余弦变换也可以看作是傅里叶变换的一种特殊情况。在傅里叶级数展开式中，如果被展开的函数是实偶函数，那么其傅里叶级数中只包含余弦项，再将其离散化，由此可导出离散余弦变换。当前，离散余弦变换及其改进算法已成为广泛应用于信号处理和图像处理，特别是用于图像压缩和语音压缩编解码的重要工具和技术，一直是国际学术界和产业界的研究热点。

离散余弦变换和离散傅里叶变换在某种程度上有些类似，但与傅里叶变换不同的是余弦变换只使用实数部分。傅里叶变换需要计算的是复数而非实数，而进行复数运算通常比进行实数运算要费时得多，所以离散余弦变换相当于一个长度大概是其自身两倍的离散傅里叶变换。从形式上来看，离散余弦变换是一个线性的可逆函数。

离散余弦变换，经常被使用在信号处理和图像处理中，用于对信号和图像（包括静止的图像和运动的图像，也就是视频）进行有损数据压缩。这是由于离散余弦变换具有很强的"能量集中"特性，大多数的自然信号（包括声音和图像）的能量都集中在离散余弦变换后的低频部分。离散余弦变换的作用是把图像里点和点间的规律呈现出来，虽然其本身没有压缩的作用，却为以后压缩时的"取舍"奠定了必不可少的基础。

这里首先对离散余弦变换的一些数学基础进行简要说明。一维离散余弦变换的正变换公式如下：

$$F(0) = \frac{1}{\sqrt{N}}\sum_{x=0}^{N-1}f(x), \quad u=0$$

$$F(u) = \sqrt{\frac{2}{N}}\sum_{x=0}^{N-1}f(x)\cos\frac{u(2x+1)\pi}{2N}, \quad u=1,2,\cdots,N-1$$

其中，$F(u)$ 为第 u 个余弦变换系数；$f(x)$ 是时域中 N 点序列，$x=0,1,2,\cdots,N-1$。

一维离散反余弦变换的公式如下：

$$f(x) = \frac{1}{\sqrt{N}}F(0) + \sqrt{\frac{2}{N}}\sum_{u=1}^{N-1}F(u)\cos\frac{u(2x+1)\pi}{2N}, \quad x=0,1,\cdots,N-1$$

将一维 DCT 变换进行扩展，则得到二维 DCT 变换的定义如下：

$$F(0,0) = \frac{1}{\sqrt{MN}}\sum_{x=0}^{M-1}\sum_{y=0}^{N-1}f(x,y), \quad u=0,v=0$$

$$F(0,v) = \frac{2}{\sqrt{MN}}\sum_{x=0}^{M-1}\sum_{y=0}^{N-1}f(x,y)\cos\frac{v(2y+1)\pi}{2N}, \quad u=0,v=1,2,\cdots,N-1$$

$$F(u,0) = \frac{2}{\sqrt{MN}} \sum_{x=0}^{M-1} \sum_{y=0}^{N-1} f(x,y) \cos\frac{u(2x+1)\pi}{2M}, \quad v=0, u=1,2,\cdots,M-1$$

$$F(u,v) = \frac{2}{\sqrt{MN}} \sum_{x=0}^{M-1} \sum_{y=0}^{N-1} f(x,y) \cos\frac{u(2x+1)\pi}{2M} \cos\frac{v(2y+1)\pi}{2N}, \quad u=1,\cdots,M-1; v=1,\cdots,N-1$$

其中，$f(x,y)$为空间域中的二维向量，$x=0,1,2,\cdots,M-1$，$y=0,1,2,\cdots,N-1$，$F(u,v)$为变换系数矩阵。

相应的二维离散反余弦变换的定义如下：

$$f(x,y) = \frac{1}{\sqrt{MN}} F(0,0)$$
$$+ \frac{2}{\sqrt{MN}} \sum_{u=1}^{M-1} F(u,0)\cos\frac{u(2x+1)\pi}{2M}$$
$$+ \frac{2}{\sqrt{MN}} \sum_{u=1}^{N-1} F(u,0)\cos\frac{u(2x+1)\pi}{2N}$$
$$+ \frac{2}{\sqrt{MN}} \sum_{u=1}^{M-1} \sum_{v=1}^{N-1} F(u,v)\cos\frac{u(2x+1)\pi}{2M}\cos\frac{v(2y+1)\pi}{2N}$$

式中，$x=0,1,2,\cdots,M-1$，$y=0,1,2,\cdots,N-1$。

JPEG 编码时将使用正向离散余弦变换（Forward DCT）对图像进行处理。此时需将图像分解为 8×8 的子块或 16×16 的子块，并对每一个子块进行单独的 DCT 变换，然后再对变换结果进行量化、编码等处理。之所以将图像进行分解，是由于随着子块尺寸的增加，算法的复杂程度急剧上升。所以，使用中通常采用 8×8 的子块进行变换，但采用较大的子块可以明显减少图像的分块效应。

在图像压缩中，一般把图像分解为 8×8 的子块，所以 $M, N = 8$。这里将 $M, N = 8$ 代入前面提到的二维离散余弦变换公式中，得到 DCT 的变换公式如下：

$$F(u,v) = \frac{1}{4} E(u)E(v) \left[\sum_{x=0}^{7} \sum_{y=0}^{7} f(x,y) \cos\frac{u(2x+1)\pi}{16} \cos\frac{v(2y+1)\pi}{16} \right]$$

当 $u,v=0$ 时，$E(u),E(v)=1/\sqrt{2}$；当 $u,v=1,2,\cdots,7$ 时，$E(u),E(v)=1$。

特别地，当 $u=0$，$v=0$ 时，离散余弦正变换的系数 $F(0,0)$，若有 $F(0,0)=1$，则离散余弦反变换（Inverse DCT）后的重现函数 $f(x,y)=1/8$ 是一个常数，所以将 $F(0,0)$ 称为直流（DC）系数；当 $u,v \neq 0$ 时，正变换后的系数为 $F(u,v)=0$，则反变换后的重现函数 $f(x,y)$ 不是一个常数，此时正变换后的系数 $F(u,v)$ 为交流（AC）系数。

当对 JPEG 图像进行解码时，将使用反向离散余弦变换（IDCT）。回忆前面所提到的二维离散反余弦变换公式，当 $M, N = 8$ 时，代入公式得到 IDCT 的变换公式如下：

$$f(x,y) = \frac{1}{4}\left[\sum_{u=0}^{7}\sum_{v=0}^{7} E(u)E(v)F(u,v)\cos\frac{u(2x+1)\pi}{16}\cos\frac{v(2y+1)\pi}{16}\right]$$

当 $u, v = 0$ 时，$E(u), E(v) = 1/\sqrt{2}$；当 $u, v = 1, 2, \cdots, 7$ 时，$E(u), E(v) = 1$。

8.2.2　离散余弦变换的快速算法

实现 DCT 的方法很多，最直接的是根据 DCT 的定义来计算。但是根据定义来进行 DCT 处理，其计算量是非常巨大的。以二维 8×8 的 DCT 计算为例，由于公式中有两个 $x, y = 0,1,2,\cdots,7$ 的循环计算，这样要获得一个 DCT 系数，就势必需要做 8×8=64 次乘法和 8×8=64 次加法，而完成整个 8×8 像素的 DCT 就需要 4096 次乘法和 4096 次加法，计算量相当大。因此，这种方法在实际中几乎不具有应用价值。特别对于那些无浮点运算的嵌入式系统或无专门的数学运算协处理器的系统，这种巨大的运算量无疑会极大地耗用系统资源。

在实际应用中，寻找快速而又精确的算法就成为不二之选。较为常用的方法是利用 DCT 的可拆分特性，分别对行和列进行计算。同样以二维 8×8 的 DCT 计算为例，先进行 8 行一维 DCT，需要 8×8=64 次乘法和 8×8=64 次加法，再进行 8 列一维 DCT，同样需要 8×8=64 次乘法和 8×8=64 次加法。那么总共就需要 2×(8×(8×8))=1024 次乘法和 2×(8×(8×8))=1024 次加法，计算量减少为直接进行二维离散余弦变换的 1/4。

除此之外，DCT 还有很多快速算法。一些已知的快速算法主要是通过减少运算次数而减少运算时间的。其中非常具有代表性的经典算法是由新井幸弘（Yukihiro Arai）等三位日本学者于 1988 年提出的 AAN 算法。后来，在 1993 年彭尼贝克（W.B.Pennebaker）和米切尔（J. L. Mitchell）又给出了计算 8 点的一维 DCT/IDCT 的 AAN 算法。同样对于 8×8 的 DCT 来说，AAN 算法通过将最后的缩放和（反）量化合二为一，因此一共只需要 5 次乘法和 29 次加法（注意：它是指每次一维运算需要 29 次加法和 5 次乘法，也就是一共需要 29×8×2 次加法和 5×8×2 次乘法）。此算法的主要缺点是：在固定精度的定点运算中，由于缩放和量化相结合导致计算结果不精确。原始的量化值越小，精度越差，所以对高质量图像的影响比低质量图像要大。但由于 AAN 算法极大地减少了计算量，因此其效率是非常可观的。

下面就向读者介绍 AAN 算法的具体过程（以 8 点为例）。逆向 AAN 算法流程示意图如图 8-8 所示。其中黑色实心点表示加法，箭头表示乘以–1，方块表示乘法。易见，整个算法分为 6 层。其中，$a_1 = 0.707106781$，$a_2 = 0.541196100$，$a_3 = 0.707106781$，

$a_4 = 1.306562965$，$a_5 = 0.382683433$。输入为 $f[N] = \{$ f0, f1, f2, f3, f4, f5, f6, f7 $\}$，输出为 $F[N] = \{$ F0, F1, F2, F3, F4, F5, F6, F7 $\}$。

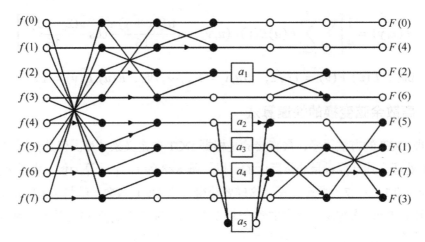

图 8-8　正向 AAN 算法流程示意图

如图 8-9 所示为 8 点的一维 IDCT 的 AAN 算法流程图。其中符号 C_i 表示 $\cos(i\pi/16)$，并且：

$$A_0 = \frac{1}{2\sqrt{2}} \approx 0.3535533906, \qquad A_1 = \frac{\cos(7\pi/16)}{2\sin(3\pi/8)-\sqrt{2}} \approx 0.4499881115$$

$$A_2 = \frac{\cos(\pi/8)}{\sqrt{2}} \approx 0.6532814824, \qquad A_3 = \frac{\cos(5\pi/16)}{\sqrt{2}+2\cos(3\pi/8)} \approx 0.2548977895$$

$$A_4 = \frac{1}{2\sqrt{2}} \approx 0.3535533906, \qquad A_5 = \frac{\cos(3\pi/16)}{\sqrt{2}-2\cos(3\pi/8)} \approx 1.2814577239$$

$$A_6 = \frac{\cos(3\pi/8)}{\sqrt{2}} \approx 0.2705980501, \qquad A_7 = \frac{\cos(\pi/16)}{\sqrt{2}+2\sin(3\pi/8)} \approx 0.3006724435$$

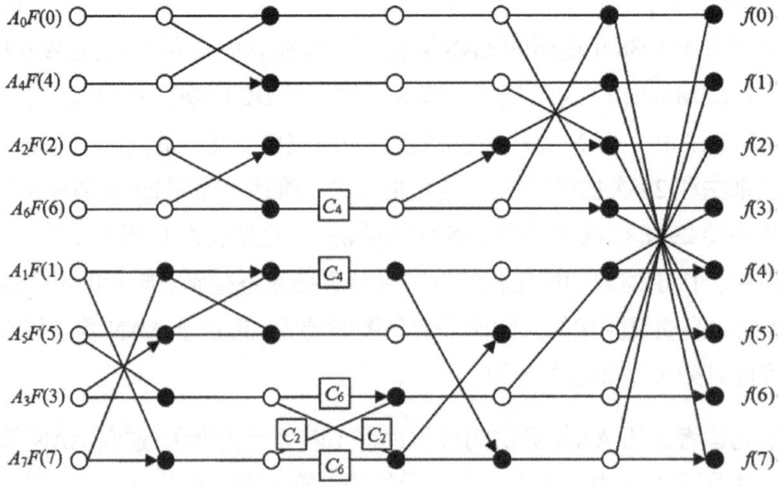

图 8-9　逆向 AAN 算法流程示意图

变换系数要先和$A_i(i = 0,1,\cdots,7)$相乘，这个过程称为预处理。

8.2.3　离散余弦变换的意义与应用

利用 MATLAB 中提供的函数来对矩阵进行离散余弦变换十分方便。其中最为常用的是函数 dct2()，它的语法形式如下：

```
B = dct2(A)
B = dct2(A,m,n)
B = dct2(A,[m n])
```

该函数用以计算矩阵 A 的 DCT 变换 B，A 与 B 的大小相同；通过参数 m 和 n 可以实现对 A 的补零或剪裁操作，从而使得 B 的大小为 m × n。

下面这段示例程序简单地演示了函数 dct2() 的使用方法。

```
J= double(imread('lena.bmp'));
K = dct2(J);
figure, imshow(K,[0 255])
```

上述程序的运行结果如图 8-10 所示，其中左图为原始图像，右图为离散余弦变换结果图像。这个结果表明经过离散余弦变换后图像中的高频信息会在左上角位置处聚集。

图 8-10　图像的离散余弦变换

函数 idct2() 用以实现 DCT 反变换，它的语法形式如下：

```
B = idct2(A)
B = idct2(A,m,n)
B = idct2(A,[m n])
```

参数 A 是输入矩阵，返回值 B 是 DCT 反变换之后的结果，A 与 B 的大小相同。与之前的情况相同，通过参数 m 和 n 可以实现对 A 的补零或剪裁操作，从而使得结果矩阵 B 的大小为 m × n。

在前面那段示例代码的基础上，追加如下语句即可将 DCT 结果还原为输入图像：

```
K_i = idct2(K);
figure, imshow(K_i,[0 255])
```

此外，在 MATLAB 中执行离散余弦变换操作还常常会用到函数 dctmtx()，它的语法形式如下：

```
D = dctmtx(n)
```

该函数的作用是返回一个 n × n 的 DCT 变换矩阵，如果矩阵 A 的大小为 n × n，那么 D*A 就是 A 矩阵每一列的 DCT 变换值，D'*A 为 A 的每一列的 DCT 反变换。所以在下面这段示例代码中，dct_2 的结果就等于 A。

```
J= double(imread('lena.bmp'));
A = J(1:8,1:8);
D = dctmtx(8);
dct_1 = D*A;
dct_2 = D'*dct_1;
```

假设需要对矩阵 A 进行 DCT 变换，那么即可借助矩阵语句 D*A*D'来实现。所以在下面这段例代码中，dct_1 的结果就等于 dct_2。

```
J= double(imread('lena.bmp'));
A = J(1:8,1:8);
D = dctmtx(8);
dct_1 = D*A*D';
dct_2 = dct2(A);
```

分析上述程序的运算结果，可知对一个 8×8 的矩阵进行 DCT 变换后，所得的 64 个频率系数与 DCT 前的 64 个像素块相对应，DCT 过程的前后都是 64 个值，说明这个过程只是一个没有压缩作用的无损变换过程。那 DCT 在图像压缩中的意义又是什么呢？再回头去看图 8-10 所示的结果。易见，单独一幅图像的全部 DCT 系数块的频谱几乎都集中在最左上角的系数块中。DCT 输出的频率系数矩阵最左上角的直流（DC）系数幅度最大；以 DC 系数为出发点向下、向右的其他 DCT 系数，离 DC 分量越远，频率越高，幅度值越小，即图像信息的大部分集中于直流系数及其附近的低频频谱上，离 DC 系数越来越远的高频频谱几乎不含图像信息，甚至于只含杂波。

离散余弦变换将原始图像信息块转换成代表不同频率分量的系数集，这有两个优点：其一，信号常将其能量的大部分集中于频率域的一个小范围内，这样一来，描述不重要的分量只需要很少的比特数；其二，频率域分解映射了人类视觉系统的处理过程，并允许后继的量化过程满足其灵敏度的要求。这就是 DCT 应用于图像压缩的基本原理。

在具体应用 DCT 进行图像压缩时，通常会先把一幅图像划分成一系列图像块，每个图像块包含 8×8 个像素。如果原始图像有 640×480 个像素，则图像将包含 80 列 60 行的方块。如果图像只包含灰度，那么每个像素用一个 8 比特的数字表示，因此可以把每个图像块表示成一个 8 行 8 列的二维数组，数组的元素是 0~255 的 8 比特整数。离散余弦变换就是作用在这个数组上的。如果图像是真色彩的，那么每个像素则占用 24 比特，相当于 3 个 8 比特的组合来表示。因此，可以用 3 个 8 行 8 列的二维数组表示这个 8×8 的像素方块，每个数组表示其中一个 8 比特组合的像素值。离散余弦变换作用于每个数组。

对每个 8×8 的图像块做离散余弦变换。通过 DCT 变换可以把能量集中在矩阵左上角少数几个系数上。这样一来，DCT 变换就是用一个 8 行 8 列的二维数组产生另一个同样包含 8 行 8 列二维数组的函数。也就是说，把一个数组通过一个变换变成另一个数组。然后再舍弃结果矩阵中一部分系数较小的值，也就达到了图像数据压缩的目的。

下面这段示例程序演示了利用 DCT 进行图像压缩的基本方法。这里用到了刚刚介绍过的 dctmtx() 函数。有时采用 dctmtx() 函数会比用 dct2() 计算二维 DCT 更高效，特别是对于输入矩阵 *A* 比较大的情况，因为变换矩阵 *D* 只需要计算一次即可。例如，在下面这段示例代码中，原始图像被分割成了众多 8×8 的像素方块，首先使用 dctmtx() 来确定变换矩阵，然后通过矩阵乘法来计算每个方块的 DCT。显然，这样要比使用 dct2() 来对每个图像块单独进行处理要快一些。

```
I = imread('cameraman.tif');
I = im2double(I);
T = dctmtx(8);
dct = @(block_struct) T * block_struct.data * T';
B = blockproc(I,[8 8],dct);
mask = [1   1   1   1   0   0   0   0
        1   1   1   0   0   0   0   0
        1   1   0   0   0   0   0   0
        1   0   0   0   0   0   0   0
        0   0   0   0   0   0   0   0
        0   0   0   0   0   0   0   0
```

```
        0  0  0  0  0  0  0  0
        0  0  0  0  0  0  0  0];
B2 = blockproc(B,[8 8],@(block_struct) mask .* block_struct.data);
invdct = @(block_struct) T' * block_struct.data * T;
I2 = blockproc(B2,[8 8],invdct);
imshow(I), figure, imshow(I2)
```

上述程序的运行结果如图 8-11 所示，其中左图为原始图像，右图是经过 DCT 压缩后的图像。

图 8-11　利用 DCT 来压缩图像

8.3　沃尔什-哈达玛变换

本节介绍沃尔什-哈达玛变换在数字图像处理中的应用，稍后还会给出一个利用该变换对图像进行压缩的实例。

8.3.1　沃尔什函数

1923 年，美国数学家沃尔什（Joseph L. Walsh）引入了沃尔什函数系，沃尔什函数系是函数值仅取 "+1" 和 "-1" 两个数值的非正弦型的标准正交完备函数系。事实上，早在 1867 年，英国数学家西尔维斯特（James J. Sylvester）就曾在其著作中提出了有关矩阵的一个古老的研究结果。后来，到了 1893 年，法国数学家哈达玛（Jacques S. Hadamard）对此结果进行了推广，而且矩阵元素仅取 "+1" 和 "-1" 两个值，于是便得到了著名的哈达玛矩阵。在特殊情况下，哈达玛矩阵可以直接引出沃尔什函数。且因其在具体的运算中用到了克罗内克（Kronecker）乘积运算法则，所以哈达玛矩阵也称为 Kroneeker 顺序的沃尔什-哈达玛矩阵。1933 年，英国天才数学家佩利（R. E. A. C. Paley）对此矩阵与二进制码顺序沃尔什函数之间的某些关系进行了讨论，并给出了沃尔什函数的全部各种定义，他同时确定沃尔什函数是拉德梅克函数（Rademacher）的有限乘积，并由此得到了一个形式完全不同的沃尔什函数。佩利早年就读于著名的伊顿公学，后进入剑桥大学三一学院深造。可惜天妒英才，不久之后，年仅 26 岁的佩利在一次滑雪时不幸遇到雪崩意外身亡。早期，沃尔什函数并没有引起人们的注意，直到 20 世纪 60 年代，关于沃尔什函数的理论和应用，才渐渐引起人们的关注。特别是在 1970 年前后，许多深入而广泛的研究成果不断涌现。当前，沃尔什函数的相关研究成果已经在电子技术、数字通信以及控制领域得到广泛的应用。

拉德梅克函数的定义如下：

$$R(n,t) = \text{sgn}\left(\sin 2^n \pi t\right)$$

$$\text{sgn}(x) = \begin{cases} 1, & x > 0 \\ -1, & x < 0 \end{cases}$$

易见，$R(n, t)$ 为周期函数，且它的周期关系可用式子 $R(n, t) = R(n, t + 1/2^{n-1})$ 来表示，如图 8-12 所示表征了它的周期性。另外，该函数的取值同样只有"+1"和"-1"两个数值。

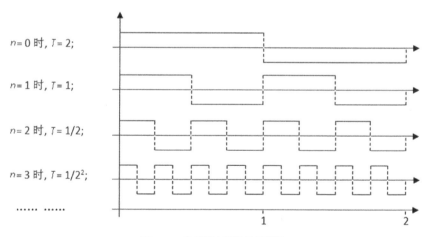

$n = 0$ 时，$T = 2$；

$n = 1$ 时，$T = 1$；

$n = 2$ 时，$T = 1/2$；

$n = 3$ 时，$T = 1/2^2$；

…… ……

图 8-12　拉德梅克函数的周期性

可以用拉德梅克函数来定义沃尔什函数，此时沃尔什函数将获得三种不同的定义，但它们都可由拉德梅克函数构成。

首先是按沃尔什排列的沃尔什函数，其定义如下：

$$\text{Wal}_w(i,t) = \prod_{k=0}^{p-1} [R(k+1,t)]^{g(i)_k}$$

其中，$R(k+1,t)$是任意拉德梅克函数，$g(i)$是 i 的格雷码，$g(i)_k$是此格雷码的第 k 位数。p 为正整数，$g(i)_k \in \{0,1\}$。例如，当 $p=3$ 时，对前 8 个$\text{Wal}_w(i,t)$取样，则可得到如下形式的沃尔什函数矩阵$\boldsymbol{H_W}$：

$$\begin{matrix}
1 & 1 & 1 & 1 & 1 & 1 & 1 & 1 \\
1 & 1 & 1 & 1 & -1 & -1 & -1 & -1 \\
1 & 1 & -1 & -1 & -1 & -1 & 1 & 1 \\
1 & 1 & -1 & -1 & 1 & 1 & -1 & -1 \\
1 & -1 & -1 & 1 & 1 & -1 & -1 & 1 \\
1 & -1 & -1 & 1 & -1 & 1 & 1 & -1 \\
1 & -1 & 1 & -1 & -1 & 1 & -1 & 1 \\
1 & -1 & 1 & -1 & 1 & -1 & 1 & -1
\end{matrix}$$

其次是按佩利排列的沃尔什函数，其定义如下：

$$\text{Wal}_p(i,t) = \prod_{k=0}^{p-1} [R(k+1,t)]^{i_k}$$

其中，$R(k+1,t)$是任意拉德梅克函数，i_k是自然二进制码的第 k 位数。与之前的情形类似，p 为正整数，且有$i_k \in \{0,1\}$。同样，当 $p=3$ 时，对前 8 个$\text{Wal}_p(i,t)$取样，则可得到如下形式的沃尔什函数矩阵$\boldsymbol{H_P}$：

$$\begin{matrix}
1 & 1 & 1 & 1 & 1 & 1 & 1 & 1 \\
1 & 1 & 1 & 1 & -1 & -1 & -1 & -1 \\
1 & 1 & -1 & -1 & 1 & 1 & -1 & -1 \\
1 & 1 & -1 & -1 & -1 & -1 & 1 & 1 \\
1 & -1 & 1 & -1 & 1 & -1 & 1 & -1 \\
1 & -1 & 1 & -1 & -1 & 1 & -1 & 1 \\
1 & -1 & -1 & 1 & 1 & -1 & -1 & 1 \\
1 & -1 & -1 & 1 & -1 & 1 & 1 & -1
\end{matrix}$$

最后是按哈达玛排列的沃尔什函数，其定义如下：

$$\text{Wal}_H(i,t) = \prod_{k=0}^{p-1} [R(k+1,t)]^{\langle i_k \rangle}$$

其中，$R(k+1,t)$是任意拉德梅克函数，$\langle i_k \rangle$是倒序的二进制码的第 k 位数。此外，p

为正整数，且有$i_k \in \{0,1\}$。当$p = 3$时，对前 8 个$\text{Wal}_H(i,t)$取样，则可得到如下形式的沃尔什函数矩阵$\boldsymbol{H}_H$：

$$
\begin{matrix}
1 & 1 & 1 & 1 & 1 & 1 & 1 & 1 \\
1 & -1 & 1 & -1 & 1 & -1 & 1 & -1 \\
1 & 1 & -1 & -1 & 1 & 1 & -1 & -1 \\
1 & -1 & -1 & 1 & 1 & -1 & -1 & 1 \\
1 & 1 & 1 & 1 & -1 & -1 & -1 & -1 \\
1 & -1 & 1 & -1 & -1 & 1 & -1 & 1 \\
1 & 1 & -1 & -1 & -1 & -1 & 1 & 1 \\
1 & -1 & -1 & 1 & -1 & 1 & 1 & -1
\end{matrix}
$$

使哈达玛矩阵生成沃尔什函数矩阵非常方便，可以用下面这个递推关系来定义 2^n 阶的哈达玛矩阵：

$$
\boldsymbol{H}_N = H_{2^n} = H_2 \otimes H_{2^{n-1}} = \begin{bmatrix} H_{2^{n-1}} & H_{2^{n-1}} \\ H_{2^{n-1}} & -H_{2^{n-1}} \end{bmatrix} = \begin{bmatrix} H_{N/2} & H_{N/2} \\ H_{N/2} & -H_{N/2} \end{bmatrix}
$$

其中，初始条件为$H_1 = [1]$，所以可以很容易递推算得$\boldsymbol{H}_4$矩阵如下：

$$
\boldsymbol{H}_4 = \begin{bmatrix} H_2 & H_2 \\ H_2 & -H_2 \end{bmatrix} = \begin{bmatrix} 1 & 1 & 1 & 1 \\ 1 & -1 & 1 & -1 \\ 1 & 1 & -1 & -1 \\ 1 & -1 & -1 & 1 \end{bmatrix}
$$

可见，哈达玛矩阵的最大优点在于它具有简单的递推关系，即高阶矩阵可用两个低阶矩阵的克罗内克积求得。因此常采用哈达玛排列定义的沃尔什变换。

8.3.2 离散沃尔什变换及其快速算法

假如$N = 2^n$，则一维离散沃尔什变换定义为：

$$
W(u) = \frac{1}{N} \sum_{x=0}^{N-1} f(x) \, \text{Wal}_H(u, x)
$$

一维离散沃尔什逆变换定义为：

$$
f(x) = \sum_{x=0}^{N-1} W(u) \, \text{Wal}_H(u, x)
$$

如果用矩阵形式来表示，那么一维离散沃尔什变换及其逆变换可以表述为：

$$
[W(0), W(1), \cdots, W(N-1)]^{\mathrm{T}} = \frac{1}{N} [\boldsymbol{H}_N][f(0), f(1), \cdots, f(N-1)]^{\mathrm{T}}
$$

$$[f(0), f(1), \cdots, f(N-1)]^{\mathrm{T}} = [H_N][W(0), W(1), \cdots, W(N-1)]^{\mathrm{T}}$$

其中，$[H_N]$表示 N 阶哈达玛矩阵。由哈达玛矩阵的特点可知，沃尔什-哈达玛变换本质上是将离散序列的各项值的符号按一定规律改变后进行加减运算，因此，它比采用复数运算的 DFT 和采用余弦运算的 DCT 要简单得多。

为了帮助读者理解，下面举一个简单的例子。例如，将一维信号序列{0, 0, 1, 1, 0, 0, 1, 1}做沃尔什-哈达玛变换，则有：

$$
\begin{bmatrix} W(0) \\ W(1) \\ W(2) \\ W(3) \\ W(4) \\ W(5) \\ W(6) \\ W(7) \end{bmatrix} = \frac{1}{8} \begin{bmatrix} 1 & 1 & 1 & 1 & 1 & 1 & 1 & 1 \\ 1 & -1 & 1 & -1 & 1 & -1 & 1 & -1 \\ 1 & 1 & -1 & -1 & 1 & 1 & -1 & -1 \\ 1 & -1 & -1 & 1 & 1 & -1 & -1 & 1 \\ 1 & 1 & 1 & 1 & -1 & -1 & -1 & -1 \\ 1 & -1 & 1 & -1 & -1 & 1 & -1 & 1 \\ 1 & 1 & -1 & -1 & -1 & -1 & 1 & 1 \\ 1 & -1 & -1 & 1 & -1 & 1 & 1 & -1 \end{bmatrix} \begin{bmatrix} 0 \\ 0 \\ 1 \\ 1 \\ 0 \\ 0 \\ 1 \\ 1 \end{bmatrix} = \begin{bmatrix} 1/2 \\ 0 \\ -1/2 \\ 0 \\ 0 \\ 0 \\ 0 \\ 0 \end{bmatrix}
$$

很容易将一维离散沃尔什变换推广到二维的情况。二维离散沃尔什的正变换核和逆变换核分别为：

$$W(u, v) = \frac{1}{MN} \sum_{x=0}^{M-1} \sum_{y=0}^{N-1} f(x, y) \mathrm{Wal}_H(u, x) \mathrm{Wsl}_H(v, y)$$

$$f(x, y) = \sum_{x=0}^{M-1} \sum_{y=0}^{N-1} W(u, v) \mathrm{Wal}_H(u, x) \mathrm{Wsl}_H(v, y)$$

式中，$x, u = 0, 1, 2, \cdots, M\text{-}1$；$v, y = 0, 1, 2, \cdots, N\text{-}1$。

同样为了帮助读者理解，下面举一个简单的例子。例如，有二维信号矩阵 f_1 如下，试求它的二维沃尔什变换。

$$f_1 = \begin{bmatrix} 1 & 3 & 3 & 1 \\ 1 & 3 & 3 & 1 \\ 1 & 3 & 3 & 1 \\ 1 & 3 & 3 & 1 \end{bmatrix}$$

因为 $M = N = 4$，所以其二维沃尔什变换核 H_4 为

$$H_4 = \begin{bmatrix} 1 & 1 & 1 & 1 \\ 1 & -1 & 1 & -1 \\ 1 & 1 & -1 & -1 \\ 1 & -1 & -1 & 1 \end{bmatrix}$$

于是有：

$$W = \frac{1}{4^2} \begin{bmatrix} 1 & 1 & 1 & 1 \\ 1 & -1 & 1 & -1 \\ 1 & 1 & -1 & -1 \\ 1 & -1 & -1 & 1 \end{bmatrix} \begin{bmatrix} 1 & 3 & 3 & 1 \\ 1 & 3 & 3 & 1 \\ 1 & 3 & 3 & 1 \\ 1 & 3 & 3 & 1 \end{bmatrix} \begin{bmatrix} 1 & 1 & 1 & 1 \\ 1 & -1 & 1 & -1 \\ 1 & 1 & -1 & -1 \\ 1 & -1 & -1 & 1 \end{bmatrix} = \begin{bmatrix} 2 & 0 & 0 & -1 \\ 0 & 0 & 0 & 0 \\ 0 & 0 & 0 & 0 \\ 0 & 0 & 0 & 0 \end{bmatrix}$$

从以上例子可以看出，二维沃尔什变换具有能量集中的特性。此外，原始数据中数字越是均匀分布，经变换后的数据越集中于矩阵的边角上。所以，二维沃尔什变换的一个典型应用就是图像信息压缩。

类似于 FFT，沃尔什变换也有快速算法 FWHT。另外，也可将输入序列 $f(x)$ 按奇偶进行分组，分别进行沃尔什变换。FWHT 的基本关系为：

$$\begin{cases} W(u) = \dfrac{1}{2}[W_e(u) + W_o(u)] \\ W\left(u + \dfrac{N}{2}\right) = \dfrac{1}{1}[W_e(u) - W_o(u)] \end{cases}$$

现在以 8 阶沃尔什-哈达玛变换为例，说明其快速算法。首先根据前面给出的递推关系来求 8 阶哈达玛矩阵：

$$\boldsymbol{H}_8 = H_2 \otimes H_4 = \begin{bmatrix} H_4 & H_4 \\ H_4 & -H_4 \end{bmatrix} = \begin{bmatrix} H_4 & 0 \\ 0 & H_4 \end{bmatrix} \begin{bmatrix} I_4 & I_4 \\ I_4 & -I_4 \end{bmatrix} = \begin{bmatrix} H_2 & H_2 & 0 & 0 \\ H_2 & -H_2 & 0 & 0 \\ 0 & 0 & H_2 & H_2 \\ 0 & 0 & H_2 & -H_2 \end{bmatrix} \begin{bmatrix} I_4 & I_4 \\ I_4 & -I_4 \end{bmatrix}$$

$$= \begin{bmatrix} H_2 & 0 & 0 & 0 \\ 0 & H_2 & 0 & 0 \\ 0 & 0 & H_2 & 0 \\ 0 & 0 & 0 & H_2 \end{bmatrix} \begin{bmatrix} I_2 & I_2 & 0 & 0 \\ I_2 & -I_2 & 0 & 0 \\ 0 & 0 & I_2 & I_2 \\ 0 & 0 & I_2 & -I_2 \end{bmatrix} \begin{bmatrix} I_4 & I_4 \\ I_4 & -I_4 \end{bmatrix} = [G_0][G_1][G_2]$$

算法一：

$$W(u) = \frac{1}{8} H_8 f(x) = \frac{1}{8}[G_0][G_1][G_2]f(x)$$

令

$$[f_1(x)] = [G_2]f(x)$$

$$[f_2(x)] = [G_1][f_1(x)]$$

$$[f_3(x)] = [G_0][f_2(x)]$$

则

$$W(u) = \frac{1}{8} f_3(x)$$

其中：

$[f_1(x)] = [G_2]f(x)$

$$\begin{bmatrix} f_1(0) \\ f_1(1) \\ f_1(2) \\ f_1(3) \\ f_1(4) \\ f_1(5) \\ f_1(6) \\ f_1(7) \end{bmatrix} = [G_2] \begin{bmatrix} f(0) \\ f(1) \\ f(2) \\ f(3) \\ f(4) \\ f(5) \\ f(6) \\ f(7) \end{bmatrix} = \begin{bmatrix} f(0) + f(4) \\ f(1) + f(5) \\ f(2) + f(6) \\ f(3) + f(7) \\ f(0) - f(4) \\ f(1) - f(5) \\ f(2) - f(6) \\ f(3) - f(7) \end{bmatrix}$$

$[f_2(x)] = [G_1]f(x)$

$$\begin{bmatrix} f_2(0) \\ f_2(1) \\ f_2(2) \\ f_2(3) \\ f_2(4) \\ f_2(5) \\ f_2(6) \\ f_2(7) \end{bmatrix} = [G_1] \begin{bmatrix} f_1(0) \\ f_1(1) \\ f_1(2) \\ f_1(3) \\ f_1(4) \\ f_1(5) \\ f_1(6) \\ f_1(7) \end{bmatrix} = \begin{bmatrix} f_1(0) + f_1(2) \\ f_1(1) + f_1(3) \\ f_1(0) - f_1(2) \\ f_1(1) - f_1(3) \\ f_1(4) + f_1(6) \\ f_1(5) + f_1(7) \\ f_1(4) - f_1(6) \\ f_1(5) - f_1(7) \end{bmatrix}$$

$[f_3(x)] = [G_0]f(x)$

$$\begin{bmatrix} f_3(0) \\ f_3(1) \\ f_3(2) \\ f_3(3) \\ f_3(4) \\ f_3(5) \\ f_3(6) \\ f_3(7) \end{bmatrix} = [G_0] \begin{bmatrix} f_2(0) \\ f_2(1) \\ f_2(2) \\ f_2(3) \\ f_2(4) \\ f_2(5) \\ f_2(6) \\ f_2(7) \end{bmatrix} = \begin{bmatrix} f_2(0) + f_2(1) \\ f_2(0) - f_2(1) \\ f_2(2) + f_2(3) \\ f_2(2) - f_2(3) \\ f_2(4) + f_2(5) \\ f_2(4) - f_2(5) \\ f_2(6) + f_2(7) \\ f_2(6) - f_2(7) \end{bmatrix}$$

显然上述过程跟本章前面介绍过的 FFT 蝶形算法非常相似，如果用图示来表述以上过程，则如图 8-13 所示。

算法二：

与算法一的情况相同，仍然从下式开始入手：

$$H_8 = [G_0][G_1][G_2]$$

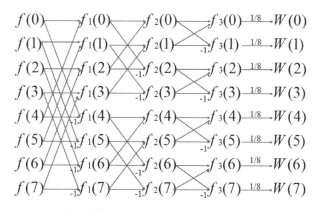

图 8-13　快速离散沃尔什变换的蝶形运算示意图（算法一）

因 $\boldsymbol{H}_8$、$\boldsymbol{G}_0$、$\boldsymbol{G}_1$、$\boldsymbol{G}_2$ 均为对称矩阵，所以有 $\boldsymbol{H}_8^{\mathrm{T}}=\boldsymbol{H}_8$、$\boldsymbol{G}_0^{\mathrm{T}}=\boldsymbol{G}_0$、$\boldsymbol{G}_1^{\mathrm{T}}=\boldsymbol{G}_1$、$\boldsymbol{G}_2^{\mathrm{T}}=\boldsymbol{G}_2$，于是可得：

$$\boldsymbol{H}_8^{\mathrm{T}}=\{[\boldsymbol{G}_0][\boldsymbol{G}_1][\boldsymbol{G}_2]\}^{\mathrm{T}}=[\boldsymbol{G}_0]^{\mathrm{T}}[\boldsymbol{G}_1]^{\mathrm{T}}[\boldsymbol{G}_2]^{\mathrm{T}}=[\boldsymbol{G}_2][\boldsymbol{G}_1][\boldsymbol{G}_0]=\boldsymbol{H}_8$$

令

$$[f_1(x)]=[\boldsymbol{G}_0]f(x)$$

$$[f_2(x)]=[\boldsymbol{G}_1][f_1(x)]$$

$$[f_3(x)]=[\boldsymbol{G}_2][f_2(x)]$$

则

$$W(u)=\frac{1}{8}f_3(x)$$

此时快速离散沃尔什变换的蝶形算法过程如图 8-14 所示。

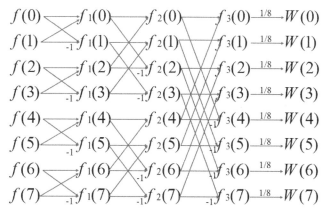

图 8-14　快速离散沃尔什变换的蝶形运算示意图（算法二）

8.3.3 沃尔什变换的应用

可以使用函数 fwht()来执行快速沃尔什变换，其语法形式如下：

```
Y = fwht(X)
Y = fwht(X, n)
Y = fwht(X, n, ordering)
```

其中，X 是输入数据，它应当是一维信号（也就是一个行向量）。参数 n 用于对 X 进行补 0 或裁剪，从而使得 Y 的大小为 n。此外，ordering 指定返回沃尔什变换系数的排列顺序。返回值 Y 表示输出的频谱。

下面这段示例代码演示了在 MATLAB 中执行快速离散沃尔什变换的方法。有兴趣的读者可以自行尝试并观察输出结果。所得结果与上一小节中给出的算例相吻合，限于篇幅，这里不再具体列出。

```
a = [0 0 1 1 0 0 1 1];
b = fwht(a);
```

鉴于 fwht()函数只处理一维信号，所以在对图像进行沃尔什变换时，可以考虑借助哈达玛核矩阵来实现。MATLAB 中提供了函数 hadamard()来生成哈达玛变换核矩阵，其语法形式如下：

```
H = hadamard(n)
```

其中，参数 n 用于表示核矩阵的大小，返回值 H 表示输出的变换核矩阵。

哈达玛变换在图像处理中的一个重要应用就是进行图像压缩。现在广泛使用的 JPEG 图像格式所采用的压缩方案中，最核心的部分是将图像分成若干个 8×8 的小块，然后分别对每个小块做离散余弦变换，并舍弃其中数值较小的系数，也就是低频部分的系数，因为人类的视觉系统对于低频部分的信号损失更不易察觉。另外，之所以要分成 8×8 的小块再做处理，其中一个主要目的就是为了抑制压缩后可能出现的块效应。所以，在此也将据此思路来设计图像压缩算法。但在具体实施时，还需要使用到 MATLAB 中的分块函数 blockproc()，它的一种最常用的语法形式如下：

```
B = blockproc(A,[M N],fun)
```

该函数的作用是将待处理的矩阵 A，分成若干个 M×N 的小块，然后分别对每个小块执行由参数 fun 所指代的操作。参数 fun 是指向一个具体函数的句柄，后面的代码具体演示了它的使用方法。返回值 B 是经过分块处理并执行了相应操作的新矩阵。需要说明的是，早期的 MATLAB 中所采用的分块函数是 blkproc()，但由于该函数本身存在一定的问题（例如在处理超大图像时可能导致失败），所以在新版本的 MATLAB 中该函数已经被 blockproc()所取代。出于向下兼容的考虑，带有 blkproc()的语句在新版本的 MATLAB 中依然可以执行通过，而且国内众多参考书中依然在使用该函数。但该函数已然被 MATLAB 归为"不推荐使用"之列，因此也希望读者在实际编程时避免使用它。

　　下面这段示例程序演示了利用沃尔什变换对图像进行压缩的基本方法。根据前面已经介绍的思路，该程序将原图像分成若干个 8×8 的小块，并分别对每个小块进行离散沃尔什变换。然后设定一个阈值，将每个小块中绝对值小于该阈值的系数全部置为零，从而实现图像的压缩。

```
I = imread('baboon.bmp');
I1 = double(I);
T = hadamard(8);
myFun1 = @(block_struct)T*block_struct.data*T/64;
H = blockproc(I1, [8 8], myFun1);
H(abs(H)<3.5)=0;
myFun2 = @(block_struct)T*block_struct.data*T;
I2 = blockproc(H, [8 8], myFun2);
subplot(121), imshow(I1,[]), title('original image');
subplot(122), imshow(I2,[]), title('zipped image');
```

　　执行上述程序，其运行结果如图 8-15 所示，其中左图为原图像，右图为经过压缩处理后的图像。

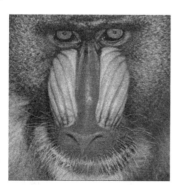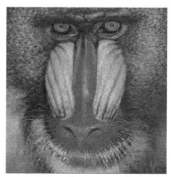

图 8-15　利用沃尔什变换压缩图像

　　上面的示例程序思路比较简单，但是也存在一个问题，那就是我们无法自定义地控制它的压缩比。下面这段程序在这方面则进行了改进。具体来说，在得到经过沃尔什变换后的 8×8 的小块后，程序会对每个小块中的系数进行排序，然后找出其中绝对值最小的几个，并将这些绝对值较小的数值都置为零。通过控制置零系数的个数，就可以很容易地定量控制图像的压缩比例。

```
I = imread('baboon.bmp');
I1 = double(I);
[m n] =size(I);
sizi = 8;
num = 16;
%分块进行离散沃尔什变换
T = hadamard(sizi);
myFun1 = @(block_struct)T*block_struct.data*T/(sizi.^2);
hdcoe = blockproc(I1, [sizi, sizi], myFun1);
%重新排列系数
coe = im2col(hdcoe, [sizi, sizi], 'distinct');
coe_t = abs(coe);
[Y, ind] = sort(coe_t);
%舍去绝对值较小的系数
[m_c, n_c] = size(coe);
for i = 1:n_c
coe(ind(1:num, i), i)=0;
end
%重建图像
re_hdcoe = col2im(coe, [sizi, sizi], [m, n], 'distinct');
myFun2 = @(block_struct)T*block_struct.data*T;
re_s = blockproc(re_hdcoe, [sizi, sizi], myFun2);
subplot(121), imshow(I1,[]), title('original image');
subplot(122), imshow(re_s,[]), title('compressed image');
```

上述程序的执行结果如图 8-16 所示，其中左图为原图，右图为利用沃尔什变换处理后得到的压缩结果。此处所执行的压缩比为 75%，可见在这个比例的压缩处理下，图像细节部分依然得到了较好的保持。

图 8-16　控制压缩比的沃尔什变换压缩图像

8.4　卡洛南-洛伊变换

卡洛南-洛伊（Karhunen-Loeve）变换，简称为 K-L 变换，有时也称为霍特林变换。早在 1933 年，统计学界、经济学界和数学界公认的大师级人物霍特林（Harold Hotelling）就最先给出了将离散信号变换成一串不相关系数的方法。由此引出的一系列研究成果在计算机科学、电子信息工程以及经济学等领域都得到了广泛而重要的应用。

8.4.1　一些必备的基础概念

有必要回顾一下概率论与数理统计中的一些基本概念。假设存在一个样本容量为n的集合$X = \{X_1, \cdots, X_n\}$。数学期望就是随机变量的平均取值，它描述的是样本集合的中间点，数学期望（或均值）的定义如下：

$$E(X) = \frac{1}{n}\sum_{i=1}^{n} X_i$$

方差刻画了随机变量对它的均值的偏离程度，它描述的是样本集合的各个样本点到均值的距离之平均，它的定义如下：

$$D(X) = \frac{1}{n-1}\sum_{i=1}^{n}[X_i - E(X)]^2$$

标准差（也称均方差）就是方差的算术平方根，它的定义如下：

$$\sigma(X) = \sqrt{D(X)} = \sqrt{\frac{\sum_{i=1}^{n}[X_i - E(X)]^2}{n-1}}$$

以上两式之所以除以$n-1$而不是除以n，是因为这样能使我们以较小的样本集更好地逼近总体的标准差，即统计上所谓的"无偏估计"。

应该注意到，标准差和方差一般是用来描述一维数据的，但现实生活中我们常常遇到含有多维数据的数据集。面对这样的数据集，我们当然可以按照每一维独立地计算其方差。但是可能我们还想了解更多，比如一个国家的经济增长与城市化水平之间是否存在一些联系等，这就涉及不同维度随机变量之间的关系。协方差就是这样一种用来度量两个随机变量关系的统计量，同样可以仿照方差（Variance）的定义：

$$D(X) = \frac{\sum_{i=1}^{n}[X_i - E(X)][X_i - E(X)]}{n-1}$$

来度量各个维度偏离其均值的程度，如此，协方差可以这么来定义：

$$\text{cov}(X, Y) = \frac{\sum_{i=1}^{n}[X_i - E(X)][Y_i - E(Y)]}{n - 1}$$

更为完整的表述应该为：设(X, Y)是二维随机变量，若$E(X)$、$E(Y)$、$D(X)$、$D(Y)$都存在，则称$E\{[X - E(X)][Y - E(Y)]\}$为随机变量$X$与$Y$的协方差，记为$\text{cov}(X, Y)$，即

$$\text{cov}(X, Y) = E\{[X - E(X)][Y - E(Y)]\}$$

与协方差息息相关的另外一个概念是相关系数（或称标准协方差），它的定义为：设(X, Y)是二维随机变量，若$\text{cov}(X, Y)$、$D(X)$、$D(Y)$都存在，且$D(X) > 0$，$D(Y) > 0$，则称ρ_{XY}为随机变量X与Y的相关系数，即

$$\rho_{XY} = \frac{\text{cov}(X, Y)}{\sqrt{D(X)}\sqrt{D(Y)}}$$

如果协方差的结果为正值，则说明两者是正相关的，结果为负值就说明是负相关的，如果为 0，也就是统计上说的"相互独立"，即二者不相关。另外，从协方差的定义上我们也可以看出一些显而易见的性质，如：

$$\text{cov}(X, X) = D(X)$$

$$\text{cov}(X, Y) = \text{cov}(Y, X)$$

协方差多了就自然会想到用矩阵形式来表示，也就是协方差矩阵。在正式给出协方差矩阵的定义之前，这里先给出"矩"这个概念的定义。设X, Y是两个随机变量：

（1）若$E(X^k), k = 1,2,\cdots$存在，则称它为X的k阶原点矩，记为$v_k = E(X^k)$。

（2）若$E[X - E(X)]^k, k = 1,2,\cdots$存在，则称它为$X$的$k$阶中心矩，记为$\mu_k = E[X - E(X)]^k$。

（3）若$E(X^k Y^l), k, l = 1,2,\cdots$存在，则称它为$X, Y$的$k + l$阶混合原点矩。

（4）若$E\{[X - E(X)]^k[Y - E(Y)]^l\}, k, l = 1,2,\cdots$存在，则称它为$X, Y$的$k + l$阶混合中心矩。

所以，数学期望、方程、协方差都是矩，是特殊的矩。

设n维随机变量$(X_1, \cdots, X_n)$的二阶中心矩存在，记为：

$$c_{ij} = \text{cov}(X_i, Y_j) = E\{[X_i - E(X_i)][Y_j - E(Y_j)]\}, \ \ i, j = 1,2,\cdots,n$$

则称矩阵

$$\Sigma = \left(c_{ij}\right)_{n\times n} = \begin{bmatrix} c_{11} & c_{12} & \cdots & c_{1n} \\ c_{21} & c_{22} & \cdots & c_{2n} \\ \cdots & \cdots & \cdots & \cdots \\ c_{n1} & c_{n2} & \cdots & c_{nn} \end{bmatrix}$$

为 n 维随机变量 $(X_1, \cdots, X_n)$ 的协方差矩阵。

8.4.2　主成分变换的推导

前面提到的一国经济增长与城市化水平关系的问题是典型的二维问题，而协方差也只能处理二维问题，维数多了自然就需要计算多个协方差，那自然而然地我们会想到使用矩阵来组织这些数据。为了帮助读者理解上面给出的协方差矩阵定义，在此举一个简单的三维例子。假设数据集有 $\{x, y, z\}$ 三个维度，则协方差矩阵为：

$$C = \begin{bmatrix} \mathrm{cov}(x,x) & \mathrm{cov}(x,y) & \mathrm{cov}(x,z) \\ \mathrm{cov}(y,x) & \mathrm{cov}(y,y) & \mathrm{cov}(y,z) \\ \mathrm{cov}(z,x) & \mathrm{cov}(z,y) & \mathrm{cov}(z,z) \end{bmatrix}$$

可见，协方差矩阵是一个对称的矩阵，而且对角线是各个维度上的方差。

下面利用 MATLAB 来尝试计算一下协方差。这里需要提醒读者注意的是，协方差矩阵计算的是不同维度之间的协方差，而不是不同样本之间的。例如，有一个样本容量为 9 的三维数据

1	1	63
1	2	75
1	3	78
2	1	50
2	2	56
2	3	65
3	1	70
3	2	71
3	3	80

根据公式，计算协方差需要计算均值，那是按行计算均值还是按列呢？前面我们也特别强调了，协方差矩阵是计算不同维度间的协方差，要时刻牢记这一点。样本矩阵的每行是一个样本，每列为一个维度，所以要按列计算均值。为了描述方便，我们

先将三个维度的数据分别赋值：

```
dim1 = [1 1 1 2 2 2 3 3 3];
dim2 = [1 2 3 1 2 3 1 2 3];
dim3 = [63 75 78 50 56 65 70 71 80];
```

接下来分别计算 dim1 与 dim2、dim1 与 dim3、dim2 与 dim3 的协方差：

```
sum( (dim1-mean(dim1)) .* (dim2-mean(dim2)) ) / ( 9-1 ) % 0
sum( (dim1-mean(dim1)) .* (dim3-mean(dim3)) ) / ( 9-1 ) % 0.625
sum( (dim2-mean(dim2)) .* (dim3-mean(dim3)) ) / (9-1 ) % 5
```

此外，协方差矩阵的对角线就是各个维度上的方差，下面依次计算：

```
std(dim1)^2 % 0.75
std(dim2)^2 % 0.75
std(dim3)^2 % 100.7778
```

这样，我们就得到了计算协方差矩阵所需要的所有数据，可以调用 MATLAB 中自带的协方差矩阵函数 cov() 进行验证，结果如下：

0.7500	0	0.6250
0	0.7500	5.0000
0.6250	5.0000	100.7778

众所周知，为了描述一个点在直角坐标系中的位置，至少需要两个分量。如图 8-17 所示是两个二维数组，其中左图显示的各个点之间相关性微乎其微，而右图所示的各个点之间则高度相关，显然数据散布在一定角度内较为集中。对于右图而言，只要知道某个点一维分量的大小就可以大致确定其位置，两个分量中任一分量的增加或者减少都能引起另一分量相应的增减。相反，左图中的情况却不是这样。

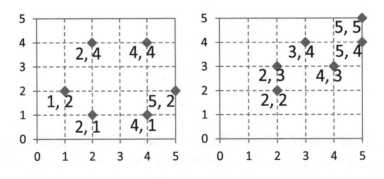

图 8-17　坐标系中点的相关性

　　该结论的一个重要应用体现在某些图像加密算法的安全性论证上。例如，采用文献[8]所提出的算法对一幅数字图像进行加密，然后从原图和密图中分别随机抽取 3000 对相邻像素，并计算每对相邻像素的相关系数，其结果如图 8-18 所示。对于原图而言，图像中相邻像素的灰度值高度相关（平均相关系数高达 0.957），因此它的分布特征是在对角线方向上高度集中。相反，密图中相邻像素的灰度值几乎不相关（平均相关系数约为 0.012），因此它的分布特征是均匀地覆盖了整个矩形块。

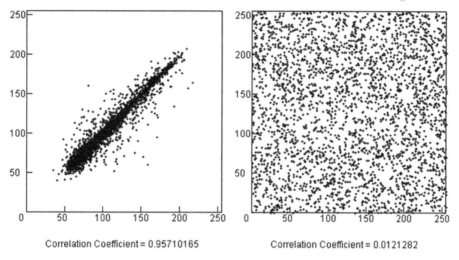

图 8-18　原图和密图相邻像素的相关性

　　对之前给出的协方差矩阵定义式稍加改写，以使其获得计算上更为直观的便利。则有在 X 矢量空间（或坐标系下），协方差矩阵Σ_x的无偏计算公式为：

$$\Sigma_x = \frac{1}{n-1}\sum_{i=1}^{n}[x_i - E(x)][x_i - E(x)]^T$$

　　表 8-2 给出了对于图 8-17 左图所示的 6 个样本点的集合，以及经计算后求得的样本集协方差矩阵和相关矩阵的结果。应当注意，协方差矩阵和相关矩阵二者都是沿对角线对称的。从相关矩阵来看，各个数据分量间存在不相关关系的明显事实就是协方差矩阵（以及相关矩阵）中非对角线元素都是零。

表 8-2　协方差矩阵的计算

X	$X - E(X)$	$[X - E(X)][X - E(X)]^T$
$\begin{bmatrix}1\\2\end{bmatrix}$	$\begin{bmatrix}-2.00\\-0.33\end{bmatrix}$	$\begin{bmatrix}4.00 & 0.66\\0.66 & 0.11\end{bmatrix}$
$\begin{bmatrix}2\\1\end{bmatrix}$	$\begin{bmatrix}-1.00\\-1.33\end{bmatrix}$	$\begin{bmatrix}1.00 & 1.33\\1.33 & 1.77\end{bmatrix}$

续表

X	$X - E(X)$	$[X-E(X)][X-E(X)]^{\mathrm{T}}$
$\begin{bmatrix}4\\1\end{bmatrix}$	$\begin{bmatrix}1.00\\-1.33\end{bmatrix}$	$\begin{bmatrix}1.00 & -1.33\\-1.33 & 1.77\end{bmatrix}$
$\begin{bmatrix}5\\2\end{bmatrix}$	$\begin{bmatrix}2.00\\-0.33\end{bmatrix}$	$\begin{bmatrix}4.00 & -0.66\\-0.66 & 0.11\end{bmatrix}$
$\begin{bmatrix}4\\4\end{bmatrix}$	$\begin{bmatrix}1.00\\1.67\end{bmatrix}$	$\begin{bmatrix}1.00 & 1.67\\1.67 & 2.97\end{bmatrix}$
$\begin{bmatrix}2\\4\end{bmatrix}$	$\begin{bmatrix}-1.00\\1.67\end{bmatrix}$	$\begin{bmatrix}1.00 & -1.67\\-1.67 & 2.87\end{bmatrix}$

最终计算可得：

$$E(X) = \begin{bmatrix}3.00\\2.33\end{bmatrix}, \quad \Sigma_x = \begin{bmatrix}2.40 & 0\\0 & 1.87\end{bmatrix}, \quad R = \begin{bmatrix}1.00 & 0\\0 & 1.00\end{bmatrix}$$

对于图 8-17 右图所示的数据，用类似的方法计算，则有

$$E(X) = \begin{bmatrix}3.50\\3.50\end{bmatrix}, \quad \Sigma_x = \begin{bmatrix}1.900 & 1.100\\1.100 & 1.100\end{bmatrix}, \quad R = \begin{bmatrix}1.000 & 0.761\\0.761 & 1.000\end{bmatrix}$$

可见，图 8-17 右图所示的数据是高度相关的。而现在的问题是能否新建一个坐标系，使得原本高度相关的数据在新坐标系下是零相关的。换言之，就是要求在新坐标系中协方差矩阵除对角线以外的元素都是零。对于特殊的坐标系而言，这种可能完全存在，例如图 8-19 所示的新坐标系就符合该要求。

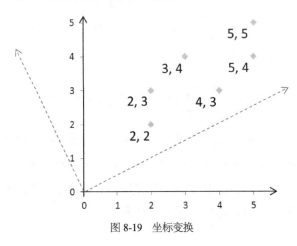

图 8-19 坐标变换

构建这个新坐标系的过程就是主成分变换的过程。如果描述坐标点的矢量在新坐标系中用 y 来表示，那么就希望求得原始坐标系的线性变换 G，即

$$y = Gx$$

经过该变换后，会使得 y 空间像素数据的协方差矩阵中对角线以外的像素为零。由定义可知，y 空间的协方差矩阵为：

$$\Sigma_y = E\{[y - E(y)][y - E(y)]^T\}$$

显然有

$$E(y) = E(Gx) = GE(x)$$

于是有

$$\Sigma_y = E\{[Gx - GE(x)][Gx - GE(x)]^T\}$$

由于G是常数矩阵，可以提到期望算子的外面，所以上式可以写成

$$\Sigma_y = GE\{[x - E(x)][x - E(x)]^T\}G^T$$

即

$$\Sigma_y = G\Sigma_x G^T$$

其中，Σ_x是 X 空间中各点数据的协方差矩阵，根据要求，Σ_y中对角线以外的元素都是零，而G可以看成是Σ_x的特征矢量的转置矩阵，而且应该是一个正交矩阵。作为结论，Σ_y可以看成是Σ_x的特征值的对角线矩阵：

$$\Sigma_y = \begin{bmatrix} \lambda_1 & 0 & \cdots & 0 \\ 0 & \lambda_2 & & \vdots \\ \vdots & & \ddots & 0 \\ 0 & \cdots & 0 & \lambda_N \end{bmatrix}$$

因为Σ_y是协方差矩阵，所以其中对角线上的元素将是各点数据的方差。方差按$\lambda_1 > \lambda_2 > \cdots > \lambda_N$排列，以便$y_1$中数据显示为最大方差，次最大方差是$y_2$，而$y_N$中的方差最小。这个变换过程就是 K-L 变换，或者称为霍特林变换。

8.4.3　编码实现主成分变换

首先通过一个算例验证一下之前的推导，然后考虑利用 MATLAB 编程实现 K-L 变换的方法。在前面给出的例子中，各点在原始的 X 空间中高度相关的协方差矩阵为：

$$\Sigma_x = \begin{bmatrix} 1.900 & 1.100 \\ 1.100 & 1.100 \end{bmatrix}$$

为了确定主成分变换，必须求出这个矩阵的特征值和特征向量，特征值可以由特征方程的解给出：

$$|\Sigma_x - \lambda I| = 0$$

其中，I是单位矩阵，即

$$\begin{vmatrix} 1.90 - \lambda & 1.10 \\ 1.10 & 1.10 - \lambda \end{vmatrix} = 0$$

计算行列式，得

$$(1.90 - \lambda)(1.10 - \lambda) - 1.1 \times 1.1 = 0$$

$$\lambda^2 - 3.0\lambda + 0.88 = 0$$

求得 $\lambda_1 = 2.67$，$\lambda_2 = 0.33$，于是有

$$\Sigma_y = \begin{bmatrix} 2.60 & 0 \\ 0 & 0.33 \end{bmatrix}$$

注意到这个例子中的第一个主分量，占数据全部方差的 2.67/(2.67+0.33)=89%。现在开始考虑求解实际主成分变换矩阵 G。首先对应于 $\lambda_1 = 2.67$ 的特征向量，这是对方程

$$[\Sigma_x - \lambda_1 I]g_1 = 0$$

的矢量解，对于二维的例子：

$$g_1 = \begin{bmatrix} g_{11} \\ g_{21} \end{bmatrix}$$

将 Σ_x 和 λ_1 代入，给出一对方程：

$$-0.77g_{11} + 1.10g_{21} = 0$$

$$+1.10g_{11} - 1.57g_{21} = 0$$

由于方程是齐次的，所以不独立。因为系数矩阵有零行列式，所以方程有非无效解。从两个方程的任何一个可见：

$$g_{11} = 1.43g_{21}$$

此时 g_{11} 和 g_{21} 是有无穷多解的，但是又要求 G 是正交的，因此 $G^{-1} = G^T$，这就要求特征向量标准化，使得

$$g_{11}^2 + g_{21}^2 = 1$$

将上述方程联立求解，可得

$$g_1 = \begin{bmatrix} 0.82 \\ 0.57 \end{bmatrix}$$

同理，对应于 $\lambda_2 = 0.33$ 的特征向量为

$$g_2 = \begin{bmatrix} -0.57 \\ 0.82 \end{bmatrix}$$

因此最终要求的主成分变换矩阵就为：

$$G = \begin{bmatrix} 0.82 & -0.57 \\ 0.57 & 0.82 \end{bmatrix}^{\mathrm{T}} = \begin{bmatrix} 0.82 & 0.57 \\ -0.57 & 0.82 \end{bmatrix}$$

现在考虑如何解释该结论。首先，特征向量g_1和g_2是在原坐标系中用来定义主成分轴的向量，如图 8-20 所示，其中e_1和e_2分别是水平和垂直的方向向量。很明显这些数据在新坐标系中是非相关的。该新坐标系是原坐标系的旋转，出于这种原因，我们可以将主成分变换理解为旋转变换（即使在高维空间中亦是如此）。

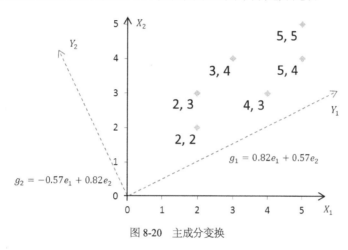

图 8-20　主成分变换

其次，考虑应用变换矩阵 G 来确定在新的非相关坐标系中各点的位置。在这个例子中由 $y=Gx$ 给出

$$\begin{bmatrix} y_1 \\ y_2 \end{bmatrix} = \begin{bmatrix} 0.82 & 0.57 \\ -0.57 & 0.82 \end{bmatrix} \begin{bmatrix} x_1 \\ x_2 \end{bmatrix}$$

对于原始数据

$$x = \begin{bmatrix} 2 \\ 2 \end{bmatrix}, \begin{bmatrix} 4 \\ 3 \end{bmatrix}, \begin{bmatrix} 5 \\ 4 \end{bmatrix}, \begin{bmatrix} 5 \\ 5 \end{bmatrix}, \begin{bmatrix} 3 \\ 4 \end{bmatrix}, \begin{bmatrix} 2 \\ 3 \end{bmatrix}$$

应用上述变换，则有

$$y = \begin{bmatrix} 2.78 \\ 0.50 \end{bmatrix}, \begin{bmatrix} 4.99 \\ 0.18 \end{bmatrix}, \begin{bmatrix} 6.83 \\ 0.43 \end{bmatrix}, \begin{bmatrix} 6.95 \\ 1.25 \end{bmatrix}, \begin{bmatrix} 4.74 \\ 1.57 \end{bmatrix}, \begin{bmatrix} 3.35 \\ 1.32 \end{bmatrix}$$

如图 8-21 所示，Y 空间中各点显然是非相关的。

下面考虑在 MATLAB 中编码实现主成分变换，此时需要用到的函数有两个，首先是 princomp() 函数，该函数用以实现主成分分析，它的语法形式如下：

```
[COEFF,SCORE] = princomp(X)
[COEFF,SCORE,latent] = princomp(X)
[COEFF,SCORE,latent,tsquare] = princomp(X)
```

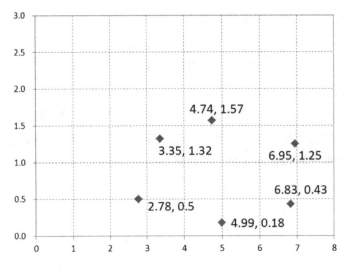

图 8-21　去除坐标系中点的相关性

其中，参数 **X** 是输入矩阵（大小为 *n×p*）。**COEFF** 是经对输入矩阵做主成分变换后返回的主成分系数，即变换后的系数（大小为 $p \times p$）。这个返回值是我们在对图像做 K-L 变换时最常用的一个值。可以继续沿用之前的例子，在 MATLAB 中编程并观察其输出，这样可以很好地帮助读者理解这个函数的使用。

```
X = [2 2; 2 3; 3 4; 4 3; 5 4; 5 5];
[COEFF,SCORE,latent,tsquare] = princomp(X);
```

执行上述代码，其中 COEFF 的输出结果如下：

$$
\begin{matrix}
0.8191 & -0.5737 \\
0.5737 & 0.8191
\end{matrix}
$$

该结果与前面由特征向量 g_1 和 g_2 所组成的矩阵是一致的。但是与最终所采用的变换矩阵 *G* 不太一样，*G* 是对这个结果做转置而求得的。前面这样处理是为了在最终计算的时候形式上可以与 *y=Gx* 这个表达式保持一致。而此时要利用系数矩阵 COEFF 求得原数据在新坐标系中的表达，根据矩阵乘法的运算规则，其实只要将 COEFF 用作乘法表达式中的第二个操作数即可。如下这条语句将得到与前面计算相一致的结果，但形式上二者互为转置关系。

```
KL = X * COEdFF
```

SCORE 是对原数据进行的分析，进而在新的坐标系中获得的数据，它的行和列数与 **X** 的行和列数相同。目前绝大部分可以找到的资料对于该返回值都讳莫如深，很多读者对其意义百思不得其解。其实 SCORE 就是原数据在各主成分向量上的投影。注意：是原数据经过中心化后在主成分向量上的投影。即通过 X0*COEFF 求得，其中

X0 是中心平移后的 X。但请注意：这里是对维度进行中心平移，而非样本。例如，由下面这段示例代码计算而得的 SCORE_1 将与上述代码中的返回值 SCORE 完全一致。

```
X0=X-repmat(mean(X),6,1);
SCORE_1 = X0*COEFF;
```

返回值 tsquare 对应每个数据点的 Hotelling T2 统计量，这个值对于本书中所涉及的例子用处不大。latent 是一维列向量，它对应 X 协方差矩阵的特征值（注意结果是由大到小排列的）。例如上述代码求得的结果如下所示，读者可以与之前算得的结果做比较，二者是基本一致的（只是在保留精度上有所差异）。

$$2.6705$$
$$0.3295$$

另外一个可以用于实现主成分变换的函数是 pcacov()，它的功能是运用协方差矩阵进行主成分分析，它的语法形式如下：

```
COEFF = pcacov(V)
[COEFF,latent] = pcacov(V)
[COEFF,latent,explained] = pcacov(V)
```

参数 V 是原数据的协方差矩阵。返回值 COEFF 和 latent 与之前的意义相同，explained 表示每个特征向量在观测量总方差中所占的百分数，即主成分的贡献向量。下面这段示例代码演示了该函数的使用方法。

```
X = [2 2; 2 3; 3 4; 4 3; 5 4; 5 5];
V = cov(X);
[COEFF,latent] = pcacov(V)
```

请读者执行上述程序并观察结果，易见，其所得结果与 princomp() 函数的处理结果是相同的。

8.4.4　应用 K-L 变换实现图像压缩

从图像压缩的角度出发，我们希望变换系数协方差矩阵 Σ_x 中除对角线从外的所有协方差均为零，成为对角线矩阵，即原来像素间的相关性经变换后全部解除，或者至少大部分协方差要等于或接近于零。为此，需要选择适当的变换矩阵，它作用于 Σ_x 后使其变成对角线型。通过前面的分析和推导，可知这样的变换矩阵是存在的。如果用协方差矩阵 Σ_x 的特征向量做变换的基向量，即由 Σ_x 的特征向量作为正交变换的变换矩阵，就可以得到对角线型的变换域协方差矩阵 Σ_y。K-L 变换就是采用这种矩阵进行变换的正交变换，它可以在变换域完全解除相关性，是理论上的最佳变换。同时，换一个角度也可以证明，K-L 变换是均方误差最小准则下的最佳变换，即在压缩比确定的情况下，采用 K-L 变换后，重建图像的均方误差比采用任何其他正交变换的都小。

回顾之前进行的 K-L 变换，哪个步骤可以称为图像压缩的切入点呢？一幅大小为 $M×N$ 的图像，它的协方差矩阵 Σ_x 大小为 $MN×MN$。由上述 K-L 变换理论可知，对 X 进行 K-L 变换的变换矩阵就是 Σ_x 的特征向量矩阵，该矩阵大小亦为 $MN×MN$，其大小远远大于原图像数据矩阵。此外，要在解码时恢复原图像，不但需要变换后的系数矩阵 Y，还需要知道逆变换矩阵（也就是变换矩阵的转置）。如果不经过任何处理就这样直接将 K-L 变换用于数字图像的压缩编码，不但达不到任何数据压缩的效果，还极大地增加了数据量。即使仅保留一个最大的特征值，变换矩阵中和该特征值对应的特征向量为 $M×N$ 维，系数矩阵 Y 保留的元素为一个。要重建图像数据，需要保留的元素个数为仍大于原矩阵，所以达不到压缩的目的。另外，求一个矩阵的协方差矩阵和特征向量矩阵，都是非常复杂的运算过程，需要大量的计算。当 X 比较大时，运算时间的耗用可能是非常大的，有时甚至会出现因为过于复杂而导致 Σ_x 和变换矩阵无法求解的情况。

要解决上述问题，可以考虑将图像分成若干个小块，然后对每个小块分别进行 K-L 变换（这与本章前面介绍的处理方式基本保持一致）。这样使得 Σ_x 和变换矩阵都比较小，计算机处理起来比较容易而且速度快。这里仍然将图像划分为多个不重叠的 8×8 小块（当图像垂直和水平方向的像素数不是 8 的倍数时补 0，使之均为 8 的倍数）。然后分别对每个小块执行 K-L 变换，变换矩阵个数为 K 个，每个矩阵大小为 64×64，仅变换矩阵就要记录 $K×64×64$ 个数据，还是远远大于原数据的个数 $M×N$。是否可以让变换矩阵的数量变得少些？最好只保留一个变换矩阵。回忆前面做 K-L 变换的例子，变换矩阵的大小与输入矩阵的维度有关，而与样本数量无关，据此可以将每个 8×8 的小块变成一个行向量（也就是一个 64 维的数组），原图像中的每个小方块都是一个 64 维的样本。所以最后只需要一个 64×64 的变换矩阵即可，它对于原图像的任意一个数据块都适用。这样的处理方式并不是完全意义上的 K-L 变换，因为采用分块的处理方式，各个数据块之间的相关性是没有消除的。但实验表明，这样的 K-L 变换虽然不能完全消除图像各像素点之间的相关性，但也能达到很好的去相关效果，在去相关性性能上优于离散余弦变换。

图像数据经 K-L 变换后，得到的系数矩阵 Y 大部分系数都很小，接近于零。只有很少的几个系数的数值比较大，这正是 K-L 变换所起到的去除像素间的相关性，把能量集中分布在较少的变换系数上的作用的结果。据此，在图像数据压缩时，系数矩阵 Y 保留 M 个分量，其余分量则舍去。在 MATLAB 中，经 K-L 变换后的系数矩阵中的数

值都是按从大到小的顺序排列的，所以直接舍去后面的 64-*M* 个分量即可。后面的程序
会验证三种不同的压缩比，即舍去其中的 32/64、48/64、56/64，通过这一步的处理，
便可动态地调节压缩编码系统的压缩比和重建图像的质量。解码时，首先做 K-L 逆变
换，然后将上述过程逆转，可以得到重建后的图像数据矩阵。下面给出的程序演示了
运用上述方法对图像实施基于 K-L 变换的压缩处理的过程。

```
I = imread('baboon.bmp');
x = double(I)/255;
[m,n]=size(x);
y =[];
%拆解图像
for i = 1:m/8;
    for j = 1:n/8;
        ii = (i-1)*8+1;
        jj = (j-1)*8+1;
        y_app = reshape(x(ii:ii+7,jj:jj+7),1,64);
        y=[y;y_app];
    end
end


%K-L 变换
[COEFF,SCORE,latent] = princomp(y);
kl = y * COEFF;

kl1 = kl;
kl2 = kl;
kl3 = kl;


%置零压缩过程
kl1(:, 33:64)=0;
kl2(:, 17:64)=0;
kl3(:, 9:64)=0;


%K-L 逆变换
kl_i = kl*COEFF';
kl1_i = kl1*COEFF';
kl2_i = kl2*COEFF';
kl3_i = kl3*COEFF';
```

```
image = ones(256,256);
image1 = ones(256,256);
image2 = ones(256,256);
image3 = ones(256,256);

k=1;
%重组图像
for i = 1:m/8;
    for j = 1:n/8;

        y = reshape(kl_i(k, 1:64),8,8);
        y1 = reshape(kl1_i(k, 1:64),8,8);
        y2 = reshape(kl2_i(k, 1:64),8,8);
        y3 = reshape(kl3_i(k, 1:64),8,8);

        ii = (i-1)*8+1;
        jj = (j-1)*8+1;

        image(ii:ii+7,jj:jj+7) = y;
        image1(ii:ii+7,jj:jj+7) = y1;
        image2(ii:ii+7,jj:jj+7) = y2;
        image3(ii:ii+7,jj:jj+7) = y3;

        k=k+1;
    end
end
```

请读者完成编码后执行上述程序，其运行结果如图 8-22 所示。

最后需要补充说明的是，尽管 K-L 变换可以将数据之间的相关性完全去除，理论上是一种最理想的数据压缩方法，但它在实际应用过程中仍然有很大的局限性。例如，它没有快速算法，不同的图像所对应的变换矩阵也不同，从这个角度来说，单纯将 K-L 变换直接应用于图像数据压缩的理论价值要大于实际价值。它存在的意义是，一方面可以作为理论验证的参考模板，另一方面就是需要对原始算法加以改进后再付诸应用。

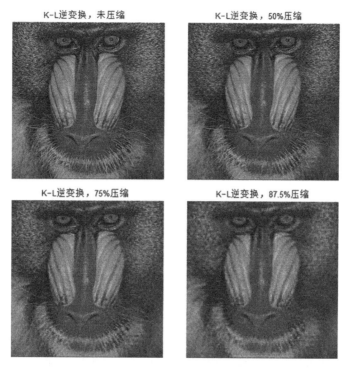

图 8-22　应用 K-L 变换进行图像压缩

本章参考文献及推荐阅读材料

[1] J. L. Walsh. A Closed Set of Normal Orthogonal Functions. American Journal of Mathematics, Vol. 45, No. 1, Jan. 1923.

[2] James W. Cooley, John W. Tukey. An Algorithm for the Machine Calculation of Complex Fourier Series. Mathematics of Computation, Vol. 19, No. 90, Apr. 1965.

[3] Yukihiro Arai, Takeshi Agui, Masayuki Nakajima. A Fast DCT-SQ Scheme for Images. IEICE Transactions, Vol. E71, No. 11, Nov. 1988.

[4] 耿迅. VC 图像处理——快速傅里叶变换. 电脑编程技巧与维护，2006.1.

[5] 程佩青. 数字信号处理教程（第 3 版）. 北京：清华大学出版社，2007.

[6] 同济大学数学系. 高等数学（第 6 版）. 北京：高等教育出版社，2007.

[7] 祝平平. 离散余弦变换快速算法的研究. 华中科技大学硕士学位论文，2008.

[8] 张云鹏，左飞，翟正军. 基于双 Logistic 变参数和 Chebychev 混沌映射的彩色图像密码算法. 西北工业大学学报，2010.4.

9 小波变换及其应用

小波变换在数字图像处理领域有着非常重要的地位，特别是在图像压缩、图像降噪、图像融合，以及数字水印方面都有着广泛的应用。本章就向读者详细介绍小波变换的基本原理，以及它在图像处理中的应用。这部分内容涉及许多关于数字信号处理的知识，特别是多抽样率信号处理方面的内容。本章将对相关的基础知识进行补充，希望能够帮助读者加深对小波变换的理解。

9.1 子带编码

信息论的相关研究表明，最优编码器的可选构建方案是将原始信号频谱分量分离成许多极其微小的带宽，并对这些频谱分量进行独立编码，子带编码正是基于这一思想发展而来的。子带编码最初被应用于语音编码，后又被广泛应用于图像压缩等领域。子带编码以多抽样率信号处理理论为根基，同时子带编码也是实现快速小波变换的重要基础。

9.1.1 数字信号处理基础

1. 系统传递函数

一个 LTI 系统的单位冲激响应 $h(n)$ 就可以完全表征系统本身，其 Z 变换为：

$$H(z) = Z[h(n)] = \sum_{n=0}^{\infty} h(n)z^{-n}$$

由上式所定义的 $H(z)$ 在信号处理中称为系统传递函数，也称系统函数或传递函数。

当系统用 $h(n)$ 表征的时候，其输入/输出关系可以表示成下式所示的表达式：

$$y(n) = T[x(n)] = T\left[\sum_{m=-\infty}^{\infty} x(m)\delta(n-m)\right]$$

$$= \sum_{m=-\infty}^{\infty} x(m)T[\delta(n-m)] = \sum_{m=-\infty}^{\infty} x(m)h(n-m)$$

于是在 Z 变换的背景下，上式所示的等式变为：

$$Y(z) = Z[y(n)] = Z\left[\sum_{m=-\infty}^{\infty} x(m)h(n-m)\right]$$

在因果信号和因果系统的背景下，上式可变为：

$$Y(z) = Z\left[\sum_{m=0}^{\infty} x(m)h(n-m)\right] = \sum_{n=0}^{\infty}\sum_{m=0}^{\infty} x(m)h(n-m)z^{-n}$$

$$= \sum_{m=0}^{\infty} x(m)\sum_{n=0}^{\infty} h(n-m)z^{-n}$$

再做一个简单的替换 $k = n-m$，上式变为：

$$Y(z) = \sum_{m=0}^{\infty} x(m)\sum_{n=0}^{\infty} h(n-m)z^{-n} = \sum_{m=0}^{\infty} x(m)\sum_{k=0}^{\infty} h(k)z^{-m}z^{-k}$$

$$= \sum_{m=0}^{\infty} x(m)z^{-m}\sum_{k=0}^{\infty} h(k)z^{-k} = Z[x(n)]\cdot Z[h(n)] = X(z)H(z)$$

这就表明，通过 Z 变换，将系统输入/输出关系由复杂的级数求和形式，变成了简单的相乘，显然给系统的分析带来了很大的方便。而且根据上式，还可以用如下的方式来定义系统的传递函数：

$$H(z) = \frac{Y(z)}{X(z)}$$

这个定义式虽然和最开始我们所给出的系统传递函数定义式看起来有所不同，一个是从 $h(n)$ 直接求 Z 变换的角度得到的，一个是从系统的输入/输出关系得到的。但是根据前面所进行的分析，可知二者所代表的意义是完全一致的。

2. 复正弦信号

对于一个单位冲激响应为 $h(n)$ 的 LTI 系统，若输入信号为一个复正弦信号 $x(n) = e^{j\omega n}$，其中 ω 为频率，则可得其输出如下：

$$y(n) = T[x(n)] = \sum_{m=-\infty}^{\infty} x(m)h(n-m) = \sum_{m=-\infty}^{\infty} e^{j\omega m}h(n-m)$$

对上式做一个 $k = n\text{-}m$ 的简单变换，可得：

$$y(n) = \sum_{k=-\infty}^{\infty} e^{j\omega(n-k)}h(k) = e^{j\omega n} \sum_{k=-\infty}^{\infty} h(k)e^{-j\omega k} = \lambda x(n)$$

其中

$$\lambda = \sum_{k=-\infty}^{\infty} h(k)e^{-j\omega k}$$

可见，λ 是与 $x(n)$ 无关的常数。

综上可知，系统的输入与输出之间有如下的关系：

$$T[x(n)] = \lambda x(n)$$

结合线性代数的知识可知，该式表征的是系统 T[•]的特征值和特征向量。该式也说明从数学的概念上讲，对于 LTI 系统 T[•]而言，$x(n)=e^{j\omega n}$ 就是系统的特征向量。在数字信号处理中，它也称为特征信号，其对应的特征值为上式中的常数 λ。此外，上述讨论中复正弦信号的频率是任意选定的。换言之，频率 ω 为任意数值的复正弦信号都满足上式的关系，因而都是 LTI 系统 T[•]的特征信号。但要注意的是，对于不同的频率 ω，其特征值是不相同的。

3. 系统频率响应

根据前面的讨论，我们知道复正弦信号是 LTI 系统的特征信号，其对应的特征值如下：

$$\lambda = \sum_{k=-\infty}^{\infty} h(k)e^{j\omega k}$$

这个特征值也称为系统的频率响应，从这个角度也是理解和分析 LTI 系统的一个重要方面。频率响应也是数字信号处理中非常重要的一个概念，通常用 $H(e^{j\omega})$ 表示，考虑到实际系统的因果性，可以将上式改写成更一般的表达式：

$$H(e^{j\omega}) = \sum_{n=0}^{\infty} h(n)e^{-j\omega n}$$

上式是从 $h(n)$ 计算频率响应 $H(e^{j\omega})$ 的一般公式，通常也称为 $h(n)$ 的离散时间傅里叶变换（DTFT）。从 $H(e^{j\omega})$ 计算 $h(n)$ 通常称为逆傅里叶变换，用数学公式表示如下：

$$h(n) = \frac{1}{2\pi} \int_{-\pi}^{\pi} H(\mathrm{e}^{\mathrm{j}\omega}) \mathrm{e}^{\mathrm{j}\omega n} \mathrm{d}\omega$$

Z 变换能为我们分析信号和系统提供极大的便利。从 Z 变换出发，可以很容易地得到系统频率响应，即频率响应 $H(\mathrm{e}^{\mathrm{j}\omega})$ 就是系统函数 $H(z)$ 在单位圆 $z = \mathrm{e}^{\mathrm{j}\omega}$ 上的取值，用公式表示为：

$$H(\mathrm{e}^{\mathrm{j}\omega}) = H(z) \mid_{z} = \mathrm{e}^{\mathrm{j}\omega}$$

也就是说，$H(\mathrm{e}^{\mathrm{j}\omega})$ 是 $H(z)$ 的一种特殊情况，只要知道了系统函数 $H(z)$，就可以很容易地求得系统的频率响应 $H(\mathrm{e}^{\mathrm{j}\omega})$。

频率响应 $H(\mathrm{e}^{\mathrm{j}\omega})$ 一般为复数，所以可以用它的实部和虚部来表示：$H(\mathrm{e}^{\mathrm{j}\omega}) = H_{\mathrm{R}}(\mathrm{e}^{\mathrm{j}\omega}) + \mathrm{j}H_{\mathrm{I}}(\mathrm{e}^{\mathrm{j}\omega})$。也可以用幅度和相位来表示：$H(\mathrm{e}^{\mathrm{j}\omega}) = |H(\mathrm{e}^{\mathrm{j}\omega})| \, \mathrm{e}^{\mathrm{j}\varphi(\omega)}$，式中$|H(\mathrm{e}^{\mathrm{j}\omega})|$称为幅度响应，有时也称为幅频响应或幅频特性。$\varphi(\omega)$ 称为相位响应，有时也称为相频响应或相频特性。正如 $h(n)$ 完全表征了 LTI 系统的时域特性一样，$H(\mathrm{e}^{\mathrm{j}\omega})$ 也完全表征了 LTI 系统的频域特性。幅频响应和相频响应则分别代表了 $H(\mathrm{e}^{\mathrm{j}\omega})$ 的某一个方面，两者合起来才是对系统频率响应的完整描述。

幅频响应与实部和虚部的关系如下：

$$|H(\mathrm{e}^{\mathrm{j}\omega})| = \sqrt{H_{\mathrm{R}}^2(\mathrm{e}^{\mathrm{j}\omega}) + H_{\mathrm{I}}^2(\mathrm{e}^{\mathrm{j}\omega})}$$

幅频响应所表征的是系统对不同频率信号幅度的放大或者衰减。换句话说，系统的幅频响应实际上表示了 LTI 系统的频率选择性。幅频响应越大，则对应频率信号的选择性也就越好，此时信号能够更好地通过系统；幅频响应越小，则对应频率信号的选择性越差，此时信号更难通过系统。幅频响应是周期性的，并且周期为 2π。我们可以从数学推导中直接看出这一点：

$$H(\mathrm{e}^{\mathrm{j}(\omega+2\pi)}) = \sum_{n=0}^{\infty} h(n)\mathrm{e}^{-\mathrm{j}(\omega+2\pi)n} = \sum_{n=0}^{\infty} h(n)\mathrm{e}^{-\mathrm{j}\omega n} = H(\mathrm{e}^{\mathrm{j}\omega})$$

很显然，$H(\mathrm{e}^{\mathrm{j}\omega})$是以 2π 为周期的，所以很自然地，幅频响应也具有相同的周期性。另一方面，离散系统可以看作是对应的连续系统采样得到的，而时域的采样等效于频域的周期延拓，采样周期对应的数字频率就是 2π，因此离散 LTI 系统的频率响应是周期性的，且周期为 2π。此外，还可以看出幅频响应具有对偶性，即$|H(\mathrm{e}^{\mathrm{j}\omega})| = |H(\mathrm{e}^{-\mathrm{j}\omega})|$。实际上，对于实系数的 $h(n)$，幅频响应都具有对偶性的特点。这个特性表明，只要知道$[0, \pi]$范围内的$|H(\mathrm{e}^{\mathrm{j}\omega})|$，整个周期内的$|H(\mathrm{e}^{\mathrm{j}\omega})|$也就自然知道了。

9.1.2 多抽样率信号处理

1. 滤波器组（Filter Bank）

具有一个共同输入信号或一个共同输出信号的一组滤波器称为滤波器组，如图 9-1 所示。其中左图为一个具有共同输入信号的滤波器组。输入信号 $x(nT)$ 进入 M 个通道，每个通道中有一个滤波器 $h_k(nT)$，$k = 0, 1, \cdots, M\text{-}1$。设 $x(nT)$ 为一个宽频带信号，经过各通道中的带通滤波器后被分成 M 个子频带信号 $y_k(nT)$，$k = 0, 1, \cdots, M\text{-}1$。$y_k(nT)$ 是窄频带信号，这样的滤波器组称为分析滤波器组（Analysis Filter Bank）。

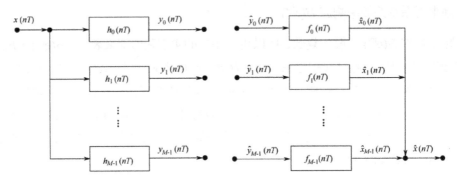

图 9-1　分析滤波器组和综合滤波器组

滤波后各通道的信号 $y_k(nT)$，$k = 0, 1, \cdots, M\text{-}1$，是窄带信号，因此它们的抽样率可以降低。如果 $x(nT)$ 是一个满带信号，即 $X(e^{j\omega})$ 的频谱占满-π 到 π 的区域，而各通道的信号 $y_k(nT)$ 都具有相同的带宽 B，则 $B=2\pi/M$，所以抽样率最多可以降低到 $1/MT$。如果抽样率低于此值，则必出现混叠。这就是说，各通道（信道）滤波后的信号可以进行抽取因子 D 等于或小于 M 的抽取。因此，$D=M$ 的抽取称为最大抽取。最大抽取情况下的分析滤波器组和综合滤波器组如图 9-2 所示。

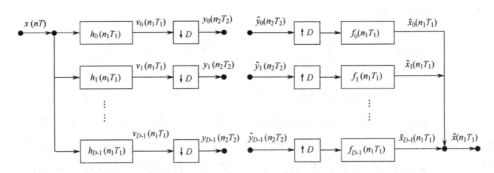

图 9-2　带 D 倍抽取分析滤波器组和带 D 倍内插的综合滤波器组

具有多个输入信号和一个共同输出信号的滤波器组称为综合滤波器组（Synthesis Filter Bank）。在综合滤波器组中输入信号 $\hat{y}_k(n_2T_2), k = 0, 1, \cdots, D-1$，先进行零值内插，经过综合滤波器 $f_k(n_1T_1)$ 后保留了所需要的子频带，得到相应的子频带信号 $\hat{x}_k(n_1T_1), k = 0, 1, \cdots, D - 1$。把所有的 $\hat{x}_k(n_1T_1)$ 相加起来，就得到了所求的综合信号 $\hat{x}(n_1T_1)$，即

$$\hat{x}(n_1T_1) = \sum_{k=0}^{D-1} \hat{x}_k(n_1T_1)$$

及

$$\hat{X}(e^{j\omega_1}) = \sum_{k=0}^{D-1} \hat{X}_k(e^{j\omega_1})$$

2. 多抽样率系统中的多相表示

多相表示在多抽样率信号处理中是一种基本方法，使用它可以在实现整数倍和分数倍抽取和内插时提高计算效率，在实现滤波器组时也非常有用。多相表示也称为多相分解，它是指将数字滤波器的转移函数 $H(z)$ 分解成若干个不同相位的组。$h[k]$ 为某离散系统的单位脉冲序列，$H(z)$ 是其系统函数。

$$e_n[k] = h[kM+n], \quad n = 0, 1, \cdots, M\text{-}1$$

称 $e_n[k]$ 为 $h[k]$ 的第 n 个多相分量。若 $e_n[k]$ 的 Z 变换记为 $E_n(z)$，则称 $E_n(z)$ 为 $H(z)$ 第 n 个多相分量。

$H(z)$ 可以由 M 个多相分量 $E_n(z)$ 表达。

在 FIR 滤波器中，转移函数为：

$$H(z) = \sum_{n}^{N-1} h(n)z^{-n}$$

式中，N 为滤波器长度。如果将冲激响应 $h(n)$ 按下列的排列分成 D 个组，并设 N 为 D 的整数倍，即 $N/D=Q$，Q 为整数，则

$$
\begin{aligned}
H(z) = h(0)z^0 \quad &+ h(D)z^{-D} \quad &+\cdots \quad &+ h[(Q-1)D]z^{-(Q-1)D} \\
+ h(1)z^{-1} \quad &+ h(D+1)z^{-(D+1)} \quad &+\cdots \quad &+ h[(Q-1)D+1]z^{-(Q-1)D-1} \\
+ h(2)z^{-2} \quad &+ h(D+2)z^{-(D+2)} \quad &+\cdots \quad &+ h[(Q-1)D+2]z^{-(Q-1)D-2} \\
&\cdots\cdots & \cdots\cdots & \\
+ h(D-1)z^{-(D-1)} \quad &+ h(2D-1)z^{-(2D-1)} \quad &+\cdots \quad &+ h[(Q-1)D+D-1]z^{-(Q-1)D-(D-1)}
\end{aligned}
$$

$$= \sum_{n=0}^{Q-1} h(nD+0)(z^D)^{-n} + z^{-1}\sum_{n=0}^{Q-1} h(nD+1)(z^D)^{-n} + \cdots + z^{-(D-1)}\sum_{n=0}^{Q-1} h(nD+D-1)(z^D)^{-n}$$

令

$$E_k(z^D) \overset{\text{def}}{=} \sum_{n=0}^{Q-1} h(nD+k)(z^D)^{-n}, \quad k=0,1,\cdots,D-1$$

则

$$H(z) = \sum_{k=0}^{D-1} z^{-k} E_k(z^D)$$

$E_k(z^D)$ 称为 $H(z)$ 的多相分量，上式则称为 $H(z)$ 的多相表示。

多相分解可由矩阵表示为：

$$H(z) = \begin{bmatrix} 1 & z^{-1} & \cdots & z^{-(D-1)} \end{bmatrix} \begin{bmatrix} E_0(z^D) \\ E_1(z^D) \\ \vdots \\ E_{D-1}(z^D) \end{bmatrix}$$

我们把冲激响应 $h(n)$ 分成了 D 个组，其中第 k 个组是 $h(nD+k), k=0,1,\cdots,D-1$。从 $H(z)$ 的多相表示式也可以看出 $z^{-k}E_k(z^D)$ 是 $H(z)$ 中的第 k 个组，$k=0,1,\cdots,D-1$。如果把该式中的 z 换成 $e^{j\omega}$，则

$$H(e^{j\omega}) = \sum_{k=0}^{D-1} e^{-j\omega k} E_k(e^{j\omega D})$$

式中，$e^{-j\omega k}$ 表示不同的 k 具有不同的相位，所以称之为多相表示。$H(z)$ 的多相表示式与上式称为 $H(z)$ 多相分解的第一种型式。$H(z)$ 的多相表示式的网络结构图如图 9-3 所示。

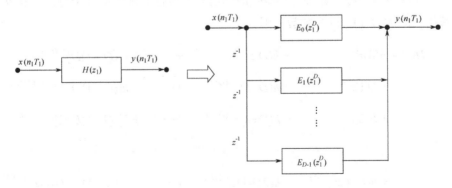

图 9-3 多相分解的第一种型式

下面讲述多相分解的第二种型式。

如果令

$$\sum_{n=0}^{Q-1} h(nD + k)(z^D)^{-n} \overset{\text{def}}{=\!=} R_{D-1-k}(z^D)$$

根据 I 型多相分解:

$$H(z) = \sum_{k=0}^{D-1} E_k(z^D) z^{-k}$$

也就相当于 $R_m(z^D) = E_{D-1-m}(z^D), \ m = 0, 1, \cdots, D-1$,则原式变为(可得 II 型多相分解):

$$H(z) = R_{D-1}(z^D) + z^{-1}R_{D-1-1}(z^D) + \cdots + z^{-(D-1-m)}R_m(z^D) + \cdots + z^{-(D-1)}R_0(z^D)$$

$$= \sum_{m=0}^{D-1} z^{-(D-1-m)} R_m(z^D)$$

上式称为多相分解的第二种型式,其网络结构图如图 9-4 所示。

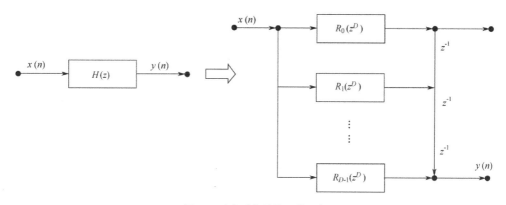

图 9-4 多相分解的第二种型式

3. 两通道滤波器组的多相结构

下面我们以两通道滤波器组为例来讨论多相结构。

首先,根据式:

$$H(z) = \sum_{k=0}^{D-1} z^{-k} E_k(z^D)$$

对于分析滤波器组,把 $H_0(z)$ 和 $H_1(z)$ 进行类型 I 多相分解得到如下结果(因为是两通道滤波器组，所以这里 $D = 2$，$k = \{0, 1\}$ ）：

$$H_0(z) = E_{00}(z^2) + z^{-1}E_{01}(z^2)$$

$$H_1(z) = E_{10}(z^2) + z^{-1}E_{11}(z^2)$$

E_{ij} 中 i 代表滤波器的序号，j 代表多相结构的序号。以上两式可用图 9-5 表示。

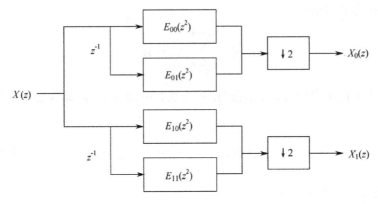

图 9-5　两通道分析滤波器组的多相结构

如果将上述两个式子写成矩阵形式，则可以表示为：

$$\begin{bmatrix} H_0(z) \\ H_1(z) \end{bmatrix} = \begin{bmatrix} E_{00}(z^2) & E_{01}(z^2) \\ E_{10}(z^2) & E_{11}(z^2) \end{bmatrix} \begin{bmatrix} 1 \\ z^{-1} \end{bmatrix} = E(z^2) \begin{bmatrix} 1 \\ z^{-1} \end{bmatrix}$$

式中

$$E(z^2) = \begin{bmatrix} E_{00}(z^2) & E_{01}(z^2) \\ E_{10}(z^2) & E_{11}(z^2) \end{bmatrix}$$

对于综合滤波器组，根据式：

$$H(z) = \sum_{m=0}^{D-1} z^{-(D-1-m)} R_m(z^D)$$

对 $F_0(z)$ 和 $F_1(z)$ 做类型 II 多相分解得到（这里 $D = 2$，$m = \{0, 1\}$ ）：

$$F_0(z) = z^{-1}R_{00}(z^2) + R_{01}(z^2)$$

$$F_1(z) = z^{-1}R_{10}(z^2) + R_{11}(z^2)$$

以上两式可用图 9-6 表示。

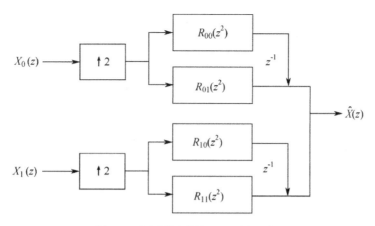

图 9-6 两通道综合滤波器组的多相结构

如果将上述两个式子写成矩阵形式，则可以表示为：

$$[F_0(z) \quad F_1(z)] = [z^{-1} \quad 1]\begin{bmatrix} R_{00}(z^2) & R_{10}(z^2) \\ R_{01}(z^2) & R_{11}(z^2) \end{bmatrix} = [z^{-1} \quad 1]\boldsymbol{R}(z^2)$$

式中

$$\boldsymbol{R}(z^2) = \begin{bmatrix} R_{00}(z^2) & R_{10}(z^2) \\ R_{01}(z^2) & R_{11}(z^2) \end{bmatrix}$$

4. 正交镜像滤波器（QMF）组

设一个两通道 QMF 组如图 9-7 所示。

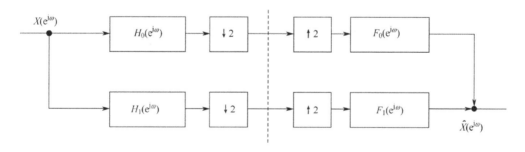

图 9-7 两通道 QMF 组

如果 $H_1(e^{j\omega}) = H_0[e^{j(\omega-\pi)}] = H_0(e^{j\omega}W)$，式中 $W = e^{-j2\pi/2} = e^{-j\pi} = -1$（此处根据欧拉公式得出），则表明 $H_0(e^{j\omega})$ 和 $H_1(e^{j\omega})$ 的幅频特性如图 9-8 所示，$H_0(e^{j\omega})$ 和 $H_1(e^{j\omega})$ 对于 $\pi/2$ 呈镜像对称，所以称这种滤波器组为正交镜像滤波器（Quadrature Mirror Filter）组，简称 QMF 组。这也是 QMF 组的原始含义。

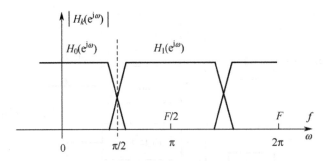

图 9-8　两通道 QMF 组中滤波器的幅频特性

将两通道扩展到 D 个通道的滤波器组，如果其中各滤波器 $H_k(e^{j\omega})$ 具有

$$H_k(e^{j\omega}) = H_0(e^{j\omega}W^k), \quad W \overset{\text{def}}{=} e^{-j\frac{2\pi}{D}}$$

的关系，如图 9-9 所示，则也称之为 QMF 组。当然，尽管这时已经不具有幅频特性对 $\pi/2$ 对称的性质，其幅频特性如图 9-10 所示，但通常仍然保留习惯上的称谓。

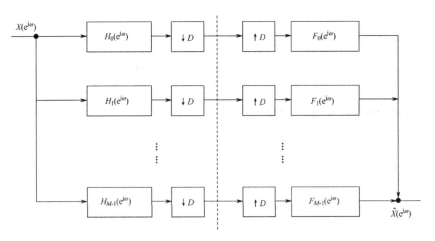

图 9-9　D 通道 QMF 组

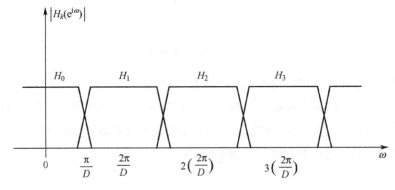

图 9-10　D 通道 QMF 组中各滤波器的幅频特性

5. D **通道 QMF 组的输入/输出关系**

图 9-11 给出了一个 D 通道 QMF 组并注明了各点信号的符号。

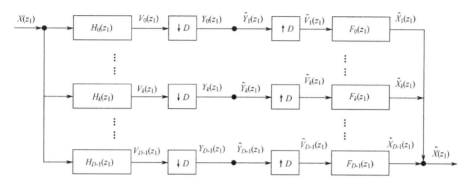

图 9-11　D 通道 QMF 组及其各点信号的符号

下面我们研究其输入 $X(z_1)$ 和输出 $\hat{X}(z_1)$ 的关系。先取出其中的第 k 条支路，有

$$\hat{X}_k(z_1) = \hat{V}_k(z_1) F_k(z_1)$$

$$\hat{V}_k(z_1) = \hat{Y}_k(z_2)$$

$$\hat{Y}_k(z_2) = Y_k(z_2)$$

$$Y_k(z_2) = \frac{1}{D} \sum_{l=0}^{D-1} V_k(z_1 W^l), \ \ W \overset{\text{def}}{=} e^{-j\frac{2\pi}{D}}$$

及

$$V_k(z_1) = X(z_1) H_k(z_1)$$

于是

$$\hat{X}_k(z_1) = \frac{1}{D} \sum_{l=0}^{D-1} X(z_1 W^l) H_k(z_1 W^l) F_k(z_1)$$

整个系统的输出 $\hat{X}(z_1)$ 为各通道输出 $\hat{X}_k(z_1)$ 之和，即

$$\hat{X}(z_1) = \sum_{k=0}^{D-1} \hat{X}_k(z_1) = \frac{1}{D} \sum_{l=0}^{D-1} X(z_1 W^l) \sum_{k=0}^{D-1} H_k(z_1 W^l) F_k(z_1), \ \ W \overset{\text{def}}{=} e^{-j\frac{2\pi}{D}}$$

$$= \sum_{l=0}^{D-1} X(z_1 W^l) A_l(z_1), \ \ A_l(z_1) \overset{\text{def}}{=} \frac{1}{D} \sum_{k=0}^{D-1} H_k(z_1 W^l) F_k(z_1)$$

上式为 QMF 组输入/输出的基本关系式，可以用矩阵形式表示为：

$$\frac{1}{D}\begin{bmatrix} H_0(z_1W^0) & H_1(z_1W^0) & \cdots & H_{D-1}(z_1W^0) \\ H_0(z_1W^1) & H_1(z_1W^1) & \cdots & H_{D-1}(z_1W^1) \\ H_0(z_1W^2) & H_1(z_1W^2) & \cdots & H_{D-1}(z_1W^2) \\ \vdots & \vdots & & \vdots \\ H_0(z_1W^{D-1}) & H_1(z_1W^{D-1}) & \cdots & H_{D-1}(z_1W^{D-1}) \end{bmatrix}\begin{bmatrix} F_0(z_1) \\ F_1(z_1) \\ F_2(z_1) \\ \vdots \\ F_{D-1}(z_1) \end{bmatrix} \overset{\text{def}}{=} \begin{bmatrix} A_0(z_1) \\ A_1(z_1) \\ A_2(z_1) \\ \vdots \\ A_{D-1}(z_1) \end{bmatrix}$$

式中，$D \times D$ 的矩阵 $H(z_1) = [H_k(z_1W^l)]$ 称为混叠分量（Alias Component）矩阵，简称 AC 矩阵。

另外，上式中的 $X(z_1W^l)$, $l = 1,2,\cdots,D-1$ 是原输入信号 $X(z_1)$ 的混叠样本，是由于抽取而造成的，故称混叠分量。如果希望在输出 $\hat{X}(z_1)$ 去掉混叠的影响，则应将上式拆分为两个部分，即

$$\hat{X}(z_1) = X(z_1)A_0(z_1) + \sum_{l=1}^{D-1} X(z_1W^l)A_l(z_1)$$

而使其中 $l \neq 0$ 的部分为 0，即令

$$A_l(z_1) = 0, \ \ l \neq 0$$

如此，原式就变成：

$$\hat{X}(z_1) = X(z_1)A_0(z_1) = \frac{1}{D}\sum_{k=0}^{D-1} H_k(z_1)F_k(z_1)X(z_1)$$

在输出信号 $\hat{X}(z_1)$ 中就不含有混叠成分了。

在 QMF 组中首先看到的是因混叠而产生的误差，经过分析，我们知道 QMF 组输入/输出的基本关系式中 $\sum_{l=1}^{D-1} X(z_1W^l)A_l(z_1)$ 就是这部分误差，它不是由 $X(z_1)$ 而来的，而是由 $X(z_1W^l)$, $l \neq 0$ 而来的。所以由它引起的失真称为混叠失真，简称 ALD。ALD 是由于抽取造成的，要想使这部分误差为 0，就必须设计 $F_k(z_1)$ 配合 $H_k(z_1W^l)$，使 $A_l(z_1) = 0, l \neq 0$，于是 QMF 组输入/输出的基本关系就变成如下的形式：

$$\begin{bmatrix} H_0(z_1W^0) & H_1(z_1W^0) & \cdots & H_{D-1}(z_1W^0) \\ H_0(z_1W^1) & H_1(z_1W^1) & \cdots & H_{D-1}(z_1W^1) \\ H_0(z_1W^2) & H_1(z_1W^2) & \cdots & H_{D-1}(z_1W^2) \\ \vdots & \vdots & & \vdots \\ H_0(z_1W^{D-1}) & H_1(z_1W^{D-1}) & \cdots & H_{D-1}(z_1W^{D-1}) \end{bmatrix}\begin{bmatrix} F_0(z_1) \\ F_1(z_1) \\ F_2(z_1) \\ \vdots \\ F_{D-1}(z_1) \end{bmatrix} = \begin{bmatrix} DA_0(z_1) \\ 0 \\ 0 \\ \vdots \\ 0 \end{bmatrix}$$

易见，此时的输出 $\hat{X}(z_1)$ 中不含 $X(z_1)$ 的混叠成分，这样的系统称为无混叠系统。

6. 两通道 QMF 组的输入/输出关系

根据上一小节的结论，这里我们令 $D=2$，则有（注意：化简过程同样使用了欧拉

公式）：

$$\hat{X}(z_1) = \frac{1}{2}\sum_{l=0}^{1} X(z_1 W^l) \sum_{k=0}^{1} H_k(z_1 W^l) F_k(z_1)$$

$$= \frac{1}{2} X(z_1)[H_0(z_1)F_0(z_1) + H_1(z_1)F_1(z_1)]$$

$$+ \frac{1}{2} X(-z_1)[H_0(-z_1)F_0(z_1) + H_1(-z_1)F_1(z_1)]$$

上式中右侧第一项是输入信号 $X(z_1)$ 对输出信号 $\hat{X}(z_1)$ 的贡献，右侧第二项则是输入信号的混叠分量对 $\hat{X}(z_1)$ 的贡献，如果要想 $\hat{X}(z_1)$ 中无混叠成分，则须使

$$H_0(-z_1)F_0(z_1) + H_1(-z_1)F_1(z_1) = 0$$

按照通常 QMF 组中的关系，$H_1(z_1)$ 应该是 $H_0(z_1)$ 在频域中平移 π 角的结果，即

$$H_1\big(e^{j\omega_1}\big) = H_0\big[e^{j(\omega_1-\pi)}\big]$$

或

$$H_1(z_1) = H_0(-z_1)$$

将此关系式带回原等式，则有：

$$H_0(-z_1)F_0(z_1) + H_0(z_1)F_1(z_1) = 0$$

为了求得 $F_0(z_1)$，$F_1(z_1)$ 与 $H_0(z_1)$，$H_1(z_1)$ 的关系，可以令无混叠的 QMF 组输入/输出关系矩阵中的 $D = 2$，这时 $W = -1$，于是有

$$\begin{bmatrix} H_0(z_1) & H_1(z_1) \\ H_0(-z_1) & H_1(-z_1) \end{bmatrix}\begin{bmatrix} F_0(z_1) \\ F_1(z_1) \end{bmatrix} = \begin{bmatrix} 2A_0(z_1) \\ 0 \end{bmatrix}$$

所以

$$\begin{bmatrix} F_0(z_1) \\ F_1(z_1) \end{bmatrix} = \begin{bmatrix} H_0(z_1) & H_1(z_1) \\ H_0(-z_1) & H_1(-z_1) \end{bmatrix}^{-1}\begin{bmatrix} 2A_0(z_1) \\ 0 \end{bmatrix} = \frac{1}{\det H}\begin{bmatrix} H_1(-z_1) & -H_1(z_1) \\ -H_0(-z_1) & H_0(z_1) \end{bmatrix}\begin{bmatrix} 2A_0(z_1) \\ 0 \end{bmatrix}$$

由于要求 $F_0(z_1)$，$F_1(z_1)$ 是 FIR 系统，最简单的方法是设 $2A_0(z_1)/\det H = 1$，于是

$$\begin{bmatrix} F_0(z_1) \\ F_1(z_1) \end{bmatrix} = \begin{bmatrix} H_1(-z_1) \\ -H_0(-z_1) \end{bmatrix}$$

而且我们已经知道 $H_1(z_1) = H_0(-z_1)$，所以有：

$$F_0(z_1) = H_0(z_1)$$

及

$$F_1(z_1) = -H_0(-z_1) = -H_1(z_1)$$

于是经过化简计算，得到两通道 QMF 组无混叠的输入/输出关系如下：

$$\hat{X}(z_1) = \frac{1}{2} X(z_1)[H_0^2(z_1) - H_1^2(z_1)] = X(z_1)A(z_1), \quad A(z_1) = \frac{1}{2}[H_0^2(z_1) - H_1^2(z_1)]$$

9.1.3　图像的子带分解

率失真理论表明一个高效的信源编码器会将信号（例如图像）划分成多个频带，然后对每个子带信号进行独立编码。尽管图像是一个二维的信号，但在此我们先来讨论一维子带编码的情况。大多数二维子带分解都是通过将一维子带滤波器组进行级联（cascading）实现的。

在子带编码中，一幅图像被分解成一系列限带分量的集合，称为子带，它们可以重组在一起无失真地重建原始图像。最初是为语音和图像压缩而研制的，每个子带通过对输入进行带通滤波而得到。因为所得到的子带带宽要比原始图像的带宽小，子带可以进行无信息损失的抽样。原始图像的重建可以通过内插、滤波和叠加单个子带来完成。

图 9-12 显示了两段子带编码系统的基本部分。系统的输入是一个一维的带限时间离散信号 $x(n)$, $n = 1, 2, \cdots$；输出序列 $\hat{x}(n)$ 是通过分析滤波器 $h_0(n)$ 和 $h_1(n)$ 将 $x(n)$ 分解成 $y_0(n)$ 和 $y_1(n)$，然后再通过综合滤波器 $f_0(n)$ 和 $f_1(n)$ 综合得到的。注意：$h_0(n)$ 和 $h_1(n)$ 是半波数字滤波器，其理想传递函数分别是 H_0 和 H_1。滤波器 H_0 是一个低通滤波器，输出是 $x(n)$ 的近似值；滤波器 H_1 是一个高通滤波器，输出是 $x(n)$ 的高频或细节部分。所有的滤波器都通过在时域将每个滤波器的输入与其冲激响应（对单位强度冲激函数 $\delta(n)$ 的响应）进行卷积来实现。我们希望能够通过选择 $h_0(n)$, $h_1(n)$, $f_0(n)$ 和 $f_1(n)$（或 H_0, H_1, F_0 和 F_1）来实现对输入的完美重构，即 $\hat{x}(n) = x(n)$。

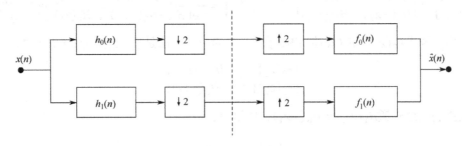

图 9-12　一维子带编解码的两通道滤波器组

根据对两通道 QMF 组输入/输出关系的研究，我们知道两通道子带编码的输入/输出关系可以表示为：

$$\hat{X}(z) = \frac{1}{2}X(z)[H_0(z)F_0(z) + H_1(z)F_1(z)] + \frac{1}{2}X(-z)[H_0(-z)F_0(z) + H_1(-z)F_1(z)]$$

其中第二项由于含有-z 的关系，它代表了抽样-内插过程带来的混叠。

对于输入的无失真重建，$\hat{x}(n) = x(n)$和$\hat{X}(n) = X(n)$。因此，可以假定下列条件：

$$H_0(-z)F_0(z) + H_1(-z)F_1(z) = 0$$

$$H_0(z)F_0(z) + H_1(z)F_1(z) = 2$$

第一个式子通过强制含有-z 的项为零来消除混叠失真；而第二个式子则通过强制第一项等于$X(z)$消除幅度失真。上述方程组可以写成如下所示的矩阵形式：

$$\begin{bmatrix} H_0(z) & H_1(z) \\ H_0(-z) & H_1(-z) \end{bmatrix}\begin{bmatrix} F_0(z) \\ F_1(z) \end{bmatrix} = \begin{bmatrix} 2 \\ 0 \end{bmatrix}$$

假设$\begin{bmatrix} H_0(z) & H_1(z) \\ H_0(-z) & H_1(-z) \end{bmatrix}$是可逆的，则在等式两端分别乘以$\begin{bmatrix} H_0(z) & H_1(z) \\ H_0(-z) & H_1(-z) \end{bmatrix}^{-1}$，得

$$\begin{bmatrix} F_0(z) \\ F_1(z) \end{bmatrix} = \begin{bmatrix} H_0(z) & H_1(z) \\ H_0(-z) & H_1(-z) \end{bmatrix}^{-1}\begin{bmatrix} 2 \\ 0 \end{bmatrix}$$

因为

$$\begin{bmatrix} H_0(z) & H_1(z) \\ H_0(-z) & H_1(-z) \end{bmatrix}^{-1} = \frac{1}{H_0(z)H_1(-z) - H_1(z)H_0(-z)}\begin{bmatrix} H_1(-z) & -H_1(z) \\ -H_0(-z) & H_0(z) \end{bmatrix}$$

所以

$$\begin{bmatrix} F_0(z) \\ F_1(z) \end{bmatrix} = \frac{2}{H_0(z)H_1(-z) - H_1(z)H_0(-z)}\begin{bmatrix} H_1(-z) \\ -H_0(-z) \end{bmatrix}$$

如果定义分析调制矩阵$\boldsymbol{H}_m(z)$为：

$$\boldsymbol{H}_m(z) = \begin{bmatrix} H_0(z) & H_1(z) \\ H_0(-z) & H_1(-z) \end{bmatrix}$$

显然$\det[\boldsymbol{H}_m(z)] = H_0(z)H_1(-z) - H_1(z)H_0(-z)$，则原式可以改写为：

$$\begin{bmatrix} F_0(z) \\ F_1(z) \end{bmatrix} = \frac{2}{\det[\boldsymbol{H}_m(z)]}\begin{bmatrix} H_1(-z) \\ -H_0(-z) \end{bmatrix}$$

该式子表明$F_0(z)$是$H_1(-z)$的函数，而$F_1(z)$是$H_0(-z)$的函数。分析滤波器和综合滤波器交叉调制，也就是说，在图 9-12 的框图中，对角线上相对的滤波器在 Z 域上是以-z 相关联的（此处若运用前面我们所讲过的多相分解，同样可以得到滤波器在 Z 域

上以-z 相关联这个结论）。对于这一点的理解，我们还可以从多相结构的角度去分析两通道滤波器组的完全重建问题。对于有限冲激响应（FIR）滤波器，调制矩阵的行列式是一个纯时延，即$\det[\boldsymbol{H}_m(z)] = \alpha z^{-(2k+1)}$。这是因为：

$$\det[\boldsymbol{H}_m(z)] = \sum_{n=0}^{\infty} h_0(n)z^{-n} \sum_{n=0}^{\infty} h_1(n)(-z^{-n}) - \sum_{n=0}^{\infty} h_1(n)z^{-n} \sum_{n=0}^{\infty} h_0(n)(-z^{-n})$$

$$= \sum_{n=0}^{\infty} h_0(n)z^{-n} \sum_{n=0}^{\infty} h_1(n)(-1)^n z^{-n} - \sum_{n=0}^{\infty} h_1(n)z^{-n} \sum_{n=0}^{\infty} h_0(n)(-1)^n z^{-n}$$

显然，当 n 为偶数时，上式的计算结果等于零，所以最后必然可以化简得到一个 $\alpha z^{-(2k+1)}$ 形式的结果。因此，交叉调制的准确形式是 α 的函数。$z^{-(2k+1)}$ 项可被认为是任意的，因为它只改变滤波器的群时延。

忽略时延，也就是令 $z^{-(2k+1)}=1$，并令 $\alpha = 2$，则此时有 $\det[\boldsymbol{H}_m(z)] = 2$，则上式变为：

$$\begin{bmatrix} F_0(z) \\ F_1(z) \end{bmatrix} = \begin{bmatrix} H_1(-z) \\ -H_0(-z) \end{bmatrix}$$

则有：

$$\sum_{n=0}^{\infty} f_0(n)z^{-n} = \sum_{n=0}^{\infty} h_1(n)(-z)^{-n}$$

$$\sum_{n=0}^{\infty} f_1(n)z^{-n} = -\sum_{n=0}^{\infty} h_0(n)(-z)^{-n}$$

又因为 $(-z)^{-n} = (-1)^n z^{-n}$，于是可以得到

$$f_0(n) = (-1)^n h_1(n)$$

$$f_1(n) = (-1)^{n+1} h_0(n)$$

如果 $a = -2$，结果的表达式符号相反：

$$f_0(n) = (-1)^{n+1} h_1(n)$$

$$f_1(n) = (-1)^n h_0(n)$$

因此，FIR 综合滤波器是分析滤波器的交叉调制的副本，有且仅有一个符号相反。

上述推导所得的公式也可以用来证明分析滤波器和综合滤波器的双正交性。令低通分析滤波器和低通综合滤波器传递函数的乘积为 $P(z)$，可得：

$$P(z) = F_0(z)H_0(z) = \frac{2}{\det[\boldsymbol{H}_m(z)]}H_1(-z)H_0(z)$$

由于

$$\det[\boldsymbol{H}_m(z)] = -\det[\boldsymbol{H}_m(-z)]$$

$$F_1(z)H_1(z) = \frac{-2}{\det[\boldsymbol{H}_m(z)]}H_0(-z)H_1(z) = P(-z)$$

因此，$F_1(z)H_1(z) = P(-z) = F_0(-z)H_0(-z)$，消除幅度失真的表达式变成：

$$F_0(z)H_0(z) + F_0(-z)H_0(-z) = 2$$

做反 Z 变换可得：

$$\sum_k f_0(k)h_0(n-k) + (-1)^n \sum_k f_0(k)h_0(n-k) = 2\delta(n)$$

冲激函数 $\delta(n)$ 在 $n = 0$ 时等于 1，而在其他情况下等于 0。由于奇次方项相互抵消，可得：

$$\sum_k f_0(k)h_0(2n-k) = \langle f_0(k), h_0(2n-k) \rangle = \delta(n)^{[1]}$$

由消除混叠和幅度失真的两个方程式开始，并将 F_0 和 H_0 表示成 F_1 和 H_1 的函数，可得：

$$\langle f_1(k), h_1(2n-k) \rangle = \delta(n)$$

$$\langle f_0(k), h_1(2n-k) \rangle = 0$$

且

$$\langle f_1(k), h_1(2n-k) \rangle = 0$$

合并以上 4 个式子，可得到更有普遍意义的表达式：

$$\langle h_i(2n-k), f_j(k) \rangle = \delta(i-j)\delta(n), \ i,j = \{0,1\}$$

满足该条件的滤波器组具有双正交性。此外，所有两频段实系数的完美重建滤波器组的分析滤波器和综合滤波器的冲激响应服从双正交性约束。

表 9-1 给出了无混叠、无幅度失真条件式的通解。虽然它们都能满足双正交要求，

---

1 序列 $x(n)$ 和 $y(n)$ 的向量内积定义为 $\langle x,y \rangle = \sum_n x^*(n)y(n)$，这里*号表示复共轭操作。如果 $x(n)$ 和 $y(n)$ 都是实数，则 $\langle x,y \rangle = \langle y,x \rangle$。

但各自的求解方式不同，定义的可完美重建的滤波器类也不同。每类中都依一定规格设计了一个"原型"滤波器，而其他滤波器由原型计算产生。表中第 2、3 列是滤波器组的经典结果，QMF（前面已经对 QMF 组进行过研究）和 CQF（共轭正交滤波器），第 4 列中的滤波器称为具有正交性的滤波器（它将用于后面的快速小波变换的开方中）。它们在双正交的基础上更进一步，要求：

$$\langle f_i(n), f_j(n+2m) \rangle = \delta(i-j)\delta(m), \ i,j = \{0,1\}$$

这为可完美重建的滤波器组定义了正交性。注意表中最后一行中 $F_1(z)$ 的表达式，$2K$ 代表滤波器系数的长度或数目（即滤波器抽头）。可见，F_1 与低通综合滤波器 F_0 的联系在于调制、时域反转或奇数平移[2]。此外，H_0 和 H_1 分别是相应的综合滤波器 F_0 和 F_1 的时域反转。从表 9-1 中的第 4 列中选取适当的输入，做反 Z 变换可得：

$$f_1(n) = (-1)^n f_0(2K-1-n)$$

$$h_i(n) = f_i(2K-1-n), \ i = \{0,1\}$$

其中，h_0、h_1、f_0 和 f_1 是定义的正交滤波器的冲激响应，此类正交滤波器有很多，例如 Daubechies 滤波器、Smith 和 Barnwell 滤波器等。

表 9-1　完美重建滤波器组

滤波器	QMF	CQF	正　交
$H_0(z)$	$H_0^2(z) - H_0^2(-z) = 2$	$H_0(z)H_0(z^{-1}) + H_0(-z)H_0(-z^{-1}) = 2$	$F_0(z^{-1})$
$H_1(z)$	$H_0(-z)$	$z^{-1}H_0(-z^{-1})$	$F_1(z^{-1})$
$F_0(z)$	$H_0(z)$	$H_0(z^{-1})$	$F_0(z)F_0(z^{-1}) + F_0(-z)F_0(-z^{-1}) = 2$
$F_1(z)$	$-H_0(-z)$	$zH_0(-z)$	$-z^{-2K+1}F_0(-z^{-1})$

表 9-1 中的一维滤波器也可以用于图像处理的二维可分离滤波器。如图 9-13 所示，可分离滤波器首先应用于某一维（如垂直方向），再应用于另一维（如水平方向）。此外，抽样也分两步执行——在第二次滤波前执行一次以减少计算量。滤波后的输出结果，用图 9-13 中的 $a(m,n)$、$d^V(m,n)$、$d^H(m,n)$ 和 $d^D(m,n)$ 表示，分别称为近似子带、垂直细节子带、水平细节子带以及图像的对角线细节子带。一个或多个这样的子带可被分为 4 个更小的子带，并可重复划分。

2 对时间反转和平移的 Z 变换对分别是 $x(-n) \Leftrightarrow X(z^{-1})$ 和 $x(n-k) \Leftrightarrow z^{-k}X(z)$。

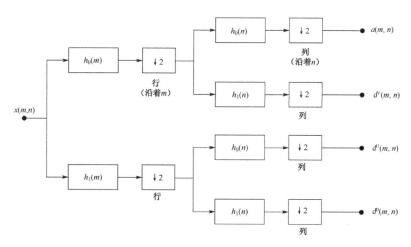

图 9-13　图像的二维分解

图 9-14 显示了一个 8 抽头正交滤波器的冲激响应。低通滤波器 $h_0(n)$，$0 \leqslant n \leqslant 7$ 的系数是-0.01059740，0.03288301，0.03084138，-0.18703481，-0.02798376，0.63088076，0.71484657 和 0.23037781；其余正交滤波器的系数可以通过前面的公式计算得到（因为是 8 抽头，所以这里 $2K=8$ ），结果请见表 9-2。请注意图 9-14 中分析滤波器和综合滤波器的交叉调制。用数字计算来说明这些滤波器既是双正交的又是正交的相对容易。此外，它们同样满足对已分解的输入进行无差错的重建（即满足无混叠、无幅度失真的条件）。

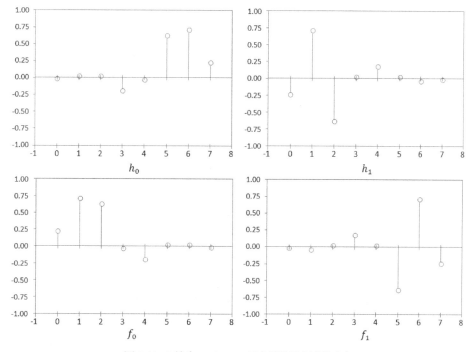

图 9-14　8 抽头 Daubechies 正交滤波器的冲激响应

表 9-2 正交滤波器的冲激响应

滤波器 n	h_0	h_1	f_0	f_1
0	-0.01059740	-0.23037781	0.23037781	-0.01059740
1	0.03288301	0.71484657	0.71484657	-0.03288301
2	0.03084138	-0.63088076	0.63088076	0.03084138
3	-0.18703481	0.02798376	-0.02798376	0.18703481
4	-0.02798376	0.18703481	-0.18703481	0.02798376
5	0.63088076	0.03084138	0.03084138	-0.63088076
6	0.71484657	-0.03288301	0.03288301	0.71484657
7	0.23037781	-0.01059740	-0.01059740	-0.23037781

图 9-15 显示了对一幅 512×512 图像进行（基于图 9-13 中的滤波器）4 频段分离。该图像的每一个象限都是一个 256×256 的子带。从左上角开始，按顺时针方向旋转，4 个象限分别包括近似子带 a、水平细节子带 d^H、对角线细节子带 d^D 和垂直细节子带 d^V。除了左上角的近似子带，所有子带都经过量化处理以使其基本结构更为明显。注意子带 d^H 和 d^V 中表现出了混叠，这是由于对可分辨窗口进行抽样造成的，可通过综合滤波器在重建时消除。

图 9-15 图像的子带分解

9.2 哈尔函数与哈尔变换

哈尔变换是图像多分辨率分析技术中的一种，也是方波型离散图像变换的一种，更重要的，它还是小波变换的重要基础。

9.2.1 哈尔函数的定义

哈尔函数（Haar function）是一种正交归一化函数，它是定义在半开区间[0,1)上的一组分段常值函数（piecewise-constant function）集。

那么哈尔函数是如何定义的呢？在区间[0, 1)上，哈尔函数定义为：

$$H(0,t) = 1, \text{当 } 0 \le t < 1 \text{ 时}$$

$$H(1,t) = \begin{cases} 1, & \text{当 } 0 \le t < \dfrac{1}{2} \text{时} \\ -1, & \text{当 } \dfrac{1}{2} \le t < 1 \text{时} \end{cases}$$

一般情况：

$$H(2^p + n, t) = \begin{cases} 2^{\frac{p}{2}}, & \text{当 } \dfrac{n}{2^p} \le t < \dfrac{(n+0.5)}{2^p} \text{时} \\ -2^{\frac{p}{2}}, & \text{当 } \dfrac{(n+0.5)}{2^p} \le t < \dfrac{(n+1)}{2^p} \text{时} \\ 0, & \text{其他} \end{cases}$$

其中 $p = 1, 2, 3, \cdots$；$n = 0, 1, \cdots, 2^p\text{-}1$。

图 9-16 给出的是哈尔函数在直角坐标系上的表示。可见，在区间[0, 1)上，$H(0, t)$为 1，$H(1, t)$在左右半个区间内分别取值为 1 和-1，其他函数取 0, $\pm\sqrt{2}$, ± 2, $\pm 2\sqrt{2}$, ± 4, $\cdots$。以上哈尔函数的定义以 1 为周期，因此也可以将它延展至整个时间轴上。

$H(0, t)$和 $H(1, t)$为全域函数（Global function），因为它们在整个正交区间都有值（非 0），而其余的哈尔函数只在部分区间有值（非 0），称为局域函数（Local function）。

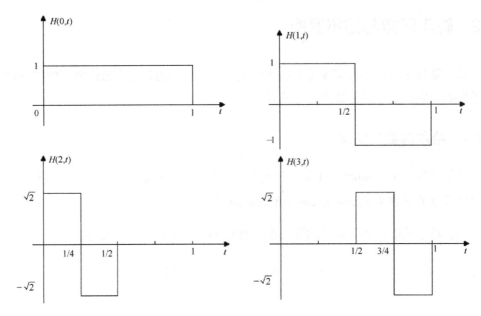

图 9-16　哈尔函数在直角坐标系上的表示（N=4）

9.2.2　哈尔函数的性质

哈尔函数显然具有正交归一性，即

$$\int_0^1 H(m,t)H(l,t)\,\mathrm{d}t = \begin{cases} 1, & m = l \\ 0, & m \neq l \end{cases}$$

阶数不同的两个哈尔函数，可能互不重合，例如 $H(3,t)$ 和 $H(4,t)$，也可能一个哈尔函数处于另一个的半周期之内，例如 $H(4,t)$ 和 $H(2,t)$，此时均正交。

周期为 1 的连续函数 $f(t)$ 可以展成 Haar 级数：

$$f(t) = \sum_{m=0}^{+\infty} c(m)H(m,t)$$

其中

$$c(m) = \int_0^1 f(t)H(m,t)\mathrm{d}t$$

哈尔函数收敛均匀而且迅速。

全域函数的系数 $c(0)$ 和 $c(1)$，在整个正交区域受 $f(t)$ 影响；而对局域函数，它们的系数 $c(2), c(3),\cdots$ 只受 $f(t)$ 部分值影响。如此，要用哈尔函数去逼近一个函数 $f(t)$，则全域函数在整个正交区域内起作用，而局域函数则在部分区域起作用。在工程技术应用中，若我们希望 $f(t)$ 的某一部分逼近更好，哈尔函数显然有独到之处。

最后，因为哈尔函数是完备的正交函数，所以帕斯维尔定理成立。

$$\int_0^1 f^2(t)\,\mathrm{d}t = \sum_{m=0}^{+\infty} c^2(m)$$

9.2.3 酉矩阵与酉变换

如果一个矩阵的逆是它的复共轭转置，则该矩阵 U 是酉矩阵。也就是说：

$$U^{-1} = U^{*T} \text{ 或 } UU^{*T} = I$$

其中，I 是单位矩阵，*表示取共轭复数，T 表示转置。通常标记为 H 而非*T。如果矩阵所有的元素都是实数，则用正交来代替酉。换言之，如果 U 是一个酉矩阵，且矩阵中所有元素都是实数，则它是一个正交矩阵，因而满足：

$$U^{-1} = U^{\mathrm{T}} \text{ 且 } UU^{\mathrm{T}} = I$$

注意到 UU^{T} 的第(i, j)元素是 U 的第 i 行和第 j 行的内积，所以上式表示 $i = j$ 时，内积为 1，否则内积为 0。所以 U 的各行都是一组正交向量。

如果矩阵 h_c 和 h_r 是酉（unitary）矩阵[3]，则下式表示 f 的一个酉变换（unitary transform），而 g 为图像 f 的酉变换域（unitary transform domain）。

$$g = h_c^{\mathrm{T}} f h_r$$

其中，g 是输出图像，h_c 和 h_r 是变换矩阵。

酉变换的逆为：

$$f = h_c g h_r^{\mathrm{H}}$$

为了简单起见，后面用 U 代替 h_c，用 V 代替 h_r，则图像 f 的向量外积展开形式可以写成：

$$f = U g V^{\mathrm{H}}$$

如果矩阵 U 是一个酉矩阵，则需满足其任意两列的点积必须为 0，而且任意一个列向量的大小必须为 1。换句话说，如果 U 的列向量构成一组标准正交基，那么它是一个酉矩阵。

---

3 这里标识 r 用来表示行（Row）分量，c 用来表示列（Column）分量，下文中的标识意义同此。

9.2.4　二维离散线性变换

数字图像可以看成是一个离散的二维信号。将一个 $N \times N$ 的矩阵 $\boldsymbol{F}$ 变换成另一个 $N \times N$ 的矩阵 $\boldsymbol{G}$ 的线性变换的一般形式为：

$$G_{m,n} = \sum_{i=0}^{N-1}\sum_{k=0}^{N-1} F_{i,k}\,\mathfrak{I}(i,k,m,n)$$

其中，i, k, m, n 是取值 0 到 N-1 的离散变量，$\mathfrak{I}(i,k,m,n)$ 是变换的核函数。$\mathfrak{I}(i,k,m,n)$ 可以看作是一个 $N^2 \times N^2$ 的块矩阵，每行有 N 个块，共有 N 行，每个块又是一个 $N \times N$ 的矩阵。块由 m 和 n 索引，每个块内（子矩阵）的元素由 i 和 k 索引，如图 9-17 所示。

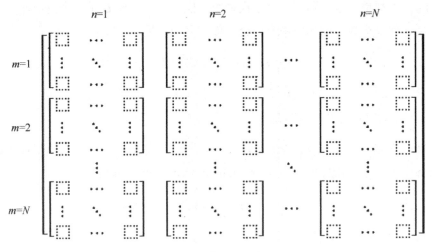

图 9-17　核函数矩阵

如果 $\mathfrak{I}(i,k,m,n)$ 能被分解成行方向的分量函数和列方向的分量函数的乘积，即如果

$$\mathfrak{I}(i,k,m,n) = \boldsymbol{U}_{\mathrm{r}}(i,m)\boldsymbol{U}_{\mathrm{c}}(k,n)$$

则这个变换就被叫作可分离的。这意味着这个变换可以分两步来完成：先进行行向运算，然后进行列向运算（反过来也可以）。所以原有的线性变换的形式可以记作：

$$G_{m,n} = \sum_{i=0}^{N-1}\left[\sum_{k=0}^{N-1} F_{i,k}\,\boldsymbol{U}_{\mathrm{c}}(k,n)\right]\boldsymbol{U}_{\mathrm{r}}(i,m)$$

更进一步，如果这两个分量函数相同，也可将这个变换称为对称的（注意这与对称矩阵的意思是不同的）。则

$$\mathfrak{I}(i,k,m,n) = \boldsymbol{U}(i,m)\boldsymbol{U}(k,n)$$

于是线性变换的形式又可以改写为：

$$G_{m,n} = \sum_{i=0}^{N-1} U(i,m) \left[\sum_{k=0}^{N-1} F_{i,k} U(k,n) \right] \quad \text{或} \quad \boldsymbol{G} = \boldsymbol{UFU}$$

其中 U 是酉矩阵，它又叫作变换的核矩阵。后续我们都将用这个表示方法标明一个一般的、可分离的、对称的酉变换。

酉矩阵中的行向量就是基函数，任何两个酉变换之间的主要差别就在于对于基函数的不同选择。

核矩阵的各行构成了 N 维向量空间的一组基向量。这些行是正交的，即：

$$\sum_{i=0}^{N-1} U_{j,i} U_{k,i}^* = \delta_{j,k}$$

其中，$\delta_{j,k}$ 是 Kronecker δ[4]。

虽然任意一组正交向量集都可以用于一个线性变换，但是，通常整个集皆取自同一形式的基函数。例如，傅里叶变换就是使用复指数作为其基函数的类型，各个基函数之间只是频率不同。空间中的任意一个向量都可以用单位长度的基向量的加权和来表示。

9.2.5　哈尔基函数

哈尔变换是使用哈尔函数作为基函数的对称、可分离酉变换，它要求 $N=2^n$，其中 n 是整数。哈尔变换的基函数（也就是哈尔函数），即哈尔基函数（Haar basis function），是众所周知的最古老也是最简单的正交小波。

傅里叶变换的基函数仅仅是频率不同，而哈尔函数在尺度（宽度）和位置上都不同。这使得哈尔变换具有尺度和位置双重属性（这在其基函数中十分明显），因此哈尔基函数在定义上需要采用一种双重索引机制。这样的属性也为后面我们要讨论的小波变换建立了一个起点。

因为哈尔变换是可分离的，也是对称的酉变换，因此根据前面我们所给出的记法，可以用下面这个矩阵形式来表达哈尔变换：

---

4 在数学中，克罗内克（Kronecker）函数（又称克罗内克 δ 函数或克罗内克 δ）$\delta_{j,k}$ 是一个二元函数，得名于德国数学家利奥波德·克罗内克。克罗内克函数的自变量（输入值）一般是两个整数，如果两者相等，则其输出值为 1，否则为 0。克罗内克函数的值一般简写为 $\delta_{j,k}$。克罗内克函数和狄拉克 δ 函数都使用 δ 作为符号，但是克罗内克 δ 用的时候带两个下标，而狄拉克 δ 函数则只有一个变量。

$$G = HFH$$

其中 H 是变换矩阵，因为这里的变换矩阵特指由哈尔函数生成的矩阵，因此用 H 来表示。对于哈尔变换，变换矩阵 H 中包含了哈尔基函数 $h(k, t)$，我们前面已经讲过，基函数其实也就是变换矩阵的行向量。因此，哈尔变换的基函数不是一个函数，而是一组函数，它们都定义在连续闭区间 $t \in [0, 1]$ 上。整数 $k = 0, 1, 2, \cdots, N\text{-}1$，这里 $N=2^n$。整数 k 由其他两个整数 p 和 q 唯一确定，即 $k = 2^p+q\text{-}1$，其中 $0 \leqslant p \leqslant n - 1$；且当 $p = 0$ 时，$q = 0$ 或 1；当 $p \neq 0$ 时，$1 \leqslant q \leqslant 2^p$。在这种构造下，不仅 k 是 p 和 q 的函数，而且 p 和 q 也是 k 的函数，对于任意 $k > 0$，2^p 是使 $2^p \leqslant k$ 成立的 2 的最大幂次，而 $q\text{-}1$ 是余数。

例如，当 $N=4$ 时，k、p 和 q 的值如表 9-3 所示。因为 $N=4$，所以 $k = 0, 1, 2, 3$；$n = \log_2 N=2$。所以 $0 \leqslant p \leqslant 1$，即 $p = 0$ 或 $p = 1$，根据 $k = 2^p+q\text{-}1$ 就可以求得 k、p 和 q 的值。反过来，根据 2^p 是使 $2^p \leqslant k$ 成立的 2 的最大幂次，而 $q\text{-}1$ 是余数这条原则也可以确定 p 和 q 的值。

表 9-3　k、p 和 q 的值

k	0	1	2	3
p	0	0	1	1
q	0	1	1	2

用 p 和 q 来表示 k，则哈尔基函数可以定义为：

$$h(0, t) = \frac{1}{\sqrt{N}}$$

且

$$h(k, t) = \frac{1}{\sqrt{N}} \begin{cases} 2^{\frac{p}{2}}, 当 \dfrac{q-1}{2^p} \leqslant t < \dfrac{(q-0.5)}{2^p} 时 \\ -2^{\frac{p}{2}}, 当 \dfrac{(q-0.5)}{2^p} \leqslant t < \dfrac{q}{2^p} 时 \\ 0, 其他 \end{cases}$$

上面这个式子与本章最开始给出的哈尔函数几乎如出一辙，因为哈尔变换就是用哈尔函数作为基函数的变换。稍有不同的地方是，这里用 q 替代了原式中的 n，显然 $n = q\text{-}1$。另外，这里还多了一个 $N^{1/2}$，这一点我们将留在下一节中做解释。

对于 $N \times N$ 的哈尔变换矩阵，其第 k 行（其实 k 就是哈尔变换矩阵中的行数索引）包含了元素 $h(k, t)$，如果令 t 取离散值 k/N，其中 $k = 0, 1, 2, \cdots, N\text{-}1$，就可以根据定义产生一组基函数，这组基函数就构成了哈尔变换矩阵。

除了 $k=0$ 时为常数外，每个基函数都有独特的一个矩形脉冲对，这些基函数在尺度（宽度）和位置上都有所变换，如图 9-18 所示。前面我们讲过由于哈尔函数在尺度和位置两方面都会变化，所以它们必须有双重索引机制。双重索引机制的意思是，一个索引用来体现哈尔函数在尺度上的变化，另一个索引用来体现它在位置方面的变化。在哈尔函数的定义中，它的尺度是由整数 p 来体现的，而它的位置（或者说是平移量）则是由整数 q 来确定的。

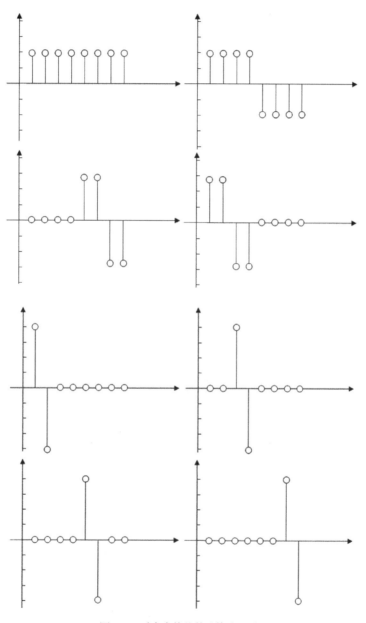

图 9-18　哈尔变换的基函数（$N=8$）

哈尔变换的 8×8 酉核心矩阵为：

$$H = \frac{1}{\sqrt{8}} \begin{bmatrix} 1 & 1 & 1 & 1 & 1 & 1 & 1 & 1 \\ 1 & 1 & 1 & 1 & -1 & -1 & -1 & -1 \\ \sqrt{2} & \sqrt{2} & -\sqrt{2} & -\sqrt{2} & 0 & 0 & 0 & 0 \\ 0 & 0 & 0 & 0 & \sqrt{2} & \sqrt{2} & -\sqrt{2} & -\sqrt{2} \\ 2 & -2 & 0 & 0 & 0 & 0 & 0 & 0 \\ 0 & 0 & 2 & -2 & 0 & 0 & 0 & 0 \\ 0 & 0 & 0 & 0 & 2 & -2 & 0 & 0 \\ 0 & 0 & 0 & 0 & 0 & 0 & 2 & -2 \end{bmatrix}$$

对于更大的 N，也有相同的形式。易见，由于矩阵中有很多常数和零值，哈尔变换可以非常快地计算出来。

9.2.6　哈尔变换

如何从哈尔函数创建一个图像变换矩阵呢？我们通过一个例子来说明。首先按照所要创建矩阵的大小来标定独立变量 t，然后仅考虑它的整数值 i。对于 $k = 0, 1, 2, \cdots,$ $N\text{-}1$；$i = 0, 1, 2, \cdots, N\text{-}1$，$H(k, i)$ 可以写成矩阵形式，且可用于二维离散图像函数的变换。

注意这种方式定义的哈尔函数不是正交的，每一个都要经过标准化，连续情况乘以 $1/\sqrt{T}$；离散情况乘以 $1/\sqrt{N}$，其中 t 取 N 等分的离散值。

下面我们来推导可以用于计算一个 4×4 图像的哈尔变换的矩阵。首先可以用哈尔函数的定义式来计算并画出具有连续变量 t 的哈尔函数，这是计算变换矩阵所必需的。图 9-19、图 9-20、图 9-21 分别对应 $k = 0, k = 1, k = 2$ 时的函数图像。

$$H(0, t) = 1, \text{当 } 0 \leqslant t < 1 \text{ 时}$$

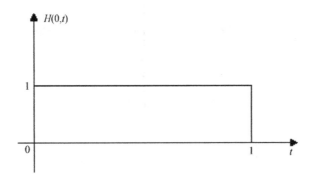

图 9-19　$k = 0$ 时 $H(k, t)$ 的函数形式

$$H(1, t) = \begin{cases} 1, \text{当 } 0 \leqslant t < \dfrac{1}{2} \text{ 时} \\ -1, \text{当 } \dfrac{1}{2} \leqslant t < 1 \text{ 时} \end{cases}$$

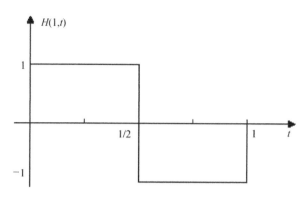

图 9-20　$k=1$ 时 $H(k, t)$的函数形式

在哈尔函数定义中，当 $p=1$ 时，n 取值 0 和 1。

如果 $p=1$，$n=0$，此时 $k=2$：

$$H(2,t) = \begin{cases} \sqrt{2}, & \text{当 } 0 \leqslant t < \dfrac{1}{4}\text{时} \\[2mm] -\sqrt{2}, & \text{当 } \dfrac{1}{4} \leqslant t < \dfrac{1}{2}\text{时} \\[2mm] 0, & \text{当 } \dfrac{1}{2} \leqslant t < 1\text{ 时} \end{cases}$$

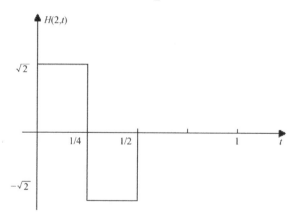

图 9-21　$k=2$ 时 $H(k, t)$的函数形式

如果 $p=1$，$n=1$，则此时 $k=3$，对应的函数图像如图 9-22 所示。

$$H(3,t) = \begin{cases} 0, & \text{当 } 0 \leqslant t < \dfrac{1}{2}\text{时} \\[2mm] \sqrt{2}, & \text{当 } \dfrac{1}{2} \leqslant t < \dfrac{3}{4}\text{时} \\[2mm] -\sqrt{2}, & \text{当 } \dfrac{3}{4} \leqslant t < 1\text{ 时} \end{cases}$$

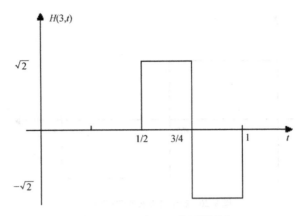

图 9-22　$k=3$ 时 $H(k, t)$ 的函数形式

对一个 4×4 的图像做变换需要一个 4×4 的矩阵。如果将 t 轴乘以 4 改变它的比例，并且只取 t 的整数值（也就是 $t = 0, 1, 2, 3$），就能建立变换矩阵。伸缩后的哈尔函数如图 9-23 所示。

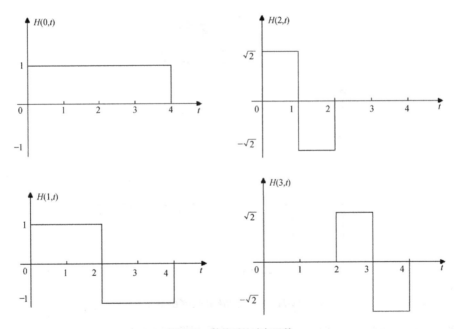

图 9-23　伸缩后的哈尔函数

变换矩阵中的元素为函数 $H(s, t)$ 的值，其中 s 和 t 取值为 0, 1, 2, 3。变换矩阵为：

$$H = \frac{1}{\sqrt{4}} \begin{bmatrix} 1 & 1 & 1 & 1 \\ 1 & 1 & -1 & -1 \\ \sqrt{2} & -\sqrt{2} & 0 & 0 \\ 0 & 0 & \sqrt{2} & -\sqrt{2} \end{bmatrix}$$

其中，系数 $1/\sqrt{4}$ 使 $\boldsymbol{HH}^{\mathrm{T}}=1$，即单位矩阵。

我们来计算下面图像的哈尔变换：

$$g = \begin{bmatrix} 0 & 1 & 1 & 0 \\ 1 & 0 & 0 & 1 \\ 1 & 0 & 0 & 1 \\ 0 & 1 & 1 & 0 \end{bmatrix}$$

图像 g 的哈尔变换为 $\boldsymbol{A} = \boldsymbol{H}g\boldsymbol{H}^{\mathrm{T}}$。下面利用上述已得的矩阵 $\boldsymbol{H}$ 来进行计算。需要说明的是，在前面我们给出的哈尔变换的定义式为 $\boldsymbol{G} = \boldsymbol{HFH}$，其中第一个 $\boldsymbol{H}$ 表示的是对行进行变换，第二个 $\boldsymbol{H}$ 表示的是对列进行变换，对列进行变换可以采用行变换矩阵 $\boldsymbol{H}$ 的转置来进行计算，也就是 $\boldsymbol{H}^{\mathrm{T}}$，因此两者是不矛盾的。

$$\boldsymbol{A} = \frac{1}{\sqrt{4}} \begin{bmatrix} 1 & 1 & 1 & 1 \\ 1 & 1 & -1 & -1 \\ \sqrt{2} & -\sqrt{2} & 0 & 0 \\ 0 & 0 & \sqrt{2} & -\sqrt{2} \end{bmatrix} \cdot \begin{bmatrix} 0 & 1 & 1 & 0 \\ 1 & 0 & 0 & 1 \\ 1 & 0 & 0 & 1 \\ 0 & 1 & 1 & 0 \end{bmatrix} \cdot \frac{1}{\sqrt{4}} \begin{bmatrix} 1 & 1 & \sqrt{2} & 0 \\ 1 & 1 & -\sqrt{2} & 0 \\ 1 & -1 & 0 & \sqrt{2} \\ 1 & -1 & 0 & -\sqrt{2} \end{bmatrix}$$

$$= \frac{1}{4} \begin{bmatrix} 8 & 0 & 0 & 0 \\ 0 & 0 & 0 & 0 \\ 0 & 0 & -4 & 4 \\ 0 & 0 & 4 & -4 \end{bmatrix} = \begin{bmatrix} 2 & 0 & 0 & 0 \\ 0 & 0 & 0 & 0 \\ 0 & 0 & -1 & 1 \\ 0 & 0 & 1 & -1 \end{bmatrix}$$

我们考虑如果将变换矩阵右下角元素置为 0，下面尝试用近似变换矩阵来重构原始图像。近似变换矩阵变为：

$$\widetilde{\boldsymbol{A}} = \begin{bmatrix} 2 & 0 & 0 & 0 \\ 0 & 0 & 0 & 0 \\ 0 & 0 & -1 & 1 \\ 0 & 0 & 1 & 0 \end{bmatrix}$$

重构图像由 $\tilde{g} = \boldsymbol{H}^{\mathrm{T}}\widetilde{\boldsymbol{A}}\boldsymbol{H}$ 得出，计算过程如下：

$$\tilde{g} = \frac{1}{\sqrt{4}} \begin{bmatrix} 1 & 1 & \sqrt{2} & 0 \\ 1 & 1 & -\sqrt{2} & 0 \\ 1 & -1 & 0 & \sqrt{2} \\ 1 & -1 & 0 & -\sqrt{2} \end{bmatrix} \cdot \begin{bmatrix} 2 & 0 & 0 & 0 \\ 0 & 0 & 0 & 0 \\ 0 & 0 & -1 & 1 \\ 0 & 0 & 1 & 0 \end{bmatrix} \cdot \frac{1}{\sqrt{4}} \begin{bmatrix} 1 & 1 & 1 & 1 \\ 1 & 1 & -1 & -1 \\ \sqrt{2} & -\sqrt{2} & 0 & 0 \\ 0 & 0 & \sqrt{2} & -\sqrt{2} \end{bmatrix}$$

$$= \frac{1}{4} \begin{bmatrix} 0 & 4 & 4 & 0 \\ 4 & 0 & 0 & 4 \\ 4 & 0 & 2 & 2 \\ 0 & 4 & 0 & 0 \end{bmatrix} = \begin{bmatrix} 0 & 1 & 1 & 0 \\ 1 & 0 & 0 & 1 \\ 1 & 0 & 0.5 & 0.5 \\ 0 & 1 & 0 & 0 \end{bmatrix}$$

可以计算出重构结果与原始图像的平方误差等于：$0.5^2 + 0.5^2 + 1^2 = 1.5$。

9.3　小波的数学基础

小波是当前应用数学和工程学科中一个迅速发展的新领域。这门新兴学科的出现引起了许多数学家和工程技术人员的极大关注，是科技界高度关注的前沿领域。经过20 多年的不断探索，目前有关小波的理论基础已经日趋完善。更重要的是，小波已经被广泛地应用到信息技术、资源勘探和医疗影像等诸多领域。

9.3.1 小波的历史

法国数学家傅里叶在19 世纪初提出了"任一函数都能展开成三角函数的无穷级数"这一创新概念，于是便有了今天被称为"傅里叶变换"的理论。傅里叶理论指出，一个信号可表示成一系列正弦和余弦函数之和，即傅里叶展开式。然而，用傅里叶表示一个信号时，只有频率分辨率而没有时间分辨率，这就意味着我们可以确定信号中包含的所有频率，但不能确定具有这些频率的信号出现在什么时候。为了继承傅里叶分析的优点，同时又克服它的缺点，人们一直在寻找新的方法。

20 世纪初，哈尔对在函数空间中寻找一个与傅里叶类似的基非常感兴趣，于是他在 1909 年发现了哈尔小波，因而成为最早发现和使用小波的人。正如我们在前面所介绍的那样，哈尔基函数是最古老也是最简单的正交小波。后来，在法国石油公司工作的年轻工程师 J. Morlet 于 1974 年首先提出了小波变换的概念。

进入 20 世纪 80 年代，法国科学家 Y. Meyer 和他的同事开始研究系统的小波分析方法。Meyer 于 1986 年创造性地构造出具有一定衰减性的光滑函数，他用缩放与平移的方法构造了一个规范正交基，使小波得到真正的发展。

小波变换的主要算法则是由法国科学家 S. Mallat 在 1988 年提出的。他在构造正交小波基时提出了多分辨率的概念，从空间上形象地说明了小波的多分辨率的特性，提出了正交小波的构造方法和快速算法，即 Mallat 算法。该算法统一了在此之前构造正交小波基的所有方法，它的地位就相当于快速傅里叶变换在经典傅里叶分析中的地位。

Inrid Daubechies、Ronald Coifman 和 Victor Wickerhauser 等著名科学家在将小波理论引入到工程应用方面做出了极其重要的贡献。其中，Inrid Daubechies 于 1988 年最先揭示了小波变换和滤波器组（filter banks）之间的内在关系，使离散小波分析变成现实。另外，她撰写的《小波十讲》一书对小波的普及也起了重要的推动作用。

在信号处理领域中，自从 Inrid Daubechies 完善了小波变换的数学理论和 S. Mallat 构造了小波分解与重构的快速算法后，小波变换在各个工程领域中得到了广泛的应用。与傅里叶变换相比，小波变换是空间（时间）和频率的局部变换，因而能有效地从信号中提取信息。通过伸缩和平移等运算功能可对函数或信号进行多尺度的细化分析，解决了傅里叶变换不能解决的许多困难问题。数学家认为，小波分析是一个新的数学分支，它是泛函分析、傅里叶分析、样调分析、数值分析的完美结晶；信号和信息处理专家认为，小波分析是时间-尺度分析和多分辨率分析的一种新技术，它在信号分析、语音合成、图像降噪、数据压缩、地质勘探、大气与海洋波分析等方面的研究都取得了有科学意义和应用价值的成果。

小波具有良好的时频局部化特性，因而能有效地从信号中提取资讯，通过伸缩和平移等运算功能对函数或信号进行多尺度细化分析，解决了傅里叶变换不能解决的许多困难问题，因而小波变换被誉为"数学显微镜"，它是调和分析发展史上里程碑式的进展。小波的主要特点是通过变换能够充分突出问题某些方面的特征，因此，小波变换在许多领域都得到了成功的应用，特别是小波变换的离散数字算法已被广泛用于许多问题的变换研究中。从此，小波变换越来越引起人们的重视，其应用领域也越来越广泛。

9.3.2 理解小波的概念

小波是定义在有限区间上且其平均值为零的一种函数。图 9-24 中左上图所示为大家所熟悉的正弦波，其余的则是从许多使用比较广泛的小波中挑选出的几种一维小波。易见，小波具有有限的持续时间和突变的频率与振幅，波形可以是不规则的，也可以是不对称的，在整个时间范围里的幅度平均值为零。而正弦波和余弦波具有无限的持续时间，它可从负无穷扩展到正无穷，波形是平滑的，它的振幅和频率也是恒定的。

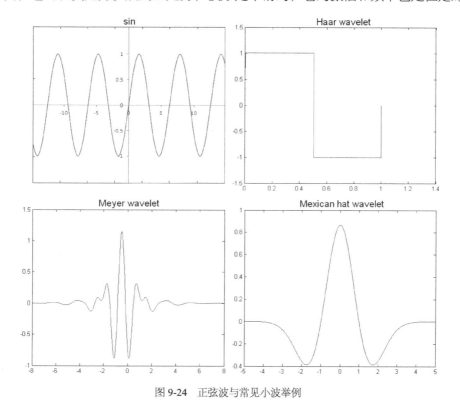

图 9-24 正弦波与常见小波举例

傅里叶分析是把一个信号分解成各种不同频率的正弦波，因此正弦波是傅里叶变换的基函数。同样，小波分析是把一个信号分解成一系列的小波，而这些小波都是通过将原始小波经过移位和缩放之后得到的。因此，小波同样可以被当成基函数来使用（这些基函数的作用就像傅里叶变换中的正弦波一样，是用来表示其他一些函数的）。可以说，凡是能够用傅里叶分析的函数都可以用小波分析，因此小波变换也可以理解为用经过缩放和平移的一系列函数代替傅里叶变换的正弦波。

在众多的小波中，选择什么样的小波对信号进行分析是一个至关重要的问题。使用的小波不同，分析得到的数据也不同，这是关系到能否达到使用小波分析的目的问题。如果没有现成的小波可用，那么还需要自己开发合适的小波。

从前面的介绍中读者可以了解到，经过一个变换所得到的矩阵中的每个系数都是通过将输入函数和其中一个基函数做内积来确定的。在某些意义上，这个系数的值表征了输入函数与某个特定基函数之间的相似程度。如果基函数是正交的（或正交归一的），那么任何两个基函数的内积都为零，这表明它们完全不相似。所以我们很自然地想到，如果存在一个或几个基函数与信号（或图像）很相似，那么在变换后所得到的矩阵中，也只有经过这几个基函数内积后所得到的系数会比较大（而且它们包含了原始信号或图像中的绝大部分信息），而矩阵中的其余系数都将很小。

同样，逆变换可以看作是通过以变换系数为幅度权重的基函数加权和来重构原始信号或图像的。所以，如果信号或图像是由一个或少量基函数相似的分量组成的，那么只需对一些有较大幅度的项（也就是变换的结果矩阵中相对较大的值）求和即可，而其他许多项都是可以忽略不计的。这样信号或图像就可以用少量变换以紧凑的方式表示，这也是小波可以用于图像压缩的基本原理。

更进一步来说，如果信号或图像中感兴趣的分量与一个或少量基函数相似，那么这些分量将在变换结果矩阵中以较大系数来体现，这样它们在变换中就"很容易被找到"。而且，如果一个意外的分量（噪声）与一个或少量基函数相似，那么它也会很容易被找到。因而，它也很容易被剔除掉，我们只要简单地降低（或者置零）相应的变换系数即可。所以，用与信号（或图像中所期望的成分）相似的基函数对该信号（或图像）进行变换是有潜在价值的。事实上，很多基于小波的图像降噪技术都是以此原理为出发点实现的。

卡斯尔曼在他的著作中形象地将小波变换比喻成记录旋律的五线谱。如图 9-25 所示，一段采用标准的五线谱方式记录的旋律可以看成是一个二维的时频空间。基于物理学知识，我们知道声音由物体（比如乐器）的振动而产生，通过空气传播到耳鼓，因此人们才能够听到悦耳的音乐。声音的高低取决于物体振动的速率，物体振动快就产生"高音"，振动慢就产生"低音"。物体每秒钟的振动速率，就是声音的"频率"。纵向上，随着五线谱中谱线从低到高，表示声音的频率（音高）也从低到高逐渐递增；横向上，时间（以节拍测度）则从左向右展开。乐谱中每一个音符都对应于一个将出现在这首乐曲演奏过程中的一个小波分量（音调猝发）。每一个小波持续宽度都由音符（五线谱中一般采用全音符、半音符、四分音符和八分音符等类型的音符来标识该音在演奏过程中持续的时间）的类型来编码（而非像一般时域坐标系中那样由曲线沿横轴的长短来编码）。当我们根据听到的音乐记录出相应的乐谱时，就相当于得到了一种小波变换。而乐团中的乐手根据乐谱演奏音乐的过程就相当于一种小波逆变换，因为它是用时频表示来重构信号的。

图 9-25　乐谱可看作时频图

在下一小节中，我们将用数学语言来描述小波变换的概念。在此之前，我们需要介绍一些符号表示含义，它们将帮助我们理解后续的内容。我们所探索的由小波变换来表示的这类函数是在实轴（即所有实数的集合——x 轴）上平方可积的，这一类函数被表示为 $L^2(\mathbf{R})$。因此，概念 $f(x) \in L^2(\mathbf{R})$ 就意味着

$$\int_{-\infty}^{+\infty} |f(x)|^2 \mathrm{d}x < \infty$$

在小波分析中，我们通过对一个成为小波基（或称为基本小波）的单个原型函数，$\Psi(x)$ 的伸缩和平移来产生一组基函数。这是一个振荡函数，通常以原点为中心，并当 $|x| \to \infty$ 时迅速消失。这样，$\Psi(x) \in L^2(\mathbf{R})$。

9.3.3　多分辨率分析

多分辨率分析（Multi-resolution Analysis，MRA）是 Mallat 与 Meyer 于 1986 年左右共同引入的。这一程序是构造小波基的一种有效的方法。在 MRA 中，尺度函数被用于建立某一函数（或图像）的一系列近似值，相邻两个近似值之间的近似度相差 2 倍。被称为小波的附加函数用于对相邻近似值之间的差异进行编码。

本书前面章节中在介绍傅里叶变换时曾经回顾了高等数学中关于泰勒展开式以及傅里叶级数方面的内容，于是我们知道信号或函数 $f(x)$ 常常可以被很好地分解为一系列展开函数的线性组合。

$$f(x) = \sum_k a_k \varphi_k(x)$$

其中，k 是有限或无限和的整数下标，a_k 是具有实数值的展开系数，φ_k 是具有实数值的展开函数。若展开形式是唯一的，换言之，对于任何指定的 $f(x)$ 只有一个 a_k 序列与之相对应，那么 $\varphi_k(x)$ 称为基函数。可展开的函数组成了一个函数空间，被称为展开集合的闭合跨度，表示为：

$$V = \overline{\underset{k}{\mathrm{Span}}\{\varphi_k(x)\}}$$

$f(x) \in V$ 表示 $f(x)$ 属于展开集合 $\{\varphi_k(x)\}$ 的闭合跨度，并能写成如第一式所示的那种多项函数和的形式。

下面来考虑由整数平移和实数二值尺度、平方可积函数 $\varphi(x)$ 组成的展开函数集合 $\{\varphi_{j,k}(x)\}$，其中

$$\varphi_{j,k}(x) = 2^{j/2}\varphi(2^j x - k)$$

对所有的 $j, k \in Z$ 和 $\varphi(x) \in L^2(\mathbf{R})$ 都成立。此时，k 决定了 $\varphi_{j,k}(x)$ 在 x 轴上的位置，j 决定了 $\varphi_{j,k}(x)$ 的宽度，即沿 x 轴的宽或窄的程度，而 $2^{j/2}$ 控制其高度或幅度。由于 $\varphi_{j,k}(x)$ 的形状随 j 发生变化，$\varphi(x)$ 被称为尺度函数。通过选择适当的 $\varphi(x)$，$\{\varphi_{j,k}(x)\}$ 可以决定跨度 $L^2(\mathbf{R})$，也就是可以决定所有可度量的平方可积函数的集合。

若为上式中的 j 赋予一个定值，即 $j = j_0$，展开集合 $\{\varphi_{j,k}(x)\}$ 将是 $\varphi_{j,k}(x)$ 的一个子集，它并未跨越这个 $L^2(\mathbf{R})$，而是其中的一个子空间。可将该子空间定义为：

$$V_{j_0} = \overline{\underset{k}{\mathrm{Span}}\{\varphi_{j_0,k}(x)\}}$$

也就是说，V_{j_0} 是 $\varphi_{j_0,k}(x)$ 在 k 上的一个跨度。如果 $f(x) \in V_{j_0}$，则可以写成：

$$f(x) = \sum_k a_k \varphi_{j_0,k}(x)$$

在更一般的情况下，定义下式代表对任何 j, k 上的跨度子空间：

$$V_j = \overline{\underset{k}{\mathrm{Span}}\{\varphi_{j,k}(x)\}}$$

增加 j 将增加 V_j 的大小，允许具有变化较小的变量或较细的细节函数包含在子空间中。这是由于 j 增大时，用于表示子空间函数的 $\varphi_{j,k}(x)$ 范围变窄，x 有较小变化即可分开。

接下来，我们以哈尔尺度函数为例来进行说明。请读者回忆上一节中已经介绍过的哈尔函数。首先来考虑单位高度、单位宽度的尺度函数：

$$\varphi(x) \in \begin{cases} 1, 0 \leqslant x < 1 \\ 0, \text{其他} \end{cases}$$

图 9-26 中的图 a~d 显示了多个展开函数中的 4 个，这些展开函数通过将脉冲型尺度函数代入本小节中的第一个公式得到。注意：与 $j=1$ 时相比，$j=0$ 时展开函数更窄且更为密集。

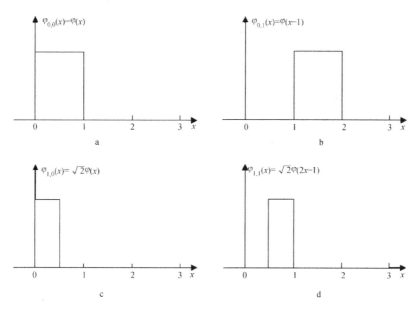

图 9-26　哈尔尺度函数

回忆关于闭合跨度的概念。被称为闭合跨度的 V 本质上是一个函数集合，其中的每一个成员都是一个函数 $f(x) \in V$。V_j 是集合 V 的一个子集，显然有 $V_j \subset V$，所以 V_j 也是一个函数集合。图 9-27 中的左图显示了子空间 V_1 中的一个成员，也就是函数子集 V_1 中的一个函数。由于图 9-26 中的图 a 和 b 不够精细，因而不能准确地表示该成员，所以该函数不属于子集 V_0。此时我们需要使用图 c 和 d 所示的两个更为精细（用术语来说就是分辨率更高）的函数来对其进行表示，即采用下述这个三项和的形式：

$$f(x) = 0.5\varphi_{1,0}(x) + \varphi_{1,1}(x) - 0.25\varphi_{1,4}(x)$$

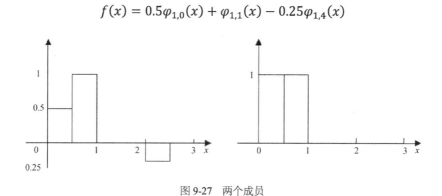

图 9-27　两个成员

图 9-27 中的右图演示了将 $\varphi_{0,0}(x)$ 分解为 V_1 展开函数的和式。简而言之，V_0 的展开

函数可以用下式分解：

$$\varphi_{1,k}(x) = \frac{1}{\sqrt{2}}\varphi_{1,2k}(x) + \frac{1}{\sqrt{2}}\varphi_{1,2k+1}(x)$$

因此，如果函数 $f(x)$ 是 V_0 的元素，那么它必然也是 V_1 的元素。这是由于 V_0 中任何元素的展开函数都属于 V_1。或者说，V_0 是 V_1 的一个子空间，即 $V_0 \subset V_1$。

在上面的例子中，简单的尺度函数遵循了多分辨率分析的 4 个基本要求。

MRA 要求 1：尺度函数对其积分变换是正交的。

易见，在哈尔函数中，无论什么时候只要尺度函数的值是 1，其积分变换就是 0，所以二者的乘积是 0。哈尔函数是紧支撑的，即除了被称为支撑区的有限区间以外，函数的值都为 0。事实上，其支撑区是 1，半开区间[0, 1)外的支撑区的值都是 0。注意：当尺度函数的支撑区大于 1 时，积分变换正交的要求将很难满足。

MRA 要求 2：由低尺度的尺度函数跨越的子空间嵌套在由高尺度跨越的子空间内。

如图 9-28 所示，包含高分辨率函数的子空间必须同时包含所有低分辨率的函数。另外，这些子空间还满足直观条件，即：如果 $f(x) \in V_j$，那么 $f(2x) \in V_{j+1}$。哈尔尺度函数满足该要求并不意味着任何支撑区为 1 的函数都自动满足该条件。

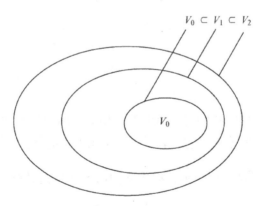

图 9-28　由尺度函数跨越的嵌套函数

MRA 要求 3：唯一包含在所有 V_j 中的函数是 $f(x) = 0$。

如果考虑可能的最粗糙的展开函数（即 $j = -\infty$），唯一可表达的函数就是没有信息的函数，即 $V_{-\infty} = \{0\}$。

MRA 要求 4：任何函数都可以以任意精度表示。

虽然在任意粗糙的分辨率下展开一个特定的 $f(x)$ 是几乎不可能的。但所有可度量的、平方可积函数都可以用极限 $j \rightarrow \infty$ 表示，即 $V_\infty = \{L^2(\mathbf{R})\}$。

在上述这 4 个条件下，子空间V_j的展开函数可以被表示为子空间V_{j+1}的展开函数的加权和。于是结合本小节前面讲过的公式，令

$$\varphi_{j,k}(x) = \sum_n a_n \varphi_{j+1,n}(x)$$

其中，求和的下标被改写成 n，以示区别。将本小节中的第一个公式代入$\varphi_{j+1,n}(x)$，并将变量a_n改写成$h_\varphi(n)$，上式变成：

$$\varphi_{j,k}(x) = \sum_n h_\varphi(n) 2^{(j+1)/2} \varphi(2^{j+1}x - n)$$

既然$\varphi(x) = \varphi_{0,0}(x)$，$j$ 和 k 都可以置为 0，以得到较为简单的无下标的表达式：

$$\varphi(x) = \sum_n h_\varphi(n) 2^{1/2} \varphi(2x - n)$$

该递归等式中的系数$h_\varphi(n)$被称为尺度函数系数；h_φ 为尺度矢量。上式是多分辨率分析的基础，称为改善等式或 MRA 等式。它表示：任意子空间的展开函数都可以从它们自身的双倍分辨率拷贝中得到，即从相邻的较高分辨率空间中得到。对引用子空间V_0的选择是任意的。

最后提醒读者注意两点：第一，存在一些小波，没有尺度函数（例如 Mexican Hat 小波等）；第二，"好"的小波一定是由 MRA 生成的。

9.3.4 小波函数的构建

给定满足上一小节中给出的 MRA 要求的尺度函数，能够定义小波函数$\psi(x)$（与它的积分变换及其二进制尺度），该小波函数跨越了相邻两个尺度子空间V_j和V_{j+1}的差异。图 9-29 演示了此种情形。

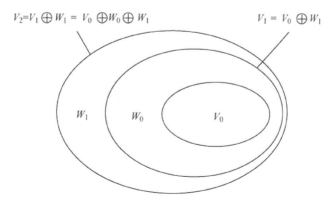

图 9-29　尺度与小波函数空间的关系

对于所有 $k \in Z$，我们定义跨越子空间 W_j 的小波集合 $\{\psi_{j,k}(x)\}$：

$$\psi_{j,k}(x) = 2^{j/2}\psi(2^j x - k)$$

使用尺度函数，可以写成：

$$W_j = \overline{\underset{k}{\mathrm{Span}}\{\psi_{j,k}(x)\}}$$

注意：如果 $f(x) \in W_j$，

$$f(x) = \sum_k \alpha_k \psi_{j,k}(x)$$

尺度与图 9-29 中的小波函数子空间通过下式相关联：

$$V_{j+1} = V_j \oplus W_j$$

这里 $\oplus$ 表示空间并集（类似于集合并集）。V_{j+1} 中 V_j 的正交补集是 W_j，而且 V_j 中的所有成员对于 W_j 中的所有成员都正交。因此，下式对所有适当的 $j, k, l \in Z$ 都成立。

$$\langle \varphi_{j,k}(x), \psi_{j,l}(x) \rangle = 0$$

现在可以将所有可度量的、平方可积函数空间表示如下：

$$L^2(\mathbf{R}) = V_0 \oplus W_0 \oplus W_1 \oplus \cdots$$

或者

$$L^2(\mathbf{R}) = V_1 \oplus W_1 \oplus W_2 \oplus \cdots$$

甚至或者

$$L^2(\mathbf{R}) = \cdots \oplus W_{-2} \oplus W_{-1} \oplus W_0 \oplus W_1 \oplus \cdots$$

上式中没有出现尺度函数，而是仅仅从小波的角度来表示函数。注意：如果 $f(x)$ 是 V_1 而不是 V_0 的元素，那么展开式 $L^2(\mathbf{R}) = V_0 \oplus W_0 \oplus W_1 \oplus \cdots$ 中就包含一个使用尺度函数 V_0 来表示的 $f(x)$ 的近似值；来自 W_0 的小波将对近似与真实函数之间的差异进行编码，由上述 3 式可得：

$$L^2(\mathbf{R}) = V_{j_0} \oplus W_{j_0} \oplus W_{j_0+1} \oplus \cdots$$

其中，j_0 表示任意的开始尺度。

因为小波空间存在于由相邻较高分辨率尺度函数跨越的空间中，任何小波函数（类似上一小节里的改善等式中其尺度函数的对应部分）都可以表示成平移的双倍分辨率尺度函数的加权和。可以写成：

$$\psi(x) = \sum_n h_\psi(n) 2^{1/2} \varphi(2x - n)$$

其中，$h_\psi(n)$ 称为小波函数系数，h_ψ 称为小波向量。利用小波跨越图中的正交补集空间且积分小波变换是正交的条件，可以显示 $h_\psi(n)$ 和 $h_\varphi(n)$ 以下述方式相关：

$$h_\psi(n) = (-1)^n h_\varphi(1 - n)$$

注意该结果与之前介绍子带编码时给出的正交滤波器的冲激响应定义式之间的相似性，显然该关系决定了正交子带编译码滤波器的冲激响应。

下面我们通过一个例子来看看如何用尺度函数构建小波函数。首先，我们已经知道子空间 V_j 的展开函数可以被表示成子空间 V_{j+1} 的展开函数的加权和，而这个加权和中各项的权重系数就是尺度函数系数。以上一小节中给出的单位高度、单位宽度的哈尔尺度函数为例，从图 9-27 的右图就能看出，V_0 的展开函数被表示成了两项 V_1 的展开函数的加权和，因此单位高度、单位宽度的哈尔尺度函数的系数是 $h_\varphi(0) = h_\varphi(1) = 1/\sqrt{2}$。所以由改善等式可得：

$$\varphi(x) = \frac{1}{\sqrt{2}}[\sqrt{2}\varphi(2x)] + \frac{1}{\sqrt{2}}[\sqrt{2}\varphi(2x - 1)]$$

图 9-27 中的右图很好地说明了这一分解过程，上述表达式中用方括号括起来的项分别是 $\varphi_{1,0}(x)$ 和 $\varphi_{1,1}(x)$。

已知哈尔尺度函数的系数，使用 $h_\psi(n)$ 和 $h_\varphi(n)$ 的关系式，相应的小波向量 $h_\psi(0) = (-1)^0 h_\varphi(1 - 0) = 1/\sqrt{2}$ 和 $h_\psi(1) = (-1)^1 h_\varphi(1 - 1) = -1/\sqrt{2}$。注意到 $h_\varphi(0), h_\varphi(1), h_\psi(0)$ 和 $h_\psi(1)$ 刚好组成了一个二维的哈尔矩阵。将这些值代入式 $\psi(x) = \sum_n h_\psi(n) 2^{1/2} \varphi(2x - n)$，可得 $\psi(x) = \varphi(2x) - \varphi(2x - 1)$。任何小波函数都可以表示成平移的双倍分辨率尺度函数的加权和，所以可得哈尔小波函数为：

$$\psi(x) = \begin{cases} 1, & 0 \leqslant x < 0.5 \\ -1, & 0.5 \leqslant x < 1 \\ 0, & \text{其他} \end{cases}$$

通过本小节最初给出的跨越子空间的小波集合的定义式，现在已经可以产生尺度化且变换过的哈尔小波通式。可以再回过头去考察一下图 9-27 中的左图，我们已经知道它所示的函数位于子空间 V_1 中，而不在子空间 V_0 中。根据本小节我们所讨论的内容，虽然该函数不能在 V_0 中精确地表示，但是它可以用 V_0 和 W_0 的展开函数来进行展开，如下：

$$f(x) = f_a(x) + f_d(x)$$

其中

$$f_a(x) = \frac{3\sqrt{2}}{4}\psi_{0,0}(x) - \frac{\sqrt{2}}{8}\psi_{0,2}(x)$$

$$f_d(x) = \frac{-\sqrt{2}}{4}\psi_{0,0}(x) - \frac{\sqrt{2}}{8}\psi_{0,2}(x)$$

$f_a(x)$是$f(x)$使用V_0尺度的近似，而$f_d(x)$为$f(x) - f_a(x)$的差，用W_0小波的和表示。这两个展开式将$f(x)$用类似高通和低通滤波器的方法分成两部分：$f(x)$的低频部分在$f_a(x)$中得到——$f_a(x)$给出了$f(x)$在每个积分区间上的平均值；而高频细节则在$f_d(x)$中编码。

9.3.5　小波序列展开

在小波变换方面，我们主要研究 3 种类型，即连续小波变换（CWT）、小波级数展开和离散小波变换（DWT）。它们分别对应傅里叶域中的连续傅里叶变换、傅里叶序列展开和离散傅里叶变换。

首先，根据小波函数$\psi(x)$和尺度函数$\varphi(x)$为函数$f(x) \in L^2(\mathbf{R})$定义小波序列展开。通过前两个小节的介绍，读者已经知道如果$f(x) \in V_{j_0}$，则有：

$$f(x) = \sum_k a_k \varphi_{j_0,k}(x)$$

而且如果$f(x) \in W_j$，则有：

$$f(x) = \sum_k \alpha_k \psi_{j,k}(x)$$

那么根据上一小节给出的公式$L^2(\mathbf{R}) = V_{j0} \oplus W_{j0} \oplus W_{j0+1} \oplus \cdots$，可以写出：

$$f(x) = \sum_k c_{j_0}(k)\varphi_{j_0,k}(x) + \sum_{j=j_0}^{\infty} \sum_k d_j(k)\psi_{j,k}(x)$$

其中，j_0是任意的开始尺度，$c_{j_0}(k)$和$d_j(k)$分别是前两个公式中a_k的改写。$c_{j_0}(k)$通常被称为近似值（也就是我们前面所说的尺度系数）；$d_j(k)$称为细节（也就是我们前面所说的小波系数）。上述公式的第一个和式用尺度函数提供了$f(x)$在尺度j_0的近似（除非$f(x) \in V_{j_0}$，此时为其精确值）。对于第二个和式中每一个较高尺度的$j \geqslant j_0$，更高分辨率的函数（一个小波和）被添加到近似值中，从而获得细节的增加。如果展开函数形成了一个正交基或紧框架（通常情况下是这样的），则展开式的系数计算如下：

$$c_{j_0}(k) = \langle f(x), \varphi_{j_0,k}(x) \rangle = \int f(x)\varphi_{j_0,k}(x)\mathrm{d}x$$

$$d_j(k) = \langle f(x), \psi_{j,k}(x) \rangle = \int f(x) \psi_{j,k}(x) \mathrm{d}x$$

如果展开函数是双正交基的一部分，那么上式中的 φ 和 ψ 项要分别由它们的对偶函数和代替。

9.3.6　离散小波变换

与傅里叶序列展开相类似，小波序列展开将一个连续变量函数映射成一串数的序列。如果待展开函数是一个数字序列（也就是离散的），如连续函数 $f(x)$ 的抽样值，那么得到的系数就称为 $f(x)$ 的离散小波变换（DWT）。在这种情况下，上一小节中定义的序列展开就变成了如下的 DWT 变换公式。其中正变换（也就是求解两个系数的公式）为：

$$W_\varphi(j_0, k) = \frac{1}{\sqrt{M}} \sum_x f(x) \varphi_{j_0, k}(x)$$

$$W_\psi(j, k) = \frac{1}{\sqrt{M}} \sum_x f(x) \psi_{j,k}(x)$$

对于 $j \geqslant j_0$，其逆变换为：

$$f(x) = \frac{1}{\sqrt{M}} \sum_k W_\varphi(j_0, k) \varphi_{j_0, k}(x) + \frac{1}{\sqrt{M}} \sum_{j=j_0}^{\infty} \sum_k W_\psi(j, k) \psi_{j,k}(x)$$

这里，$f(x)$、$\varphi_{j_0, k}(x)$ 和 $\psi_{j,k}(x)$ 是离散 $x = 0, 1, 2, \cdots, M-1$ 的函数。

通常，令 $j_0 = 0$ 并选择 M 是 2 的幂（即 $M = 2^J$），如此一来，上面式子所示的计算结果就是在 $x = 0, 1, 2, \cdots, M-1$，$j = 0, 1, 2, \cdots, J-1$ 以及 $k = 0, 1, 2, \cdots, 2^j - 1$ 时所求的和。同样前两式所表示的系数分别是近似值和细节系数。以上三个公式中的 $W_\varphi(j_0, k)$ 和 $W_\psi(j, k)$ 对应于前一小节介绍的小波序列展开中的 $c_{j_0}(k)$ 和 $d_j(k)$。注意：序列展开中的积分变成了求和，而曾经在介绍 DFT 时出现过的归一化因子 $1/\sqrt{M}$ 在展开和逆展开表达式中都有出现。该因子也可以在展开和逆展开表达式中以 $1/M$ 的形式出现。最后提醒读者注意，以上三式只对正交基和紧框架有效。对于双正交基，前两式中的 φ 和 ψ 项必须由它们的对偶函数 $\tilde\varphi$ 和 $\tilde\psi$ 代替。

9.3.7　连续小波变换

小波变换的基函数可以是正交归一的，也可以不是正交归一的，这使得小波变换变得更加复杂。一组小波基函数能够支持一个变换，即使这些函数不正交，这就意味着一个小波级数展开可以由无限多个系数来表示一个有限带宽函数。如果这个系数序列被截断为有限的长度，那么我们就只能重构出原始函数的一个近似。同样，一个离散小波变换可能需要比原始函数更多的系数，以精确地重构它或者甚至只达到一个可以被接受的近似水平。本小节我们先来介绍连续小波变换，这里将涉及到许多非常基础而且重要的概念。连续小波变换（也称积分小波变换）是由 Grossman 和 Morlet 引入的。

连续小波变换（CWT）就是将一个连续函数变成两个连续变量（变换和尺度）的高冗余度函数。变换的结果在时频分析上很容易解释并有很大价值。连续小波可由一个定义在有限区间的基本函数 $\psi(x)$ 来构造，$\psi(x)$ 称为母小波（mother wavelet）或者叫作基本小波。母小波在时域、频域的有效延伸范围有限，位置固定。为了分析时域、频域的有效延伸范围与位置不同的信号，小波的时域、频域有效延伸范围与位置应能调节。所采用的办法是对母小波进行伸缩、平移，这样就会得到一组小波基函数 $\{\psi_{a,b}(x)\}$。对于一个给定的 $\psi(x)$，令

$$\psi_{a,b}(t) = \frac{1}{\sqrt{a}} \cdot \psi\left(\frac{x-b}{a}\right)$$

式中，a 和 b 均为常数，且 $a > 0$，$a, b \in R$。显然，$\psi_{a,b}(x)$ 是基本函数 $\psi(x)$ 先做移位再做伸缩以后得到的。若 a 和 b 不断地变化，则可得到一族函数 $\{\psi_{a,b}(x)\}$。给定平方可积的信号 $f(x)$，即 $f(x) \in L^2(\mathbf{R})$，则 $f(x)$ 的小波变换（Wavelet Transform，WT）定义为：

$$W_\psi(a,b) = \frac{1}{\sqrt{a}} \int f(x)\, \psi_{a,b}\left(\frac{x-b}{a}\right) \mathrm{d}x = \int f(x)\, \psi_{a,b}(x)\mathrm{d}x = \langle f(x), \psi_{a,b}(x) \rangle$$

式中，a、b 和 x 均是连续变量，因此该式又称为连续小波变换。如无特别说明，式中及以后各式中的积分都是从 -∞ 到 -∞。信号 $f(x)$ 的小波变换 $W_\psi(a,b)$ 是 a 和 b 的函数，b 是时移因子，a 是尺度因子。$\psi_{a,b}(x)$ 是母小波经移位和伸缩所产生的一族函数，称为小波基函数，或简称小波基。如此一来，上式中的 W 又可解释为信号 $f(x)$ 和一族小波基的内积。

母小波可以是实函数，也可以是复函数。若 $f(x)$ 是实信号，$\psi(x)$ 也是实的，则 $W_\psi(a,b)$ 也是实的；反之，$W_\psi(a,b)$ 为复函数。

另外，上式中 a 反映一个特定基函数的尺度，而 b 则指明它沿横轴的平移位置。换言之，b 的作用是确定对 $f(x)$ 分析的时间位置，即时间中心。尺度因子 a 的作用是对基本小波 $\psi(x)$ 做伸缩。易知，由 $\psi(x)$ 变成 $\psi(x/a)$，当 $a>1$ 时，若 a 越大，则 $\psi(x/a)$ 的时域支撑范围（即时域宽度）较之 $\psi(x)$ 变得越大；反之，当 $a<1$ 时，若 a 越小，则 $\psi(x/a)$ 的宽度越窄。这样，a 和 b 联合起来确定了对 $f(x)$ 分析的中心位置及分析的时间宽度。

这样，小波变换又可理解为用一族分析宽度不断变化的基函数对 $f(x)$ 做分析，这一

变化正好适应了我们对信号分析时在不同频率范围所需要不同的分辨率这一基本要求。

小波基函数定义式中的因子$1/\sqrt{a}$是为了保证在不同的尺度a时，$\psi_{a,b}(x)$始终能和母函数$\psi(x)$有着相同的能量（这里可以联系到我们前面在介绍哈尔变换时提到的，在生成哈尔基函数时需要乘以一个因子"$1/\sqrt{N}$"的原因）。我们可以对此做简单的证明，对小波基函数定义式的等式两边做积分可得：

$$\int |\psi_{a,b}(x)|^2 \, dx = \frac{1}{a} \int \left| \psi\left(\frac{x-b}{a}\right) \right|^2 dx$$

做变量替换，令$(x-b)/a = x'$，则有$dx = adx'$，于是，上式的积分即等于$\int |\psi(x)|^2 \, dx$，也就保证了$\psi_{a,b}(x)$始终能和母函数$\psi(x)$有着相同的能量。

可以通过连续小波的逆变换来求得$f(x)$：

$$f(x) = \frac{1}{C_\psi} \int_0^\infty \int_{-\infty}^\infty W_\psi(a,b) \frac{\psi_{a,b}(x)}{a^2} da db$$

其中

$$C_\psi = \int_{-\infty}^\infty \frac{|\Psi(u)|^2}{|u|} du$$

$\Psi(u)$是$\psi(x)$的傅里叶变换。以上几个方程定义了一个可逆的变换，只要满足所谓的"容许条件"，$C_\psi < \infty$，该逆变换就存在。关于容许条件，下一小节还将进行更为详细的讨论。在大多数情况下，这表示$\Psi(0) = 0$且$u \to \infty$时$\Psi(u) \to 0$，速度足够快以使$C_\psi < \infty$。

一个二维函数$f(x)$的连续小波变换是一个双变量的函数，变量要此一维的情况多一个。因此称二维的 CWT 是超完备的，因为它要求的存储量和它代表的信息量都显著增加了。对于变量超过一个的函数来说，这个变换的维数也将增加 1。

若$f(x)$是一个二维函数，则它的连续小波变换是：

$$W_f(a, b_x, b_y) = \int_{-\infty}^{+\infty} \int_{-\infty}^{+\infty} f(x,y)\psi_{a,b_x,b_y}(x,y) dx dy$$

其中，b_x和b_y表示在两个维度上的平移。二维连续小波逆变换为：

$$f(x,y) = \frac{1}{C_\psi} \int_0^{+\infty} a^{-3} \int_{-\infty}^{+\infty} \int_{-\infty}^{+\infty} W_f(a, b_x, b_y) \psi_{a,b_x,b_y}(x,y) db_x db_y da$$

其中

$$\psi_{a,b_x,b_y}(x,y) = \frac{1}{|a|} \psi\left(\frac{x-b_x}{a}, \frac{y-b_y}{a}\right)$$

$\psi(x,y)$是一个二维基本小波。同样的产生方法可以推广到超过两个变量的函数上。

9.3.8 小波的容许条件与基本特征

不是任何一个函数都能作为小波函数，一个函数可以作为小波的必要条件是其傅里叶变换满足"容许条件"（Admissibility Condition）。小波的容许条件为：

$$C_\psi \overset{\text{def}}{=} \int_{-\infty}^{+\infty} \frac{|\Psi(u)|^2}{|u|} \mathrm{d}u < \infty$$

其中，$\overset{\text{def}}{=}$是"定义为"之意，即定义C_ψ代表右边的积分；$\Psi(u)$是小波函数$\psi(x)$的傅里叶变换。有此限制是因为任何一种有实用价值的积分变换都应是互逆的，而C_ψ有限（小于无穷）恰恰是由小波变换$W_\psi(a,b)$反演原函数$f(x)$的条件之一。

换言之，连续小波反变换存在的条件就是满足容许条件，下面的定理给出了更为完整的表述。设$f(x),\psi(x) \in L^2(\mathbf{R})$，并且记$\Psi(u)$是小波函数$\psi(x)$的傅里叶变换，若满足上述容许条件，则$f(x)$可由其小波变换$W_\psi(a,b)$来恢复，即

$$f(x) = \frac{1}{C_\psi} \int_0^{+\infty} a^{-2} \int_{-\infty}^{+\infty} W_\psi(a,b)\psi_{a,b}(x)\,\mathrm{d}a\mathrm{d}b$$

该容许条件包含有多层意思。

（1）并不是时域的任一函数$\psi(x) \in L^2(\mathbf{R})$都可以充当小波。它可以作为小波的必要条件是其傅里叶变换满足该容许条件。

（2）若$C_\psi<\infty$，则必有$\Psi(0) = 0$，因此可知小波函数$\psi(x)$必然是带通函数。

（3）由于$\Psi(0) = 0$，因此必有$\int \Psi(x)\,\mathrm{d}x = 0$，这说明$\psi(x)$取值必然是有正有负，即它是振荡的。

下面我们对上述结论进行解释和证明。由于$C_\psi < \infty$，而u是在积分式的分母上，要保证

$$\int_{-\infty}^{+\infty} \frac{|\Psi(u)|^2}{|u|} \mathrm{d}u < \infty$$

则必须保证当$u \to 0$时，分子也趋于 0。也就是说，应该有$\Psi(0)=0$ 成立。更进一步，同时应该有$\Psi(\infty)=0$ 成立。可见，一个允许小波的幅度频谱类似于一个带通滤波器的传递函数。

众所周知，连续傅里叶变换将平方可积的函数 $f(t)$ 表示成复指数函数的积分或级数

形式，即可以用如下公式来表示：

$$F(\omega) = \mathcal{F}[f(t)] = \int_{-\infty}^{+\infty} f(t)\mathrm{e}^{-\mathrm{i}\omega t}\mathrm{d}t$$

这是将频域的函数 $F(\omega)$ 表示为时间域的函数 $f(t)$ 的积分形式，所以可以将 ω=0 代入上式。对于小波函数 $\psi(x)$ 的傅里叶变换 $\Psi(u)$，当 u=0 时必然有 $\Psi(0) = 0$，即 $\int \psi(x)\,\mathrm{d}x = 0$。也就是说，$\psi(x)$ 的曲线在平面直角坐标系中与横轴构成的图形面积为 0，所以 $\psi(x)$ 取值必然是有正有负，显然它是振荡的。

由上式可以导出 $\psi(0) = 0$，但是上式等效于 $\Psi(0) = 0$，或者甚至说小波的容许条件是 $\Psi(\omega) = 0$ 则不妥。满足上式的 $\psi(x)$ 必然满足 $\Psi(0) = 0$，但满足 $\Psi(0) = 0$ 的 $\psi(x)$ 不一定满足上式。在时间轴上无限延伸的任何无直流分量的周期函数，比如幅值稳定的正弦函数，就满足 $\Psi(0) = 0$ 的条件，但不能称为小波。

上式除了意味着 $\Psi(u) = 0$ 以外，还意味着 $\psi(x)$ 是能量有限的函数，即它的幅度在 $|x| \to \infty$ 时趋于 0，从而使 $\psi(x)$ 是延伸范围有限的"小"波，而不是延伸范围无限的"大"波。$\Psi(u) = 0$ 对应的 $\psi(0) = 0$ 则可能是"大"波，而不一定是小波。小波的定义域应该是紧支撑的（Compact Support），即在很小的一个区域之外函数值都为零（函数具有速降特性）。这也是从小波函数的容许条件看出来的，C_ψ 为有限值，意味着 $\psi(x)$ 具有连续可积且快速下降的性质，这就是小波称为"小"的来源。

综上所述，我们可以勾画出作为小波的函数所应具有的大致特征，即 $\psi(x)$ 是一带通函数，它的时域波形应是振荡的。此外，从时-频定位的角度，我们总希望 $\psi(x)$ 是有限支撑的，因此它应是快速衰减的。这样，时域有限长且是振荡的这一类函数即是被称作小波的原因。

9.4 快速小波变换

快速小波变换（FWT）是一种实现离散小波变换（DWT）的高效计算方案，该变换找到了相邻尺度 DWT 系数间的一种令人惊喜的关系。它也称为 Mallat 塔式分解算法，FWT 类似于前面我们曾经介绍过的两段子带编码方案。

9.4.1 快速小波正变换

再次考虑前面曾经给出的分辨率改善等式：

$$\varphi(x) = \sum_n h_\varphi(n)\sqrt{2}\varphi(2x - n)$$

用 2^j 对 x 进行尺度化，用 k 对它进行平移，令 $m = 2k + n$，得：

$$\varphi(2^j x - k) = \sum_n h_\varphi(n) \sqrt{2} \varphi[2(2^j x - k) - n] = \sum_m h_\varphi(m - 2k) \sqrt{2} \varphi(2^{j+1} x - m)$$

注意尺度向量 h_φ 可以被看成是用来将 $\varphi(2^j x - k)$ 展开成尺度为 $j+1$ 的尺度函数和的 "权重"。类似地，$\psi(2^j x - k)$ 也能得出类似的结论。即

$$\psi(2^j x - k) = \sum_m h_\psi(m - 2k) \sqrt{2} \varphi(2^{j+1} x - m)$$

注意以上两式的不同在于第一式中使用的是尺度向量 $h_\varphi(n)$，而第二式中使用的是小波向量 $h_\psi(n)$。

请回忆本章前面用来定义离散小波变换的公式：

$$W_\varphi(j_0, k) = \frac{1}{\sqrt{M}} \sum_x f(x) \varphi_{j_0, k}(x)$$

$$W_\psi(j, k) = \frac{1}{\sqrt{M}} \sum_x f(x) \psi_{j, k}(x)$$

现在将小波定义式 $\psi_{j,k}(x) = 2^{j/2} \psi(2^j x - k)$ 带入上述两式中的第二式，可得：

$$W_\psi(j, k) = \frac{1}{\sqrt{M}} \sum_x f(x) 2^{j/2} \psi(2^j x - k)$$

再用本小节前面得到的 $\psi(2^j x - k)$ 的展开式替换上式中相应的部分，得到：

$$W_\psi(j, k) = \frac{1}{\sqrt{M}} \sum_x f(x) 2^{j/2} \left[\sum_m h_\psi(m - 2k) \sqrt{2} \varphi(2^{j+1} x - m) \right]$$

交换求和式并重新调整，可得：

$$W_\psi(j, k) = \sum_m h_\psi(m - 2k) \left[\frac{1}{\sqrt{M}} \sum_x f(x) 2^{(j+1)/2} \varphi(2^{j+1} x - m) \right]$$

被中括号括起来的部分似乎有点眼熟。这里将尺度函数定义式 $\varphi_{j,m}(x) = 2^{j/2} \varphi(2^j x - m)$ 带入前面给出的离散小波变换公式中的第一式，并令 $j_0 = j + 1$，可得：

$$W_\varphi(j + 1, m) = \frac{1}{\sqrt{M}} \sum_x f(x) 2^{(j+1)/2} \varphi(2^{j+1} x - m)$$

显然上式的右边就是前一式里被中括号括起来的部分，于是可以做变量替换得到下式：

$$W_\psi(j,k) = \sum_m h_\psi(m-2k) W_\varphi(j+1,m)$$

注意，DWT 在尺度 j 上的细节系数 $W_\psi(j,k)$ 是 DWT 在尺度 $j+1$ 上的近似值系数 $W_\varphi(j+1,m)$ 的函数。按照同样的思路进行推导，我们还可以得到：

$$W_\varphi(j,k) = \sum_m h_\varphi(m-2k) W_\varphi(j+1,m)$$

以上两个式子揭示了 DWT 相邻尺度系数间的重要关系。而且上述两个结果其实就是两个卷积的表达式。我们知道卷积的定义式可以写为：

$$f(k) * g(k) = \sum_m f(m)g(k-m)$$

而且当把函数 $g(k)$ 做反转时有：

$$f(k) * g(-k) = \sum_m f(m)g[-(k-m)] = \sum_m f(m)g(m-k)$$

因此也就有：

$$\sum_m W_\varphi(j+1,m)h_\varphi(m-2k) = W_\varphi(j+1,2k) * h_\varphi(-2k)$$

这表明尺度 j 的近似值系数 $W_\varphi(j,k)$ 可以通过下面这种方式来计算，即把"尺度 $j+1$ 的近似值系数 $W_\varphi(j+1,k)$"和"时域上的尺度向量 $h_\varphi(k)$ 的反转，也就是 $h_\varphi(-k)$"二者做卷积，然后再对结果进行下采样。同理，细节系数 $W_\psi(j,k)$ 也可以通过做尺度 $j+1$ 的近似值系数 $W_\varphi(j+1,k)$ 和时域反转的小波向量 $h_\varphi(-n)$ 二者的卷积，并对结果进行下采样来得到。可以把以上拗口的文字描述用下面这两个公式来进行简洁的表述：

$$W_\psi(j,k) = h_\psi(-n) * W_\varphi(j+1,n)|_{n=2k,k\geqslant 0}$$

$$W_\varphi(j,k) = h_\varphi(-n) * W_\varphi(j+1,n)|_{n=2k,k\geqslant 0}$$

如图 9-30 所示是将这些操作简化成框图的形式。这显然与两段子带编码系统的分析滤波器组部分如出一辙，其中 $h_0(n) = h_\psi(-n)$ 且 $h_1(n) = h_\varphi(-n)$。其中，卷积在 $n=2k$ 时进行计算（$k\geqslant 0$）。在非负偶数时计算卷积与以 2 为步长进行过滤和抽样的效果相同。

图 9-30 中的滤波器组可以迭代产生多阶结构，用于计算两个以上连续尺度的 DWT 系数。例如，图 9-31 显示了一个用于计算变换的两个最高尺度系数的二阶滤波器组。最高尺度系数假定是函数自身的采样值，即 $W_\varphi(J,n) = f(n)$，其中 J 表示最高尺度。根据前面的介绍，$f(x) \in V_J$，V_J 是函数 $f(x)$ 所在的尺度空间。图中的第一个滤波器组

将原始函数分解成一个低通近似值分量和一个高通细节分量。低通近似值分量对应于尺度系数 $W_\varphi(J-1,n)$，高通细节分量则对应于小波系数 $W_\psi(J-1,n)$。

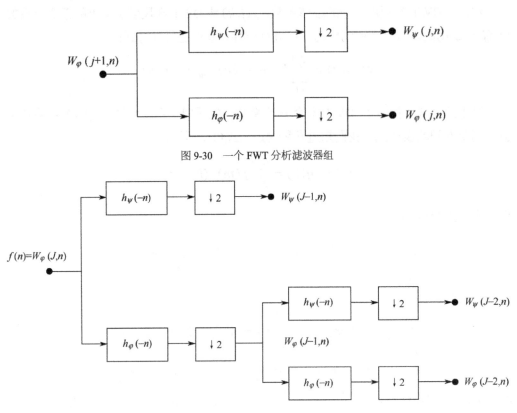

图 9-30　一个 FWT 分析滤波器组

图 9-31　一个两阶 FWT 分析滤波器组

如图 9-32 所示，尺度空间 V_J 被分成小波子空间 W_{J-1} 和尺度子空间 V_{J-1}，原始函数的频谱被分成两个半波段分量。图 9-31 中的第二个滤波器组将频谱和子空间 V_{J-1}（较低的半波段）分成四分之一波段子空间 W_{J-2} 和 V_{J-2}，分别对应于 DWT 系数 $W_\psi(J-2,n)$ 和 $W_\varphi(J-2,n)$。

图 9-31 中的二阶滤波器组很容易进一步扩展得到任意阶数的滤波器组。例如，第三个滤波器组要处理系数 $W_\varphi(J-2,n)$，于是将尺度空间 V_{J-2} 分成两个八分之一波段子空间 W_{J-3} 和 V_{J-3}。通常，选择 $f(x)$ 的 2^J 个采样值，用 P 个滤波器组产生尺度 $J-1,J-2,\cdots,J-P$ 的 P 尺度 FWT。首先计算最高尺度系数（即 $J-1$）；最后计算最低尺度系数（即 $J-P$）。如果 $f(x)$ 以高于奈奎斯特频率的采样率进行采样（通常如此），则其采样值是该采样频率的尺度系数的良好近似，并可以作为起始的高分辨率尺度系数的输入。换言之，在该采样尺度下，不需要小波或细节系数。分辨率最高的尺度函数作为 9.3.6 节中用来定义离散小波变换的两个公式的 δ 函数，允许 $f(n)$ 用作尺度 J 的

近似值或尺度系数，输入到第一个两频段滤波器组中。

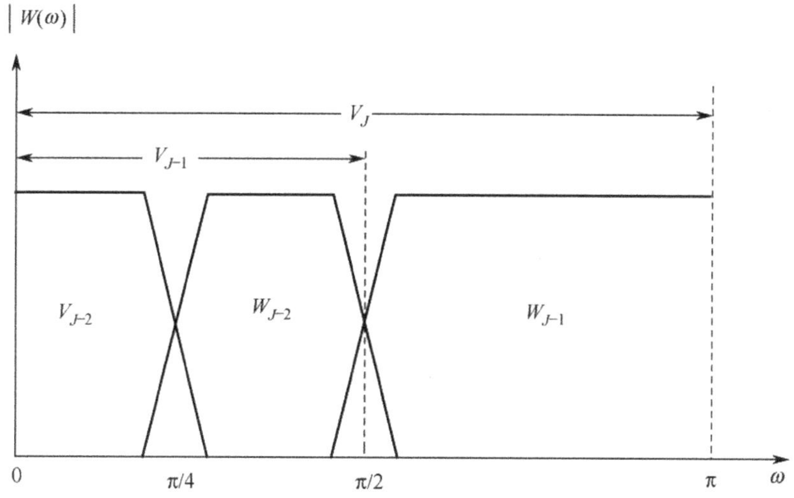

图 9-32　频谱分离特性

　　为了加深读者对于上述理论的理解，下面举一个例子。考虑一个离散函数 $f(n) = \{1, 4, -3, 0\}$，并利用之前讨论过的哈尔小波函数来对其进行变换。前面我们讨论的哈尔小波函数的尺度向量为：

$$h_\varphi(n) = \begin{cases} 1/\sqrt{2}, & n = 0, 1 \\ 0, & \text{其他} \end{cases}$$

　　哈尔小波函数的小波向量为：

$$h_\psi(n) = \begin{cases} 1/\sqrt{2}, & n = 0 \\ -1/\sqrt{2}, & n = 1 \\ 0, & \text{其他} \end{cases}$$

这些是用于建立 FWT 滤波器组的函数，它们给出了滤波器系数。

　　使用图 9-31 给出的二阶分析滤波器组进行计算。由于函数中有 4 个采样值，所以这里 $J=2$（有 $2^J=2^2$ 个采样值）且 $P=2$（按尺度 J-1=1，J-P=0 的顺序进行）。图 9-33 显示了经过既定的 FWT 卷积和抽样后各阶段算得的结果。注意函数 $f(n)$ 自身是最左边滤波器组的尺度或近似值输入。例如，为了计算图中上支路末端系数 $W_\psi(1, n)$，首先要做 $f(n)$ 和 $h_\psi(-n)$ 的卷积。对于序列 $\{1, 4, -3, 0\}$ 和 $\{-1/\sqrt{2}, 1/\sqrt{2}\}$，该结果为 $\{-1/\sqrt{2}, -3/\sqrt{2}, 7/\sqrt{2}, -3/\sqrt{2}, 0\}$，对偶数下标的点进行抽样，得到 $W_\psi(1, k) = \{-3/\sqrt{2}, -3/\sqrt{2}\}$，$k = \{0, 1\}$。同理，图中的其他结果也可据此算得。

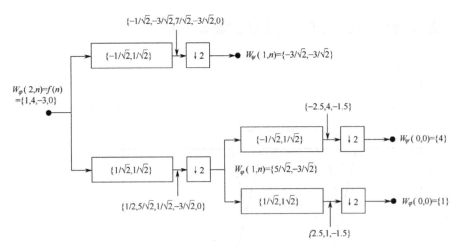

图 9-33   用哈尔尺度和小波向量进行 FWT

9.4.2   快速小波逆变换

从 FWT 的近似值系数 $W_\varphi(j,k)$ 和细节系数 $W_\psi(j,k)$ 重建 $f(x)$ 也存在一种高效的反变换算法，称为小波逆变换（IFWT）。它使用正变换中所用的尺度和小波向量以及第 j 级近似值和细节系数来生成第 j+1 级近似值系数。由于 FWT 的分析部分和之前讲过的两段子带编码的分析滤波器组的相似性，很容易想到 IFWT 其实就是相对应的综合滤波器组。图 9-34 详细地描述了这个分析滤波器组的结构。根据本章前面有关内容的学习，读者应该已经知道完美重建（对于双子带或正交滤波器）要求对于 $i = \{0,1\}$，$f_i(n) = h_i(-n)$，可以参见表 9-1，即分析滤波器和综合滤波器在时域上是相互反转的。因为 FWT 分析滤波器是 $h_0(n) = h_\psi(-n)$ 且 $h_1(n) = h_\varphi(-n)$，因此可知 IFWT 的综合滤波器应该为 $f_0(n) = h_0(-n) = h_\psi(n)$ 和 $f_1(n) = h_1(-n) = h_\varphi(n)$。然而，根据前面所学到的知识，这里也可以使用双正交分析滤波器和综合滤波器，此时它们并不是彼此时域反转的。双正交分析滤波器和综合滤波器是交叉调制的。关于滤波器组和子带分解的知识在前面已经详细讨论过，此处就不再赘言了。

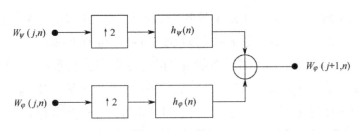

图 9-34   一个 IFWT 综合滤波器组

图 9-34 所示的 IFWT 综合滤波器组执行下列计算：

$$W_\varphi(j+1,k) = h_\varphi(k) * W_\varphi^{up}(j,k) + h_\psi(k) * W_\psi^{up}(j,k)|_{k \geqslant 0}$$

其中，W^{up}代表以 2 为步长进行内插，也就是在W的各元素间插 0，使其长度变为原来的两倍。内插后的系数通过与$h_\varphi(k)$和$h_\psi(k)$进行卷积完成过滤，并相加以得到较高尺度的近似值。最终将建立$f(x)$的较好近似，该近似含有较多的细节和较高的分辨率。与 FWT 正变换类似，逆变换滤波器可以如图 9-35 所示的那样迭代。这里为了计算 IFWT 重建的最后两个尺度描绘了二阶结构。该系数合并过程可以拓展到任意数目的尺度，从而保证函数$f(x)$的完美重建。

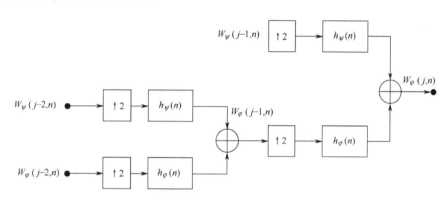

图 9-35 二阶 IFWT 综合滤波器组

接下来，继续上一小节中的例子并对之前的结果进行 IFWT。IFWT 的计算与其正变换的对应部分镜像对称。图 9-36 演示了运用哈尔小波进行逆变换的过程。首先对 0 级近似值和细节系数进行内插，分别得到$\{4,0\}$和$\{1,0\}$。将离散序列$\{4,0\}$和$\{1/\sqrt{2},-1/\sqrt{2}\}$做卷积得到结果$\{4/\sqrt{2},-4/\sqrt{2},0\}$，将离散序列$\{1,0\}$和$\{1/\sqrt{2},1/\sqrt{2}\}$做卷积得到结果$\{1/\sqrt{2},1/\sqrt{2},0\}$。将两个结果相加得到$W_\varphi(1,n)=\{5/\sqrt{2},-3/\sqrt{2}\}$，注意为了保持$W_\varphi(1,n)$的本来长度，因此最后一个 0 被舍去了。如此，图中的一阶近似值就被重建出来了，它与上一小节的例子中对应的结果是完全一致的。继续使用上述方法，在第二个综合滤波器组的右端产生$f(n)$，具体过程请读者参见图示，这里就不再赘言了。

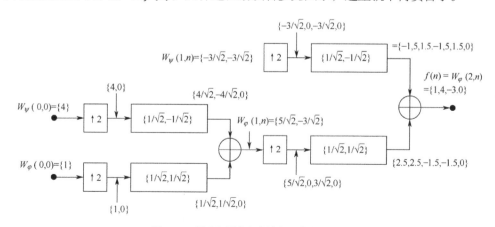

图 9-36 用哈尔尺度和小波向量进行 IFWT

9.4.3　图像的小波变换

前面向读者介绍了一维快速小波变换及其逆变换算法。图像是二维的数据，因此需要将原有的算法拓展至二维。我们从连续的一维小波变换，很自然地就拓展到了二维连续小波变换。同理，离散二维小波变换也可以很容易地从一维的情况拓展得到，这里具体过程不再详述。尺寸为 $M \times N$ 的函数 $f(x,y)$，其离散二维小波变换定义如下：

$$W_\varphi(j_0,m,n) = \frac{1}{\sqrt{MN}} \sum_{x=0}^{M-1} \sum_{y=0}^{N-1} f(x,y) \varphi_{j_0,m,n}(x,y)$$

$$W_\psi^i(j,m,n) = \frac{1}{\sqrt{MN}} \sum_{x=0}^{M-1} \sum_{y=0}^{N-1} f(x,y) \psi_{j,m,n}^i(x,y)$$

其中，上标 i 代表了值 H、V 和 D，也就是水平、垂直和对角线方向。同一维的情况一样，j_0 是任意的开始尺度，$W_\varphi(j_0,m,n)$ 系数定义了在尺度 j_0 上的 $f(x,y)$ 的近似值。而系数 $W_\psi^i(j,m,n)$ 对于 $j \geq j_0$ 附加了水平、垂直和对角线方向的细节。通常令 $j_0 = 0$，并且选择 $N = M = 2^J, j = 0,1,2,\cdots,J-1$ 和 $m,n = 0,1,2,\cdots,2^j-1$。

二维离散小波逆变换定义为：

$$f(x,y) = \frac{1}{\sqrt{MN}} \sum_m \sum_n W_\varphi(j_0,m,n) \varphi_{j_0,m,n}(x,y)$$
$$+ \frac{1}{\sqrt{MN}} \sum_{i=H,V,D} \sum_{j=j_0}^{\infty} \sum_m \sum_n W_\psi^i(j,m,n) \psi_{j,m,n}^i(x,y)$$

类似一维离散小波变换，二维 DWT 也可以通过数字滤波器和抽样来实现。首先对 $f(x,y)$ 的行进行一维 FWT，然后对结果进行行列方向上的一维 FWT。图 9-37 显示了这一过程。二维 FWT 滤波器尺度 $j+1$ 的近似值系数建立了尺度 j 的近似值系数和细节系数。然而，在二维情况下，将得到 3 组细节系数——水平、垂直和对角线细节。

图 9-37 中的单尺度滤波器组也可以用"迭代"（将近似输出连接到另外一个滤波器组中并用作输入）在尺度 $j = J-1, J-2, \cdots, J-P$ 中产生 P 尺度变换。如在一维情况下，图像 $f(x,y)$ 被用于 $W_\varphi(J,m,n)$ 的输入，分别与 $h_\varphi(-n)$ 和 $h_\psi(-n)$ 做卷积，并对结果进行抽样，得到两个子图像，它们的水平分辨率以 2 为因子下降。高通或细节分量描述了图像垂直方向的高频信息，低通近似分量包含了它的低频垂直信息。然后，两个子图像以列的方式被滤波并抽样得到四分之一大小的图像，即 W_φ、W_ψ^H、W_ψ^V 和 W_ψ^D。也就是图 9-38 中间所示的 4 个子图，滤波处理的两次迭代结果位于图中的最右侧，可见该图已产生二阶分级。

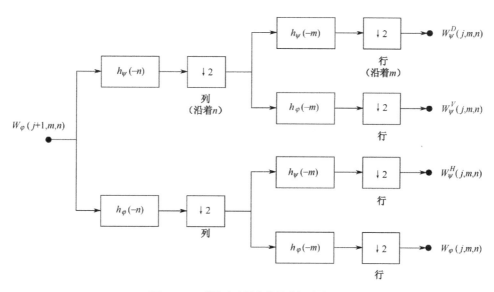

图 9-37 二维快速小波变换的分析滤波器组

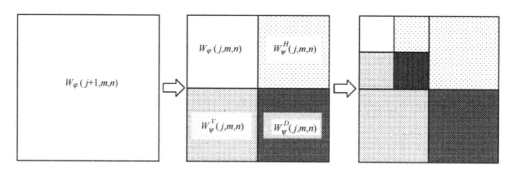

图 9-38 二维小波变换的分解结果

　　图 9-39 显示了上面描述过的逆向处理的综合滤波器组。正如所预想的那样，重建算法与一维情况是相似的。在每一次迭代中，四尺度 j 的近似值和细节子图用两个一维滤波器内插和卷积，其中一个在图像的列方向上执行，另外一个在图像的行方向上执行。附加结果是尺度 $j+1$ 的近似值，并且迭代处理一直进行到原始图像被重建。

　　不同于以往的情况，对图像进行小波变换的操作，我们所采用的是 MATLAB 中的小波工具箱，而不再是常用的数字图像处理工具箱。MATLAB 之所以单独提供小波工具箱，一方面是因为小波的应用非常广泛，显然不仅仅局限于图像处理；另一方面 MATLAB 中的小波工具箱是非常完备、非常强大的，自然也就有独立出来的可能和必要。当然，由于篇幅限制，本书也不可能对小波工具箱中的所有函数进行面面俱到的介绍，下面将给出在图像处理中最常被用到的一些函数。

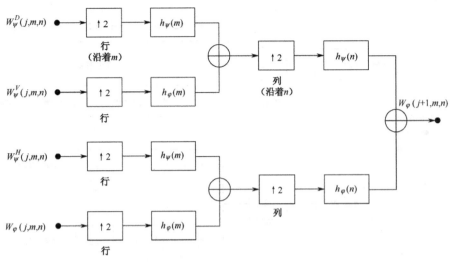

图 9-39 二维快速小波变换的综合滤波器组

1. wavedec2()

函数 wavedec2()的作用是对二维信号进行多层小波分解，这显然是我们处理数字图像小波变换时最常用到的函数，它的语法形式有两种，如下：

```
[C, S] = wavedec2(X, N, 'wname')
[C, S] = wavedec2(X, N, Lo_D, Hi_D)
```

其中，X 表示原始图像；N 表示分解的层数，所以它应该是一个正整数。参数'wname'表示所选择的小波种类，MATLAB 中可选的小波种类如表 9-4 所示。

表 9-4　小波工具箱中小波变换的滤波器和滤波器族名称

小　波	小波族	名　　　称
Haar	'haar'	'haar'
Daubechies	'db'	'db1'、'db2'、…、'db5'
Coiflets	'coif'	'coif1'、'coif2'、…、'coif5'
Symlets	'sym'	'sym2'、 'sym3'、…、'sym5'
离散 Meyer	'dmey'	'demy'
双正交	'bior'	'bior1.1'、'bior1.3'、'bior1.5'、'bior2.2'
		'bior2.4'、'bior2.6'、'bior2.8'、'bior3.1'
		'bior3.3'、'bior3.5'、'bior3.7'、'bior3.9'
		'bior4.4'、'bior5.5'、'bior6.8'
反双正交	'rbio'	'rbio1.1'、'rbio1.3'、'rbio1.5'、'rbio2.2'
		'rbio2.4'、'rbio2.6'、'rbio2.8'、'rbio3.1'
		'rbio3.3'、'rbio3.5'、'rbio3.7'、'rbio3.9'
		'rbio4.4'、'rbio5.5'、'rbio6.8'

参数 Lo_D 和 Hi_D 分别表示分解所使用的低通、高通滤波器。输出矩阵中的 C 表示小波分解所得到的向量。如图 9-40 所示，C 是一个行向量，长度为 size(X)，例如，图像 X 的大小为 256×256，那么 C 的大小就为 1×(256×256)=1×65536。图中 A_n 代表第 n 层的低频系数，$H_n | V_n | D_n$ 代表第 n 层高频系数，分别是水平、垂直、对角高频，依此类推，直到 $H_1 | V_1 | D_1$。每个向量是一个矩阵的每列转置的组合存储。事实上小波工具箱里还提供了另外一个实现二维离散小波变换的函数 dwt2()，本书并不会用到该函数，但是考虑到很多读者可能会对这两个函数感到迷糊，在此笔者还是稍微提一下二者的区别。函数 dwt2() 是单层分解，所以低频系数、水平、垂直、对角高频系数就直接以矩阵输出了，并没有像 wavedec2() 那样转换成行向量再输出，这就是它们的区别所在。S 是储存各层分解系数长度的，即第一行是 A_n 的长度（其实是 A_n 的原矩阵的行数和列数），第二行是 $H_n | V_n | D_n$ 的长度，第三行是 $H_{n-1} | V_{n-1} | D_{n-1}$ 的长度……倒数第二行是 $H_1 | V_1 | D_1$ 的长度，最后一行是 X 的长度（大小）。

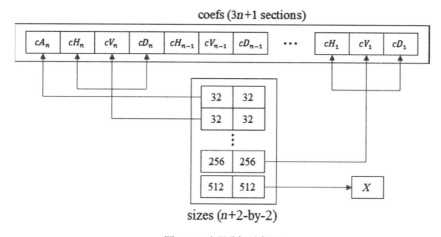

图 9-40　向量分解示意图

2. appcoef2()

函数 appcoef2() 能够提取二维小波分解的低频系数。它的语法形式有如下几种：

```
A = appcoef2(C, S, 'wname', N)
A = appcoef2(C, S, 'wname')
A = appcoef2(C, S, Lo_R, Hi_R)
A = appcoef2(C, S, Lo_R, Hi_R, N)
```

其中，C 表示小波分解所得的向量，S 表示相关坐标记录矩阵，这与前面介绍 wavedec2() 函数时所描述的一致。参数 N 和'wname'的意义也同前。参数 Lo_R 和 Hi_R 分别表示重构低通、高通滤波器。返回值 A 表示所得的低频系数。

3. detcoef2()

函数 detcoef2()能够提取二维小波分解的高频系数。有时很多初学者会对 detcoef2()和 appcoef2()感到困惑，分不清二者的区别。其实这两个函数的名字已经可以说明一切，2 表示二维，coef 是 coefficient 的缩写，也就是系数的意思；而 app 是 approximate 的缩写，意思就是近似，于是 appcoef 所表示的就是近似系数，也就是低频信息。相对应地，det 是单词 detail 的缩写，也就是细节的意思，于是 detcoef 所表示的就是细节系数，即高频信息。它的语法形式如下：

```
D = detcoef2(O,C,S,N)
```

其中，C、S 和 N 的意思同前，这里没有需要特别说明的。参数 O 可以使用'h'、'v'和'd'，则分别代表提取水平、垂直和对角线方向的近似系数。

下面这段示例代码演示了上面介绍的几个函数的使用方法，这段程序采用 Daubechies 小波对图像进行小波分解，并填充到一个矩阵中进行统一显示。在更早一些的 MATLAB 版本中（例如 MATLAB 7.0），wavedec2()函数所得的结果矩阵要比在标准情况下大一些，这是由于快速小波变换中使用了卷积计算。所以，在将多层分解的结果图像拼接到一起时，应该考虑裁边处理。但是新版本的 MATLAB 已经修正了这些地方，所以在下面的程序中我们并没有进行类似的特殊处理。

```
i=double(imread('vase.tif'));
[C,S]=wavedec2(i,2,'db1');
a2=appcoef2(C,S,'db1',2);
dh1=detcoef2('h',C,S,1);
dv1=detcoef2('v',C,S,1);
dd1=detcoef2('d',C,S,1);
dh2=detcoef2('h',C,S,2);
dv2=detcoef2('v',C,S,2);
dd2=detcoef2('d',C,S,2);
[x,y]=size(i);
img = zeros(x,y);
img(1:x/4,1:y/4) =im2uint8(mat2gray(a2));
img(((x/4)+1):y/2,1:y/4) = im2uint8(mat2gray(dv2));
img(((x/4)+1):x/2,1:y/4) = im2uint8(mat2gray(dv2));
img(1:x/4,((y/4)+1):y/2) = im2uint8(mat2gray(dh2));
img(((x/4)+1):x/2,((y/4)+1):y/2) = im2uint8(mat2gray(dd2));
img(((x/2)+1):x,1:y/2) = im2uint8(mat2gray(dv1));
img(1:x/2,((y/2)+1):y) = im2uint8(mat2gray(dh1));
```

```
img(((x/2)+1):x,((y/2)+1):y) = im2uint8(mat2gray(dd1));
imshow(img,[]);
```

读者可以试着运行上述程序，其结果如图 9-41 所示。

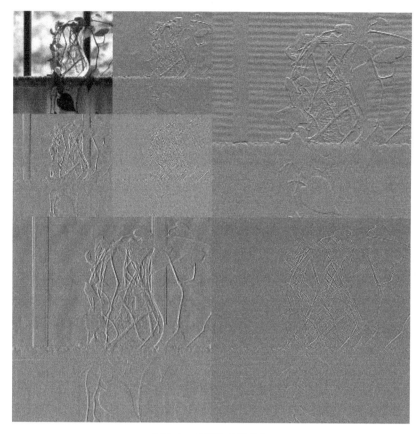

图 9-41　图像的小波变换

9.5　小波在图像处理中的应用

小波变换在数字图像处理中占据着非常重要的地位，这是因为在诸多具体的应用领域中它都可能成为实现处理目标的重要手段或关键过程。在本章的最后，笔者就从 4 个方面介绍小波在数字图像处理领域中的具体应用（当然，实际中的应用远不止于这 4 个方面）。

1. 图像的压缩

JPEG2000 是众所周知的下一代图像压缩标准，它由 Joint Photographic Experts Group 组织创建和维护。JPEG2000 文件的扩展名通常为.jp2。我们之前曾经详细介绍过 JPEG 图像压缩格式，相比于 JPEG 而言，JPEG2000 的压缩比更高，而且不会产生 JPEG 标准带来的块状模糊瑕疵。JPEG 的核心是离散余弦变换，而 JPEG2000 则是基于小波变换的图像压缩标准。JPEG2000 同时支持有损压缩和无损压缩。另外，JPEG2000 也支持更复杂的渐进式显示和下载。由于 JPEG2000 在无损压缩下仍然能有比较好的压缩率，所以 JPEG2000 在图像品质要求比较高的医学图像的分析和处理中已经有了一定程度的广泛应用。

2. 图像的融合

图像的融合是将两幅或多幅图像融合在一起，以获取对同一场景的更为精确、更为全面、更为可靠的图像描述。融合算法应该充分利用各原图像的互补信息，使融合后的图像更适合人的视觉感受，适合进一步分析的需要。小波变换是图像的多尺度、多分辨率分解，它可以聚焦到图像的任意细节。随着小波理论及其应用的发展，将小波多分辨率分解用于像素级图像融合也已经得到广泛的应用。具体实现时，首先对每一幅原图像分别进行小波变换，建立图像的小波塔型分解；然后对各分解层分别进行融合处理。各分解层上的不同频率分量可采用不同的融合算子进行融合处理，最终得到融合后的小波金字塔；最后对融合后所得的小波金字塔进行小波重构，所得到的重构图像即为融合图像。

在 MATLAB 中我们可以直接使用函数 wfusimg() 来实现图像的融合，下面给出它的常用语法形式：

```
XFUS = wfusimg(X1,X2,WNAME,LEVEL,AFUSMETH,DFUSMETH)
[XFUS,TXFUS,TX1,TX2] = wfusimg(X1,X2,WNAME,LEVEL,AFUSMETH,DFUSMETH)
```

其中，X1 和 X2 是待融合的两幅原始图像。参数 WNAME 给出要采用哪种小波，而 LEVEL 则给出了小波分解的层数。需要特别说明的是参数 AFUSMETH 和 DFUSMETH，它们分别指定了低频（近似）信息和高频（细节）信息的融合方法。具体的可选项有'max'、'min'、'mean'、'img1'、'img2'或者'rand'，它们分别表示近似和细节信息的融合方式为取 X1 和 X2 对应元素中的最大值、最下值、平均值、前者、后者或者随机选择。返回值 XFUS 是融合后的结果图像，而 TXFUS、TX1 和 TX2 则对应 XFUS、X1 和 X2 的小波分解树。

下面这段代码演示了利用小波工具箱中的函数 wfusimg() 来实现图像融合的方法。小波变换的绝对值大的小波系数，对应着显著的亮度变化，也就是图像中的显著特征。于是选择绝对值大的小波系数作为保留细节所需的小波系数。低频部分系数可以选择二者之间的最大值，也可以采用二者之间的平均值。最后重构出图像即可。

```
X1 = imread('cathe1.bmp');
X2 = imread('cathe2.bmp');
XFUS = wfusimg(X1,X2,'sym4',5,'mean','max');
imshow(XFUS,[]);
```

该段程序的运行结果如图 9-42 所示，第三幅图像就是将前两幅图像进行融合后的结果。易见，融合处理后的结果成功去除了前两幅图像中模糊不清的部分。

Cathe1   Cathe2   Fusion

图 9-42 用小波进行图像融合

当然，我们也可以不使用小波工具箱中给出的现成函数，而选择自己动手实现基于小波的图像融合算法。这对我们实际了解该算法是如何进行的大有裨益。下面这段示例程序实现了与前面代码段相同的作用，请读者留意注释说明的部分。另需说明的是，下面这段程序仅仅是为了演示算法实现而编写的，因此并没做异常处理的考虑，我们默认待处理的两幅原始图像的尺寸是一样的。

```
X1 = imread('cathe1.bmp');
X2 = imread('cathe2.bmp');
M1 = double(X1) / 256;
M2 = double(X2) / 256;
N = 4;
wtype = 'sym4';
[c0,s0] = wavedec2(M1, N, wtype);
[c1,s1] = wavedec2(M2, N, wtype);
length = size(c1);
Coef_Fusion = zeros(1,length(2));
%低频系数的处理，取平均值
Coef_Fusion(1:s1(1,1)) = (c0(1:s1(1,1))+c1(1:s1(1,1)))/2;
%处理高频系数，取绝对值大者，这里用到了矩阵乘法
MM1 = c0(s1(1,1)+1:length(2));
MM2 = c1(s1(1,1)+1:length(2));
mm = (abs(MM1)) > (abs(MM2));
```

```
Y = (mm.*MM1) + ((~mm).*MM2);
Coef_Fusion(s1(1,1)+1:length(2)) = Y;
%重构
Y = waverec2(Coef_Fusion,s0,wtype);
imshow(Y,[]);
```

上面这段代码中用到了小波重构函数 waverec2()，函数 waverec2()其实就是 wavedec2()的相反过程，该函数的常用语法形式如下：

```
X = waverec2(C,S,'wname')
X = waverec2(C,S,Lo_R,Hi_R)
```

其中，参数 C、S、N 和'wname'的意义都与二维小波分解函数 wavedec2()中定义的一样，这里不再赘言。Lo_R 是重构低通滤波器，Hi_R 是重构高通滤波器。

图像融合在工业图像采集中具有非常重要的应用。通常，在不同的焦距下，由工业摄像头拍摄的一组图像会因为景深的不同而产生局部模糊的现象，为得到全局的清晰图像，势必要对整组图像进行融合，这时小波变换无疑是首选处理技术。

在图像融合过程中，小波基的种类和小波分解的层数对融合效果有很大的影响，对特定的图像来说，哪一种小波基的融合效果最好，分解到哪一层最合适，则是算法设计者需要研究的问题。

3. 图像的水印

数字水印是一种崭新的信息安全隐藏技术，它将信息（如版权信息、秘密消息等）嵌入到图像、语音等数字媒体中，利用人们"所见即所得"的心理来避免攻击，从而起到了保护和标识的作用。近年来它的发展成为多媒体信息安全领域研究的一个热点。小波变换可以得到图像的频段分离子图，而对于中低频部分的适当篡改并不会引起复原后图像的突变，这就为嵌入数字水印提供了可能性。研究人员在基于小波变换的图像数字水印技术方面已经有诸多成果发表。

4. 图像的去噪

图像在传输过程中可能由于外界环境的干扰而产生噪声。从自然界中的景象捕获的图像通常具有灰度值变化平滑连续的特征，而噪声则表现为与周遭像素相比十分突兀的特点。在频域中，噪声往往集中在高频部分。小波变换会让图像不断分离出高频子图和低频子图，据此，我们可以通过在高频子图中设置阈值的方法，过滤到异常频点，再将图像还原后，噪声就可以被剔除了。基于小波的图像降噪技术都是从这个角度出发的，只是针对具体不同类型的图像，会在阈值的选择，以及小波函数的选择上产生差异。利用小波对图像进行去噪在医疗影像处理领域中已经被成功应用。

小波工具箱中已经提供了用于图像降噪的函数，即 ddencmp()和 wdencmp()，这一对函数常搭配使用。函数 ddencmp()用于自动生成信号的小波（或小波包）降噪（或压缩）的阈值选取方案，它的语法形式如下：

```
[THR,SORH,KEEPAPP,CRIT] = ddencmp(IN1,IN2,X)
[THR,SORH,KEEPAPP] = ddencmp(IN1,'wv',X)
[THR,SORH,KEEPAPP,CRIT] = ddencmp(IN1,'wp',X)
```

输入参数 X 为一维或二维的信号向量或矩阵；输入参数 IN1 指定处理的目的是消噪还是压缩，可选值为'den'（降噪）或'cmp'（压缩）。参数 IN2 指定处理的方式，可选值为'wv'（使用小波分解）或'wp'（使用小波包分解）。输出参数 THR 为函数选择的阈值，SORH 用以控制函数选择阈值的方式，具体而言，当取's'时表示采用软阈值，当取'h'时表示采用硬阈值。输出参数 KEEPAPP 决定了是否对近似分量进行阈值处理，结果要么是 0，要么是 1。CRIT 为使用小波包进行分解时所选取的熵函数类型（即仅在选择小波包时使用）。

函数 wdencmp()用于对一维或二维信号进行降噪或压缩，它的主要语法形式如下：

```
[XC,CXC,LXC,PERF0,PERFL2]    =    wdencmp('gbl',X,'wname',N,THR,SORH,
KEEPAPP)
[XC,CXC,LXC,PERF0,PERFL2]= wdencmp('lvd',X,'wname',N,THR,SORH)
[XC,CXC,LXC,PERF0,PERFL2]= wdencmp('lvd',C,L,'wname',N,THR,SORH)
```

与之前的情况相同，'wname'表示所采用的小波函数类型。参数'gbl'表示每层都采用同一个阈值进行处理；'lvd'表示每层用不同的阈值进行处理。N 是小波分解的层数，THR 为阈值向量，对于后两种语法形式要求每层都有一个阈值，因此阈值 THR 是一个长度为 N 的向量，SORH 表示选择软阈值还是硬阈值，取值情况同上。KEEPAPP 取值为 1 时，低频系数不进行阈值量化处理；反之，低频系数则进行阈值量化处理。

返回值 XC 是降噪或压缩后的信号。剩余 4 个都是可选的返回值，其中[CXC, LXC]是 XC 的小波分解结构。PERF0 和 PERFL2 是用百分比表示的恢复和压缩的 L^2 范数[5]得分，也就是用百分制来表明降噪或压缩所保留的能量成分。如果[C, L]是 X 的小波分解结构，则 PERFL2=100×(CXC 向量的范数/C 向量的范数)^2。如果 X 是一维信号，并且小波'wname'是正交小波，则 PERFL2 将减少到 $100\|XC\|^2/\|X\|^2$。

---

5 L^2 范数，即 L^2-norm，又称欧几里得范数（Euclidean norm）或欧几里得距离（Euclidean length），如果 X 是一个 N 维向量，例如$[x_1, x_2, \cdots, x_N]$，则 X 的欧几里得范数定义为$\|X\| = \sqrt{x_1^2 + x_2^2 + \cdots + x_N^2}$。

下面这段示例代码演示了在 **MATLAB** 中运用小波工具箱所提供的函数进行图像降噪的方法。

```
I = imread('noise_lena.bmp');
[thr,sorh,keepapp] = ddencmp('den','wv',I);
de_I = wdencmp('gbl',I,'sym4',2,thr,sorh,keepapp);
imwrite(im2uint8(mat2gray(de_I)), 'denoise_lena.bmp');
```

程序运行结果如图 9-43 所示，其中左图为受到噪声污染的原始图像，右图则是经过小波降噪处理后的图像效果。

图 9-43　小波降噪

本章参考文献及推荐阅读材料

[1] 江志红. 深入浅出数字信号处理. 北京：北京航空航天大学出版社，2012.

[2] Kenneth R. Castleman. 朱志刚，等译. 数字图像处理. 北京：电子工业出版社，2011.

[3] Rafael C. Gonzalez, Richard E. Woods. 阮秋琦，等译. 数字图像处理（第 3 版）. 北京：电子工业出版社，2011.

[4] Anil K.Jain. 韩博，等译. 数字图像处理基础. 北京：清华大学出版社，2006.

[5] Maria Petrou, Panagiota Bosdogianni. 赖剑煌，等译. 数字图像处理疑难解析. 北京：机械工业出版社，2005.

[6] 谢彦红，李扬. 小波函数容许条件的研究. 沈阳化工学院学报，2005.1.

[7]　杨振. 基于子带的 SAR 图像压缩编码. 西安电子科技大学硕士学位论文, 2005.

[8]　陈祥训. 对几个小波基本概念的理解. 电力系统自动化，2004.1.

[9]　李建国. 正交镜像滤波器组的原理及实现. 广东工业大学硕士学位论文, 2004.

[10]　宗孔德. 多抽样率信号处理. 北京：清华大学出版社，1996.

[11]　聂美声，袁保宗. 图像的子带编码及其实现. 铁道学报，1990.6.

10

偏微分方程与图像降噪

偏微分方程不仅仅是一个数学分支，它在物理学、工程学等领域也有着非常重要而广泛的应用。近二十年来，偏微分方程在数字图像处理中已经取得了一系列重要的进展。当前这方面的研究仍然是一个备受关注的焦点。然而，这部分内容同上一章小波部分的内容一样对于数学要求较高，内容较为晦涩，国内可以参考的资料也非常有限。本章将从一个最基本的物理公式开始，向读者介绍偏微分方程在图像处理中的应用。鉴于这部分内容较为庞杂，笔者将截取众多可选话题中最具代表性的两个，即Perona-Malik 方程（或称 PM 方程）和全变分（Total Variation，TV）方法有关的内容来向读者进行介绍。

10.1　PM 方程及其应用

基于 PM 方程的图像处理技术，最重要的一个应用就是对图像进行选择性降噪，这也是本节将要着重讨论的。此外，2012 年，在计算机视觉领域的三大顶级国际会议之一的欧洲计算机视觉国际会议(European Conference on Computer Vision，ECCV)上，出现了一种比 SIFT 更稳定的特征检测算法——KAZE。KAZE 算法在对图像进行预处理及构建尺度空间的时候，即采用了 Perona-Malik 方程，为了提升计算速度，KAZE还选用了一种 PM 方程的快速数值解法——AOS 算法。可见，Perona-Malik 方程大有用武之地。本节稍后也将对 AOS 算法的有关原理进行详细的介绍。

10.1.1　一维热传导方程

如果一个微分方程中出现的未知函数只含一个自变量，那么这个方程叫作常微分方程，简称微分方程；如果一个微分方程中出现多元函数的偏导数，或者说未知函数和几个变量有关，而且方程中出现未知函数对几个变量的导数，那么这种微分方程就是偏微分方程。偏微分方程（PDE）是用来描述同一因变量对于不同自变量的偏导数之间制约关系的等式，这种制约关系常常是指未知变量关于时间和空间变量的导数之间的关系，因此偏微分方程在物理学中十分常见。目前，在数字图像处理领域，偏微分方程方法也得到了广泛的应用。为了引入后续我们将要介绍的各向异性扩散方程，这里先从物理学的角度来理解一维热传导方程，也称一维扩散方程。

　　热能是由分子的不规则运动产生的。在热能流动中有两种基本过程：传导和对流。传导由相邻分子的碰撞产生，一个分子的振动动能被传送到其最近的分子。这种传导导致了热能的传播，即便分子本身的位置没有移动，热能也传播了。此外，如果振动的分子从一个区域运动到另一个区域，它会带走其热能。这种类型的热能运动称为对流。为了从相对简单的问题开始讨论，这里仅研究热传导现象。

　　假设有一根具有固定横截面积 A 的杆，如图 10-1 所示，其方向为 x 轴的方向，杆的长度为 L，即 $0 \leqslant x \leqslant L$。设单位体积的热能量为未知变量，叫作热能密度，记作$e(x,t)$。假设通过截面的热量是恒定的，杆是一维的。做到这一点的最简单方法是将杆的侧面完全绝热，这样热能就不能通过杆的侧面扩散出去。对 x 和 t 的依赖对应于杆受热不均匀的情形；热能密度由一个截面到另一个截面是变化的。

　　现在来考察杆上介于 x 和 $x+\Delta x$ 之间的一段薄片，如图 10-1 所示。如果热能密度在薄片内是常数，则薄片内的总能量是热能密度和体积的乘积。一般来说，能量密度不是常数，不过当 Δx 非常小时，热能密度$e(x,t)$在薄片内可以近似为常数，则体积为 $A\Delta x$ 的薄片内所具有的热能为$e(x,t) \cdot A\Delta x$。在 x 和 $x+\Delta x$ 之间的热能随时间的变化都是由流过薄片两端的热能和内部（正的或负的热源）产生的热能引起的。由于假设侧面是绝热的，所以在侧面上没有热能变化。根据能量守恒定律，基本的热传导过程可由文字表述为热能瞬时变化率等于单位时间流过边界的热能加上单位时间内部产生的热能。对小薄片，热能的变化率是热能函数对于时间变量的偏导数：

$$\frac{\partial[e(x,t) \cdot A\Delta x]}{\partial t}$$

这里使用偏导数是因为对于一个确定的小薄片而言，其 x 是固定的。

　　在一维杆中，热能的流向向右或向左。热通量是指单位时间内热能流向单位表面积右边的热能量，记作$\Phi(x,t)$。如果$\Phi(x,t) < 0$，则意味着热能流向左边。单位时间内流过薄片边界的热能是$\Phi(x,t)A - \Phi(x + \Delta x,t)A$，由于热通量是单位表面积的流量，因此它必须与表面积相乘。

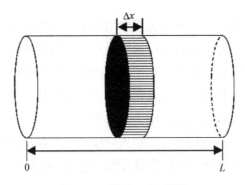

图 10-1　理想的一维杆模型

我们也考虑热能的内部来源，并将单位时间在单位体积内产生的热能记作$Q(x,t)$，这或许是由于化学反应或电加热造成的。对于薄片，$Q(x,t)$在空间上近似为常数，故该薄片单位时间产生的热能近似为$Q(x,t)\cdot A\Delta x$。

热能变化率是由流过边界的热能和内部热源产生的热能造成的，所以有：

$$\frac{\partial[e(x,t)\cdot A\Delta x]}{\partial t}\approx \Phi(x,t)A-\Phi(x+\Delta x,t)A+Q(x,t)\cdot A\Delta x$$

由于对小横截面薄片，许多量被近似为常数，所以上述方程并不是精确的，因此这里使用了约等号。我们断言：当$\Delta x\to 0$时，上式会逐渐地精确。在给出详细的（和数学上严格的）推导之前，先解释一下当$\Delta x\to 0$时，极限过程的基本思想。当$\Delta x\to 0$时，上式的极限给出的信息 0=0 没有意义。不过，如果先用Δx去除，再取当$\Delta x\to 0$时的极限，就得到：

$$\frac{\partial e(x,t)}{\partial t}=\lim_{\Delta x\to 0}\frac{\Phi(x,t)-\Phi(x+\Delta x,t)}{\Delta x}+Q(x,t)$$

其中，常数横截面积被消去了。我们肯定这个结果是准确的（没有小误差），因此，用上式中的等号替代了原式中的约等号。在$\Delta x\to 0$的极限过程中，t是固定的。因此，由偏导数定义可得：

$$\frac{\partial e(x,t)}{\partial t}=-\frac{\partial\Phi(x,t)}{\partial x}+Q(x,t)$$

注意到$\partial\Phi/\partial x$前面有一个负号，这里稍作解释。例如，若对于$a\le x\le b$，$\partial\Phi/\partial x>0$，则热通量$\Phi$是$x$的增函数。流向右边 $x=b$ 点的热大于流向 $x=a$ 点的热（假设 $b>a$）。所以（忽略热源Q的影响），在 $x=a$ 和 $x=b$ 之间的热能一定是减少的。因此导致了上式中的负号。

事实上，在生活中我们更多的是用温度（而不是用物质的热能密度）来描述物质。这里将 x 点处 t 时刻的温度记作$u(x,t)$。18 世纪中期，精确的实验仪器使物理学家认识到，将两种不同的物质从一个温度升高到另一个温度，需要的热能量是不相同的，这就有必要引入比热容。比热容定义为单位质量的物质升高一个单位温度所需要的热能，记作 C。通常，根据实验，物质的比热容 C 依赖于温度 u。但对于限制的温度区间，可以假定比热容与温度是无关的。不过，实验表明，升温不同的物质需要不同的热能量，由于要建立在各种情形下都正确的方程，这些情形包括一维杆的构成可能会随位置而改变，因此，比热容要依赖于 x，所以有 $C = C(x)$。在许多问题中，杆都是由一种物质所组成的（均匀的杆），我们就定比热容 C 为常数。

一个薄片的热能是 $e(x,t) \cdot A\Delta x$。另一方面，它也定义为从基准温度 0 度升高到实际温度 $u(x,t)$ 所需的能量。因为比热容与温度无关，单位质量的热能就是 $C(x)u(x,t)$。这样我们需要引入质量密度 $\rho(x)$，即单位体积质量，允许它随 x 变化，这可能因为杆是由不均匀物质组成的缘故。薄片的质量是 $\rho(x) \cdot A\Delta x$。因而，在任意薄切片内的热能是：

$$C(x)u(x,t) \cdot \rho(x)A\Delta x$$

所以有：

$$e(x,t) \cdot A\Delta x = C(x)u(x,t) \cdot \rho(x)A\Delta x$$

这样就解释了热能和温度之间的基本关系：

$$e(x,t) = C(x)\rho(x)u(x,t)$$

该公式表明：单位体积的热能等于单位质量单位度的热能乘以温度乘以质量密度（单位体积质量）。当用上式消去热能密度后，原公式

$$\frac{\partial e(x,t)}{\partial t} = -\frac{\partial \Phi(x,t)}{\partial x} + Q(x,t)$$

就可以变为：

$$C(x)\rho(x)\frac{\partial u(x,t)}{\partial t} = -\frac{\partial \Phi(x,t)}{\partial x} + Q(x,t)$$

现在需要一个关于热能流动对温度场依赖关系的表达式。下面先总结一些我们熟悉的热流定性性质。

（1）若在某个区域内温度是常数，则没有热能流动。

（2）若存在温差，则热能从较热的区域流向较冷的区域。

（3）对同一种物质而言，温差越大，热能的流动越大。

（4）即使是在相同的温差下，不同物质热能的流动也是不同的。

傅里叶认识到了上述 4 个性质，并把这些性质（和众多实验）总结为公式：

$$\Phi(x, t) = -K_0 \frac{\partial u(x, t)}{\partial x}$$

这就是傅里叶热传导定律。其中$\partial u(x, t)/\partial x$是温度的导数；它是温度的斜率（作为一个固定$t$的关于$x$的函数）；它表示（单位长度的）温差。最新得到的热能守恒方程：

$$C(x)\rho(x) \frac{\partial u(x, t)}{\partial t} = -\frac{\partial \Phi(x, t)}{\partial x} + Q(x, t)$$

说明热通量与（单位长度的）温差是成比例的。若温度u随x上升而上升（温度越向右则越热），即$\partial u(x, t)/\partial x > 0$。也就是说，$u$是关于$x$的增函数，所以偏导数大于零，则热能向左流动，因为性质 2 告诉我们：若存在温差，则热能从较热的区域流向较冷的区域。这就解释了傅里叶定律表达式中的负号。

我们用K_0表示比例系数，它测量物质的导热能力，称为导热系数。实验表明，不同的物质有不同的导热性能，K_0与物质有关。K_0越大，在相同温差下，热能流量越大，K_0值低的物质导热性差。对一根由不同物质组成的杆，K_0是x的函数。此外，实验表明，在不同的温度下，多数物质的导热能力是不同的。不过，就像在比热容C的情形一样，在具体问题中，K_0对温度的依赖性常常不被看重。因此，假设导热系数K_0只与x有关，记作$K_0(x)$。然而，事实上我们通常只讨论均匀杆，此时K_0是一个常数。

把傅里叶热传导定律的表达式带入热能守恒方程，就得到偏微分方程：

$$C(x)\rho(x) \frac{\partial u(x, t)}{\partial t} = \frac{\partial}{\partial x}\left[K_0 \frac{\partial u(x, t)}{\partial x}\right] + Q(x, t)$$

我们通常把热源Q看作是给定的，只有温度$u(x, t)$是未知的。有关的热系数C，ρ和K_0都与物质有关，因而可能是x的函数。对于均匀杆的情况，C、ρ和K_0都是常数，上述偏微分方程变为：

$$C\rho \frac{\partial u}{\partial t} = K_0 \frac{\partial^2 u}{\partial x^2} + Q$$

此外，若没有热源，$Q = 0$，则用常数$C\rho$去除之，偏微分方程变为：

$$\frac{\partial u}{\partial t} = k \frac{\partial^2 u}{\partial x^2}$$

其中，常数$k = \frac{K_0}{C\rho}$，称为热扩散率，即导热性系数除以比热容和质量密度的乘积。上述偏微分方程称为热传导方程；它对应于无热源和恒定热条件的情形。如果热能开始集中于一个地方，则它就描述了热能是如何扩散的，也就是一个通称为扩散的物理过程。除温度外的许多其他物理量也会以类似的方式平缓地扩散开来，这些过程也都满足相同的偏微分方程。因此，上式也称作扩散方程。

由于热传导方程有一阶时间导数，要想预知未来某个时间某个位置的温度，就必须给出一个初始条件，通常是在 $t=0$ 时的初始温度。但是它可能不是一个常数，且只与 x 有关，所以要给出初始温度分布，$u(x,t) = f(x)$。知道了初始温度分布，并知道了温度按照扩散方程变化，我们还需要知道在两个边界 $x=0$ 和 $x=L$ 点发生的情况。

一维扩散方程的一个非常重要的解是：

$$u(x,t) = \frac{1}{\sqrt{4\pi kt}} \mathrm{e}^{-\frac{x^2}{4kt}}, \ t > 0, \ -\infty < x < \infty$$

在任一固定的时间 $t > 0$，在 xu 平面上的图像，如图 10-2 所示呈高斯分布的正态曲线。随着时间 t 的增加，图像铺展开来且高度减小，图形和 x 轴之间的面积总是保持 1。面积保持不变是遵守能量守恒定律的表现。同一时刻，距离热源（也就是热能最开始传递的位置）越远的地方温度越低。逼近热源的同一位置，时间越久，温度越低，因为热能被逐渐传播出去；而远离热源的同一位置，时间越久，温度越高，因为热能被逐渐接收到。

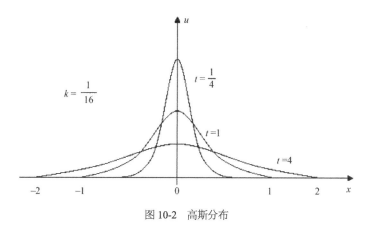

图 10-2 高斯分布

上述微分方程的解可以用傅里叶变换法求得。但是这个求解的过程对于我们后来要介绍的内容意义不大。为了降低读者学习的难度，此处我们可以来验证上述结果的确是原微分方程的解。为此，对该解的等式两端分别取对数，得：

$$\ln u = -\frac{1}{2}\ln 4\pi k - \frac{1}{2}\ln t - \frac{x^2}{4kt}$$

然后，对上式左右两边同时对 x 求偏导数，得：

$$\frac{u_x}{u} = -\frac{x}{2kt}$$

或者，也可以写为：

$$u_x = -\frac{x}{2kt}u$$

上式再对 x 求偏导数，得：

$$u_{xx} = -\frac{1}{2kt}u - \frac{x}{2kt}u_x = -\left[\frac{1}{2kt} - \left(\frac{x}{2kt}\right)^2\right]u$$

原等式的两端分别对 t 求偏导数，得：

$$\frac{u_t}{u} = -\frac{1}{2t} + \frac{x^2}{4kt^2} = -k\left[\frac{1}{2kt} - \left(\frac{x}{2kt}\right)^2\right]$$

综上可得：

$$u_t = ku_{xx}$$

结论得证。

10.1.2 各向异性扩散方程

近年来，偏微分方程方法开始大量应用于图像处理，尤其在图像去噪方面取得了较好的效果，获得了广泛的关注。由 Perona 和 Malik 提出的各向异性扩散方程（Perona-Malik 扩散方程）是偏微分方程在图像处理中的典型应用，下面就来介绍关于这方面的一些知识。

图像去噪方法中最常用也最基础的方法是高斯平滑（也称高斯滤波）。设初始灰度噪声图像为 $u_0(x,y) = u(x,y,0)$，$u(x,y,t)$ 是利用如下的高斯函数 G_σ：

$$G_\sigma(x,y) = \frac{1}{2\pi\sigma^2}e^{-\frac{x^2+y^2}{2\sigma^2}}$$

对 u_0 卷积

$$u(x,y,t) = G_\sigma(x,y) * u_0(x,y)$$

得到的 t 时刻去噪图像，其中 $t = 0.5\sigma^2$。

在高等数学中介绍过傅里叶级数，在信号处理中介绍过傅里叶变换，本书前面的内容也从数学角度介绍了二者的联系。但是这些数学上的内容，最初其实都是法国物理学家、数学家傅里叶在研究热的传播时发现并创立的一套理论，这也是傅里叶最大的学术贡献。傅里叶最先推导出了著名的热传导方程（也就是上一节中所介绍的内容），并利用傅里叶变换方法对该方程进行了求解。傅里叶变换在偏微分方程的求解中有着广泛的应用，它的基本性质之一就是把微分运算转化为乘法运算。借助这种转化，常常能够把一个线性偏微分方程的问题转化为常微分方程甚至函数方程的问题。接下来，就来考虑用傅里叶变换求解一维齐次热传导方程的柯西问题。

初值问题（或柯西问题）是只有初始条件，没有边界的定解问题；反之，边值问题是没有初始条件，只有边界条件的定解问题。既有初始条件也有边界条件的定解问题称为混合问题。所以说，柯西问题就是偏微分方程中，只有初始条件，没有边界条件的定界问题。下式即为一维齐次热传导方程的柯西问题的表达式。

$$\begin{cases} \dfrac{\partial u}{\partial t} = k\dfrac{\partial^2 u}{\partial x^2}, & -\infty < x < \infty, t > 0 \\ u(x,0) = u_0(x), & -\infty < x < \infty \end{cases}$$

将 t 看成是参数，对未知函数 $u(x,t)$ 和初始条件中的函数 $u_0(x)$ 做关于 x 的傅里叶变换，并把它们表示为：

$$F[u(x,t)] = \tilde{u}(\omega,t) = \int u(x,t)\mathrm{e}^{-\mathrm{i}\omega x}\mathrm{d}x$$

$$F[u_0(x)] = \tilde{u}_0(\omega)$$

为了继续后面的求解，这里需要补充介绍一下傅里叶变换的时域微分性，即如果 $f(x)$ 和 $F(\omega)$ 构成一个傅里叶变换对，那么则有：

$$\frac{\mathrm{d}^n f(x)}{\mathrm{d}t^n} \leftrightarrow (\mathrm{i}\omega)^n F(\omega)$$

下面对此做简单证明。因为

$$f(x) = \frac{1}{2\pi}\int F(\omega)\mathrm{e}^{\mathrm{i}\omega x}\mathrm{d}\omega$$

两边对 x 求导数，得：

$$\frac{\mathrm{d}f(x)}{\mathrm{d}x} = \frac{1}{2\pi}\int \mathrm{i}\omega F(\omega)\mathrm{e}^{\mathrm{i}\omega x}\mathrm{d}\omega$$

所以有：

$$\frac{\mathrm{d}f(x)}{\mathrm{d}x} \leftrightarrow (\mathrm{i}\omega)F(\omega)$$

同理，可推出：

$$\frac{\mathrm{d}^n f(x)}{\mathrm{d}t^n} \leftrightarrow (\mathrm{i}\omega)^n F(\omega)$$

结论得证。

回过头来，由傅里叶变换的时域微分性，式子：

$$\frac{\partial u}{\partial t} = k\frac{\partial^2 u}{\partial x^2}$$

可以变为（注意其中负号是由 i^2 得到的）：

$$\frac{\mathrm{d}\tilde{u}(\omega,t)}{\mathrm{d}t} = -k\omega^2\tilde{u}(\omega,t)$$

另外，式子 $u(x,0) = u_0(x)$ 则可以变为 $\tilde{u}(\omega,0)=\tilde{u}_0(\omega)$，于是我们得到了一个带参数的常微分方程：

$$\begin{cases}\dfrac{\mathrm{d}\tilde{u}(\omega,t)}{\mathrm{d}t} = -k\omega^2\tilde{u}(\omega,t)\\ \tilde{u}(\omega,0) = \tilde{u}_0(\omega)\end{cases}$$

下面来求解该方程。显然第一个式子的解应该具有如下形式：

$$\tilde{u}(\omega,t) = F(\omega)\mathrm{e}^{-k\omega^2 t}$$

当 $t = 0$ 时，$\tilde{u}(\omega,0) = F(\omega)$，然后又由第二个式子知道 $\tilde{u}(\omega,0) = \tilde{u}_0(\omega)$，所以可以确定 $F(\omega)$ 的形式，即 $F(\omega) = \tilde{u}_0(\omega)$。于是得到上述常微分方程的解为：

$$\tilde{u}(\omega,t) = \tilde{u}_0(\omega)\mathrm{e}^{-k\omega^2 t}$$

函数 $\mathrm{e}^{-k\omega^2 t}$ 的傅里叶逆变换为：

$$F^{-1}\left(\mathrm{e}^{-k\omega^2 t}\right) = \frac{1}{2\pi}\int \mathrm{e}^{-k\omega^2 t+\mathrm{i}\omega x}\mathrm{d}\omega = \frac{1}{2\pi}\int \mathrm{e}^{-kt\left(\omega-\frac{\mathrm{i}x}{2kt}\right)^2}\mathrm{d}\omega \cdot \mathrm{e}^{-\frac{x^2}{4kt}}$$

再利用复变积分的积分运算，可知：

$$\int \mathrm{e}^{-kt\left(\omega-\frac{\mathrm{i}x}{2kt}\right)^2}\mathrm{d}\omega = \int \mathrm{e}^{-kt\omega^2}\mathrm{d}\omega = \frac{1}{\sqrt{kt}}\int \mathrm{e}^{-y^2}\mathrm{d}y = \sqrt{\frac{\pi}{kt}}$$

所以

$$F^{-1}\left(\mathrm{e}^{-k\omega^2 t}\right) = \frac{1}{2\sqrt{k\pi t}}\mathrm{e}^{-\frac{x^2}{4kt}}$$

即

$$F\left[\frac{1}{2\sqrt{k\pi t}}\mathrm{e}^{-\frac{x^2}{4kt}}\right] = \mathrm{e}^{-k\omega^2 t}$$

于是

$$\tilde{u}(\omega,t) = \tilde{u}_0(\omega)\mathrm{e}^{-k\omega^2 t} = \tilde{u}_0(\omega)F\left[\frac{1}{2\sqrt{k\pi t}}\mathrm{e}^{-\frac{x^2}{4kt}}\right] = F[u_0(x)]F\left[\frac{1}{2\sqrt{k\pi t}}\mathrm{e}^{-\frac{x^2}{4kt}}\right]$$

而频域的乘积就等于时域的卷积，所以可得：

$$u(x,t) = u_0(x) * G(x,t)$$

其中

$$G(x,t) = \frac{1}{2\sqrt{k\pi t}}\mathrm{e}^{-\frac{x^2}{4kt}}$$

显然，$G(x,t)$是高斯函数，如果令$4kt = 2\sigma^2$，就可以得到方差为σ^2的高斯函数。特别是当$k = 1$时，再令

$$G_\sigma(x,t) = \frac{1}{\sigma\sqrt{2\pi}}\mathrm{e}^{-\frac{x^2}{2\sigma^2}}$$

此时，扩散方程的解可以写成如下形式：

$$u(x,t) = \begin{cases} G_\sigma(x,t) * u_0(x), & t > 0 \\ u_0(x), & t = 0 \end{cases}$$

将上式扩展到二维的情况，就可以得到本节最开始时给出的图像高斯滤波公式。因此由高斯滤波公式得到的去噪图像等价于如下线性各向同性扩散方程的解：

$$\begin{cases} \dfrac{\partial u}{\partial t} = \Delta u = \mathrm{div}(\nabla u), \\ u(x,y,0) = u_0(x,y) \end{cases} \quad (x,y) \in \mathbf{R}^2$$

其中，Δ 为拉普拉斯算子（有时也记作∇^2），div 是散度算子，∇是梯度算子。拉普拉斯算子是一个二阶微分算子，定义为梯度的散度。它也是一个最简单的各向同性微分算子。一个函数的拉普拉斯算子也是笛卡儿坐标系中的所有非混合二阶偏导数的和，所以对于二维的函数f而言，有：

$$\Delta f = \frac{\partial^2 f}{\partial x^2} + \frac{\partial^2 f}{\partial y^2}$$

为了更适合于数字图像处理，也可将该方程表示为如下离散形式：

$$\Delta f = [f(x+1,y) + f(x-1,y) + f(x,y+1) + f(x,y-1)] - 4f(x,y)$$

扩散方程用于图像处理，则图像的灰度相当于温度，类似于能量的概念，将引起灰度变化的因素称为"灰量"，扩散过程相当于"灰量"从高灰度区向低灰度区扩散，从而产生去噪的效果，当时间足够长时，图像收敛于一幅常值图像，此时相当于达到热扩散过程中的热平衡状态。因为高斯滤波公式是一个各向同性扩散方程，而且扩散系数是常数 1，各向同性扩散方程具有磨光作用，虽然能去除图像的噪声但不能保护图像的边缘，而且随着尺度 t 的增大，$\sigma = \sqrt{2t}$增大，高斯核支撑越宽，磨光程度越大。各向同性扩散方程在图像边缘处沿切向和法向是同等扩散的，不能保护边缘，也不能很好地保留原有图像中的细微结构，使图像变得模糊。

为了解决上述各向同性扩散方程存在的缺点，有学者就提出了各向异性扩散方程。各向异性扩散（Anisotropic Diffusion）作为当前一种非常流行的基于偏微分方程的数字图像处理技术，是由传统的高斯滤波发展而来的，有着强大的理论基础，并有着传统的图像处理技术无法企及的良好特性，其特点是可以在平滑的同时保持边缘特征。由于这种优良的特性，使其在图像的平滑、去噪、恢复、增强和分割等方面得到了广泛的应用。各向异性扩散方程的扩散系数不取为原始噪声图像的梯度函数，而是根据每一步迭代出来的图像的梯度来确定扩散系数。其中最具代表性的是由 Perona 和 Malik 提出的非线性各向异性扩散方程，也称为 Perona-Malik 扩散方程，其表达式如下：

$$\begin{cases} \dfrac{\partial u}{\partial t} = \mathrm{div}[g(|\nabla u|)\nabla u], \\ u(x,y,0) = u_0(x,y) \end{cases} \qquad (x,y) \in \mathbf{R}^2$$

其中，$g(|\nabla u|) \in [0,1]$ 是扩散系数（因子），或称边缘停止函数（Edge-Stopping Function），它是一个梯度的单调递减函数，在方程中相当于传热学中的导热系数。Perona 和 Malik 提出两个典型的扩散系数为：

$$g(\nabla u) = \mathrm{e}^{-\left(\frac{|\nabla u|}{k}\right)^2}$$

$$g(\nabla u) = \frac{1}{1 + \dfrac{|\nabla u|^2}{k^2}}$$

其中，常数 k 为阈值，可以预先设定，也可以随着图像每次迭代的结果变化而变化，它和噪声的方差有关。Perona-Malik 扩散方法根据每次迭代出来的图像的梯度$|\nabla u|$的大小来判断图像的边缘，能较好地对边缘进行定位，且边缘处的模糊程度减小。第二个式子所表示的扩散系数计算比较容易，所以较为常用。

理想的扩散系数应当使各向异性扩散在灰度变化平缓的区域快速平滑，而在灰度变化急剧的位置（即图像特征）低速扩散乃至不扩散。为了在平滑过程中取得良好的效果，平滑处理应遵循下面两个原则。

- 图像特征强的区域平滑程度小；图像特征弱的区域平滑程度大。
- 垂直图像特征的方向平滑程度小；沿着图像特征的方向平滑程度大。

为了说明这一点，下面对 Perona-Malik 方程的扩散行为做进一步的分析。Perona-Malik 扩散方程是各向异性的非线性扩散方程，其各向异性表现在沿梯度方向和垂直梯度方向上有不同的扩散强度。将扩散分解为图像的切向ξ和法向 η 两个方向，如图 10-3 所示，并假设$\xi = \nabla u/|\nabla u|$是沿着图像梯度方向的单位向量，而 η 是垂直于ξ的单位向量，则可以表示为：

$$\xi = \frac{1}{\sqrt{u_x^2 + u_y^2}}\begin{pmatrix} u_x \\ u_y \end{pmatrix}, \qquad \eta = \frac{1}{\sqrt{u_x^2 + u_y^2}}\begin{pmatrix} -u_y \\ u_x \end{pmatrix}$$

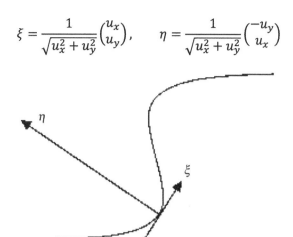

图 10-3　图像的切向和法向

求u在ξ方向上的偏导数，则有$u_\xi = u_x \cos\alpha + u_y \cos\beta$，$\cos\alpha$和$\cos\beta$是$\xi$方向上的方向余弦，即

$$\cos\alpha = \frac{u_x}{\sqrt{u_x^2 + u_y^2}}, \quad \cos\beta = \frac{u_y}{\sqrt{u_x^2 + u_y^2}}$$

故得：

$$u_\xi = \frac{u_x^2 + u_y^2}{\sqrt{u_x^2 + u_y^2}}$$

依此类推，可得二阶导数为：

$$u_{\xi\xi} = \frac{u_{xx}u_x^2 + 2u_x u_y u_{xy} + u_{yy}u_y^2}{u_x^2 + u_y^2}, \qquad u_{\eta\eta} = \frac{u_{xx}u_y^2 - 2u_x u_y u_{xy} + u_{yy}u_x^2}{u_x^2 + u_y^2}$$

上式左右两边分别相加得$u_{\xi\xi} + u_{\eta\eta} = u_{xx} + u_{yy}$。

由 Perona-Malik 方程式得：

$$\frac{\partial u}{\partial t} = \mathrm{div}[g(|\nabla u|)\nabla u] = g(|\nabla u|)\left\{ u_{yy} + \left[1 + \frac{|\nabla u|g'(|\nabla u|)}{g(|\nabla u|)} \right] u_{\xi\xi} \right\}$$

上式中，记$g'(|\nabla u|) = \partial g(|\nabla u|)/\partial|\nabla u|$。

将第二个扩散系数$g(\nabla u) = 1/(1 + |\nabla u|^2/k^2)$代入上式可得：

$$\frac{\partial u}{\partial t} = \frac{k^2}{k^2 + |\nabla u|^2}u_{\eta\eta} + \frac{k^2(k^2 - |\nabla u|^2)}{(k^2 + |\nabla u|^2)^2}u_{\xi\xi}$$

设梯度方向（即垂直于边缘方向）上的扩散系数为：

$$g_\xi(|\nabla u|) = \frac{k^2(k^2 - |\nabla u|^2)}{(k^2 + |\nabla u|^2)^2}$$

并设垂直方向（即沿边缘方向）上的扩散系数为：

$$g_\eta(|\nabla u|) = \frac{k^2}{k^2 + |\nabla u|^2}$$

沿梯度方向（即垂直于边缘方向）上的扩散系数$g_\xi(|\nabla u|)$，在梯度值较小的区域（平坦区域）具有较大的值，具有较大的扩散力度；而当梯度值$|\nabla u|$大于 k 时，扩散系数变为负值，对图像进行反向扩散，处理结果是对边缘的增强。垂直于梯度方向（即沿边缘方向）上的扩散系数，在整个梯度范围内都具有扩散作用，在梯度值较小的区域（平坦区域）具有较大的扩散力度，而在梯度值较大的区域（边缘部分）扩散强度很小。$g_\xi(|\nabla u|)$和$g_\eta(|\nabla u|)$结合起来共同成为 Perona-Malik 扩散方程的扩散系数，在扩散过程中，对图像的边缘不但具有保持作用，还能有效去除噪声，而对平坦区域具有较强的去噪能力。因此，Perona-Malik 扩散实现了各向异性非线性的扩散过程。

尽管 Perona-Malik 模型具有选择性的扩散平滑、较好的兼顾噪声去除和边缘保护，但该模型也存在不足。例如，当图像存在噪声时，由于孤立噪声点的梯度较大，扩散系数较小，对噪声的去除不利；另外，不能保证该方程解的存在性和可能存在的解的唯一性，所以该方程在数学上是一个病态问题。

正如前面所分析的，Perona-Malik 模型虽然在一定程度上克服了热传导方程的缺陷，但它是一个病态问题。为了解决该模型的缺点，1992 年，Catte 等人对该模型进行了改进，提出了它的正则化模型——Catte 模型（或称为 CLMC 模型）。改进模型用更平滑的$\nabla u * G_\sigma$来代替原式中的∇u，其中G_σ是高斯核函数。通过高斯平滑，孤立噪声点处的梯度受其邻域像素的影响大大降低，扩散系数增大，使得扩散能更快地进行，从而更有利于消除噪声。Catte 模型为如下形式：

$$\begin{cases} \dfrac{\partial u}{\partial t} = \mathrm{div}[g(|\nabla u * G_\sigma|)\nabla u], & (x, y) \in \mathbf{R}^2 \\ u(x, y, 0) = u_0(x, y) \end{cases}$$

该式也称为正则化（regularized）Perona-Malik 方程。

相对于 Perona-Malik 模型，Catte 模型具有以下优点：首先，Catte 模型可以更有效地去除图像中的大梯度噪声点，因为噪声点的梯度较大，扩散系数较小，与 Perona-Malik 模型相比，Catte 模型先对图像进行了平滑，在一定尺度上减弱了噪声的影响；其次，不同于 Perona-Malik 模型，方程是适定的。

尽管 Catte 模型在一定程度上修正了 Perona-Malik 模型的不足，提高了降噪能力，在一定程度上较好地保护了重要的边缘信息，但该模型的实质是在各向异性扩散的过程中，加入了各向同性的操作，因此也存在着其自身的缺陷——首先，计算速度比较慢，因为每次迭代都要进行一次高斯滤波；其次，Catte 模型也无法找到其对应的能量泛函；最后，扩散函数中的∇u和$\nabla u * G_\sigma$没有明确的几何解释。

10.1.3　PM 扩散方程的实现

要在实际开发中应用 Perona-Malik 扩散方程，就需要求得它的离散形式。根据麦克劳林公式，可以对$u(x,y,t)$进行线性近似展开，即有：

$$u(x,y,t) = u(x,y,0) + t\frac{\partial u}{\partial t} + R_n(t)$$

在继续下面的讨论之前，这里还需要补充一些关于梯度、散度和拉普拉斯算子方面的内容。首先，梯度是一个向量，在二维空间下，f是关于x和y的函数，则f的梯度记为$\mathrm{grad}f$（或∇f），并且有：

$$\nabla f = \left(\frac{\partial f}{\partial x}i, \frac{\partial f}{\partial y}j\right)$$

散度是个标量，对于一个向量场$F = P(x,y)i + Q(x,y)j$，它的散度记为$\mathrm{div}F$（或$\nabla \cdot F$），并且有：

$$\mathrm{div}F = \frac{\partial P}{\partial x} + \frac{\partial Q}{\partial y}$$

并有运算关系式：

$$\mathrm{div}(\varphi F) = \mathrm{grad}(\varphi) \cdot F + \varphi\,\mathrm{div}(F)$$

或写成：

$$\nabla \cdot (\varphi F) = (\nabla\varphi) \cdot F + \varphi(\nabla \cdot F)$$

我们前面曾经介绍过拉普拉斯算子Δ（或者记为∇^2），拉普拉斯算子定义为梯度的散度，即

$$\Delta f = \mathrm{div}(\mathrm{grad}f) = \nabla \cdot (\nabla f) = \nabla^2 f$$

所以对于二维空间，f是关于x和y的函数，则Δf为：

$$\Delta f = \mathrm{div}\left(\frac{\partial f}{\partial x}i, \frac{\partial f}{\partial y}j\right) = \frac{\partial^2 f}{\partial x^2} + \frac{\partial^2 f}{\partial y^2}$$

有了上述知识，我们就可以继续下面的讨论了。根据 Perona-Malik 扩散方程的表

达式可知（注意应用上面给出的公式）：

$$\frac{\partial u}{\partial t} = \text{div}[g(|\nabla u|)\nabla u] = \nabla[g(|\nabla u|)] \cdot \nabla u + g(|\nabla u|) \cdot \Delta u$$

所以就有：

$$u(x,y,t) \approx u(x,y,0) + t\left(\frac{\partial u}{\partial t}\right)_{t=0} = u(x,y,0) + t\{\nabla[g(|\nabla u|)] \cdot \nabla u + g(|\nabla u|) \cdot \Delta u\}$$

由于舍去了误差项 $R_n(t)$，所以上式中取的是约等号。再令 $c(x,y,t) = g(|\nabla u|)$，并把较长的时间 t 分割为 $t = n \cdot \delta t$，始终从 t_n 步计算到 t_{n+1} 步即可。注意：泰勒公式是用函数定义域内的一点 x_0 去逼近其附近的一点 x，所以当 x_0 越趋近于点 x 时，逼近的效果就越好。因此在具体计算时，是从 $u(x,y,0)$，也就是原始图像开始算起，计算 $u(x,y,1)$ 的，并依此类推；最终的 $u(x,y,t_{n+1})$ 则是由 $u(x,y,t_n)$ 算得的。所以最后得到 Perona-Malik 扩散方程的简化形式如下：

$$u(x,y,t_{n+1}) \approx u(x,y,t_n) + \delta t\{\nabla[g(|\nabla u|)] \cdot \nabla u + g(|\nabla u|) \cdot \Delta u\}$$

$$= u(x,y,t_n) + \delta t[I_1^n + I_2^n]$$

把 $u(x,y,t_n)$ 改写为 $u_{i,j}^n$，把 $c(x,y,t_n)$ 改写为 $c_{i,j}^n$，其中

$$I_1^n = \frac{1}{2}(c_{i+1,j}^n - c_{i,j}^n)(u_{i+1,j}^n - u_{i,j}^n) + \frac{1}{2}(c_{i,j+1}^n - c_{i,j}^n)(u_{i,j+1}^n - u_{i,j}^n)$$

$$+ \frac{1}{2}(c_{i,j}^n - c_{i-1,j}^n)(u_{i,j}^n - u_{i-1,j}^n) + \frac{1}{2}(c_{i,j}^n - c_{i,j-1}^n)(u_{i,j}^n - u_{i,j-1}^n)$$

$$I_2^n = \frac{1}{2}c_{i,j}^n(u_{i+1,j}^n + u_{i-1,j}^n + u_{i,j+1}^n + u_{i,j-1}^n - 4u_{i,j}^n)$$

则

$$I_1^n + I_2^n = \frac{1}{2}(c_{i+1,j}^n \nabla_S u_{i,j}^n + c_{i,j+1}^n \nabla_E u_{i,j}^n + c_{i-1,j}^n \nabla_N u_{i,j}^n + c_{i,j-1}^n \nabla_W u_{i,j}^n)$$

其中

$$\nabla_S u_{i,j}^n = u_{i+1,j}^n - u_{i,j}^n, \quad \nabla_E u_{i,j}^n = u_{i,j+1}^n - u_{i,j}^n$$

$$\nabla_N u_{i,j}^n = u_{i-1,j}^n - u_{i,j}^n, \quad \nabla_W u_{i,j}^n = u_{i,j-1}^n - u_{i,j}^n$$

最终得到 Perona-Malik 算法的下述迭代形式（其中 $\lambda = \delta t/2$）：

$$u_{i,j}^{n+1} = u_{i,j}^n + \lambda(c_{i+1,j}^n \nabla_S u_{i,j}^n + c_{i,j+1}^n \nabla_E u_{i,j}^n + c_{i-1,j}^n \nabla_N u_{i,j}^n + c_{i,j-1}^n \nabla_W u_{i,j}^n)$$

现在来编程实现 Perona-Malik 算法，并考察各向异性扩散方程的降噪效果。下面这段代码给出了用来实现图像各向异性扩散的函数 anisodiff()。其中参数 im 是原始图

像，参数 num_iter 表示迭代计算次数，delta_t 给出了上面公式中的λ，k 表示扩散因子中的阈值，参数 option 用来控制具体采用哪种扩散因子的形式。

```
function diff_im = anisodiff(im, num_iter, delta_t, k, option)


im = double(im);
%赋初值
diff_im = im;

%用以计算方向梯度的卷积模板
hN = [0 1 0; 0 -1 0; 0 0 0];
hS = [0 0 0; 0 -1 0; 0 1 0];
hE = [0 0 0; 0 -1 1; 0 0 0];
hW = [0 0 0; 1 -1 0; 0 0 0];
hNE = [0 0 1; 0 -1 0; 0 0 0];
hSE = [0 0 0; 0 -1 0; 0 0 1];
hSW = [0 0 0; 0 -1 0; 1 0 0];
hNW = [1 0 0; 0 -1 0; 0 0 0];

%各向异性扩散滤波
for t = 1:num_iter
%计算梯度
nablaN = conv2(diff_im,hN,'same');
nablaS = conv2(diff_im,hS,'same');
nablaW = conv2(diff_im,hW,'same');
nablaE = conv2(diff_im,hE,'same');
nablaNE = conv2(diff_im,hNE,'same');
nablaSE = conv2(diff_im,hSE,'same');
nablaSW = conv2(diff_im,hSW,'same');
nablaNW = conv2(diff_im,hNW,'same');
%计算扩散系数
%OPTION  1: c(x,y,t) = exp(-(nablaI/kappa).^2)
if option == 1
    cN = exp(-(nablaN/k).^2);
    cS = exp(-(nablaS/k).^2);
    cW = exp(-(nablaW/k).^2);
    cE = exp(-(nablaE/k).^2);
    cNE = exp(-(nablaNE/k).^2);
    cSE = exp(-(nablaSE/k).^2);
```

```
    cSW = exp(-(nablaSW/k).^2);

    cNW = exp(-(nablaNW/k).^2);
% OPTION 2:  c(x,y,t) = 1./(1 + (nablaI/kappa).^2)
elseif option == 2

    cN = 1./(1 + (nablaN/k).^2);

    cS = 1./(1 + (nablaS/k).^2);

    cW = 1./(1 + (nablaW/k).^2);

    cE = 1./(1 + (nablaE/k).^2);

    cNE = 1./(1 + (nablaNE/k).^2);

    cSE = 1./(1 + (nablaSE/k).^2);

    cSW = 1./(1 + (nablaSW/k).^2);

    cNW = 1./(1 + (nablaNW/k).^2);
end


%计算一次迭代结果
diff_im = diff_im + delta_t*(...
    cN.*nablaN + cS.*nablaS + cW.*nablaW + cE.*nablaE + ...
    cNE.*nablaNE + cSE.*nablaSE + cSW.*nablaSW + cNW.*nablaNW );
end
```

下面这段程序调用了上述函数来对图像进行各向异性扩散降噪，程序的运行结果如图 10-4 所示，其中左图是含有噪声的原图像，右图是经过降噪后的结果图像。可见，利用 PM 方程对图像进行降噪处理，在滤除噪声的同时也能对图像的原有纹理以及边缘信息进行有效的保护。

图 10-4　各向异性扩散滤波降噪的效果

```
num_iter=50; delta_t=0.125;
k=4; option=2;
i = imread('noise_lena.bmp');
diff = anisodiff(i, num_iter, delta_t, k, option);
```

上面的算法完全遵照本节给出的离散公式而得。另外，通过对本书前面内容的学习，读者应该了解拉普拉斯算子在离散化之后可以是四方向的，也可以是八方向的。上述程序中我们采用的是八方向的拉普拉斯算子。如果采用四方向的，显然计算量会折半，而八方向的计算量更大，但是对图像的边缘信息判断更加准确，因此效果会更理想。另外，差分计算时用卷积来操作，在语法形式上比较简明，但是效率其实不高。显然，直接用矩阵对应的行列做减法会比做乘法速度更快，有兴趣的读者可以尝试改写这部分代码。

10.1.4　加性算子分裂

上一节已经给出了 PM 方程的数值解法，但是通过实验便知这种原始的算法其实效率比较低，特别是当迭代的次数变多时，实时性就更差了。为了提高各向异性扩散滤波的计算效率，有学者就提出用加性算子分裂（AOS）的方法来求解方程。为了导入这种方法，我们将之前给出的 PM 方程的数值解法换一种记法：

$$u_{i,j}^{n+1} = u_{i,j}^n + \lambda \sum_{(k,l)\in N(i,j)} g\big(\big|\nabla_{k,l}u_{i,j}^n\big|\big)\nabla_{k,l}u_{i,j}^n$$

其中，$N(i,j)$ 表示以 (i,j) 点为中心的 4 个邻点的集合，这是由 Perona 和 Malik 给出的一种求解 PM 方程的方法，它也被称为显式的求解方案。之所以被称为显式方案，因为它可以按照时间逐层推进地计算最终结果，而且上式明确地给出了逐点计算 $u_{i,j}^{n+1}$ 的显式表达式。

在某些资料上读者也可能会见到下面这种求解方法的表达式：

$$\frac{u_{i,j}^{n+1} - u_{i,j}^n}{\tau} = \sum_{(k,l)\in N(i,j)} \frac{g_{k,l}^n + g_{i,j}^n}{2}\big(u_{k,l}^n - u_{i,j}^n\big)$$

这是一种采用"半点"形式对 PM 方程进行数值求解的方法。在继续后面的介绍前，我们先对这个表达式进行数学推导，从而告诉读者它为何也可以求解 PM 方程。

$$\text{div}[g(|\nabla u|)\nabla u] = \frac{\partial}{\partial x}\Big[g(|\nabla u|)\frac{\partial}{\partial x}u\Big] + \frac{\partial}{\partial y}\Big[g(|\nabla u|)\frac{\partial}{\partial y}u\Big]$$

$$\approx \frac{\partial}{\partial x}\Big\{g(|\nabla u|)\frac{1}{\Delta x}\Big[u\Big(x+\frac{\Delta x}{2},y\Big) - u\Big(x-\frac{\Delta x}{2},y\Big)\Big]\Big\}$$

$$+ \frac{\partial}{\partial y} \left\{ g(|\nabla u|) \frac{1}{\Delta y} \left[u \left(x, y + \frac{\Delta y}{2} \right) - u \left(x, y - \frac{\Delta y}{2} \right) \right] \right\}$$

$$\approx \frac{1}{\Delta x} \left\{ g \left(x + \frac{\Delta x}{2}, y \right) \frac{1}{\Delta x} [u(x + \Delta x, y) - u(x, y)] \right.$$

$$\left. - g \left(x - \frac{\Delta x}{2}, y \right) \frac{1}{\Delta x} [u(x, y) - u(x - \Delta x, y)] \right\}$$

$$+ \frac{1}{\Delta y} \left\{ g \left(x, y + \frac{\Delta y}{2} \right) \frac{1}{\Delta y} [u(x, y + \Delta y) - u(x, y)] \right.$$

$$\left. - g \left(x, y - \frac{\Delta y}{2} \right) \frac{1}{\Delta y} [u(x, y) - u(x, y - \Delta y)] \right\}$$

令 $\Delta x = \Delta y = 1$，利用有限差分法对原 PM 方程进行离散，可得离散格式为：

$$\frac{u_{i,j}^{n+1} - u_{i,j}^n}{\tau} = g \left(x + \frac{\Delta x}{2}, y \right) [u(x + \Delta x, y) - u(x, y)]$$

$$+ g \left(x - \frac{\Delta x}{2}, y \right) [u(x - \Delta x, y) - u(x, y)]$$

$$+ g \left(x, y + \frac{\Delta y}{2} \right) [u(x, y + \Delta y) - u(x, y)]$$

$$+ g \left(x, y - \frac{\Delta y}{2} \right) [u(x, y - \Delta y) - u(x, y)]$$

$$= \frac{g_{i+1,j} + g_{i,j}}{2} (u_{i+1,j} - u_{i,j}) + \frac{g_{i-1,j} + g_{i,j}}{2} (u_{i-1,j} - u_{i,j})$$

$$+ \frac{g_{i,j+1} + g_{i,j}}{2} (u_{i,j+1} - u_{i,j}) + \frac{g_{i,j-1} + g_{i,j}}{2} (u_{i,j-1} - u_{i,j})$$

$$= \sum_{(k,l) \in N(i,j)} \frac{g_{k,l}^n + g_{i,j}^n}{2} (u_{k,l}^n - u_{i,j}^n)$$

通过上述推导可以看出，上述方法的推导没有像上一小节中那样使用泰勒公式，而是从导数的定义角度进行推演的。这种对 PM 方程进行数值求解的方法，虽然和上一节中的方法，在表现形式上存在出入，但是这两种方法其实是统一的。在具体计算实现的时候，就是用邻域点与中心点之间的差来替代"半点"的。用公式表示，即为：

$$g_{i\pm 1/2, j} = g(|u_{i\pm 1, j} - u_{i,j}|), \quad g_{i, j\pm 1/2} = g(|u_{i, j\pm 1} - u_{i,j}|)$$

如果用矩阵形式改写上述表达式，则有：

$$\boldsymbol{U}^{n+1} = \boldsymbol{U}^n + \tau \boldsymbol{A}(\boldsymbol{U}^n) \boldsymbol{U}^n$$

式中，$\boldsymbol{U}^n$ 和 $\boldsymbol{U}^{n+1}$ 分别表示在 n 和 $n+1$ 时刻的图像矢量，它们是按某种扫描方式从图像数据 $u_{ij}(i = 1, \cdots, M; j = 1, \cdots, N)$ 转换而成的 MN 维列矢量；$\boldsymbol{A}(\boldsymbol{U}^n)$ 表示 $MN \times MN$ 维矩阵，它的元素为：

$$a_{(i,j),(k,l)} = \begin{cases} \dfrac{g^n_{(i,j)} + g^n_{(k,l)}}{2}, & (k,l) \in N(i,j) \\ -\displaystyle\sum_{(m,n)\in N(i,j)} \dfrac{g^n_{(i,j)} + g^n_{(m,n)}}{2}, & (k,l) = (i,j) \\ 0, & \text{其他} \end{cases}$$

这个矩阵的形式非常复杂，而且这种表示形式也十分不容易理解。为了帮助读者理解这种矩阵表示形式，我们不妨先来考虑一维的情况：

$$u_i^{n+1} = u_i^n + \tau \sum_{j \in N(i)} \frac{g_i^n + g_j^n}{2}(u_j^n - u_i^n)$$

其中，$N(i)$ 表示 i 的邻域点，因为是一维的，所以这里 $j = i+1$ 或 $j = i-1$。于是可以将上式用矩阵的形式表示为 $\boldsymbol{U}^{n+1} = \boldsymbol{U}^n + \tau \boldsymbol{A}(\boldsymbol{U}^n)\boldsymbol{U}^n$，这里 $\boldsymbol{U}^{n+1}$ 和 $\boldsymbol{U}^n$ 分别表示在 $n+1$ 和 n 时刻的一个矢量（可以理解为一个数组），它们是按某种扫描方式从单个元素 u_i 转换而成的列矢量，因为 $i = 1, \cdots, M$，所以它们就是一个 M 维列矢量。$\boldsymbol{A}^n$ 表示一个 $M \times M$ 的矩阵，$\boldsymbol{A}(\boldsymbol{U}^n)$ 的结构非常复杂，它的元素 a_{ij} 可以表示为：

$$a_{ij} = \begin{cases} \dfrac{g_i^n + g_j^n}{2}, & j \in N(i) \\ -\displaystyle\sum_{k \in N(i)} \dfrac{g_i^n + g_k^n}{2}, & j = i \\ 0, & \text{其他} \end{cases}$$

这种表示方法非常抽象，因此这里我们有必要做进一步的解释。我们将原来的方程展开可以得到：

$$u_i^{n+1} = u_i^n + \tau\left[\frac{g_i^n + g_{i+1}^n}{2}(u_{i+1}^n - u_i^n) + \frac{g_i^n + g_{i-1}^n}{2}(u_{i-1}^n - u_i^n)\right]$$

$$u_i^{n+1} = u_i^n + \tau\left[\frac{g_i^n + g_{i+1}^n}{2}u_{i+1}^n + \frac{g_i^n + g_{i-1}^n}{2}u_{i-1}^n - \frac{g_{i+1}^n + 2g_i^n + g_{i-1}^n}{2}u_i^n\right]$$

$$u_i^{n+1} = u_i^n + \tau\left[\frac{g_i^n + g_{i+1}^n}{2}u_{i+1}^n + \frac{g_i^n + g_{i-1}^n}{2}u_{i-1}^n - \sum_{k \in N(i)}\frac{g_i^n + g_k^n}{2}u_i^n\right]$$

当令 $\boldsymbol{U}^n = (u_0^n, u_1^n, \cdots, u_{M-1}^n)^{\mathrm{T}}$ 时，显然有：

$$\begin{vmatrix} u_0^{n+1} \\ \vdots \\ u_{M-1}^{n+1} \end{vmatrix} = \begin{vmatrix} u_0^n \\ \vdots \\ u_{M-1}^n \end{vmatrix} + \tau\boldsymbol{A}(\boldsymbol{U}^n)\begin{vmatrix} u_0^n \\ \vdots \\ u_{M-1}^n \end{vmatrix}$$

其中，矩阵 $\boldsymbol{A}(\boldsymbol{U}^n)$ 为：

$$
\begin{vmatrix}
-\sum_{k\in N(0)}\dfrac{g_0^n+g_k^n}{2} & \dfrac{g_0^n+g_1^n}{2} & 0 & \cdots & 0 \\[2ex]
\dfrac{g_1^n+g_0^n}{2} & -\sum_{k\in N(1)}\dfrac{g_1^n+g_k^n}{2} & \dfrac{g_1^n+g_2^n}{2} & 0 & \vdots \\[2ex]
0 & 0 & \ddots & \cdots & 0 \\[2ex]
\vdots & \vdots & \dfrac{g_{M-2}^n+g_{M-3}^n}{2} & -\sum_{k\in N(M-2)}\dfrac{g_{M-2}^n+g_k^n}{2} & \dfrac{g_{M-2}^n+g_{M-1}^n}{2} \\[2ex]
0 & \cdots & 0 & \dfrac{g_{M-1}^n+g_{M-2}^n}{2} & -\sum_{k\in N(M-1)}\dfrac{g_{M-1}^n+g_k^n}{2}
\end{vmatrix}
$$

读者可以随便抽取一行进行验证，这里不再赘述。另外，这里给出的是一维的情况，二维的情况可以据此拓展得到，这里同样不再赘述。

对于前面已经提过的正则化 PM 方程，Weickert 等人建议采用如下的半隐式方案：

$$
\frac{\boldsymbol{U}^{n+1}-\boldsymbol{U}^n}{\tau}=\boldsymbol{A}(\boldsymbol{U}^n)\boldsymbol{U}^{n+1}
$$

可见，Weickert 等人是在原矩阵表达式的基础上稍作修改得到该式的。而且上面这个表达式并没有直接（显式地）给出 $\boldsymbol{U}^{n+1}$ 的求解，而是需要通过求解一个线性方程组来得到最终的结果，这被称为半隐式方案（Semi-implicit Scheme）。他们还提出了一种边缘函数：

$$
g(r)=1-\mathrm{e}^{-3.315/\left(\frac{r}{K}\right)^4}
$$

式中，K 为反差参数，用来控制 g 随 r 的增大而减小的快慢。不过，这里由于采用了 $(r/K)^4$ 的形式，所以 r 只要稍小于 K，$(r/K)^4$ 就将变得非常小，以致上式中的指数项几乎为 0，从而使得 $g\approx1$；反之，若 r 稍大于 K，$(r/K)^4$ 将变得非常大，以致指数项几乎为 1，从而使 $g\approx0$。这就是说，边缘函数将在 $r\approx K$ 的一个很小的邻域内从 $g\approx1$ 迅速下降为 $g\approx0$。

通过简单的变换，原来的半隐式求解方案表达式就变成了

$$
[\boldsymbol{I}-\tau\boldsymbol{A}(\boldsymbol{U}^n)]\boldsymbol{U}^{n+1}=\boldsymbol{U}^n
$$

式中，$\boldsymbol{I}$ 表示一个与 $\boldsymbol{A}(\boldsymbol{U}^n)$ 同等大小的单位矩阵。

为了克服由于系数矩阵过大所带来的求逆困难，常常采用 Jacobi 迭代或 Gauss-Seidel 迭代算法来求解这类线性联立方程组。但利用下面我们介绍的"分裂"算法，不仅同样无须操作大型矩阵，而且能够方便地在效率和精度上取得很好的折中。

　　加性算子分裂算法（Additive Operator Splitting，AOS）早已有之，后来 Weickert 等人在文章中应用这种方法来求解 PM 方程取得了非常好的效果。可以对原有的半隐式求解方案 $U^{n+1} = [I - \tau A(U^n)]^{-1} U^n$ 进行修改，得到：

$$U^{n+1} = \left[I - \tau \sum_{l=1}^{m} A_l(U^n)\right]^{-1} U^n$$

即有：

$$U^{n+1} = \frac{1}{m} \sum_{l=1}^{m} [I - m \cdot \tau A_l(U^n)]^{-1} \cdot U^n$$

　　注意：此处有一个近似计算。可以将

$$\left[I - \tau \sum_{l=1}^{m} A_l(U^n)\right]$$

写作：

$$\frac{1}{m} \sum_{l=1}^{m} [I - m \cdot \tau A_l(U^n)]$$

但是 $(A + B)^{-1} \approx A^{-1} + B^{-1}$，因此

$$\left[I - \tau \sum_{l=1}^{m} A_l(U^n)\right]^{-1} \approx \frac{1}{m} \sum_{l=1}^{m} [I - m \cdot \tau A_l(U^n)]^{-1}$$

　　这就是 AOS 算法的基本思想。那么在具体应用中，它是如何实现的呢？注意我们所处理的图像是二维的，所以首先分别对 U^n 的行和列各做一维扩散，得到两个中间结果 U_1^{n+1} 和 U_2^{n+1}，有：

$$\begin{cases} (I - 2\tau A_x^n) U_1^{n+1} = U^n \\ (I - 2\tau A_y^n) U_2^{n+1} = U^n \end{cases}$$

　　然后，求两者的平均值作为一次完整的迭代结果：

$$U^{n+1} = \frac{1}{2}(U_1^{n+1} + U_2^{n+1})$$

即

$$U^{n+1} = \frac{1}{2}\left[(I - 2\tau A_x^n)^{-1} + \left(I - 2\tau A_y^n\right)^{-1}\right] U^n$$

　　可见，它是一种加性算子分裂算法。AOS 算法同时被证明具有数字旋转不变性。它同时也是绝对稳定的，可以在保证精度的前提下，选用尽可能大的时间步长以提高效率。也就是说，采用 AOS 算法时，步长的选定，不是出于稳定性的考虑，而是出于精度和效率的折中考虑。实验表明，在图像处理应用中，$\tau \approx 5$ 常常是很好的折中选择。

下面将正则化 PM 方程的半隐式方案的 AOS 算法归纳如下：

当完成$\boldsymbol{U}^n$后，首先令$f_{ij} = \boldsymbol{U}_{ij}^n$；然后计算$f_{ij} = f * G_\sigma, |\nabla f_\sigma|_{ij}, g_{ij}^n = g(|\nabla f_\sigma|_{ij})$，其中$G_\sigma$是高斯核（因为这里我们实现的是 CLMC 模型）。

对于$i = 1, \cdots, M$：

（1）计算$\boldsymbol{I} - 2\tau\boldsymbol{A}_{x,i}^n$的 3 个对角线上的元素$(\alpha_k^i, k = 1, \cdots, N), (\beta_k^i, k = 1, \cdots, N-1),$ $(\gamma_k^i, k = 2, \cdots, N)$。

（2）采用 Thomas 算法求解$(\boldsymbol{I} - 2\tau\boldsymbol{A}_{x,i}^n)\boldsymbol{U}_{1i}^{n+1} = \boldsymbol{U}_{1i}^n, \ i = 1, \cdots, M$，得到$\boldsymbol{U}_1^{n+1}$。

接下来，对于$j = 1, \cdots, N$：

（1）计算$\boldsymbol{I} - 2\tau\boldsymbol{A}_{y,j}^n$的 3 个对角线上的元素。

（2）采用 Thomas 算法求解$(\boldsymbol{I} - 2\tau\boldsymbol{A}_{y,j}^n)\boldsymbol{U}_{2j}^{n+1} = \boldsymbol{U}_2^n, \ j = 1, \cdots, N$，得到$\boldsymbol{U}_2^{n+1}$。

最后，计算$\boldsymbol{U}^{n+1} = (\boldsymbol{U}_1^{n+1} + \boldsymbol{U}_2^{n+1})/2$。如此便完成了一次迭代。

加性算子分裂过程中用到了 Thomas 算法，在此我们对其进行简单介绍。当线性代数联立方程组的系数矩阵为三对角矩阵时，可采用非常有效的 Thomas 算法求解。为了帮助读者理解这种数值计算方法，我们以一个 6×6 矩阵为例来介绍。例如，有下面这样一个线性方程组：

$$\begin{vmatrix} b_1 & c_1 & 0 & 0 & 0 & 0 \\ a_2 & b_2 & c_2 & 0 & 0 & 0 \\ 0 & a_3 & b_3 & c_3 & 0 & 0 \\ 0 & 0 & a_4 & b_4 & c_4 & 0 \\ 0 & 0 & 0 & a_5 & b_5 & c_5 \\ 0 & 0 & 0 & 0 & a_6 & b_6 \end{vmatrix} \begin{vmatrix} x_1 \\ x_2 \\ x_3 \\ x_4 \\ x_5 \\ x_6 \end{vmatrix} = \begin{vmatrix} d_1 \\ d_2 \\ d_3 \\ d_4 \\ d_5 \\ d_6 \end{vmatrix}$$

将矩阵变为上三角矩阵。首先要把上面公式中的系数矩阵变为一个上三角矩阵。

对于第 1 行：

$$b_1 x_1 + c_1 x_2 = d_1$$

将上式除以b_1，得：

$$x_1 + \frac{c_1}{b_1} x_2 = \frac{d_1}{b_1}$$

可写作：

$$x_1 + \gamma_1 x_2 = \rho_1, \ \gamma_1 = \frac{c_1}{b_1}, \ \rho_1 = \frac{d_1}{b_1}$$

对于第 2 行：

$$a_2 x_1 + b_2 x_2 + c_2 x_3 = d_2$$

将变换后的第 1 行乘以 a_2，再与第 2 行相减，即可消去 x_1，得：

$$(b_2 - a_2 \gamma_1) x_2 + c_2 x_3 = d_2 - a_2 \rho_1$$

所以新的矩阵方程为：

$$
\begin{vmatrix}
1 & \gamma_1 & 0 & 0 & 0 & 0 \\
0 & 1 & \gamma_2 & 0 & 0 & 0 \\
0 & a_3 & b_3 & c_3 & 0 & 0 \\
0 & 0 & a_4 & b_4 & c_4 & 0 \\
0 & 0 & 0 & a_5 & b_5 & c_5 \\
0 & 0 & 0 & 0 & a_6 & b_6
\end{vmatrix}
\begin{vmatrix}
x_1 \\ x_2 \\ x_3 \\ x_4 \\ x_5 \\ x_6
\end{vmatrix}
=
\begin{vmatrix}
\rho_1 \\ \rho_2 \\ d_3 \\ d_4 \\ d_5 \\ d_6
\end{vmatrix}
$$

同理，可推得第 3 行：

$$x_3 + \gamma_3 x_4 = \rho_3, \quad \gamma_3 = \frac{c_3}{b_3 - a_3 \gamma_2}, \quad \rho_3 = \frac{d_3 - a_3 \rho_2}{b_3 - a_3 \gamma_2}$$

第 4 行：

$$x_4 + \gamma_4 x_5 = \rho_4, \quad \gamma_4 = \frac{c_4}{b_4 - a_4 \gamma_3}, \quad \rho_4 = \frac{d_4 - a_4 \rho_3}{b_4 - a_4 \gamma_3}$$

第 5 行：

$$x_5 + \gamma_5 x_6 = \rho_5, \quad \gamma_5 = \frac{c_5}{b_5 - a_5 \gamma_4}, \quad \rho_5 = \frac{d_5 - a_5 \rho_4}{b_5 - a_5 \gamma_4}$$

第 6 行：

$$x_6 = \rho_6, \quad \rho_6 = \frac{d_6 - a_6 \rho_5}{b_6 - a_6 \gamma_5}$$

最后得到新的上三角矩阵公式为：

$$
\begin{vmatrix}
1 & \gamma_1 & 0 & 0 & 0 & 0 \\
0 & 1 & \gamma_2 & 0 & 0 & 0 \\
0 & 0 & 1 & \gamma_3 & 0 & 0 \\
0 & 0 & 0 & 1 & \gamma_4 & 0 \\
0 & 0 & 0 & 0 & 1 & \gamma_5 \\
0 & 0 & 0 & 0 & 0 & 1
\end{vmatrix}
\begin{vmatrix}
x_1 \\ x_2 \\ x_3 \\ x_4 \\ x_5 \\ x_6
\end{vmatrix}
=
\begin{vmatrix}
\rho_1 \\ \rho_2 \\ \rho_3 \\ \rho_4 \\ \rho_5 \\ \rho_6
\end{vmatrix}
$$

接下来就可以逆序求出结果，如下：

$$x_6 = \rho_6$$

$$x_5 = \rho_5 - \gamma_5 x_6$$

$$x_4 = \rho_4 - \gamma_4 x_5$$

$$x_3 = \rho_3 - \gamma_3 x_4$$

$$x_2 = \rho_2 - \gamma_2 x_3$$

$$x_1 = \rho_1 - \gamma_1 x_2$$

如此，可以归纳总结出一般性公式，对于如下的线性方程组：

$$\begin{vmatrix} b_1 & c_1 & & \\ a_2 & \ddots & \ddots & \\ & \ddots & \ddots & c_{n-1} \\ & & a_n & b_n \end{vmatrix} \begin{vmatrix} x_1 \\ \vdots \\ x_n \end{vmatrix} = \begin{vmatrix} d_1 \\ \vdots \\ d_n \end{vmatrix}$$

$$\gamma_i = \begin{cases} \dfrac{c_i}{b_i}, & i = 1 \\[2mm] \dfrac{c_i}{b_i - a_i \gamma_{i-1}}, & i = 2, 3, \cdots, n-1 \end{cases}$$

$$\rho_i = \begin{cases} \dfrac{d_i}{b_i}, & i = 1 \\[2mm] \dfrac{d_i - a_i \rho_{i-1}}{b_i - a_i \gamma_{i-1}}, & i = 2, 3, \cdots, n \end{cases}$$

$$x_i = \rho_i - \gamma_i x_{i+1}, \ i = n-1, n-2, \cdots, 1$$

注意：使用 Thomas 算法求解时，系数矩阵需要是对角占优的。另外，从以上讨论可以看出，Thomas 算法具有线性算法复杂性 $O(N)$，而 Gauss 消元法的复杂性为 $O(N^2)$。还可以看到，它虽然含有对矩阵元素的运算，但并不需要以矩阵形式存储 A，只需以矢量形式存储三对角元素即可。Thomas 算法也常称为追赶法。因为前向代入过程可以称为"追"，反向代入过程可以称为"赶"。下面这个函数用以实现 Thomas 算法。返回值 x 是一个 N 维向量，它就是方程组的解。参数 alpha 也是一个 N 维向量，它表示 $N×N$ 矩阵中对角线上的元素；beta 是三对角矩阵中主对角线之上的那个 $N-1$ 维向量；gama 则是三对角矩阵中主对角线之下的那个 $N-1$ 维向量；d 是线性方程组中等号右边的列向量。

```
function x=Thomas(N, alpha, beta, gama, d)

x=d;
m=zeros(1,N); l=zeros(1,N);
m(1)=alpha(1);
for i=2:N
    l(i)=gama(i)/m(i-1);
```

```
    m(i)=alpha(i)-l(i)*beta(i-1);
end
y=zeros(1,N);
y(1)=d(1);
for i=2:N
    y(i)=d(i)-l(i)*y(i-1);
end

x=zeros(1,N);
x(N)=y(N)/m(N);
for i=N-1:-1:1
    x(i)=(y(i)-beta(i)*x(i+1))/m(i);
end
```

Weickert 等人提出的 AOS 算法是对正则化的 CLMC 模型进行求解的方法, 因此在计算扩散系数时是以高斯滤波的结果为基础的。下面这个子函数 gauss() 用来实现高斯平滑滤波。其中参数 I 是待平滑图像, ks 是高斯核的大小, sigma2 是高斯函数的方差。最后返回值 Ig 给出了高斯平滑后的图像。

```
function Ig=gauss(I,ks,sigma2)

[Ny,Nx]=size(I);
hks=(ks-1)/2;    %高斯核的一半
%% 一维卷积
if (Ny<ks)
x=(-hks:hks);
flt=exp(-(x.^2)/(2*sigma2));            %一维高斯函数
flt=flt/sum(sum(flt));                  %归一化

x0=mean(I(:,1:hks)); xn=mean(I(:,Nx-hks+1:Nx));
eI=[x0*ones(Ny,ks) I xn*ones(Ny,ks)];
Ig=conv(eI,flt);
Ig=Ig(:,ks+hks+1:Nx+ks+hks);
else
%% 二维卷积
x=ones(ks,1)*(-hks:hks); y=x';
flt=exp(-(x.^2+y.^2)/(2*sigma2));       %二维高斯函数
flt=flt/sum(sum(flt));                  %归一化
```

```
if (hks>1)
    xL=mean(I(:,1:hks)')'; xR=mean(I(:,Nx-hks+1:Nx)')';
else
    xL=I(:,1); xR=I(:,Nx);
end
eI=[xL*ones(1,hks) I xR*ones(1,hks)];
if (hks>1)
    xU=mean(eI(1:hks,:)); xD=mean(eI(Ny-hks+1:Ny,:));
else
    xU=eI(1,:); xD=eI(Ny,:);
end
eI=[ones(hks,1)*xU; eI; ones(hks,1)*xD];
Ig=conv2(eI,flt,'valid');
end
```

下面这段代码演示了利用 AOS 算法对图像进行各向异性扩散的基本方法，其中调用了上面给出的两个子函数。

```
Img = imread('Lena.bmp');
Img = double(Img);


[nrow, ncol] = size(Img);


N=max(nrow, ncol);
%储存三对角矩阵
alpha=zeros(1,N); beta=zeros(1,N); gama=zeros(1,N);
%储存中间结果
u1=zeros([nrow, ncol]);
u2=zeros([nrow, ncol]);
timestep=5;

%用以控制迭代次数
%iterations = 2;
%for times = 1:iterations
I_temp=gauss(Img,3,1);
Ix = 0.5*(I_temp(:,[2:ncol,ncol])-I_temp(:,[1,1:ncol-1]));
Iy = 0.5*(I_temp([2:nrow,nrow],:)-I_temp([1,1:nrow-1],:));
K = 10
grad=Ix.^2+Iy.^2;
g=1./(1+grad/K*K); %边缘压迫因子
```

```
%使用 Thomas 算法逐行求解 u1
for i=1:nrow
    beta(1)=-0.5*timestep*(g(i,2)+g(i,1));
    alpha(1)=1-beta(1);
    for j=2:ncol-1
        beta(j)=-0.5*timestep*(g(i,j+1)+g(i,j));
        gama(j)=-0.5*timestep*(g(i,j-1)+g(i,j));
        alpha(j)=1-beta(j)-gama(j);
    end
    gama(ncol)=-0.5*timestep*(g(i,ncol)+g(i,ncol-1));
    alpha(ncol)=1- gama(ncol);
    u1(i,:)=Thomas(ncol,alpha,beta,gama,Img(i,:));
end

%使用 Thomas 算法逐列求解 u2
for j=1:ncol
    beta(1)=-0.5*timestep*(g(2,j)+g(1,j));
    alpha(1)=1-beta(1);
    for i=2:nrow-1
        beta(j)=-0.5*timestep*(g(i+1,j)+g(i,j));
        gama(j)=-0.5*timestep*(g(i-1,j)+g(i,j));
        alpha(j)=1-beta(j)-gama(j);
    end
    gama(nrow)=-0.5*timestep*(g(nrow,j)+g(nrow-1,j));
    alpha(nrow)=1- gama(nrow);
    u2(:,j)=Thomas(nrow,alpha,beta,gama,Img(:,j));
end
Img=0.5*(u1+u2);
%显示处理结果
imshow(uint8(Img));
%end
```

　　如图 10-5 所示为利用 AOS 算法对图像进行降噪处理后的示例效果。通过肉眼观察可见降噪的效果是比较理想的，图像的噪声被剔除的同时，图像的纹理和边缘信息也得到了很好的保护。读者还可以通过计算 PSNR 值来定量评价降噪的效果。

图 10-5   利用 AOS 算法对图像进行降噪

10.2   TV 方法及其应用

全变分理论自提出以来，一直受到图像处理技术研究者的广泛关注，尤其是在该理论提出时所针对的图像修复和去噪领域。由于图像 TV 去噪复原有一个突出的优点，即去噪和保护边缘的统一（这一点与之前讲过的 PM 方程有异曲同工之处），因此该方法可以很好地解决很多图像预处理技术在这两方面难以求得平衡的问题。全变分图像去噪模型(及其改进算法)已成为当前图像去噪以及图像复原中最为成功的方法之一。

10.2.1   泛函与变分法

泛函就是定义域是一个函数集，而值域是实数集或者实数集的一个子集，推广开来，泛函就是从任意的向量空间到标量的映射。也就是说，它是从函数空间到数域的映射。简而言之，泛函就是函数的函数。

根据我们以往所学可知，所谓函数，是指给出定义在某区间内的一个自变量 x 的任一数值，就有一个 y 与之对应，y 称为 x 的函数，记为 $y = f(x)$。如果对于（某一函数集合内的）任意一个函数 $y(x)$，有另一个数 $\mathcal{J}[y]$ 与之对应，则称 $\mathcal{J}[y]$ 为 $y(x)$ 的泛函。这里的函数集合，即泛函的定义域，通常要求 $y(x)$ 满足一定的边界条件，并且具有连续的二阶导数。这样的 $y(x)$ 称为可取函数。可见，泛函也是一种"函数"，它的独立变量一般不是通常函数的"自变量"，而是通常函数本身。泛函的自变量是函数，泛函的自变量也被称为宗量。

泛函的形式可以是多种多样的，但是，此处我们只限于用积分

$$\mathcal{J}[y] = \int_{x_0}^{x_1} F(x, y, y')\mathrm{d}x$$

定义的泛函，其中的 F 是它的宗量的已知函数，具有连续的二阶偏导数。

如果变量函数是二元函数 $u(x,y)$，则泛函为：

$$\mathcal{J}[y] = \iint\limits_{S} F(x,y,u,u_x,u_y)\mathrm{d}x\mathrm{d}y$$

其中 $u_x = \partial u/\partial x$，$u_y = \partial u/\partial y$。

对于更多个自变量的多元函数，也可以有类似的定义。

可以利用类似函数极值的概念来定义泛函的极值。当变量函数为 $y(x)$ 时，泛函 $\mathcal{J}[y]$ 取极小值的含义就是：对于极值函数 $y(x)$ 及其"附近"的变量函数 $y(x) + \delta y(x)$，恒有：

$$\mathcal{J}[y+\delta y] \geqslant \mathcal{J}[y]$$

所谓函数 $y(x) + \delta y(x)$ 在另一个函数 $y(x)$ 的"附近"，指的是：首先，$|\delta y(x)| < \varepsilon$；其次，有时还要求 $|(\delta y)'(x)| < \varepsilon$。

接下来，可以仿照函数极值必要条件的导出办法，导出泛函取极值的必要条件。不妨不失普遍性地假定，所考虑的变量函数均通过固定的两个端点 $y(x_0) = a, y(x_1) = b$，即 $\delta y(x_0) = 0, \delta y(x_1) = 0$。

考虑泛函的差值：

$$\mathcal{J}[y+\delta y] - \mathcal{J}[y] = \int_{x_0}^{x_1} F(x,y+\delta y, y'+(\delta y)')\mathrm{d}x - \int_{x_0}^{x_1} F(x,y,y')\mathrm{d}x$$

当函数的变分 $\delta y(x)$ 足够小时，可以将第一项的被积函数在极值函数的附近进行泰勒展开，于是有：

$$F(x,y+\delta y,y'+\delta y') \approx F(x,y,y') + \left[\frac{\partial F}{\partial y}\cdot\delta y + \frac{\partial F}{\partial y'}\cdot(\delta y)'\right]$$

由于舍弃掉了二次项及以上高次项，所以这里用的是约等号。由上式也可推出：

$$\mathcal{J}[y+\delta y] - \mathcal{J}[y] = \int_{x_0}^{x_1}\left[\frac{\partial F}{\partial y}\cdot\delta y + \frac{\partial F}{\partial y'}\cdot(\delta y)'\right]\mathrm{d}x$$

上式就称为 $\mathcal{J}[y]$ 的一阶变分，记为 $\delta\mathcal{J}[y]$。变分法对于泛函的意义类似于微积分对于函数的意义。泛函 $\mathcal{J}[y]$ 取极值的必要条件是泛函的一级变分为 0，即

$$\delta\mathcal{J}[y] \equiv \int_{x_0}^{x_1}\left[\frac{\partial F}{\partial y}\cdot\delta y + \frac{\partial F}{\partial y'}\cdot(\delta y)'\right]\mathrm{d}x = 0$$

应用分部积分，同时代入边界条件，就有：

$$\delta J[y] = \int_{x_0}^{x_1} \frac{\partial F}{\partial y} \cdot \delta y \mathrm{d}x + \int_{x_0}^{x_1} \frac{\partial F}{\partial y'} \cdot (\delta y)' \mathrm{d}x$$

$$= \int_{x_0}^{x_1} \frac{\partial F}{\partial y} \cdot \delta y \mathrm{d}x + \frac{\partial F}{\partial y'} \delta y \Big|_{x_0}^{x_1} - \int_{x_0}^{x_1} \delta y \cdot \frac{\mathrm{d}}{\mathrm{d}x}\left(\frac{\partial F}{\partial y'}\right) \mathrm{d}x$$

$$= \int_{x_0}^{x_1} \delta y \cdot \left(\frac{\partial F}{\partial y} - \frac{\mathrm{d}}{\mathrm{d}x}\frac{\partial F}{\partial y'}\right) \mathrm{d}x$$

由于 δy 的任意性，就可以得到：

$$\frac{\partial F}{\partial y} - \frac{\mathrm{d}}{\mathrm{d}x}\frac{\partial F}{\partial y'} = 0$$

这个方程称为欧拉-拉格朗日方程（Euler-Lagrange equation），或简称 E-L 方程，而在力学中它往往被称为拉格朗日方程。变分法的关键定理是欧拉-拉格朗日方程，它对应于泛函的临界点，它是泛函取极小值的必要条件的微分形式。值得指出的是，欧拉-拉格朗日方程只是泛函有极值的必要条件，并不是充分条件。而且我们的推导过程也并不十分严谨。但在应用中，外界给定的条件可以使得欧拉-拉格朗日方程在大多数情况下满足我们的需要。

同理，可得二维情况下泛函极值问题的 E-L 方程为：

$$\frac{\partial F}{\partial u} - \frac{\mathrm{d}}{\mathrm{d}x}\left(\frac{\partial F}{\partial u_x}\right) - \frac{\mathrm{d}}{\mathrm{d}y}\left(\frac{\partial F}{\partial u_y}\right) = 0$$

可以通过梯度下降流（Gradient Descent Flow）法来帮助求解 E-L 方程。若动态 PDE 的解可随时间变化，它可表示为 $u(\cdot, t)$，且这种随时间的变化使得 $E(u)(\cdot, t)$ 总在减小。下面以一维变分问题为例。假设存在一个微扰项 $v(\cdot, t)$ 是 $u(\cdot, t)$ 从 t 到 $t+\Delta t$ 所产生的变化量，通过在函数 u 中引入一个时间变量 t，微扰项 v 可表示为：

$$v = \frac{\partial u}{\partial t}\Delta t$$

可以得到：

$$E(\cdot, t+\Delta t) = E(\cdot, t) + \Delta t \int_{x_0}^{x_1} \frac{\partial u}{\partial t}\left[\frac{\partial F}{\partial u} - \frac{\mathrm{d}}{\mathrm{d}x}\left(\frac{\partial F}{\partial u'}\right)\right] \mathrm{d}x$$

此时，E-L 方程的解即为：

$$\frac{\partial u}{\partial t} = -\left[\frac{\partial F}{\partial u} - \frac{\mathrm{d}}{\mathrm{d}x}\left(\frac{\partial F}{\partial u'}\right)\right] = \frac{\mathrm{d}}{\mathrm{d}x}\left(\frac{\partial F}{\partial u'}\right) - \frac{\partial F}{\partial u}$$

因此在该式的基础上就会有：

$$\Delta E = E(\cdot, t + \Delta t) - E(\cdot, t) = -\Delta t \int \left[\frac{\partial F}{\partial u} - \frac{\mathrm{d}}{\mathrm{d}x}\left(\frac{\partial F}{\partial u'}\right) \right]^2 \mathrm{d}x \leqslant 0$$

这其实表明如果函数 u 能够按照前一个式子进行演化，那么就能够使得能量泛函 $E(u)$ 不断地减小，于是一个极小值（也可能就是局部极小值）就能得到。因此，前一个式子就称为变分问题

$$E(u) = \int_{x_0}^{x_1} F(x, u, u_x)\,\mathrm{d}x$$

的梯度下降流。

接着，我们根据梯度下降流公式进行迭代计算，从某一适当的试探函数 u_0 开始，直到 u 达到其稳定状态为止，此时梯度下降流的稳态解即是 E-L 方程的解。

一幅图像的边缘（也就是突变）是它的固有特征，如果拿以往的 $\int |\nabla u|^2$ 作为平滑性的度量，是很不合适的，因为它特别强调对大梯度的"惩罚"，这与图像边缘往往是图像中跳变最强的地方是完全不相容的。

从上面的变分法和梯度下降流的讨论可知，最小化 $\int |\nabla u|^2$ 的梯度下降流为：

$$\frac{\partial u}{\partial t} = \Delta u$$

上述线性扩散方程的拉普拉斯算子离散化，必然会引入图像边缘模糊化的问题。为此，Rudin、Osher 和 Fatime 等人提出以 $\int |\nabla u|$ 作为图像平滑性的度量，从而开创了全变分图像复原和降噪的新方法。而最小化 $\int |\nabla u|$ 的梯度下降流为：

$$\frac{\partial u}{\partial t} = \mathrm{div}\left(\frac{\nabla u}{|\nabla u|}\right)$$

对这个非线性扩散方程的散度算子离散化，例如采用"半点"离散化，可以针对不同的邻点赋给不同的权重系数，从而充分考虑到图像局部的边缘信息，阻止边缘模糊化。

下面引入关于变分有界函数空间与全变分范数的概念。有关概念的阐释，将帮助读者理解为什么选择 $\int |\nabla u|$ 作为图像平滑性的度量更为科学。变分有界函数空间可以用下面的函数来定义：

$$\mathrm{BV}(\Omega) = \left\{ u, \int_{\Omega} |\mathrm{D}u|\mathrm{d}\Omega < 0 \right\}$$

其中，$\mathrm{D}u$ 代表的是在分布意义上的 u 的导数。

在一维情况下，变分有界函数的全变分可按下式定义为：

$$TV(u) = \int_\Omega |u_x| \mathrm{d}x$$

u_x 按有限差商

$$\frac{u(x+h) - u(x)}{h}$$

来解释。以上定义也可以直接推广到二维或更高维的情况。

$TV(u)$ 具有一些很重要的性质，如图 10-6 所示。例如：如果 $u \in BV([a,b])$，且在 $[a,b]$ 内是单调的，$u(a) = \alpha$，$u(b) = \beta$，则无论函数 u 取何种具体形式，总满足：

$$TV(u) = |\alpha - \beta|$$

该公式是在假设图 10-6 中的点 a 和 b 处 u 可导的情况下得到的。易见，图中画出了 3 条函数曲线，虽然根据上式它们具有相同的全变分，即如果以全变分 $TV(u)$ 作为函数 u 的平滑性的度量，这 3 条曲线是同样"平滑"的。但是我们可以明显地看出它们的平滑性有很大的差异。这是由于减小 u 的全变分 $TV(u)$，并不意味着一定要求 u 中不存在"跳变"。但如果以 $\int |\nabla u|^2$ 作为平滑性的度量，重新对比图中的 3 条函数曲线，则有：$\int |\nabla u_1|^2 > \int |\nabla u_2|^2 > \int |\nabla u_3|^2$。曲线（3）的函数值最小并且曲线也最平滑。如果最小化 $\int |\nabla u|^2$，那么越大的跳变就会越早被平滑掉，无法保证图像的边缘。图像是以存在边缘的突变为特征的，直接过滤掉梯度变化比较大的边缘的图像处理方法是很不合适的。

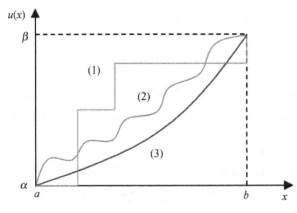

图 10-6　全变分 TV 的性质

通过以上分析，易得出结论：使用变分有界函数来定义图像，并把 $\int |\nabla u|$ 用作图像平滑性的度量，就可以产生一种比较好的适合于图像处理的模型。

10.2.2　全变分模型

正如在前一小节中已经分析过的那样，Rudin、Osher 和 Fatemi 等人首先提出以 $\int|\nabla u|$ 作为图像平滑性的度量，从而开创了一种全新的图像去噪方法——全变分（TV）图像去噪方法（他们所提出的方法有时也称为 ROF 模型）。基于全变分模型的图像去噪可以在保护图像边缘信息的同时，降低图像的噪声。考虑一个加噪图像的模型，令 u 为原始的清晰图像，u_0 为被噪声污染的图像，即

$$u_0(x,y) = u(x,y) + n(x,y)$$

其中，n 是具有零均值，方差为 σ^2 的随机噪声。如果 Ω 表示图像的定义域，像素点 $(x,y) \in \Omega$。

设 Ω 是 $\mathbf{R}^n$ 中的有界开子集，u 为局部可积函数，则其全变分定义为：

$$TV(u) = \iint_{\Omega} |\nabla u| \mathrm{d}x\mathrm{d}y$$

定义图像的全变分去噪能量泛函为：

$$E(u) = \frac{\lambda}{2} \iint_{\Omega} (u - u^0)^2 \mathrm{d}x\mathrm{d}y + TV(u)$$

其中，λ 为拉格朗日乘数。

通常有噪声图像的全变分比没有噪声图像的全变分明显大，最小化全变分可以消除噪声，因此基于全变分的图像降噪可以归结为如下最小化问题：

$$\min TV(u) = \iint_{\Omega} |\nabla u| \mathrm{d}\Omega = \iint_{\Omega} \sqrt{u_x^2 + u_y^2}\, \mathrm{d}x\mathrm{d}y$$

满足约束条件：

$$\iint_{\Omega} u\mathrm{d}\Omega = \iint_{\Omega} u_0 \mathrm{d}\Omega$$

$$\frac{1}{|\Omega|} \iint_{\Omega} (u - u_0)^2 \mathrm{d}\Omega = \sigma^2$$

当然，如果一味地对图像的全变分进行极小化，那么代表细节与纹理的许多图像自身特征也会被一并抹掉。为此，ROF 模型用于图像降噪的出发点是最小化"能量"泛函，即

$$\min_{u \in BV} \left\{ E(u) = \iint_{\Omega} |\nabla u| \mathrm{d}x\mathrm{d}y + \frac{\lambda}{2} \iint_{\Omega} (u - u^0)^2 \mathrm{d}x\mathrm{d}y \right\}$$

它的前一项要求输出图像 u 的全变分尽可能小，可称为平滑项；后一项则要求 u 与 u^0

尽可能相近，称为数据保真项，它主要起保留原图像特征和降低图像失真度的作用。参数λ用来平衡这两个相互冲突的要求。

对于一个能量泛函（考虑一维的情况）：

$$E(u) = \int_\Omega |\nabla u| \mathrm{d}x + \frac{\lambda}{2}\int_\Omega (u - u^0)^2 \mathrm{d}x$$

此泛函中第 1 项即 TV-norm，是平滑项，起到消除图像灰度不连续性的作用；第 2 项是保真项，起到保持边缘信息的作用（也就是保持图像的细节信息）。而参数λ则被用来控制二者的平衡。TV-norm（又可以称为 TV 模）是一个非常有意义的统计值，它可以用来测定一幅图像的质量。通常，一幅清晰的图像会有一个比较低的 TV 值，而一幅噪声图像则往往会伴随着一个较高的 TV 值。因此便可以通过创造一幅具有更低 TV 值的新图的方法来对原图进行降噪，这就需要使用 TV 模这个统计量。而这个过程则被称为 TV 降噪或者 TV 最小化。

对于一维离散信号 $f = (f_1, f_2, \cdots, f_n)$，TV 模定义为：

$$TV(f) = \sum_{i=2}^{N} |f_i - f_{i-1}|$$

例如，对于图 10-7 而言，就有$TV(f) = |f_2 - f_1| + |f_3 - f_2| + |f_4 - f_3| + |f_5 - f_4| = 0 + 1 + 0 + 2 = 3$。

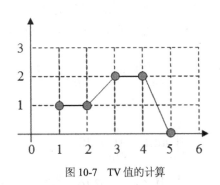

图 10-7　TV 值的计算

可以想象一下：如果向一个信号中加入一个噪声，那么它的 TV 值会有怎样的变化。如图 10-8 所示的两个信号除了一个噪声点之外其他都是一样的。经过简单的计算，读者不难发现引入一个噪声点后，右图的 TV 值大于左图。

顾名思义，全变分所考察的是信号变分的总体结果，因此它是一个统计值。这就暗示尽管它统计了信号中"跳变"（变分）的总量，但是它并不关心信号具体是如何跳变的。例如图 10-9 所示的情况，两个信号所具有的 TV 值是一样的，但是显然两个信号的形状却是截然不同的。

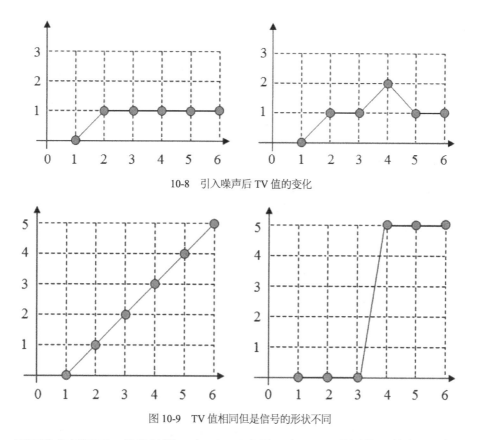

10-8　引入噪声后 TV 值的变化

图 10-9　TV 值相同但是信号的形状不同

下面我们拓展至二维的情况。令$u(x,y)$表示一个$M \times N$的图像，其中 M 表示行数（即 y 方向），N 表示列数（即 x 方向）。对于一幅二维的图像而言，各向异性（anisotropic）的 TV-norm 定义如下：

$$\text{TV}(u) = \sum_{x=2}^{N} \sum_{y=2}^{M} |u(x,y) - u(x-1,y)| + |u(x,y) - u(x,y-1)|$$

这其实就表明对于每一个像素，我们要计算其与所有邻近点的跳变，然后再求和。

假设有如图 10-10 所示的一幅图像，那么计算它的 TV 值，就应该为 $1 + 1 + 1 + 1 + 2 + 3 + 3 = 12$。

图 10-10　计算图像的 TV 值

我们再来看一个示例。如图 10-11 所示，请分别计算左、右两图的 TV 值。不难算出左图的 TV 值为 $3 + 3 + 3 + 3 + 3 + 3 + 3 + 3 = 24$；右图的 TV 值为 $1 + 2 + 1 + 2 + 2 + 1 + 1 + 1 + 1 + 2 = 10$。通过上述结果，你可能会得到这样一个结论，即图像的 TV 值与图像中图形的边界有关。数学上就有这样一个非常优美的定理——Co-Area 定理，该定理表明对于任何一幅图像，它的 TV 值就等于其中每一个图形的边界周长与沿着对应的边界跳跃的乘积。

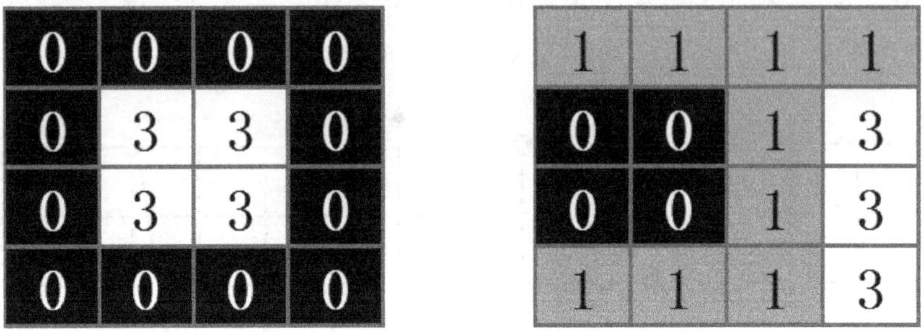

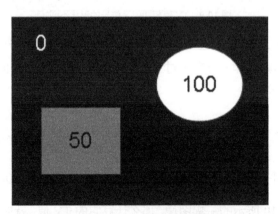

图 10-11　利用 Co-Area 定理计算 TV 值

再来看一个例子。如图 10-12 所示的一幅图像，其中灰色的矩形块大小是 15×15，白色的圆形块半径是 8 个像素。根据 Co-Area 定理可知，该图像的 TV 值应该等于 $15×4×50 + 2×\pi×8×100 \approx 8000$。

图 10-12　应用 Co-Area 定理举例

让我们再来考察一下引入噪声后，图像的 TV-norm 会发生何种变化。如图 10-13 所示的图像中白色的噪声点是单位为 1 的像素点，它们的灰度值都是 100。不难算出该图像的 TV 值应该为 $8000 + 1×4×6×100 + 1×4×50 = 10600$。可见，引入噪声后，图像的 TV 值与原先相比更大了，这也与之前得到的结论相一致。

我们称这种类型的 TV-norm 是各向异性的（anisotropic）。因为图像中图形排列方向的不同会导致最终算出的 TV 值也不同。

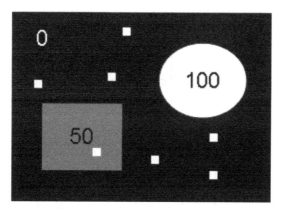

图 10-13　应用 Co-Area 定理计算噪声图像的 TV 值

有各向异性，自然也有各向同性，为了帮助读者更好地理解这对概念，下面我们来举例说明。首先，对于各向同性全变分（Isotropic Total Variation），假设有如下一个矩阵：

$$X = \begin{bmatrix} 2 & 3 & 5 \\ 4 & 1 & 2 \\ 0 & 3 & 8 \end{bmatrix}$$

并分别计算行与列上的变分：

$$D_h X = \begin{bmatrix} 2 & -2 & -3 \\ -4 & 2 & 6 \\ 0 & 0 & 0 \end{bmatrix}$$

$$D_v X = \begin{bmatrix} 1 & 2 & 0 \\ -3 & 1 & 0 \\ 3 & 5 & 0 \end{bmatrix}$$

此时 X 的各向同性全变分就定义为：

$$\mathrm{TV}(X) = \sum_{ij} \sqrt{(D_h X)_{ij}^2 + (D_v X)_{ij}^2}$$

$$= \sqrt{5} + \sqrt{8} + \sqrt{9} + \sqrt{25} + \sqrt{5} + \sqrt{36} + \sqrt{9} + \sqrt{25} + \sqrt{0} = 29.3006$$

现在，同样用一个例子来描述各向异性全变分（Anisotropic Total Variation）。对于 $X \in \mathrm{R}^{M \times N}$，基于 ℓ_1 范数的各向异性全变分定义为：

$$\mathrm{TV}_{l_1}(X) = \sum_{i=1}^{M-1} \sum_{j=1}^{N-1} \left(\left| X_{i,j} - X_{i+1,j} \right| + \left| X_{i,j} - X_{i,j+1} \right| \right)$$

$$= \sum_{i=1}^{M-1} \left| X_{i,N} - X_{i+1,N} \right| + \sum_{j=1}^{N-1} \left| X_{M,j} - X_{M,j+1} \right|$$

设有一个矩阵：

$$X = \begin{bmatrix} a & e & i & m \\ b & f & j & n \\ c & g & k & o \\ d & h & l & p \end{bmatrix}$$

那么分别计算：

$$S_1 = \begin{bmatrix} a-b & e-f & i-j & m-n \\ b-c & f-g & j-k & n-o \\ c-d & g-h & k-l & o-p \\ 0 & 0 & 0 & 0 \end{bmatrix}$$

$$S_2 = \begin{bmatrix} a-e & e-i & i-m & 0 \\ b-f & f-j & j-n & 0 \\ c-g & g-k & k-o & 0 \\ d-h & h-l & l-p & 0 \end{bmatrix}$$

通过定义$(X)_{\ell_1} = \sum_{i=1}^{M} \sum_{j=1}^{N} |X_{i,j}|$，则有：

$$\mathrm{TV}_{\ell_1}(X) = (S_1)_{\ell_1} + (S_2)_{\ell_1}$$

如果将X、S_1和S_2中的元素分别排列成如下所示的 3 个列向量：

$$x = [a, b, c, \cdots, p]^{\mathrm{T}}$$

$$s_1 = [a-b, b-c, c-d, 0, e-f, \cdots, o-p, 0]^{\mathrm{T}}$$

$$s_2 = [a-e, b-f, c-g, d-h, e-i, \cdots, 0, 0]^{\mathrm{T}}$$

那么$\mathrm{TV}_{\ell_1}(X) = \|s_1\|_{\ell_1} + \|s_2\|_{\ell_1}$，注意到$s_1$和$s_2$可以采用下面这种形式来表达：

$$s_1 = W_1 x, \quad s_2 = W_2 x$$

因此

$$\mathrm{TV}_{\ell_1}(X) = \|W_1 x\|_{\ell_1} + \|W_2 x\|_{\ell_1}$$

如果把矩阵W和一个向量s定义为：

$$W = \begin{bmatrix} W_1 \\ W_2 \end{bmatrix}, \quad s = \begin{bmatrix} s_1 \\ s_2 \end{bmatrix}$$

如此，各向异性全变分就可以采用如下形式：

$$\mathrm{TV}_{\ell_1}(X) = \|s\|_{\ell_1} + \|W\|_{\ell_1}$$

其中矩阵$W \in \mathbf{R}^{2MN \times MN}$，而很明显它并不是正交的。

下面这段示例代码给出了计算一个矩阵的各向同性全变分的方法。

```
function y = tv(X)
    [M,N] = size(X);
    Dh = diff(X,[],1);
    Dh = [Dh;zeros(1,N)];
    Dv = diff(X,[],2);
    Dv = [Dv zeros(M,1)];
    y = sum(sum(sqrt(Dh.^2+Dv.^2)));
end
```

下面这段示例代码给出了计算一个矩阵的各向异性全变分的方法。

```
function y = atv(X)
    [M,N] = size(X);
    Dh = -diff(X,[],1);
    Dh = [Dh;zeros(1,N)];
    Dv = -diff(X,[],2);
    Dv = [Dv zeros(M,1)];
    y = sum(sum(abs(Dh)+abs(Dv)));
end
```

通过前面关于变分法的介绍可知，能量泛函取得极小值的必要条件是满足欧拉-拉格朗日方程，即

$$\nabla \cdot \left(\frac{\nabla u}{|\nabla u|} \right) - \lambda(u - u^0) = 0$$

由梯度下降法，可以得到 TV 平滑模型：

$$\begin{cases} \dfrac{\partial u}{\partial t} = \lambda(u - u_0) + \nabla \cdot \left(\dfrac{\nabla u}{|\nabla u|} \right) \\ u(x,y,0) = u_0(x,y) \end{cases}$$

从该方程可以看出，扩散系数为 $1/|\nabla u|$。在图像边缘处，$|\nabla u|$ 较大，扩散系数较小，因此沿边缘方向的扩散较弱，从而保留了边缘；在平滑区域，$|\nabla u|$ 较小，扩散系数较大，因此在图像平滑区域的扩散能力较强，从而去除了噪声。

由于图像中存在 $\nabla u = 0$ 的点，因此为了避免病态条件造成的影响，减少图像平坦区域在处理过程中的退化，可以在全变分中引入一个小的正数 β，对它进行正则化。即用

$$|\nabla u|_\beta \stackrel{\text{def}}{=} \sqrt{u_x^2 + u_y^2 + \beta}, \qquad \beta > 0$$

取代原式中的$|\nabla u|$，从而全变分表达变为：

$$\mathrm{TV}(u) = \iint_\Omega |\nabla u|_\beta \mathrm{d}\Omega = \iint_\Omega \sqrt{u_x^2 + u_y^2 + \beta}\,\mathrm{d}x\mathrm{d}y\ ,\quad \beta > 0$$

最终的正则化模型为：

$$\frac{\partial u}{\partial t} = \lambda(u - u_0) + \mathrm{div}\left(\frac{\nabla u}{|\nabla u|_\beta}\right)$$

10.2.3　TV 算法的数值实现

用$u_{i,j}$表示图像u（宽为 M，高为 N）在像素点(i,j)的灰度值，$u_{i,j}^n$表示第 n 次迭代的结果，Δt为时间步长。用差商代替偏导数，可得各方向导数的差分如下：

$$(u_x)_{i,j}^n = \frac{1}{2}\left(u_{i+1,j}^n - u_{i-1,j}^n\right)$$

$$(u_y)_{i,j}^n = \frac{1}{2}\left(u_{i,j+1}^n - u_{i,j-1}^n\right)$$

$$(u_{xx})_{i,j}^n = u_{i+1,j}^n - 2u_{i,j}^n + u_{i-1,j}^n$$

$$(u_{yy})_{i,j}^n = u_{i,j+1}^n - 2u_{i,j}^n + u_{i,j-1}^n$$

$$(u_{xy})_{i,j}^n = \frac{1}{4}\left(u_{i+1,j+1}^n - u_{i-1,j+1}^n - u_{i+1,j-1}^n + u_{i-1,j-1}^n\right)$$

散度的计算公式为：

$$\nabla \cdot \left(\frac{\nabla u}{|\nabla u|}\right) = \frac{\partial}{\partial x}\left(\frac{u_x}{\sqrt{u_x^2 + u_y^2}}\right) + \frac{\partial}{\partial y}\left(\frac{u_y}{\sqrt{u_x^2 + u_y^2}}\right)$$

$$= \frac{u_{xx}|\nabla u| - u_x|\nabla u|_x}{|\nabla u|^2} + \frac{u_{yy}|\nabla u| - u_y|\nabla u|_y}{|\nabla u|^2}$$

$$= \frac{(u_{xx} + u_{yy})|\nabla u| - (u_x^2 u_{xx} + u_y^2 u_{yy} + 2u_x u_y u_{xy})/|\nabla u|}{|\nabla u|^2}$$

$$= \frac{(u_{xx} + u_{yy})(u_x^2 + u_y^2) - (u_x^2 u_{xx} + u_y^2 u_{yy} + 2u_x u_y u_{xy})}{|\nabla u|^3}$$

$$= \frac{u_y^2 u_{xx} - 2u_x u_y u_{xy} + u_x^2 u_{yy}}{|\nabla u|^3}$$

则求解方程的离散迭代格式为：

$$u_{i,j}^{n+1} = u_{i,j}^n - \Delta t\lambda\left(u_{i,j}^n - u_{i,j}^0\right) + \Delta t\left[\nabla \cdot \left(\frac{\nabla u_{i,j}^n}{|\nabla u_{i,j}^n|}\right)\right]$$

其中，n 为迭代次数；$i = 1, \cdots, M; j = 1, \cdots, N$。边界条件满足 $u_{0,j}^n = u_{1,j}^n$，$u_{N,j}^n = u_{N-1,j}^n$，$u_{i,0}^n = u_{1,N}^n = u_{i,N-1}^n$。

正则化参数 λ 有多种选择，例如，可以选择图像梯度阈值的倒数，最终的算法步骤如下。

（1）读入带有噪声的图像 u_0。

（2）初始化参数：$n=0$，$\Delta t = 0.25$，$u^0 = u_0$，div$p = 0$。

（3）当 n 小于最大迭代次数时，重复执行如下操作：① $n = n+1$，根据离散迭代公式计算下一步的 u^n；② 计算扩散项的值。

（4）结束迭代，最后一次即为去噪图像。

10.2.4　基于 TV 的图像降噪实例

基于上一小节的介绍，下面就来编码实现基于 TV 模型的图像降噪算法。

```
I = double(rgb2gray(imread('Lena.bmp')));
I0 = I;
ep=1; dt=0.25; lam=0;
ep2=ep^2; [ny,nx]=size(I);
iter = 80;

for i=1:iter,
    %中心差法计算梯度和微分
    % WN  N  EN
    % W   O  E
    % WS  S  ES
    I_x = (I(:,[2:nx nx])-I(:,[1 1:nx-1]))/2; % Ix = (E-W)/2
    I_y = (I([2:ny ny],:)-I([1 1:ny-1],:))/2; % Iy = (S-N)/2
    I_xx = I(:,[2:nx nx])+I(:,[1 1:nx-1])-2*I; % Ixx = E+W-2*O
    I_yy = I([2:ny ny],:)+I([1 1:ny-1],:)-2*I; % Iyy = S+N-2*O
    Dp = I([2:ny ny],[2:nx nx])+I([1 1:ny-1],[1 1:nx-1]);
    Dm = I([1 1:ny-1],[2:nx nx])+I([2:ny ny],[1 1:nx-1]);
    I_xy = (Dp-Dm)/4; % Ixy = Iyx = ((ES+WN)-(EN+WS))/4

    Num = I_xx.*(ep2+I_y.^2)-2*I_x.*I_y.*I_xy+I_yy.*(ep2+I_x.^2);
    Den = (ep2+I_x.^2+I_y.^2).^(3/2);
    I_t = Num./Den + lam.*(I0-I);
    I=I+dt*I_t; %% evolve image by dt
```

```
end
imshow(I,[]);
```

请读者编译并运行程序，利用 TV 算法对含有噪声的图像进行降噪处理。如图 10-14 所示为降噪前后的效果对比图。可见，TV 算法在降噪的同时有效地保护了原图像中的纹理及边缘信息。

图 10-14　基于 TV 模型的图像降噪效果

本章参考文献及推荐阅读材料

[1] P. Perona, J. Malik. Scale-Space and Edge Detection Using Anisotropic Diffusion. IEEE Transactions on Pattern Analysis and Machine Intelligence, Jul. 1990.

[2] F. Catte, P. Lions, J. Morel, T. Coll. Image Selective Smoothing and Edge Detection by Nonlinear Diffusion. SIAM Journal on Numerical Analysis, Jun. 1992.

[3] Leonid I. Rudin, S. Osher，E. Fatemi. Nonlinear Total Variation Based Noise Removal Algorithms. Physica D, 1992.

[4] J. Weichert，H. Romeny, Max A. Viergerver. Efficient and Reliable Schemes for Nonlinear Diffusion Filtering. IEEE Transactions on Image Processing, Mar. 1998.

[5] D. Bleecder，G. Csordas. 李俊杰，译. 基础偏微分方程. 北京：高等教育出版社，2006.

[6] 王大凯，侯榆青，彭进业. 图像处理的偏微分方程方法. 北京：科学出版社，2008.

[7] 郭彦伶. 基于全变分（TV）的彩色图像增强. 西北大学硕士学位论文，2009.

[8] Tony F. Chan, Jianhong Shen. 陈文斌，等译. 图像处理与分析：变分、PDE、小波及随机方法. 北京：科学出版社，2011.

[9] 杨迎春. 基于偏微分方程的图像去噪算法研究. 中北大学硕士学位论文，2012.

[10] 贾渊，刘鹏程，牛四杰. 偏微分方程图像处理及程序设计. 北京：科学出版社，2012.

[11] 陈一虎. P-M 扩散方程图像去噪方法分析. 宝鸡文理学院学报(自然科学版)，2012.4.

11

图像复原

　　图像在采集和传输过程中，受客观条件的影响（例如光照、粉尘等），很容易造成质量劣化，甚至影响使用。借助图像处理的方法，可以尽量修复图像，使其在一定程度上恢复本来的面貌。这就是图像复原的主要任务。从广义上讲，图像复原所涵盖的内容甚为宽泛，当前比较受关注的有三个方面，即图像去噪（Denoise）、图像去雾（Dehaze），以及图像去模糊（Deblur），它们也是图像复原领域中最主要的三个研究话题。图像去噪的方法有很多，本书前面基本上也讲到了其中最主要的三类方法，包括基于平滑滤波的方法（例如简单滤波、高斯滤波和中值滤波等）、基于频域处理的方法（例如利用小波变换、离散余弦变换或者离散傅里叶变换等），以及基于偏微分方程的方法（例如利用 P-M 方程或者 TV 方法等）。关于图像去模糊处理以及去雾技术的研究当前都已取得了非常值得关注的进展。其中，比较经典的去模糊方法（同时也有降噪的效果）有维纳滤波，以及露茜-理查德森算法等，而且 MATLAB 中均已提供了用以实现这些经典算法的函数。当然，这些原型算法的理论意义其实要远大于它们的实际价值，在工程应用中往往采用的都是更为先进的方法。关于这部分内容，本章将结合 MATLAB 中的函数来向读者演示这些传统算法的处理效果。作为本章的重点，在最后将向读者介绍图像去雾算法中非常经典的暗通道方法，它不仅具有先进的理论意义，而且在实际应用中也表现优良。需要提前说明的是，这部分内容的处理对象基本上都是彩色图像，考虑到本书采用黑白印刷，可能效果会有失真。对于有需要的读者，处理结果的彩色效果可以从本书的在线支持资源中获得。

11.1　从图像的退化到复原

图像复原（Restoration）是以客观标准为基础，利用图像本身的先验知识来改善图像质量的过程。这与之前讲过的图像增强或多或少有些交叉和相似之处。但是图像增强更多的是一个主观改善的过程，它主要是以迎合人类的视觉感官为目标。图像复原期望将退化过程模型化，并以客观的情况为准则，最大限度地恢复图像本来的面貌。

11.1.1　图像的退化模型

图像的退化过程可以用如图 11-1 所示的模型来表示，这其中包含了一个退化函数和一个加性噪声项。输入的待处理图像 $f(x,y)$ 在退化函数 H 的作用下，由于受到噪声 $\eta(x,y)$ 的影响，最终得到一个退化图像 $g(x,y)$。图像复原的过程就是在给定 $g(x,y)$，以及关于退化函数 H 和加性噪声 $\eta(x,y)$ 的一些信息后，设法估计出原始图像的近似值 $\hat{f}(x,y)$。当然，我们期望最终的近似值可以最大限度地逼近原始图像。显然关于 H 和 η 的信息掌握得越多，那么最终得到的估计结果就越接近原始图像。

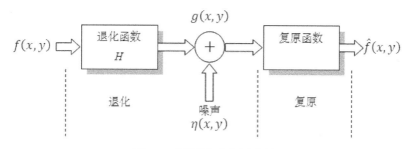

图 11-1　图像的退化和复原过程

如果 H 是一个线性移不变系统，那么在时域中的退化过程可由如下公式给出：

$$g(x,y) = h(x,y) * f(x,y) + \eta(x,y)$$

其中，$h(x,y)$ 是退化函数在时域下的表示，运算符*表示时域卷积。由卷积定理可知，时域上的卷积等同于频域上的乘积，所以上式在频域中的表示如下：

$$G(u,v) = H(u,v)F(u,v) + N(u,v)$$

其中的大写字母项是之前公式里对应项的傅里叶变换。本书之前已经介绍过了很多降噪方法，这些方法的处理对象仅仅是在噪声 η 的作用下受到污染的图像，本章所讨论的情况更多的是在 H 的影响下发生质量劣化的图像，当然也包括同时受到 H 和 η 影响的图像。

11.1.2 连续的退化模型

继续考虑前面的退化公式，在不考虑噪声的情况下，则有：

$$g(x,y) = h(x,y) * f(x,y) = \int_{-\infty}^{+\infty} \int_{-\infty}^{+\infty} f(\alpha,\beta) h(x-\alpha, y-\beta) \mathrm{d}\alpha \mathrm{d}\beta$$

其中，h 是移不变点扩散函数，这其实即表明图像中某点的输出仅仅依赖于该点与图像中其他点的相对位置，而与其自身的绝对位置无关。如果令 $h(x,\alpha,y,\beta) = h(x-\alpha, y-\beta)$，那么其实 $h(x,\alpha,y,\beta)$ 就是系统 H 对坐标 (α,β) 处的冲激函数 $\delta(x-\alpha, y-\beta)$。显然根据冲激函数的筛选性质，可以将 $f(x,y)$ 表示为：

$$f(x,y) = \int_{-\infty}^{+\infty} \int_{-\infty}^{+\infty} f(\alpha,\beta) \delta(x-\alpha, y-\beta) \mathrm{d}\alpha \mathrm{d}\beta$$

式中，$\delta(x-\alpha, y-\beta)$ 定义为不在原点的二维 δ 函数，根据前面曾经讲过的冲激函数的性质可知，当 $x=\alpha, y=\beta$ 时

$$\delta(x-\alpha, y-\beta) = \infty$$

当 $x \neq \alpha, y \neq \beta$ 时

$$\delta(x-\alpha, y-\beta) = 0$$

对于这部分内容的理解，请读者参阅本书第 4 章及第 9 章的相关章节。

在考虑加性噪声的情况下，连续函数的退化模型可以表示为：

$$g(x,y) = \int_{-\infty}^{+\infty} \int_{-\infty}^{+\infty} f(\alpha,\beta) h(x-\alpha, y-\beta) \mathrm{d}\alpha \mathrm{d}\beta + \eta(x,y)$$

在大部分情况下都可以利用线性系统的理论近似地解决图像的复原问题。当然，在某些特殊情况下，使用非线性的退化模型可以更加精确地解决具体问题，但涉及非线性系统时数学求解可能比较困难。在无特殊说明时，本章所讨论的退化模型仅限于线性系统。此外，上述模型仅仅是一种理想化的、简化之后的形式，在处理具体问题时，为了取得更好的效果，有时还需要定制更为精细的模型。例如，在本章后面介绍图像去雾问题时，我们就给出了一种更有针对性的退化模型。

正如本章最开始讲到的，图像去噪、图像去雾以及图像去模糊都是图像修复中可能需要面对的问题。在一些比较难于处理的情况中，导致图像劣化的因素可能不止一种，最常见的情况就是既包含模糊，又有噪声。

11.1.3　离散的退化模型

数字图像所研究的对象都是离散的函数，所以还需要对上一小节中得到的模型进行离散处理。首先，在不考虑噪声项的情况下来看一维的情况。设 $f(x)$ 被均匀采样后形成具有 A 个采样值的离散输入函数，$h(x)$ 被采样后形成具有 B 个采样值的退化系统冲激响应。由此连续函数退化模型中的卷积关系就演变成了离散的卷积关系。如果采样后的序列 $f(x)$ 和 $h(x)$ 都具有大小为 N 的周期，那么离散的退化模型就可以表示为：

$$g(x) = \sum_m f(m)h(x-m)$$

显然，序列 $g(x)$ 的周期也为 N。如果 $f(x)$ 和 $h(x)$ 并不具有周期性，则需要用填零延拓的方法使其展开为周期函数 $f_e(x)$ 和 $h_e(x)$。可以令 $M \geq A+B-1$，则 $f_e(x)$ 和 $h_e(x)$ 可以分别表示为：

$$f_e(x) = \begin{cases} f(x), & 0 \leq x \leq A-1 \\ 0, & A-1 < x \leq M-1 \end{cases}$$

$$h_e(x) = \begin{cases} h(x), & 0 \leq x \leq B-1 \\ 0, & B-1 < x \leq M-1 \end{cases}$$

如此，即可得到如下离散形式的退化模型：

$$g_e(x) = \sum_m f_e(m)h_e(x-m)$$

式中，$x = 0,1,2,\cdots,M-1$。显然，序列 $g_e(x)$ 的周期也为 M。另外，上式还可以用矩阵形式表示为 $\boldsymbol{g} = \boldsymbol{H} \cdot \boldsymbol{f}$，其中

$$\boldsymbol{f} = [f_e(0), f_e(1), \cdots, f_e(M-1)]^T$$

$$\boldsymbol{g} = [g_e(0), g_e(1), \cdots, g_e(M-1)]^T$$

$\boldsymbol{H}$ 是一个 $M \times M$ 的矩阵，如下：

$$\boldsymbol{H} = \begin{bmatrix} h_e(0) & h_e(-1) & h_e(-2) & \cdots & h_e(-M+1) \\ h_e(1) & h_e(0) & h_e(-1) & \cdots & h_e(-M+2) \\ h_e(2) & h_e(1) & h_e(0) & \cdots & h_e(-M+3) \\ \vdots & \vdots & \vdots & & \vdots \\ h_e(M-1) & h_e(M-2) & h_e(M-3) & \cdots & h_e(0) \end{bmatrix}$$

又因为 $h_e(x)$ 是周期函数，所以有 $h_e(x) = h_e(x+M)$。利用该性质，上式还可以改写为如下形式：

$$H = \begin{bmatrix} h_e(0) & h_e(M-1) & h_e(M-2) & \cdots & h_e(1) \\ h_e(1) & h_e(0) & h_e(M-1) & \cdots & h_e(2) \\ h_e(2) & h_e(1) & h_e(0) & \cdots & h_e(3) \\ \vdots & \vdots & \vdots & & \vdots \\ h_e(M-1) & h_e(M-2) & h_e(M-3) & \cdots & h_e(0) \end{bmatrix}$$

易见，H 是一个循环矩阵，即一行中最右端的元素等于下一行中最左端的元素，并且该循环一直延伸到最末一行的最右端元素，然后又回到第一行之首。

接下来设法将一维模型推广到二维的情况。设输入的图像 $f(x,y)$ 和冲激响应 $h(x,y)$ 分别具有 $A \times B$ 和 $C \times D$ 个元素，为了避免交叠误差，同样用填零延拓的方法将它们扩展成 $M \times N$ 个元素的周期函数，其中 $M \geq A+C-1$，$N \geq B+D-1$，即

$$f_e(x,y) = \begin{cases} f(x,y), & 0 \leq x \leq A-1, 0 \leq y \leq B-1 \\ 0, & A-1 < x \leq M-1, B-1 < y \leq N-1 \end{cases}$$

$$h_e(x,y) = \begin{cases} h(x,y), & 0 \leq x \leq C-1, 0 \leq y \leq D-1 \\ 0, & B-1 < x \leq M-1, D-1 < y \leq N-1 \end{cases}$$

这样展开后，$f_e(x,y)$ 和 $h_e(x,y)$ 分别成为二维周期函数，在 x 和 y 方向上的周期分别是 M 和 N，此时输出的退化图像为：

$$g_e(x,y) = \sum_m \sum_n f_e(m,n) h_e(x-m, y-n)$$

式中，$x = 0,1,2,\cdots,M-1; y = 0,1,2,\cdots,N-1$。并且 $g_e(x,y)$ 具有与 $f_e(x,y)$ 和 $h_e(x,y)$ 相同的周期。如果考虑噪声项，则只需要在上式后面追加一个 $M \times N$ 的扩展离散噪声项 $\eta(x,y)$，即可得到完整的二维离散退化模型：

$$g_e(x,y) = \sum_m \sum_n f_e(m,n) h_e(x-m, y-n) + \eta(x,y)$$

式中，$x = 0,1,2,\cdots,M-1; y = 0,1,2,\cdots,N-1$。

与一维的情况类似，二维离散退化模型也可用矩阵表示，即 $g = H \cdot f$，g 和 f 代表 $M \times N$ 的列向量。这些列向量是由 $M \times N$ 的函数矩阵 $f_e(x,y)$ 和 $g_e(x,y)$ 的各个行堆积而成的。需要说明的是，这里所说的离散退化模型是在线性移不变的前提下推导出来的。所以在这个条件下，图像复原的问题在于给定退化图像 $g(x,y)$，并已知退化系统的冲激响应 $h(x,y)$ 和加性噪声 $\eta(x,y)$ 的情况下，如何估计出原始图像 $f(x,y)$。这个过程对于实际所遇到的图像而言可能是相当烦琐的，其计算量可能相当巨大。所以有必要研究一些算法以便简化复原运算的过程，而利用 H 的循环性质就是一个相当不错的选择。下面就来考虑在二维的情况下 H 的形式应该是怎样的。首先，f 可以表示为如下这种形式：

$$f = [f_e(0,0)\cdots,f_e(0,N-1),f_e(1,0)\cdots,f_e(1,N-1)\cdots,f_e(M-1,0)\cdots,f_e(M-1,N-1)]^{\mathrm{T}}$$

鉴于g与f的形式完全相同，此处不再具体列出。H为$MN\times MN$的矩阵，而且是一个块循环矩阵，可以表示为：

$$H = \begin{bmatrix} H_0 & H_{M-1} & H_{M-2} & \cdots & H_1 \\ H_1 & H_0 & H_{M-1} & \cdots & H_2 \\ H_2 & H_1 & H_0 & \cdots & H_3 \\ \vdots & \vdots & \vdots & & \vdots \\ H_{M-1} & H_{M-2} & H_{M-3} & \cdots & H_0 \end{bmatrix}$$

其中每个分块H_j是由扩展函数$h_e(x,y)$的第j行组成的，也就是下面这种形式：

$$H_j = \begin{bmatrix} h_e(j,0) & h_e(j,N-1) & h_e(j,N-2) & \cdots & h_e(j,1) \\ h_e(j,1) & h_e(j,0) & h_e(j,N-1) & \cdots & h_e(j,2) \\ h_e(j,2) & h_e(j,1) & h_e(j,0) & \cdots & h_e(j,3) \\ \vdots & \vdots & \vdots & & \vdots \\ h_e(j,N-1) & h_e(j,N-2) & h_e(j,N-3) & \cdots & h_e(j,0) \end{bmatrix}$$

11.2　常规的图像复原示例

通常的数字图像处理教材在介绍图像修复的有关内容时，几乎都要提及维纳滤波、约束最小二乘滤波和露茜-理查德森算法等经典算法。然而在实际应用中，这些算法又往往有着诸多局限。这些教科书式的基础算法要么是应用条件较为苛刻难于实现，要么就是复原效果有限，不够理想。因此，这些传统的基础算法在实际问题中应用并不多，这些算法的理论意义往往要远大于其实际意义。有鉴于此，对于这部分内容笔者也无意面面俱到地一一介绍。本节我们将撷取其中比较有代表性的两个，并结合它们在 MATLAB 中的具体使用来向读者做简要介绍。

11.2.1　循环矩阵的对角化

离散退化模型是在线性时不变的前提下给出的，目的是在给定$g(x,y)$且知道$h(x,y)$和$n(x,y)$的情况下，估计出理想的原始图像$f(x,y)$。但是要想从式子

$$g = Hf + n = \begin{bmatrix} H_0 & H_{M-1} & \cdots & H_1 \\ H_1 & H_0 & \cdots & H_2 \\ \vdots & \vdots & \ddots & \vdots \\ H_{M-1} & H_{M-2} & \cdots & H_0 \end{bmatrix} \begin{bmatrix} f_e(0,0) \\ f_e(0,1) \\ \vdots \\ f_e(M-1,N-1) \end{bmatrix} + \begin{bmatrix} n_e(0,0) \\ n_e(0,1) \\ \vdots \\ n_e(M-1,N-1) \end{bmatrix}$$

得到$f(x,y)$，可能要求解的方程数量是极其庞大的，处理工作十分艰巨，所以必须设法进行简化。

上一节中我们已经得出了M阶循环矩阵H的表达式，其特征向量以及特征值分

别为：

$$w(k) = \left[1, \exp\left(j\frac{2\pi}{M}k\right), \cdots, \exp\left(j\frac{2\pi}{M}(M-1)k\right)\right]^{\mathrm{T}}$$

$$\lambda(k) = h_e(0) + h_e(M-1)\exp\left(j\frac{2\pi}{M}k\right) + \cdots + h_e(1)\exp\left(j\frac{2\pi}{M}(M-1)k\right)$$

将 H 的 M 个特征向量组成 $M \times M$ 的矩阵 W，则：

$$W = [w(0), w(1), \cdots, w(M-1)]$$

此处各 w 的正交性保证了 W 的逆矩阵存在，而 W^{-1} 的存在保证了 W 的列（即 H 的特征向量）是线性独立的。于是，可以将 H 写成 $H = WDW^{-1}$。其中 D 是对角矩阵，其元素正是 H 的特征值，即 $D(k,k) = \lambda(k)$。

对于块循环矩阵 H，定义一个 $MN \times MN$（注意是包含 $M \times M$ 个 $N \times N$ 的矩形块）的矩阵，其块元素为：

$$W(i,m) = \exp\left(j\frac{2\pi}{M}im\right)W_N, \qquad i,m = 0,1,\cdots,M-1$$

其中，W_N 是 $N \times N$ 的矩阵，其元素为：

$$W_N(k,n) = \exp\left(j\frac{2\pi}{M}kn\right), \qquad k,n = 0,1,\cdots,N-1$$

借助以上针对循环矩阵的讨论，可以类似地得到 $H = WDW^{-1}$。进一步，H 的转置 H^{T} 可以用 D 的复数共轭 D^* 表示为 $H^{\mathrm{T}} = WD^*W^{-1}$。

首先讨论一维的情况。将 H 的表达式代入 $g = Hf$，并且两边同时乘以 W^{-1}，得 $W^{-1}g = DW^{-1}f$。式中，乘积 $W^{-1}g$ 和 $W^{-1}f$ 都是 M 维列向量，其第 k 项分别记为 $G(k)$ 和 $F(k)$，且有

$$F(k) = \frac{1}{M}\sum_{i=0}^{M-1} f_e(i)\exp\left(-j\frac{2\pi}{M}ki\right)$$

$$G(k) = \frac{1}{M}\sum_{i=0}^{M-1} g_e(i)\exp\left(-j\frac{2\pi}{M}ki\right)$$

它们分别是扩展序列 $f_e(x)$ 和 $g_e(x)$ 的傅里叶变换。因为 D 的主对角线元素是 H 的特征值，所以可得：

$$D(k,k) = \lambda(k) = \sum_{i=0}^{M-1} h_e(i)\exp\left(-j\frac{2\pi}{M}ki\right) = M*H(k)$$

其中，$H(k)$是扩展序列$h_e(x)$的傅里叶变换。综合上面三个式子，可得：

$$G(k) = M * H(k)F(k), \qquad k,n = 0,1,\cdots,M-1$$

上式右边是$f_e(x)$和$h_e(x)$在频域上的卷积，可用傅里叶变换求得。

接下来再考虑二维的情况。与前面的处理思路相同，这里我们引入噪声项，便可得到$\boldsymbol{W}^{-1}\boldsymbol{g} = \boldsymbol{D}\boldsymbol{W}^{-1}\boldsymbol{f} + \boldsymbol{W}^{-1}\boldsymbol{n}$。其中乘积$\boldsymbol{W}^{-1}\boldsymbol{g}$、$\boldsymbol{W}^{-1}\boldsymbol{f}$和$\boldsymbol{W}^{-1}\boldsymbol{n}$都是 $M \times N$ 维列向量，其元素可以记为$G(u,v)$、$F(u,v)$和$N(u,v)$，$u = 0,1,\cdots,M-1,v=0,1,\cdots,N-1$，即

$$G(u,v) = \frac{1}{MN}\sum_{x=0}^{M-1}\sum_{y=0}^{N-1} g_e(x,y)\exp\left[-\mathrm{j}2\pi\left(\frac{ux}{M}+\frac{vy}{N}\right)\right]$$

$$F(u,v) = \frac{1}{MN}\sum_{x=0}^{M-1}\sum_{y=0}^{N-1} f_e(x,y)\exp\left[-\mathrm{j}2\pi\left(\frac{ux}{M}+\frac{vy}{N}\right)\right]$$

$$N(u,v) = \frac{1}{MN}\sum_{x=0}^{M-1}\sum_{y=0}^{N-1} n_e(x,y)\exp\left[-\mathrm{j}2\pi\left(\frac{ux}{M}+\frac{vy}{N}\right)\right]$$

它们分别是扩展序列$f_e(x,y)$、$g_e(x,y)$和$n_e(x,y)$的二维傅里叶变换。而对角矩阵 $\boldsymbol{D}$ 的 $M\times N$ 个对角线元素$D(k,i)$和$h_e(x,y)$的二维傅里叶变换$H(u,v)$相关，即

$$H(u,v) = \frac{1}{MN}\sum_{x=0}^{M-1}\sum_{y=0}^{N-1} h_e(x,y)\exp\left[-\mathrm{j}2\pi\left(\frac{ux}{M}+\frac{vy}{N}\right)\right]$$

$$D(k,i) = \begin{cases} MN * H([k/N], k \bmod N), & i = k \\ 0, & i \neq k \end{cases}$$

其中，$[k/N]$表示不超过k/N的最大整数，$k \bmod N$代表用 N 除 k 得到的余数。综合前面几个式子，便可得到：

$$G(u,v) = H(u,v)F(u,v) + N(u,v), \qquad u = 0,1,\cdots,M-1,v=0,1,\cdots,N-1$$

这其实告诉我们本小节最开始给出的退化模型看上去好像是一个规模庞大的联立方程组，但是经过适当加工，再对其进行求解，其实只需计算很少的几个 $M\times N$ 的傅里叶变换即可。

11.2.2　逆滤波的基本原理

根据前面的介绍，我们知道对于线性时不变系统而言有：

$$g(x,y) = f(x,y) * h(x,y) + n(x,y)$$

对上式两边进行傅里叶变换得：

$$G(u,v) = F(u,v)H(u,v) + N(u,v)$$

其中，$G(u,v)$、$F(u,v)$、$H(u,v)$和$N(u,v)$分别是$g(x,y)$、$f(x,y)$、$h(x,y)$和$n(x,y)$的二维傅里叶变换。$H(u,v)$是系统的传递函数，从频域角度看，它使得图像发生退化，因而反映了成像系统的性能。

通常在不考虑噪声的情况下，上式可以写为$G(u,v) = F(u,v)H(u,v)$，由此便可得出$F(u,v) = G(u,v)/H(u,v)$，其中$1/H(u,v)$称为逆滤波器。对该式再进行傅里叶逆变换就可以得到$f(x,y)$。但实际上噪声是在所难免的，因而只能求得$F(u,v)$的估计值$\hat{F}(u,v)$：

$$\hat{F}(u,v) = F(u,v) + \frac{N(u,v)}{H(u,v)}$$

做傅里叶逆变换可得：

$$\hat{f}(u,v) = f(u,v) + \int_{-\infty}^{+\infty} [N(u,v)H^{-1}(u,v)]e^{-j2\pi(ux+vy)}dudv$$

这就是逆滤波复原的基本原理。

理论上来说，如果噪声为 0，那么采用逆滤波就能完全复原图像，但这其实是不可能的。如果噪声存在，而且在$H(u,v)$很小或者为 0 时，噪声就会被放大。这意味着当退化图像中$H(u,v)$很小时，即使很小的噪声干扰也会对逆滤波复原的图像产生很大的影响。很有可能使得复原图像$\hat{f}(u,v)$和原始图像$f(u,v)$相差很大，甚至面目全非。这也就是逆滤波最突出的弱点。

11.2.3 维纳滤波及其应用

维纳滤波最先由美国数学家、控制论的创始人诺伯特·维纳（Norbert Wiener）于20 世纪 40 年代提出。维纳滤波试图寻找一个滤波器，使得复原后图像$\hat{f}(x,y)$与原始图像$f(x,y)$的均方误差最小，即 $E\{[\hat{f}(x,y) - f(x,y)]^2\} = \min$，所以维纳滤波通常又称为最小均方误差滤波。

$\boldsymbol{R}_f$和$\boldsymbol{R}_n$分别是f和n的相关矩阵，即$E[\boldsymbol{R}_f] = E\{ff^T\}$，$E[\boldsymbol{R}_n] = E\{nn^T\}$。$\boldsymbol{R}_f$的第$ij$个元素是$E\{f_if_j\}$，代表$f$的第$i$个和第$j$个元素的相关系数。因为$f$和$n$中的元素全部都是实数，所以$\boldsymbol{R}_f$和$\boldsymbol{R}_n$都是实对称矩阵。对于大多数图像而言，像素间的相关性不超过 20~30 个像素，所以典型的相关性矩阵只在主对角线方向上有一条带不为零，右上角和左下角都是零。根据两个像素间的相关性，这只是它们彼此之间相互距离而非位置的函数的假设，可将R_f和R_n都用块循环矩阵来表示，则有：$R_f = WAW^{-1}$，$R_n = WBW^{-1}$。其中 A 和 B 中的元素对应R_f和R_n中相关元素的傅里叶变换，这些相关元素的傅里叶变换称为图像和噪声的功率谱。

如果令$Q^TQ = R_f^{-1}R$，则有：

$$\hat{f} = \left(H^TH + \gamma R_f^{-1}R_n\right)^{-1}H^Tg = (WD^*DW^{-1} + \gamma WA^{-1}BW^{-1})^{-1}WD^*W^{-1}g$$

由此可得：

$$W^{-1}\hat{f} = (D^*D + \gamma A^{-1}B)^{-1}D^*W^{-1}g$$

若 $M = N$，则有：

$$\hat{F}(u,v) = \left[\frac{H^*(u,v)}{|H(u,v)|^2 + \gamma \dfrac{P_n(u,v)}{P_f(u,v)}}\right]G(u,v)$$

$$= \left[\frac{1}{H(u,v)} \cdot \frac{|H(u,v)|^2}{|H(u,v)|^2 + \gamma \dfrac{P_n(u,v)}{P_f(u,v)}}\right]G(u,v)$$

其中，$H(u,v)$表示退化函数，即$H(u,v)^2 = H^*(u,v)H(u,v)$。$H^*(u,v)$表示 $H(u,v)$的复共轭；$P_n(u,v) = |N(u,v)|^2$表示噪声的功率谱；$P_f(u,v) = |F(u,v)|^2$表示退化图像的功率谱；比率$P_n(u,v)/P_f(u,v)$称为信噪功率比。若$\gamma = 1$，则称其为维纳滤波器，当无噪声影响时，由于$P_n(u,v) = 0$，则退化为逆滤波器，又称为理想的逆滤波器。所以，逆滤波器可以认为是维纳滤波器的一种特殊情况。需要注意的是，$\gamma = 1$并非在有约束条件下的最佳解，此时并不满足约束条件$\|n\|^2 = \left\|g - H\hat{f}\right\|^2$。若$\gamma$为变参数，则称为变参数维纳滤波器。

维纳去卷积提供了一种在有噪声情况下导出去卷积传递函数的最优方法，但以下三个问题限制了它的有效性。

- 当图像复原的目的是供人观察时，均方误差准则并不是一个最优的优化准则。这是因为均方误差准则不管其在图像中的位置如何对所有误差都赋予同样的权值，而人眼则对暗处和高梯度区域的误差比其他区域的误差具有更大的容忍性。因为要使均方误差最小化，所以维纳滤波以一种并非最适合人眼的方式对图像进行了平滑。

- 经典的维纳去卷积不能处理具有空间可变点扩散函数的情形，例如存在彗差、散差、表面像场弯曲，以及包含旋转的运动模糊等情况。

- 不能处理非平稳信号和噪声的一般情形。许多图像都是高度非平衡的，有被陡峭边缘分开的大块平坦区域。此外，一些重要的噪声源具有与局部灰度有关的特性。

在 MATLAB 中与维纳滤波相关的函数一共有两个，其中一个是 wiener2()函数，该函数使用维纳滤波来对图像进行复原。它的语法形式如下：

```
J = wiener2(I, [m n], noise)
[J, noise] = wiener2(I, [m n])
```

其中，I 是输入图像，[m n]表示滤波器窗口大小，J 表示滤波处理后的结果图像，noise 表示估计的噪声功率。

下面这段代码演示了该函数的使用方法。

```
RGB = imread('moon.jpg');
I = rgb2gray(RGB);
J = imnoise(I,'gaussian',0,0.025);
imshow(J)
K = wiener2(J,[5 5]);
figure, imshow(K)
```

以上程序接收的输入图像是由嫦娥一号探月卫星发回的首张月球表面照片的局部影像。程序处理时首先向其中加入高斯噪声，如图 11-2 左图所示，然后又利用维纳滤波对含有噪声的图像进行复原，其结果如图 11-2 右图所示。可见，维纳滤波有效地滤除了噪声，但图像会因此而变得模糊。

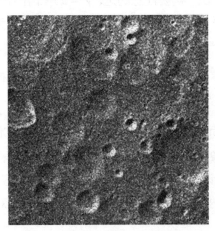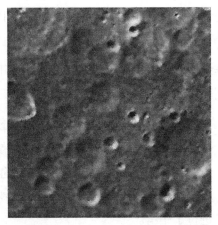

图 11-2　维纳滤波降噪效果

另外一个与维纳滤波有关的函数是 deconvwnr()，该函数的作用是利用维纳滤波器来对图像进行去模糊修复。它的语法形式如下：

```
J = deconvwnr(I,PSF,NSR)
J = deconvwnr(I,PSF,NCORR,ICORR)
```

其中，I 是输入图像，可选参数 PSF 是点扩散函数（注意，这其实表明输入图像 I 是被 PSF 卷积滤波后的结果）。NSR 表示加性噪声的信噪比，它可以是一个标量或者是与 I 同等大小的频域数组。NSR 的缺省值为 0，此时相当于创建一个理想的逆滤波器。在函数的第二种语法形式中，参数 NCORR 是关于噪声的自相关函数，ICORR 是原始图像的自相关函数。NCORR 和 ICORR 可以任意尺寸（或者维度），只要不超过原始图像的大小（或者维数）即可。

在下面这段代码中，我们首先对输入的原始图像进行退化处理，具体的退化方法是对其做运动模糊并引入噪声，然后再利用 deconvwnr() 对退化图像进行复原操作。

```
I = im2double(imread('cameraman.tif'));
imshow(I), title('Original Image');

%模拟运动模糊，生成一个点扩散函数 PSF，相应的线性运动长度为 21 个像素，角度为 11
LEN = 21;
THETA = 11;
PSF = fspecial('motion', LEN, THETA);
blurred = imfilter(I, PSF, 'conv', 'circular');
figure, imshow(blurred), title('Blurred Image');

%对运动模糊图像进行复原
result_w1= deconvwnr(blurred, PSF);
figure, imshow(result_w1), title('Restoration of Blurred Image')

%模拟加性噪声
noise_mean = 0;
noise_var = 0.0001;
blurred_noisy = imnoise(blurred, 'gaussian', noise_mean, noise_var);
figure, imshow(blurred_noisy), title('Simulate Blur and Noise')

%假设在没有噪声的情况下复原图像
estimated_nsr = 0;
wnr2 = deconvwnr(blurred_noisy, PSF, estimated_nsr);
figure, imshow(wnr2)
title('Restoration of Blurred, Noisy Image Using NSR = 0')
```

```
%使用一个更好的信噪功率比评估值来复原图像
estimated_nsr = noise_var / var(I(:));
wnr3 = deconvwnr(blurred_noisy, PSF, estimated_nsr);
figure, imshow(wnr3)
title('Restoration of Blurred, Noisy Image Using NSR');
```

请读者完成编码后执行程序，其结果如图 11-3 所示。在已知退化函数的情况下，利用维纳滤波对图像进行复原可以取得比较理想的效果。但在实际应用中，我们对待处理的图像往往缺乏必要的先验信息，这在很大程度上限制了该方法的应用。

图 11-3　使用维纳滤波复原图像

11.2.4　露茜-理查德森算法

在许多情况下，图像需要用泊松（Poisson）随机场来建模，如用斑纹干涉法获得的短曝光天文图像，它是许多光子活动的结果；医学上的透视、CT 图像亦是如此。照相底片用银粒的密度来表示光学强度，其光学强度也具有泊松分布的性质。在这些情况下，随机变量只在一个整数集合中取值，说一个随机变量 X 具有泊松分布，是指它取整数值的概率可以表示为：

$$P(X = k) = \frac{\lambda^k \mathrm{e}^{-k}}{k!}, \ 0 \leqslant k < \infty$$

为了简化起见，对图像使用一维描述。用f和g表示整个图像，而x_n和y_n表示单个像素。图像的退化模型为：

$$g_n = \sum_i h_{n-i} f_i + \xi_n$$

考虑在给定原图像f条件下观测图像g的分布函数$P(y|x)$。f给定，即有：

$$a_n = \sum_i h_{n-i} f_i$$

如果各像素之间独立，即有：

$$P(y|x) = \prod_n \frac{a_n^{g_n} e^{-a_n}}{g_n!}$$

根据其联合分布，可以利用最大似然估计（Maximum Likelihood Estimate，MLE）方法对g进行估计，对上式取对数可得：

$$\frac{\partial}{\partial f_k} \ln P(y|x) = \sum_n \left(g_n \frac{h_{n-k}}{\sum_i h_{n-i} f_i} - h_{n-k} \right) = 0$$

或

$$\sum_n g_n \frac{h_{n-k}}{\sum_i h_{n-i} f_i} - 1 = 0, \quad k = 0,1,\cdots,N-1$$

为了便于求f，可以使用乘法迭代算法，公式为：

$$f_k^{j+1} = f_k^j \left(\sum_n g_n \frac{h_{n-k}}{\sum_i h_{n-i} f_i} \right)^p, \quad k = 0,1,\cdots,N-1$$

当$p=1$时，即为露茜-理查德森（Lucy-Richardson）算法。

露茜-理查德森算法用于处理泊松噪声比较有效，该算法不会出现负的灰度值，但在迭代次数过多时仍会出现失真现象。

MATLAB 中提供了函数 deconvlucy() 来实现露茜-理查德森方法对图像的复原处理。它的常用语法格式如下：

```
J = deconvlucy(I, PSF)
J = deconvlucy(I, PSF, NUMIT)
J = deconvlucy(I, PSF, NUMIT, DAMPAR,WEIGHT, READOUT, SUBSMPL)
```

其中，I 表示输入图像，PSF 是点扩散函数（它被用于恢复由其卷积和可能的加性噪声引起退化的图像）。其余的均为可选参数，NUMIT 表示迭代次数（如果不指定，默认值为 10），DAMPAR 表示控制迭代的阈值，即用于指定结果图像的偏差阈值（默认值为 0），该参数指定了在收敛过程中，结果图像 J 与原始图像 I 背离的程度。WEIGHT 是一个与 I 一样大小的矩阵，用来分配权重，WRIGHT 给出了每个像素的加权值，它记录了由每个像素反映出来的系统摄录质量。RREADOUT 指定了与加性噪声和读出相机噪声方差相对应的值（默认值为 0）。SUBSMPL 描述了已知 PSF 时子采样的次数，默认值为 1。返回值 J 表示经滤波处理后的图像。

下面通过一段程序来演示 deconvlucy()函数的用法。首先采用下列代码模拟图像退化的情形。

```
%载入原始图像
I = imread('board.tif');
I = I(50+[1:256],2+[1:256],:);
figure, imshow(I)
title('Original Image')

%模糊处理
PSF = fspecial('gaussian',5,5);
Blurred = imfilter(I,PSF,'symmetric','conv');
figure, imshow(Blurred);
title('Blurred Image')

%添加噪声
V = 0.002;
BlurredNoisy = imnoise(Blurred,'gaussian',0,V);
figure, imshow(BlurredNoisy)
title('Blurred and Noisy Image')
```

上述代码的执行情况如图 11-4 所示。

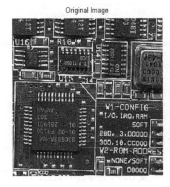

图 11-4　图像的退化

接下来利用 deconvlucy() 函数来对退化图像进行复原，代码如下：

```
%利用露茜-理查德森算法复原图像（5次迭代）
luc1 = deconvlucy(BlurredNoisy, PSF, 5);
figure, imshow(luc1)

%利用露茜-理查德森算法复原图像
luc1_cell = deconvlucy({BlurredNoisy}, PSF, 5);
luc2_cell = deconvlucy(luc1_cell, PSF);
luc2 = im2uint8(luc2_cell{2});
figure, imshow(luc2);

%控制阈值的复原效果
DAMPAR = im2uint8(3*sqrt(V));
luc3 = deconvlucy(BlurredNoisy, PSF, 15, DAMPAR);
figure, imshow(luc3);
```

上述代码的执行情况如图 11-5 所示，处理结果依次按左、中、右的顺序排列。可见，利用露茜-理查德森算法可以实现对图像的去模糊处理，但是随着迭代次数的增加，噪声也会变大。

图 11-5　利用露茜-理查德森算法修复图像

现实中图像出现模糊的现象十分常见。如果拍摄时物象处于快速移动的状态，则常常导致对焦失败，这时图像就会产生模糊。再比如，照片中多个物象的景深差距较大，无论选择近景还是远景进行对焦，总会导致图像中另外一些区域对焦失败，此时亦会产生模糊。设法对模糊图像进行修复始终是图像处理中一个非常重要的话题。

20 世纪 40 年代后期被提出的维纳滤波，以及 70 年代被提出的露茜-理查德森算法都可以认为是对此类问题的早期探索。当然通过前面的讨论和实验，不难发现这些传统算法距离实际应用仍然有较大差距。但是在最近几年的 ECCV 或者 CVPR 上总会见到一些处理此类问题的新方法，可见这个问题仍然是学者们关注的热点。如图 11-6 所示为采用文献[3]提出的方式对模糊图像进行复原的效果（原图来自文章作者的项目网站），可见原本模糊不清的图像信息经过处理后已经非常易于辨识了。

图 11-6　图像去模糊应用

　　图像去模糊方面的进展不仅体现在学术研究上，事实上在许多商业的图像处理软件中都已经集成了非常先进的图像去模糊技术。如图 11-7 所示是由 Topaz Labs 公司开发的商业软件 Topaz Infocus 对退化图像（左图）进行去模糊的效果（右图），原本无法辨识的车牌经过复原后已经清晰可见。

图 11-7　图像去模糊应用

11.3　暗通道优先的图像去雾算法

　　图像增强与图像修复二者之间有一定交叉，尽管它们一个强调客观标准，一个强调主观标准，但毕竟最终的结果是都改善了图像的质量。图像去雾就是这两种技术彼此交叉领域中最典型的代表。若将雾霾看作是一种噪声，那么去除雾霾的标准显然是非常客观的，也就是要将图像恢复至没有雾霾时所获取的情况。但是如果将在雾霾环境下拍摄的照片就看作是一种图像本来的面貌，那么去雾显然就是人们为了改善主观视觉质量而对图像所进行的一种增强。早期图像去雾的研究并没有得到应有的重视，也有很多人认为它的实际意义不大，甚至觉得所谓的去雾算法多是些华而不实的花拳绣腿，缺乏学术上的价值。斗转星移，时易世变，现在情况则完全不同了。一方面，随着大气污染的日益严重，设法改善自动获取的图像质量，其意义不言而喻；另一方面，随着数码设备的普及，消费类电子产品的市场也催生出许多新的需求，其中人们对所拍照片质量的修正和优化就是一个显而易见的需求。说到图像去雾，就不得不提到由何恺明博士等人提出的基于暗通道优先的图像去雾算法。这个算法因其新颖的思路和理想的效果而广受关注，相关论文也曾于 2009 年荣获 CVPR 最佳论文奖，同时也是该奖设立以来，首次由亚洲学者获颁此殊荣。

11.3.1　暗通道的概念与意义

在绝大多数非天空的局部区域里，某些像素总会有至少一个颜色通道具有很低的灰度值。换言之，该区域光强度的最小值是个很小的数。下面给暗通道一个数学定义，对于任意的输入图像 J，其暗通道可以用下式表达：

$$J^{dark}(x) = \min_{y \in \Omega(x)} \left[\min_{c \in \{r,g,b\}} J^c(y) \right]$$

式中，J^c 表示彩色图像的每个通道，$\Omega(x)$ 表示以像素 x 为中心的一个窗口。上式的意义用代码表达也很简单，首先求出每个像素 RGB 分量中的最小值，存入一幅和原始图像大小相同的灰度图中，然后对这幅灰度图进行最小值滤波，滤波的半径由窗口大小决定，一般有 WindowSize = 2 * Radius + 1。

暗通道先验的理论指出：

$$J^{dark} \to 0$$

在实际生活中造成暗原色中低通道值的因素有很多。例如，汽车、建筑物和城市中玻璃窗户的阴影，或者是树叶、树与岩石等自然景观的投影；色彩鲜艳的物体或表面，在 RGB 的三个通道中有些通道的值很低（比如绿色的草地、树木等植物，红色或黄色的花朵、果实或叶子，或者蓝色、绿色的水面）；颜色较暗的物体或者表面，例如灰暗色的树干、石头以及路面。总之，自然景物中到处都是阴影或者彩色，这些景物图像的暗原色总是表现出较为灰暗的状态。

原文作者大约分析了 5000 幅图像的暗通道效果，下面我们也通过几幅没有雾的风景照来分析一下正常图像暗通道的普遍性质，如图 11-8 所示。

图 11-8　正常图像的暗通道

再来看一些有雾图像的暗通道，如图 11-9 所示。

图 11-9　有雾图像的暗通道

上述暗通道图像使用的窗口大小均为 15×15，即最小值滤波的半径为 7 像素。由上述几幅图像可以明显地看到暗通道先验理论的普遍性。在作者的论文中，统计了 5000多幅图像的特征，也都基本符合这个先验，因此，可以将暗通道的先验理论认为是一条客观规律。有了这个先验，接着就需要进行一些数学方面的推导，从而实现问题的最终解决。

11.3.2　暗通道去雾霾的原理

首先，在计算机视觉和计算机图形中，下述方程所描述的雾图形成模型被广泛使用：

$$I(x) = J(x)t(x) + A[1 - t(x)]$$

其中，$I(x)$ 就是现在已经有的图像（也就是待去雾图像），$J(x)$ 是要恢复的无雾图像，参数 A 是全球大气光成分，$t(x)$ 为透射率。现在的已知条件就是 $I(x)$，要求目标值 $J(x)$。根据基本的代数知识可知这是一个有无数解的方程。只有在一些先验信息基础上才能求出定解。

将上式稍做处理，变形为下式：

$$\frac{I^c(x)}{A^c} = t(x)\frac{J^c(x)}{A^c} + 1 - t(x)$$

如上所述，上标 c 表示 R、G、B 三个通道的意思。

首先假设在每一个窗口内透射率 $t(x)$ 为常数，将其定义为 $\tilde{t}(x)$，并且 A 值已经给定，然后对上式两边进行求两次最小值运算，得到下式：

$$\min_{y \in \Omega(x)}\left[\min_c \frac{I^c(y)}{A^c}\right] = \tilde{t}(x)\min_{y \in \Omega(x)}\left[\min_c \frac{J^c(y)}{A^c}\right] + 1 - \tilde{t}(x)$$

式中，J 是待求的无雾图像，根据前述的暗原色先验理论有：

$$J^{dark}(x) = \min_{y \in \Omega(x)}\left[\min_c J^c(y)\right] = 0$$

因此，可推导出：

$$\min_{y \in \Omega(x)}\left[\min_c \frac{J^c(y)}{A^c}\right] = 0$$

把上式的结论带回原式中，得到：

$$\tilde{t}(x) = 1 - \min_{y \in \Omega(x)}\left[\min_c \frac{I^c(y)}{A^c}\right]$$

这就是透射率 $\tilde{t}(x)$ 的预估值。

在现实生活中，即使是晴天白云，空气中也存在着一些颗粒，因此，看远处的物体还是能感觉到雾的影响。此外，雾的存在让人类感受到景深的存在，因此，有必要在去雾的时候保留一定程度的雾。这可以通过在上式中引入一个[0,1]之间的因子来实现（在后续的示例代码中，我们将这个因子取值为 0.95），则上式修正为：

$$\tilde{t}(x) = 1 - \omega \min_{y \in \Omega(x)} \left[\min_c \frac{I^c(y)}{A^c} \right]$$

上述推论中都是假设全球大气光 A 值是已知的，在实际中，可以借助于暗通道图从有雾图像中获取该值。具体步骤大致为：首先从暗通道图中按照亮度的大小提取最亮的前 0.1%像素，然后在原始有雾图像 I 中寻找对应位置上的具有最高亮度的点的值，并以此作为 A 的值。至此，我们就可以进行无雾图像的恢复了。

考虑到当透射图 t 的值很小时，会导致 J 的值偏大，从而使图像整体向白场过度，因此一般可以设置一个阈值 t_0，当 t 值小于 t_0 时，令 $t = t_0$。后续的示例程序均采用 $t_0 = 0.1$ 为标准进行计算。因此，最终的图像恢复公式如下：

$$J(x) = \frac{I(x) - A}{\max[t(x), t_0]} + A$$

基于上述公式对图像进行去雾处理，可得如图 11-10 所示的结果，其中左上图为原始图像，右上图为暗通道图，左下图为透射图，右下图为经去雾处理后的结果图像。

从图中读者不难注意到一个问题，结果图像中绿色植物（对应于暗通道图中颜色较深的部分）的边缘部分周围明显有不协调的地方，似乎这些部分没有进行去雾处理，这些都是由于之前求得的透射图过于粗糙的原因而导致的。

要获得更为精细的透射图，作者在文章中提出了"soft matting"方法，能得到非常细腻的结果。但是该算法的一个致命弱点就是速度特慢，因而在实际应用中具有很大的局限性。2011 年，原文作者又发表了一篇论文，其中提到了使用导向滤波的方式来获得较好的透射图。该方法的主要过程集中于简单的盒子滤波，而盒子滤波又有相应的快速算法，因此新算法的实用性较强。关于这个导向滤波算法，有兴趣的读者可以参考本章末尾给出的推荐阅读材料[2]。除了去雾处理之外，导向滤波还有许多其他方面的应用，限于篇幅，这里就不再赘言了。

使用导向滤波后的去雾效果如图 11-11 所示，其中左图是精细化处理后的透射图，右图为最终的去雾效果。

图 11-10　图像去雾效果

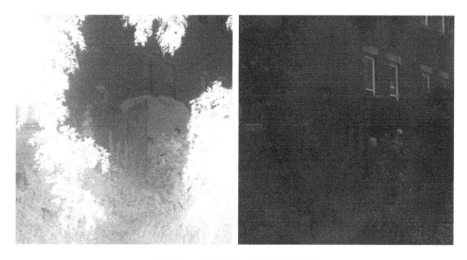

图 11-11　基于导向滤波的处理结果

11.3.3 算法实现与应用

下面这段示例程序演示了利用暗通道算法对图像进行去雾操作的基本方法。

```matlab
%求一幅图像的暗通道图，窗口大小为 15*15
imageRGB = imread('picture.bmp');
imageRGB = double(imageRGB);
imageRGB = imageRGB./255;
dark = darkChannel(imageRGB);

% 选取暗通道图中最亮的 0.1%像素，从而求得大气光
[m, n, ~] = size(imageRGB);
imsize = m * n;
numpx = floor(imsize/1000);
JDarkVec = reshape(dark,imsize,1);
ImVec = reshape(imageRGB,imsize,3);

[JDarkVec, indices] = sort(JDarkVec);
indices = indices(imsize-numpx+1:end);

atmSum = zeros(1,3);
for ind = 1:numpx
    atmSum = atmSum + ImVec(indices(ind),:);
end

atmospheric = atmSum / numpx;

%求解透射率，并通过 omega 参数来选择保留一定程度的雾霾，以免损坏真实感
omega = 0.95;
im = zeros(size(imageRGB));

for ind = 1:3
    im(:,:,ind) = imageRGB(:,:,ind)./atmospheric(ind);
end

dark_2 = darkChannel(im);
t = 1-omega*dark_2;

%通过导向滤波来获得更为精细的透射图
r = 60;
eps = 10^-6;
```

```
refined_t = guidedfilter_color(imageRGB, t, r, eps);

refinedRadiance = getRadiance(atmospheric, imageRGB, refined_t);
```

上述代码中调用了几个函数，限于篇幅，这里仅给出其中的暗通道处理函数，其余函数的完整源码读者可以从本书的在线支持资源中获取。

```
function dark = darkChannel(imRGB)

r=imRGB(:,:,1);
g=imRGB(:,:,2);
b=imRGB(:,:,3);

[m n] = size(r);
a = zeros(m,n);
for i = 1: m
   for j = 1: n
       a(i,j) = min(r(i,j), g(i,j));
       a(i,j)= min(a(i,j), b(i,j));
   end
end

d = ones(15,15);
fun = @(block_struct)min(min(block_struct.data))*d;
dark = blockproc(a, [15 15], fun);

dark = dark(1:m, 1:n);
```

请读者完成编码后运行程序并观察结果。需要说明的是，原文作者在文末处曾经指出直接去雾后的图像会比原始的暗，因此在处理完后需要进行一定的曝光增强。所以，经上述代码处理后的图像会比作者文章中给出的效果偏暗。

曝光增强属于图像处理中比较基础也比较成熟的技术，这里不再做过多的介绍。总之，一般在使用暗通道算法对图像做去雾处理后，再用自动色阶之类的算法处理一下图像，便会获得比较满意的结果。如图 11-12 和图 11-13 所示，其中左图为原始图像，中图为经过暗通道算法处理后的去雾效果图，右图是经过自动色阶处理后的最终效果图。

图 11-12 基于暗通道的图像去雾效果

图 11-13 基于暗通道的图像去雾效果

11.3.4 算法不足及改进方向

暗通道图像去雾算法最原始的不足是实时性较差，但是经过导向滤波改进后，图像去雾的处理速度已经大幅提升，具备了较强的实用价值。但除此之外，算法仍然有一个比较明显的弱点。实验表明，如果待处理图像中包含有大面积的天空，那么该算法对图像中的天空部分处理效果一般都不好。如图 11-14 所示，天空常常会出现明显的过渡区域。事实上，针对这个不足也有许多研究人员提出了改进算法，并取得了不错的效果。有兴趣的读者可以参阅相关文献，这里不再做过多的介绍。暗通道思想的提出是这个算法中最吸引人的地方，因为这是一种完全跳出了以往处理此类问题框架的方法，同时也为后来人在考虑此类问题时提供了一种崭新的思路。这也是该算法最闪光的地方。

图 11-14　处理天空时出现明显的过渡区域

本章参考文献及推荐阅读材料

[1] Kaiming He, Jian Sun, Xiaoou Tang. Guided Image Filtering. IEEE Transactions on Pattern Analysis and Machine Intelligence, Vol. 35, No. 6, Jun. 2013.

[2] Kaiming He, Jian Sun, Xiaoou Tang. Single Image Haze Removal using Dark Channel Prior. IEEE Transactions on Pattern Analysis and Machine Intelligence, Vol. 32, No. 12, Dec. 2010.

[3] Li Xu, Jiaya Jia. Two-Phase Kernel Estimation for Robust Motion Deblurring. Proceeding of 11th European Conference on Computer Vision, Sep. 2010.

[4] Leon B. Lucy. An Iterative Technique for the Rectification of Observed Distributions. Astronomical Journal, Vol. 79, No. 6, 1974.

[5] William H. Richardson. Bayesian-Based Iterative Method of Image Restoration. Journal of the Optical Society of America, Vol. 62, No. 1, 1972.

[6] 王慧琴. 数字图像处理. 北京：北京邮电大学出版社，2006.

12 图像的特征检测

图像特征提取是计算机视觉中重要的研究方向，它在目标识别与定位、场景拼接等领域有着广泛而重要的应用。本章讨论的三种特征（或者称三种算法）都是该领域中非常前沿的话题。而且其中还综合运用了本书前面提到过的多种图像处理算法，例如直方图、高斯拉普拉斯算子、高斯模糊和基于偏微分方程的图像处理等内容。

12.1 SIFT 特征检测

在计算机视觉中一个非常重要的研究目的就是希望让机器可以获得像人类一样观察世界的能力。而人类在观察世界或识别物体时，一个突出的特点就是人类视觉系统具有一定的"尺度或旋转不变性"。这主要体现在人眼在识别图像中的物体时，无论目标是远还是近，无论是正着看、侧着看，甚至是倒着看，人们都可以对物体进行辨识。如何让机器也能够在识别物体时具有这样一种"不变性"的能力，始终是计算机科学家们在思考的问题。目前在这一领域中最具代表性的成果是由加拿大英属哥伦比亚大学罗伊（David G. Lowe）教授提出的尺度不变特征变换匹配算法（Scale Invariant Feature Transform），即 SIFT 算法。SIFT 特征对旋转、尺度缩放、亮度变化等保持不变性，是非常稳定的局部特征，因而具有非常广泛的应用。SIFT 的主要思路是：首先构造图像的尺度空间表示，然后在尺度空间中搜索图像的极值点，由极值点再建立特征描述向量，最后用特征描述向量进行相似度匹配。SIFT 特征还具有高度的可区分性，能够在一个具有大量特征数据的数据库中进行精确地匹配。该算法具体可分为 4 个步骤：尺度空间极值提取、特征点定位、特征方向赋值和提取特征点描述。本节将向读者详细介绍这一算法，在最后我们还将在 MATLAB 中编程实现该算法。

12.1.1　尺度空间构造

日常生活经验告诉我们，自然界中的物体所呈现出来的视觉形态与我们所采用的观测尺度紧密相连。例如，在本书最开始时我们讨论过的位图，在计算机屏幕上看到的是流畅平滑的图像，被放大后竟是一个个矩形色块的离散拼接。再者，当使用 Google 地图观测地球表面时，我们也会注意到随着鼠标滑轮的滚动，地表的呈现精度或放大或缩小，这时计算机屏幕上绘制出来的地图是不同的。同一物体在不同的观测精度下呈现出的不同表象，就构成了一组尺度空间。尺度空间中各尺度图像的模糊程度逐渐变大，能够模拟人在距离目标由近到远时目标在视网膜上成像的过程。尺度越大，图像便显得越模糊。

之前我们已经介绍过，人类视觉系统具有一定的尺度不变性。也就是说，当我们观察一个物体（比如一头鹿）时，无论是距离 10 米观察，还是距离 20 米观察，得到的结论都应该是一样的（仍然是一头鹿，而不可能变成一匹马）。但我们又该如何让机器获得同样的能力呢？用机器视觉系统分析未知场景时，计算机并不预先知道图像中物体的尺度。于是可以想到的一种方法就是把不同尺度下的物象都提供给机器，然后告诉它这些物象表示的是不同尺度下的同一物体。在建立机器对于不同尺度下同一物体的一致认识过程中，我们要考虑的就是寻找不同尺度下都有的相同关键点，如此一来，在不同尺度下输入的图像，机器都可以通过对关键点进行匹配来得出一致结论，也就是尺度不变性。人类之所以不会因为观察距离的不同而"指鹿为马"，那正是因为人类已经建立了一个在任何尺度下都不会改变的关于鹿的特征（比如应该有鹿角，身上有何种花纹等）。图像的尺度空间表示就是图像在所有尺度下的描述。

本书前面已经向读者介绍过关于正态分布和高斯模糊的内容了。高斯函数（也就是正态分布函数）可以通过卷积计算来构造不同的尺度空间。此时，我们就把用来生成多尺度空间的高斯函数称作"高斯核"。一幅二维图像在不同尺度下的尺度空间表示可由图像与高斯核卷积得到：

$$L(x, y, \sigma) = G(x, y, \sigma) * I(x, y)$$

其中，$G(x, y, \sigma)$为高斯核函数。

$$G(x, y, \sigma) = \frac{1}{2\pi\sigma^2} e^{-\frac{x^2+y^2}{2\sigma^2}}$$

其中，(x, y)是图像点的像素坐标，$I(x, y)$为图像数据。σ称为尺度空间因子，它是高斯正态分布的方差，反映了图像被平滑的程度，其值越小表征图像被平滑程度越小，相应尺度也越小。$L(x, y, \sigma)$代表图像的尺度空间。

　　需要说明的是，尺度是自然客观存在的，不是主观创造的。高斯卷积只是表现尺度空间的一种形式。在本书后面介绍的 KAZE 特征检测算法中，用来表现尺度空间的形式则变成了 Perona-Malik 方程。

　　根据本书前面关于高斯模糊算法的介绍，读者应该知道高斯模板（二维高斯函数）是中心对称的，且卷积结果使中心点像素值有最大的权重，距离中心越远的相邻像素值权重就越小。在实际应用中，在计算高斯函数的离散近似时，在大概 3σ 距离之外的像素都可以看作不起作用，这些像素的计算也就可以忽略。

　　图像金字塔是同一图像在不同分辨率下抽样得到的一组结果，它是早期图像多尺度的表示形式。图像金字塔化一般包括两个步骤：首先（但此步骤也并非是必需的）使用低通滤波器平滑图像；然后对预处理后的图像进行降采样（通常是水平、竖直方向 1/2），从而得到一系列尺寸缩小的图像。显然，对于二维图像，在一个传统的金字塔中，每一层图像由上一层分辨率的长、宽各一半，也就是四分之一的像素组成，如图 12-1 所示。

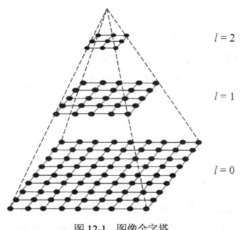

图 12-1　图像金字塔

　　读者可能会对图像金字塔多分辨率表示和图像的多尺度空间表示感到迷惑。事实上，二者是存在区别的。多尺度空间表示和金字塔多分辨率表示之间最大的不同是：多尺度空间表示是由不同的高斯核平滑卷积得到的，在所有尺度上有相同的分辨率；而金字塔多分辨率表示是每层分辨率减少固定比率。所以，金字塔多分辨率表示生成较快，且占用存储空间少；而多尺度表示随着尺度参数的增加冗余信息也会变多。多尺度表示的优点在于图像的局部特征可以用简单的形式在不同尺度上描述；而金字塔表示则难以分析图像的局部特征。

　　为了高效地在尺度空间内检测出稳定的特征点，在 SIFT 算法中，使用尺度空间中差分高斯（Difference of Gaussina，DoG）极值作为判断依据。DoG 算子定义为两个不同尺度的高斯核的差分，它是归一化高斯拉普拉斯（Laplacian of Gaussian，LoG）算子的近似。LoG 算子就是对高斯函数进行拉普拉斯变换：

$$\Delta^2 g = \frac{\partial^2 g}{\partial x^2} + \frac{\partial^2 g}{\partial y^2}$$

DoG 其实就是对 $\sigma^2 \Delta^2 G$ 的近似。设 k 为两个相邻尺度间的比例因子，则 DoG 算子定义如下：

$$D(x,y,\sigma) = [G(x,y,k\sigma) - G(x,y,\sigma)] \otimes I(x,y)$$

$$= L(x,y,k\sigma) - L(x,y,\sigma)$$

使用 LoG 算子能够很好地找到图像中的兴趣点，但是需要大量的计算量，所以使用 DoG 图像的极大/极小值近似寻找特征点。DoG 算子计算简单，是尺度归一化的 LoG 算子的近似。

SIFT 算法通过对两个相邻高斯尺度空间上的图像相减来得到 DoG 的响应值图像，即 $D(x,y,\sigma)$。然后再仿照高斯拉普拉斯方法，通过对响应值图像 $D(x,y,\sigma)$ 进行局部最大值搜索，从而在空间位置和尺度空间定位局部特征点，也就是得到某一尺度上的特征。

为了得到 DoG 图像，先要构造高斯金字塔。高斯金字塔在多分辨率金字塔简单降采样基础上加了高斯滤波，也就是对金字塔每层图像用不同参数的 σ 做高斯模糊，使得每层金字塔有多张高斯模糊图像。金字塔每层的多张图像合称为一组，每组有多张图像。另外，降采样时，金字塔上边一组图像的第一张图像（最底层的一张）是由前一组（金字塔下面一组）图像的倒数第三张图像隔点采样得到的，如图 12-2 所示。

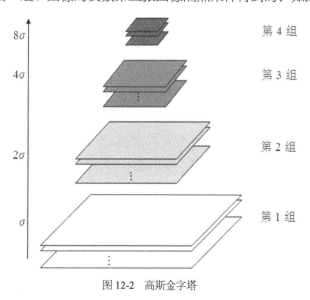

图 12-2 高斯金字塔

易见，高斯金字塔分为多组，每组又分为多层。一组中的多个层之间彼此的尺度是不一样的，相邻层间尺度相差一个比例因子 k。如果尺度因子是在 S 个尺度间隔内（即每组有 S 层）变化，则 k 应为 $2^{1/S}$。下一组图像的最底层由上一组中尺度为 2σ 的图像进行因子为 2 的降采样得到，其中 σ 为上一组中最底层图像的尺度因子。DoG 金字塔由相邻的高斯金字塔相减得到，如图 12-3 所示。

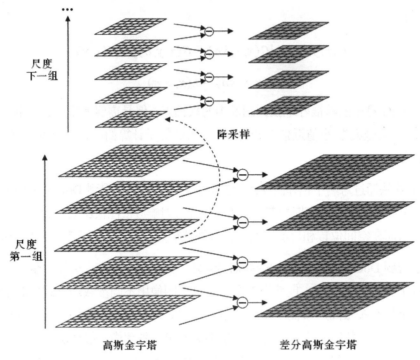

图 12-3　差分高斯金字塔的构造

高斯金字塔的组数一般为：

$$O = [\log_2 \min(m, n)] - 3$$

其中，O 表示高斯金字塔的组数，m, n 分别表示图像的行和列。事实上，减去的系数并不一定是 3，而是可以在 0 到 $\log_2 \min(m,n)$ 范围内变化的某一整数。此时需要考察顶层图像最小维数的对数值。这是因为金字塔每层隔点采样的结果。例如对于 512×512 的图像进行采样，第 1 层为 512×512，第 2 层为 256×256，第 3 层为 128×128……如此下去，最小的图像到第 9 层，为 1×1，这就没有意义了（因为这比高斯模板还要小），所以通常减去 3。如果仍然以 512×512 为例，也就是到第 6 层，为 8×8。

高斯模糊参数 σ（即尺度空间坐标），具体可以由如下关系计算得到：

$$\sigma(o, s) = \sigma_0 \cdot 2^{\frac{o+s}{S}}$$

其中，σ_0 为初始尺度因子；S 为每组层数（一般为 3~5）。s 为每组内具体哪一层的坐标，$s \in [0, \cdots, S-1]$。o 为图像所在组的坐标，$o \in o_{\min} + [0, \cdots, O-1]$，$o_{\min}$ 是第一个金字塔组的坐标，通常 $o_{\min}$ 取 0 或者-1。当设为-1 时，图像在计算高斯尺度空间前先扩大一倍。在罗伊的算法实现中，以上参数的取值为：$\sigma_0 = 1.6 \cdot 2^{1/s}$，$o_{\min} = -1$，$S = 3$。

根据这个公式，我们可以得到金字塔组内各层尺度，以及组间各图像尺度关系。则有同一组内相邻图像尺度关系：

$$\sigma_{s+1} = \sigma_s \cdot k = \sigma_s \cdot 2^{1/s}$$

相邻组间尺度关系：

$$\sigma_{o+1} = 2\sigma_o$$

即相邻两组的同一层尺度为 2 倍的关系。

构造高斯金字塔之后，就使用金字塔相邻图像相减构造 DoG 金字塔。如图 12-3 所示的金字塔，高斯尺度空间金字塔中每组有 5 层不同尺度的图像，相邻两层相减得到 4 层 DoG 结果。关键点搜索就在这 4 层 DoG 图像上寻找局部极值点。

12.1.2　空间极值检测

金字塔构造完毕后开始检测 DoG 局部极值点。寻找 DoG 极值点时，每一个像素点都需要和与它同一尺度以及相邻尺度的所有邻域点相比较，当其大于（或小于）它的图像域和尺度域的所有相邻点时，即为极值点。如图 12-4 所示，比较的范围是个 3×3 的立方体：中间的检测点和与它同尺度的 8 个相邻点，以及和上下相邻尺度对应的 9×2 个点，即共 26 个点相比较，以确保在尺度空间和二维图像空间都检测到极值点。

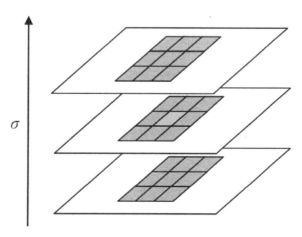

图 12-4　空间局部极值点检测

　　一个比较明显的问题是每组中的首层和末层都缺少一个邻近层。因此搜索从每组的第二层开始，以第二层为当前层，第一层和第三层分别作为立方体的上下层；搜索完成后再以第三层作为当前层做同样的搜索。所以每层的点搜索两次。

　　在极值比较的过程中，每一组图像的首末两层是无法进行极值比较的。为了满足尺度变化的连续性，在每一组图像的顶层继续用高斯模糊生成了 3 幅图像，高斯金字塔每组有 $S+3$ 层图像，DoG 金字塔每组有 $S+2$ 层图像。所谓"尺度变化的连续性"可以做如下解释。假设 $S=3$，也就是每组有 3 层，则 $k=2^{1/S}=2^{1/3}$。那么按照图 12-5 所示，可得高斯空间和 DoG 空间分别有 3 个（S 个）和 2 个（$S-1$ 个）分量。在 DoG 空间中，第一组两项分别是 σ, $k\sigma$；第二组两项分别是 2σ, $2k\sigma$；由于无法比较极值，我们必须在高斯空间继续添加高斯模糊项，使得形成 σ, $k\sigma$, $k^2\sigma$, $k^3\sigma$, $k^4\sigma$，这样就可以选择 DoG 空间中的中间三项，也就是 $k\sigma$, $k^2\sigma$, $k^3\sigma$（只有左、右都有才能有极值）。那么下一组中（由上一层降采样获得）所得 3 项即为 $2k\sigma$, $2k^2\sigma$, $2k^3\sigma$，其首项 $2k\sigma= 2^{4/3}\sigma$，刚好与上一组末项 $k^3\sigma=2^{3/3}$ 尺度变化连续起来。所以每次要在高斯空间添加 3 项，每组共有 $S+3$ 层图像，相应的 DoG 金字塔有 $S+2$ 层图像。

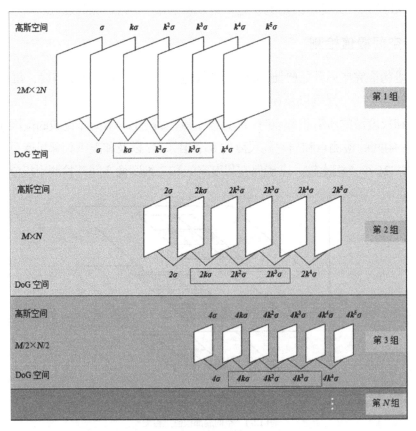

图 12-5　$S=3$ 的情况

在得到原始图像的 SIFT 候选特征点集合后，还要从中筛选出稳定的点作为该图像最终的特征点，这样才能保持结果的准确性以及稳定性。为此，首先要进行关键点的精确定位。从上述分析可知，当前所得到的极值点是对离散空间搜索而得的。由于离散空间是对连续空间进行采样的结果，因此在离散空间找到的极值点不一定是真正意义上的极值点。因此应当设法将不满足要求的点剔除。我们可以通过对尺度空间 DoG 函数进行曲线拟合寻找极值点，从而减小这种误差，事实上，这一步本质上是要去掉 DoG 局部曲率非常不对称的点。这里我们将再次使用泰勒展开式。

本书前面已经用过很多次了，不一样的是这里使用的是二元函数的泰勒展开式[1]。将候选特征点 x 的偏移量定义为 Δx，其对比度为 $D(x)$ 的绝对值 $|D(x)|$，对 x 的 DoG 函数（也就是前面 DoG 算子的定义式）进行泰勒展开：

$$D(x) = D + \frac{\partial D^T}{\partial x}\Delta x + \frac{1}{2}\Delta x^T \frac{\partial^2 D}{\partial x^2}\Delta x$$

式中，由于 x 是 DoG 函数的极值点，所以 $\partial D(x)/\partial x = 0$，解方程：

$$\Delta x = -\frac{\partial^2 D^{-1}}{\partial x^2}\frac{\partial D(x)}{\partial x}$$

通过多次迭代得到最终候选点的精确位置及尺度 $\hat{x}$，将其代入公式求得 $D(\hat{x})$，求其绝对值可得 $|D(\hat{x})|$。设对比度阈值为 T_C，则低对比度点的剔除公式为（其中 X_0 表示候选特征点集合，X 表示入选特征点集合）：

$$\begin{cases} x \in X, & |D(\hat{x})| \geqslant T_C \text{且} x \in X_0 \\ x \notin X, & |D(\hat{x})| < T_C \text{且} x \in X_0 \end{cases}$$

除了 DoG 响应较低的点，还有一些响应较强的点也不是稳定的特征点。根据前面关于边缘检测内容的学习，读者应该知道在边缘梯度方向上主曲率值较大，但沿着边缘方向曲率较小，因此需要剔除边缘效应的影响。边缘上得到的 DoG 函数的极值点与非边缘区域的点相比，主曲率比值较大，所以可以通过将主曲率比值大于一定阈值的点看作是位于边缘上的点进行删除。

候选点的 DoG 函数 $D(x)$ 的主曲率与 2×2 的 Hessian 矩阵 H 的特征值成正比。D 值

1　设 $z = f(x,y)$ 在点 (x_0,y_0) 的某一邻域内连续且有直到 $n+1$ 阶的连续偏导数，(x_0+h, y_0+k) 为邻域内任一点，则有 $f(x_0+h, y_0+k) = f(x_0,y_0) + \left(h\frac{\partial}{\partial x} + k\frac{\partial}{\partial y}\right)f(x_0,y_0) + \frac{1}{2!}\left(h\frac{\partial}{\partial x} + k\frac{\partial}{\partial y}\right)^2 f(x_0,y_0) + \cdots + \frac{1}{n!}\left(h\frac{\partial}{\partial x} + k\frac{\partial}{\partial y}\right)^n f(x_0,y_0) + \frac{1}{(n+1)!}\left(h\frac{\partial}{\partial x} + k\frac{\partial}{\partial y}\right)^{n+1} f(x_0+\theta h, y_0+\theta k)$，$0 < \theta < 1$。其中记号 $\left(h\frac{\partial}{\partial x} + k\frac{\partial}{\partial y}\right)f(x_0,y_0)$ 表示 $hf_x(x_0,y_0) + kf_y(x_0,y_0)$，$\left(h\frac{\partial}{\partial x} + k\frac{\partial}{\partial y}\right)^2 f(x_0,y_0)$ 表示 $h^2 f_{xx}(x_0,y_0) + 2hk f_{xy}(x_0,y_0) + k^2 f_{yy}(x_0,y_0)$，一般地，记号 $\left(h\frac{\partial}{\partial x} + k\frac{\partial}{\partial y}\right)^m f(x_0,y_0)$ 表示 $\sum_{p=0}^m C_m^p h^p k^{m-p}\frac{\partial^m p}{\partial x^p \partial y^{m-p}}|_{(x_0,y_0)}$。

可以通过求临近点差分得到。H 的特征值与 D 的主曲率成正比：

$$H(x,y) = \begin{bmatrix} D_{xx}(x,y) & D_{yx}(x,y) \\ D_{xy}(x,y) & D_{yy}(x,y) \end{bmatrix}$$

式中，D_{xx}、D_{xy}、D_{yy} 是候选点邻域对应位置的像素差分。为了避免求具体的值，我们可以通过 H 将特征值的比例表示出来。令 $\alpha = \lambda_{\max}$，即 H 的最大特征值；$\beta = \lambda_{\min}$，即 H 的最小特征值，那么：

$$\text{Tr}(H) = D_{xx} + D_{yy} = \alpha + \beta$$

$$\text{Det}(H) = D_{xx}D_{yy} - \left(D_{xy}\right)^2 = \alpha \cdot \beta$$

式中，$\text{Tr}(H)$ 表示矩阵 H 的迹，$\text{Det}(H)$ 表示 H 的行列式。令 $\gamma = \alpha / \beta$ 表示最大特征值与最小特征值的比值，则 $D(x)$ 的主曲率比值与 γ 成正比，可得：

$$\frac{\text{Tr}(H)^2}{\text{Det}(H)} = \frac{(\alpha + \beta)^2}{\alpha\beta} = \frac{(\gamma\beta + \beta)^2}{\gamma\beta^2} = \frac{(\gamma + 1)^2}{\gamma}$$

上式与两个特征值的比例有关，而与特征值自身大小无关，当两个特征值相等时最小，并随着主曲率比值的增加而增加。我们只需要去掉比率大于一定值的特征点即可（罗伊的论文中取 $\gamma = 10$）。设主曲率比值阈值为 T_γ，则边缘点的剔除公式为：

$$\begin{cases} x \in X, & \dfrac{\text{Tr}(H)^2}{\text{Det}(H)} \leqslant \dfrac{(T_\gamma + 1)^2}{T_\gamma} \text{且} x \in X_0 \\ x \notin X, & \dfrac{\text{Tr}(H)^2}{\text{Det}(H)} > \dfrac{(T_\gamma + 1)^2}{T_\gamma} \text{且} x \in X_0 \end{cases}$$

12.1.3 方向赋值

现在我们已经找到了关键点。为了实现图像旋转不变性，接下来就需要为特征点的方向进行赋值，赋值依据则是关键点的局部图像结构。关键点的方向利用其邻域像素的梯度分布特性来确定，再使用图像的梯度直方图法求关键点局部结构的稳定方向。精确定位关键点后，也找到了该特征点的尺度值 σ，根据这一尺度值，得到最接近这一尺度值的高斯图像：

$$L(x,y) = G(x,y,\sigma) * I(x,y)$$

对每个高斯图像，使用有限差分，计算以关键点为中心、以 $3 \times 1.5\sigma$ 为半径的区域内图像梯度的幅角和幅值，每个点 $L(x, y)$ 的梯度的模 $m(x, y)$ 与方向 $\theta(x, y)$ 可以通过下面的公式计算得到：

$$m(x,y) = \sqrt{[L(x+1,y) - L(x-1,y)]^2 + [L(x,y+1) - L(x,y-1)]^2}$$

$$\theta(x, y) = \arctan\left[\frac{L(x, y + 1) - L(x, y - 1)}{L(x + 1, y) - L(x - 1, y)}\right]$$

其中，$L(x, y)$所用的尺度为关键点所在的尺度。

在完成关键点邻域内高斯图像梯度计算后，使用直方图统计邻域内像素对应的梯度方向和幅值。关于直方图的内容本书前面也已经进行过详细介绍了，读者可以回顾一下之前的内容。直方图可以看成是离散点的概率表示形式。SIFT 算法中的方向直方图的核心是统计以关键点为原点、一定区域内的图像像素点对关键点方向生成所做的贡献。梯度方向直方图的横轴是梯度方向角，纵轴是梯度方向角对应的梯度幅值累加值。具体而言，就是对于每个关键点，在以其为中心的邻域窗口内利用直方图的方式统计邻域像素的梯度分布。这个方向直方图将 0°~360° 的范围分为 36 个柱，每 10° 为一个柱（注意：在图 12-6 中，我们是令每 45° 为一个柱，这样就总共有 8 个柱）。每个直方图的邻域像素样本的权重由该像素的梯度模板与高斯权重确定，这个高斯模板的 σ 为关键点的尺度的 1.5 倍，如此一来，距离中心点越远的邻域其对直方图的贡献也相应减小，加入高斯平滑的目的是增强距离关键点近的邻域点对关键点的作用，并减少突变的影响。

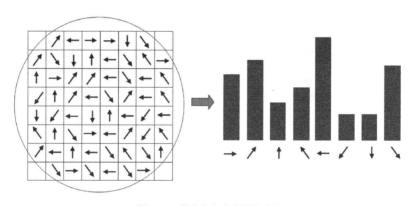

图 12-6　梯度方向直方图的生成

直方图的峰值反映了关键点处邻域梯度的主方向。完成直方图统计后，找到直方图的最高峰所对应的方向，即为关键点的方向。通常还需要对离散的梯度直方图进行插值拟合处理，以求取更精确的方向角度值。具体而言，关键点的方向可以由离最高峰值最近的三个柱值通过抛物线插值精确得到。直方图峰值代表该关键点处邻域内图像梯度的主方向，即该关键点的主方向。在梯度方向直方图中，当存在另一个相当于主峰值 80%能量的峰值时，则将这个方向认为是该关键点的辅助方向。所以，一个关键点可能检测得到多个方向（也可以理解为：一个关键点可能产生多个坐标、尺度相同、方向不同的关键点），这样做的目的是增强匹配的鲁棒性。罗伊的论文指出大概有 15%的关键点具有多方向，但这些点对匹配的稳定性至为关键。

获得图像关键点的主方向之后，每个关键点都包含有三个信息(x, y, σ, θ)，即位置、尺度和方向。由此可以确定一个 SIFT 特征区域，如图 12-7 所示。通常使用一个带箭头的圆或直接使用箭头表示 SIFT 区域的三个值：中心表示特征点位置，半径表示关键点尺度，箭头表示主方向。具有多个方向的关键点可以被复制成多份，然后将方向值分别赋给复制后的关键点，所以由一个关键点就产生了多个坐标、尺度相同，但方向不同的关键点。当然，在具体编码实现时，计算的区域也可以是正方形的，这样做通常是为了计算上的便利。至此，特征点检测完毕，特征描述前的准备工作已经完成。接下来便可以生成特征向量了。

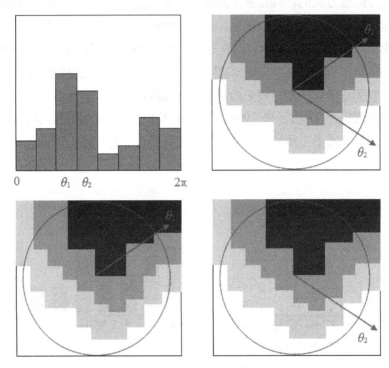

图 12-7　主方向与辅助方向

12.1.4　特征描述

我们已经为找到的关键点即 SIFT 特征点赋了值，包括位置、尺度和方向信息。接下来的步骤是关键点描述，即使用一组向量将这个关键点描述出来，这个描述子不但包括关键点，也包括关键点周围对其有贡献的像素点。描述子将被用来作为目标匹配的依据（所以描述子应该有较高的独特性，以保证匹配率）。特征描述大致包含三个步骤，即校正旋转主方向、生成描述子，以及归一化处理。其中旋转主方向就是将坐标轴旋转为关键点的方向，以确保旋转不变性。首先将坐标轴旋转为关键点的方向，以确保旋转不变性。

特征描述子与关键点所在的尺度有关，因此对梯度的求取应在特征点对应的高斯图像上进行。将关键点附近划分成 $d×d$ 个子区域，每个子区域尺寸为 $m\sigma$ 个像元（$d=4$，$m=3$，σ 为特征点的尺度值）。考虑到实际计算时需要进行双线性插值，所以计算的图像区域为 $m\sigma(d+1)$，再考虑旋转，则实际计算的矩形图像区域边长为 $m\sigma(d+1)\sqrt{2}$，如图 12-8 所示。

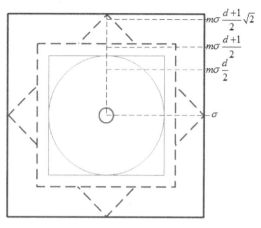

图 12-8　计算的图像区域示意图

为了保证特征矢量具有旋转不变性，要以特征点为中心，在附近邻域内旋转 θ 角，即旋转为特征点的方向，如图 12-9 所示。

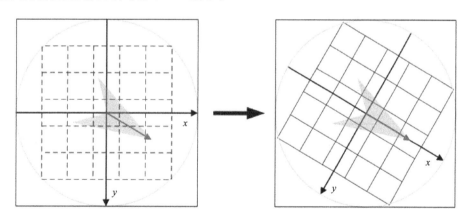

图 12-9　旋转主方向

旋转后区域内采样点新的坐标为：

$$\begin{bmatrix} x' \\ y' \end{bmatrix} = \begin{bmatrix} \cos\theta & -\sin\theta \\ \sin\theta & \cos\theta \end{bmatrix} \begin{bmatrix} x \\ y \end{bmatrix}$$

接下来以关键点为中心取 $8×8$ 的窗口。如图 12-10 所示，左图的中央为当前关键点的位置，每个小格代表关键点邻域所在尺度空间的一个像素，利用公式求得每个像素的梯度幅值与梯度方向，箭头方向代表该像素的梯度方向，箭头长度代表梯度模值，然后用高斯窗口对其进行加权运算。图中的圈代表高斯加权的范围（越靠近关键点的像素，梯度方向信息贡献越大）。最后在每个 4×4 的小块上绘制 8 个方向的梯度方向直方图，计算每个梯度方向的累加值，即可形成一个种子点，如右图所示。此图中一个关键点由 2×2 共 4 个种子点组成，每个种子点有 8 个方向向量信息。这种邻域方向性信息联合的思想增强了算法抗噪声的能力，同时对于含有定位误差的特征匹配也提供了比较理想的容错性。

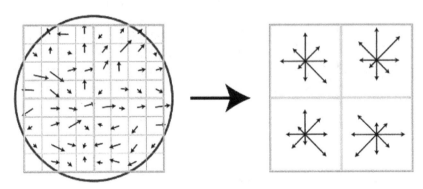

图 12-10　16×16 的图中 1/4 的特征点梯度方向及其加权到 8 个方向后的结果

与求主方向不同，此时每个子区域梯度方向直方图将 0°~360° 划分为 8 个方向区间，每个区间为 45°，即每个种子点有 8 个方向区间的梯度强度信息。在实际计算过程中，为了增强匹配的稳健性，罗伊建议对每个关键点使用 4×4 共 16 个种子点来描述，这样对于一个关键点就可以产生 128 个数据，即最终形成 128 维的 SIFT 特征向量，如图 12-11 所示。通过对关键点周围的图像区域分块，计算块内梯度直方图，生成具有独特性的向量，这个向量是该区域图像信息的一种抽象，具有唯一性。

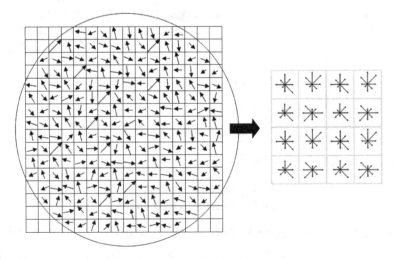

图 12-11　生成 128 维的 SIFT 特征向量

此时 SIFT 特征向量已经去除了尺度变换、旋转等几何变形因素的影响，再继续将特征向量的长度归一化，则可以进一步去除光照变化的影响。

12.1.5　算法实现

特征检测是计算机视觉领域中非常热门的方向，而尺度不变特征检测中最具代表性的 SIFT 算法就成为了所有期望从事相关研究和应用的人员无法绕开的内容。但是通过前面的介绍我们也不难发现，SIFT 算法是比较复杂的，实现起来绝非一日之功，这令很多人望而却步。好在很多学者已经贡献出了他们的实现版本供后来人参考学习，其中 MATLAB 的实现版本也有很多，最常见的是由美国加州大学洛杉矶分校的博士生 Andrea Vedaldi 给出的版本（既有 MATLAB 版，也有 C 语言版）。然而，对于参考学习而言，笔者还是要推荐由加拿大多伦多大学的博士生 Thomas F. El-Maraghi 所实现的版本，这个版本目前已经在很多大学被用作计算机视觉课程相关内容教学部分的参考辅导材料。本书的在线支持资源中也提供了实现该算法的程序源码，由于篇幅较长，这里不再详细列出，有需要的读者可以在网上查阅。

下面给出一个测试程序，它调用了 SIFT 算法的相关实现函数，然后在两幅图像中搜索特征点对并进行匹配。事实上，在根据具体算法求出特征点之后，要想进一步完成类似于图像拼接、搜索定位等功能，仍然需要使用一些特征点对的匹配算法。RANSAC 算法就是当前最常用的一种方法。RANSAC 是 RANdom SAmple Consensus 的缩写，即随机采样统计算法。它是根据一组包含异常数据的样本数据集，计算出数据的数学模型参数，从而得到有效样本数据的算法。该算法最先由斯坦福国际研究所（SRI International）的两位研究人员费斯克勒（Martin A. Fischler）和博尔斯（Robert C. Bolles）于 1981 年提出。鉴于 RANSAC 算法所涉及的内容超出了本书探讨的范围，这里不再对其做详细解释，感兴趣的读者可以参阅文献[1]以了解更多相关内容。

```
I1=imreadbw('box.png');
I2=imreadbw('box_in_scene.png');
I1=I1-min(I1(:));
I1=I1/max(I1(:));
I2=I2-min(I2(:));
I2=I2/max(I2(:));

%SIFT 特征检测
[frames1,descr1,gss1,dogss1] = do_sift(I1, 'Verbosity', 1, ...
        'NumOctaves', 4, 'Threshold', 0.1/3/2);
[frames2,descr2,gss2,dogss2] = do_sift(I2, 'Verbosity', 1, ...
```

```
              'NumOctaves', 4, 'Threshold', 0.1/3/2);

%计算匹配
descr1 = descr1';
descr2 = descr2';


do_match(I1, descr1, frames1',I2, descr2, frames2' ) ;
```

请读者完成编码后执行上述程序，运行结果如图 12-12 所示。可见，在尺度和旋角等都发生变化时，借由特征点对的匹配结果，程序依然可以从复杂的物象中成功搜索出目标。

图 12-12　基于 SIFT 算法的特征点匹配

12.2　SURF 特征检测

通过前面的学习，读者不难体会到，SIFT 算法在实现过程中可谓是精益求精，它总是借由各种手段反复筛选，从而设法排除掉各种不符合条件的特征点，以保证得到最为精准合格的特征点。结果正如试验所表明的那样，SIFT 算法在特征点检测上表现优异。但是 SIFT 却有一个弱点，那就是 SIFT 的实时性不高。在 2006 年的欧洲计算机视觉国际会议上，三位来自苏黎世联邦理工学院的研究人员提出了一种全新的特征检测算法，也是当前应用非常广泛的一种算法——SURF（Speeded Up Robust Features）。从名字上就能看出来这是一种快速算法。

12.2.1　积分图

保罗·维奥拉（Paul Viola）和迈克尔·琼斯（Michael Jones）首先提出了"积分图"的概念，并将其应用于人脸检测。积分图的运用大大提升了原检测器中的特征计算速度。SURF 算法中也用到了积分图，这里先介绍一下它的基本概念。如图 12-13 所示，坐标点(x, y)的积分图定义为其所对应的图中左上角的像素值之和：

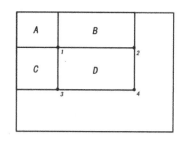

$$ii(x, y) = \sum_{x' \le x, y' \le y} i(x', y')$$

其中，$ii(x, y)$表示像素点(x, y)的积分图，$i(x, y)$表示原始图像。$ii(x, y)$可以通过下式进行迭代计算：

图 12-13　积分图

$$s(x, y) = s(x, y-1) + i(x, y)$$

$$ii(x, y) = ii(x-1, y) + s(x, y)$$

其中，$s(x,y)$表示行的积分和，且 $s(x, -1) = 0$，$ii(-1, y) = 0$。求一幅图像的积分和，只需遍历一次图像即可。

下面通过图 12-13 所示的情况来举例说明积分图元素值的具体计算方法。由上述公式可知，点 1 的积分图的值是矩形框 A 中所有像素的灰度值之和，点 2 的积分图所对应的值为 $A+B$，点 3 是 $A+C$，点 4 是 $A+B+C+D$，所以 D 中所有的灰度值之和可以用 4+1-(2+3)来计算。

12.2.2　DoH 近似

SURF 构造的金字塔图像与 SIFT 有很大不同，就是因为这些不同才加快了其检测的速度。SIFT 采用的是 DoG 图像，而 SURF 采用的是 Hessian 矩阵行列式近似值图像。在上一节中，已经给出了图像中某个像素点的 Hessian 矩阵，如下：

$$H(x, y) = \begin{bmatrix} D_{xx}(x, y) & D_{xy}(x, y) \\ D_{xy}(x, y) & D_{yy}(x, y) \end{bmatrix}$$

也就是说，每一个像素点都可以求出一个 Hessian 矩阵。但是由于特征点需要具备尺度无关性，所以在进行 Hessian 矩阵构造前，需要对其进行高斯滤波。这样，经过滤波后再进行 Hessian 的计算，其公式如下：

$$H(x, \sigma) = \begin{bmatrix} L_{xx}(x, \sigma) & L_{xy}(x, \sigma) \\ L_{xy}(x, \sigma) & L_{yy}(x, \sigma) \end{bmatrix}$$

式中，$L_{xx}(x, \sigma)$是高斯二阶微分$\partial^2 g(\sigma)/\partial x^2$在点 x 处的图像 I 的卷积，$L_{xy}(x, \sigma)$和$L_{yy}(x, \sigma)$具有同样的含义。

因为二阶高斯微分模板被离散化和裁剪的原因，致使图像在旋转奇数倍的 $\pi/4$ 时，即转动到模板的对角线方向时，特征点检测的重复性降低。而在 $\pi/2$ 时，特征点检测的重复性最高。但这一不足对于使用 Hessian 矩阵来进行特征点检测并不会造成影响。

为了将模板与图像的卷积转化成盒子滤波运算（盒子滤波器的原理是利用各像素的积分图像，乘以不同的权重加、减得到滤波结果），需要对高斯二阶微分模板进行简化，使得简化后的模板只由几个矩形区域组成，矩形区域内用同一个值填充，在简化模板中白色区域的值为1，而黑色区域的值为-1，灰色区域的值为0。

对于$\sigma = 1.2$的高斯二阶微分滤波，设定模板的尺寸为 9×9 的大小，并用它作为最小尺度空间值对图像进行滤波和斑点检测。这里使用D_{xx}、D_{yy}和D_{xy}表示模板与图像进行卷积的结果，如此便可将 Hessian 矩阵的行列式进行如下简化：

$$\text{Det}(H) = L_{xx}L_{yy} - L_{xy}L_{xy}$$

$$= D_{xx}\frac{L_{xx}}{D_{xx}}D_{yy}\frac{L_{yy}}{D_{yy}} - D_{xy}D_{xy}\left(\frac{L_{xy}}{D_{xy}}\frac{L_{xy}}{D_{xy}}\right) = A\left(\frac{L_{xx}}{D_{xx}}\frac{L_{yy}}{D_{yy}}\right) - B\left(\frac{L_{xy}}{D_{xy}}\frac{L_{xy}}{D_{xy}}\right)$$

$$= \left[A - B\left(\frac{L_{xy}}{D_{xy}}\frac{L_{xy}}{D_{xy}}\right)\left(\frac{D_{xx}}{L_{xx}}\frac{D_{yy}}{L_{yy}}\right)\right]\left(\frac{L_{xx}}{D_{xx}}\frac{L_{yy}}{D_{yy}}\right) = (A - BY)\text{C}$$

式中，$Y = \left|L_{xy}(1.2)\right|_F\left|D_{xx}(9)\right|_F/\left|L_{xx}(1.2)\right|_F\left|D_{xy}(9)\right|_F = 0.912 \approx 0.9$，$|X|_F$表示 F 范数。从理论上来说，对于不同的σ值和对应的模板尺寸，Y 值是不同的。但是为了简便起见，可以认为它是一个常数，即使用 0.9 作为一个经验值。同样，也可以认为 C 是常数，由于常数 C 不影响对于极大值的求取，于是便有：

$$\text{Det}(H_{\text{approx}}) = D_{xx}D_{yy} - (0.9D_{xy})^2$$

最终要的是原图像的一个变换图像，因为我们要在这个变换图像上寻找特征点，然后将其位置映射到原图像中。例如在 SIFT 中，是在原图像的方向梯度直方图（Histogram of Oriented Gradient，HOG）上寻找特征点的；在 SURF 中，这个变换图像就是由原图像每个像素的 Hessian 矩阵行列式的近似值构成的。而上式就是其行列式的近似公式。

由于求 Hessian 矩阵时要先做高斯平滑，然后求二阶导数，这些计算过程在离散的像素点上是用模板卷积来处理的。可以将这两个操作合在一起用一个模板来代替。例如，y 方向上的模板如图 12-14 所示，其中左图表示L_{yy}的原值$\partial^2 g(\sigma)/\partial x^2$，右图表示$L_{yy}$的简化值。

图 12-14 左图即为先做高斯平滑，然后在 y 方向上求二阶导数的模板，为了加快运算用了近似处理，其处理结果如右图所示，这样就简化了很多。并且右图可以采用积分图来运算，大大地加快了速度。同理，x 和 y 方向上的二阶混合偏导模板如图 12-15 所示。

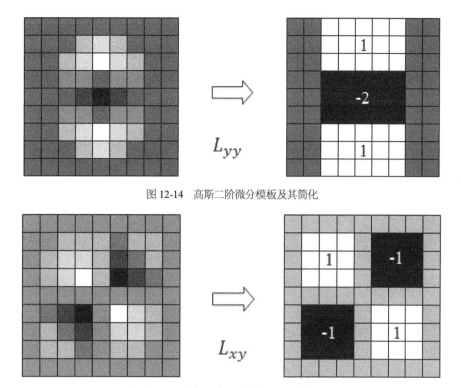

图 12-14　高斯二阶微分模板及其简化

图 12-15　高斯二阶混合微分模板及其简化

还要说明的是，在实际计算滤波响应值时需将模板盒子尺寸进行归一化处理，从而保证使用一个统一的 F 范数也可适应所有的滤波器尺寸。例如，对于 9×9 模板的 L_{xx} 和 L_{yy} 的盒子面积是 15，L_{xy} 的盒子面积是 9。一般来说，若盒子内部填充值为 $v^n=\{1,-1,-2\}$，盒子对应的 4 个角点的积分图像值为 $\{p_1^n,p_2^n,p_3^n,p_4^n\}$，盒子面积分别为 s_{xx}、s_{yy} 和 s_{xy}，那么盒子滤波响应值为：

$$D_{xx}=\frac{1}{s_{xx}}\sum_{n=1}^{3}v^n(p_4^n-p_2^n-p_3^n+p_1^n)$$

$$D_{yy}=\frac{1}{s_{yy}}\sum_{n=1}^{3}v^n(p_4^n-p_2^n-p_3^n+p_1^n)$$

$$D_{xy}=\frac{1}{s_{xy}}\sum_{n=1}^{4}v^n(p_4^n-p_2^n-p_3^n+p_1^n)$$

对于 DoH(Determinant of Hessian)的简化和近似正是 SURF 算法速度提升的核心。从 D_{xx}、D_{yy} 和 D_{xy} 的计算公式中可以看出，它们的运算量与模板的尺寸无关。计算 D_{xx} 和 D_{yy} 只有 12 次加减法和 4 次乘法，计算 D_{xy} 只有 16 次加减法和 5 次乘法。使用近似的 DoH 来表示图像中某一点处的斑点响应值，遍历图像中所有的像元点，便形成了在某一尺度下斑点检测的响应图像。使用不同的模板尺寸，便形成了多尺度斑点响应的金字塔图像，利用这一金字塔图像，就可以进行斑点响应极值的搜索。这个过程与 SIFT 算法中的对应步骤相同。

12.2.3 尺度空间表达

现在已经得到了一幅近似 Hessian 行列式图，这就相当于 SIFT 中的 DoG 图。要想获得不同尺度下的极值点，就必须建立图像的尺度空间金字塔。在金字塔中图像分为很多层，每一层称作一个组（octave），一个组代表了逐步放大的滤波模板对同一输入图像进行滤波的一系列响应图。每一个组中又有几幅尺度不同的图像（也就是子层）。回忆 SIFT 算法中的处理方式，同一个组中的图像尺寸相同，但是尺度（即模糊程度）不同，而不同的组中的图像尺寸也不相同，因为它是由上一层图像降采样得到的。在进行高斯模糊处理时，SIFT 的高斯模板大小是始终不变的，只是在不同的组之间改变图像的大小。但是在 SURF 算法中情况就不同了，此时图像的大小是一直不变的，不同的组得到的待检测图像是改变高斯模糊尺寸得到的。两个组之间的最小尺度变化量是由高斯二阶微分滤波器在微分方向上对正负斑点响应长度l_0决定的，它是盒子滤波模板尺寸的 1/3。例如，对于 9×9 的盒子滤波器模板，l_0为 3。下一组的响应长度至少应该在l_0的基础上增加 2 个像素，以保证每一边都至少有一个像素，即$l_0 = 5$，这样模板的大小就为 15×15。依此类推，可以得到一个尺寸逐渐增大的模板序列，它们的尺寸分别为 9×9、15×15、21×21、27×27。同一个组中的每个子层图像所用到的高斯模板尺度也不相同。SURF 采用这种方法节省了降采样的过程，其处理速度自然也得到了一定提升。如图 12-16 所示，其中左图是采用传统方式建立的图像金字塔结果，图像的尺寸是变化的，并且会反复使用高斯模板对子层进行平滑处理；而右图给出的是 SURF 算法所采用的方案，也就是使原始图像保持不变，而改变滤波器的大小。

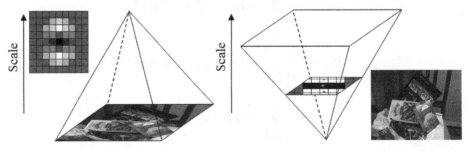

图 12-16　图像金字塔

在处理其他组的模板序列时所采用的方法与前面的情况类似。具体而言，就是将滤波器尺寸增加量翻倍，例如 6、12、24、48。这样就可以得到第二组滤波器尺寸，它们分别是 15×15、27×27、39×39、51×51；第三组滤波器尺寸为 27×27、51×51、

75×75、99×99。如果原始图像尺寸依然大于对应的滤波器尺寸，尺度空间的分析就还可以继续进行，此时对应的模板尺寸分别是 51×51、99×99、147×147 和 195×195。图 12-17 给出了第一组到第四组滤波器尺寸变化的图形表示，水平轴代表尺度，组之间有相互重叠，这样做是为了覆盖所有可能的尺度。对于第一组，每个子层的模板尺寸相差为 6；对于第二组，每个子层的模板尺寸相差为 12……在通常的尺度分析情况下，随着尺度的增大，被检测到的斑点数量会迅速衰减。

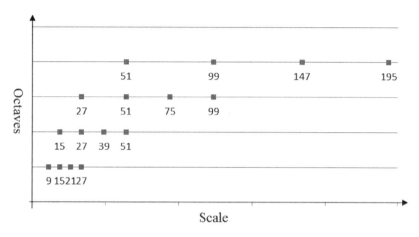

图 12-17　滤波器尺寸变化的图形表示

在构造好图像金字塔之后，与 SIFT 的处理方法类似，利用非极大值抑制的方法初步确定特征点。将经过 Hessian 矩阵处理过的每个像素点与其三维邻域内的 26 个点进行大小比较，如果它是这 26 个点中的最大值或者最小值，则保留下来，当作初步的特征点，请参考图 12-4。同样地，接下来再采用线性插值法对粗选后的特征点集合进行进一步筛选，并去掉那些值小于一定阈值的点。

12.2.4　特征描述

SIFT 特征描述子在生成特征矢量时使用的是高斯图像，而 SURF 特征描述子在生成特征矢量时用到的则是积分图。这样做的目的正是为了充分利用在特征点检测时形成的中间结果，也就是积分图，从而避免在特征矢量生成时对图像进行重复计算。

为了保证特征矢量具有旋转不变性，与 SIFT 算法类似，需要对每个特征点分配一个主方向。但具体实施时，这一步与 SIFT 也有一定差异。SIFT 选取特征点主方向是以通过在特征点邻域内统计其梯度直方图的方法来实现的。在 SURF 中，将不再统计其梯度直方图，而是统计特征点领域内的 Haar 小波特征。为此，要在以特征点为中心的领域内（比如，半径为 $6s$ 的圆内，s 为该点所在的尺度），统计 60° 扇形内所有点的水平 Haar 小波特征和垂直 Haar 小波特征总和。Haar 小波的尺寸是 $4s$。小波响应计算完毕后，还要以兴趣点为中心进行高斯加权（$\sigma = 2s$）。然后 60°扇形以一定间隔进行旋转，最后将最大值那个扇形的方向作为该特征点的主方向。该过程的示意图如图 12-18 所示。

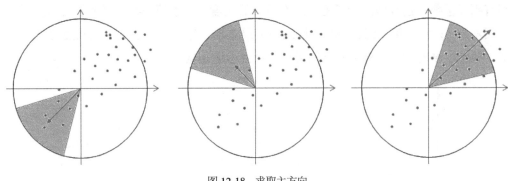

图 12-18   求取主方向

在特征点周围取一个正方形框，框的边长为 20s（s 是检测到的特征点所在的尺度）。该框带方向，方向就是上一步检测出来的主方向。然后把该框分为 4×4 个子区域，每个子区域利用尺寸 2s 的 Haar 小波模板进行响应值计算，最后对响应值统计水平方向值之和、水平方向绝对值之和、垂直方向值之和、垂直方向绝对值之和（这里的水平和垂直方向都是相对主方向而言的），从而形成特征矢量。该过程的示意图如图 12-19 所示。

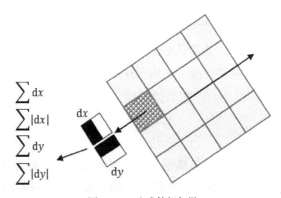

图 12-19   生成特征矢量

将 20s 的窗口划分成 4×4 的子窗口，每个子窗口中就有 5s×5s 个像素，使用尺度 2s 的 Haar 小波对子窗口进行响应值计算，共进行 25 次采样，分别得到沿主方向的 dy 和垂直于主方向的 dx。然后，以特征点为中心，对 dx、dy 进行高斯加权计算，其中 $\sigma = 3.3s$。最后，分别对每个子块的响应值进行统计，得到每个子块的矢量。这样每个小区域就有 4 个值，所以每个特征点就是 16×4=64 维的向量，相比 SIFT 而言，少了一半，这在特征匹配过程中会大大加快匹配速度。

为了实现快速匹配，SURF 算法在特征矢量中增加了一个新的变量，即特征点的拉普拉斯响应正负号。在特征点检测时，将 Hessian 矩阵的迹的正负号记录下来，作为特征矢量的一个变量。这样做并不增加运算量，因为特征点检测时已经对 Hessian 矩阵的迹进行过计算了。在特征匹配时，这个变量可以有效地节省搜索时间，由于只有两个正负号相同的特征点才可能匹配，对于不同正负号的特征点就不再进行相似性计算了。简单地说，可以根据特征点的响应值符号，将特征点分成两组：一组是具有拉普拉斯正响应的特征点；另一组是具有拉普拉斯负响应的特征点。匹配时，只有符号相同组中的特征点才能进行相互匹配。

12.2.5　算法实现

SURF 算法的步骤较多，实现起来也相当麻烦，本书的在线支持资源中提供了实现该算法的程序源码，由于篇幅较长这里不再详细列出，有需要的读者可以在网上浏览。下面给出一个测试程序，它调用了 SURF 的相关实现函数，然后在两幅图像中搜索特征点对并进行匹配。

```
I1=imread('box.png');
I2=imread('box_in_scene.png');
Options.upright=true;
Options.tresh=0.0001;
Ipts1=OpenSurf(I1,Options);
Ipts2=OpenSurf(I2,Options);
D1 = reshape([Ipts1.descriptor],64,[]);
D2 = reshape([Ipts2.descriptor],64,[]);
err=zeros(1,length(Ipts1));
cor1=1:length(Ipts1);
cor2=zeros(1,length(Ipts1));

for i=1:length(Ipts1),
    distance=sum((D2-repmat(D1(:,i),[1 length(Ipts2)])).^2,1);
    [err(i),cor2(i)]=min(distance);
end

[err, ind]=sort(err);
cor1=cor1(ind);
cor2=cor2(ind);
I = zeros([max(size(I1,1),size(I2,1)),size(I1,2)+size(I1,2)]);
I(1:size(I1,1),1:size(I1,2))=I1;
```

```
I(:,size(I1,2)+1:size(I1,2)+size(I2,2))=I2;
figure, imshow(I, []); hold on;

for i=1:30,
    c=rand(1,3);
    plot([Ipts1(cor1(i)).x Ipts2(cor2(i)).x+size(I1,2)],...
        [Ipts1(cor1(i)).y Ipts2(cor2(i)).y],'-','Color',c)
    plot([Ipts1(cor1(i)).x Ipts2(cor2(i)).x+size(I1,2)],...
        [Ipts1(cor1(i)).y Ipts2(cor2(i)).y],'o','Color',c)
end
```

请读者完成编码后执行上述程序，运行结果如图 12-20 所示。可见，在尺度和旋角等都发生变化时，借由特征点对的匹配结果，程序依然可以从复杂的物象中成功搜索出目标。

图 12-20　基于 SURF 算法的特征点匹配

12.3　KAZE 特征检测

传统的 SIFT、SURF 等特征检测算法都是基于线性的高斯金字塔进行多尺度分解来消除噪声和提取显著特征点的。但高斯分解是以牺牲局部精度为代价的，容易造成边界模糊和细节丢失。本书前面关于偏微分方程的部分用了大章的篇幅引导读者从原始的高斯分布一步步走向非线性扩散。如果读者熟读了这部分内容，那么很自然地会想到，非线性的尺度分解有望弥补传统的 SIFT、SURF 等特征检测算法的不足。基于这种想法，在 2012 年的欧洲计算机视觉国际会议上，有学者提出了一种比 SIFT 更稳定的特征检测算法——KAZE。KAZE 这个名字是日语的音译，在日语里是"风"的谐音，或许由于算法的主要提出人曾经有过在日本进行研究的经历，所以这个由欧洲人提出的算法才有了这么一个日文名字。要想深入掌握 KAZE 算法，一方面，读者需要

对本书第 10 章所述之内容务求做到烂熟于心；另一方面，要求读者对本章前面介绍的
SIFT 和 SURF 算法有深刻的领悟，KAZE 算法大量借鉴了这些算法中的思想和方法。

12.3.1　非线性扩散滤波

非线性扩散是 KAZE 算法的理论核心。由于本书前面对这部分内容已经做过非常
详尽的介绍，所以此处将简要带过，有需要深入研究的读者请参考本书第 10 章所述之
内容。非线性扩散滤波方法是将图像像素亮度在不同尺度上的变化视为某种形式的流
函数的散度，可以通过非线性偏微分方程来描述：

$$\frac{\partial L}{\partial t} = \text{div}[c(x, y, t) \cdot \nabla L]$$

通过设置合适的传导函数$c(x, y, t)$，可以使得扩散自适应于图像的局部结构。时间
t 作为尺度参数，其值越大，则图像的表示形式越简单。PM 方程中所采用的传导函数
构造方式如下：

$$c(x, y, t) = g(|\nabla L_\sigma(x, y, t)|)$$

其中的∇L_σ是高斯平滑后的图像L_σ的梯度。

扩散系数的几种常见形式本书前面也都介绍过，其中前两种是由 Perona 和 Malik 提
出的，第三种是由 Weickert 等人提出的（注意较之前给出的形式稍有调整）：

$$g_1 = \exp\left(-\frac{|\nabla L_\sigma|^2}{k^2}\right)$$

$$g_2 = \frac{1}{1 + \frac{|\nabla L_\sigma|^2}{k^2}}$$

$$g_3 = \begin{cases} 1, & |\nabla L_\sigma|^2 = 0 \\ 1 - \exp\left(-\frac{3.315}{(|\nabla L_\sigma|/k)^8}\right), & |\nabla L_\sigma|^2 > 0 \end{cases}$$

其中，函数g_1优先保留高对比度的边缘，g_2优先保留宽度较大的区域，g_3能够有效平
滑区域内部而保留边界信息，KAZE 算法中默认采用函数g_2。参数 k 是控制扩散级别
的对比度因子，能够决定保留多少边缘信息，其值越大，保留的边缘信息越少。在 KAZE
算法中，参数 k 的取值是梯度图像∇L_σ的直方图 70%分位上的值。

由于非线性偏微分方程并没有解析解，一般通过数值分析的方法进行迭代求解。
传统上采用显式差分格式的求解方法只能采用小步长，收敛缓慢。建议采用本书前面
介绍过的 AOS 算法对 PM 方程进行快速求解。

12.3.2　尺度空间的构造

KAZE 特征的检测算法与 SIFT 非常类似，步骤大致是这样的：首先，通过 AOS 算法和可变传导扩散（Variable Conductance Diffusion）方法来构造非线性尺度空间；然后检测感兴趣的特征点，这些特征点在非线性尺度空间上经过尺度归一化后的 Hessian 矩阵行列式是局部极大值（3×3 邻域）；最后计算特征点的主方向，并且基于一阶微分图像提取具有尺度和旋转不变性的描述向量。下面将对这些步骤做详细介绍。

在构造尺度空间时，尺度级别按对数递增，共有 O 个组（octaves），每个组有 S 个子层（sub-level）。与 SIFT 中每个新组逐层进行降采样不同的是，KAZE 的各个层级均采用与原始图像相同的分辨率。不同的组和子层分别通过序号 o 和 s 来标记，并且通过下式与尺度参数 σ 相对应：

$$\sigma_i(o,s) = \sigma_0 2^{o+\frac{s}{S}}, o \in [0, \cdots, O-1], s \in [0, \cdots, S-1], i \in [0, \cdots, N]$$

其中，σ_0 是尺度参数的初始基准值，$N = O \times S$ 是整个尺度空间包含的图像总数。由前面的介绍知道，非线性扩散滤波模型是以时间为单位的，因此还需要将像素为单位的尺度参数 σ_i 转换至时间单位。由于高斯函数与 PM 方程之间先天就存在着某种关联，所以很容易想到在高斯尺度空间下，使用标准差为 σ 的高斯核对图像进行卷积，相当于对图像进行持续时间为 $t = \sigma^2/2$ 的滤波。由此可得到尺度参数 σ_i 转换至时间单位的映射公式如下：

$$t_i = \frac{1}{2}\sigma_i^2$$

这里 t_i 被称为进化时间（evolution time）。值得注意的是，这种映射仅用于获取一组进化时间值，并通过这些时间值来构造非线性尺度空间。通常，在非线性尺度空间里，与 t_i 对应的滤波结果图像与使用标准差为 σ 的高斯核对原始图像进行卷积所得的图像并没有直接联系。不过，只要使传导函数 g 恒等于 1（即 g 是一个常量函数），那么非线性尺度空间就等同于高斯尺度空间。而且随着尺度层级的提升，除了那些对应于目标轮廓的图像边缘像素外，大部分像素对应的传导函数值将趋于一个常量值。对于这一内容的理解请读者参阅第 10 章相应之部分。

对于一幅输入图像，KAZE 算法首先对其进行高斯滤波，再计算图像的梯度直方图，从而获取对比度参数 k；根据一组进化时间，利用 AOS 算法即可得到非线性尺度空间的所有图像：

$$L^{i+1} = \left[I - (t_{i+1} - t_i) \sum_{i=1}^{m} A_i(L^i)\right]^{-1} L^i$$

图像微分（梯度）的计算用到了 Scharr 滤波器，这种滤波器具有比 Sobel 滤波器更好的旋转不变特性。Scharr 滤波器的卷积核为：

-3	0	3
-10	0	10
-3	0	3

-3	-10	-3
0	0	0
3	10	3

12.3.3　特征检测与描述

KAZE 的特征点检测与 SIFT 类似，是通过寻找不同尺度归一化后的 Hessian 矩阵局部极大值点来实现的。Hessian 矩阵的计算如下：

$$L_{\text{Hessian}} = \sigma^2 \left(L_{xx} L_{yy} - L_{xy}^2 \right)$$

其中，σ 是尺度参数 σ_i 的整数值。

在寻找极值点时，每一个像素点和它所有的相邻点比较，当其大于它的图像域和尺度域的所有相邻点时，即为极值点。理论上，其比较的范围是当前尺度、上一尺度和下一尺度上的 3 个大小为 $\sigma_i \times \sigma_i$ 的矩形窗口。不过，为了加快搜索速度，窗口大小固定为 3×3，则搜索空间是一个边长为 3 个像素的立方体：中间的检测点和它同尺度的 8 个相邻点，以及和上、下相邻尺度对应的 9×2 个像素点——共 26 个点比较（这与图 12-4 所示的情况一致），以确保在尺度空间和二维图像空间都检测到极值点。

在具体计算时，首先生成每个像素点在各个层级的检测响应，获得像素点的 Hessian 行列式值，然后再寻找局部极大值。在找到特征点的位置后，还需要对子像素做更进一步的精确定位。这里所采用的方法仍然取自 SIFT 算法，即根据泰勒展开式：

$$L(x) = L + \left(\frac{\partial L}{\partial x} \right)^{\text{T}} x + \frac{1}{2} x^{\text{T}} \frac{\partial^2 L}{\partial x^2} x$$

求解特征点的亚像素坐标，则有：

$$\hat{x} = - \left(\frac{\partial^2 L}{\partial x^2} \right)^{-1} \frac{\partial L}{\partial x}$$

这一步是为了对粗选后得到的特征点集合做进一步的筛选，从而保留最可能满足条件的特征点。

接下来就需要对特征向量进行描述了。第一个需要考虑的是特征点的主方向，这是出于旋转不变性的考量。为了实现图像旋转不变性，需要根据特征点的局部图像结构来确定其主方向。这里作者所用的方法与 SURF 相似——若特征点的尺度参数为σ_i，则搜索半径设为$6\sigma_i$。对搜索圈内所有邻点的一阶微分值通过高斯加权，使得靠近特征点的响应贡献大，而远离特征点的响应贡献小；将这些微分值视作向量空间中的点集，在一个角度为 60° 的扇形滑动窗口内对点集进行向量叠加，如图 12-18 所示。遍历整个圆形区域，获得最大向量的角度就是主方向。

对于尺度参数为 σ_i 的特征点，在梯度图像上以特征点为中心取一个大小为$24\sigma_i \times 24\sigma_i$的矩形窗口，并将窗口划分为 4×4 个子区域，每个子区域大小为$9\sigma_i \times 9\sigma_i$，相邻的子区域有宽度为$2\sigma_i$的交叠带。

这个地方可能会令读者感到困惑，此处稍作解释。正如上一节中已经介绍过的，原始的 SURF 描述子如图 12-21 左图所示。为了提取 SURF 描述子，首先在兴趣点周围沿着主方向构造一个边长为 20σ 的正方形窗口，其后所有的计算都参照该主方向来开展。窗口被分成 4×4 个常规的子区域，然后再分别计算每个子区域的 Haar 小波（尺寸是 2σ）响应值。如此一来，每个子区域便可得到由$\sum d_x$、$\sum d_y$、$\sum |d_x|$、$\sum |d_y|$四个值组成的向量，所以最终 SURF 描述子的长度是 $4 \times 4 \times 4 = 64$。

后来，有学者在文献[7]中又提出了改进性的 SURF 描述子，而 KAZE 描述子的生成方法即参照该方法得来，如图 12-21 右图所示。为了避免描述子滑动采样过程中的突变所导致的边缘效应，令每一个描述子的边缘上都有一个$2\sigma_i$的填充区。因此，原窗口的大小就从$20\sigma_i$变到了$24\sigma_i$，而每个响应子区域的大小就变成了$9\sigma_i \times 9\sigma_i$。

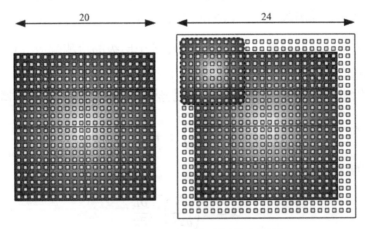

图 12-21　原始的 SURF 描述子及其改进版本

每个子区域都用一个高斯核（$\sigma_1 = 2.5\sigma_i$）进行加权，然后计算出长度为 4 的子区域描述向量：

$$d_v = \left(\sum L_x, \sum L_y, \sum |L_x|, \sum |L_y| \right)$$

再通过另一个大小为 4×4 的高斯窗口(σ_2 =1.5σ_i)对每个子区域的向量d_v进行加权，最后进行归一化处理。这样就得到了 4×4×4=64 维的描述向量。

正如本节最开始笔者所谈到的，掌握 KAZE 算法的关键一方面是要加深对于非线性扩散滤波的理解；二是要深入理解 SIFT 和 SURF 算法的具体过程。KAZE 算法在很多处理细节上都参考了这些经典算法。有鉴于本书前面已经耗费了较大的篇幅来对上述几个方面的内容做了较为深入的探讨，因此在介绍 KAZE 算法时，笔者没有十分详细地重复那些已知的细节，而仅仅是提纲挈领地叙述了 KAZE 算法的核心过程。如果读者确实已掌握了本书前面介绍到的一些相关内容，那么对于 KAZE 算法的理解应该不会有太大的困难。此外，KAZE 算法实现过程中的代码本书前面基本都有涉及，尽管它们散落在不同的章节，但在对算法本身已较为了解的情况下，将它们重新组织在一起就不再是什么复杂的任务了。因此，本书不再提供 KAZE 算法的具体实现代码，有兴趣的读者可以尝试编写，以期检验或加深自己对算法的理解程度。

本章参考文献及推荐阅读材料

[1] Martin A. Fischler, Robert C. Bolles. Random Sample Consensus: A Paradigm for Model Fitting with Applications to Image Analysis and Automated Cartography. Communications of the ACM, Vol. 24, No. 6, Jun. 1981.

[2] David G. Lowe. Object Recognition from Local Scale-Invariant Features. Proceedings of International Conference on Computer Vision, Sep. 1999.

[3] David G. Lowe. Distinctive Image Features from Scale-Invariant Keypoints. International Journal of Computer Vision, Vol. 60, No. 2, Jan. 2004.

[4] Paul Viola, Michael Jones. Robust Real Time Object Detection. Cambridge Research Laboratory Technical Report Series. Compaq CRL, 2001.

[5] Paul Viola, Michael Jones. Rapid Object Detection Using A Boosted Cascade of Simple Features. Proceedings of IEEE Conference on Computer Vision and Pattern Recognition, 2001.

[6] Herbert Bay, Tinne Tuytelaars, Luc Van Gool. SURF: Speeded Up Robust Features. Proceedings of the 9th European Conference on Computer Vision, May. 2006.

[7] Motilal Agrawal, Kurt Konolige, Morten Rufus Blas. Censure: Center Surround Extremas for Realtime Feature Detection and Matching. Proceedings of the 10th European

Conference on Computer Vision, Part IV, Springer, Oct. 2008.

[8] Pablo F. Alcantarilla, Adrien Bartoli, Andrew J. Davison. KAZE Features. Proceedings of 12th European Conference on Computer Vision, Part VI, Springer, Oct. 2012.

[9] 赵小川，何灏，缪远诚. MATLAB 数字图像处理实战. 北京：机械工业出版社，2013.

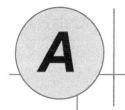

必不可少的数学基础

数学是图像处理技术的重要基础。在与图像处理有关的研究和实践中无疑需要用到大量的数学知识，这不免令许多基础薄弱的初学者望而却步。本文从浩如烟海的数学理论中抽取了部分知识点进行详细讲解，这些内容都是在图像处理学习中最常被提及的部分，或称其为图像处理中的数学基础。为了帮助提升读者的学习效果，笔者在给出有关定理的证明之外，还给出了一些便于理解的例子，并试图从物理意义或几何意义的角度对有关定理进行阐述。

A.1 极限及其应用

极限的概念是微积分理论赖以建立的基础。在研究极限的过程中，我们一方面会证明许多在图像处理中将要用到的公式，另一方面还会得到所谓的自然常数（或称纳皮尔常数）。图像处理技术中的很多地方都会遇到它，例如用来对图像进行模糊降噪的高斯函数，以及泊松噪声中都会有自然常数出现。而且在本文稍后的内容中还会讲到欧拉公式，届时自然常数将会再次出现。

1. 数列的极限

定义　对于数列$\{a_n\}$，若存在常数a，对于任意给定的正数ε均存在正整数N，当$n > N$时，恒有$|a_n - a| < \varepsilon$成立，则称数列$\{a_n\}$存在极限（或收敛），常数a称为数列的极限，记为：

$$\lim_{n \to \infty} a_n = a \text{ 或 } a_n \to a \, (n \to \infty)$$

若上述常数不存在，则称数列不存在极限（或发散）。

借助数列极限的定义，下面我们来讨论一个有趣的问题。根据基本的数学知识 $1 \div 3 = 0.\dot{3}$，且 $1 \div 3 \times 3 = 1$，但是 $0.\dot{3} \times 3 = 0.\dot{9}$，于是便得出一个看起来非常奇怪的结论，即无限循环小数 $0.\dot{9}$ 是等于 1 的。这似乎与常理有些悖逆，接下来的这道例题很好地解释了这个结论。

例：设 $a_n = \underbrace{0.99 \cdots 9}_{n}$ $(n = 1, 2, \cdots)$，试证明极限 $a_n \to 1$ $(n \to \infty)$。

解：由于 $a_n = \underbrace{0.99 \cdots 9}_{n}$ $(n = 1, 2, \cdots) = 1 - 10^{-n}$，所以对于 $\forall \varepsilon > 0$，要找到一个 $N \in \mathbb{N}$，使得 $|a_n - 1| = |(1 - 10^{-n}) - 1| = 10^{-n} < \varepsilon$，可两边同时取对数，得 $n \cdot \ln 10^{-1} < \ln \varepsilon$。显然这样的 N 是存在的，只要将其做如下取值便可：

$$N = \left[\left| \frac{\ln \varepsilon}{\ln 10^{-1}} \right| \right] + 1$$

夹逼定理　设 $x_n \leqslant a_n \leqslant y_n$ $(n = 1, 2, \cdots)$，且数列 $\{x_n\}$ 和 $\{y_n\}$ 收敛到相同极限，那么数列 $\{a_n\}$ 也收敛，且有

$$\lim_{n \to \infty} a_n = \lim_{n \to \infty} x_n = \lim_{n \to \infty} y_n$$

证明：因为数列 $\{x_n\}$ 和 $\{y_n\}$ 收敛到相同极限，所以不妨设

$$\lim_{n \to \infty} x_n = \lim_{n \to \infty} y_n = a$$

首先，由数列极限的定义，$\forall \varepsilon > 0$，$\exists N \in \mathbb{N}$，当 $n > N$ 时，有 $|x_n - a| < \varepsilon$ 和 $|y_n - a| < \varepsilon$，即 $a - \varepsilon < x_n < a + \varepsilon, a - \varepsilon < y_n < a + \varepsilon$。又因为 $x_n \leqslant a_n \leqslant y_n$，所以 $a - \varepsilon < x_n \leqslant a_n \leqslant y_n < a + \varepsilon$。于是得到 $a - \varepsilon < a_n < a + \varepsilon$，即 $|a_n - a| < \varepsilon$ 成立，所以结论得证。

实数的连续性公理：有上界的数列一定有上确界，有下界的数列一定有下确界。

设 S 是 $\mathbb{R}$（实数）中的一个数集，若数 η 满足：对于一切 $x \in S$，有 $x \leqslant \eta$（即 η 是 S 的上界），并且对于任何 $\alpha < \eta$，存在 $x_0 \in S$，使得 $x_0 > \alpha$（即 η 是 S 的上界中最小的一个），则称数 η 为数集 S 的上确界，记作 $\eta = \sup S$。同样，若数 ξ 满足：对于一切 $x \in S$，有 $x \geqslant \xi$（即 ξ 是 S 的下界），并且对于任何 $\beta > \xi$，存在 $x_0 \in S$，使得 $x_0 < \beta$（即 ξ 是 S 的下界中最大的一个），则称数 ξ 为数集 S 的下确界，记作 $\xi = \inf S$。上确界与下确界统称为确界。函数 f 在其定义域 D 上有上界，是指值域 $f(D)$ 为有上界的数集，于是数集 $f(D)$ 有上确界。通常，我们把 $f(D)$ 的上确界记为 $\sup_{x \in D} f(x)$，并称之为 f 在 D 上的上确界。类似地，若 f 在其定义域 D 上有下界，则 f 在 D 上的下确界记为 $\inf_{x \in D} f(x)$。这也就表明集合的上确界就是数集的最小上界，集合的下确界就是数集的最大下界。如果用更严格的数学语言来描述的话，即 $\eta = \sup S \Leftrightarrow \forall x \in S$，一定有 $x \leqslant \eta$，$\forall \varepsilon > 0$，$\exists x' \in S$ 使得 $x' > \eta - \varepsilon$。下

确界的数学表述与此类同，这里不再赘述。

单调有界原理 数列$\{a_n\}$单调增加且有上界，即$a_1 \leq a_2 \leq \cdots \leq a_{n-1} \leq a_n \leq \cdots$，且存在常数$M$使得$a_n \leq M$，则数列$\{a_n\}$存在极限。

推论：数列$\{a_n\}$单调下降且有下界，即$a_1 \geq a_2 \geq \cdots \geq a_{n-1} \geq a_n \geq \cdots$，且存在常数$m$使得$a_n \geq m$，则数列$\{a_n\}$存在极限。

下面就利用连续性公理来证明单调有界原理。

证明：根据连续性公理，又已知数列$\{a_n\}$有上界，不妨记$M_0 = \{a_n\}_0^\infty$，则M_0有上确界，并记$\eta = \sup M_0$。$\forall \varepsilon > 0$，由上确界的定义，一定可以找到$a_N > \eta - \varepsilon$，则当$n > N$时，有$a_n < \eta + \varepsilon$。由于函数单调递增，所以有$\eta - \varepsilon < a_N \leq a_n < \eta + \varepsilon$，即$|a_n - \eta| < \varepsilon$，综上可得：

$$\lim_{n \to \infty} a_n = \eta$$

即数列存在极限。

下面这个例子演示了利用单调有界原理证明数列存在极限的方法。

例：证明数列$\{a_n\}$存在极限，其中数列的通项如下：

$$a_n = \left(1 + \frac{1}{n}\right)^n \quad (n = 1, 2, \cdots)$$

解：首先来考虑数列的单调性，利用二项式定理来对a_n进行展开，有

$$a_n = 1 + C_n^1 \frac{1}{n} + C_n^2 \frac{1}{n^2} + \cdots + C_n^n \frac{1}{n^n}$$

$$= 1 + n \cdot \frac{1}{n} + \frac{n(n-1)}{2!} \cdot \frac{1}{n^2} + \cdots + \frac{n(n-1)\cdots 2 \cdot 1}{n!} \cdot \frac{1}{n^n}$$

$$= 2 + \frac{1}{2!}\left(1 - \frac{1}{n}\right) + \frac{1}{3!}\left(1 - \frac{1}{n}\right)\left(1 - \frac{2}{n}\right) + \cdots + \frac{1}{n!}\left(1 - \frac{1}{n}\right)\left(1 - \frac{2}{n}\right)\cdots\left(1 - \frac{n-1}{n}\right)$$

$$a_{n+1} = 2 + \frac{1}{2!}\left(1 - \frac{1}{n+1}\right) + \cdots + \frac{1}{n!}\left(1 - \frac{1}{n+1}\right)\left(1 - \frac{2}{n+1}\right)\cdots\left(1 - \frac{n-1}{n+1}\right)$$

$$+ \frac{1}{(n+1)!}\left(1 - \frac{1}{n+1}\right)\left(1 - \frac{2}{n+1}\right)\cdots\left(1 - \frac{n}{n+1}\right)$$

显然，$a_{n+1} > a_n \, (n = 1, 2, \cdots)$，即函数是单调递增的。

接下来再证明a_n有上界。考虑对a_n做适当放大，再利用等比数列求和公式，有

$$a_n < 2 + \frac{1}{2!} + \frac{1}{3!} + \cdots \frac{1}{n!} < 2 + \frac{1}{2} + \frac{1}{2^2} + \cdots \frac{1}{2^{n-1}} < 2 + 1 = 3$$

所以数列$\{a_n\}$单调递增且有上界，根据单调有界原理，该数列的极限存在。

这个数列的极限就被定义为自然常数，它是一个无限不循环的小数，也就是无理数。

$$\lim_{n\to\infty}\left(1+\frac{1}{n}\right)^n = e \approx 2.71828\cdots$$

此外，上面的证明过程，其实还告诉我们e可以表示一种级数的形式，即

$$\sum_{n=0}^{\infty}\frac{1}{n!} = 1 + \frac{1}{1!} + \frac{1}{2!} + \frac{1}{3!} + \cdots + \frac{1}{n!} + \cdots = e$$

聚点原理　任何有界数列均存在收敛的子数列，即如果数列$\{a_n\}$满足$|a_n| < M$，其中$M > 0$为常数，则$\{a_n\}$存在收敛的子数列。

柯西收敛原理　数列$\{a_n\}$收敛的充分必要条件是：对于任意正数ε，均存在正整数N，当$m,n > N$时恒有$|a_n - a_m| < \varepsilon$成立。

证明：设$a_n \to a\ (n \to \infty)$。$\forall \varepsilon > 0, \exists N \in \mathbb{N}$，当$n > N$时，有$|a_n - a| < \varepsilon$。因为$\varepsilon$是任取的，于是也可以令$|a_n - a| < \varepsilon/2$，则当$m,n > N$时，根据三角不等式，有$|a_n - a_m| \leq |a_n - a| + |a_m - a|$成立，即$|a_n - a_m| < \varepsilon/2 + \varepsilon/2 = \varepsilon$，所以必要性得证。

反过来，$\forall \varepsilon > 0$，$\exists N \in \mathbb{N}$，当$m,n > N$时有$|a_n - a_m| < \varepsilon$成立，那么就可以推出数列有界。假设固定$m$的值，则$a_m$也是一个确定值，此时有$|a_n| < \varepsilon + |a_m|$，又因$m > N$，这也就表明从$N$以后的所有项都是有界的，而前面只有有限项。所以表明$\{a_n\}$是有界的。再根据聚点原理，$\{a_n\}$一定存在收敛的子数列，不妨设原数列的一个收敛子数列如下：

$$\lim_{k\to\infty} a_{n_k} = a$$

根据数列极限的定义，则存在充分大的k，使得$|a_{n_k} - a| < \varepsilon$，同时$n_k > N$，根据三角不等式有$|a_n - a| \leq |a_n - a_{n_k}| + |a_{n_k} - a| < 2\varepsilon$。所以有：

$$\lim_{n\to\infty} a_n = a$$

即充分性得证，所以定理得证。

柯西收敛原理的另外一种等价形式　数列$\{a_n\}$收敛的充分必要条件是：对于任意正数ε，均存在正整数N，当$n > N$时，$|a_n - a_{n+p}| < \varepsilon$对于一切$p = 1,2,\cdots$都成立。

例：利用柯西收敛原理，证明数列$\{a_n\}$发散，其中数列的通项如下：

$$a_n = 1 + \frac{1}{2} + \frac{1}{3} + \cdots + \frac{1}{n}\ (n = 1,2,\cdots)$$

解：考虑两个特殊项之间的距离

$$|a_{2n} - a_n| = \frac{1}{n+1} + \frac{1}{n+2} + \cdots \frac{1}{2n} > \frac{n}{2n} = \frac{1}{2}$$

显然与柯西收敛原理相悖，所以原数列是发散的。

2. 级数的敛散

定义 对于级数 $\sum_{n=1}^{\infty} a_n$，若其部分和数列 $\{S_n\}$ 收敛，且极限为 S，则称级数 $\sum_{n=1}^{\infty} a_n$ 收敛，S 称为该级数的和，记为 $\sum_{n=1}^{\infty} a_n = S$。若部分和数列 $\{S_n\}$ 发散，则称该级数 $\sum_{n=1}^{\infty} a_n$ 发散。

级数的柯西收敛定理 级数 $\sum_{n=1}^{\infty} a_n$ 收敛的充分必要条件是：对于任意正数 ε，存在正整数 N，当 $n > N$ 时，不等式 $|a_{n+1} + a_{n+2} + \cdots + a_{n+p}| < \varepsilon$ 对于所有 $p = 1, 2, \cdots$ 都成立。

推论：若级数 $\sum_{n=1}^{\infty} a_n$ 收敛，则

$$\lim_{n \to \infty} a_n = 0$$

例：证明下列级数收敛：

$$\sum_{n=1}^{\infty} \frac{1}{n^2} = \frac{1}{1^2} + \frac{1}{2^2} + \cdots + \frac{1}{n^2} + \cdots$$

解：因为 $k^2 > k(k+1)/2$ 对于所有的 $k > 1$ 都成立，所以有：

$$\begin{aligned}
|a_{n+1} + a_{n+2} + \cdots + a_{n+p}| &= \frac{1}{(n+1)^2} + \frac{1}{(n+2)^2} + \cdots + \frac{1}{(n+p)^2} \\
&< 2\left[\frac{1}{(n+1)(n+2)} + \frac{1}{(n+2)(n+3)} + \cdots \right. \\
&\quad \left. + \frac{1}{(n+p)(n+p+1)}\right] \\
&= 2\left[\left(\frac{1}{n+1} - \frac{1}{n+2}\right) + \left(\frac{1}{n+2} - \frac{1}{n+3}\right) + \cdots \right. \\
&\quad \left. + \left(\frac{1}{n+p} - \frac{1}{n+p+1}\right)\right] \\
&= 2\left(\frac{1}{n+1} - \frac{1}{n+p+1}\right) < \frac{2}{n} < \varepsilon
\end{aligned}$$

即 $n > 2/\varepsilon$，所以取 $N = [2/\varepsilon] + 1$，当 $n > N$ 时，有 $|a_{n+1} + a_{n+2} + \cdots + a_{n+p}| < \varepsilon$ 成立，于是根据柯西收敛原理，原级数收敛。

关于上面这个级数敛散性的讨论，在数学史上曾经是一个非常有名的问题。大数学家莱布尼茨曾经在惠更斯的指导下对级数的敛散性进行过研究。后来莱布尼茨的学生伯努利兄弟（雅各·伯努利和约翰·伯努利）从他们老师的某些研究成果出发，最终证明了调和级数的发散性，以及几何级数的收敛性。但是几何级数最终收敛到多少这个问题却一直困扰着他们。最终，雅各布也不得不带着几分绝望的恳求宣告了他的失败："如果有人能够发现并告知我们迄今为止尚未解出的难题的答案，我们将不胜感谢。"所幸的是，几何级数到底等于多少这个难题最终被约翰·伯努利的学生欧拉所破解。欧拉使用了一种极其巧妙的方法得出：

$$\sum_{n=1}^{\infty} \frac{1}{n^2} = \frac{1}{1^2} + \frac{1}{2^2} + \cdots + \frac{1}{n^2} + \cdots = \frac{\pi^2}{6}$$

定理　设 $\sum_{n=1}^{\infty} a_n$ 是正项级数，则该级数收敛的充要条件是其部分和数列 $\{a_n\}$ 有界，即存在不依赖于 n 的正的常数 M，使得 $S_n = a_1 + a_2 + \cdots a_n \leqslant M\ (n = 1,2,\cdots)$。

例：设 $p > 1$ 为常数，试证明下列 p 级数收敛（特别地，当 $p = 1$ 时，该级数又称为调和级数）：

$$\sum_{n=1}^{\infty} \frac{1}{n^p} = \frac{1}{1^p} + \frac{1}{2^p} + \cdots + \frac{1}{n^p} + \cdots$$

解：当 $p > 1$ 时，原级数的前 n 项部分和

$$S_n = \frac{1}{1^p} + \frac{1}{2^p} + \cdots + \frac{1}{n^p}$$

借助积分的概念，比较图 A-1 中各个小矩形面积之和与曲线所表示之积分面积的大小，易得：

$$\frac{1}{2^p} + \frac{1}{3^p} + \cdots + \frac{1}{n^p} < \int_1^n \frac{1}{x^p} \mathrm{d}x = \left.\frac{x^{1-p}}{1-p}\right|_1^n < \frac{1}{p-1}$$

所以

$$S_n < 1 + \frac{1}{p-1} = \frac{p}{p-1}$$

即级数的部分和数列有界，所以原级数收敛。

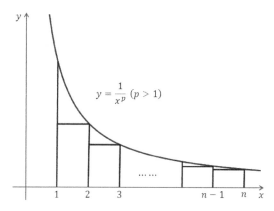

图 A-1　构造幂函数来辅助证明

3. 函数的极限

这里介绍两个重要的函数极限，并讨论它们的应用。

重要极限 1:

$$\lim_{x \to \infty} \left(1 + \frac{1}{x}\right)^x = e$$

考虑设法利用已知的数列极限证明上述结论。

当 $x > 1$ 时，$[x] \leq x < [x] + 1$，于是可得：

$$\left(1 + \frac{1}{[x]+1}\right)^{[x]} < \left(1 + \frac{1}{x}\right)^x < \left(1 + \frac{1}{[x]}\right)^{[x]+1}$$

又根据已知的数列极限可知：

$$\lim_{x \to +\infty} \left(1 + \frac{1}{[x]+1}\right)^{[x]} = \lim_{x \to +\infty} \left(1 + \frac{1}{[x]+1}\right)^{[x]+1} \cdot \left(1 + \frac{1}{[x]+1}\right)^{-1} = e$$

$$\lim_{x \to +\infty} \left(1 + \frac{1}{[x]}\right)^{[x]+1} = \lim_{x \to +\infty} \left(1 + \frac{1}{[x]}\right)^{[x]} \cdot \left(1 + \frac{1}{[x]}\right)^{+1} = e$$

因此由夹逼定理可得：

$$\lim_{x \to +\infty} \left(1 + \frac{1}{x}\right)^x = e$$

再考虑 $n \to -\infty$ 时的情况，可以令 $y = -x$，于是有：

$$\lim_{x \to -\infty} \left(1 + \frac{1}{x}\right)^x = \lim_{y \to +\infty} \left(1 - \frac{1}{y}\right)^{-y} = \lim_{y \to +\infty} \left(1 + \frac{1}{y-1}\right)^y$$

$$= \lim_{y \to +\infty} \left(1 + \frac{1}{y-1}\right)^{y-1} \cdot \left(1 + \frac{1}{y-1}\right) = e$$

所以结论得证。

此外，该重要极限的另一种形式也常常被用到，即

$$\lim_{x \to 0}(1+x)^{\frac{1}{x}} = e$$

由此，也很容易推出如下结论，证明从略，有兴趣的读者可以自行尝试推导：

$$\lim_{x \to 0}\frac{\ln(x+1)}{x} = 1, \quad \lim_{x \to 0}\frac{e^x - 1}{x} = 1$$

重要极限 2：

$$\lim_{x \to 0}\frac{\sin x}{x} = 1$$

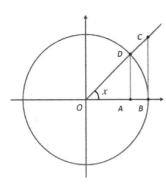

假设有如图 A-2 所示的一个单位圆，根据三角形和扇形面积的大小关系，很容易得出结论：$|\overline{AD}| < |\overset{\frown}{BD}| < |\overline{BC}|$，如果采用具体数值来表示，则显然有 $\sin x < x < \tan x$。对于 $0 < x < \pi/2$，易得：

$$1 < \frac{x}{\sin x} < \frac{1}{\cos x} \Rightarrow \cos x < \frac{\sin x}{x} < 1$$

于是，由夹逼定理可得：

$$\lim_{x \to 0^+}\frac{\sin x}{x} = 1$$

图 A-2　三角函数取值大小关系

接下来再讨论 $x \to 0^-$ 的情况，可以令 $x = -y$，于是便可推出如下结论：

$$\lim_{x \to 0^-}\frac{\sin x}{x} = \lim_{y \to 0^+}\frac{\sin(-y)}{-y} = \lim_{y \to 0^+}\frac{\sin y}{y} = 1$$

综上，结论得证。

由此，也很容易推出如下结论，证明从略，有兴趣的读者可以自行尝试推导：

$$\lim_{x \to 0}\frac{\sin ax}{ax} = 1 \quad \left(\text{其中} a \text{是一个非零的常数}\right)$$

同理还有：

$$\lim_{x \to \infty}\left(1 + \frac{1}{x+a}\right)^{x+a} = e$$

4．极限的应用

利用已经得到的成果，下面我们一起来讨论概率论中的两个基本问题。在此之前，这里补充介绍一下关于多重积分的一些内容，因为接下来要讨论的第一个问题涉及到

了多重积分。

设 $f(x,y)$ 是有界闭区域 D 上的有界函数。将闭区域 D 任意分成 n 个小闭区域 $\Delta\sigma_1, \Delta\sigma_2, \cdots, \Delta\sigma_n$，这里 $\Delta\sigma_i$ 表示第 i 个小闭区域，也表示它的面积。在每个 $\Delta\sigma_i$ 上任取一点 (ξ_i, η_i)，做乘积 $f(\xi_i, \eta_i)\Delta\sigma_i$，其中 $i = 1,2,\cdots,n$，并做和

$$\sum_{i=1}^{n} f(\xi_i, \eta_i)\Delta\sigma_i$$

当各小闭区域的直径中最大值 λ 趋近于零时，该和的极限总存在，则称此极限为函数 $f(x,y)$ 在闭区域 D 上的二重积分，记为如下形式。其中 $f(x,y)$ 叫作被积函数，$f(x,y)d\sigma$ 叫作被积表达式，$d\sigma$ 叫作面积元素，x 与 y 叫作积分变量，D 叫作积分区域。

$$\iint_D f(x,y)d\sigma = \lim_{\lambda \to 0} \sum_{i=1}^{n} f(\xi_i, \eta_i)\Delta\sigma_i$$

二重积分定义中对闭区域 D 的划分是任意的，如果在直角坐标系中用平行于坐标轴的直线网格来划分 D，那么除了包含边界点的一些小闭区域外（求和的极限时，这些小闭区域所对应的项和极限为零，因此这些小闭区域可以忽略不计），其余的小闭区域都是矩形闭区域。设矩形闭区域 $\Delta\sigma_i$ 的边长为 Δx_j 和 Δy_k，则 $\Delta\sigma_i = \Delta x_j \cdot \Delta y_k$。因此在直角坐标系中，有时也把面积元素 $d\sigma$ 记作 $dxdy$，而把二重积分记作如下形式，其中 $dxdy$ 叫作直角坐标系中的面积元素。

$$\iint_D f(x,y)dxdy$$

二重积分的几何解释为：曲顶柱体的体积就是函数 $f(x,y)$ 在底 D 上的二重积分，其中 $f(x,y)$ 表示一个被划分出来的小柱体的高，而 $d\sigma$ 即表示该小柱体的底面积。

在二重积分的基础上，很容易推广得到三重积分。设 $f(x,y,z)$ 是空间有界闭区域 Ω 上的有界函数。将 Ω 任意分成 n 个小闭区域 $\Delta v_1, \Delta v_2, \cdots, \Delta v_n$，其中 Δv_i 表示第 i 个小闭区域，也表示它的体积。在每个 Δv_i 上任取一点 (ξ_i, η_i, ζ_i)，做乘积 $f(\xi_i, \eta_i, \zeta_i)\Delta v_i$，$i = 1,2,\cdots,n$，再做和

$$\sum_{i=1}^{n} f(\xi_i, \eta_i, \zeta_i)\Delta v_i$$

当各小闭区域的直径中最大值 λ 趋近于零时，该和的极限总存在，则称此极限为函数 $f(x,y,z)$ 在闭区域 Ω 上的三重积分，记作：

$$\iiint_{\Omega} f(x,y,z)\mathrm{d}v = \lim_{\lambda\to 0}\sum_{i=1}^{n} f(\xi_i,\eta_i,\zeta_i)\Delta v_i$$

我们把$\mathrm{d}v$叫作体积元素。与二重积分类似，对于直角坐标系，三重积分可以记作：

$$\iiint_{\Omega} f(x,y,z)\mathrm{d}x\mathrm{d}y\mathrm{d}z$$

其中$\mathrm{d}x\mathrm{d}y\mathrm{d}z$叫作直角坐标系中的体积元素。

借助上述关于重积分的介绍，下面来研究关于概率积分的一些内容。

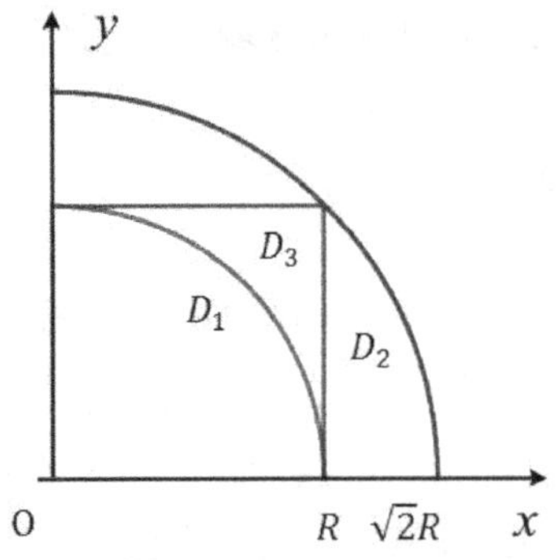

图 A-3　积分区域

例：计算如下二重积分，积分区域如图 A-3 所示，其中D_1是以R为半径的圆周在第一象限内的部分，D_2是以$\sqrt{2}R$为半径的圆周在第一象限内的部分，D_3是以R为边长的正方形。

$$I_1 = \iint_{D_1} \mathrm{e}^{-x^2-y^2}\mathrm{d}\sigma$$

$$I_2 = \iint_{D_2} \mathrm{e}^{-x^2-y^2}\mathrm{d}\sigma$$

$$I_3 = \iint_{D_3} \mathrm{e}^{-x^2-y^2}\mathrm{d}\sigma$$

试比较I_1、I_2与I_3的大小，并证明概率积分的值如下：

$$\int_0^{+\infty} \mathrm{e}^{-x^2}\mathrm{d}x = \frac{\sqrt{\pi}}{2}$$

解：如果用极坐标形式来描述D_1: $0\leqslant\theta\leqslant\pi/2, 0\leqslant\rho\leqslant R$。因此，可以将积分$I_1$转化为极坐标下的累次积分：

$$I_1 = \int_0^{\frac{\pi}{2}} d\theta \int_0^R \mathrm{e}^{-\rho^2}\rho\mathrm{d}\rho = \frac{\pi}{2}\left(-\frac{1}{2}\mathrm{e}^{-\rho^2}\right)\Big|_0^R = \frac{\pi}{4}\left(1-\mathrm{e}^{-R^2}\right)$$

同理可得：

$$I_2 = \frac{\pi}{4}\left(1-\mathrm{e}^{-(\sqrt{2}R)^2}\right) = \frac{\pi}{4}\left(1-\mathrm{e}^{-2R^2}\right)$$

此外，$D_3 = \left\{(x,y)|0\leqslant x\leqslant R, 0\leqslant y\leqslant R\right\}$，所以有：

$$I_3 = \int_0^R \mathrm{d}x\int_0^R \mathrm{e}^{-x^2-y^2}\,\mathrm{d}y = \int_0^R \mathrm{e}^{-x^2}\mathrm{d}x\int_0^R \mathrm{e}^{-y^2}\,\mathrm{d}y = \left(\int_0^R \mathrm{e}^{-x^2}\mathrm{d}x\right)^2$$

从图中分析可知，$I_1 < I_3 < I_2$，于是有：

$$\frac{\pi}{4}\left(1 - e^{-R^2}\right) \leqslant \left(\int_0^R e^{-x^2} dx\right)^2 \leqslant \frac{\pi}{4}\left(1 - e^{-2R^2}\right)$$

当 $R \to +\infty$ 时，显然有：

$$\frac{\pi}{4} \leqslant \left(\int_0^R e^{-x^2} dx\right)^2 \leqslant \frac{\pi}{4}$$

于是，由夹逼定理可知：

$$\int_0^{+\infty} e^{-x^2} dx = \frac{\sqrt{\pi}}{2}$$

定理得证。

此外，由于被积函数是偶函数，所以函数图形是关于 y 轴对称的，于是还可得到

$$\int_{-\infty}^{+\infty} e^{-x^2} dx = \sqrt{\pi}$$

基于上面的结果，接下来讨论概率中一种非常重要的连续概率分布，也就是所谓的高斯分布。高斯分布最早是由数学家亚伯拉罕·棣莫弗在求二项分布的渐近公式中得到的。大数学家高斯在研究测量误差时从另一个角度导出了它。后来，拉普拉斯和高斯都对其性质进行过研究。一维高斯分布的概率密度函数（PDF）定义为：

$$p(x) = \frac{1}{\sqrt{2\pi}\sigma} e^{-\frac{(x-\mu)^2}{2\sigma^2}} \quad (-\infty < x < +\infty)$$

式中，第 1 个参数 μ 是遵从高斯分布的随机变量的均值（也就是数学期望），第 2 个参数 σ 是此随机变量的标准差，所以高斯分布可以记作 Gaussian(μ, σ)。高斯分布又称正态分布，但需要注意的是，此时的记法应写作 $N(\mu, \sigma^2)$，这里 σ^2 也就是随机变量的方差。

可以将正态分布函数简单理解为"计算一定误差出现概率的函数"。例如，某工厂生产长度为 L 的钉子，然而由于制造工艺的原因，实际生产出来的钉子长度会存在一定的误差 d，即钉子的长度在区间 $(L - d, L + d)$ 中。那么如果想知道生产出的钉子中某特定长度钉子的概率是多少，就可以利用正态分布函数来计算。

设上例中生产出的钉子长度为 L_1，则生产出长度为 L_1 的钉子的概率为 $p(L_1)$，套用上述公式，其中 μ 取 L，σ 的取值与实际生产情况有关，则有：

$$p(L_1) = \frac{1}{\sqrt{2\pi}\sigma} e^{-\frac{(L_1-L)^2}{2\sigma^2}}$$

设误差$x = L_1 - L$，则：

$$p(x) = \frac{1}{\sqrt{2\pi}\sigma} e^{-\frac{x^2}{2\sigma^2}}$$

当参数σ取不同值时，上式中$p(x)$的值曲线如图 A-4 所示。可见，正态分布描述了一种概率随误差量增加而逐渐递减的统计模型，正态分布是概率论中最重要的一种分布，经常用来描述测量误差、随机噪声、产品尺寸等随机现象。遵从正态分布的随机变量的概率分布规律为：取μ邻近的值的概率大，而取离μ越远的值的概率越小；参数σ越小，分布越集中在μ附近，σ越大，分布越分散。通过前面的介绍，可知在高斯分布中，参数σ越小，曲线越高越尖，σ越大，曲线越低越平缓。

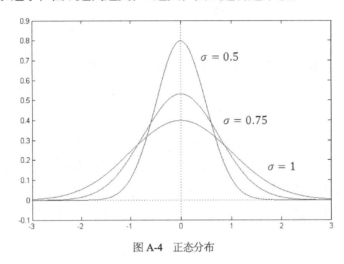

图 A-4　正态分布

从函数的图形中也很容易发现，正态分布的概率密度函数是关于μ对称的，且在μ处达到最大值，在正（负）无穷远处取值为 0。它的形状是中间高两边低，图形是一条位于x轴上方的钟形曲线。当$\mu = 0$，$\sigma^2 = 1$时，称为标准正态分布，记作$N(0,1)$。

概率积分是标准正态概率密度函数的广义积分，根据基本的概率知识，我们晓得：

$$\int_{-\infty}^{+\infty} \frac{1}{\sqrt{2\pi}} e^{-\frac{x^2}{2}} \mathrm{d}x = 1$$

那么如何来证明这件事呢？依据前面已经得到的概率积分，证明上述结论就非常容易了。可以令$y = x/\sqrt{2}$，即$x = \sqrt{2}y$，然后做变量替换，得：

$$\int_{-\infty}^{+\infty} \frac{1}{\sqrt{2\pi}} e^{-\frac{x^2}{2}} \mathrm{d}x = \int_{-\infty}^{+\infty} \frac{1}{\sqrt{2\pi}} e^{-y^2} \sqrt{2}\mathrm{d}y = \frac{\sqrt{2\pi}}{\sqrt{2\pi}} = 1$$

最后，我们来考虑另外一种重要的概率分布——泊松（Poisson）分布，这同样需要用到之前关于极限问题的一些结果。泊松分布通常适合于描述单位时间内随机事件发生次数的概率分布。如某一服务设施在一定时间内收到的服务请求的次数、电话交换机接到呼叫的次数、汽车站台的候客人数、机器出现的故障数、自然灾害发生的次数、DNA 序列的变异数、放射性原子核的衰变数等。

泊松分布是一种离散的概率分布模型，它可以看成是二项分布（Binomial Distribution）的特殊情况。考察由 n 次独立试验组成的随机现象，它满足以下条件：重复进行 n 次随机试验，且这 n 次试验相互独立；每次试验中只有两种可能的结果，而且这两种结果发生与否互相对立，即每次试验成功的概率为 p，失败的概率为 $1-p$。事件发生与否的概率在每一次独立试验中都保持不变，则这一系列试验总称为 n 重伯努利实验，当试验次数为 1 时，二项分布就是伯努利（Bernoulli）分布。二项分布即重复 n 次独立的伯努利试验。在上述条件下，设 X 表示 n 次独立重复试验中成功出现的次数，显然 X 是可以取 $0, 1, \cdots, n$ 等 $n+1$ 个值的离散随机变量，则当 $X = k$ 时，它的概率质量函数（PMF）表示为：

$$P(X = k) = \binom{n}{k} p^k (1-p)^{n-k}$$

在二项分布的伯努利试验中，如果试验次数 n 很大，二项分布的概率 p 很小，且乘积 $\lambda = np$ 比较适中，则事件出现的次数的概率可以用泊松分布来逼近。事实上，二项分布可以看作泊松分布在离散时间上的对应物。泊松分布的概率质量函数如下，其中参数 λ 是单位时间（或单位面积）内随机事件的平均发生率：

$$P(X = k) = \frac{e^{-\lambda} \lambda^k}{k!}$$

接下来就利用二项分布的概率质量函数，以及前面讨论过的一些关于数列极限的知识来证明上述公式。

$$\lim_{n \to \infty} P(X = k) = \lim_{n \to \infty} \binom{n}{k} p^k (1-p)^{n-k}$$

$$= \lim_{n \to \infty} \frac{n!}{(n-k)!\, k!} \left(\frac{\lambda}{n}\right)^k \left(1 - \frac{\lambda}{n}\right)^{n-k}$$

$$= \lim_{n \to \infty} \left[\frac{n!}{n^k (n-k)!}\right] \left(\frac{\lambda^k}{k!}\right) \left(1 - \frac{\lambda}{n}\right)^n \left(1 - \frac{\lambda}{n}\right)^{-k}$$

$$= \lim_{n \to \infty} \underbrace{\left[\left(1 - \frac{1}{n}\right)\left(1 - \frac{2}{n}\right)\cdots\left(1 - \frac{k-1}{n}\right)\right]}_{\to 1} \left(\frac{\lambda^k}{k!}\right) \underbrace{\left(1 - \frac{\lambda}{n}\right)^n}_{\to e^{-\lambda}} \underbrace{\left(1 - \frac{\lambda}{n}\right)^{-k}}_{\to 1}$$

$$= \left(\frac{\lambda^k}{k!}\right) e^{-\lambda}$$

结论得证。

最后，为了帮助读者更好地理解证明过程，这里对其中一项极限的计算做如下补充解释，因为已知 $\lambda = np$，并且 $n \to \infty$，相应的有 $p \to 0$，于是

$$\lim_{n\to\infty}\left(1-\frac{\lambda}{n}\right)^n = \lim_{p\to 0}(1-p)^{\frac{\lambda}{p}} = \lim_{p\to 0}\left[(1-p)^{-\frac{1}{p}}\right]^{-\lambda} = \mathrm{e}^{-\lambda}$$

或者也可以从另外一个角度来证明这个问题，如下：

$$\lim_{n\to\infty}\left(1-\frac{\lambda}{n}\right)^n = \lim_{n\to\infty}\left[1+\left(\frac{1}{-n/\lambda}\right)\right]^{(-n/\lambda)\cdot(-\lambda)}$$

令 $m = n/\lambda$，显然当 $n \to \infty$ 时，有 $m \to \infty$，于是来考虑如下极限：

$$\lim_{n\to\infty}\left[1+\left(\frac{1}{-\frac{n}{\lambda}}\right)\right]^{\left(-\frac{n}{\lambda}\right)} = \lim_{m\to\infty}\left[1-\frac{1}{m}\right]^{-m}$$

$$= \lim_{m\to\infty}\left[\frac{m}{m-1}\right]^m = \lim_{m\to\infty}\left[1+\frac{1}{m-1}\right]^m$$

$$= \lim_{m\to\infty}\left[1+\frac{1}{m-1}\right]^{m-1}\cdot\left[1+\frac{1}{m-1}\right] = \mathrm{e}$$

所以

$$\lim_{n\to\infty}\left(1-\frac{\lambda}{n}\right)^n = \mathrm{e}^{-\lambda}$$

A.2 微分中值定理

通常所说的微分中值定理一般包括三个，它们分别是罗尔（Rolle）中值定理、拉格朗日（Lagrange）中值定理和柯西（Cauchy）中值定理。在这三个中值定理的基础之上，我们可以证明泰勒（Taylor）公式。泰勒公式一方面可以用来证明重要的欧拉公式；另一方面在图像处理中泰勒公式也常常被用到。

1. 罗尔中值定理

定理 若函数 $f(x)$ 满足如下条件：$f(x)$ 在闭区间 $[a,b]$ 上连续；$f(x)$ 在开区间 (a,b) 内可导；并且在区间端点处的函数值相等，即 $f(a) = f(b)$，则在 (a,b) 内至少存在一点 ξ，使得 $f'(\xi) = 0$。

证明：

因为 $f(x)$ 在 $[a,b]$ 上连续，所以有最大值和最小值，分别用 M 与 m 表示，分两种情况来讨论：

（1）若$m = M$，则$f(x)$在$[a,b]$上必为常数，从而结论显然成立。

（2）若$m < M$，因$f(a) = f(b)$，使得最大值M与最小值m不可能同时在端点处取得，即至少有一个在(a,b)内某点ξ处取得，从而ξ是$f(x)$的极值点。因为$f(x)$在(a,b)内处处可导，故由费马定理推知$f'(\xi) = 0$。

从而定理得证。

罗尔中值定理的几何解释：在每一点都可导的一段连续曲线上，如果曲线的两端点高度相等，则曲线上至少存在一点，由该点处引出的切线与x轴平行，如图 A-5 所示。

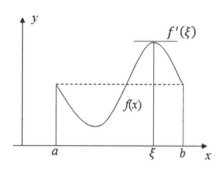

图 A-5　罗尔中值定理的几何解释

2．拉格朗日中值定理

定理　若函数$f(x)$满足如下条件：$f(x)$在闭区间$[a,b]$上连续；$f(x)$在开区间(a,b)内可导，则在(a,b)内至少存在一点ξ，使得

$$f'(\xi) = \frac{f(b) - f(a)}{b - a}$$

证明：

构造辅助函数：

$$F(x) = f(x) - \frac{f(b) - f(a)}{b - a}x$$

显然$F(x)$在闭区间$[a,b]$上连续，在开区间(a,b)上可导。

将$x = a$，$x = b$分别代入上述函数，可得：

$$F(a) = f(a) - \frac{f(b) - f(a)}{b - a}a$$

$$F(b) = f(b) - \frac{f(b) - f(a)}{b - a}b$$

化简后，易见$F(a) = F(b)$。于是$F(x)$满足罗尔中值定理的条件，则至少存在一点

$\xi \in (a,b)$，使得

$$F'(\xi) = f'(\xi) - \frac{f(b) - f(a)}{b - a} = 0$$

因此有：

$$f'(\xi) - \frac{f(b) - f(a)}{b - a} = 0$$

可见，至少存在一点ξ，使得

$$f'(\xi) = \frac{f(b) - f(a)}{b - a}$$

从而定理得证。

设函数$f(x)$在区间$[a,b]$上符合拉格朗日中值定理的条件，x为区间$[a,b]$内一点，$x + \Delta x$为该区间内另外一点（$\Delta x > x$或$\Delta x < x$），则根据拉格朗日中值定理，在区间$[x, x + \Delta x]$（当$\Delta x > x$时）或区间$[x + \Delta x, x]$（当$\Delta x < x$）上就有：

$$f(x + \Delta x) - f(x) = f'(x + \theta \Delta x) \cdot \Delta x \quad (0 < \theta < 1)$$

由于$0 < \theta < 1$，所以$x + \theta \Delta x$就是在x和$x + \Delta x$之间的一个数。如果把$f(x)$记作y，则上式又可以写作：

$$\Delta y = f'(x + \theta \Delta x) \cdot \Delta x \quad (0 < \theta < 1)$$

这个定理就叫作有限增量定理，上式则被称为有限增量公式。

拉格朗日中值定理的几何解释：在每一点都可导的一段连续曲线上，至少存在一点，由该点处引出的切线平行于曲线两端点的连线。如图A-6 所示。拉格朗日中值定理显然是罗尔中值定理的推广，而罗尔中值定理则是拉格朗日中值定理的一个特例。

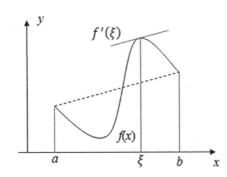

图 A-6　拉格朗日中值定理的几何解释

3. 柯西中值定理

定理　设函数$f(x)$与$g(x)$满足如下条件：在闭区间$[a,b]$上连续；在开区间(a,b)可导；对于任意$x \in (a,b)$，$g'(x) \neq 0$，则在(a,b)内至少存在一点ξ，使得

$$\frac{f'(\xi)}{g'(\xi)} = \frac{f(b) - f(a)}{g(b) - g(a)}$$

证明：

首先注意到$g(b) - g(a) \neq 0$，**这是因为**$g(b) - g(a) = g'(\eta)(b-a)$，**这一点从拉格朗日中值定理可知**，**另外**$a < \eta < b$，**即**$b - a \neq 0$，**根据假定**$g'(\eta) \neq 0$，**所以得出**$g(b) - g(a) \neq 0$。

如图 A-7 所示，设曲线由如下参数方程表示：

$$\begin{cases} X = g(x) \\ Y = f(x) \end{cases}, \quad (a \leqslant x \leqslant b)$$

做有向线段NM，并用函数$\varphi(x)$来表示有向线段NM的值。点M的纵坐标为$Y = f(x)$，点N的纵坐标为

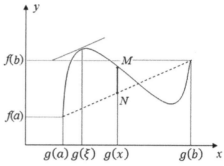

图 A-7　柯西中值定理的几何解释

$$Y = f(a) + \frac{f(b) - f(a)}{g(b) - g(a)}[g(x) - g(a)]$$

于是

$$\varphi(x) = f(x) - f(a) - \frac{f(b) - f(a)}{g(b) - g(a)}[g(x) - g(a)]$$

容易验证，这个辅助函数$\varphi(x)$符合罗尔中值定理的条件：$\varphi(a) = \varphi(b) = 0$；$\varphi(x)$在区间$[a,b]$上连续，且在开区间$(a,b)$可导。

$$\varphi'(x) = f'(x) - \frac{f(b) - f(a)}{g(b) - g(a)}g'(x)$$

根据罗尔中值定理，可知在(a,b)内必定有一点ξ使得$\varphi'(\xi) = 0$，即

$$f'(\xi) - \frac{f(b) - f(a)}{g(b) - g(a)} \cdot g'(\xi) = 0$$

由此得：

$$\frac{f'(\xi)}{g'(\xi)} = \frac{f(b) - f(a)}{g(b) - g(a)}$$

从而定理得证。

在柯西中值定理中，若取$g(x) = x$，则其结论形式和拉格朗日中值定理的结论形式相同。因此，拉格朗日中值定理其实就是柯西中值定理的一个特例；反之，柯西中值定理可看作是拉格朗日中值定理的推广。

柯西中值定理的几何解释：满足定理条件的由$f(x)$与$g(x)$所确定的曲线上至少有

一点，由该点处引出的切线平行于两端点的连线。

4．泰勒公式

高等数学的研究对象是函数，有时对于一个复杂的函数求其在某一点时的函数值并不容易。例如，对于 $f(x) = e^x$ 这个函数，我们想知道当 $x = 0.1$ 时，其函数值是多少，这显然是不容易求得的。这时我们比较容易想到去寻找一个简单的表达式来近似等于 e^x 这样的函数值，这样就可以近似求得其在某一点的函数值了。例如，当 x 比较小的时候可以用 $1 + x$ 来近似表示 e^x 这个表达式，这样函数值也就很容易近似求得了（对于为什么在 x 比较小的时候可以用 $1 + x$ 来近似表示 e^x 这个问题，本节之后读者就可以很容易得出答案了）。

设 x 为函数 $f(x)$ 在定义域上的一点，x_0 为定义域上的另一点，$x_0 = x + \Delta x$（$\Delta x > x$ 或 $\Delta x < x$）。函数 $f(x)$ 在点 x_0 处可导时，$f(x)$ 在点 x_0 处也可微，其微分为 $dy = f'(x_0)\Delta x$，而 dy 是增量 Δy 的近似表达式，以 dy 近似替代 Δy 时所产生的误差只有在 $\Delta x \to 0$ 时才趋近于零。

$$\Delta y = f(x) - f(x_0) = f'(x_0)(x - x_0) + o(x - x_0)$$

$$\Delta y = f(x) - f(x_0) \approx dy = f'(x_0)(x - x_0)$$

即有 $f(x) \approx f(x_0) + f'(x_0)(x - x_0)$，如此函数 $f(x)$ 就被近似地表示成了关于 x 的一个一次多项式，我们将这个关于 x 的一次多项式记作 $P_1(x)$。显然用 $P_1(x)$ 近似表示 $f(x)$ 存在两点不足：首先，这种表示的精度仍然不够高（它仅仅是比 Δx 高阶的一个无穷小）；其次，这种方法难以具体估计误差的范围。

若干个单项式的和组成的式子叫作多项式。多项式中的每个单项式叫作多项式的项，这些单项式中的最高次数，就是这个多项式的次数。多项式有着许多优良的性质，它是简单的、平滑的连续函数，且处处可导。我们很容易想到通过提高多项式次数的方法来提高函数近似表达式的精度。因此，现在问题就演化成了要用一个多项式 $P_n(x) = a_0 + a_1(x - x_0) + a_2(x - x_0)^2 + \cdots + a_n(x - x_0)^n$ 在 x_0 附近来近似表示函数 $f(x)$，而且要求提高精度，并且能够给出误差的表达式。

从前面的分析中我们可知，$\Delta x \to 0$，即 $x_0 \to x$ 时，$P_1(x)$ 就会趋近于 $f(x)$，而当 $x = x_0$ 时，二者就会相等，即有 $P_1(x_0) = f(x_0)$。换言之，我们希望用 $P_1(x)$ 来表示 $f(x)$，而在 $x = x_0$ 这一点处，它们是相等的。而且易见，在 $x = x_0$ 处，它们的导数也是相等的，即 $f'(x_0) = P_1'(x_0)$。因此，我们想到可以从"在 x_0 处 $f(x)$ 和 $P_n(x)$ 的各阶导数对应相等"这一点出发来求解多项式的各个系数。

因此，首先设函数 $f(x)$ 在含有 x_0 的开区间 (a,b) 内具有 1 至 $n+1$ 阶导数，且 $f^{(k)}(x_0) = P_n^{(k)}(x_0)$，其中 $k = 0,1,2,\cdots,n$。其中：

当 $k=0$ 时，$f(x_0) = P_n(x_0) = a_0$；

当 $k=1$ 时，$f'(x_0) = P_n'(x_0) = 1 \cdot a_1$；

当 $k=2$ 时，$f^{(2)}(x_0) = P_n^{(2)}(x_0) = 2! \cdot a_2$；

当 $k=3$ 时，$f^{(3)}(x_0) = P_n^{(3)}(x_0) = 3! \cdot a_3$；

依此类推，可得 $f^{(n)}(x_0) = P_n^{(n)}(x_0) = n! \cdot a_n$。进而可得：$a_0 = f(x_0)$，$a_1 = f'(x_0)$，$a_2 = (1/2!) \cdot f^{(2)}(x_0)$，$a_3 = (1/3!) \cdot f^{(3)}(x_0)$，$\cdots$，$a_n = (1/n!) \cdot f^{(n)}(x_0)$。

这样 $P_n(x)$ 这个多项式我们就构造成功了！即有：

$$P_n(x) = f(x_0) + f'(x_0)(x - x_0) + \frac{f''(x_0)}{2!}(x - x_0)^2 + \cdots + \frac{f^{(n)}(x_0)}{n!}(x - x_0)^n$$

注意到 $P_n(x)$ 是近似逼近 $f(x)$，而非完全等于 $f(x)$，所以 $f(x)$ 应该等于 $P_n(x)$ 再加上一个余项，这也就得到了泰勒公式（泰勒公式也称为泰勒中值定理）。现将其描述如下：

设函数 $f(x)$ 在包含点 x_0 的开区间 (a,b) 内具有 $n+1$ 阶导数，则当 $x \in (a,b)$ 时，有 $f(x)$ 的 n 阶泰勒公式如下：

$$f(x) = f(x_0) + f'(x_0)(x - x_0) + \frac{f''(x_0)}{2!}(x - x_0)^2 + \cdots + \frac{f^{(n)}(x_0)}{n!}(x - x_0)^n + R_n(x)$$

其中

$$R_n(x) = \frac{f^{(n+1)}(\xi)}{(n+1)!}(x - x_0)^{n+1}$$

被称作拉格朗日余项，ξ 在 x 和 x_0 之间。在不需要余项的精确表达式时，$R_n(x)$ 可以记作 $o[(x - x_0)^n]$，这被称作皮亚诺余项。

证明：

对于任意 $x \in (a,b)$，$x \neq x_0$，以 x_0 与 x 为端点的区间 $[x, x_0]$ 或者 $[x_0, x]$，记为 I，$I \subset (a,b)$。构造一个函数 $R_n(t) = f(t) - P_n(t)$，$R_n(t)$ 在 I 上具有 1 至 $n+1$ 阶导数，通过计算易知：

$$R_n(x_0) = R_n'(x_0) = R_n''(x_0) = \cdots = R_n^{(n)}(x_0) = 0$$

又因为 $P_n^{(n+1)}(t) = 0$，所以有 $R_n^{(n+1)}(t) = f^{(n+1)}(t)$。

再构造一个函数 $q(t) = (t - x_0)^{n+1}$，$q(t)$ 在 I 上具有 1 至 $n+1$ 阶的非零导数，通过

计算易知：

$$q(x_0) = q'(x_0) = q''(x_0) = \cdots = q^{(n)}(x_0) = 0, \text{ 以及} q^{(n+1)}(t) = (n+1)!$$

于是，对函数$R_n(t)$和$q(t)$在I上反复使用$n+1$次柯西中值定理，则有：

$$\frac{R_n(x)}{q(x)} = \frac{R_n(x) - R_n(x_0)}{q(x) - q(x_0)} = \frac{R_n'(\xi_1)}{q'(\xi_1)} \qquad \xi_1 \text{在} x_0 \text{和} x \text{之间}$$

$$\frac{R_n'(\xi_1)}{q'(\xi_1)} = \frac{R_n'(\xi_1) - R_n'(x_0)}{q'(\xi_1) - q'(x_0)} = \frac{R_n''(\xi_2)}{q''(\xi_2)} \qquad \xi_2 \text{在} x_0 \text{和} \xi_1 \text{之间}$$

$$\frac{R_n''(\xi_2)}{q''(\xi_2)} = \frac{R_n''(\xi_2) - R_n''(x_0)}{q''(\xi_2) - q''(x_0)} = \frac{R_n^{(3)}(\xi_3)}{q^{(3)}(\xi_3)} \qquad \xi_3 \text{在} x_0 \text{和} \xi_2 \text{之间}$$

$$\cdots\cdots \quad \cdots\cdots$$

$$\frac{R_n^{(n)}(\xi_n)}{q^{(n)}(\xi_n)} = \frac{R_n^{(n)}(\xi_n) - R_n^{(n)}(x_0)}{q^{(n)}(\xi_n) - q^{(n)}(x_0)} = \frac{R_n^{(n+1)}(\xi_{n+1})}{q^{(n+1)}(\xi_{n+1})} \qquad \xi_{n+1} \text{在} x_0 \text{和} \xi_n \text{之间}$$

即有：

$$\frac{R_n(x)}{q(x)} = \frac{R_n^{(n+1)}(\xi_{n+1})}{q^{(n+1)}(\xi_{n+1})} = \frac{f^{(n+1)}(\xi_{n+1})}{(n+1)!}$$

记$\xi = \xi_{n+1}$，ξ在x和x_0之间，则有：

$$R_n(x) = \frac{f^{(n+1)}(\xi)}{(n+1)!} \cdot q(x) = \frac{f^{(n+1)}(\xi)}{(n+1)!}(x - x_0)^{n+1}$$

定理得证。

$P_n(x)$这个多项式可以在点x_0处近似逼近函数$f(t)$，因此要加一个余项$R_n(x)$，或者可以说$f(t) \approx P_n(x)$。那么，在什么样的情况下（如果不追加一个余项），$P_n(x)$可以等于$f(t)$呢？一方面，我们可以想到，当n趋近于无穷的时候，二者就是相等的，即有（这就是用极限形式表征的泰勒公式）：

$$f(x) = \sum_{k=0}^{\infty} \frac{f^{(k)}(x_0)}{k!}(x - x_0)^k$$

另一方面，显然，当函数$f(t)$的形式本来就是一个多项式时，二者也会相等。例如我们知道，二项式展开式

$$(a + b)^n = \sum_{k=0}^{n} C_n^k a^{n-k} b^k$$

是初等数学的精华。中国古代数学家用一个三角形来形象地表示二项式展开式的各个

系数，这被称为杨辉三角（或贾宪三角），在西方则被称为帕斯卡三角，它是二项式系数在三角形中的一种几何排列。

令 $a = x_0$，$b = x - x_0$，则上式可以表示为：

$$x^n = \sum_{k=0}^{n} C_n^k x_0^{n-k} (x - x_0)^k$$

我们惊讶地发现，上式竟然是 $f(x) = x^n$ 的泰勒展开式。幂函数是微积分中最简单、最基本的函数类型，而泰勒公式的实质在于用幂函数组合生成的多项式逼近一般函数。初等数学中的二项式展开式实际上是高等数学的泰勒公式的原型。

在数学史上有很多公式都是欧拉发现的，它们都叫作欧拉公式，分散在各个数学分支之中。最著名的有复变函数中的欧拉幅角公式——将复数、指数函数与三角函数联系起来；拓扑学中的欧拉多面体公式；初等数论中的欧拉函数公式等。其中在复变函数领域的欧拉公式为：对于任意实数 φ，存在

$$e^{i\varphi} = \cos \varphi + i \sin \varphi$$

当 $\varphi = \pi$ 时，欧拉公式的特殊形式为：

$$e^{i\pi} + 1 = 0$$

如图 A-8 所示为在复平面上对欧拉公式几何意义进行的图形化表示。

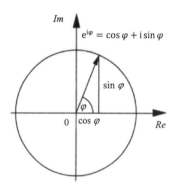

图 A-8　欧拉公式的图形表示

在正式运用泰勒公式来证明欧拉公式之前，我们先来看看泰勒公式的一种简化形式。在泰勒公式中如果取 $x_0 = 0$，记 $\xi = \theta x$（$0 < \theta < 1$），则得到所谓的麦克劳林公式，如下：

$$f(x) = f(0) + f'(0)x + \frac{f''(0)}{2!}x^2 + \cdots + \frac{f^{(n)}(0)}{n!}x^n + \frac{f^{(n+1)}(\theta x)}{(n+1)!}x^{n+1}$$

例如，我们可以将函数 e^x 用麦克劳林公式展开，显然，当 $x = 1$ 时，其实也就得到了此前我们已经推导过的纳皮尔常数 e 的级数表示形式。

$$e^x = 1 + x + \frac{x^2}{2!} + \frac{x^3}{3!} + \cdots + \frac{x^n}{n!} + R_n(x),\ R_n(x) = \frac{e^{\theta x}}{(n+1)!}x^{n+1}\ (0 < \theta < 1)$$

下面我们便可由麦克劳林公式出发来证明欧拉公式。首先，由麦克劳林公式展开得：

$$\cos\varphi = 1 - \frac{\varphi^2}{2!} + \frac{\varphi^4}{4!} - \frac{\varphi^6}{6!} + \cdots$$

$$\sin\varphi = \varphi - \frac{\varphi^3}{3!} + \frac{\varphi^5}{5!} - \frac{\varphi^7}{7!} + \cdots$$

在 e^x 的展开式中把 x 换成 $i\varphi$，带入可得：

$$e^{i\varphi} = 1 + i\varphi + \frac{(i\varphi)^2}{2!} + \frac{(i\varphi)^3}{3!} + \frac{(i\varphi)^4}{4!} + \frac{(i\varphi)^5}{5!} + \frac{(i\varphi)^6}{6!} + \frac{(i\varphi)^7}{7!} + \cdots$$

$$= 1 + i\varphi - \frac{\varphi^2}{2!} - \frac{i\varphi^3}{3!} + \frac{\varphi^4}{4!} + \frac{i\varphi^5}{5!} - \frac{\varphi^6}{6!} - \frac{i\varphi^7}{7!} + \cdots$$

$$= \left(1 - \frac{\varphi^2}{2!} + \frac{\varphi^4}{4!} - \frac{\varphi^6}{6!} + \cdots\right) + i\left(\varphi - \frac{\varphi^3}{3!} + \frac{\varphi^5}{5!} - \frac{\varphi^7}{7!} + \cdots\right)$$

$$= \cos\varphi \pm i\sin\varphi$$

定理得证。

泰勒逼近存在严重的缺陷：它的条件很苛刻，要求 $f(x)$ 足够光滑并提供它在点 x_0 处的各阶导数值。此外，泰勒逼近的整体效果较差，它仅能保证在展开点 x_0 的某个临域内——即某个局部范围内有效。泰勒展开式对函数 $f(x)$ 的逼近仅仅能够保证在 x_0 附近有效，而且只有当展开式的长度不断变长时，这个临域的范围才会随之变大。

斗转星移，百年之后的 19 世纪初，傅里叶指出，"任何函数，无论怎样复杂，都可以表示为三角级数的形式"（对于这一观点，后续我们还将进一步讨论）：

$$f(x) \sim \frac{a_0}{2} + \sum_{k=1}^{\infty}(a_k\cos kx + b_k\sin kx), \quad -\pi < x < \pi$$

傅里叶在《热传导的解析理论》（1822 年）这部数学经典文献中，肯定了今日被称为"傅里叶分析"的重要数学方法。

傅里叶的成就使人们从解析函数或强光滑的函数中解放出来。傅里叶分析方法不仅放宽了光滑性的限制，还可以保证整体的逼近效果。

从数学美的角度来看，傅里叶逼近也比泰勒逼近更加优美，其基函数系（三角函数系）是一个完备的正交函数集；尤其值得注意的是，这个函数系可以看作是由一个函数 $\cos x$ 经过简单的伸缩平移变换加工生成的。傅里叶逼近表明，在某种意义上，任何复杂函数都可以用一个简单的函数 $\cos x$ 来刻画。这是一个惊人的事实。被逼近函数的"繁"与逼近工具 $\cos x$ 的"简"两者反差很大，因此傅里叶逼近很优美。

A.3　向量代数与场论

在这一部分中，我们将要重点介绍梯度、散度和旋度三个概念，以及格林公式、高斯公式和斯托克斯公式这三个重要的定理。这些概念都是紧密相连、层层递进的。为了更好地理解它们，也有必要补充一些内容，这些知识要么是在后续定理的证明过程中发挥重要作用（例如牛顿-莱布尼茨公式），要么就是与定理的表述密不可分（例如内积和外积的概念）。

1. 牛顿-莱布尼茨公式

牛顿-莱布尼茨公式又被称为微积分的基本定理，可见其重要性。为了理解这个定理，有必要对一些基本内容进行简要介绍。首先，设函数 $f(x)$ 在 $[a, b]$ 上有界，在 $[a, b]$ 中任意插入若干分点

$$a = x_0 < x_1 < x_2 \cdots < x_{n-1} < x_n = b$$

把区间 $[a, b]$ 分成 n 个小区间：

$$[x_0, x_1], [x_1, x_2], \cdots, [x_{n-1}, x_n]$$

各个小区间的长度依次为：

$$\Delta x_1 = x_1 - x_0, \Delta x_2 = x_2 - x_1, \cdots, \Delta x_n = x_n - x_{n-1}$$

在每个小区间 $[x_{i-1}, x_i]$ 上取任一点 $\xi_i \left(x_{i-1} \leqslant \xi_i \leqslant x_i \right)$，做函数值 $f(\xi_i)$ 与小区间长度 Δx_i 的乘积 $f(\xi_i)\Delta x_i \ (i = 1, 2, \cdots, n)$，并做出和：

$$S = \sum_{i=1}^{n} f(\xi_i) \Delta x_i$$

记 $\lambda = \max\{\Delta x_1, \Delta x_2, \cdots, \Delta x_n\}$，如果不论对 $[a, b]$ 怎样划分，也不论在小区间 $[x_{i-1}, x_i]$ 上点 ξ_i 怎样选取，只要当 $\lambda \to 0$ 时，和 S 总趋近于确定的极限 I，那么称这个极限 I 为函数 $f(x)$ 在 $[a, b]$ 上的定积分（简称积分），记作：

$$\int_a^b f(x) \mathrm{d}x = I = \lim_{\lambda \to 0} \sum_{i=1}^{n} f(\xi_i) \Delta x_i$$

其中 $f(x)$ 叫作被积函数，$f(x)\mathrm{d}x$ 叫作被积表达式，x 叫作积分变量，a 叫作积分下限，b 叫作积分上限，$[a, b]$ 叫作积分区间。

如果 $f(x)$ 在 $[a, b]$ 上的定积分存在，那么就说 $f(x)$ 在 $[a, b]$ 上可积。可以通过如下两

个定理来判定函数是否可积。

定理 1　设 $f(x)$ 在区间 $[a,b]$ 上连续，则 $f(x)$ 在 $[a,b]$ 上可积。

定理 2　设 $f(x)$ 在区间 $[a,b]$ 上有界，且只有有限个间断点，则 $f(x)$ 在 $[a,b]$ 上可积。

利用"$\varepsilon-\delta$"的数学语言，上述定积分的定义可以表述为：设有常数 I，如果对于任意给定的正数 ε，总存在一个正数 δ，使得对于区间 $[a,b]$ 的任何分法，不论 ξ_i 在小区间 $[x_{i-1},x_i]$ 中怎样选取，只要 $\lambda<\delta$，总有

$$\left|\sum_{i=1}^{n}f(\xi_i)\Delta x_i-I\right|<\varepsilon$$

成立，则称 I 为函数 $f(x)$ 在 $[a,b]$ 上的定积分，记作 $\int_a^b f(x)\mathrm{d}x$。

定积分有许多重要的性质，这里无法一一罗列，仅仅介绍后续推导中将要用到的几个。例如，如果在区间 $[a,b]$ 上，$f(x)\geqslant 0$，则

$$\int_a^b f(x)\mathrm{d}x\geqslant 0,\ a<b$$

对于该性质，从定积分的几何意义上就能看出，定积分表示的是函数 $f(x)$ 的曲线与 $x=a$，$x=b$ 和 $y=0$ 所围成的区域的面积。显然，若函数 $f(x)$ 在区间 $[a,b]$ 上的值都大于 0，就表示其曲线都位于横轴的上方，所以这时围成的面积自然也就大于 0。

根据上述性质，还可以得出一个推论：如果在区间 $[a,b]$ 上，$f(x)\leqslant g(x)$，则

$$\int_a^b f(x)\mathrm{d}x\leqslant \int_a^b g(x)\mathrm{d}x,\ a<b$$

对此的解释就是，如果函数 $g(x)$ 的曲线始终位于函数 $f(x)$ 曲线的上方，那么由前者所围出的面积自然会大于后者。注意这里的面积是有正负号的，即若两条曲线都位于横轴的下方，那么 $f(x)$ 曲线围成的面积的绝对值大于 $g(x)$ 所围出的面积的绝对值，但是由于二者原本就都是负数，所以仍然有 $f(x)$ 的定积分小于 $g(x)$ 的定积分。

据此又可以推导出关于定积分的另外一个重要性质：设 M 及 m 分别是函数 $f(x)$ 在区间 $[a,b]$ 上的最大值和最小值，则

$$m(b-a)\leqslant \int_a^b f(x)\mathrm{d}x\leqslant M(b-a),\ a<b$$

证明：

因为 $m\leqslant f(x)\leqslant M$，所以由刚才给出的性质可得：

$$\int_a^b m\,\mathrm{d}x \leqslant \int_a^b f(x)\mathrm{d}x \leqslant \int_a^b M\,\mathrm{d}x$$

由于M和m都是常数，则

$$m\int_a^b 1\,\mathrm{d}x \leqslant \int_a^b f(x)\mathrm{d}x \leqslant M\int_a^b 1\,\mathrm{d}x$$

即

$$m(b-a) \leqslant \int_a^b f(x)\mathrm{d}x \leqslant M(b-a)$$

得证。

在此基础上我们要给出定积分中值定理：如果函数$f(x)$在积分区间$[a,b]$上连续，则在$[a,b]$上至少存在一个点ξ，使得下式成立：

$$\int_a^b f(x)\mathrm{d}x = f(\xi)(b-\mathrm{a}),\ \ a \leqslant \xi \leqslant b$$

证明：

把前一个性质中的不等式各除以$b-a$，得：

$$m \leqslant \frac{1}{b-a}\int_a^b f(x)\mathrm{d}x \leqslant M$$

这表明确定的数值

$$\frac{1}{b-a}\int_a^b f(x)\mathrm{d}x$$

介于函数$f(x)$的最小值m和最大值M之间。根据闭区间上连续函数的介值定理，在$[a,b]$上至少存在一点ξ，使得函数$f(x)$在点ξ处的值与这个确定的数值相等，即应有：

$$\frac{1}{b-a}\int_a^b f(x)\mathrm{d}x = f(\xi),\ \ a \leqslant \xi \leqslant b$$

等式两端各乘以$b-a$，即得所要证明的等式，则原结论得证。

显然，积分中值公式

$$\int_a^b f(x)\mathrm{d}x = f(\xi)(b-a),\ \ \xi\text{介于}a\text{与}b\text{之间}$$

不论$a < b$或$a > b$都是成立的。

积分中值公式的几何意义：在区间$[a,b]$上至少存在一点ξ，使得以$[a,b]$为底边，

以曲线 $y = f(x)$ 为曲边的曲边梯形的面积等于同一底边而高为 $f(\xi)$ 的一个矩形的面积。

设函数 $f(x)$ 在区间 $[a,b]$ 上连续，并且设 x 为 $[a,b]$ 上的一点，那么 $f(x)$ 在部分区间 $[a,x]$ 上的定积分就为 $\int_a^x f(x)\mathrm{d}x$。显然，由于 $f(x)$ 在区间 $[a,x]$ 上依旧连续，所以这个定积分是存在的。此处 x 既表示定积分的上限，又表示积分变量。而且定积分与积分变量的记法无关，所以为了明确起见，可以把积分变量改成其他的符号，例如：

$$\int_a^x f(t)\mathrm{d}t$$

如果上限 x 在区间 $[a,b]$ 上任意变动，则对于每一个确定的 x 值，定积分都有一个对应值，所以它是在 $[a,b]$ 上定义的一个函数，记作 $\Phi(x)$：

$$\Phi(x) = \int_a^x f(t)\mathrm{d}t, \ \ a \leqslant x \leqslant b$$

这就是积分上限函数，它具有如下定理所指出的重要性质。

定理 如果函数 $f(x)$ 在区间 $[a,b]$ 上连续，则积分上限函数

$$\Phi(x) = \int_a^x f(t)\mathrm{d}t$$

在 $[a,b]$ 上可导，并且它的导数为：

$$\Phi'(x) = \frac{\mathrm{d}}{\mathrm{d}x}\int_a^x f(t)\mathrm{d}t = f(x), \ \ a \leqslant x \leqslant b$$

证明：

如果设 $x \in (a,b)$，设 x 获得增量 Δx，其绝对值足够小，使得 $x + \Delta x \in (a,b)$，则 $\Phi(x)$ 在 $x + \Delta x$ 处的函数值为：

$$\Phi(x + \Delta x) = \int_a^{x+\Delta x} f(t)\mathrm{d}t$$

由此得函数的增量：

$$\Delta\Phi = \Phi(x + \Delta x) - \Phi(x) = \int_a^{x+\Delta x} f(t)\mathrm{d}t - \int_a^x f(t)\mathrm{d}t$$

$$= \int_a^x f(t)\mathrm{d}t + \int_x^{x+\Delta x} f(t)\mathrm{d}t - \int_a^x f(t)\mathrm{d}t = \int_x^{x+\Delta x} f(t)\mathrm{d}t$$

再应用前面讲过的积分中值定理，即有等式

$$\Delta\Phi = f(\xi)\Delta x$$

这里，ξ位于x和$x+\Delta x$之间。把上式两端各除以Δx，得函数增量与自变量增量的比值：

$$\frac{\Delta \Phi}{\Delta x}=f(\xi)$$

由于假设$f(x)$在区间$[a,b]$上是连续的，而当$\Delta x \to 0$时，有$\xi \to x$，因此$\lim\limits_{\Delta x\to 0}f(\xi)=f(x)$。于是令$\Delta x \to 0$，对上式两端取极限时，左端的极限也应该存在且等于$f(x)$。这表明函数$\Phi(x)$的导数存在，并且$\Phi'(x)=f(x)$。

若$x=a$，取$\Delta x>0$，则同理可证$\Phi'_+(a)=f(a)$；若$x=b$，取$\Delta x<0$，则同理可证$\Phi'_-(b)=f(b)$。

定理得证。

该定理指出了一个重要结论：连续函数$f(x)$取变上限x的定积分，然后求导，其结果还原为$f(x)$本身。联想到原函数的定义，就可以从前面的定理中推知$\Phi(x)$是连续函数$f(x)$的一个原函数。因此，这里引出如下原函数的存在定理。

定理　如果函数$f(x)$在区间$[a,b]$上连续，则函数

$$\Phi(x)=\int_a^x f(t)\mathrm{d}t$$

就是$f(x)$在区间$[a,b]$上的一个原函数。

在上述讨论的基础上，我们终于可以给出本节要向读者介绍的微积分基本公式：如果函数$F(x)$是连续函数$f(x)$在区间$[a,b]$上的一个原函数，则有：

$$\int_a^b f(x)\mathrm{d}x=F(b)-F(a)$$

为了方便起见，$F(b)-F(a)$也可以记成$[F(x)]_a^b$，所以上式又可以写成：

$$\int_a^b f(x)\mathrm{d}x=[F(x)]_a^b$$

这个公式又叫作牛顿-莱布尼茨公式。这个公式进一步揭示了定积分与被积函数的原函数或不定积分之间的联系。它表明一个连续函数在区间$[a,b]$上的定积分等于它的任一个原函数在区间$[a,b]$上的增量。这就给出了利用原函数来计算定积分的方法。

证明：

已知函数$F(x)$是连续函数$f(x)$的一个原函数，又根据前面的介绍知道积分上限函数

$$\Phi(x)=\int_a^x f(t)\mathrm{d}t$$

同样也是$f(x)$的一个原函数，于是这两个原函数之差$F(x) - \Phi(x)$在区间$[a, b]$上必定是某个常数C，即

$$F(x) - \Phi(x) = C, \quad a \leqslant x \leqslant b$$

在上式中如果令$x = a$，那么可得$F(a) - \Phi(a) = C$。又由$\Phi(x)$的定义及定积分的补充规定可知$\Phi(a) = 0$，显然此时围出的面积就是 0。因此，$F(a) = C$。以$F(a)$代替上式中的C，以$\int_a^x f(t)\mathrm{d}t$代替上式中的$\Phi(x)$，可得：

$$\int_a^x f(t)\mathrm{d}t = F(x) - F(a)$$

在上式中令$x = b$，即得到所要证明的公式。而且显然，对于$a > b$的情况，上式仍然成立。

2. 内积与外积

定义　已知向量$\boldsymbol{a} = a_1\boldsymbol{i} + a_2\boldsymbol{j} + a_3\boldsymbol{k}$、$\boldsymbol{b} = b_1\boldsymbol{i} + b_2\boldsymbol{j} + b_3\boldsymbol{k}$，则$\boldsymbol{a}$与$\boldsymbol{b}$之内积为：

$$\boldsymbol{a} \cdot \boldsymbol{b} = a_1 b_1 + a_2 b_2 + a_3 b_3$$

藉由内积，我们也可以给方向余弦一个更明确的意义，即

$$\cos \alpha = \cos(\boldsymbol{a}, \boldsymbol{i}) = \frac{a_1}{|\boldsymbol{a}|} = \frac{\boldsymbol{a} \cdot \boldsymbol{i}}{|\boldsymbol{a}||\boldsymbol{i}|}$$

$$\cos \beta = \cos(\boldsymbol{a}, \boldsymbol{j}) = \frac{a_2}{|\boldsymbol{a}|} = \frac{\boldsymbol{a} \cdot \boldsymbol{j}}{|\boldsymbol{a}||\boldsymbol{j}|}$$

$$\cos \gamma = \cos(\boldsymbol{a}, \boldsymbol{k}) = \frac{a_3}{|\boldsymbol{a}|} = \frac{\boldsymbol{a} \cdot \boldsymbol{k}}{|\boldsymbol{a}||\boldsymbol{k}|}$$

内积的性质　$\boldsymbol{a}$、$\boldsymbol{b}$是两个向量，$k \in \mathbb{R}$，则内积满足如下性质：

- $\boldsymbol{a} \cdot \boldsymbol{b} = \boldsymbol{b} \cdot \boldsymbol{a}$
- $\boldsymbol{a} \cdot (k\boldsymbol{b}) = k(\boldsymbol{b} \cdot \boldsymbol{a}), (k\boldsymbol{a}) \cdot \boldsymbol{b} = k(\boldsymbol{a} \cdot \boldsymbol{b})$
- $\boldsymbol{a} \cdot (\boldsymbol{b} + \boldsymbol{c}) = \boldsymbol{a} \cdot \boldsymbol{b} + \boldsymbol{a} \cdot \boldsymbol{c}, (\boldsymbol{a} + \boldsymbol{b}) \cdot \boldsymbol{c} = \boldsymbol{a} \cdot \boldsymbol{c} + \boldsymbol{b} \cdot \boldsymbol{c}$
- $|\boldsymbol{a}|^2 = \boldsymbol{a} \cdot \boldsymbol{a} > 0, (\boldsymbol{a} \neq 0)$

在给出向量内积这个概念的前提下，我们知道两个向量的夹角之余弦可以定义成这两个向量的内积与它们模的乘积之比。对于平面向量而言，即向量都是二维的，向量的内积也可以表示成这样一种形式：$\boldsymbol{a} \cdot \boldsymbol{b} = |\boldsymbol{a}||\boldsymbol{b}| \cos \theta$。由此亦可推出两个向量$\boldsymbol{a}$、$\boldsymbol{b}$相互垂直的等价条件就是$\boldsymbol{a} \cdot \boldsymbol{b} = 0$，因为$\cos(\pi/2) = 0$。当然，这也是众多教科书上介绍向量内积最开始时常常用到的一种定义方式。但必须明确，这种表示方式仅仅是一种非常狭隘的定义。如果从这个定义出发来介绍向量内积，其实是本末倒置的。因

为对于高维向量而言,夹角的意义是不明确的。例如,在三维坐标空间中,再引入一维时间坐标,形成一个四维空间,那么时间向量与空间向量的夹角该如何解释呢?所以读者务必明确,首先应该给出如本小节最开始时给出的内积定义,然后才能由此给出二维或三维空间下的夹角定义。在此基础上,我们来证明余弦定律。

余弦定律　已知三角形 $\triangle ABC$,其中 $\angle CAB = \theta$,则 $\overline{BC}^2 = \overline{AB}^2 + \overline{AC}^2 - 2\overline{AB}\,\overline{AC}\cos\theta$。

证明:令 $\overrightarrow{AB} = \boldsymbol{a}$,$\overrightarrow{AC} = \boldsymbol{b}$,则

$$\overrightarrow{CB} = \boldsymbol{a} - \boldsymbol{b}$$

$$\left|\overrightarrow{BC}\right|^2 = \overrightarrow{BC}\cdot\overrightarrow{BC} = (\boldsymbol{a}-\boldsymbol{b})(\boldsymbol{a}-\boldsymbol{b}) = \boldsymbol{a}\cdot\boldsymbol{a} - 2\boldsymbol{a}\cdot\boldsymbol{b} + \boldsymbol{b}\cdot\boldsymbol{b}$$

$$= |\boldsymbol{a}|^2 - 2|\boldsymbol{a}||\boldsymbol{b}|\cos\theta + |\boldsymbol{b}|^2 = \overline{AB}^2 + \overline{AC}^2 - 2\overline{AB}\,\overline{AC}\cos\theta$$

注意到 $\left|\overrightarrow{BC}\right|^2$ 与 $\overrightarrow{BC}^2$ 是相等的,因为一个向量与自身的夹角为 0,而 $\cos(0) = 1$,所以结论得证。

柯西-施瓦茨不等式　$\boldsymbol{a}$、$\boldsymbol{b}$ 是两个向量,则其内积满足不等式 $|\boldsymbol{a}\cdot\boldsymbol{b}| \leq |\boldsymbol{a}||\boldsymbol{b}|$,当 $\boldsymbol{b} = \lambda\boldsymbol{a}$,$\lambda\in\mathbb{R}$ 时等号成立。

若根据 $\boldsymbol{a}\cdot\boldsymbol{b} = |\boldsymbol{a}||\boldsymbol{b}|\cos\theta$ 这个定义,因为 $0 \leq \cos\theta \leq 1$,显然柯西-施瓦茨不等式是成立的。但是这样的证明方式同样又犯了本末倒置的错误。柯西-施瓦茨不等式并没有限定向量的维度,换言之,它对于任意维度的向量都是成立的,这时夹角的定义是不明确的。正确的思路同样应该从本小节最开始的定义出发来证明柯西-施瓦茨不等式,因为存在这样一个不等式关系,所以我们才会想到内积与向量模的乘积之间存在一个介于 0 和 1 之间的系数,然后我们才用 $\cos\theta$ 来表述这个系数,于是才会得到 $\boldsymbol{a}\cdot\boldsymbol{b} = |\boldsymbol{a}||\boldsymbol{b}|\cos\theta$ 这个表达式。下面就来证明柯西-施瓦茨不等式。

证明:

若 x 是任意实数,则必然有 $(\boldsymbol{a}+x\boldsymbol{b})\cdot(\boldsymbol{a}+x\boldsymbol{b}) \geq 0$,展开得:

$$\boldsymbol{a}\cdot\boldsymbol{a} - 2\boldsymbol{a}\cdot\boldsymbol{b}x + \boldsymbol{b}\cdot\boldsymbol{b}x^2 \geq 0$$

这是一条开口向上的抛物线且在 x 轴上方,于是由抛物线的性质,可得判别式小于等于 0,即

$$\Delta = (2\boldsymbol{a}\cdot\boldsymbol{b})^2 - 4(\boldsymbol{a}\cdot\boldsymbol{a})(\boldsymbol{b}\cdot\boldsymbol{b}) \leq 0$$

$$(\boldsymbol{a}\cdot\boldsymbol{b})^2 \leq |\boldsymbol{a}|^2|\boldsymbol{b}|^2 \Rightarrow |\boldsymbol{a}\cdot\boldsymbol{b}| \leq |\boldsymbol{a}||\boldsymbol{b}|$$

由证明过程可知,等式若要成立,则 $\boldsymbol{a}+x\boldsymbol{b}$ 必须是零向量,换言之,向量 $\boldsymbol{a}$、$\boldsymbol{b}$ 是

线性相关的，即 $b = \lambda a$，$\lambda \in \mathbb{R}$。

由柯西-施瓦茨不等式自然可以证明三角不等式，三角不等式在前面我们也用到过，它的完整表述如下。

三角不等式　a、b 是两个向量，则 $|a + b| \leqslant |a| + |b|$。

证明：

$$|a + b|^2 = (a + b) \cdot (a + b)$$

$$= a \cdot a + 2a \cdot b + b \cdot b \leqslant |a|^2 + 2|a||b| + |b|^2 = (|a| + |b|)^2$$

因此得证。

定义　已知向量 $a = a_1 i + a_2 j + a_3 k$、$b = b_1 i + b_2 j + b_3 k$，则 a 与 b 之外积为：

$$a \times b = \begin{vmatrix} i & j & k \\ a_1 & a_2 & a_3 \\ b_1 & b_2 & b_3 \end{vmatrix}$$

与内积类似，向量 a、b 的外积也可以狭义地定义为：

$$a \cdot b = |a||b| \sin\theta\, n$$

其中 θ 是向量 a、b 的夹角，向量 n 是同时与 a、b 垂直的单位向量，且 $\{a, b, n\}$ 满足右手法则，其方向为 $a \to b \to n$。

外积的性质　a、b 是两个向量，$k \in \mathbb{R}$，则外积满足如下性质：

- $a \times b = -b \times a$
- $(ka) \times b = a \times (kb) = k(a \times b)$
- $a \times (b + c) = a \times b + a \times c$
- $(a + b) \times c = a \times c + b \times c$

如果将内积和外积综合起来，可得如下性质，其中 a、b、c、d 是向量。

- $(a \times b) \cdot c = a \cdot (b + c)$
- $(a \times b) \times c = (a \cdot c)b - (b \cdot c)a$
- $(a \times b) \cdot (c \times d) = (a \cdot c)(b \cdot d) - (a \cdot d)(b \cdot c)$
- $(a \times b) \times c + b \times (c \times a) + c \times (a \times b) = 0$
- $a \times (b \times c) = (a \cdot c)b - (a \cdot b)c$

定义　向量 a、b、c 的三重乘积定义为 $[a, b, c] \equiv a \cdot (b \times c)$，易见三重乘积是一个标量。此外，若已知向量 $a = a_1 i + a_2 j + a_3 k$、$b = b_1 i + b_2 k + b_3 k$、$c = c_1 i + c_2 j + c_3 k$，

则向量a、b、c的三重乘积可以用行列式表示为：

$$[a,b,c] = \begin{vmatrix} a_1 & a_2 & a_3 \\ b_1 & b_2 & b_3 \\ c_1 & c_2 & c_3 \end{vmatrix}$$

易证三重乘积满足如下关系：

$$[a,b,c] = [b,c,a] = [c,a,b] = -[b,a,c] = -[c,b,a] = -[a,c,b]$$

3. 方向导数与梯度

偏导数刻画了函数沿着坐标轴方向的变化率，但有些时候这还不能满足实际需求。为了研究函数沿着任意方向的变化率，就需要用到方向导数。

设函数$z = f(x,y)$在点$P(x,y)$的某一邻域$U(P)$内有定义。自点P引射线l。设x轴正向到射线l的转角为φ，并设$P'(x + \Delta x, y + \Delta y)$为$l$上的另一点，且$P' \in U(P)$。这里规定，逆时针方向旋转生成的角是正角（$\varphi > 0$），顺时针方向旋转生成的角是负角（$\varphi < 0$）。此时，再考虑函数的增量$f(x + \Delta x, y + \Delta y) - f(x,y)$与$P$和$P'$两点间距离$\rho = \sqrt{(\Delta x)^2 + (\Delta y)^2}$的比值。当点$P'$沿着射线$l$逐渐趋近于$P$时，如果这个比的极限存在，则称该极限为函数$f(x,y)$在点$P$沿着方向$l$的方向导数，记作：

$$\frac{\partial f}{\partial l} = \lim_{\rho \to 0} \frac{f(x + \Delta x, y + \Delta y) - f(x,y)}{\rho}$$

从定义可知，当函数$f(x,y)$在点$P(x,y)$的偏导数f_x、f_y存在时，函数$f(x,y)$在点P沿着x轴正向$e_1 = \{1,0\}$，y轴正向$e_2 = \{0,1\}$的方向导数存在且其值依次为f_x、f_y，函数$f(x,y)$在点P沿着x轴负向$e_1' = \{-1,0\}$，y轴负向$e_2' = \{0,-1\}$的方向导数也存在且其值依次为$-f_x$、$-f_y$。

如果函数$z = f(x,y)$在点$P(x,y)$是可微的，那么函数在该点沿任一方向l的方向导数都存在，且有：

$$\frac{\partial f}{\partial l} = \frac{\partial f}{\partial x} \cos\varphi + \frac{\partial f}{\partial y} \sin\varphi$$

其中，φ为x轴到方向l的转角。

证明：

根据函数$z = f(x,y)$在点$P(x,y)$是可微的假定，函数的增量可以表达为：

$$f(x + \Delta x, y + \Delta y) - f(x,y) = \frac{\partial f}{\partial x}\Delta x + \frac{\partial f}{\partial y}\Delta y + o(\rho)$$

两边各除以ρ，得到：

$$\frac{f(x+\Delta x, y+\Delta y)-f(x,y)}{\rho}=\frac{\partial f}{\partial x}\cdot\frac{\Delta x}{\rho}+\frac{\partial f}{\partial y}\cdot\frac{\Delta y}{\rho}+\frac{o(\rho)}{\rho}=\frac{\partial f}{\partial x}\cos\varphi+\frac{\partial f}{\partial y}\sin\varphi+\frac{o(\rho)}{\rho}$$

所以

$$\lim_{\rho\to 0}\frac{f(x+\Delta x, y+\Delta y)-f(x,y)}{\rho}=\frac{\partial f}{\partial x}\cos\varphi+\frac{\partial f}{\partial y}\sin\varphi$$

因此，定理得证。

与方向导数有关的一个重要概念是函数的梯度。对于二元函数而言，设函数$z=f(x,y)$在平面区域D内具有一阶连续偏导数，则对于每一点$P(x,y)\in D$，都可以给出一个向量：

$$\frac{\partial f}{\partial x}\boldsymbol{i}+\frac{\partial f}{\partial y}\boldsymbol{j}$$

这个向量称为函数$z=f(x,y)$在点$P(x,y)$的梯度，记作$\mathbf{grad}f(x,y)$，或$\nabla f(x,y)$，即

$$\mathbf{grad}f(x,y)=\frac{\partial f}{\partial x}\boldsymbol{i}+\frac{\partial f}{\partial y}\boldsymbol{j}$$

需要说明的是，∇是一个偏微分算子，它又称为哈密尔顿（Hamilton）算子，它定义为：

$$\nabla=\left(\frac{\partial}{\partial x},\frac{\partial}{\partial y},\frac{\partial}{\partial z}\right)，或写成\nabla=\frac{\partial}{\partial x}\boldsymbol{i}+\frac{\partial}{\partial y}\boldsymbol{j}+\frac{\partial}{\partial z}\boldsymbol{k}$$

求一个函数$u=f(x,y,z)$的梯度，就可以看成是将哈密尔顿算子与函数f做乘法，即∇f。可见，对一个函数求梯度，其实是从一个标量得到一个矢量的过程。后面我们在研究散度和旋度的时候，同样会用到哈密尔顿算子。

如果设$\boldsymbol{e}=\cos\varphi\,\boldsymbol{i}+\sin\varphi\,\boldsymbol{j}$是与方向$l$同方向的单位向量，则由方向导数的计算公式可知：

$$\frac{\partial f}{\partial l}=\frac{\partial f}{\partial x}\cos\varphi+\frac{\partial f}{\partial y}\sin\varphi=\left\{\frac{\partial f}{\partial x},\frac{\partial f}{\partial y}\right\}\cdot\{\cos\varphi,\sin\varphi\}$$

$$=\mathbf{grad}f(x,y)\cdot\boldsymbol{e}=|\mathbf{grad}f(x,y)|\cos(\mathbf{grad}f(x,y),\boldsymbol{e})$$

这里$(\mathbf{grad}f(x,y),\boldsymbol{e})$表示向量$\mathbf{grad}f(x,y)$与$\boldsymbol{e}$的夹角。由此可见，方向导数就是梯度在$l$上的投影，当方向$l$与梯度方向一致时，有：

$$\cos(\mathbf{grad}f(x,y),\boldsymbol{e})=1$$

从而方向导数有最大值。所以沿着梯度方向的方向导数达到最大值，也就是说，梯度的方向是函数 $f(x,y)$ 在这点增长最快的方向。

从梯度的定义中我们可以知道，梯度的模为：

$$|\mathbf{grad}f(x,y)| = \sqrt{\left(\frac{\partial f}{\partial x}\right)^2 + \left(\frac{\partial f}{\partial y}\right)^2}$$

总而言之，函数在某点的梯度是这样一个向量，它的方向与方向导数取得最大值时的方向相一致，而它的模为方向导数的最大值。

4．曲线积分

第一类曲线积分　设 L 为平面内的一条光滑曲线弧，函数 $f(x,y)$ 在 L 上有界，在 L 上任意插入一点列 $M_1, M_2, \cdots, M_{n-1}$，这个点列把 L 分成 n 个小段。设第 i 个小段的长度为 Δs_i。又 (ξ_i, η_i) 为第 i 个小段上任意取定的一点，做乘积 $f(\xi_i, \eta_i)\Delta s_i$ $(i = 1, 2, \cdots, n)$，并做和 $\sum_{i=1}^{n} f(\xi_i, \eta_i)\Delta s_i$，当各个小弧段的长度的最大值 $\lambda \to 0$ 时，这和的极限总存在，则称此极限为函数 $f(x,y)$ 在曲线弧 L 上的对弧长的曲线积分（或称第一类曲线积分），记为：

$$\int_L f(x,y)\mathrm{d}s = \lim_{\lambda \to 0} \sum_{i=1}^{n} f(\xi_i, \eta_i)\Delta s_i$$

其中 $f(x,y)$ 叫作被积函数，L 叫作积分弧段。特别地，如果 L 是闭曲线，那么函数 $f(x,y)$ 在闭曲线 L 上对弧长的曲线积分则记为：

$$\oint_L f(x,y)\mathrm{d}s$$

上述定义可以类似地推广到积分弧段为空间曲线弧 Γ 的情形，即函数 $f(x,y,z)$ 在曲线弧 Γ 上对弧长的曲线积分：

$$\int_\Gamma f(x,y,z)\mathrm{d}s = \lim_{\lambda \to 0} \sum_{i=1}^{n} f(\xi_i, \eta_i, \zeta_i)\Delta s_i$$

对于第一类曲线积分的实际意义，我们可以从如下两个角度去解释。首先，如果被积函数 $f(x,y) \geqslant 0$，那么关于弧长的曲线积分就可以表示密度为 $f(x,y)$ 的曲线形构件之质量。其次，如果函数 $f(x,y) \geqslant 0$，做以 xOy 平面上的曲线 L 为准线，母线平行于 z 轴的柱面片，曲线 L 上的一点 (x,y) 处所对应的柱面片之高为 $z = f(x,y)$，那么关于弧长的曲线积分就可以用来表示该柱面片的面积。

第二类曲线积分　设 L 为平面内从点 A 到 B 的一条有向光滑曲线弧，并有定义在 L 上的向量值函数 $F(x,y) = \big(P(x,y), Q(x,y)\big)$。在 L 上任意插入一点列 $M_1(x_1, y_1), M_2(x_2, y_2), \cdots,$

$M_{n-1}(x_{n-1}, y_{n-1})$，这个点列把$L$分成$n$个有向小弧段：

$$\widehat{M_{k-1}M_k} \quad (k = 1,2,\cdots,n;\ M_0 = A,\ M_n = B)$$

设$\Delta x_k = x_k - x_{k-1}, \Delta y_k = y_k - y_{k-1}$，点$(\xi_k, \eta_k)$是第$k$个小弧段上任意取定的一点。当各小弧段的长度的最大值$\lambda \to 0$时，小弧段就近似于一条很短的有向线段，此时$\overrightarrow{M_{k-1}M_k} = (x_k - x_{k-1}, y_k - y_{k-1})$，如果和$\sum_{k=1}^{n} F(\xi_k, \eta_k) \cdot \overrightarrow{M_{k-1}M_k}$的极限总存在，则称此极限为函数$F(x, y)$在曲线弧$L$上的对坐标的曲线积分（或称第二类曲线积分），记为：

$$\int_L P(x,y)\mathrm{d}x + Q(x,y)\mathrm{d}y = \lim_{\lambda \to 0} \sum_{k=1}^{n} F(\xi_k, \eta_k) \cdot \overrightarrow{M_{k-1}M_k}$$

其中$P(x,y)$、$Q(x,y)$叫作被积函数，L叫作积分弧段。显然，上式是由如下两式做加法得到的：

$$\int_L P(x,y)\mathrm{d}x = \lim_{\lambda \to 0} \sum_{k=1}^{n} P(\xi_k, \eta_k)\Delta x_k$$

$$\int_L Q(x,y)\mathrm{d}y = \lim_{\lambda \to 0} \sum_{k=1}^{n} Q(\xi_k, \eta_k)\Delta y_k$$

上述第一式称为函数$P(x,y)$在有向曲线弧L上对坐标x的曲线积分，第二式称为函数$Q(x,y)$在有向曲线弧L上对坐标y的曲线积分。

上述定义可以类似地推广到积分弧段为空间有向曲线弧Γ的情形，即函数$F(x,y,z)$在曲线弧Γ上对坐标的曲线积分：

$$\int_\Gamma P(x,y,z)\mathrm{d}x + Q(x,y,z)\mathrm{d}y + R(x,y,z)\mathrm{d}z = \lim_{\lambda \to 0} \sum_{k=1}^{n} F(\xi_k, \eta_k, \zeta_k) \cdot \overrightarrow{M_{k-1}M_k}$$

对于第二类曲线积分的实际意义，可以从变力做功的角度去考虑，即某个质点在平面内受到力$F(x,y) = P(x,y)\boldsymbol{i} + Q(x,y)\boldsymbol{j}$的作用，从点$A$沿光滑曲线弧$L$移动到点$B$时，变力$F(x,y)$所做的功。所以，若用向量形式来重写第二类曲线积分的表达式，便可以记为如下形式，其中$\mathrm{d}\boldsymbol{r} = \mathrm{d}x\boldsymbol{i} + \mathrm{d}y\boldsymbol{j}$：

$$\int_L F(x,y) \cdot \mathrm{d}\boldsymbol{r}$$

最后，我们来考虑两类曲线积分之间的联系。对弧长的曲线积分与对坐标的曲线积分两者之间既有区别，又有联系。前者是数量场$f(x,y)$的曲线积分，后者是向量场$F(x,y)$的曲线积分。设有向光滑弧L以A为起点，以B为终点，曲线弧L的参数方程为：

$$\begin{cases} x = \varphi(t) \\ y = \psi(t) \end{cases}$$

起点A和终点B分别对应参数α、β，不妨设$\alpha < \beta$。对于$\alpha > \beta$的情况，可令$s = -t$，则起点A和终点B分别对应$s = -\alpha$、$s = -\beta$，于是有$-\alpha < -\beta$，那么下面讨论中只需换成对s进行即可，读者仍然可以得到相同的结论，所以这里我们就仅讨论$\alpha < \beta$时的情形。再设函数$\varphi(t)$和$\psi(t)$在闭区间$[\alpha, \beta]$上具有一阶连续的偏导数，且$[\varphi'(t)]^2 + [\psi'(t)]^2 \neq 0$。又因为$P(x,y)$、$Q(x,y)$在$L$上连续，所以由曲线积分的计算公式得：

$$\int_L P(x,y)\mathrm{d}x + Q(x,y)\mathrm{d}y = \int_\alpha^\beta P[\varphi(t), \psi(t)]\,\varphi'(t)\mathrm{d}t + Q[\varphi(t), \psi(t)]\psi'(t)\mathrm{d}t$$

向量$\boldsymbol{\tau} = \varphi'(t)\boldsymbol{i} + \psi'(t)\boldsymbol{j}$是曲线弧$L$在点$(\varphi(t), \psi(t))$处的一个切向量，它的指向与参数$t$的增长方向一致，当$\alpha < \beta$时，这个指向就是有向曲线弧$L$的方向。当$\boldsymbol{\tau}$与有向曲线弧方向相同时，$\boldsymbol{\tau}$就为有向曲线弧$L$在该点处的切向量，它的方向余弦为：

$$\cos\alpha = \frac{\mathrm{d}x}{\mathrm{d}s} = \frac{\varphi'(t)}{\sqrt{[\varphi'(t)]^2 + [\psi'(t)]^2}}, \quad \cos\beta = \frac{\mathrm{d}y}{\mathrm{d}s} = \frac{\psi'(t)}{\sqrt{[\varphi'(t)]^2 + [\psi'(t)]^2}}$$

由对弧长的曲线积分的计算方法可得：

$$\int_L [P(x,y)\cos\alpha + Q(x,y)\cos\beta]\mathrm{d}s$$

$$= \int_\alpha^\beta \left\{ P[\varphi(t), \psi(t)] \frac{\varphi'(t)}{\sqrt{[\psi'(t)]^2 + [\psi'(t)]^2}} \right.$$

$$\left. + Q[\varphi(t), \psi(t)] \frac{\psi'(t)}{\sqrt{[\varphi'(t)]^2 + [\psi'(t)]^2}} \right\} \sqrt{[\varphi'(t)]^2 + [\psi'(t)]^2}\,\mathrm{d}t$$

$$= \int_\alpha^\beta P[\varphi(t), \psi(t)]\,\varphi'(t)\mathrm{d}t + Q[\varphi(t), \psi(t)]\psi'(t)\mathrm{d}t$$

所以两类曲线积分有如下联系：

$$\int_L P\mathrm{d}x + Q\mathrm{d}y = \int_L (P\cos\alpha + Q\cos\beta)\mathrm{d}s$$

其中，$\alpha(x,y)$、$\beta(x,y)$是有向曲线弧L在点(x,y)处的切向量的方向角。类似地，我们还可以得到空间曲线Γ上的两类曲线积分之间有如下联系：

$$\int_\Gamma P\mathrm{d}x + Q\mathrm{d}y + R\mathrm{d}z = \int_\Gamma (P\cos\alpha + Q\cos\beta + R\cos\gamma)\mathrm{d}s$$

其中，$\alpha(x,y,z)$、$\beta(x,y,z)$、$\gamma(x,y,z)$是有向曲线弧Γ在点(x,y,z)处的切向量的方向角。

最后，我们从变力沿曲线做功的角度再来分析一下两类曲线积分之间的联系。可以想象我们势必得到同样的结论，但是这个讨论相对更加直观，更易于理解，同时也为之后一些内容的深入学习打下基础。

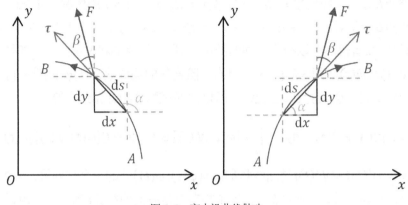

图 A-9　变力沿曲线做功

如图 A-9 所示，设力场$F(x,y) = P(x,y)\boldsymbol{i} + Q(x,y)\boldsymbol{j}$沿着曲线$L$所做的功为$W$，则用第一类曲线积分可以表示为：

$$W = \int_L (F \cdot \boldsymbol{\tau})\mathrm{d}s = \int_L (P\cos\alpha + Q\cos\beta)\mathrm{d}s$$

其中，$\boldsymbol{\tau} = (\cos\alpha, \cos\beta)$是曲线$L$的单位切向量。而且$\alpha(x,y)$、$\beta(x,y)$是有向曲线弧$L$在点$(x,y)$处的切向量的方向角，又根据基本的平面几何知识，从图 A-9 的右图中也易知，在微分三角形中有：

$$\cos\alpha = \frac{\mathrm{d}x}{\mathrm{d}s}, \quad \cos\beta = \frac{\mathrm{d}y}{\mathrm{d}s}$$

此时α和β都是锐角，所以$\cos\alpha$和$\cos\beta$都是大于 0 的，这表示沿着曲线弧L的方向，x分量和y分量都在增加，即$\mathrm{d}x$和$\mathrm{d}y$都是正的（因为$\mathrm{d}s$永远大于 0）。在图 A-9 的左图中，很明显沿着曲线弧L的方向y分量在增加，而x分量在减少，所以$\mathrm{d}y > 0$，而$\mathrm{d}x < 0$。在相应的三角形中，有$\sin\beta = |\mathrm{d}x|/\mathrm{d}s$，因为 $\mathrm{d}x < 0$，所以$\sin\beta = -\mathrm{d}x/\mathrm{d}s$，即$-\sin\beta = \mathrm{d}x/\mathrm{d}s$。同时$\beta$是锐角，即$\cos\beta > 0$，而$\alpha$是钝角，即$\cos\alpha < 0$。又根据三角函数的诱导公式，有$\cos\alpha = \cos(\pi/2 + \beta) = -\sin\beta$，所以$\cos\alpha = \mathrm{d}x/\mathrm{d}s$仍然成立。同理，读者还可以尝试讨论切向量朝其他方向时的情况（例如$\mathrm{d}y < 0$时的情况），也势必得到相同的结论。

根据之前的讨论，当然还可以用第二类曲线积分来表示变力所做的功，即有如下表达式：

$$W = \int_L F \cdot \mathrm{d}\boldsymbol{r} = \int_L P\mathrm{d}x + Q\mathrm{d}y$$

由此，我们便得到了与之前相同的结论。但是读者可能仍然有一个疑问，那就是对坐标的曲线积分的曲线弧是带有方向的，而对弧长的曲线积分的曲线弧则是没有方向的，这个问题又该如何解释？事实上，在第二类曲线积分中，这个方向是由单位切向量$(\cos\alpha, \cos\beta)$来标识的，正是藉由这个切向量，两种曲线积分才最终统一起来。最后，如果我们把两类曲线积分之间的联系记为向量形式，则有：

$$\int_L F \cdot \mathrm{d}r = \int_L (F \cdot \boldsymbol{\tau})\mathrm{d}s$$

5. 格林公式

格林公式是场论中的一个基本而又重要的公式，它建立了平面上闭区域D的二重积分与沿闭区域D的边界曲线L的曲线积分之间的关系。由格林公式出发，我们还可以进一步得到高斯公式和斯托克斯公式。对于很多初学者而言，之所以会对格林公式感到困惑，主要是由于没有深刻领会到它的物理意义，因而缺乏具象的认识。关于这部分内容的讨论将是本小节的重点。

定理　设闭区域D由分段光滑的曲线L围成，函数$P(x, y)$以及$Q(x, y)$在D上具有一阶连续的偏导数，则有：

$$\iint\limits_D \left(\frac{\partial Q}{\partial x} - \frac{\partial P}{\partial y}\right)\mathrm{d}x\mathrm{d}y = \oint_L P\mathrm{d}x + Q\mathrm{d}y$$

其中，L是D的取正向的边界曲线，这个公式就称为格林公式。

利用格林公式来求闭区域D的面积，有时是非常方便的。在上述公式中，如果取$P = -y$，以及$Q = x$，即得：

$$2\iint\limits_D \mathrm{d}x\mathrm{d}y = \oint_L x\mathrm{d}x - y\mathrm{d}y$$

易见，上式左端是闭区域D的面积A的两倍，因此便有：

$$A = \frac{1}{2}\oint_L x\mathrm{d}x - y\mathrm{d}y$$

下面我们来证明格林公式，请注意这个过程中用到了牛顿-莱布尼茨公式。证明的思路是考虑$P(x, y) = 0$或$Q(x, y) = 0$这两种特殊情形下的格林公式，如果可以证明这两种情形下的格林公式都成立，那么显然将这两种特殊情形下的格林公式相加即可得证原公式成立。

首先，假设单连通的区域D既是X型又是Y型的情形。如图 A-10 所示，其中左图所

示的区域D显然既是X型的又是Y型的，此时有$D = \left\{(x,y)\,|\,\varphi_1(x) \leq y \leq \varphi_2(x), a \leq x \leq b\right\}$。因为$P(x,y)$具有一阶连续的偏导数，所以根据二重积分的计算方法有：

$$\iint\limits_{D} \frac{\partial P}{\partial y}\mathrm{d}x\mathrm{d}y = \int_a^b \left\{\int_{\varphi_1(x)}^{\varphi_2(x)} \frac{\partial P(x,y)}{\partial y}\mathrm{d}y\right\}\mathrm{d}x$$

$$= \int_a^b \{P[x,\varphi_2(x)] - P[x,\varphi_1(x)]\}\mathrm{d}x$$

其次，由对坐标的曲线积分的性质及计算方法有：

$$\oint_L P\mathrm{d}x = \int_{L_1} P\mathrm{d}x + \int_{BC} P\mathrm{d}x + \int_{L_2} P\mathrm{d}x + \int_{GA} P\mathrm{d}x$$

$$= \int_{L_1} P\mathrm{d}x + \int_{L_2} P\mathrm{d}x = \int_a^b P[x,\varphi_1(x)]\mathrm{d}x + \int_b^a P[x,\varphi_2(x)]\mathrm{d}x$$

$$= \int_a^b \{P[x,\varphi_1(x)] - P[x,\varphi_2(x)]\}\mathrm{d}x$$

因此

$$-\iint\limits_{D} \frac{\partial P}{\partial y}\mathrm{d}x\mathrm{d}y = \oint_L P\mathrm{d}x$$

于是，我们已经证明了$P(x,y) = 0$时的格林公式。接下来再来考虑$Q(x,y) = 0$时的情形。如图 A-10 的右图所示，此时有$D = \left\{(x,y)\,|\,\psi_1(y) \leq x \leq \psi_2(y),\ c \leq y \leq d\right\}$。

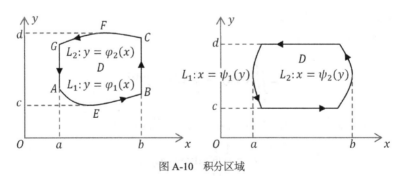

图 A-10　积分区域

与前面相同，根据二重积分的计算方法有：

$$\iint\limits_{D} \frac{\partial Q}{\partial x}\mathrm{d}x\mathrm{d}y = \int_c^d \left\{\int_{\psi_1(y)}^{\psi_2(y)} \frac{\partial Q(x,y)}{\partial x}\mathrm{d}x\right\}\mathrm{d}y$$

$$= \int_c^d \{Q[\psi_2(y),y] - Q[\psi_1(y),y]\}\mathrm{d}y = \int_{L_2'} Q\mathrm{d}y + \int_{L_1'} Q\mathrm{d}y = \oint_L Q\mathrm{d}y$$

由于对于区域D，上述两个结论同时成立，显然将它们合并即可得证在简单区域上（即单连通区域）格林公式是成立的。而对于更一般的情形，则可以在D内进入几条辅助曲线，从而把D分割成有限个闭区域，并使得每个闭区域都满足上式条件。最后在将各个闭区域上得到的格林公式相加之后，方向相反的部分会抵消掉。最终便可以证明格林公式对于光滑（或分段光滑）曲线所围成的封闭区域都是成立的。

要正确认识格林公式，非常有必要来研究一下它的物理意义，对此我们便从如下几个概念开始。假设L是平面上一条封闭的曲线，$L: r = r(t)\ (t:a \to b)$，曲线的方向（即t从a到b）为逆时针方向。曲线所在的向量场为$\boldsymbol{v} = \big(P(x,y), Q(x,y)\big), (x,y) \in D$，则称下面这个量为环量，其中向量$\boldsymbol{\tau}$是曲线上对应的切向量，并且切向量的方向与曲线$L$是一致的：

$$\oint_L \boldsymbol{v} \cdot \boldsymbol{\tau} \mathrm{d}s$$

把如下这个量称为流量，其中向量$\boldsymbol{n}$是曲线上对应的外法向量，也就是指向封闭曲线L外侧的法向量：

$$\oint_L \boldsymbol{v} \cdot \boldsymbol{n} \mathrm{d}s$$

考虑把向量$\boldsymbol{\tau}$和$\boldsymbol{n}$用曲线的参数方程来表示，因为$\boldsymbol{\tau}$是曲线L在点(x,y)处与L方向一致的单位切向量，所以$\boldsymbol{\tau} = r'(t)/|r'(t)| = [x'(t), y'(t)]/|r'(t)|$。而$\boldsymbol{n}$为曲线$L$在点$(x,y)$处的单位外法向量，于是$\boldsymbol{n} = [y'(t), -x'(t)]/|r'(t)|$。在此基础上便可以把环量和流量这两个对弧长的曲线积分形式表示成对坐标的曲线积分。

首先，环量对坐标曲线积分的形式如下：

$$\oint_L \boldsymbol{v} \cdot \boldsymbol{\tau} \mathrm{d}s = \int_a^b \boldsymbol{v} \cdot \boldsymbol{\tau} |r'(t)| \mathrm{d}t = \int_a^b \boldsymbol{v} \cdot \frac{r'(t)}{|r'(t)|} |r'(t)| \mathrm{d}t$$

$$= \int_a^b [P(x,y), Q(x,y)] \cdot \frac{[x'(t), y'(t)]}{|r'(t)|} |r'(t)| \mathrm{d}t = \oint_L P(x,y)\mathrm{d}x + Q(x,y)\mathrm{d}y$$

其次，流量对坐标曲线积分的形式如下：

$$\oint_L \boldsymbol{v} \cdot \boldsymbol{n} \mathrm{d}s = \int_a^b \boldsymbol{v} \cdot \boldsymbol{n} |r'(t)| \mathrm{d}t = \int_a^b \boldsymbol{v} \cdot \frac{[y'(t), -x'(t)]}{|r'(t)|} |r'(t)| \mathrm{d}t$$

$$= \int_a^b [P(x,y), Q(x,y)] \cdot [y'(t), -x'(t)] \mathrm{d}t = \oint_L P(x,y)\mathrm{d}y - Q(x,y)\mathrm{d}x$$

为了帮助读者理解，我们稍作补充说明。这里主要解释一下单位外法向量$\boldsymbol{n}$是如何得到的。由于$\boldsymbol{n}$与$\boldsymbol{\tau}$是彼此垂直的，所以$\boldsymbol{n} \cdot \boldsymbol{\tau} = 0$。在已知$\boldsymbol{\tau} = (x,y)$时便很容易求出法向量的两个解，即$\boldsymbol{n}_1 = (y,-x)$和$\boldsymbol{n}_2 = (-y,x)$，显然这里面有一个是外法向量，另外一个就是内法向量。如图 A-11 所示，由于曲线的方向是沿着逆时针方向的，而切向量的方向与此相同，所以外法向量其实是切向量沿顺时针方向旋转$\pi/2$得到的。相应地，

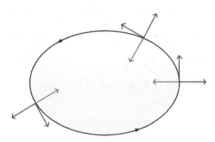

内法向量则是切向量沿逆时针方向旋转$\pi/2$得到的。根据线性代数的知识，若想令一个二维向量按逆时针方向旋转θ角，则需用到下列旋转矩阵，将旋转矩阵与向量相乘，便可以得到旋转后的新向量。如果要得到顺时针旋转的结果，只需将其中θ加上相应的负号即可。

图 A-11　切向量与法向量的位置关系

$$\begin{bmatrix} \cos\theta & -\sin\theta \\ \sin\theta & \cos\theta \end{bmatrix}$$

要得到外法向量，则令$\theta = -\pi/2$，再将旋转矩阵与原向量相乘，如下可得外法向量为$(y,-x)$。

$$\begin{bmatrix} 0 & 1 \\ -1 & 0 \end{bmatrix} \begin{bmatrix} x \\ y \end{bmatrix} = \begin{bmatrix} y \\ -x \end{bmatrix}$$

同理要获得内法向量，则$\theta = \pi/2$，再将新的旋转矩阵与原向量相乘，便可得内法向量为$(-y,x)$。

$$\begin{bmatrix} 0 & -1 \\ 1 & 0 \end{bmatrix} \begin{bmatrix} x \\ y \end{bmatrix} = \begin{bmatrix} -y \\ x \end{bmatrix}$$

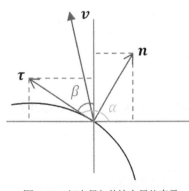

习惯上，我们可以用一对三角函数来表示单位切向量和单位外法向量。比如像图 A-12 中所示的情况，其中$\boldsymbol{\tau}$是一个单位切向量，$\boldsymbol{n}$是一个单位外法向量。根据我们在上一小节中的讨论，通常习惯记为$\boldsymbol{\tau} = (\cos\alpha, \cos\beta)$，或写成$(\cos\alpha, \sin\alpha)$，运用三角函数的诱导公式很容易证明这两种表示方法是等价的。再根据前面关于外法向量与切线量之间关系的讨论，很容易得到$\boldsymbol{n} = (\cos\beta, -\cos\alpha)$，或写成$(\sin\alpha, -\cos\alpha)$。

图 A-12　切向量与外法向量的表示

为了便于对后面格林公式的物理意义进行讨论，在此有必要一同来回顾一下中学物理的一些知识。1820 年，丹麦物理学家奥斯特（Oersted）发现了电流的磁效应。后来法国物理学家安培（Ampère）进一步发展了奥斯特的实验，提出了"安培右手定则"，

此外安培还创造性地研究了电流对电流的作用。既然电能够产生磁，那磁能否产生电呢？1831 年，英国物理学家法拉第（Faraday）发现了电磁感应现象，从而回答了这个问题。电磁感应现象是指放在变化磁通量中的导体，会产生电动势，此电动势称为感应电动势，若将此导体闭合成一回路，则该电动势会驱使电子流动，形成感应电流。1834 年，俄国物理学家楞次（Lenz）发现了楞次定律，为判定感应电动势及感应电流之方向提供了准则。而在这期间，英国数学家格林（Green）于 1828 年发表了《论应用数学分析于电磁学》一文，并在其中提出了著名的格林公式。可惜的是，格林的成果在他有生之年并未得到科学界的重视，而是在其逝世后被其他科学家所重新发掘。英国数学家斯托克斯（Stokes）在格林工作的基础之上提出了斯托克斯公式，他的主要贡献主要集中于流体力学。实际上，格林公式（也包括斯托克斯公式）不仅可以用来解释电磁学中的一些问题，还可以用来解释流体力学中的一些问题。再后来，斯托克斯的学生麦克斯韦（Maxwell）集前人的电磁学研究于大成，提出了电磁场理论，并据此于 1865 年预言了电磁波的存在。1873 年，麦克斯韦出版了电磁场理论的经典巨著《论电和磁》。麦克斯韦的理论在当时仍然有些超前，直到他去世近十年之后的 1888 年，德国物理学家赫兹（Hertz）才通过实验首先证实了电磁波的存在。

下面从电磁学的角度来考虑格林公式的意义。当闭合的线圈中间存在变化的磁通量时，线圈中就会因为感应电动势驱动电子运动的缘故而产生感应电流。假设电子运动的速度场 $v(x, y) = P(x, y)i + Q(x, y)j$，则如同之前讨论过的那样，单位时间内沿闭合线圈 L 的环量如下：

$$\oint_L v \cdot \tau \mathrm{d}s = \oint_L P\mathrm{d}x + Q\mathrm{d}y$$

其中，$\tau = (\cos\alpha, \cos\beta)$ 是 L 指定方向的单位切向量。

另一方面，如图 A-13 所示，我们把 L 所围成的区域 D 用直角坐标系中的坐标曲线 $x = x_i$，$y = y_i$ 进行划分。设完全在 D 内的直多边形区域为 D'，其边界为 L'，它的方向与 L 相同。从 D' 取一个具有代表性的小矩形区域 σ_i，如图 A-14 所示。然后计算它的环量 I_{σ_i}，图中所示的 E、F、G、H 为小矩形区域的 4 个端点。小矩形的长和宽分别为 Δx 和 Δy，并且有 $\Delta x > 0$，以及 $\Delta y > 0$，相应的 4 个点的坐标也标注在旁边。箭头方向是 σ_i 边界曲线的方向。小矩形区域的环量 $I_{\sigma_i} = I_{EF} + I_{FG} + I_{GH} + I_{HE}$。当曲线积分中的曲线弧 L 的弧长趋近于零的时候，我们可以认为定义在曲线上的被积函数就是一个常值函数，也就是说，由于曲线弧 L 特别短，所以定义在其上的被积函数几乎不发生变化。既然基于被积函数是一个常值函数，那么不妨取它在弧上的任一点（例如端点）的函数值作为函数在整个弧上的值，于是便有：

$$\lim_{L \to 0} \int_L P(x,y)\mathrm{d}x + Q(x,y)\mathrm{d}y = P(x_i, y_i)\mathrm{d}x + Q(x_i, y_i)\mathrm{d}y$$

其中，点(x_i, y_i)是曲线弧L任取的一点。所以针对图 A-14 中的情况，当$\Delta x \to 0$，$\Delta y \to 0$时，对于I_{EF}积分的计算，则有$I_{EF} = P(x_i, y_i)\mathrm{d}x + Q(x_i, y_i)\mathrm{d}y$。由于$EF$边平行于$x$轴，所以垂直方向上的增量是等于 0 的，即$\mathrm{d}y = 0$，然后用$\Delta x$替换$\mathrm{d}x$，则有$I_{EF} = P(x_i, y_i)\Delta x$。

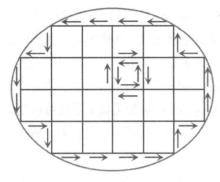

图 A-13 对积分区域进行分割

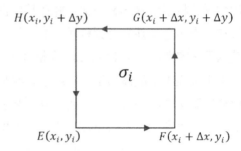

图 A-14 求一个子区域的环量

再来计算I_{HE}，此时我们可以计算与其方向相反的积分I_{EH}，然后在结果上加一个符号便可以得到I_{HE}，即$I_{HE} = -I_{EH}$。仍然选择E点上的函数值来作为函数在EH边上的值，又因为EH是平行于y轴的，所以水平方向上的增量是等于 0 的，即$\mathrm{d}x = 0$，于是有$I_{HE} = -I_{EH} = -Q(x_i, y_i)\Delta y$。

对于I_{FG}的计算要稍复杂些，基于前面的思路，我们选择F点上的函数值来作为函数在FG边上的值，同理有：

$$I_{FG} = P(x_i + \Delta x, y_i)\mathrm{d}x + Q(x_i + \Delta x, y_i)\mathrm{d}y = Q(x_i + \Delta x, y_i)\mathrm{d}y$$

根据偏导数的定义：

$$Q_x(x_i, y_i) = \lim_{\Delta x \to 0} \frac{Q(x_i + \Delta x, y_i) - Q(x_i, y_i)}{\Delta x}$$

有

$$Q(x_i + \Delta x, y_i) = Q(x_i, y_i) + Q_x(x_i, y_i)\Delta x$$

所以可得：

$$I_{FG} = [Q(x_i, y_i) + Q_x(x_i, y_i)\Delta x]\Delta y$$

对于I_{GH}的计算，我们同样先计算与其方向相反的积分I_{HG}，并选择H点上的函数值来作为函数在HG边上的值，于是可得$I_{GH} = -I_{HG} = -[P(x_i, y_i) + P_y(x_i, y_i)\Delta y]\Delta x$。

综上可得：

$$I_{\sigma_i} = \left[Q_x(x_i, y_i) - P_y(x_i, y_i)\right]\Delta x \Delta y$$

或写为：

$$I_{\sigma_i} = \left[\frac{\partial Q(x,y)}{\partial x} - \frac{\partial P(x,y)}{\partial y}\right]_{(x_i, y_i)} \Delta x \Delta y$$

沿着相邻的区域边界的环量在其公共部分因为方向相反而会相互抵消，于是沿着 L' 的环量就等于所有被划分出来的小矩形区域 σ_i 的环量 I_{σ_i} 的总和，即

$$\sum_i I_{\sigma_i} = \sum_i \left(\frac{\partial Q}{\partial x} - \frac{\partial P}{\partial y}\right)_{(x_i, y_i)} \Delta x \Delta y$$

而当区域 D 的划分越来越细时，D' 最终就会趋近于 D，即沿着 L' 的环量也会趋近于沿着 L 的环量，此处用 $\lambda \to 0$ 来表示这一趋近过程，λ 可以理解为每个小矩形区域 σ_i 的大小。最终速度场 $\boldsymbol{v}(x,y)$ 沿着 L 的环量就为：

$$\lim_{\lambda \to 0} \sum_i \left(\frac{\partial Q}{\partial x} - \frac{\partial P}{\partial y}\right)_{(x_i, y_i)} \Delta x \Delta y = \iint_D \left(\frac{\partial Q}{\partial x} - \frac{\partial P}{\partial y}\right) \mathrm{d}x\mathrm{d}y$$

于是便有：

$$\oint_L P\mathrm{d}x + Q\mathrm{d}y = \iint_D \left(\frac{\partial Q}{\partial x} - \frac{\partial P}{\partial y}\right) \mathrm{d}x\mathrm{d}y$$

我们对平面区域的分割在物理意义上也可以得到解释。在电磁感应过程中，变化的磁通量穿过由闭合线圈围成的一个平面区域，产生感应电动势，进而使闭合线圈中产生感应电流。事实上，即使闭合的线圈不存在，感应电动势也依然是存在的。所以，如果变化的磁通量穿过的不是一个单独的线圈，而是一张由导体织成的网，那么显然每个闭合小网格上自然都会产生电流，也就会有相应的环量。最终所有小网格上的环量之和就会与整张网最外侧边界曲线上的环量相等。这正是格林公式所揭示的。

1878 年，英国应用数学家兰姆（Lamb）在其经典著作《流体运动的数学理论》[1] 一书中总结了经典流体力学的成果。兰姆曾经是斯托克斯和麦克斯韦的学生。他在该书中指出沿任意曲线 $ABCD$ 所取的积分 $\int(u\mathrm{d}x + v\mathrm{d}y + w\mathrm{d}z)$ 称为流体沿该曲线自 A 到 D 的"流动"，并记为 $I(ABCD)$。如果 A 和 D 重合，这样就构成一个闭曲线或回路，则积分之值称为在该回路中的"环量"，记为 $I(ABCA)$。不论曲线是否闭合，若沿反方向取积分，

1　该书系物理学经典名著，1878 年完成，1879 年正式出版，之后陆续再版多次。各版本经不断完善和扩充后，改名为《理论流体动力学》。中译本依据 1932 年发行的原书第 6 版译得，可参见文献[10]。

则最终积分结果的正负号就会颠倒过来，于是有 $I(AD) = -I(DA)$ 以及 $I(ABCA) = -I(ACBA)$，显然也有 $I(ABCD) = I(AB) + I(BC) + I(CD)$。此外，任何一个曲面都可以被曲面上两组交叉线划分为许多无穷小的面元。现在假定该曲面的边界由简单闭曲线构成，这样一来，当以同样的绕向沿那些小面元的边界取环量时，它们的总和将等于沿原表面边界的环量。这是因为在上述的求和中，对每一个小面元的边界计算一次环量时，沿每两个相邻小面元的公共边线就计算了两次流动，但它们的符号却相反，因而在求和后的结果中消失了。所以留下来的仅是沿着构成原始边界的那些边线上的流动。把任一有限曲面的边缘上之环量表示为把该面分割后所得之各无穷小面元边界上的环量之和，便会得到：

$$\int (udx + vdy + wdz) = \iint \left\{ l\left(\frac{\partial w}{\partial y} - \frac{\partial v}{\partial z}\right) + m\left(\frac{\partial u}{\partial z} - \frac{\partial w}{\partial x}\right) + n\left(\frac{\partial v}{\partial x} - \frac{\partial u}{\partial y}\right) \right\} ds$$

该式就是后面我们将要介绍的斯托克斯公式。其中单重积分是沿边界曲线取的，二重积分是在曲面上取的，l、m 和 n 各量是曲面法线的方向余弦，所有法线都是从该曲面的一个侧面引出的，我们可以将该侧面称作正侧面。格林公式所描述的情况是基于平面向量场的，而斯托克斯公式则是基于空间向量场的，所以斯托克斯公式可以被看成是格林公式的推广。

本文之前即提到过，格林公式既可以用来解释电磁场理论中的物理现象，也可以用来解释流体力学中的现象。我们所给出的基于电磁场理论的解释与此处兰姆所给出的基于流体力学的解释是一致的、统一的。鉴于我们在格林公式的物理意义上已经耗用了颇多笔墨，此后对于斯托克斯公式的物理意义，本文将不再赘言。

格林公式还有另外一种形式，当我们将原公式中的 P、Q 分别换成 $-Q$、P 时便可以得到：

$$\oint_L Pdy - Qdx = \iint_D \left(\frac{\partial P}{\partial x} + \frac{\partial Q}{\partial y}\right) dxdy$$

此时该公式的物理意义就需要从前面提到的流量来进行解释，而且我们已经知道流量的表达式如下：

$$\oint_L \boldsymbol{v} \cdot \boldsymbol{n} ds = \oint_L P(x,y)dy - Q(x,y)dx$$

下面我们从一种更直观的角度来推导该表达式。设有速度场 $\boldsymbol{v}(x,y) = P(x,y)\boldsymbol{i} + Q(x,y)\boldsymbol{j}$，用以表示流体的速度。我们想计算单位时间内流体经过边界 L 的流量，于是考虑将曲线 L 分成若干个小弧段并考察其中一段。如图 A-15 所示，在 x 分量上通过小弧段的流量就是图中的平行四边形，该四边形的一条边长是 ds（它是对小弧段的近似），另外一条边长是速度场在x轴上的分离，即$P_i(x,y)$，它表示流体单位时间内流过的距离。

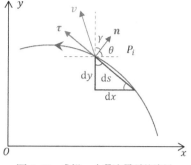

显然，平行四边形的面积就等于$P_i(x,y)\cos\theta\,\mathrm{d}s$，其中$\theta$是朝外法向量$\boldsymbol{n}$与$x$轴的夹角。同理，对于这一个小弧段，它在$y$轴上的流量平行四边形的面积就等于$Q_i(x,y)\cos\gamma\,\mathrm{d}s$。当然，沿着曲线的方向，每一点处所对应的$\theta$和$\gamma$都是在不停变化的，所以我们分别采用$\cos(\boldsymbol{n},x)$和$\cos(\boldsymbol{n},y)$这样的记号来表示每一点处朝外法向量$\boldsymbol{n}$与$x$轴，以及$\boldsymbol{n}$与$y$轴的夹角。据此可得整条闭合曲线上沿$x$轴方向的分量之和，以及沿$y$轴方向的分量之和分别为：

图 A-15　求沿一小段边界弧的流量

$$\oint_L P(x,y)\cos(\boldsymbol{n},x)\,\mathrm{d}s,\quad \oint_L Q(x,y)\cos(\boldsymbol{n},y)\,\mathrm{d}s$$

因此全部流量之和为：

$$\oint_L [P(x,y)\cos(\boldsymbol{n},x)+Q(x,y)\cos(\boldsymbol{n},y)]\mathrm{d}s$$

$$=\oint_L \left[P(x,y)\frac{\mathrm{d}y}{\mathrm{d}s}-Q(x,y)\frac{\mathrm{d}x}{\mathrm{d}s}\right]\mathrm{d}s=\oint_L P(x,y)\mathrm{d}y-Q(x,y)\mathrm{d}x$$

这与之前所推得之结果是完全一致的，因此表明我们这种解释方式是可行的。需要说明的地方是$\cos(\boldsymbol{n},y)=-\mathrm{d}x/\mathrm{d}s$，这里有一个负号，请读者注意图中所示的情况，沿着曲线的方向有$\mathrm{d}x<0$，因为x是在减少的。而图中的角γ是一个锐角，即$\cos(\boldsymbol{n},y)>0$，所以需要一个符号来使最终的结果变成正确的取值。读者也可以尝试验证外法向量朝向其他方位时的情况，最终都会得到相同的结果。

同样把封闭曲线L所围成的区域D划分成众多小的矩形块。如图 A-16 所示，因为该矩形左侧垂直边上的流速为$P(x,y)$，因此单位时间内有$P(x,y)\Delta y$的流体流入，而同一时间又约有$P(x+\Delta x,y)\Delta y$的流体流出，所以沿x轴方向的单位面积之净流量为：

$P(x,y)\Rightarrow$ ┤Δy├ $\Rightarrow P(x+\Delta x,y)$

x　Δx　$x+\Delta x$

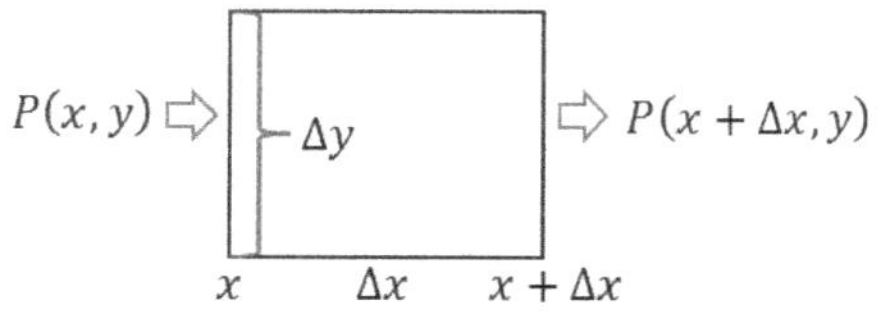

图 A-16　单位面积之流量

$$\frac{[P(x+\Delta x,y)-P(x,y)]\Delta y}{\Delta x\Delta y}$$

当$\Delta x\to 0$时，上式的极限就等于$\partial P/\partial x$。同理，沿y轴方向的单位面积之净流量为$\partial Q/\partial y$。因此，单位面积上的净流量就等于$\partial P/\partial x+\partial Q/\partial y$。而通过整个区域$D$上的全部流量即为：

$$\iint\limits_{D} \left(\frac{\partial P}{\partial x} + \frac{\partial Q}{\partial y} \right) \mathrm{d}x\mathrm{d}y$$

因为我们假设流体是不可压缩的，同一时间内的液体只能从边界流出，故有：

$$\oint_{L} P\mathrm{d}y - Q\mathrm{d}x = \iint\limits_{D} \left(\frac{\partial P}{\partial x} + \frac{\partial Q}{\partial y} \right) \mathrm{d}x\mathrm{d}y$$

这就从流量的角度解释了格林公式的物理意义。

最后，读者不难从以上两种物理解释得到推导高斯公式和斯托克斯公式的启迪，高斯公式和斯托克斯公式都是格林公式在三维空间上的推广。

6. 积分与路径无关条件

定义 设有平面向量场 $F(x,y) = \bigl(P(x,y), Q(x,y)\bigr)$，$(x,y) \in D$，并且对于区域 D 中的任意两点 A 和 B，以及任意两条以 A 为起点、B 为终点的光滑或分段光滑曲线 L_1 和 L_2，若有：

$$\int_{L_1} P(x,y)\mathrm{d}x + Q(x,y)\mathrm{d}y = \int_{L_2} P(x,y)\mathrm{d}x + Q(x,y)\mathrm{d}y$$

则称向量场 F 为平面保守场。同理，还可以定义空间保守场。

给出平面保守场的定义之后，我们自然想要知道如何验证平面上一个向量场是保守场，此时就需要用到如下定理。

定理 设 D 是平面上的单连通区域，函数 $P(x,y)$、$Q(x,y)$ 在 D 内有连续的一阶偏导数，则下面的四种说法是等价的：

- 在区域 D 内存在可微函数 $u(x,y)$，使得 $\mathrm{d}u(x,y) = P(x,y)\mathrm{d}x + Q(x,y)\mathrm{d}y$，$(x,y) \in D$；
- 在区域 D 内总有 $\partial P/\partial y = \partial Q/\partial x$ 成立；
- 对区域 D 内的任意光滑闭曲线 L，均有 $\oint P\mathrm{d}x + Q\mathrm{d}y = 0$；
- 对区域 D 内的任意两点 A 和 B，定义在 A、B 两点间连线上之积分 $\int P\mathrm{d}x + Q\mathrm{d}y$ 的值只与这两点的位置有关，而与两点连线在区域 D 内所走过之路径无关。

证明：

为了简便起见，不妨考虑证明由定理中的第一种说法可以推出第二种说法，由第二种说法可以推出第三种说法，由第三种说法可以推出第四种说法，最后由第四种说法可以推出第一种说法。如此，四种说法彼此之间的等价性就可以被证明。

首先，证明第一种说法可以推出第二种说法。

由于存在 $u(x, y)$，使得 $du(x, y) = P(x, y)dx + Q(x, y)dy, (x, y) \in D$，根据全微分公式，又因为全微分的形式是唯一的，可得：

$$\frac{\partial u}{\partial x} = P(x, y), \quad \frac{\partial u}{\partial y} = Q(x, y)$$

由此可得：

$$\frac{\partial P}{\partial y} = \frac{\partial^2 u}{\partial x \partial y}, \quad \frac{\partial Q}{\partial x} = \frac{\partial^2 u}{\partial y \partial x}$$

由于上述两个二阶偏导数连续，所以有 $\partial P / \partial y = \partial Q / \partial x$。

然后，证明第二种说法可以推出第三种说法。

设 L 为区域 D 内的一条光滑闭曲线，不妨设其为一条简单的光滑闭曲线，并且它所围成的区域为 D'，则根据格林公式有：

$$\oint_L Pdx + Qdy = \iint_{D'} \left(\frac{\partial Q}{\partial x} - \frac{\partial P}{\partial y} \right) d\sigma = 0$$

如果曲线不满足简单性条件，其实可以通过分割的方法，对不同区域分别应用格林公式，最终也会得到相同的结果。

接下来，证明第三种说法可以推出第四种说法。

这其实是显而易见的。对区域 D 内的任意两点 A 和 B，以 A 为起点，以 B 为终点，可做任意一条曲线，记为 L_{AB}。然后，再以 B 为起点，以 A 为终点，做任意一条曲线，记为 L'_{BA}，则 L_{AB} 和 L'_{BA} 便形成了一条闭合的回路，于是根据第三种说法的描述，便有：

$$\oint_{L_{AB}+L_{BA}} Pdx + Qdy = \int_{L_{AB}} Pdx + Qdy + \int_{L'_{BA}} Pdx + Qdy = 0$$

又因为沿同一条路径的曲线积分，改变积分曲线的方向会导致积分结果的正负号颠倒，所以有：

$$\int_{L_{AB}} Pdx + Qdy = \int_{L'_{AB}} Pdx + Qdy$$

由于积分路径 L_{AB} 和 L'_{AB} 都是任取的，自然也就证明定义在 A、B 两点间连线上之积分的值只与这两点的位置有关，而与两点连线在区域 D 内所走过之路径无关。

最后，证明第四种说法可以推出第一种说法。

设(x_0, y_0)是区域D内的固定一点，而(x, y)表示区域D内的任意一点，然后构造一个变上限的积分函数如下：

$$u(x, y) = \int_{(x_0, y_0)}^{(x, y)} P(x, y)\mathrm{d}x + Q(x, y)\mathrm{d}y$$

根据第四种说法的表述，定义在区域D内的曲线积分，其积分值仅与起始点和终末点的位置有关，而与积分路径无关，所以当点(x_0, y_0)固定时，函数$u(x, y)$的值可以唯一由点(x, y)来确定。因此，上述函数的定义是有意义的。至此，如果可以验证$\partial u / \partial x = P$，$\partial u / \partial y = Q$，那么相应的结论便可得到证明。由于$P$、$Q$是连续的，即$u$关于$x$和$y$分别拥有连续的一阶偏导数，而有连续偏导数的函数一定是可微的，所以u的全微分是存在的。并且根据全微分公式可得：

$$\mathrm{d}u = \frac{\partial u}{\partial x}\mathrm{d}x + \frac{\partial u}{\partial y}\mathrm{d}y = P\mathrm{d}x + Q\mathrm{d}y$$

这正是我们所要证明的。所以下面我们就来验证$\partial u / \partial x = P$。由偏导数的定义，可知：

$$\frac{\partial u}{\partial x} = \lim_{\Delta x \to 0} \frac{u(x + \Delta x, y) - u(x, y)}{\Delta x}$$

根据$u(x, y)$的定义，可以把上述表达式中的函数展开成积分的形式。其中，$u(x + \Delta x, y)$的积分曲线是以点(x_0, y_0)为起点、以$(x + \Delta x, y)$为终点的任意曲线，而函数$u(x, y)$的积分曲线是以点(x_0, y_0)为起点、以(x, y)为终点的任意曲线。曲线积分的值仅与起始点的位置有关，而与积分路径无关，所以我们可以根据计算的便利性来对积分路径进行选择。不妨令$u(x + \Delta x, y)$的积分曲线，先沿着$u(x, y)$的积分路径从点(x_0, y_0)开始，到点(x, y)后，再沿着一条直线段到达点$(x + \Delta x, y)$。重合的部分相减之后变为 0，所以有：

$$\frac{\partial u}{\partial x} = \lim_{\Delta x \to 0} \frac{1}{\Delta x} \int_{(x, y)}^{(x + \Delta x, y)} P\mathrm{d}x + Q\mathrm{d}y$$

而在从点(x, y)沿直线段到达点$(x + \Delta x, y)$的路径中，y没有变化，即$\mathrm{d}y = 0$，再根据积分中值定理，可得：

$$\frac{\partial u}{\partial x} = \lim_{\Delta x \to 0} \frac{1}{\Delta x} \int_{x}^{x + \Delta x} P(x, y)\mathrm{d}x = P$$

同理，还可以验证$\partial u / \partial y = Q$，所以也就证明原结论成立。

综上所述，定理得证。

对于单连通区域D内的向量场$F = \big(P(x,y), Q(x,y)\big)$，若$P(x,y)$和$Q(x,y)$具有连续的偏导数，且$\partial Q/\partial x = \partial P/\partial y$，则$F$是保守场。此外，如果向量场$F$是保守场，那么当且仅当它是某函数$u(x,y)$的梯度场，即$F = \nabla u(x,y)$。我们把函数$u(x,y)$称为向量场$F$在$D$上的原函数或势函数。对于空间上的情况同样有类似的定义。设有空间向量场$F = \big(P(x,y,z), Q(x,y,z), R(x,y,z)\big)$，$(x,y,z) \in \Omega$，若存在函数$u(x,y,z)$使得

$$F(x,y,z) = \nabla u(x,y,z) = \left(\frac{\partial u}{\partial x}, \frac{\partial u}{\partial y}, \frac{\partial u}{\partial z}\right)$$

则称函数$u(x,y,z)$是向量场F的原函数或势函数。此时向量场F是空间保守场。而判断F是空间保守场的条件为：

$$\frac{\partial P}{\partial y} = \frac{\partial Q}{\partial x}, \quad \frac{\partial P}{\partial z} = \frac{\partial R}{\partial x}, \quad \frac{\partial Q}{\partial z} = \frac{\partial R}{\partial y}$$

关于该结论的证明需要用到后面介绍的斯托克斯公式。最后，我们采用一种行列式的形式来重写上述保守场的判定条件。判定平面向量场$F = \big(P(x,y), Q(x,y)\big)$为保守场的条件是：

$$\frac{\partial Q}{\partial x} = \frac{\partial P}{\partial y} \Leftrightarrow \begin{vmatrix} \dfrac{\partial}{\partial x} & \dfrac{\partial}{\partial y} \\ P & Q \end{vmatrix} = 0$$

判定空间向量场$F = \big(P(x,y,z), Q(x,y,z), R(x,y,z)\big)$为保守场的条件是：

$$\frac{\partial P}{\partial y} = \frac{\partial Q}{\partial x}, \frac{\partial P}{\partial z} = \frac{\partial R}{\partial x}, \frac{\partial Q}{\partial z} = \frac{\partial R}{\partial y} \Leftrightarrow \begin{vmatrix} \boldsymbol{i} & \boldsymbol{j} & \boldsymbol{k} \\ \dfrac{\partial}{\partial x} & \dfrac{\partial}{\partial y} & \dfrac{\partial}{\partial z} \\ P & Q & R \end{vmatrix} = 0$$

7. 曲面积分

第一类曲面积分 设曲面Σ是光滑的，函数$f(x,y,z)$在Σ上有界。把Σ任意分成n小块ΔS_i（ΔS_i同时也代表第i个小块曲面的面积），设(ξ_i, η_i, ζ_i)是ΔS_i上任意取定的一点，做乘积$f(\xi_i, \eta_i, \zeta_i)\Delta S_i$ $(i = 1,2,3,\cdots,n)$，并做和$\sum_{i=1}^{n} f(\xi_i, \eta_i, \zeta_i)\Delta S_i$，当各小块曲面的直径[2]的最大值$\lambda \to 0$时，这和的极限总存在，则称此极限为函数$f(x,y,z)$在曲面$\Sigma$上对面积的曲面积分或第一类曲面积分，记作：

$$\iint\limits_{\Sigma} f(x,y,z)\,\mathrm{d}S = \lim_{\lambda \to 0} \sum_{i=1}^{n} f(\xi_i, \eta_i, \zeta_i)\,\Delta S_i$$

其中$f(x,y,z)$叫作被积函数，Σ叫作积分曲面。特别地，如果Σ是闭曲面，那么函

---

2 曲面的直径指的是其上任意两点间距离的最大值。

数$f(x, y, z)$在闭曲面Σ上对面积的曲面积分则记为：

$$\oiint_{\Sigma} f(x, y, z) \mathrm{d}S$$

对于第一类曲面积分的实际意义，我们可以从空间曲面构件的质量这个角度去解释。如果被积函数$f(x, y, z) \geq 0$，那么，关于面积的曲面积分就可以表示面密度函数为$f(x, y, z)$的曲线形构件之质量。特别地，当$f(x, y, z) = 1$时，关于面积的曲面积分计算的就是曲面的面积。

第二类曲面积分　设Σ为光滑的有向曲面，函数$R(x, y, z)$在Σ上有界。把Σ任意分成n块小曲面ΔS_i（ΔS_i同时也代表第i个小块曲面的面积），ΔS_i在xOy面上的投影为$(\Delta S_i)_{xy}$，(ξ_i, η_i, ζ_i)是ΔS_i上任意取定的一点。当各小块曲面之直径的最大值$\lambda \to 0$时，极限

$$\lim_{\lambda \to 0} \sum_{i=1}^{n} R(\xi_i, \eta_i, \zeta_i) (\Delta S_i)_{xy}$$

总存在，则称此极限为函数$R(x, y, z)$在有向曲面Σ上对坐标x、y的曲面积分，记作：

$$\iint_{\Sigma} R(x, y, z) \mathrm{d}x\mathrm{d}y = \lim_{\lambda \to 0} \sum_{i=1}^{n} R(\xi_i, \eta_i, \zeta_i) (\Delta S_i)_{xy}$$

其中$R(x, y, z)$叫作被积函数，Σ叫作积分曲面。

类似地，可以定义函数$P(x, y, z)$在有向曲面Σ上对坐标y、z的曲面积分

$$\iint_{\Sigma} P(x, y, z) \mathrm{d}y\mathrm{d}z = \lim_{\lambda \to 0} \sum_{i=1}^{n} P(\xi_i, \eta_i, \zeta_i) (\Delta S_i)_{yz}$$

以及函数$Q(x, y, z)$在有向曲面Σ上对坐标z、x的曲面积分

$$\iint_{\Sigma} Q(x, y, z) \mathrm{d}z\mathrm{d}x = \lim_{\lambda \to 0} \sum_{i=1}^{n} Q(\xi_i, \eta_i, \zeta_i) (\Delta S_i)_{zx}$$

以上三个曲面积分也称为第二类曲面积分。此外，在实际中更常用到的是下列加和的形式：

$$\iint_{\Sigma} P(x, y, z) \mathrm{d}y\mathrm{d}z + \iint_{\Sigma} Q(x, y, z) \mathrm{d}z\mathrm{d}x + \iint_{\Sigma} R(x, y, z) \mathrm{d}x\mathrm{d}y$$

为了简便起见，上式还可以写成：

$$\iint\limits_{\Sigma} P(x,y,z)\mathrm{d}y\mathrm{d}z + Q(x,y,z)\mathrm{d}z\mathrm{d}x + R(x,y,z)\mathrm{d}x\mathrm{d}y$$

这表示的便是向量场 $\boldsymbol{v} = P(x,y,z)\boldsymbol{i} + Q(x,y,z)\boldsymbol{j} + R(x,y,z)\boldsymbol{k}$，在有向曲面 Σ 上对坐标的曲面积分。

下面我们一起来讨论第二类曲面积分的实际意义。在介绍格林公式的物理意义时，我们已经接触过流量的概念了。彼时，我们讨论的是在二维平面向量场中的情况，现在将其推广到三维空间向量场中。在平面上，向量场穿过一条曲线的流量，是指单位时间内流体沿着曲线外法线方向流过曲线弧的量，这个量最终反映为一个平面区域的面积。而在空间中，向量场穿过一块曲面的流量，是指单位时间内流体沿着正法向量方向流过曲面片的量，这个量最终反映为一个空间区域的体积。假设稳定流动的不可压缩流体的速度场为 $\boldsymbol{v} = P(x,y,z)\boldsymbol{i} + Q(x,y,z)\boldsymbol{j} + R(x,y,z)\boldsymbol{k}$，这里点 $(x,y,z) \in \Omega$，现在来求流体流过有向曲面 Σ 的流量 Φ。如图 A-17 所示，把曲面 Σ 任意分成众多个小曲面，然后考虑其中的一个小曲面 ΔS，M 是 ΔS 上的一点，$\boldsymbol{n}(M)$ 表示该点处曲面 Σ 的法向量，在 M 点处的速度等于 $\boldsymbol{v}(M)$。当各小块曲面的直径之最大值 $\lambda \to 0$ 时，即可采用以平代曲的思想，用 $\mathrm{d}S$ 来代替 ΔS 的面积。

现在我们要计算曲面上以 $\mathrm{d}S$ 为底面积的某个小斜柱体的体积，可以将其拿出来单独考虑，如图 A-18 所示。单位法向量 $\boldsymbol{n}$ 与速度向量 $\boldsymbol{v}$ 之间的夹角是 θ，h 是斜柱体的高，所以这个小斜柱体的体积显然就等于 $|\boldsymbol{v}| \cos\theta \, \mathrm{d}S$。回忆前面关于向量内积的介绍，考虑到向量 $\boldsymbol{n}$ 是一个单位向量，于是我们便可以把这个体积表达式重写为 $(\boldsymbol{v} \cdot \boldsymbol{n})\mathrm{d}S$。基于这个结论，再来讨论通过曲面的流量，问题的答案似乎已经变得相当明朗了。在流速场 $\boldsymbol{v}$ 中，流体通过任意一个小曲面 ΔS 的流量 $\Delta\Phi \approx \boldsymbol{v}(M) \cdot \boldsymbol{n}(M)\mathrm{d}S$。然后对整个曲面做积分便可得到通过曲面 Σ 的流量：

$$\Phi = \iint\limits_{\Sigma} [\boldsymbol{v}(M) \cdot \boldsymbol{n}(M)] \, \mathrm{d}S$$

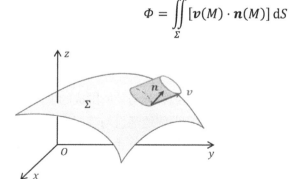

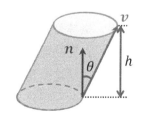

图 A-17 通过空间曲面的流量　　　　　　图 A-18 计算小斜柱体的体积

又因曲面的单位法向量$n = \{\cos\alpha, \cos\beta, \cos\gamma\}$，且速度向量$v$的三个分量分别是$P(x,y,z)$、$Q(x,y,z)$和$R(x,y,z)$，于是流量表达式就变成如下这个对面积的曲面积分：

$$\Phi = \iint_{\Sigma} [P(x,y,z)\cos\alpha + Q(x,y,z)\cos\beta + R(x,y,z)\cos\gamma]\mathrm{d}S$$

$$= \iint_{\Sigma} P(x,y,z)\cos\alpha\,\mathrm{d}S + Q(x,y,z)\cos\beta\,\mathrm{d}S + R(x,y,z)\cos\gamma\,\mathrm{d}S$$

注意到$\cos\alpha, \cos\beta, \cos\gamma$分别是法向量$n$与$x$轴、$y$轴和$z$轴的方向余弦，所以$\cos\alpha\,\mathrm{d}S$、$\cos\beta\,\mathrm{d}S$和$\cos\gamma\,\mathrm{d}S$就分别表示$\mathrm{d}S$在$yOz$平面上、在$zOx$平面上以及在$xOy$平面上的投影。而且当各小块曲面的直径之最大值$\lambda \to 0$时，有$\Delta S \to \mathrm{d}S$，因此$\mathrm{d}S$在$yOz$平面上、在$zOx$平面上以及在$xOy$平面上的投影其实就是我们最初在定义第二类曲线积分时所采用的$(\Delta S)_{yz}$、$(\Delta S)_{xy}$和$(\Delta S)_{zx}$。所以上面的对面积的曲面积分就可以写成对坐标的曲面积分定义中所采用的形式：

$$\iint_{\Sigma} P(x,y,z)\mathrm{d}y\mathrm{d}z + Q(x,y,z)\mathrm{d}z\mathrm{d}x + R(x,y,z)\mathrm{d}x\mathrm{d}y$$

如果用$\mathrm{d}S$来表示向量$(\mathrm{d}y\mathrm{d}z, \mathrm{d}z\mathrm{d}x, \mathrm{d}x\mathrm{d}y)$，此时$\mathrm{d}S$就是一个向量，它的含义是单位法向量$n$与面积微元$\mathrm{d}S$的乘积，即$n\mathrm{d}S$。换言之，$\mathrm{d}S$就是一个有向的面积微元，它的方向其实就是曲面在$(x,y,z)$这一点的法向量。由此便可以把对坐标的曲面积分表示成下面这样的向量形式：

$$\iint_{\Sigma} P\mathrm{d}y\mathrm{d}z + Q\mathrm{d}z\mathrm{d}x + R\mathrm{d}x\mathrm{d}y = \iint_{\Sigma} v \cdot n\mathrm{d}S = \iint_{\Sigma} v \cdot \mathrm{d}S$$

关于这部分内容的讨论，既阐明了第二类曲面积分的实际意义，其实也明确了两类曲面积分之间的关联。需要说明的是，在后面的介绍中，我们将更多地采用通量这个提法来替代此前所用的流量。通量是更广义的说法，如果考虑的向量场是流速场的话，那么通量就是流量；如果考虑的是电场或者磁场的话，那么通量就是电通量或者磁通量。

8. 高斯公式与散度

在数学上，格林公式建立了平面闭曲线的曲线积分与其所围成的平面区域的二重积分之间的联系；在物理上，它阐释了穿过封闭曲线的通量与其围成的面积上的全部通量之间的关系。从这个角度进行推广，即可得到高斯公式。在数学上，高斯公式建立了空间闭曲面的曲面积分与其所围成的空间区域的三重积分之间的联系；而在物理上，它也阐释了穿过封闭曲面的通量与其围成的体积上的全部通量之间的关系。

定理　设空间闭区域Ω是由分片光滑的闭曲面Σ所围成的,函数$P(x, y, z)$、$Q(x, y, z)$、$R(x, y, z)$在Ω上具有一阶连续偏导数, 则有:

$$\iiint_{\Omega} \left(\frac{\partial P}{\partial x} + \frac{\partial Q}{\partial y} + \frac{\partial R}{\partial z}\right) \mathrm{d}V = \oiint_{\Sigma} P\mathrm{d}y\mathrm{d}z + Q\mathrm{d}z\mathrm{d}x + R\mathrm{d}x\mathrm{d}y$$

或

$$\iiint_{\Omega} \left(\frac{\partial P}{\partial x} + \frac{\partial Q}{\partial y} + \frac{\partial R}{\partial z}\right) \mathrm{d}V = \oiint_{\Sigma} (P\cos\alpha + Q\cos\beta + R\cos\gamma)\mathrm{d}S$$

其中,Σ是Ω的整个边界曲面的外侧,$\cos\alpha$、$\cos\beta$和$\cos\gamma$是Σ在点(x, y, z)处的法向量的方向余弦,以上公式就称为高斯公式。

在证明高斯公式时,可以考虑采用与格林公式的证明过程相类似的方法,即分别证明与P、Q和R有关的三个等式:

$$\oiint_{\Sigma^+} P\mathrm{d}y\mathrm{d}z = \iiint_{\Omega} \frac{\partial P}{\partial x}\mathrm{d}V, \quad \oiint_{\Sigma^+} Q\mathrm{d}z\mathrm{d}x = \iiint_{\Omega} \frac{\partial Q}{\partial y}\mathrm{d}V, \quad \oiint_{\Sigma^+} R\mathrm{d}x\mathrm{d}y = \iiint_{\Omega} \frac{\partial R}{\partial z}\mathrm{d}V$$

证明:设区域Ω是关于z轴简单的,即和z轴平行的直线与区域Ω的表面要么相交于一点,要么相交于两点,要么相交于一条直线段,除此之外别无其他情况。下面就来证明在这样一个区域上,第三个等式是成立的。如图 A-19 所示,首先对于在Σ_3上的积分,由于Σ_3在xOy平面上的投影是D_{xy}的边界曲线,所以有:

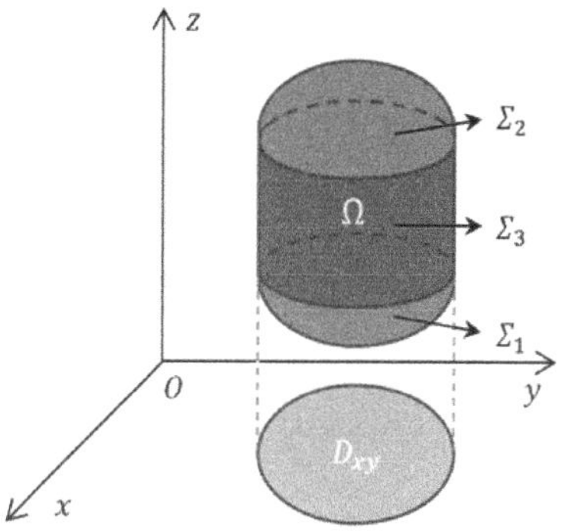

$$\iint_{\Sigma_3} R(x, y, z)\mathrm{d}x\mathrm{d}y = 0$$

图 A-19　积分曲面

假设曲面Σ_1和Σ_2的方程分别为$z = z_1(x, y)$和$z = z_2(x, y)$,其中$(x, y) \in D_{xy}$,则有:

$$\iint_{\Sigma_1} R(x, y, z)\mathrm{d}x\mathrm{d}y = - \iint_{D_{xy}} R[x, y, z_1(x, y)]\mathrm{d}x\mathrm{d}y$$

$$\iint_{\Sigma_2} R(x, y, z)\mathrm{d}x\mathrm{d}y = + \iint_{D_{xy}} R[x, y, z_2(x, y)]\mathrm{d}x\mathrm{d}y$$

其中正负号的选取是根据曲面法向量与z轴之间的夹角来判定的。具体而言,就是曲面Σ_1的法向量与z轴之间的夹角是一个钝角,所以最终积分的结果前面有一个负号;而曲面Σ_2的法向量与z轴之间的夹角是一个锐角,所以最终积分的结果前面有一个正号。基于以上结果，可得：

$$\oiint_{\Sigma} R \mathrm{d}x\mathrm{d}y = \iint_{D_{xy}} \{R[x,y,z_2(x,y)] - R[x,y,z_1(x,y)]\}\mathrm{d}x\mathrm{d}y$$

根据三重积分的计算方法，原等式右端的三重积分可以转化成累次积分，再利用牛顿-莱布尼茨公式，可得：

$$\iiint_{\Omega} \frac{\partial R}{\partial z} \mathrm{d}V = \iint_{D_{xy}} \mathrm{d}x\mathrm{d}y \int_{z_1(x,y)}^{z_2(x,y)} \frac{\partial R}{\partial z} \mathrm{d}z = \iint_{D_{xy}} \{R[x,y,z_2(x,y)] - R[x,y,z_1(x,y)]\}\mathrm{d}x\mathrm{d}y$$

由此即证明了第三个等式左右两端确实是相等的。依照类似的方法，我们还可以证明第一个等式和第二个等式对于简单的区域都是成立的。而对于更一般的情况，只要把原区域分割成若干相邻的简单子区域，便不难发现相邻子区域间的共有曲面在各自计算积分的过程中由于方向相反，最终会彼此抵消掉。所以，对于更一般的情况（即使积分区域不是简单的），高斯公式仍然成立。

根据上一小节的介绍，我们知道第二类曲面积分的实际意义就是在向量场中，穿过曲面Σ的流量Φ。如果Σ是向量场中的一个闭曲面，它的法向量是指向外侧的，则向量场通过Σ的通量就可能有三种情况。当$\Phi > 0$时，说明流入Σ的流体的体积要少于流出的，表明Σ内是有源的；当$\Phi < 0$时，说明流入Σ的流体的体积要多于流出的，表明Σ内是有汇的；当$\Phi = 0$时，说明流入与流出Σ的流体体积是相等的。并且基于本小节所介绍的高斯公式，则有下式成立，其中Ω是Σ所围成的空间区域，Ω的体积是V。

$$\Phi = \oiint_{\Sigma} P\mathrm{d}y\mathrm{d}z + Q\mathrm{d}z\mathrm{d}x + R\mathrm{d}x\mathrm{d}y = \iiint_{\Omega} \left(\frac{\partial P}{\partial x} + \frac{\partial Q}{\partial y} + \frac{\partial R}{\partial z}\right)\mathrm{d}x\mathrm{d}y\mathrm{d}z$$

假设点$M(x,y,z)$是向量场$A = P(x,y,z)i + Q(x,y,z)j + R(x,y,z)k$中任一点。做封闭曲面$S$包围$M$点，$S$包围的空间为$\Delta V$，当空间向$M$这一点收缩时（$\Delta V \to 0$），考虑单位体积之流量（或称流量的密度）的极限，并定义该极限为向量场A在点M处的散度，用$\mathbf{div}\, A$来表示，即：

$$\mathbf{div}\, A = \lim_{\Delta V \to 0} \frac{\oiint_S A \cdot \mathrm{d}S}{\Delta V}$$

散度的本质是通量对体积的变化率，而且散度绝对值的大小反映了单位体积内源的强度。如果$\mathbf{div}\, A > 0$，表明该点处有正源；如果$\mathbf{div}\, A < 0$，表明该点处有负源；如果$\mathbf{div}\, A = 0$，表明该点处无源。特别地，如果向量场A中处处有$\mathbf{div}\, A = 0$，则称A是无源场。

在空间直角坐标系中，矢量场 A 在点 M 处的散度还可以借助之前提到的梯度算子来表示，此时散度表现为梯度算子与向量场的内积：

$$\text{div } A = \frac{\partial P}{\partial x} + \frac{\partial Q}{\partial y} + \frac{\partial R}{\partial z} = \left(\frac{\partial}{\partial x}, \frac{\partial}{\partial y}, \frac{\partial}{\partial z}\right) \cdot (P, Q, R) = \nabla \cdot A$$

9. 斯托克斯公式与旋度

定理   设 Γ 是分段光滑的空间有向闭曲线，Σ 是以 Γ 为边界的分片光滑的有向曲面，Γ 的正向与 Σ 的侧符合右手法则，函数 $P(x,y,z)$、$Q(x,y,z)$、$R(x,y,z)$ 在曲面 Σ（连同边界 Γ）上具有一阶连续的偏导数，则有：

$$\iint\limits_{\Sigma} \left(\frac{\partial R}{\partial y} - \frac{\partial Q}{\partial z}\right) dydz + \left(\frac{\partial P}{\partial z} - \frac{\partial R}{\partial x}\right) dzdx + \left(\frac{\partial Q}{\partial x} - \frac{\partial P}{\partial y}\right) dxdy = \oint_{\Gamma} Pdx + Qdy + Rdz$$

以上公式就称为斯托克斯公式。斯托克斯公式建立了空间闭曲线 Γ 上的曲线积分与第二类曲面积分之间的一种联系，其中这个曲面是由 Γ 所张成的一个曲面。

在证明斯托克斯公式时，我们很自然会想到采用与格林公式（或高斯公式）的证明过程相类似的方法，即分别证明与 P、Q 和 R 有关的三个等式。这里首先证明其中与 P 有关的等式：

$$\iint\limits_{\Sigma} \frac{\partial P}{\partial z} dzdx - \frac{\partial P}{\partial y} dxdy = \oint_{\Gamma} Pdx$$

如图 A-20 所示，假设与 z 轴平行的直线与曲面 Σ 最多只有一个交点，区域 D_{xy} 是曲面 Σ 在 xOy 平面上的投影。相应的，曲面 Σ 的边界曲线 Γ 在 xOy 平面上的投影即为区域 D_{xy} 的边界 L。对坐标的曲面积分可以转化成投影区域的二重积分，而根据格林公式，对坐标的曲线积分也可以被转化成投影区域的二重积分，然后只需验证这两个二重积分是相等的即可。

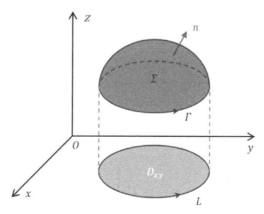

图 A-20   积分曲面

证明：设曲面Σ的方程为$z = f(x, y)$，其中$(x, y) \in D_{xy}$。投影区域D_{xy}的边界曲线L的参数方程为$x = x(t), y = y(t)$，其中$\alpha \leqslant t \leqslant \beta$。由此亦可得到空间曲线$\Gamma$的参数方程为$x = x(t), y = y(t), z = f[x(t), y(t)]$，且同样有$\alpha \leqslant t \leqslant \beta$。

根据对坐标的曲线积分的计算方法可得：

$$\oint_{\Gamma} P(x, y, z)dx = \oint_{L} P[x, y, f(x, y)]dx = \int_{\alpha}^{\beta} P\{x(t), y(t), f[x(t), y(t)]\} x'(t)dt$$

又根据格林公式，以及多元复合函数求偏导数的链式法则，可得：

$$\oint_{L} P[x, y, f(x, y)]dx = \iint_{D_{xy}} -\frac{\partial P[x, y, f(x, y)]}{\partial y}dxdy = -\iint_{D_{xy}} \left[\frac{\partial P}{\partial y} + \frac{\partial P}{\partial z}f_y'(x, y)\right]dxdy$$

接下来，设法将对坐标的曲面积分转化成投影区域的二重积分。根据空间解析几何的知识，若曲面Σ的方程为$z = f(x, y)$，则可以确定其法向量为$\boldsymbol{n} = (-f_x', -f_y', 1)$。如果$\cos\alpha$、$\cos\beta$和$\cos\gamma$分别表示曲面$\Sigma$的单位法向量之方向余弦，则有$\boldsymbol{n} \parallel (\cos\alpha, \cos\beta, \cos\gamma)$。由此可得：

$$\frac{\cos\beta}{-f_y'} = \frac{\cos\gamma}{1} \Rightarrow \cos\beta = -f_y'\cos\gamma$$

基于上述关系，再根据两类曲面积分之间的关系有：

$$\iint_{\Sigma} \frac{\partial P}{\partial z}dzdx - \frac{\partial P}{\partial y}dxdy = \iint_{\Sigma} \left(\frac{\partial P}{\partial z}\cos\beta - \frac{\partial P}{\partial y}\cos\gamma\right)dS$$

$$= \iint_{\Sigma} \left(-f_y'\frac{\partial P}{\partial z} - \frac{\partial P}{\partial y}\right)\cos\gamma \, dS = -\iint_{D_{xy}} \left[\frac{\partial P}{\partial x} + \frac{\partial P}{\partial z}f_y'(x, y)\right]dxdy$$

于是，关于P的等式便得到了证明。同理，我们也可以证明如下等式成立：

$$\iint_{\Sigma} \frac{\partial Q}{\partial x}dxdy - \frac{\partial Q}{\partial z}dydz = \oint_{\Gamma} Qdy, \quad \iint_{\Sigma} \frac{\partial R}{\partial y}dydz - \frac{\partial R}{\partial x}dzdx = \oint_{\Gamma} Rdz$$

尽管在证明过程之初，我们假设空间曲面是简单的，但对于更一般的情况，只要把原曲面分割成若干满足该前提的子曲面，然后再对每个子曲面分别证明有关结论即可。所以，对于更一般的情况，斯托克斯公式仍然成立。

斯托克斯公式也可以写成下列行列式的形式：

$$\oint_{\Gamma} Pdx + Qdy + Rdz = \iint_{\Sigma} \begin{vmatrix} dydz & dzdx & dxdy \\ \dfrac{\partial}{\partial x} & \dfrac{\partial}{\partial y} & \dfrac{\partial}{\partial z} \\ P & Q & R \end{vmatrix}$$

根据两类曲面积分之间的关系，还有：

$$\oint_{\Gamma} P\mathrm{d}x + Q\mathrm{d}y + R\mathrm{d}z = \iint_{\Sigma} \begin{vmatrix} \cos\alpha & \cos\beta & \cos\gamma \\ \dfrac{\partial}{\partial x} & \dfrac{\partial}{\partial y} & \dfrac{\partial}{\partial z} \\ P & Q & R \end{vmatrix} \mathrm{d}S$$

其实斯托克斯的物理意义在介绍格林公式时已经明确地给出了。下面我们就从这个物理意义出发来介绍场论中的一个重要概念——旋度。已知向量场 $\boldsymbol{A} = P(x,y,z)\boldsymbol{i} + Q(x,y,z)\boldsymbol{j} + R(x,y,z)\boldsymbol{k}$，可以将平面上沿封闭曲线的环量推广到三维空间上，并定义空间上沿封闭曲线的环量为：

$$I = \oint_{\Gamma} P\mathrm{d}x + Q\mathrm{d}y + R\mathrm{d}z = \oint_{\Gamma} \boldsymbol{A} \cdot \mathrm{d}\boldsymbol{l}$$

其中，$\mathrm{d}\boldsymbol{l} = (\mathrm{d}x, \mathrm{d}y, \mathrm{d}z)$，这个向量表示弧长微元 $\mathrm{d}l$ 与曲线的单位切向量 $\boldsymbol{\tau}$ 的乘积。

设点 M 是向量场 $\boldsymbol{A}$ 中的任一点，在点 M 处取定一个方向 $\boldsymbol{n}$。再过点 M 做一个微小曲面 ΔS（ΔS 同时表示该小曲面的面积），使得该小曲面在点 M 处的单位法向量为 $\boldsymbol{n}$。此外，ΔS 的边界曲线为 Δl，而 Δl 之正向与 $\boldsymbol{n}$ 满足右手螺旋法则，则该矢量场沿 Δl 之正向的环量为 ΔI。当曲面 ΔS 在点 M 处保持以 $\boldsymbol{n}$ 为法向量的条件下，以任意方式向点 M 收缩时（$\Delta S \to 0$），若极限

$$\lim_{\Delta S \to 0} \frac{\Delta I}{\Delta S} = \lim_{\Delta S \to 0} \frac{\oint_{\Delta l} \boldsymbol{A} \cdot \mathrm{d}\boldsymbol{l}}{\Delta S}$$

存在，则称该极限为矢量场在点 M 处沿方向 $\boldsymbol{n}$ 的环量面密度（也就是环量对面积的变化率）。

在空间直角坐标系中，由斯托克斯公式以及两类曲面积分之间的关系，环量表达式还可以记为：

$$I = \iint_{\Delta S} \left(\frac{\partial R}{\partial y} - \frac{\partial Q}{\partial z}\right)\mathrm{d}y\mathrm{d}z + \left(\frac{\partial P}{\partial z} - \frac{\partial R}{\partial x}\right)\mathrm{d}z\mathrm{d}x + \left(\frac{\partial Q}{\partial x} - \frac{\partial P}{\partial y}\right)\mathrm{d}x\mathrm{d}y$$

$$= \iint_{\Delta S} \left[\left(\frac{\partial R}{\partial y} - \frac{\partial Q}{\partial z}\right)\cos\alpha + \left(\frac{\partial P}{\partial z} - \frac{\partial R}{\partial x}\right)\cos\beta + \left(\frac{\partial Q}{\partial x} - \frac{\partial P}{\partial y}\right)\cos\gamma\right]\mathrm{d}S$$

又根据积分中值定理，当曲面 ΔS 向点 M 收缩时（$\Delta S \to 0$），可得环量面密度在直角坐标系中的表达式（以及用向量内积表示的形式）如下：

$$\lim_{\Delta S \to 0} \frac{\Delta I}{\Delta S} = \left(\frac{\partial R}{\partial y} - \frac{\partial Q}{\partial z}\right)\cos\alpha + \left(\frac{\partial P}{\partial z} - \frac{\partial R}{\partial x}\right)\cos\beta + \left(\frac{\partial Q}{\partial x} - \frac{\partial P}{\partial y}\right)\cos\gamma = \boldsymbol{C} \cdot \boldsymbol{n}$$

其中，$\cos\alpha$、$\cos\beta$ 和 $\cos\gamma$ 是点 M 处单位法向量 $\boldsymbol{n}$ 的方向余弦，而 $\boldsymbol{C}$ 则是如下形式的

一个向量：

$$C = \left(\frac{\partial R}{\partial y} - \frac{\partial Q}{\partial z}, \frac{\partial P}{\partial z} - \frac{\partial R}{\partial x}, \frac{\partial Q}{\partial x} - \frac{\partial P}{\partial y}\right)$$

现在考虑在什么情况下，环量面密度的值最大。根据（关于二维或三维向量的）内积定义，可得 $C \cdot n = |C|\cos\theta$，其中 θ 表示向量 C 和单位向量 n 的夹角，易知当向量 C 与单位法向量 n 同向时，环量面密度取得最大值，而且这个最大值就是向量 C 的模。由此便引出了旋度的定义。旋度是位于向量场 A 中一点 M 处的一个向量，向量场 A 在点 M 处沿着该向量之方向的环量密度为最大。向量场 A 中某一点的旋度常常用符号 **curl A** 来表示。特别地，如果向量场中处处有 **curl A = 0**，则称该向量场是无旋场。

环量的概念刻画了向量场沿其中一条闭曲线"流动"的强弱。而旋度则是用以刻画向量场中沿着某一个轴"旋转"（或涡旋）强弱的量。显然，随着面元 ΔS 选取的方向不同，得到的环量面密度也有大有小。如果要表现一点附近向量场的旋转程度，则应该选择可以使其取得最大可能值时所对应面元的方向，并将由此得到的最大值用作衡量旋转程度的标准。

在空间直角坐标系中，矢量场 A 在点 M 处的旋度同样可以借助之前提到的梯度算子来表示，此时旋度表现为梯度算子与向量场的外积：

$$\mathbf{curl}\,A = \left(\frac{\partial R}{\partial y} - \frac{\partial Q}{\partial z}, \frac{\partial P}{\partial z} - \frac{\partial R}{\partial x}, \frac{\partial Q}{\partial x} - \frac{\partial P}{\partial y}\right) = \left(\frac{\partial}{\partial x}, \frac{\partial}{\partial y}, \frac{\partial}{\partial z}\right) \times (P, Q, R) = \nabla \times A$$

至此，我们发现直角坐标系下的散度、旋度与梯度这三个算子（如果把它们看作是三种运算规则的话）正好可以对应到向量代数中的三个重要运算：内积（inner product）、外积（cross product）与直积（direct product）。其中散度算子实现了一种从向量到标量的运算，旋度算子实现了一种从向量到向量的运算，而梯度算子则实现了一直从标量到向量的运算。

设向量场 $A = (P, Q, R)$ 的分量函数存在偏导数，$u = u(x, y, z)$ 为可微实值函数，C 为实常数，则不难得到下列结论：

- **div**$(CA) = C\mathbf{div}A$
- **div**$(uA) = u\mathbf{div}A + A \cdot \mathbf{grad}u$
- **curl**$(CA) = C\mathbf{curl}\,A$
- **curl**$(uA) = u\mathbf{curl}\,A + \mathbf{grad}u \times A$

这里不再给出具体的推导过程，有兴趣的读者可以尝试自行证明。

A.4　傅里叶级数展开

之前我们在介绍泰勒展开式的时候提到过傅里叶级数。利用傅里叶级数对函数进行展开相比于泰勒展开式，会具有更好的整体逼近性，而且对函数的光滑性也不再有苛刻的要求。傅里叶级数是傅里叶变换的基础，傅里叶变换是数字信号处理（特别是图像处理）中非常重要的一种手段。遗憾的是，很多读者并不能较为轻松地将傅里叶变换同高等数学中讲到的傅里叶级数联系起来。本节我们就来解开读者心中的疑惑。

1. 函数项级数的概念

之前我们介绍过数项级数，函数项级数是数项级数的推广，研究函数项级数更具实际意义。设函数 $u_n(x)\,(n=1,2,3,\cdots)$ 在集合 $D \subset \mathbb{R}$ 上有定义，称 $\{u_n(x)\}: u_1(x), u_2(x), \cdots, u_n(x), \cdots$ 为 D 上的函数序列（或函数列）。如果对于每一个点 $x \in \Omega \subset D$，均存在 $u(x)$，使得：

$$\lim_{n \to \infty} u_n(x) = u(x)$$

则称函数序列 $\{u_n(x)\}$ 在点 x 处收敛，$u(x)$ 称为函数序列 $\{u_n(x)\}$ 的极限函数，Ω 称为收敛域。

设 $\{u_n(x)\}$ 是定义在 $D \subseteq \mathbb{R}$ 上的函数序列，则称

$$\sum_{n=1}^{\infty} u_n(x) = u_1(x) + u_2(x) + \cdots + u_n(x) + \cdots$$

为定义在 D 上的函数项级数。对于 $x_0 \in D$，若数项级数 $\sum_{n=1}^{\infty} u_n(x_0)$ 收敛，则称级数 $\sum_{n=1}^{\infty} u_n(x)$ 在 x_0 处收敛，那么 x_0 称为收敛点，收敛点的全体称为收敛域；若数项级数 $\sum_{n=1}^{\infty} u_n(x_0)$ 发散，则称级数 $\sum_{n=1}^{\infty} u_n(x)$ 在 x_0 处发散，x_0 称为发散点。

若 Ω 为函数项级数 $\sum_{n=1}^{\infty} u_n(x)$ 的收敛域，则对每个 $x \in \Omega$，存在唯一的 $S(x)$，使得：

$$S(x) = \sum_{n=1}^{\infty} u_n(x)$$

则称 $S(x)$ 为函数项级数 $\sum_{n=1}^{\infty} u_n(x)$ 在 Ω 上的和函数。显然如果用 $S_n(x)$ 表示函数项级数的前 n 项和，并且 $r_n(x) = S(x) - S_n(x)$ 为余项，则在收敛域 Ω 上有：

$$\lim_{n \to \infty} S_n(x) = S(x) \ 或 \ \lim_{n \to \infty} r_n(x) = 0$$

设函数序列 $\{u_n(x)\}$ 在收敛域 D 上逐点收敛于 $u(x)$，如果对于任意 $\varepsilon > 0$，存在只依赖于 ε 的正整数 N，使得当 $n > N$ 时，恒有 $|u_n(x) - u(x)| < \varepsilon, \forall x \in D$，则称函数序列

$\{u_n(x)\}$在D上一致收敛于函数$u(x)$，并记作$u_n(x) \rightrightarrows u(x)\ (n \to \infty)$。

设函数项级数$\sum_{n=1}^{\infty} u_n(x)$在$I \subset \mathbb{R}$上的和函数为$S(x)$，若其部分和函数序列$\{S_n(x)\}$在$I$上一致收敛于$S(x)$，则称函数项级数$\sum_{n=1}^{\infty} u_n(x)$在$I$上一致收敛于和函数$S(x)$。

魏尔斯特拉斯判别法：如果函数项级数$\sum_{n=1}^{\infty} u_n(x)$在区间$I$上满足条件，$\forall x \in I, |u_n(x)| \leqslant M_n\ (n = 1,2,3\cdots)$，并且正向级数$\sum_{n=1}^{\infty} M_n$收敛，则函数项级数$\sum_{n=1}^{\infty} u_n(x)$在区间$I$上一致收敛。其中$M$表示一个常数，这个方法又称$M$判别法。

所以对于函数项级数，如果它的每一项的绝对值，都能够找到一个相应的上界，我们便可以通过上界所构成的级数的收敛性来得到相应的函数项级数的一致收敛性。在此，我们不具体给出魏尔斯特拉斯判别法的具体证明，有兴趣的读者可以参阅数学分析方面的资料以了解更多。

例：证明下列级数在$(-\infty, +\infty)$上一致收敛

$$f(x) = \frac{\sin 1^2 x}{1^2} + \frac{\sin 2^2 x}{2^2} + \cdots + \frac{\sin n^2 x}{n^2} + \cdots$$

解：根据M判别法，现在来寻找级数中每一项的一个上界，考虑正弦函数的有界性可得：

$$\left| \frac{\sin n^2 x}{n^2} \right| \leqslant \frac{1}{n^2}, \forall x \in (-\infty, +\infty)$$

而从本文前面的介绍，我们知道几何级数是收敛的，所以根据M判别法知原级数一致收敛。

该例子中的$f(x)$是一个非常著名的函数项级数，我们称其为黎曼（Riemann）函数。实际上可以证明，黎曼函数在整个实轴上每一点处都是连续的，但是仅仅在满足下式的点上可导：

$$x_0 = \pi \frac{2p + 1}{2q + 1}\ (p, q \in \mathbb{Z})$$

2. 函数项级数的性质

上一小节中已经给出了函数项级数一致收敛的概念，下面我们把原来的描述改写成"$\delta - N$"定义的形式：$\forall \varepsilon > 0, \exists N(\varepsilon) \in \mathbb{Z}^+$，使得当$n > N$时，

$$\left| \sum_{k=1}^{n} u_k(x) - S(x) \right| = |S_n(x) - S(x)| < \varepsilon$$

对一切$x \in I$成立，则称函数项级数$\sum_{n=1}^{\infty} u_n(x)$在$I$上一致收敛于和函数$S(x)$。

定理 1　如果级数 $\sum_{n=1}^{\infty} u_n(x)$ 的各项 $u_n(x)$ 在区间 $[a,b]$ 上都连续，且 $\sum_{n=1}^{\infty} u_n(x)$ 在区间 $[a,b]$ 上一致收敛于 $S(x)$，则 $S(x)$ 在 $[a,b]$ 上也连续。

上述定理也可以表述为 $\forall x_0 \in [a,b]$，有：

$$\lim_{x \to x_0} S(x) = S(x_0) \Leftrightarrow \lim_{x \to x_0} \sum_{n=1}^{\infty} u_n(x) = \sum_{n=1}^{\infty} u_n(x_0) \Leftrightarrow \lim_{x \to x_0} \sum_{n=1}^{\infty} u_n(x) = \sum_{n=1}^{\infty} \lim_{x \to x_0} u_n(x)$$

上述等式也说明在和函数连续的情况下，极限运算与求和运算可以交换次序，所以我们也把这个定理说成是极限运算与求和运算交换次序的这样一种性质。

证明：这里我们仅讨论 $\forall x_0 \in (a,b)$ 时的情形，对于 x_0 是区间端点时的情形可以做类似的讨论。

$$|S(x) - S(x_0)| \leqslant |S(x) - S_n(x)| + |S_n(x) - S_n(x_0)| + |S_n(x_0) - S(x_0)|$$

由于 $\sum_{n=1}^{\infty} u_n(x)$ 在区间 $[a,b]$ 上一致收敛于 $S(x)$，根据一致收敛的定义 $\forall \varepsilon > 0$，$\exists N(\varepsilon) \in \mathbb{Z}^+$，当 $n > N$ 时，

$$|S_n(x) - S(x)| = \left| \sum_{k=1}^{n} u_k(x) - S(x) \right| < \frac{\varepsilon}{3}$$

对一切 $x \in [a,b]$ 成立。因此取 $n = N + 1$，则有：

$$|S(x) - S(x_0)| \leqslant |S(x) - S_{N+1}(x)| + |S_{N+1}(x) - S_{N+1}(x_0)| + |S_{N+1}(x_0) - S(x_0)|$$

$$< \frac{2\varepsilon}{3} + |S_{N+1}(x) - S_{N+1}(x_0)|$$

又因为 $u_k(x)\,(k=1,2,\cdots)$ 在 $x = x_0$ 处连续，所以对上式 $\varepsilon > 0$，根据连续的定义（即函数在某一点的极限就等于函数在该点处的值），$\exists \delta > 0$，使得 $|x - x_0| < \delta$ 时，有：

$$|S_{N+1}(x) - S_{N+1}(x_0)| < \frac{\varepsilon}{3}$$

综上，我们得到 $\forall \varepsilon > 0$，$\exists \delta > 0$，使得 $|x - x_0| < \delta$ 时，有：

$$|S(x) - S(x_0)| < \frac{2\varepsilon}{3} + \frac{\varepsilon}{3} = \varepsilon$$

即 $S(x)$ 在 $x = x_0$ 处是连续的，所以定理得证。

此外，尽管原定理的描述是在 $[a,b]$ 上的，但易见定理在开区间 (a,b) 以及 $(-\infty, +\infty)$ 上依然是成立的。

在上一小节中，我们分析了黎曼函数的一致收敛性，而且我们还提到黎曼函数在整个实轴上都是连续的，下面我们就来证明整个结论。

因为下列函数：

$$\frac{\sin n^2 x}{n^2} \ (n = 1,2,\cdots)$$

在$(-\infty, +\infty)$上连续，且级数在$(-\infty, +\infty)$上一致收敛，所以根据刚才证明的定理可知和函数$f(x)$在$(-\infty, +\infty)$上是连续的。

定理 2　如果级数$\sum_{n=1}^{\infty} u_n(x)$的各项$u_n(x)$在区间$[a,b]$上都连续，且$\sum_{n=1}^{\infty} u_n(x)$在区间$[a,b]$上一致收敛于$S(x)$，则$S(x)$在$[a,b]$上可积，且

$$\int_{x_0}^{x} S(x)\mathrm{d}x = \int_{x_0}^{x} u_1(x)\mathrm{d}x + \int_{x_0}^{x} u_2(x)\mathrm{d}x + \cdots + \int_{x_0}^{x} u_n(x)\mathrm{d}x + \cdots$$

其中$x_0, x \in [a,b]$，并且上式右端的级数在$[a,b]$上也一致收敛。

上述定理也可以表述为：

$$\int_{x_0}^{x} S(x)\mathrm{d}x = \sum_{n=1}^{\infty} \int_{x_0}^{x} u_n(x)\mathrm{d}x \Leftrightarrow \int_{x_0}^{x} \sum_{n=1}^{\infty} u_n(x)\mathrm{d}x = \sum_{n=1}^{\infty} \int_{x_0}^{x} u_n(x)\mathrm{d}x$$

上述等式也说明在级数中的每一项都是连续的且相应的函数项级数都一致收敛的情况下，积分运算与求和运算可以交换次序。

证明：$\sum_{k=1}^{\infty} \int_{x_0}^{x} u_k(x)\mathrm{d}x$的前$n$项部分和为（注意有限项的和与积分是可以交换次序的）

$$\overline{S_n}(x) = \sum_{k=1}^{n} \int_{x_0}^{x} u_k(x)\mathrm{d}x = \int_{x_0}^{x} \sum_{k=1}^{n} u_k(x)\mathrm{d}x = \int_{x_0}^{x} S_n(x)\mathrm{d}x$$

由此可得：

$$\left| \overline{S_n}(x) - \int_{x_0}^{x} S(x)\mathrm{d}x \right| = \left| \int_{x_0}^{x} S_n(x)\mathrm{d}x - \int_{x_0}^{x} S(x)\mathrm{d}x \right| = \left| \int_{x_0}^{x} [S_n(x) - S(x)]\mathrm{d}x \right|$$

由于$\sum_{n=1}^{\infty} u_n(x)$在区间$[a,b]$上一致收敛于$S(x)$，根据一致收敛的定义$\forall \varepsilon > 0$，$\exists N(\varepsilon) \in \mathbb{Z}^+$，当$n > N$时，

$$|S_n(x) - S(x)| < \frac{\varepsilon}{b-a}$$

对一切$x \in [a,b]$成立。

根据积分估计不等式，又$|x - x_0| \leqslant b - a$，则有

$$\left| \overline{S_n}(x) - \int_{x_0}^{x} S(x)\mathrm{d}x \right| = \left| \int_{x_0}^{x} [S_n(x) - S(x)]\mathrm{d}x \right| \leqslant \frac{\varepsilon}{b-a}|x - x_0| < \varepsilon$$

由此可得：

$$\lim_{n \to \infty} \overline{S_n}(x) = \int_{x_0}^{x} S(x)\mathrm{d}x = \sum_{k=1}^{\infty} \int_{x_0}^{x} u_k(x)\mathrm{d}x$$

同时上述不等式对一切 $x \in [a,b]$ 都是成立的，这也就隐含着级数 $\sum_{n=1}^{\infty} \int_{x_0}^{x} u_n(x)\mathrm{d}x$ 中的每一项都一致收敛于 $\int_{x_0}^{x} S(x)\mathrm{d}x$。所以定理得证。

定理 3　如果级数 $\sum_{n=1}^{\infty} u_n(x)$ 在区间 (a,b) 内收敛于函数 $S(x)$，它的各项 $u_n(x)$ 都具有连续导函数 $u_n'(x)$，且级数 $\sum_{n=1}^{\infty} u_n'(x)$ 在区间 (a,b) 上一致收敛，则 $\sum_{n=1}^{\infty} u_n(x)$ 在区间 (a,b) 上也一致收敛，且可逐项求导，即

$$S'(x) = u_1'(x) + u_2'(x) + \cdots + u_n'(x) + \cdots = \sum_{n=1}^{\infty} u_n'(x)$$

上述定理也可以表述为：

$$\frac{\mathrm{d}}{\mathrm{d}x} \sum_{n=1}^{\infty} u_n(x) = \sum_{n=1}^{\infty} \frac{\mathrm{d}}{\mathrm{d}x} u_n(x), \quad \forall x \in (a,b)$$

这个等式说明导数运算与求和运算可交换次序，条件是函数项级数本身是收敛的，并且每一项求导数之后相应的函数项级数是一致收敛的。

证明：设 $\sum_{n=1}^{\infty} u_n'(x) = \varphi(x)$，$x \in (a,b)$，因级数 $\sum_{n=1}^{\infty} u_n'(x)$ 在区间 (a,b) 上一致收敛于 $\varphi(x)$，且 $u_n'(x)$ 是连续的，所以由定理 1 可知 $\varphi(x)$ 在 (a,b) 上连续。再根据定理 2，因为导函数所构成的函数项级数是一致收敛于 $\varphi(x)$，因此它可以逐项积分，即有：

$$\int_{x_0}^{x} \varphi(x)\mathrm{d}x = \sum_{k=1}^{\infty} \int_{x_0}^{x} u_k'(x)\mathrm{d}x$$

根据牛顿-莱布尼茨公式，上式等于：

$$\sum_{k=1}^{\infty} [u_k(x) - u_k(x_0)] = S(x) - S(x_0)$$

由于 $\varphi(x)$ 在 (a,b) 上是连续的，而由连续函数所定义的变上限积分一定是可导的，于是可以得到如下结果，请注意 $S(x_0)$ 是一个常数，所以它的导数是等于 0 的。

$$\left[\int_{x_0}^{x} \varphi(x)\mathrm{d}x \right]' = \varphi(x) = S'(x)$$

于是也就得到：

$$S'(x) = \sum_{n=1}^{\infty} u_n'(x), \ \forall x \in (a,b)$$

定理得证。

3. 傅里叶级数的概念

前面在介绍泰勒公式时，已经提到过傅里叶级数了。傅里叶级数是一类特殊的函数项级数，也是一类非常重要的函数项级数。傅里叶级数是信号处理理论的一个重要基础。

设有两列实数$\{a_n\}$、$\{b_n\}$，做函数项级数：

$$\frac{a_0}{2} + \sum_{n=1}^{\infty} (a_n \cos nx + b_n \sin nx)$$

称具有该形式的函数项级数为三角级数，而$\{a_n\}$、$\{b_n\}$称为此三角级数的系数。

显然级数中的每一项都是以 2π 为周期的。下面我们需要考虑如果一个以 2π 为周期的函数能够展开成三角级数，那么三角级数的系数该如何确定。为了回答这个问题，先来观察一下三角级数的形式。易见，三角级数其实就是如下这样的无穷多个简单的三角函数（正弦函数或余弦函数）的线性组合：

$$1, \cos x, \sin x, \cos 2x, \sin 2x, \cdots, \cos nx, \sin nx, \cdots$$

许多个函数放在一起就可以组成一个函数系统（Function System），或简称为函数系。由上面这些三角函数所组成的函数系就是一个三角函数系。而三角函数系是具有正交性的，所谓三角函数系的正交性是指三角函数系中任何两个不同的函数相乘，然后在$-\pi$到π上积分，其积分的结果都是等于 0 的。此外，我们还可以发现除 1 以外，其他任何函数跟自己相乘，然后在$-\pi$到π上积分，其积分的结果都是等于π的。即对于三角函数系中的函数，都有如下等式成立：

$$\int_{-\pi}^{\pi} \sin kx \cos nx \, dx = 0$$

$$\int_{-\pi}^{\pi} \sin kx \sin nx \, dx = \begin{cases} 0, & k \neq n \\ \pi, & k = n \neq 0 \end{cases}$$

$$\int_{-\pi}^{\pi} \cos kx \cos nx \, dx = \begin{cases} 0, & k \neq n \\ \pi, & k = n \neq 0 \end{cases}$$

其中k、n均为非负整数。

下面我们来验证上述结论。首先，对于第一个等式，当$k \neq n$时，通过积化和差公式，可得：

$$\int_{-\pi}^{\pi} \sin kx \cos nx \, dx = \frac{1}{2} \int_{-\pi}^{\pi} [\sin(k+n)x + \sin(k-n)x] dx$$

$$= -\frac{1}{2} \left[\frac{\cos(k+n)x}{k+n} + \frac{\cos(k-n)x}{k-n} \right]_{-\pi}^{+\pi} = 0$$

当$k = n$时，可得：

$$\int_{-\pi}^{\pi} \sin kx \cos nx \, dx = \frac{1}{2} \int_{-\pi}^{\pi} \sin 2kx \, dx = 0$$

对于第二个等式，当$k \neq n$时，通过积化和差公式，可得：

$$\int_{-\pi}^{\pi} \sin kx \sin nx \, dx = \frac{1}{2} \int_{-\pi}^{\pi} [\cos(k-n)x - \cos(k+n)x] dx$$

$$= \frac{1}{2} \left[\frac{\sin(k-n)x}{k-n} - \frac{\cos(k+n)x}{k+n} \right]_{-\pi}^{+\pi} = 0$$

当$k = n \neq 0$时，可得：

$$\int_{-\pi}^{\pi} \sin kx \sin nx \, dx = \int_{-\pi}^{\pi} \sin^2 kx \, dx = \frac{1}{2} \int_{-\pi}^{\pi} (1 - \cos 2kx) dx = \pi$$

同理，也可以验证第三个等式成立。

假设本小节最开始处给出的三角级数在$[-\pi, \pi]$上可以逐项积分，并且收敛于和函数$f(x)$，即有：

$$f(x) = \frac{a_0}{2} + \sum_{k=1}^{\infty} (a_k \cos kx + b_k \sin kx)$$

根据前面介绍的函数项级数的性质，如果函数项级数一致收敛的话，那么一致收敛的函数项级数是可以逐项积分的。在这样一个前提下，我们便可以将三角级数中的系数用$f(x)$表示出来。下面我们就来推导三角级数中系数的表达式。首先对上面等式的左右两端在$[-\pi, \pi]$上做积分，可得：

$$\int_{-\pi}^{\pi} f(x) \, dx = \frac{a_0}{2} \int_{-\pi}^{\pi} dx + \sum_{k=1}^{\infty} \left(a_k \int_{-\pi}^{\pi} \cos kx \, dx + b_k \int_{-\pi}^{\pi} \sin kx \, dx \right)$$

根据三角函数系的正交性，可得：

$$a_0 = \frac{1}{\pi} \int_{-\pi}^{\pi} f(x) \, dx$$

为了求出 a_n 在 $n \geqslant 1$ 时的表达式，可以将原等式的左右两端分别乘以 $\cos nx$，然后再在 $[-\pi, \pi]$ 上做积分，可得：

$$\int_{-\pi}^{\pi} f(x) \cos nx \, \mathrm{d}x = \frac{a_0}{2} \int_{-\pi}^{\pi} \cos nx \, \mathrm{d}x$$
$$+ \sum_{k=1}^{\infty} \left(a_k \int_{-\pi}^{\pi} \cos kx \cos nx \, \mathrm{d}x + b_k \int_{-\pi}^{\pi} \sin kx \cos nx \, \mathrm{d}x \right)$$

根据三角函数系的正交性，可得：

$$\int_{-\pi}^{\pi} f(x) \cos nx \, \mathrm{d}x = \sum_{k=1}^{\infty} a_k \int_{-\pi}^{\pi} \cos kx \cos nx \, \mathrm{d}x = a_n \pi$$

即

$$a_n = \frac{1}{\pi} \int_{-\pi}^{\pi} f(x) \cos nx \, \mathrm{d}x$$

同理，为了求出 b_n 在 $n \geqslant 1$ 时的表达式，可以将原等式的两端分别乘以 $\sin nx$，最终也可以算得

$$b_n = \frac{1}{\pi} \int_{-\pi}^{\pi} f(x) \sin nx \, \mathrm{d}x$$

如果一个函数可以展开成三角级数，且三角级数可以逐项积分，基于上面的推导我们便得到了三角级数的系数与和函数之间的关系。由此我们也可以给出一个周期函数的傅里叶系数和傅里叶级数的概念。

定义 设函数 $f(x)$ 在 $(-\infty, +\infty)$ 上有定义，且以 2π 为周期，又在 $[-\pi, \pi]$ 上可积，称由

$$\begin{cases} a_k = \dfrac{1}{\pi} \displaystyle\int_{-\pi}^{\pi} f(x) \cos kx \, \mathrm{d}x, & k = 0,1,2,\cdots \\ b_k = \dfrac{1}{\pi} \displaystyle\int_{-\pi}^{\pi} f(x) \sin kx \, \mathrm{d}x, & k = 1,2,3,\cdots \end{cases}$$

所确定的 a_0、a_k、b_k $(k = 1,2,\cdots)$ 为函数 $f(x)$ 的傅里叶系数。以 $f(x)$ 的傅里叶系数为系数而做出的三角级数称为函数 $f(x)$ 的傅里叶级数，记作：

$$f(x) \sim \frac{a_0}{2} + \sum_{k=1}^{\infty} (a_k \cos kx + b_k \sin kx)$$

当 $f(x)$ 是以 2π 为周期的偶函数时，它的傅里叶级数就变成了如下所示的余弦级数：

$$f(x) \sim \frac{a_0}{2} + \sum_{k=1}^{\infty} a_k \cos kx$$

当 $f(x)$ 是以 2π 为周期的奇函数时，它的傅里叶级数就变成了如下所示的正弦级数：

$$f(x) \sim \sum_{k=1}^{\infty} b_k \sin kx$$

余弦级数和正弦级数是傅里叶级数的两种特殊形式。

傅里叶级数理论是傅里叶在研究一系列物理问题时创造出来的一套数学方法。他曾经断言："任何函数，无论怎样复杂，都可以表示为三角级数的形式。"然而，这句话显然并不严密，而且甚至是错误的。前面我们也都是在假设一个函数可以被展开成傅里叶级数的条件下进行推导的。但一个周期为 2π 的函数满足什么样的条件才能展开成傅里叶级数呢？或者说傅里叶级数的和函数与原函数之间有着什么样的关系呢？傅里叶的学生狄利克雷最终回答了这个问题。

狄利克雷收敛定理　设 $f(x)$ 是以 2π 为周期的函数，并且满足狄利克雷条件——① 在一个周期区间内连续或只有有限个第一类间断点；② 在一个周期区间内只有有限个（非平凡的）极值点，则 $f(x)$ 的傅里叶级数收敛，且有：

$$\frac{a_0}{2} + \sum_{n=1}^{\infty} (a_n \cos nx + b_n \sin nx) = \begin{cases} f(x), & x \text{ 为连续点} \\ \dfrac{f(x+0) + f(x-0)}{2}, & x \text{ 为间断点} \end{cases}$$

其中 a_n、b_n 为 $f(x)$ 的傅里叶系数。

例：求下列函数的傅里叶级数并讨论其傅里叶级数的收敛性。

$$\begin{cases} f(x) = |x|, & -\pi \leqslant x < \pi \\ f(x) = f(x + 2\pi), & -\infty < x < \infty \end{cases}$$

解：显然 $f(x)$ 在实轴上是一个以 2π 为周期的偶函数，而偶函数所对应的傅里叶级数就是一个余弦级数。因为在 $[-\pi, \pi]$ 上，$f(x) = |x|$，所以有：

$$a_0 = \frac{1}{\pi} \int_{-\pi}^{\pi} f(x) \mathrm{d}x = \frac{2}{\pi} \int_{0}^{\pi} x \mathrm{d}x = \pi$$

当 $n \geqslant 1$ 时，另有：

$$a_n = \frac{1}{\pi} \int_{-\pi}^{\pi} f(x) \cos nx \, \mathrm{d}x = \frac{2}{\pi} \int_{0}^{\pi} x \cos nx \, \mathrm{d}x$$

$$= \frac{2}{\pi}\frac{1}{n}\left[x\sin nx \Big|_0^\pi - \int_0^\pi \sin nx \, dx \right]$$

$$= \frac{2}{n\pi}\frac{\cos nx}{n}\Big|_0^\pi = \frac{2}{n^2\pi}[(-1)^k - 1]$$

由此得：

$$f(x)\sim \frac{\pi}{2} + \sum_{n=1}^\infty \frac{2}{n^2\pi}[(-1)^n - 1]\cos nx = \frac{\pi}{2} - \frac{4}{\pi}\left(\cos x + \frac{\cos 3x}{3^2} + \frac{\cos 5x}{5^2} + \cdots \right)$$

显然 $f(x)$ 在一个周期区间内是连续的，同时在一个周期区间内只有一个极小值点。换言之，该函数是满足狄利克雷条件的。所以 $f(x)$ 在 $[-\pi,\pi]$ 区间上收敛，且收敛的和函数就是 $f(x)$ 本身，即

$$f(x)\sim \frac{\pi}{2} - \frac{4}{\pi}\sum_{n=1}^\infty \frac{\cos(2n-1)x}{(2n-1)^2} = |x|, \; x \in [-\pi,\pi]$$

基于这个结果，我们还可以回答本文前面提出的一个问题，也就是下列几何级数求和的问题：

$$\sum_{n=1}^\infty \frac{1}{n^2} = \frac{1}{1^2} + \frac{1}{2^2} + \cdots + \frac{1}{n^2} + \cdots$$

这是数学史上一个非常有名的问题，伯努利兄弟曾经证明该级数是收敛的，但是它最终到底收敛到多少却一直困扰着他们。后来，约翰·伯努利的学生——大数学家欧拉采用了一种非常巧妙的方法求出该问题的结果是 $\pi^2/6$。当然，欧拉所处的时代，傅里叶级数的理论还没有出现。而这个问题如果利用傅里叶级数的方法来求解将是非常方便的。

令上面求得的傅里叶级数中的 $x = 0$，则得：

$$\sum_{n=1}^\infty \frac{1}{(2n-1)^2} = \frac{\pi^2}{8}$$

可以将原问题中的级数分成两个部分，即 n 取奇数和 n 取偶数这两个部分，于是有：

$$\sum_{n=1}^\infty \frac{1}{n^2} = \sum_{k=1}^\infty \frac{1}{(2k-1)^2} + \sum_{k=1}^\infty \frac{1}{(2k)^2} = \frac{\pi^2}{8} + \frac{1}{4}\sum_{k=1}^\infty \frac{1}{k^2}$$

把最后一项中的 k 做变量替换，即用 n 代替，便可解出：

$$\sum_{n=1}^\infty \frac{1}{n^2} = \frac{\pi^2}{6}$$

我们已经介绍过余弦级数与正弦级数的概念。在本小节的最后，我们一起来考虑如何把定义在[0, π]上的函数展开成余弦级数与正弦级数。如果函数有奇偶性，那么它相应的傅里叶级数有特殊的形式，也就是正弦级数或余弦级数。由此我们知道，如果需要把一个函数表示成正弦级数或者余弦级数，那么只需把这个函数延拓成一个奇函数或者偶函数即可。

设$f(x)$是定义在[0, π]上的函数，并且满足狄利克雷条件。构造一个$(-\pi, \pi)$上的奇函数：

$$F(x) = \begin{cases} f(x), & x \in (0, \pi] \\ 0, & x = 0 \\ -f(-x), & x \in (-\pi, 0) \end{cases}$$

则有：

$$F(x) \sim b_1 \sin x + \cdots + b_n \sin nx + \cdots = \frac{f(x-0) + f(x+0)}{2}, \ x \in (0, \pi)$$

其中

$$b_n = \frac{2}{\pi} \int_0^\pi f(x) \sin nx \, \mathrm{d}x, \ n = 1, 2, 3, \cdots$$

设$f(x)$是定义在[0, π]上的函数，并且满足狄利克雷条件。构造一个$(-\pi, \pi)$上的偶函数：

$$F(x) = \begin{cases} f(x), & x \in [0, \pi) \\ f(-x), & x \in [-\pi, 0) \end{cases}$$

则有：

$$F(x) \sim \frac{a_0}{2} + a_1 \cos x + \cdots + a_n \cos nx + \cdots = \frac{f(x-0) + f(x+0)}{2}, \ x \in (0, \pi)$$

其中

$$a_n = \frac{2}{\pi} \int_0^\pi f(x) \cos nx \, \mathrm{d}x, \ n = 0, 1, 2, \cdots$$

4. 傅里叶变换的由来

前面已经讨论了周期为2π的函数的傅里叶级数。我们还可以考虑更为一般的情况，即当函数以$2l$为周期时，它的傅里叶级数。设$f(x)$是以$2l$为周期的函数，通过线性变换$x = lt/\pi$，可将$f(x)$变成以2π为周期的函数：

$$\varphi(t) = f\left(\frac{l}{\pi} t\right)$$

当然，我们也可以简单验证一下$\varphi(t)$就是以2π为周期的函数。根据定义有：

$$\varphi(t+2\pi) = f\left[\frac{l}{\pi}(t+2\pi)\right] = f\left(\frac{l}{\pi}t+2l\right) = f\left(\frac{l}{\pi}t\right) = \varphi(t)$$

因此，可以确定$\varphi(t)$就是以2π为周期的函数。

若$f(x)$在$[-l,l]$可积，则$\varphi(t)$在$[-\pi,\pi]$也可积。这时，函数$\varphi(t)$的傅里叶级数为：

$$\varphi(t)\sim\frac{a_0}{2}+\sum_{n=1}^{\infty}(a_n\cos nt+b_n\sin nt)$$

其中

$$a_n=\frac{1}{\pi}\int_{-\pi}^{\pi}\varphi(t)\cos nt\,dt,\quad n=0,1,2,\cdots$$
$$b_n=\frac{1}{\pi}\int_{-\pi}^{\pi}\varphi(t)\sin nt\,dt,\quad n=1,2,3,\cdots$$

将反变换$t=\pi x/l$代回，便得：

$$f(x)\sim\frac{a_0}{2}+\sum_{n=1}^{\infty}\left(a_n\cos\frac{n\pi}{l}x+b_n\sin\frac{n\pi}{l}x\right)$$

其中

$$a_n=\frac{1}{l}\int_{-l}^{l}f(x)\cos\frac{n\pi}{l}x\,dx,\quad n=0,1,2,\cdots$$
$$b_n=\frac{1}{l}\int_{-l}^{l}f(x)\sin\frac{n\pi}{l}x\,dx,\quad n=1,2,3,\cdots$$

这就是周期为$2l$的函数$f(x)$的傅里叶级数及其傅里叶系数的积分表达式。再结合上一小节中给出的狄利克雷收敛定理，可得周期为$2l$的函数$f(x)$若满足狄利克雷收敛定理，那么$f(x)$在连续点处的傅里叶展开式及其傅里叶系数就由上述表达式给出。

特别地，如果$f(x)$为奇函数，则在$f(x)$的连续点处可得其正弦级数表达式为：

$$f(x)=\sum_{n=1}^{\infty}b_n\sin\frac{n\pi x}{l}$$

其中

$$b_n=\frac{2}{l}\int_{0}^{l}f(x)\sin\frac{n\pi x}{l}\,dx,\quad n=1,2,3,\cdots$$

同样，如果 $f(x)$ 为偶函数，则在 $f(x)$ 的连续点处可得其余弦级数表达式如下：

$$f(x) = \frac{a_0}{2} + \sum_{n=1}^{\infty} a_n \cos\frac{n\pi x}{l}$$

其中

$$a_n = \frac{2}{l}\int_0^l f(x)\cos\frac{n\pi x}{l}\mathrm{d}x, \ n = 0,1,2,\cdots$$

对于定义在任何一个有限区间上的函数，也可以将其表示成傅里叶级数的形式。这时可以考虑的方法主要有两种。

方法 1：对定义在有限区间 $[a,b]$ 上的函数 $f(x)$，令 $x = t + (b+a)/2$，即 $t = x - (b+a)/2$，通过该线性变换后可得：

$$\varphi(t) = f(x) = f\left(t + \frac{a+b}{2}\right), \ t \in \left[-\frac{b-a}{2}, \frac{b-a}{2}\right]$$

然后把 $\varphi(t)$ 进行周期延拓，也就是把它延拓成以 $b-a$ 为周期的函数，于是便可以得到 $\varphi(t)$ 的傅里叶级数展开式。再通过 t 和 x 的关系，将 $t = x - (b+a)/2$ 带回展开式，便可得到 $f(x)$ 在 $[a,b]$ 上的傅里叶级数展开式。这种方法的本质是通过线性变换将 $f(x)$ 的定义区间变成是关于原点对称的区间，再把函数延拓成整个实轴上的周期函数，将问题转化成一般周期函数的傅里叶级数展开问题。

方法 2：对定义在有限区间 $[a,b]$ 上的函数 $f(x)$，令 $x = t + a$，即 $t = x - a$，从而将 $f(x)$ 的定义区间通过平移 $[0, b-a]$ 这样一个区间，即

$$\varphi(t) = f(x) = f(t+a), \ t \in [0, b-a]$$

然后把 $\varphi(t)$ 进行奇性或者偶性的周期延拓，从而得到 $\varphi(t)$ 在 $[0, b-a]$ 上的正弦级数或余弦级数展开式。再通过 t 和 x 的关系，将 $t = x - a$ 带回展开式，便可得到 $f(x)$ 在 $[a,b]$ 上的正弦级数或余弦级数。

在实际中常会用到傅里叶级数的复数形式。回忆前面提及的欧拉公式 $\mathrm{e}^{\mathrm{i}\varphi} = \cos\varphi + \mathrm{i}\sin\varphi$，据此易得：

$$\mathrm{e}^{\mathrm{i}\omega t} = \cos\omega t + \mathrm{i}\sin\omega t$$

$$\cos\omega t = \frac{1}{2}\mathrm{e}^{\mathrm{i}\omega t} + \frac{1}{2}\mathrm{e}^{-\mathrm{i}\omega t}$$

$$\sin\omega t = \mathrm{i}\left(\frac{1}{2}\mathrm{e}^{-\mathrm{i}\omega t} - \frac{1}{2}\mathrm{e}^{\mathrm{i}\omega t}\right)$$

则周期为$2l$的函数$f(x)$的傅里叶级数的表达式可以写为：

$$f(x) = \frac{a_0}{2} + \sum_{n=1}^{\infty}\left[\frac{a_n}{2}\left(\mathrm{e}^{\mathrm{i}\frac{n\pi}{l}x} + \mathrm{e}^{-\mathrm{i}\frac{n\pi}{l}x}\right) - \frac{\mathrm{i}b_n}{2}\left(\mathrm{e}^{\mathrm{i}\frac{n\pi}{l}x} - \mathrm{e}^{-\mathrm{i}\frac{n\pi}{l}x}\right)\right]$$

$$= \frac{a_0}{2} + \sum_{n=1}^{\infty}\left[\frac{a_n - \mathrm{i}b_n}{2}\left(\mathrm{e}^{\mathrm{i}\frac{n\pi}{l}x}\right) + \frac{a_n + \mathrm{i}b_n}{2}\left(\mathrm{e}^{-\mathrm{i}\frac{n\pi}{l}x}\right)\right]$$

令

$$\frac{a_0}{2} = c_0, \quad \frac{a_n - \mathrm{i}b_n}{2} = c_n, \quad \frac{a_n + \mathrm{i}b_n}{2} = c_{-n}$$

显然，c_n与c_{-n}互为共轭，则得到周期为$2l$的函数$f(x)$的傅里叶级数之复数形式为：

$$f(x) = c_0 + \sum_{n=1}^{\infty}\left[c_n\left(\mathrm{e}^{\mathrm{i}\frac{n\pi}{l}x}\right) + c_{-n}\left(\mathrm{e}^{-\mathrm{i}\frac{n\pi}{l}x}\right)\right]$$

如果将上式中的第一项c_0看成是

$$c_0 = c_0\left(\mathrm{e}^{\mathrm{i}\frac{0\pi}{l}x}\right) = c_0\left(\mathrm{e}^{\mathrm{i}\frac{n\pi}{l}x}\right)_{n=0}$$

则原式可重写为：

$$f(x) = \sum_{n=-\infty}^{+\infty} c_n\,\mathrm{e}^{\mathrm{i}\frac{n\pi x}{l}}$$

结合前面关于$a_0, a_n, b_n, c_0, c_n, c_{-n}$的定义，可以发现$c_n$的统一表达式为：

$$c_n = \frac{1}{2l}\int_{-l}^{l} f(x)\,\mathrm{e}^{-\mathrm{i}\frac{n\pi x}{l}}\mathrm{d}x, \quad n = 0, \pm 1, \pm 2, \pm 3, \cdots$$

将傅里叶级数用复数表示后，就是上述这样简洁的形式。而且傅里叶级数转变为复数形式后，原来每一项中的

$$a_n \cos\frac{n\pi}{l}x + b_n \sin\frac{n\pi}{l}x$$

都被分为正、负两个频率的波：

$$c_n\left(\mathrm{e}^{\mathrm{i}\frac{n\pi}{l}x}\right) + c_{-n}\left(\mathrm{e}^{-\mathrm{i}\frac{n\pi}{l}x}\right)$$

只不过这两个频率的振幅c_n、c_{-n}都不再是实数，而是一对共轭复数。若$f(x)$为偶（或奇）函数，则所有的b_n（或a_n）将为 0，此时的c_n将变为实数（或纯虚数），且a_n（或b_n）是转换后所得的c_n的 2（或 2i）倍，而c_{-n}与c_n相等（或纯虚共轭）。

周期函数可以看成由很多频率是原函数频率整数倍的正余弦波叠加而成，每个频

率的波都有各自的振幅和相位，必须将所有频率的振幅和相位同时记录才能准确表达原函数。从以周期为$2l$的函数$f(x)$的傅里叶级数表达式中来看，我们将每个频率的波分成了一个正弦分量和一个余弦分量，同时记录了这两个分量的振幅a_n、b_n其实就已经包含了这个频率的波的相位信息；而对于经过欧拉公式变换后的式子，每个频率的波被分成了正负两个频率的复数"波"，这种方式其实比正余弦形式更加直观，因为复振幅c_n恰好同时记录了这个频率的振幅和相位，它的物理意义很明显：c_n的幅值$|c_n|$即为该频率的振幅（准确地说是振幅的一半），而其辐角恰好就是相位（准确地说是反相的相位，c_{-n}的辐角才恰好代表该频率波分量的相位）。

我们已得到了定义在区间$[-l, l]$上的函数$f(t)$的复数形式的傅里叶级数展开式及其系数c_n，此处为了后续处理中便于区分而进行了符号替换，而且ω和t的记号也与信号处理中的标记相一致

$$f(t) = \sum_{n=-\infty}^{+\infty} c_n \, e^{i\frac{n\pi t}{l}}$$

$$c_n = \frac{1}{2l} \int_{-l}^{l} f(\omega) \, e^{-i\frac{n\pi\omega}{l}} d\omega, \quad n = 0, \pm 1, \pm 2, \cdots$$

把系数c_n的表达式代入$f(t)$的傅里叶级数展开式，得到：

$$f(t) = \sum_{n=-\infty}^{+\infty} c_n \, e^{i\frac{n\pi t}{l}} = \sum_{n=-\infty}^{+\infty} \frac{1}{2l} \int_{-l}^{l} f(\omega) \, e^{-i\frac{n\pi\omega}{l}} d\omega \, e^{i\frac{n\pi t}{l}} = \sum_{n=-\infty}^{+\infty} \frac{1}{2l} \int_{-l}^{l} f(\omega) \, e^{i\frac{n\pi(t-\omega)}{l}} d\omega$$

对于定义在$(-\infty, +\infty)$上的函数$f(t)$，我们可以把它看成是周期l趋于无穷时的情况，则有：

$$f(t) = \lim_{l \to +\infty} \sum_{n=-\infty}^{+\infty} \frac{1}{2l} \int_{-l}^{l} f(\omega) \, e^{i\frac{n\pi(t-\omega)}{l}} d\omega$$

上式中出现了求和取极限的形式，很容易想到可以设法把它转化成一种积分的形式。为此令$\omega_n = n\pi/l$，$\Delta\omega = \pi/l$，这其实是把整个实轴划分成了n段，每段长度是$\Delta\omega$。然后，再新建一个函数

$$F_l(\omega) = \frac{1}{2\pi} \int_{-l}^{l} f(z) \, e^{i\omega(t-z)} dz$$

于是得到：

$$f(t) = \lim_{l \to +\infty} \sum_{n=-\infty}^{+\infty} F_l(\omega_n) \Delta\omega = \lim_{l \to +\infty} \int_{-\infty}^{\infty} F_l(\omega) d\omega$$

$$= \int_{-\infty}^{\infty} \lim_{l \to +\infty} F_l(\omega) \mathrm{d}\omega = \frac{1}{2\pi} \int_{-\infty}^{\infty} \left[\int_{-\infty}^{\infty} f(z) \, \mathrm{e}^{\mathrm{i}\omega(t-z)} \mathrm{d}z \right] \mathrm{d}\omega$$

$$= \frac{1}{2\pi} \int_{-\infty}^{\infty} \left[\int_{-\infty}^{\infty} f(z) \, \mathrm{e}^{-\mathrm{i}\omega z} \mathrm{d}z \right] \mathrm{e}^{\mathrm{i}\omega t} \mathrm{d}\omega$$

如果令

$$F(\omega) = \int_{-\infty}^{\infty} f(t) \mathrm{e}^{-\mathrm{i}\omega t} \mathrm{d}t$$

则

$$f(t) = \frac{1}{2\pi} \int_{-\infty}^{\infty} F(\omega) \mathrm{e}^{\mathrm{i}\omega t} \mathrm{d}\omega$$

这就是傅里叶变换及其反变换的表达式。一般情况下，若"傅里叶变换"一词前不加任何限定语，则指的是"连续傅里叶变换"（连续函数的傅里叶变换）。连续傅里叶变换将频率域的函数 $F(\omega)$ 表示为时间域的函数 $f(t)$ 的积分形式。而其逆变换则是将时间域的函数 $f(t)$ 表示为频率域的复指数函数 $F(\omega)$ 的积分。一般可称函数 $f(t)$ 为原函数，而称函数 $F(\omega)$ 为傅里叶变换的像函数，原函数和像函数构成一个傅里叶变换对。

若 $f(t)$ 为偶函数，则 $F(\omega)$ 将为纯实数，并且同为偶函数（利用这一点便可以得到所谓的余弦变换）；如果 $f(t)$ 为奇函数，则 $F(\omega)$ 将为纯虚数，且同为奇函数；而对任意 $f(t)$，$F(\omega)$ 与 $F(-\omega)$ 始终共轭，这意味着 $|F(\omega)|$ 与 $|F(-\omega)|$ 恒相等，即 $F(\omega)$ 的绝对值是偶函数。

傅里叶变换针对的是非周期函数，或者说是周期为无穷大的函数，所以它是傅里叶级数的一个特例。当傅里叶级数的周期 l 趋于无穷时，自然就变成了上面的傅里叶变换。这种关系从二者的表达式中大概能看出点端倪，但也不是特别明显，毕竟它们的表达形式差别仍然很大。如果不把傅里叶级数表达成复数形式，那就更加难看出二者之间的联系了。傅里叶变换要求 $f(t)$ 在 $(-\infty, +\infty)$ 上绝对可积，其实可以理解成"傅里叶级数要求函数在一个周期内的积分必须收敛"。

傅里叶变换是信号处理中的重要工具。在信号处理中，$f(t)$ 表示一个信号在时域上的分布情况，而 $F(\omega)$ 则表示一个信号在频域（或变换域）上的分布情况。这是因为 $F(\omega)$ 的分布其实就代表了各角频率波分量的分布。由于 $F(\omega)$ 是复数，$|F(\omega)|$ 的分布正比地体现了各个角频率波分量的振幅分布。$F(\omega)$ 的辐角体现了各个角频率波分量的相位分布。平时所说的"频谱图"，其实指的就是 $|F(\omega)|$ 的函数图像，它始终是偶函数（这个就是实数了，因为取的是 $|F(\omega)|$ 的幅值而不是 $F(\omega)$ 本身）。对于满足傅里叶变换条件的非周期函数，它们的频谱图一般都是连续的；而对于周期函数，它们的频谱图则都

是离散的点，只在整数倍角基频（π/l）的位置有非零的频谱点存在。根据频谱图可以很容易判断该原函数是周期函数还是非周期的（看频谱图是否连续就可以了），而且对于周期函数，可以从频谱图读出周期大小（相邻的离散点之间的横轴间距就是角基频，这个角频率对应的周期就是原函数的周期）。关于傅里叶变换在信号处理中更加深入的应用读者有必要参阅相关资料，此处我们的介绍旨在帮助读者搞清楚傅里叶变换的由来，并建立傅里叶变换与傅里叶级数之间的关系。

推荐阅读材料 A：法国数学家小传

约瑟夫·路易斯·拉格朗日（Joseph-Louis Lagrange，1736—1813），法国著名数学家、物理学家。高等数学中讲到的拉格朗日中值定理便是由他提出的。拉格朗日年轻时即与几位极具影响力的数学大家们有过诸多接触。他曾在日内瓦拜访过丹尼尔·伯努利，还曾给欧拉写信讨论数学问题。这些数学大家的思想对拉格朗日以后的工作均有一定启发。1756 年，受欧拉的举荐，拉格朗日被任命为普鲁士科学院的通讯院士。拉格朗日还曾先后在巴黎高等师范学校和巴黎综合理工学院任数学教授。1795 年，拉格朗日组织建立了法国最高学术机构——法兰西研究院，并被推选为科学院数理委员会的主席。拉格朗日总结了 18 世纪的数学成果，同时又为 19 世纪的数学研究开辟了道路，堪称法国最杰出的数学大师。

皮埃尔-西蒙·拉普拉斯（Pierre-Simon Laplace，1749—1827），法国数学家和天文学家。现在信号处理中普遍使用的拉普拉斯算子以及拉普拉斯变换都源于他的研究。拉普拉斯曾分别在巴黎综合理工学院和高等师范学校任教，并于 1816 年当选法兰西学院院士，一年后又任该院院长。拉普拉斯不仅是数学上的大师，而且在政治上也左右逢源。他曾担任过拿破仑的老师，并在拿破仑时期，当过六个星期的内政部长，后来还成为元老院的掌玺大臣。拉普拉斯在政治上的摇摆使其饱受非议，即使在席卷法国的政治变动中，包括拿破仑的兴起和衰落，也都没有使拉普拉斯受到显著影响。他甚至还在拿破仑皇帝时期和路易十八时期两度获颁爵位。有时人们认为拉普拉斯在政治态度方面见风使舵的能力使得他在政治上得益并不太值得钦佩，但不可否认他崇高的学术威望，以及他将数学应用于军事问题的才能也在动荡的政治中保护了他。

让·巴普蒂斯·约瑟夫·傅里叶（Jean Baptiste Joseph Fourier，1768—1830），法国著名数学家、物理学家。数字信号处理中常用的傅里叶变换就是以他的研究成果发展而来的。傅里叶是一个孤儿，九岁时父母双亡，后被当地教堂收养。傅里叶毕业于巴黎高等师范学校，而且是这座学校的首批毕业生，毕业后在军队中教授数学。1795 年他到巴黎高等师范学校教书，之后又聘任为巴黎综合理工学院教授。1798 年随拿破仑军队远征埃及，受到拿破仑器重，回国后被任命为格勒诺布尔省省长。1817 年傅里叶当选为科学院院士，1822 年任该院终身秘书，同年傅里叶完成了他最重要的作品——《热传导的解析理论》。这本经典文献记述了他在研究热的传播时所创立的一套数学理论，也就是今日被称为"傅里叶分析"的重要数学方法。傅里叶的成就使人们从解析函数或强光滑的函数中解放了出来。傅里叶分析方法不仅放宽了光滑性的限制，还可以保证整体的逼近效果。

西莫恩·德尼·泊松（Siméon Denis Poisson，1781—1840），法国著名数学家、物理学家。我们之前提到的泊松方程、泊松分布等皆因其而得名。1798 年，泊松以当年第一名成绩进入巴黎综合理工学院，并受到当时在该校任教的大数学家拉格朗日的指导。拉格朗日很早就认识到泊松的才华，二人也因此一直保持着亦师亦友的关系。泊松在 1802 年成为综合理工学院的代课教授，并于四年后接替傅里叶成为正教授，因为拿破仑把后者送去格勒诺布尔。1812 年，泊松当选为巴黎科学院院士。泊松一生共发表过 300 多篇论文，内容涉及积分理论、行星运动理论、热物理、位势理论和概率论等诸多领域。他擅长用数学的方法研究各类物理问题，并由此得到数学上的发现，因此对数学和物理学都做出了杰出贡献。他提出的许多数学方法或数学模型甚至在今天的信号处理领域亦有应用。例如，用于图像复原的露西-理查德森算法就是用于处理类似泊松分布之噪声的。此外，还有学者将泊松方程引入用于解决图像融合（或分割）的问题，这就是有名的 Poisson Matting 方法。

奥古斯丁·路易·柯西（Augustin Louis Cauchy，1789—1857），法国著名数学家。数学中的很多定理和公式都以他的名字来称呼，例如我们所熟知的柯西不等式、柯西中值定理，以及柯西收敛定理等。柯西的父亲曾与当时法国的大数学家拉格朗日与拉普拉斯交往密切。柯西少年时代的数学才华颇受这两位数学家的赞赏，并预言柯西日后必成大器。拉格朗日还建议他的父亲在他学好文科前不要学数学，其父因此加强了对柯西的文学教养，使他在诗歌方面也表现出很高的才华。柯西曾在巴黎综合理工学院学习，后来又在此任教。不过在专门从事数学研究之前，柯西曾是一位交通道路工程师。但由于身体欠佳，便接受了拉格朗日和拉普拉斯的劝告，转而致力于纯数学的研究。柯西在纯数学和应用数学上的功力相当深厚，而在数学写作上，他是被认为在数量上仅次于欧拉的人，柯西一生大约写了 800 篇论文，柯西全集有 27 卷之多。不过并不是他所有的创作质量都很高，因此他还曾被人批评高产而轻率，这点倒是与数学王子高斯恰恰相反。柯西的卓越贡献之一就是与魏尔斯特拉斯一同开展了数学分析的严谨化工作，从而为后续数学分析的发展奠定了基础。但作为久负盛名的科学泰斗，柯西落落寡合，也因此常常忽视青年学者的创造。其中最令人扼腕的是，19 世纪两大青年数学天才阿贝尔与伽罗瓦的开创性的论文手稿均因柯西而"失落"，造成群论晚问世约半个世纪。

18 世纪下半叶至 19 世纪末无疑是法国历史动荡变幻、社会政治风起云涌的时代，法国大革命、拿破仑称帝、波旁王朝覆灭、巴黎公社运动都发生在这一时期。而这一时期同时也是法国大师辈出、科学技术突飞猛进的时代。在 19 世纪即将结束的 1889 年，埃菲尔铁塔在巴黎的战神广场落成。作为巴黎的地标性建筑，该塔由著名建筑师、结构工程师古斯塔夫·埃菲尔设计并主持建造。埃菲尔铁塔上还镌刻了 72 个 18 至 19 世纪的法国科学家、工程师及其他知名人士的名字，设计师以这种方式纪念他们为推动人类文明和进步所做出的最大贡献。前面提到的拉普拉斯、拉格朗日、柯西、泊松和傅里叶均在此列。除此之外，还包括库伦、安培等人。

埃瓦里斯特·伽罗瓦（Évariste Galois，1811—1832），法国数学家，与尼尔斯·阿贝尔并称为现代群论的创始人。伽罗瓦的一生才华横溢，却又充满不幸。1829 年，伽罗瓦将他在代数方程解的结果呈交给法国科学院，由柯西负责审阅，柯西却将文章连同摘要都弄丢了。后来，伽罗瓦进入巴黎高等师范学校就读，次年他再次将方程式论的结果，写成三篇论文，争取当年科学院的数学大奖，但是文章在送到傅里叶手中后，却因傅里叶过世又遭蒙尘。伽罗瓦因为卷入政治而两次入狱。后来他又在狱中结识了一个医生的女儿并陷入狂恋，因为这段感情，他陷入一场决斗，自知必死的伽罗瓦在决斗前夜将他的所有数学成果狂笔疾书记录下来，并时不时在一旁写下"我没有时间"，第二天他果然在决斗中身亡，一代大才英年早逝。伽罗瓦的朋友遵照其遗愿，将他的数学论文寄给高斯与雅可比，但是都石沉大海，一直到 1843 年，才由刘维尔肯定伽罗瓦结果之正确、独创与深邃，并在 1846 年将它发表。伽罗瓦用群论彻底解决了根式求解代数方程的问题，而且由此发展了一整套关于群和域的理论，人们称之为伽罗瓦群和伽罗瓦理论。

尼尔斯·亨利克·阿贝尔（Niels Henrik Abel，1802—1829），挪威有史以来最伟大的数学家。死后才被公认为现代数学之先驱。阿贝尔一生贫困潦倒，但从未放弃数学研究。他曾把论文寄给当时有名的数学家高斯，但是孤傲的高斯错过了这篇论文。他也曾造访过包括柯西在内的法国顶尖数学家，但都一无所获。直到阿贝尔去世前不久，人们才认识到他的价值。1828 年，四名法国科学院院士上书给挪威国王，请他为阿贝尔提供合适的科学研究位置，勒让德也在科学院会议上对阿贝尔的工作大加称赞。在阿贝尔死后两天，克列尔写信说为阿贝尔成功争取到柏林大学的教授职位，可惜为时已晚，一代天才数学家已经在收到这消息前去世了。此后荣誉和褒奖接踵而来，1830 年他和卡尔·雅可比共同获得法国科学院大奖。埃尔米特曾说：阿贝尔留下的思想可供数学家们工作 150 年。

夏尔·埃尔米特（Charles Hermite，1822—1901），19 世纪法国出现的最伟大的代数几何学家。法兰西科学院院士。巴黎综合理工学院毕业，后来曾在巴黎高等师范学校任教。他在函数论、高等代数、微分方程等方面都有重要发现。埃尔米特的大学入学考试重考了五次，每次失败的原因都是数学考不好。他的大学读到几乎毕不了业，每次考不好都是数学那一科。他大学毕业后考不上任何研究所，因为考不好的科目还是数学。数学是他一生的至爱，但是数学考试是他一生的恶梦。不过这无法改变他的伟大：课本上的"共轭矩阵"是他最先提出来的；自然常数 e 的"超越数性质"也是他第一个证明出来的。他的一生证明"一个不会考试的人，仍然能有胜出的人生"，并且更奇妙的是不会考试成为他一生的祝福。

18 到 19 世纪是法国数学大爆发的时代，很难想象在这个短暂的时间和有限的空间中，居然聚集了如此之多的数学大师。这其中的每个人随便拿到其他某个国家无疑都是引领整个时代的学术巨擘。但历史让他们如此集中地聚合到一起，由此也奠定了法国在数学领域的强大地位。数学是其他理工学科的基础，一个国家要想拥有昌明的科技，必要先有强大的数学。19 世纪中国伟大的数学家李善兰便说过："呜呼！今欧罗巴各国日益强盛，为中国边患。推原其故，制器精也，推原制器之精，算学明也。"回过头再来看我们所要谈的数字图像处理，你很容易发现这里面的许多技术都是由法国学者最先发明的，而这些技术的出现无疑都与法国数学的高度发达密不可分。众所周知，贝塞尔曲线是计算机图形图像造型的基本工具，是图形造型运用得最多的基本线条之一，而如此著名的贝塞尔曲线最初便是由法国工程师皮埃尔·贝塞尔（Pierre Bézier，1910—1999）于 1962 年所发明的。贝塞尔设计这种曲线的初衷便是将其应用于雷诺公司的汽车制造。此外，众所周知，图像处理中的形态学技术是以数学形态学为理论基础发展而来的。而数学形态学的理论基础，最初则是在 1964 年，由当时法国巴黎矿业学院的教授马瑟荣（Georges Matheron，1930—2000）和他的博士生赛拉（Jean Serra，1940— ）两人共同奠定的。还有现在依然是研究热点的小波变换，最初也是由当时在法国石油公司工作的地球物理学家莫莱（Jean Morlet，1931—2007）提出的。莫莱早年毕业于巴黎综合理工学院，在 1975 年前后，他开始在小波分析领域进行了开创性的探索，他最先提出了小波这个名字，并将其应用于实际问题之中。

推荐阅读材料 B：德瑞数学家小传

马克思在其著作中曾多次肯定过科学技术的重要性，他深刻地指出："社会劳动生产力，首先是科学的力量。"科学技术是第一生产力。一个国家要有强盛的综合国力，也必然要先有发达的科技水平与之相匹配。而正如前面我们所提到的，一个国家要想拥有昌明的科技，必要先有强大的数学。曾经发动过两次世界大战的德国，如果没有强大的综合国力作为支撑，那将是多么难以想象的事情。然而，在历史上很长一段的时间里，德国的数学水平在欧洲大陆上并不具有明显优势。事实上，直到 19 世纪德国的数学才真正崛起。在此，我们就一起来聊聊德国历史上的著名数学家。另外，从地缘上讲，瑞士是德国边上的一个小国，两国交流自然由来已久。德语也是瑞士的官方语言之一（瑞士居民中讲德语的超过 65%）。很多瑞士数学家也曾师承德国数学大师，这里我们也兼谈一下瑞士的几位重要数学家。

戈特弗里德·威廉·莱布尼茨（Gottfried Wilhelm Leibniz，1646—1716），德国数学家、哲学家。莱布尼茨是德国历史上一位举世罕见的科学奇才，他的研究成果遍及数学、哲学、化学、地理学、解剖学、动物学、植物学、航海学、地质学、语言学等诸多领域。其中，尤以数学和哲学上的贡献最大。在哲学上，莱布尼茨的乐观主义最为著名。他和笛卡尔、斯宾诺莎被认为是 17 世纪三位最伟大的理性主义哲学家。"世界上没有两片完全相同的树叶"就是出自他之口。但事实上，莱布尼茨的职业其实是一名律师。除此之外，莱布尼茨还做过外交官。这段经历使他得以前往法国游历，并在惠更斯的指导下学习数学。莱布尼茨在数学上的最大贡献是他与牛顿各自独立地创立了微积分理论。但历史上二人因为争夺微积分的发明权也曾陷入激烈的论战，就如同后来特斯拉和爱迪生也曾因为交流电与直流电的争执而交恶一样，这段也成为科学史上极不光彩的一页。

莱布尼茨与中国文化也颇有渊源。莱布尼茨最早提出"二进制"的概念是在 1679 年。到了 1701 年，当时已成为法国科学院院士的莱布尼茨首次将《论二进制》的论文作为研究成果提交给了法国科学院，却没有引起注意，而被搁置一边。当时，莱布尼茨曾与到过中国的耶稣会传教士白晋交往甚密，而白晋对于中国古代的《易经》特别感兴趣。从公元 1697 年到 1702 年，莱布尼茨与白晋保持长期的通信关系。1701 年 2 月，莱布尼茨给当时在北京的白晋写信时谈到了二进制的问题。白晋于同一年 11 月 4 日收到这封信的当天，便马上复信，认为莱布尼茨的二进制恰好与中国的太极八卦相符，也就是把阳爻变成一，把阴爻变成零。此外，他还在信中附寄了两个"易图"：一个是《伏羲六十四卦次序图》，另一个是《伏羲六十四卦方位图》。直到 1703 年 4 月，莱布尼茨才收到这封给他帮了大忙的信。

莱布尼茨认真地研究白晋给他的这两个易图。按照这两个图,（坤）相当于 000000；（剥）相当于 000001；（比）相当于 000010；（观）相当于 000011……莱布尼茨惊奇地从《易经》的图像中发现了从 63 到 0 的二进位数字并成功地排出了先天八卦和先天六十四卦的二进位制数。后来他为加进了八卦图的论文起名为《二进制算术的解说》，并定副标题为"它只用 0 和 1"，论文中不仅论述了二进制算术的用途，还对伏羲氏所使用的中国古代数字的意义进行了解说。后来，法国科学院收到这份论文后，马上发表在了《皇家科学院纪录》上。据此，西方普遍认为莱布尼茨是二进制算术的创始人。

而在比利时新鲁汶大学图书馆中存有斯比塞尔（1639—1691）所编著的《中国文史评析》（出版年代为 1660 年，出版地点为荷兰莱顿）一书中详细地介绍了"阴"用"断续线条"表示，"阳"用"连续线条"表示，两种线条的重叠形成四象、八卦、六十四卦的思想。这就是易经上所说的："阴阳生太极，太极生两仪，两仪生四象，四象生八卦"。可见，彼时先天图（伏羲六十四卦图）已经传入欧洲。

尽管先天图传入欧洲比莱布尼茨发明二进制算术要早，但没有证据表明莱布尼茨在发现二进制算术之前看过先天图，后来莱布尼茨也曾试图通过说明在发明二进制之前没有见过先天图，来为自己辩解。不过，莱布尼茨此后也不再强调说是他自己发明了二进制，而只是讲重新发现了中国人原来的学问。正如他在信中曾经写道的，"我发现二进制数是在 20 年前。到了今天，我才发现……中国人在 4000 年前，已经了解到 0 与 1 的二元数学"。

我们在数学和物理上经常能够听到伯努利这个名字，但伯努利并不是一个人，而是瑞士的一个充满传奇色彩且声名显赫的家族。在三代人中，伯努利家族中共产生了 8 位科学家，其中出类拔萃的至少有 3 位。而在他们一代又一代的众多子孙中，至少有一半相继成为杰出人物。伯努利家族的后裔有不少于 120 位被人们系统地追溯过，他们在数学、科学、技术、工程乃至法律、管理、文学和艺术等方面享有名望，有的甚至声名显赫。最不可思议的是这个家族中有两代人，他们中的大多数数学家，并非有意选择数学为职业，然而却忘情地沉溺于数学之中，有人调侃他们就像酒鬼碰到了烈酒。

雅各布·伯努利（Jocob Bernoulli，1654—1705），瑞士数学家，著名的伯努利兄弟中的哥哥。雅各布对数学最重大的贡献是在概率论研究方面。他从 1685 年起发表关于赌博游戏中输赢次数问题的论文，后来写成巨著《猜度术》，这本书在他死后 8 年，即 1713 年才得以出版。现今概率论教科书中的伯努利分布正是他的创造。雅各布还醉心于对数螺线的研究，这项研究自 1691 年便开始了。他发现对数螺线经过各种变换后仍然是对数螺线，如它的渐屈线和渐伸线是对数螺线，自极点至切线的垂足的轨迹，以极点为发光点经对数螺线反射后得到的反射线，以及与所有这些反射线相切的曲线都是对数螺线。他惊叹这种曲线的神奇，竟在遗嘱里要求后人将对数螺线刻在自己的墓碑上，并附以颂词"纵然变化，依然故我"，用以象征死后永生不朽。

约翰·伯努利（Johann Bernoulli，1667—1748），瑞士数学家，他是雅各布·伯努利的弟弟。伯努利兄弟都曾经向莱布尼茨学习过微积分，因此，在牛顿与莱布尼茨之间因争夺微积分的发明权而激烈论战之时，他们都是莱布尼茨的支持者。1705 年，约翰接替去世的雅各布任巴塞尔大学数学教授。同他的哥哥一样，他也当选为巴黎科学院外籍院士和柏林科学协会会员。1712 年、1724 年和 1725 年，他还分别当选为英国皇家学会、意大利波伦亚科学院和彼得堡科学院的外籍院士。约翰在数学方面的成果比雅各布还要多，例如解决悬链线问题、最速降线和测地线问题，给出求积分的变量替换法，研究弦振动问题等。约翰的另一大功绩是培养了一大批出色的数学家，其中包括 18 世纪最著名的数学家欧拉、瑞士数学家克莱姆、法国数学家洛必达，以及他自己的儿子丹尼尔和侄子尼古拉二世等。

丹尼尔·伯努利（Daniel Bernoulli，1700—1782），瑞士数学家。他是约翰·伯努利的儿子，也是欧拉的密友，二人在欧拉-伯努利栋梁方程上还有过合作。在伯努利家族中，丹尼尔是涉及科学领域较多的人。他出版了经典著作《流体动力学》；研究弹性弦的横向振动问题，提出声音在空气中的传播规律。他的论著还涉及天文学、地球引力、湖汐、磁学、医学、船体航行、振动理论、植物学和生理学等多个领域。丹尼尔的博学成为伯努利家族的杰出代表。丹尼尔于 1747 年当选为柏林科学院院士，1748 年当选巴黎科学院院士，1750 年当选英国皇家学会会员。他一生获得过多项荣誉称号。

莱昂哈德·欧拉（Leonhard Euler，1707—1783），瑞士著名数学家。欧拉是一位不可多得的数学天才，拥有超凡的心算能力和强大的记忆力。欧拉的父亲保罗·欧拉曾经是雅各布·伯努利的学生，大学期间还曾与约翰·伯努利一同在雅各布的家中住过。所以欧拉的家庭与伯努利家族一直交好。欧拉 13 岁时入读巴塞尔大学，顺理成章地得到当时最有名的数学家约翰·伯努利的精心指导，他在 15 岁时大学毕业，16 岁获得硕士学位。欧拉还用他近乎天才的奇思妙想破解了困扰伯努利兄弟许久的几何级数求解问题。后来欧拉又与约翰·伯努利的儿子丹尼尔·伯努利成为私交甚笃的好友，并在学术上有所合作。欧拉曾任彼得堡科学院教授，是柏林科学院的创始人之一。他也是刚体力学和流体力学的奠基者，弹性系统稳定性理论的开创人。

欧拉是 18 世纪数学界最杰出的人物之一，也是数学史上最多产的数学家，平均每年写出 800 多页的论文。欧拉到底出了多少著作，直至 1936 年人们也没有确切地了解。但据估计，要出版已经搜集到的欧拉著作，将需用大 4 开本 60~80 卷。彼得堡学院为了整理他的著作整整花了 47 年。欧拉解释数学非常清楚，其仁慈宽厚的个性也表露在字里行间，他不是那种只能看透问题的本质却无法将其思想传授给他人的刻板数学家。相反，他深深地关心教学的工作。他总是下工夫把有关的资料细心地、详尽地、有条理地写下来。他讲得令人心悦诚服，且忠实地将内心的思想过程告诉读者，因此他所写的或所讲的都是自己的心得，有感受的成果，也因此特别感人亲切。

数学上有很多的公式都是由欧拉发现的，它们都有一个共同的名字——欧拉公式。其中最著名的有：复变函数中的欧拉幅角公式——将复数、指数函数与三角函数联系起来； 拓扑学中的欧拉多面体公式；初等数论中的欧拉函数公式。此外还包括其他一些欧拉公式，比如分式公式等。这也恰恰证明欧拉涉猎之广泛，事实上欧拉是历史上为数不多的几位数学全才之一，他的研究涉及数学的各个角落。欧拉还非常善于将实际问题抽象成数学问题，困惑人们许久的哥尼斯堡七桥问题最终也是由欧拉通过数学的方法解决的。由此，也标志着图论的诞生。

在欧拉的数学生涯中，他一直饱受视力问题的困扰。在欧拉生命的最后 17 年里，他完全是在黑暗中度过的。即便如此，病痛似乎并未影响到欧拉的学术生产力，这大概归因于他的心算能力和超群的记忆力。比如，欧拉可以从头到尾不犹豫地背诵维吉尔的史诗《埃涅阿斯纪》，并能指出他所背诵的那个版本的每一页的第一行和最后一行是什么。在书记员的帮助下，欧拉在多个领域的研究其实变得更加高产了。在 1775 年，他平均每周就完成一篇数学论文。欧拉的努力勤奋，以及顽强的毅力也为后人树立了光辉的榜样。

卡尔·弗里德里希·高斯（Carl Friedrich Gauss，1777—1855），德国著名数学家、物理学家、天文学家。他是近代数学奠基者之一，并享有"数学王子"之称。高斯和阿基米德、牛顿并列为世界三大数学家。高斯一生成就极为丰硕，以他的名字来命名的成果多达 110 个，属数学家中之最。高斯是一个超世绝群的天才，关于他的睿智与聪颖，一直流传着一个故事。据说，他 10 岁时便曾利用很短的时间就计算出了小学老师提出的问题：自然数从 1 到 100 的求和。而他的天才正体现在他所使用的方法非常之巧妙：对 50 对构造成和 101 的数列求和（1 + 100，2 + 99，3 + 98……），于是很容易得到最终的结果就是 5050。由于高斯的聪慧远近闻名，卡尔·威廉·斐迪南公爵也得知了这个天才儿童的事情，便从高斯 14 岁起开始资助其学习与生活。18 岁时，高斯转入哥廷根大学学习。在高斯 19 岁时，仅用尺规便构造出了 17 边形，从而为流传了 2000 年的欧氏几何提供了自古希腊时代以来的第一次重要补充。从此，高斯走上了数学研究的道路。高斯的研究几乎遍及数学的所有领域，在数论、代数学、非欧几何、复变函数和微分几何等方面都做出了开创性的贡献。

高斯对待学问十分严谨，是一个典型的完美主义者。尽管他的学术造诣极高，但是却很少公开发表文章。高斯一生共发表了 155 篇论文，他只是把他自己认为是十分成熟的作品发表出来。在高斯看来，"建筑完成就要拆除脚手架"。这一点与欧拉截然相反，所以后人拜读高斯的文章只会为他的天才而感到惊讶，但却很难掌握他思想的来龙去脉。阿贝尔在谈及高斯的简洁的写作风格时曾表示"他就像狐狸用尾巴抹去它的踪迹"。高斯对代数学的重要贡献是证明了代数基本定理，他的存在性证明开创了数学研究的新途径。事实上，在高斯之前已有许多数学家认为已给出了这个结果的证明，可是没有一个证明是严密的。高斯把前人证明的缺失一一指出来，然后提出自己的见解，他一生中一共给出了四个不同的证明。高斯在 1816 年左右就得到了非欧几何的原理。他还深入研究复变函数，建立了一些基本概念，发现了著名的柯西积分定理。他还发现椭圆函数的双周期性，但这些工作在他生前都没发表出来。

1806 年，卡尔·威廉·斐迪南公爵在抵抗拿破仑统帅的法军时不幸在耶拿战役中阵亡，这给高斯以沉重打击，他悲痛欲绝，长时间对法国人怀有一种深深的敌意。尽管高斯居住的哥廷根和法国非常近，但高斯终身都没有踏足过法国一步。天才总是孤独的，由于高斯所处的时代，他的思想要远远领先别人一大截，很难找到能与高斯比肩的人，所以高斯在性格上就变得更加孤傲与刻板，他甚至很少指导学生（尽管如此，他为数不多的学生中仍然涌现出了数位杰出的数学家）。但不得不说高斯的出现打破了莱布尼茨逝世后德国数学界长期的冷清局面，而且凭一人之力创造了德国数学的一个巅峰。高斯之后，哥廷根学派也开始进入人们的视线，而他的学生黎曼后来继续在哥廷根努力耕耘，延续了这里的数学传奇。

卡尔·特奥多尔·威廉·魏尔斯特拉斯（Karl Theodor Wilhelm Weierstrass，1815—1897），德国著名数学家，被誉为"现代分析之父"。他与柯西一同进行了数学严谨化的运动，为后来数学分析的发展奠定了基础，现在数学中常用的"$\varepsilon - \delta$"语言也是由他创立的。历史上，第一个处处连续但又处处不可导的函数也是出现在魏尔斯特拉斯公开发表的文章里。魏尔斯特拉斯曾经在两所偏僻的地方中学担任过很长一段时间的中学教师。尽管如此，他却从未放弃数学研究。无独有偶，另外一位非常著名的德国科学家——欧姆，也曾经长期担任中学教师。欧姆是一个很有天赋和科学抱负的人，他在孤独与困难的环境中始终坚持不懈地进行科学研究，甚至自己动手制作仪器，最终因欧姆定律而留名于世。

直到 1853 年，魏尔斯特拉斯的一篇关于阿贝尔函数的研究论文才开始引起学术界的重视。3 年后，也就是他当了 15 年中学教师后，魏尔斯特拉斯被任命为柏林工业大学数学教授，同年被选进柏林科学院。他后来又转到柏林大学任教授。1873 年，魏尔斯特拉斯出任柏林大学校长。除柏林科学院外，魏尔斯特拉斯还是哥廷根皇家科学学会会员（1856 年）、巴黎科学院院士（1868 年）、英国皇家学会会员（1881 年）。

魏尔斯特拉斯不仅是一位伟大的数学家，而且是一位杰出的教育家，他一生热爱数学，热爱教育事业，热情指导学生，终身孜孜不倦。教科书上一直沿用至今的"$\varepsilon - \delta$"语言，最初其实是魏尔斯特拉斯在中学当数学老师时，为了让自己的学生们更好地理解极限这个概念而创立的。他不计个人名利，允许学生们或别人把他的研究成果用种种方式传播，而不计较功绩属谁的问题，这种高尚品德也是十分可贵的。魏尔斯特拉斯培养出了一大批有成就的数学人才，当时欧洲著名的数学家几乎都曾经是他的学生。这其中就包括世界历史上第一位数学女博士，同时也是世界历史上第一位获得科学院院士的女科学家——柯瓦列夫斯卡娅。当时由于社会风气，妇女无法进入大学，魏尔斯特拉斯就在家中单独教授柯瓦列夫斯卡娅数学。魏尔斯特拉斯的学生还包括康托、施瓦茨、米塔-列夫勒、卡尔·龙格等。魏尔斯特拉斯 70 岁的时候，遍布全欧各地的学生赶来向他致敬。10 年后，他 80 大寿的庆典更加隆重，在某种程度上他简直被看作是德意志的民族英雄。1897 年初，他染上流行性感冒，后转为肺炎，终至不治，于 2 月 19 日溘然长逝，享年 82 岁。魏尔斯特拉斯高尚的风范和精湛的教学艺术是永远值得后世学习的光辉典范。

古斯塔夫·勒热纳·狄利克雷（Gustav Lejeune Dirichlet，1805—1859），德国著名数学家，创立了现代函数的正式定义。他的首篇论文是费马大定理 $n = 5$ 的情况，后来亦证明了 $n = 14$ 的情况。费马大定理，又被称为"费马最后的定理"，该问题在历经 300 多年后，最终于 1995 年被英国数学家安德鲁·怀尔斯证明。狄利克雷曾经是泊松和傅里叶的学生。傅里叶曾声称："一个变量的任意函数，不论是否连续或不连续，都可展开为正弦函数的级数，而这正弦函数的参数为变量的倍数"。但这个结果并不完美，他显然没有考虑傅里叶级数收敛的条件。狄利克雷最先给出，在有限制的条件下，对于这个结果满意的示范。

弗雷德里希·波恩哈德·黎曼（Friedrich Bernhard Riemann，1826—1866），德国著名数学家，对数学分析和微分几何做出了重要贡献，是黎曼几何学创始人，复变函数论创始人之一。黎曼是高斯和狄利克雷的学生。黎曼在 1859 年狄利克雷去世后接替其成为哥廷根大学的正教授。1854 年在就职论文中，他定义了黎曼积分，给出了三角级数收敛的黎曼条件，从而指出积分论的方向，并奠定了解析数论的基础，提出了著名的"黎曼猜想"。他最初引入"黎曼曲面"的概念，对近代拓扑学带来巨大的影响。他在微分几何上，继高斯之后，开辟了微分几何的新途径，创立了黎曼几何学，并定义了黎曼空间的曲率，使其在物理学中得到了广泛的应用。他在保角映射、椭圆函数论、多周期函数，以及偏微分方程等方面都做出了开创性的贡献。狄利克雷和黎曼在高斯去世后在哥廷根继续和推进了他的数学事业，为后来哥廷根学派的崛起奠定了基础。

大卫·希尔伯特（David Hilbert，1862—1943），德国数学家，是 19 世纪和 20 世纪初最具影响力的数学家之一。他提出了希尔伯特空间的理论，是泛函分析的基础之一。他热忱地支持康托的集合论与无限数。1900 年，希尔伯特在巴黎的国际数学家大会上提出了一系列问题，即著名的希尔伯特之 23 个问题，为 20 世纪的许多数学研究指出方向。在许多数学家的努力下，希尔伯特问题中的大多数在 20 世纪得到了解决。值得一提的是希尔伯特问题中的第 8 题：黎曼猜想、哥德巴赫猜想和孪生素数猜想。尽管这三个猜想仍未彻底解决，但目前已经分别得到了比较重要的突破和被解决的弱化情况。其中关于哥德巴赫猜想之证明的最好成绩是由我国数学家陈景润于 1973 年发表的"1+2"。而关于孪生素数猜想的最新进展，则是 2013 年美籍华裔数学家张益唐证明存在无穷多个素数对相差都小于 7000 万，这也是该问题的重大突破。

前面我们已经讲到过高斯。1795 年，18 岁的高斯到哥廷根大学深造，从那以后，他终其一生在这里生活、工作，以卓越的成就改变了德国数学在 18 世纪初莱布尼茨逝世以来的冷清局面，同时也开创了哥廷根数学的传统。高斯是哥廷根上空的一颗璀璨的明星，但他本人不喜欢教书，保守的个性也使他置身于一般的数学交往活动之外。此外，德国分裂的局面使得经济发展趋于缓慢（直到 1871 年，统一的德意志帝国才建立），经济水平又深层制约着数学等基础科学的发展。在高斯去世后的半个多世纪里，虽然有狄利克雷和黎曼继承并推进了他的事业，同时也扩大了哥廷根数学的影响，但其仍远离欧洲的学术中心。

形势的根本改变发生在 19 世纪 70、80 年代，当时德意志民族完成了统一，而政治上的统一强劲地推进了德国经济腾飞。为赶超英、法老牌资本主义国家，德国政府在国内大力实行鼓励科学发展的政策。1895 年，就是高斯到达哥廷根后的第 100 年，希尔伯特被克莱因请到了高斯的大学。在希尔伯特和克莱因二人的携手努力下，上个世纪初的三十多年间，哥廷根成为名副其实的国际数学中心，大批青年学者涌向哥廷根，不仅从德国、欧洲，而且来自亚洲，特别是美国。据统计，1862—1934 年间获外国学位的美国数学家 114 人，其中 34 人是在哥廷根获博士学位的。1914 年，克莱因便开始设想筹建专门的数学研究所，该计划于 1929 年得以实现，当时克莱因已经去世，但新落成的哥廷根数学研究所，成为各国数学家神往的圣地。哥廷根每天都在创造着神话。

然而，哥廷根这个盛极一时的数学中心，却在法西斯的浩劫下毁于一旦。1933 年希特勒上台，掀起了疯狂的种族主义与排犹风潮，使德国科学界陷于混乱，哥廷根遭受的打击犹为惨重。哥廷根数学学派中包括了不同国籍、不同民族的数学家，其中不少是犹太人，在法西斯政府驱逐犹太人的通令下，他们纷纷逃离德国。对于哥廷根大学而言，这个几十年来以智力成就为单一评判标准的研究圣地，这个法令带来的打击是毁灭性的。理查德·柯朗离开那里去了美国，在纽约大学找到了一个职位，他在美国创立的数学研究所成为后来美国的三大顶级数学研究所之一。赫尔曼·韦尔自己虽然不是犹太人，但是他的夫人是犹太人。如同爱因斯坦一样，韦尔去了美国的普林斯顿。保罗·伯尔内斯被剥夺了授课的权利，但是他保住了作为希尔伯特最忠实助手的职位，一直到他离开前往苏黎世。在一次宴会上，希尔伯特发现自己坐在了教育部部长的旁边。部长问希尔伯特："没有犹太人的影响，哥廷根的数学现在怎么样了？"他回答道："哥廷根的数学？已经不存在了。"哥廷根数学的衰落，是现代科学史上因政治迫害而导致科学文化倒退的一幕典型悲剧。随着哥廷根的影响力日渐削弱，德国的数学也难于再现昨日的辉煌。事实上，直到今日，德国的数学也未能恢复到战前的水平。或许，唯有再降世一位像高斯那样的旷世奇才或者像希尔伯特那样具有超凡凝聚力的数学大师，才能重振德国数学之辉煌。

参考文献

[1] 朱健民，李建平. 高等数学. 北京：高等教育出版社，2007.

[2] 同济大学数学系. 高等数学（第 6 版）. 北京：高等教育出版社，2007.

[3] 谢树艺. 工程数学：矢量分析与场论. 北京：人民教育出版社，1978.

[4] 王光哲. 从两种物理解释看格林公式的由来. 北京：高等数学研究. 1994 年，第 1 期.

[5] 林琦焜. Green 定理及应用. 数学传播. 1997 年，第 21 卷，第 4 期.

[6] 林琦焜. Euler (1707—1783)——数学的莎士比亚. 数学传播. 2002 年，第 26 卷，第 2 期.

[7] 黄国良,王瑞平,舒秦. 矢量场散度和旋度的物理意义. 西安矿业学院学报. 1993 年，第 1 期.

[8] 左飞. 代码揭秘：从 C/C++的角度探秘计算机系统. 北京：电子工业出版社，2009.

[9] 徐小湛. 高等数学学习手册. 北京：科学出版社，2010.

[10] Horace Lamb. 游镇雄，等译. 理论流体动力学. 北京：科学出版社，1990.

[11] William Dunham. 苗锋，译. 天才引导的历程. 北京：中国对外翻译出版公司，1994.

[12] David C.Lay. 刘深泉，等译. 线性代数及其应用（原书第 3 版）. 北京：机械工业出版社，2005.

[13] Charles Petzold. 杨卫东，等译. 图灵的秘密：他的生平、思想及论文解读. 北京：人民邮电出版社，2012.

[14] Johan Thim. Continuous Nowhere Differentiable Functions. Master Thesis. Lulea University of Technology，2003.

[15] Joseph Gerver. More on the Differentiability of the Riemann Function. American Journal of Mathematics, Vol. 93, No.1, Jan. 1971.

[16] Joseph Gerver. The Differentiability of the Riemann Function at Certain Rational Multiples of π. American Journal of Mathematics, Vol. 92, No. 1, Jan., 1970.

B

图像编码的理论基础

在使自己专注于特定的图像编码算法之前，我们需要知道，对于给定的图像质量要求，我们可以期待将图像的传输比特率降低到多少。这一限制在判定实际图像编码方案（例如子带编码）的相对表现时将非常有用。

一、率失真函数

率失真（Rate Distortion）理论是信息论的一个分支，它让我们可以在无须考虑特定的编码方法的情况下，计算编码性能的上下限。特别地，如果介于发射端的原始图像 x 和接收端的重构图像 y 之间的失真 D 没有超出最大可以接受的失真范围 D^*，那么率失真理论给出了最小的传输比特率 R。遗憾的是，该理论并没有给我们一个用于构建实际最优编解码器的方法。尽管如此，我们将看到率失真理论能够提供非常重要的提示，这些提示涉及了关于最优数字信号编解码器的一些属性。

率失真理论中有两个核心的概念，即"互信息"（Mutual Information）和"失真"。互信息是信息论里一种有用的信息度量，它是指两个事件集合之间的相关性。一般而言，信道中总是存在着噪声和干扰，信源 X 发出消息 x，通过信道后接收端 Y 只可能收到由于干扰作用引起的某种变形的 y。接收端收到 y 后推测信源发出 x 的概率，这一过程可由后验概率 $p(x|y)$ 来描述。相应地，信源发出 x 的概率 $p(x)$ 称为先验概率。设 X 和 Y 是两个离散的随机变量，事件 $Y = y_j$ 的出现对事件 $X = x_i$ 的出现的"互信息"定义为 x 的后验概率与先验概率比值的对数，也称交互信息量（简称互信息），即

$$I(x_i; y_j) = \log_2 \frac{p(x_i|y_j)}{p(x_i)}$$

互信息是一个用来测度发送端和接收端信息传递的对称概念。尽管对于发送端和接收端都有各自的互信息，但是这个分析框架却是统一的。相对于互信息而言，我们更关注的是信息论中的平均量。两个集合 X 和 Y 之间的平均互信息定义为单个事件之间互信息的数学期望（其中 X 表示输入端或发送端，Y 表示输出端或接收端）：

$$I(X;Y) = E[I(x_i;y_j)] = \sum_{i=1}^{n}\sum_{j=1}^{m} p(x_i,y_j)\log_2\frac{p(x_i|y_j)}{p(x_i)} = \sum_{i=1}^{n}\sum_{j=1}^{m} p(x_iy_j)\log_2\frac{p(x_iy_j)}{p(x_i)p(y_j)}{}^{[1]}$$

其中，$p(x, y)$ 表示集合 X 和 Y 中的随机变量 x 和 y 的联合概率密度函数，也可以记作 $p(xy)$，$p(x)$ 和 $p(y)$ 则分别表示对应的边缘概率密度函数。我们可以设想 x 表示发送端的原始图像信号，而 y 表示接收端的重构图像信号。

平均互信息 $I(X;Y)$ 代表了接收到每个输出符号 Y 后获得的关于 X 的平均信息量，单位为比特/符号。易见，平均互信息显然具有对称性，即 $I(X;Y) = I(Y;X)$，简单证明如下：

$$I(X;Y) = \sum_i\sum_j p(x_iy_j)\log\frac{p(x_iy_j)}{p(x_i)p(y_j)} = \sum_i\sum_j p(y_jx_i)\log\frac{p(y_jx_i)}{p(y_j)p(x_i)} = I(Y;X){}^{[2]}$$

平均互信息与集合的差分熵（也称微分熵）$h(X)$ 有关，其离散形式定义为：

$$h(X) = \sum_i p(x_i)\log\frac{1}{p(x_i)}$$

平均互信息同时与（在给定集合 Y 的条件下）集合 X 的条件差分熵（或简称条件熵）$h(X|Y)$ 有关，其离散形式定义为：

$$h(X|Y) = \sum_i\sum_j p(x_iy_j)\log\frac{1}{p(x_i|y_j)}$$

平均互信息与差分熵的关系可由下述定理表述：

$$I(X;Y) = h(X) - h(X|Y) = h(Y) - h(Y|X)$$

其中，$h(X)$ 代表接收到输出符号以前关于信源 X 的先验不确定性（称为先验熵），而 $h(X|Y)$ 代表接收到输出符号后残存的关于 X 的不确定性（称为损失熵或信道疑义度），两者之差即应为传输过程获得的信息量。

下面我们对上述定理做简单证明，根据 $I(X;Y)$ 的定义式可得：

---

1 根据概率知识，对于联合概率密度函数有 $p(xy) = p(y|x)\cdot p(x) = p(x|y)\cdot p(y)$。

2 此处采用简略记法，以下类同。

$$I(X;Y) = \sum_i \sum_j p(x_i y_j) \log \frac{p(x_i|y_j)}{p(x_i)}$$
$$= \sum_i \sum_j p(x_i y_j) \log \frac{1}{p(x_i)} - \sum_i \sum_j p(x_i y_j) \log \frac{1}{p(x_i|y_j)}$$

其中

$$\sum_i \sum_j p(x_i y_j) \log \frac{1}{p(x_i)} = \sum_i [\log \frac{1}{p(x_i)} \sum_j p(x_i y_j)] = \sum_i p(x_i) \log \frac{1}{p(x_i)}^3$$

从而 $I(X;Y) = h(X) - h(X|Y)$ 得证，同理 $I(X;Y) = h(Y) - h(Y|X)$ 也成立。

关于平均互信息的另外一种定义式表述如下：

$$I(X;Y) = h(X) + h(Y) - h(XY)$$

其中，$h(XY)$ 是联合熵（Joint Entropy），其定义为：

$$h(XY) = \sum_i \sum_j p(x_i y_j) \log \frac{1}{p(x_i y_j)}$$

证明：

$$I(X;Y) = \sum_i \sum_j p(x_i y_j) \log \frac{p(x_i y_j)}{p(x_i)p(y_j)}$$
$$= \sum_i \sum_j p(x_i y_j) \log \frac{1}{p(x_i)} + \sum_i \sum_j p(x_i y_j) \log \frac{1}{p(y_j)}$$
$$- \sum_i \sum_j p(x_i y_j) \log \frac{1}{p(x_i y_j)}$$

定理得证。

联合熵 $h(XY)$ 表示输入随机变量 X，经信道传输到达信宿，输出随机变量 Y，即收、发双方通信后，整个系统仍然存在的不确定度。而 $I(X;Y)$ 表示通信前、后整个系统不确定度减少量。在通信前把 X 和 Y 看成两个相互独立的随机变量，整个系统的先验不确定度为 $h(X)+h(Y)$；通信后把信道两端出现 X 和 Y 看成是由信道的传递统计特性联系起来的、具有一定统计关联关系的两个随机变量，这时整个系统的后验不确定度由 $h(XY)$ 描述。根据各种熵的定义，从该式可以清楚地看出平均互信息量是一个表征信息流通的量，其物理意义就是信源端的信息通过信道后传输到信宿端的平均信息量。可见，

---

3 根据全概率公式 $p(B) = \sum_j p(B|A_j) p(A_j)$，则有 $\sum_j p(x_i y_j) = \sum_j p(x_i|y_j) p(y_j) = p(x_i)$。

对互信息 $I(x;y)$ 求统计平均后正是平均互信息 $I(X;Y)$，两者分别代表了互信息的局部和整体含义，在本质上是统一的。从平均互信息 $I(X;Y)$ 的定义中，可以进一步理解：熵只是对不确定性的描述，而不确定性的消除才是接收端所获得的信息量。

互信息 $I(x;y)$ 的值可能取正，也可能取负，这可以通过具体计算来验证。但平均互信息 $I(X;Y)$ 的值不可能为负。非负性是平均互信息的另外一个重要性质，即 $I(X;Y) \geqslant 0$，当 X 与 Y 统计独立时等号成立。下面我们来证明这个结论。

证明：根据自然对数的性质，有不等式 $\ln x \leqslant x-1$，其中 $x>0$。当且仅当 $x=1$ 时取等号。

另外，根据对数换底公式[4]可得 $\log_2 e \cdot \log_e x = \ln x \log_2 e$。

$$\because I(X;Y) = \sum_i \sum_j p(x_i y_j) \log \frac{p(x_i y_j)}{p(x_i)p(y_j)}$$

$$\therefore -I(X;Y) = \sum_i \sum_j p(x_i y_j) \log \frac{p(x_i)p(y_j)}{p(x_i y_j)} = \sum_i \sum_j p(x_i y_j) \ln \frac{p(x_i)p(y_j)}{p(x_i y_j)} \log_2 e$$

$$\leqslant \sum_i \sum_j p(x_i y_j) \left[\frac{p(x_i)p(y_j)}{p(x_i y_j)} - 1 \right] \log_2 e$$

$$= \left[\sum_i \sum_j p(x_i)p(y_j) - \sum_i \sum_j p(x_i y_j) \right] \log_2 e$$

$$= \left[\sum_i p(x_i) \sum_j p(y_j) - \sum_i \sum_j p(x_i y_j) \right] \log_2 e = 0$$

结论得证。

而当 X 与 Y 统计独立时，有 $p(xy) = p(x)p(y)$，则

$$I(X;Y) = \sum_i \sum_j p(x_i y_j) \log \frac{p(x_i y_j)}{p(x_i)p(y_j)} = \sum_i \sum_j p(x_i y_j) \log 1 = 0$$

平均互信息不会取负值，且一般情况下总大于0，仅当 X 与 Y 统计独立时才等于0。这个性质告诉我们：通过一个信道获得的平均信息量不可能是负的，而且一般总能获得一些信息量，只有在 X 与 Y 统计独立的极端情况下，才接收不到任何信息。

编码器端的原始图像和解码器端的重构图像之间的平均互信息 $I(X;Y)$ 与发送端 X

4　$\log_a b = \frac{\log_n b}{\log_n a} = \log_a n \cdot \log_n b$

和接收端 Y 之间的可用信道容量 C 有关。信道容量就是在给定一个信息传输速率时，传输信道在无错码的情况下可以提供的最大每符号比特值[5]。信道容量可以被表示为发送端和接收端之间的平均互信息的最大值，即 $I(X;Y) \leq C$。更进一步，平均互信息应该有 $I(X;Y) \leq H(X)$。这也是我们需要提及的关于平均互信息的最后一条特性——极值性。

可以根据信道疑义度的定义式来证明这一结论。由于 $-\log p(x_i|y_j) \geq 0$，而 $h(X|Y)$ 即是对 $-\log p(x_i|y_j)$ 求统计平均，因此有 $h(X|Y) \geq 0$。所以 $I(X;Y) = h(X)-h(X|Y) \leq h(X)$。这一性质的直观含义为：接收者通过信道获得的信息量不可能超过信源本身固有的信息量。只有当信道为无损信道，即信道疑义度 $h(X|Y)=0$ 时，才能获得信源中的全部信息量。

综合互信息的非负性和极值性有 $0 \leq I(X;Y) \leq h(X)$。当信道输入 X 与输出 Y 统计独立时，上式左边的等号成立；而当信道为无损信道时，上式右边的等号成立。

综合以上讨论的内容，我们再稍微进行一些补充。$I(X;Y)$ 表示接收到 Y 后获得的关于 X 的信息量；而 $I(Y;X)$ 为发出 X 后得到的关于 Y 的信息量。这二者是相等的，当 X 与 Y 统计独立时有 $I(X;Y)=I(Y;X)=0$。该式表明此时不可能由一个随机变量获得关于另一个随机变量的信息。而当输入 X 与输出 Y 一一对应时，则有 $I(X;Y)=I(Y;X)=h(X)=h(Y)$，即从一个随机变量可获得另一个随机变量的全部信息。

平均互信息 $I(X;Y)$ 与信源熵 $h(X)$、信宿熵 $h(Y)$、联合熵 $h(XY)$、信道疑义度 $h(X|Y)$ 及信道噪声熵 $h(Y|X)$ 之间的相互关系可用图 B-1 表示出来。例如，图中圆 $h(X)$ 减去其左边部分 $h(X|Y)$，即得到中间部分 $I(X;Y)$，依此类推，之前所提到的所有关系式都可以通过该图得到形象的解释。

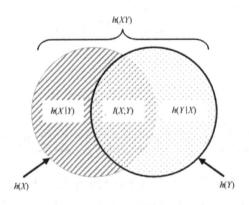

图 B-1　$I(X;Y)$ 与各类熵的关系图

研究通信问题，主要研究的是信源和信道，它们的统计特性可以分别用消息先验

---

5 码字（符号）的每一个比特携带信息的效率即编码效率（携带信息的效率也可以理解为信道传输的速率），也称编码速率，所以速率的单位是比特/符号。

概率 $p(x)$ 及信道转移概率 $p(y|x)$ 来描述，而平均互信息 $I(X;Y)$ 是经过一次通信后信宿所获得的信息。我们知道，平均互信息定义为：

$$I(X;Y) = \sum_i \sum_j p(x_iy_j) \log \frac{p(x_iy_j)}{p(x_i)p(y_j)} = \sum_i \sum_j p(y_j|x_i)p(x_i) \log \frac{p(y_j|x_i)}{\sum_i p(y_j|x_i)p(x_i)}$$

其中

$$\sum_i p(y_j|x_i)p(x_i) = \sum_i p(x_iy_j) = p(y_j)$$

上式说明 $I(X;Y)$ 是信源分布概率 $p(x)$ 和信道转移概率 $p(y|x)$ 的函数，平均互信息量是 $p(x_i)$ 和 $p(y_j/x_i)$ 的函数，即 $I(X;Y)=f[p(x_i), p(y_j|x_i)]$；若固定信道，调整信源，则平均互信息 $I(X;Y)$ 是 $p(x_i)$ 的函数，即 $I(X;Y)=f[p(x_i)]$；若固定信源，调整信道，则平均互信息 $I(X;Y)$ 是 $p(y_j/x_i)$ 的函数，即 $I(X;Y)=f[p(y_j/x_i)]$。

平均互信息 $I(X;Y)$ 函数的凸性特征是导出率失真函数概念的重要依据，在介绍它的这一特性之前，我们先来介绍有关凸函数的基本知识。凸函数包括两种，即上凸函数（图形上呈∩形）和下凸函数（图形上呈∪形）。下凸函数是一个定义在某个向量空间的凸子集 C（区间）上的实值函数 f，而且对于凸子集 C 中任意两个向量 p_1 和 p_2，以及存在任意有理数 $\theta \in (0,1)$，则有 $f[\theta p_1 + (1-\theta)p_2] \leqslant \theta f(p_1) + (1-\theta)f(p_2)$。如果 f 连续，那么 θ 可以改为 $(0,1)$ 中的实数。如果这里的凸子集 C 即某个区间，那么 f 就为定义在该区间上的函数，p_1 和 p_2 则为该区间上的任意两点。如图 B-2 所示为一个下凸函数示意图，结合图形，我们可以分析在下凸函数的定义式中，$\theta p_1 + (1-\theta)p_2$ 可以看作是 p_1 和 p_2 的加权平均，因此 $f[\theta p_1 + (1-\theta)p_2]$ 是位于函数 f 曲线上介于 p_1 和 p_2 区间内的一点。而 $\theta f(p_1) + (1-\theta)f(p_2)$ 则是 $f(p_1)$ 和 $f(p_2)$ 的加权平均，也就是以 $f(p_1)$ 和 $f(p_2)$ 为端点的一条直线段上的一点。同理，如果有 $f[\theta p_1 + (1-\theta)p_2] \geqslant \theta f(p_1) + (1-\theta)f(p_2)$，则函数显然就是上凸的。

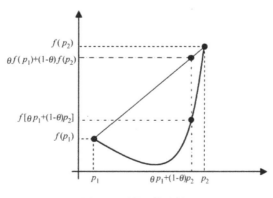

图 B-2　下凸函数示意图

$I(X;Y)$是 $p(x_i)$的上凸函数，即同一信源集合$\{x_1, x_2, \cdots, x_n\}$，对应两个不同概率分布 $p_1(x_i)$和$p_2(x_i)$，其中 $i = 1, 2, \cdots, n$，且有小于 1 的正数 $0 < \theta < 1$，则必有下列不等式成立：

$$\theta f[p_1(x_i)] + (1 - \theta)f[p_2(x_i)] \leq f[\theta p_1(x_i) + (1 - \theta)p_2(x_i)]$$

下面我们来简单证明这一定理。令 $p_3(x_i)=\theta p_1(x_i)+(1-\theta)p_2(x_i)$，因为 $p_3(x_i)$是 $p_1(x_i)$和 $p_2(x_i)$的线性组合，$p_3(x_i)$构成了一个新的概率分布。当固定信道特性为$p_0(y_j|x_i)$时，由 $p_3(x_i)$ 确定的平均互信息为：

$$I[p_3(x_i)] = f[\theta p_1(x_i) + (1 - \theta)p_2(x_i)] = \sum_i \sum_j p_3(x_i)p_0(y_j|x_i) \log \frac{p_0(y_j|x_i)}{p_3(y_j)}$$

$$= \sum_i \sum_j [\theta p_1(x_i) + (1 - \theta)p_2(x_i)]p_0(y_j|x_i) \log \frac{p_0(y_j|x_i)}{p_3(y_j)}$$

$$= -\sum_i \sum_j [\theta p_1(x_i) + (1 - \theta)p_2(x_i)]p_0(y_j|x_i) \log \frac{p_3(y_j)}{p_0(y_j|x_i)}$$

$$= -\theta \sum_i \sum_j p_1(x_i)p_0(y_j|x_i) \log[p_3(y_j)]$$

$$-(1 - \theta) \sum_i \sum_j p_2(x_i)p_0(y_j|x_i) \log[p_3(y_j)]$$

$$+ \sum_i \sum_j [\theta p_1(x_i) + (1 - \theta)p_2(x_i)]p_0(y_j|x_i) \log[p_0(y_j|x_i)]$$

$$= -\theta \sum_j p_1(y_j) \log[p_3(y_j)] - (1 - \theta) \sum_j p_2(y_j) \log[p_3(y_j)]$$

$$+ \sum_i \sum_j [\theta p_1(x_i) + (1 - \theta)p_2(x_i)]p_0(y_j|x_i) \log[p_0(y_j|x_i)]$$

根据香农辅助定理：

$$-\sum_{i=1}^n p(x_i) \log q(x_i) \geq -\sum_{i=1}^n p(x_i) \log p(x_i)$$

有：

$$-\sum_{j=1}^m p_1(y_j) \log p_3(y_j) \geq -\sum_{j=1}^m p_1(y_j) \log p_1(y_j)$$

$$-\sum_{j=1}^m p_2(y_j) \log p_3(y_j) \geq -\sum_{j=1}^m p_2(y_j) \log p_2(y_j)$$

代入上式有：

$$I[p_3(x_i)] \geq -\theta \sum_j p_1(y_j) \log[p_1(y_j)] - (1-\theta) \sum_j p_2(y_j) \log[p_2(y_j)]$$

$$+ \sum_i \sum_j [\theta p_1(x_i) + (1-\theta)p_2(x_i)]p_0(y_j|x_i) \log[p_0(y_j|x_i)]$$

$$= -\theta \sum_i \sum_j p_1(x_i)p_0(y_j|x_i) \log[p_1(y_j)]$$

$$-(1-\theta) \sum_i \sum_j p_2(x_i)p_0(y_j|x_i) \log[p_2(y_j)]$$

$$+\theta \sum_i \sum_j p_1(x_i)p_0(y_j|x_i) \log[p_0(y_j|x_i)]$$

$$+(1-\theta) \sum_i \sum_j p_2(x_i)p_0(y_j|x_i) \log[p_0(y_j|x_i)]$$

$$= \theta \sum_i \sum_j p_1(x_i)p_0(y_j|x_i) \log\left[\frac{p_0(y_j|x_i)}{p_1(y_j)}\right]$$

$$+(1-\theta) \sum_i \sum_j p_2(x_i)p_0(y_j|x_i) \log\left[\frac{p_0(y_j|x_i)}{p_2(y_j)}\right]$$

$$= \theta I[p_1(x_i)] + (1-\theta)I[p_2(x_i)]$$

易见，仅当 $p_1(x_i) = p_2(x_i) = p_3(x_i)$ 时等号成立，一般情况下 $I[p_3(x_i)] > \theta I[p_1(x_i)] + (1-\theta)I[p_2(x_i)]$，定理得证。

关于香农辅助定理，它的描述是这样的：

$$h(p_1, p_2, \cdots, p_n) = -\sum_{i=1}^{n} p_i \log p_i \leq -\sum_{i=1}^{n} p_i \log q_i$$

其中，$\sum_{i=1}^{n} p_i = 1$，$\sum_{i=1}^{n} q_i = 1$。

可简单证明如下（其中不等号由对数不等式 $\log x \leq x - 1$ 得到）：

$$h(p_1, p_2, \cdots, p_n) + \sum_{i=1}^{n} p_i \log q_i = -\sum_{i=1}^{n} p_i \log p_i + \sum_{i=1}^{n} p_i \log q_i$$

$$= \sum_{i=1}^{n} p_i \log \frac{q_i}{p_i} \leq \sum_{i=1}^{n} p_i \left(\frac{q_i}{p_i} - 1\right) = \sum_{i=1}^{n} q_i - \sum_{i=1}^{n} p_i = 0$$

显然，当 $q_i/p_i = 1$ 时，等号成立。从而定理得证。

由于 $I(X;Y)$ 是 $p(x_i)$ 的上凸函数，所以当固定信道特性时，对于不同的信源分布，信道输出端获得的信息量是不同的。因此，对于每一个固定信道，一定存在一种信源（也是一种分布）$p(x)$，使输出端获得的信息量最大，即上凸函数的极大值。

同理，我们还可以知道 $I(X;Y)$ 是 $p(y_j|x_i)$ 的下凸函数，即当信源特性 $p(x_i)$ 固定时，有两个不同信道特性 $p_1(y_j|x_i)$ 和 $p_2(y_j|x_i)$ 将信道两端的输入和输出（即 X 和 Y）联系起来，如果用小于 1 的正数 $0 < \theta < 1$ 对 $p_1(y_j|x_i)$ 和 $p_2(y_j|x_i)$ 进行线性组合，则可得到信道特性：

$$f[\theta p_1(y_j|x_i) + (1-\theta)p_2(y_j|x_i)] \leq \theta f[p_1(y_j|x_i)] + (1-\theta)f[p_2(y_j|x_i)]$$

可见，当信源特性固定时，$I(X;Y)$ 就是信道特性 $p(y_j|x_i)$ 的函数。而且由于函数是下凸的，所以一定存在一个极小值，由于 $I(X;Y) \geq 0$，所以极小值为零。位于极小值点时，说明信源的全部信息都损失在信道中了，这也是一种最差的信道。

在信息论中，失真这个概念用来表示接收端收到的消息和发送端发出的消息之间的误差。信息在传递过程中难免会产生失真，实际应用中一定程度上的失真是可以被接受的。那么我们如何描述和度量失真这个概念呢？通常，如果 x 表示一个原始数据（例如一幅图像），而 y 表示 x 的一个复制品，那么每一对 (x, y)，指定一个非负函数 $d(x, y)$ 为单个符号的失真度（失真函数），它表示信源发出一个符号 x，在接收端收到 y，二者之间的误差。我们规定 $d(x, y) \geq 0$，显然当 $x = y$ 时取等号。

失真函数 $d(x, y)$ 只能表示两个特定的具体符号 x 和 y 之间的失真，而对于信源整体在压缩、复制和传输时引起的失真测度，我们就需要求得平均失真。平均失真定义为失真函数的数学期望。因此，它可以从总体上对整个信源的失真情况进行描述。平均失真 D 的离散情形（加权和）定义为：

$$D \triangleq E[d(x_i, y_j)] = \sum_{i=1}^{n}\sum_{j=1}^{m} p(x_iy_j)\, d(x_i, y_j)$$

连续情形（概率积分）定义为：

$$D \triangleq E[d(x, y)] = \int_y \int_x p(xy)\, d(x, y)\mathrm{d}x\mathrm{d}y$$

香农第一定理（又称可变长无失真信源编码定理）揭示了这样一个道理：如果编码后信源序列信息传输速率（又称为信息传输率、信息率、信息速率）R 不小于信源的熵 $h(X)$，则一定存在一种无失真信源编码方法；反之，不存在这样一种无失真信源编码方法。香农第二定理（又称有噪信道编码定理）又告诉我们：当信道的信息传输率 R 不超过信道容量 C 时，采用合适的信道编码方法可以实现任意高的传输可靠性。但如果信息传输率超过了信道容量，就不可能实现可靠传输。所以，理论上只要满足条件 $h(X) \leq R \leq C$，总能找到一种编码，使在信道上能以任意小的错误概率和无限接近于 C 的传输速率来传送信息。

然而，实际上"消息完全无失真传送"是很难实现的。实际的信源常常是连续信源，连续信源的绝对熵无穷大，要无失真传送，则信息率 R 也需无限大，信道容量 C 也必须为无穷大。而实际信道带宽是有限的，所以信道容量受限制。既然无法满足无失真传输的条件，那么传输质量必然受影响。尽管信息在传送过程中难免会产生失真，但实际应用中一定程度上的失真是可以被接受的，如果给定一个允许失真为 D^*，则称 $D \leq D^*$ 为保真度准则。信源概率分布 $P(X)$ 或概率密度函数 $p(x)$ 不变时调整信道，满足保真度准则的所有信道被称为测试信道，用 $P_{D^*}(Y|X)$ 或 $p_{D^*}(y|x)$ 表示。

香农第三定理表明：对于任意的失真度 $D^* \geq 0$，只要码字足够长，那么总可以找到一种编码方法，使编码后每个信源符号的信息传输率不小于 $R(D^*)$，而码的平均失真度 $D \leq D^*$。据此，我们可以在允许一定失真度 D^* 的情况下，将信源输出的信息率压缩到 $R(D^*)$。由此便引出了率失真函数的定义：给定信源和失真函数，要使信源编码后的平均失真 D 不超过 D^*（D^* 即为给定的失真上限），则需找到某种编码方法，使其经过编码后可以达到一个允许的最小信息速率，即 $R(D^*)$。不妨将该过程看成是让信源通过一个有失真的传输信道（满足一定的信道转移概率分布或转移概率密度函数），使在该信道（即前面所说的测试信道）上传输的信息速率达到最小，这个最小的信息速率称为信息率失真函数（简称率失真函数），记作 $R(D^*)$。

根据前面的介绍我们知道，当信源固定时，平均互信息是信道转移概率分布 $P(Y|X)$ 的严格下凸函数。所以，在测试信道中可以找到一种信道转移概率分布 $P(Y|X)$，使通过信道的平均互信息在保真度准则下达到最小。由此便引出了率失真函数的定义：信源概率分布 $P(X)$ 不变时，在保真度准则下平均互信息的最小值为信源的率失真函数，用 $R(D^*)$ 表示，即

$$R(D^*) = \min_{P(Y|X) \in P_{D^*}} I(X;Y) = \min_{D \leq D^*} I(X;Y)$$

对于时不变连续信源的率失真函数，则记为如下形式：

$$R(D^*) = \inf_{P(Y|X) \in P_{D^*}} \{I(X;Y): D \leq D^*\}^6$$

---

6 设 S 是 $\mathbf{R}$（实数）中的一个数集，若数 η 满足：① 对于一切 $x \in S$，有 $x \leq \eta$（即 η 是 S 的上界）；② 对于任何 $\alpha < \eta$，存在 $x_0 \in S$，使得 $x_0 > \alpha$（即 η 是 S 的上界中最小的一个），则称数 η 为数集 S 的上确界，记作 $\eta = \sup S$。同样，若数 ζ 满足：① 对于一切 $x \in S$，有 $x \geq \zeta$（即 ζ 是 S 的下界）；② 对于任何 $\beta > \zeta$，存在 $x_0 \in S$，使得 $x_0 < \beta$（即 ζ 是 S 的下界中最大的一个），则称数 ζ 为数集 S 的下确界，记作 $\zeta = \inf S$。上确界与下确界统称为确界。函数 f 在其定义域 D 上有上界，是指值域 $f(D)$ 为有上界的数集，于是数集 $f(D)$ 有上确界。通常，我们把 $f(D)$ 的上确界记为 $\sup_{x \in D} f(x)$，并称之为 f 在 D 上的上确界。类似地，若 f 在其定义域 D 上有下界，则 f 在 D 上的下确界记为 $\inf_{x \in D} f(x)$。

$R(D^*)$是平均互信息的最大下界（下确界），并服从平均失真 D 没有超过 D^* 这个约束条件。在不会引起混淆的情况下，我们也可以丢掉后面的星号，并用 $R(D)$ 来表示率失真函数。根据定义，所有的测试信道中只有一个信道特性使得平均互信息对应率失真函数，因此它反映的是信源特性，与信道无关。具体而言，显然

$$R(D^*) = \min_{D \leq D^*} I(X;Y) \leq I(X;Y) = H(X) - H(X|Y) \leq H(X)$$

其中，$h(X)$是无失真信源编码速率的下限，即允许失真条件下，信源编码速率可以"突破"无失真编码速率的下限，或者说以低于熵率的速率进行传输。进一步，若允许的失真越大，$R(D^*)$可以越小，相反则越大，直至 $h(X)$。允许失真 D^* 是平均失真度 D 的上界，允许失真 D^* 的给定范围受限于平均失真度的可能取值。

当平均失真 $D = D_{\min} = 0$ 时，说明信源压缩后无失真，即没有进行任何压缩，因此压缩后的信息速率 $R(D)$ 等于压缩前的（即信源熵）：$R(D) = R(0) = I(X;Y) = h(X)-h(X|Y) = h(X)$。对于连续信源，$R(0) = h(X) = \infty$，因为绝对熵为无穷大，因此，连续信源要进行无失真地压缩传输，需要传送的信息量是无穷大的，这就需要一个具有无穷大的信道容量的信道才能完成。而实际信道传输容量有限，所以要实现连续信源的无失真传送是不可能的，必须允许一定的失真，使 $R(D)$ 变为有限值，传送才有可能。

因为率失真函数是在保真度准则下平均互信息的最小值，平均失真 D 越大，则 $R(D)$ 越小，而当出现最大失真，即 D 大到一定程度时，平均互信息的最小值就是 0，所以在此时 $R(D)=0$，即压缩后的信源没有任何信息量。简而言之，当平均失真 $D = D_{\max}$ 时，$R(D_{\max})=0$。所以，率失真函数 $R(D^*)$ 的定义域是 $(0, D_{\max})$，且它在定义域上是严格单调递减的、非负的、连续的下凸函数。率失真函数 $R(D^*)$ 的大致曲线如图 B-3 所示。

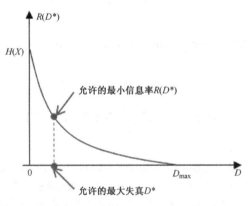

图 B-3　率失真函数 $R(D^*)$的图形表示

率失真函数是一个性能（编码速率）边界，没有信源编码器能够打破这个边界。相反，率失真理论说明一个性能上任意接近率失真函数的信源编码器是存在的。理论

上，典型的最优信源编码器对非常多的符号进行联合编码，因此需要一个非常大的记忆体，并导致一个非常大的时延。这可能是非常不现实的。然而，这也提示我们一个好的编码器需要对许多符号进行联合编码。我们后续将利用这一概念。

二、香农下边界

香农三大定理分别给出了 3 个界限，称为香农界。其中第三定理给出了信息率压缩的极限 $R(D^*)$，即率失真函数是在允许失真为 D^* 的条件下，信源编码给出的平均互信息的下边界，也就是数据压缩的极限码率。我们将这个极限值 $R(D^*)$ 称为香农下边界（Shannon Lower Bound，SLB）。那么理论上香农下边界应该是多少呢，本小节我们就一同去寻找它。

通过简单的坐标系变换，我们可以很容易地得到下面这个等式：

$$h(X - Y|Y) = h(X|Y)$$

其中，$X–Y$ 是重构误差集，这个集合由幅值连续的向量差 $x–y$ 所组成。下面给出上述等式的简单证明过程（请注意：这里我们采用了条件熵的连续定义，离散定义与此同理）。不妨令 $Z = X–Y$，$\therefore X = Z+Y$，构造一个新函数 $g(z, y) = p(z+y, y)$，易见，函数 g 和 p 都是二元联合概率密度函数，所以它们对应三维坐标空间内的一个曲面，函数 g 是由函数 p 平移得到的。根据条件概率公式，同时可以得到：$g(z \mid y) = p(z+y \mid y)$。

$$h(Z|Y) = h(X - Y|Y) = -\int_Y \int_Z g(z, y) \log[g(z|y)]\, \mathrm{d}z\mathrm{d}y$$

$$= -\int_Y \int_Z p(z + y, y) \log[p(z + y|y)]\, \mathrm{d}z\mathrm{d}y$$

$$= -\int_Y \int_X p(x, y) \log[p(x|y)]\, \mathrm{d}x\mathrm{d}y = h(X|Y)$$

在此基础上，可以对率失真函数做如下改写：

$$R(D^*) = \inf_{P(Y|X)\in P_{D^*}} \{h(X) - h(X|Y): D \leqslant D^*\}$$

$$= h(X) - \sup_{P(Y|X)\in P_{D^*}} \{h(X|Y): D \leqslant D^*\}$$

$$= h(X) - \sup_{P(Y|X)\in P_{D^*}} \{h(X - Y|Y): D \leqslant D^*\}$$

根据条件作用削减熵值的原理[7]，可得 $h(X - Y|Y) \leqslant h(X - Y)$，所以香农下边界

---

[7] Conditioning reduces（the differential）entropy，即 $h(X|Y) \leqslant h(X)$。$\because I(X;Y) = h(X) - h(X|Y) \geqslant 0$，$\therefore$ 结论成立。

可达：

$$R(D^*) \geqslant h(X) - \sup_{P(Y|X) \in P_{D^*}} \{h(X-Y): D \leqslant D^*\}$$

上述两个不等式在 $X-Y$ 与 Y 统计独立时取等号。因此，理想的信源编码方案所引入的重构误差 $x-y$ 应该与重构信号 y 无关。注意：有时这种理想化的设想是不可实现的，特别是在速率较低的情况下。然而，它却为高效的编码方案设计提供了另外一种指导。

设随机变量 X 服从正态分布 $N(\mu, \sigma^2)$，其中均值为 μ，方差为 σ^2，其密度函数为：

$$p(x) = \frac{1}{\sqrt{2\pi}\sigma} e^{-\frac{(x-\mu)^2}{2\sigma^2}}$$

$\because \mu$ 是 X 的均值，$\therefore \mu = E[X] = \int_{-\infty}^{+\infty} x \cdot p(x)\mathrm{d}x$

$\because \sigma^2$ 是 X 的方差，$\therefore \sigma^2 = E[(X-\mu)]^2 = \int_{-\infty}^{+\infty} (x-\mu)^2 \cdot p(x)\mathrm{d}x$

根据微分熵的定义计算可得：

$$\begin{aligned}
h(X) &= -\int_{-\infty}^{+\infty} p(x)\log p(x)\,\mathrm{d}x = -\int_{-\infty}^{+\infty} p(x)\log\left[\frac{1}{\sqrt{2\pi}\sigma}e^{-\frac{(x-\mu)^2}{2\sigma^2}}\right]\mathrm{d}x \\
&= \int_{-\infty}^{+\infty} p(x)\log(\sqrt{2\pi}\sigma)\,\mathrm{d}x - \int_{-\infty}^{+\infty} p(x)\log\left[e^{-\frac{(x-\mu)^2}{2\sigma^2}}\right]\mathrm{d}x \\
&= \log(\sqrt{2\pi}\sigma)\int_{-\infty}^{+\infty} p(x)\,\mathrm{d}x + \int_{-\infty}^{+\infty} p(x)\left[\frac{(x-\mu)^2}{2\sigma^2}\right]\cdot\log e\,\mathrm{d}x^8 \\
&= \log(\sqrt{2\pi}\sigma) + \frac{1}{2}\log e = \frac{1}{2}\log(2\pi e\sigma^2)
\end{aligned}$$

进一步，我们还可以得到这样一个结论：设 U 为任意实连续随机变量，具有密度函数 $p(u)$，并且，$E[(U-\mu)^2] = \sigma^2$，则其微分熵

$$h(U) \leqslant \frac{1}{2}\log(2\pi e\sigma^2)$$

当且仅当 U 服从正态分布时，等号成立。这也就表明，在方差为 σ^2 的所有连续随机变量中，以正态随机变量的微分熵最大。

证明：设 U^* 为一服从正态分布的随机变量，其密度函数为 $p^*(u)$，由前面的推导我们知道：

$$h(U^*) = \frac{1}{2}\log(2\pi e\sigma^2)$$

---

8 此处可由对数公式 $\log_a M^n = n\log_a M$ 得到。

另一方面

$$-\int_{-\infty}^{+\infty} p(u)\log p^*(u)\,\mathrm{d}u = \int_{-\infty}^{+\infty} p(u)\left[\log(\sqrt{2\pi}\sigma) + \left[\frac{(u-\mu)^2}{2\sigma^2}\right]\cdot\log e\right]\mathrm{d}u$$

$$= \frac{1}{2}\log(2\pi e\sigma^2)$$

所以可得：

$$h(U^*) - h(U) = -\int_{-\infty}^{+\infty} p^*(u)\log p^*(u)\,\mathrm{d}u + \int_{-\infty}^{+\infty} p(u)\log p(u)\,\mathrm{d}u$$

$$= -\int_{-\infty}^{+\infty} p(u)\log p^*(u)\,\mathrm{d}u + \int_{-\infty}^{+\infty} p(u)\log p(u)\,\mathrm{d}u$$

$$= \int_{-\infty}^{+\infty} p(u)\log\frac{p(u)}{p^*(u)}\mathrm{d}u \geqslant \int_{-\infty}^{+\infty} p(u)\left[1 - \frac{p^*(u)}{p(u)}\right]\mathrm{d}u^9$$

$$= \int_{-\infty}^{+\infty} p(u)\mathrm{d}u - \int_{-\infty}^{+\infty} p^*(u)\mathrm{d}u = 1 - 1 = 0$$

当且仅当 $p(u) = p^*(u)$ 时，等号成立，定理得证。

此外，如果失真函数给定时，我们还能从前面所说的 SLB 中得到另一个结论。考虑一个单符号失真函数 $d = (x-y)^2$，可见这个失真度量就是根据具体采样点逐项计算的（原始图像和重构图像之间的）平方误差。在均方误差 $D \leqslant D^*$ 的条件下，重构误差的微分熵有界。

$\because d = (x-y)^2$，根据定义，$D = E[d(x, y)]$，$\therefore D = E[(X-Y)^2]$

另外，前面已经证明正态随机变量的微分熵最大，所以若将 $X - Y$ 看作是一个整体，并且有 $E[(X-Y-0)^2] = \sigma^2$，即我们构造了一个 $\mu = 0$，$\sigma^2 = E[(X-Y)^2]$ 的正态分布，则有：

$$H(X - Y) \leqslant H[\mathcal{N}(0, E(X - Y)^2)] = \frac{1}{2}\log[2\pi e E(X - Y)^2] = \frac{1}{2}\log(2\pi e D)$$

又因为 $D \leqslant D^*$，所以有：

$$H(X - Y) \leqslant \frac{1}{2}\log(2\pi e D^*)$$

当 $X - Y$ 呈高斯分布，且方差为 D^* 时，上式等号成立。综上我们可以得出在失真函数由平方误差决定时，香农下边界应该为：

$$R_{\text{SLB}}(D^*) = h(X) - \frac{1}{2}\log(2\pi e D^*)$$

---

9 对于 $u > 0$，有 $\log u \geqslant 1 - \frac{1}{u}$，当且仅当 $u = 1$ 时等号成立。

误差 $x-y$ 的连续值（也就是噪声）应当都是独立同分布随机序列，因此，对于均方误差失真函数，它的一个最优信源编码器应该产生独立于重构信号的高斯白噪声（white Gaussian noise），即最好的编码方法产生的误差图像应该只包含高斯白噪声。

三、无记忆高斯信源

信息的传播过程可以简单地描述为：信源→信道→信宿。其中，"信源"就是信息的来源，信源发出信息的时候，一般以某种讯息的方式表现出来，可以是符号，如文字、语言等，也可以是信号，如图像、声响等。与信源相对应的概念是"信宿"，信宿是信息的接收者。在通信系统中收信者在未收到消息以前对信源发出什么消息是不确定的，是随机的，所以可以用随机变量、随机序列或随机过程来描述信源输出的消息，或者用一个样本空间及其概率测度来描述信源。

信源可以分为离散信源和连续信源两大类。其中，发出在时间上和幅度上都是离散分布的离散消息的信源就是离散信源，例如文字、数据、电报等这类随机序列。发出在时间上或幅度上都是连续分布的连续消息的信源就是连续信源，像话音、图像这些随机过程则是连续信源的典型例子。连续的随机过程信源，一般很复杂且很难统一描述。实际中最常见的处理方法往往是将连续的随机过程信源在一定的条件下转化为离散的随机序列信源。正如我们所知的，数字信号（数字图像）就是模拟信号离散化后的结果。

离散序列信源又分为无记忆和有记忆两类。当序列信源中的各个消息相互统计独立的时候，称信源为离散无记忆信源。若同时具有相同的分布，那么就称信源为离散平稳无记忆信源。若序列信源发出的各个符号之间不是相互独立的，各个符号出现的概率是前后有关联的，则称这种信源为离散有记忆信源。描述离散有记忆信源一般比较困难，尤其当记忆长度很大时。但在很多实际问题中仅需考虑有限记忆长度，这便引出了一类重要的符号序列有记忆离散信源——马尔可夫信源。某一个符号出现的概率只与前面一个或有限个符号有关，而不依赖更前面的那些符号，这种信源的一般数学模型就是马尔可夫过程，所以称这种信源为马尔可夫信源。

前面所介绍的都是以一维的情况为例来探讨的。而图像显然应该是二维的信号，我们也的确可以很容易地从一维的基本情况拓展到二维的情况。率失真理论假定输入图像是连续的，所以在有限数据率的条件下，由于存在量化误差，失真度永远不为零。当使用有损压缩方法时，重构图像 $g(x, y)$ 将与原始图像 $f(x, y)$ 不同，二者的差别（失真度）可以很方便地由重构的均方误差来定量确定：

$$D = E\{[f(x, y) - g(x, y)]^2\}$$

如定义一个最大容许失真量 D^*，那么编码时对应的比特率的下限 $R(D^*)$ 为 D^* 的单调递减函数，$R(D^*)$ 称为率失真函数。它的反函数 $D(R)$，即单调的失真率函数有时也会用到。

重构误差的熵由下式给出：

$$H[f(x, y) - g(x, y)] \leq \frac{1}{2}\log(2\pi e D^*)$$

等号成立的条件是差分图像（difference image）的像素在统计上互相独立，且具有高斯型的概率密度函数（pdf），即最好的编码方法产生的误差图像（error image）只包含高斯白噪声。

一般来说，率失真函数都是非常难计算的。然而，有一些重要的情况，结果却是可以被解析地表示（be stated analytically）[10]出来。例如，一个方差为 σ^2 的无记忆高斯信源，且有以平方误差测度的失真函数，则它的率失真函数应该有下面的解析式：

$$R(D^*) = \frac{1}{2}\max\left\{\log\frac{\sigma^2}{D^*}, 0\right\}$$

如果待编码图像 $f(x, y)$ 中的像素在统计上互相独立（也就是无记忆）且具有高斯 pdf（方差为 σ^2），它的率失真函数也由该式给出，此时对于图像而言，它的单位应该是位/像素。有些教科书上采用下面这种记法来表述以上公式，二者具有相同的意义：

$$R(D^*) = \begin{cases} \frac{1}{2}\log\frac{\sigma^2}{D^*} & D^* < \sigma^2 \\ 0 & D^* \geq \sigma^2 \end{cases}$$

在上一小节分析的基础之上，这个结论将非常容易得到。我们仍然以一维的情况进行讨论，二维的情况同理可得。由于 $h(X)$ 是满足方差为 σ^2 的无记忆高斯信源，所以有：

$$R(D^*) \geq h(X) - \frac{1}{2}\log(2\pi e D^*) = \frac{1}{2}\log(2\pi e \sigma^2) - \frac{1}{2}\log(2\pi e D^*) = \frac{1}{2}\log\frac{\sigma^2}{D^*}$$

又因为在任何情况下，总有 $R(D^*) \geq 0$，所以有：

$$R(D^*) \geq \max\left\{\frac{1}{2}\log\frac{\sigma^2}{D^*}, 0\right\}$$

下面分别讨论当 $\frac{\sigma^2}{D^*}$ 取不同的值时 $R(D^*)$ 的取值。这个过程其实就是在已经得到的

10 解析地表示，意思是可以写出函数的解析式。

$R(D^*)$的理论值基础上，讨论其是否可达的过程（如果能够给出至少一个满足条件的传输模型，就可以证明其可达）。

（1）$D^* < \sigma^2$

我们设计一个如图 B-4 所示的反向高斯加性试验信道，其中 Y 是均值为 0，方差为 $\sigma^2 - D^*$ 的高斯随机变量；而 N 是均值为 0，方差为 D^* 的高斯随机变量，N 与 Y 之间统计独立；随机变量 X 是 Y 和 N 的线性叠加（两个均值相等的独立正态分布的线性叠加仍为正态分布），即 $X = Y + N$。

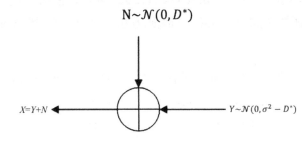

图 B-4　反向高斯加性试验信道（a）

对于这样一个反向加性试验信道，它的平均失真度

$$D = \iint\limits_{-\infty}^{\infty} p(xy)d(x, y)\mathrm{d}x\mathrm{d}y = \iint\limits_{-\infty}^{\infty} p(y)p(x|y)(x - y)^2\mathrm{d}x\mathrm{d}y$$

$$= \int_{-\infty}^{\infty}\int_{-\infty}^{\infty} p(y)p(n)n^2\mathrm{d}n\mathrm{d}y = \int_{-\infty}^{\infty} p(y)\mathrm{d}y \int_{-\infty}^{\infty} p(n)n^2\mathrm{d}n$$

因为已假设随机变量 N 的均值为 0，方差为 D^*，所以

$$\int_{-\infty}^{\infty} p(n)n^2\mathrm{d}n = D^*$$

则平均失真度表示可以变为：

$$D = \int_{-\infty}^{\infty} p(y)\mathrm{d}y \cdot D^* = D^*$$

这表明我们所设计的这一反向加性试验信道满足保真度准则 $D = D^*$，它是试验信道集合 $B_{D^*}: \{ p(y|x): D \leq D^* \}$ 中的一个试验信道。

因为我们设计的这个试验信道是一个高斯加性信道，高斯随机变量 Y 的方差为 $\sigma^2 - D^*$，高斯随机变量 N 与 Y 统计独立，且方差为 D^*。所以随机变量 $X = N + Y$ 一定是高斯随机变量，且其方差为 $\sigma^2 - D^* + D^* = \sigma^2$。这样，高斯随机变量 X 正好是一个高斯信源，则有：

$$h(X) = \frac{1}{2}\log(2\pi e\sigma^2)$$

信道的条件熵 $h(X|Y)$ 等于高斯随机变量 N 的熵：

$$h(X|Y) = \frac{1}{2}\log(2\pi eD^*)$$

所以通过这个试验信道的平均互信息为：

$$I(X;Y) = h(X) - h(X|Y) = \frac{1}{2}\log\frac{\sigma^2}{D^*}$$

因为我们设计的这个试验信道是满足保真度准则 $D = D^*$ 的试验信道集合 B_{D^*} 中的一个试验信道，在集合 B_{D^*} 中一般应该有：

$$R(D^*) \leqslant I(X;Y) = \frac{1}{2}\log\frac{\sigma^2}{D^*}$$

又因为 $D^* < \sigma^2$，故有：

$$\frac{1}{2}\log\frac{\sigma^2}{D^*} > 0$$

综上可得：

$$\frac{1}{2}\log\frac{\sigma^2}{D^*} \leqslant R(D^*) \leqslant \frac{1}{2}\log\frac{\sigma^2}{D^*}$$

则得在 $D^* < \sigma^2$ 的条件下，高斯信源的信息率失真函数为：

$$R(D^*) = \frac{1}{2}\log\frac{\sigma^2}{D^*}$$

（2） $D^* = \sigma^2$

同样，可以设计一个如图 B-5 所示的反向高斯加性试验信道。其中 Y 是均值为 0，方差为 ε 的高斯随机变量；N 是均值为 0，方差为 $\sigma^2 - \varepsilon$ 的高斯随机变量；Y 与 N 之间是统计独立的；随机变量 $X = Y + N$。其中 ε 是一个任意小的正数（ $\varepsilon > 0$ ）。

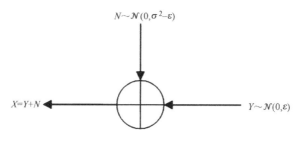

图 B-5 反向高斯加性试验信道（b）

对于这样一个反向加性试验信道，它的平均失真度

$$D = \iint\limits_{-\infty}^{\infty} p(y)p(x|y)(x-y)^2 \mathrm{d}x\mathrm{d}y = \int_{-\infty}^{\infty} p(y)\mathrm{d}y \int_{-\infty}^{\infty} p(n)n^2\mathrm{d}n$$

$$= \int_{-\infty}^{\infty} p(y)\mathrm{d}y \cdot (\sigma^2 - \varepsilon) = \sigma^2 - \varepsilon = D^* - \varepsilon$$

这表明，我们所设计的这个试验信道是满足保真度准则 $D = D^*-\varepsilon$ 的试验信道集合 $B_{D^*-\varepsilon}$ 中的一个试验信道，其方差为 $\sigma^2-\varepsilon + \varepsilon = \sigma^2$。即随机变量 X 正好是一个高斯信源，其信源熵为：

$$h(X) = \frac{1}{2}\log(2\pi e\sigma^2)$$

信道的条件熵 $h(X|Y)$ 等于高斯随机变量 N 的熵：

$$h(X|Y) = \frac{1}{2}\log[2\pi e(\sigma^2 - \varepsilon)]$$

所以通过这个试验信道的平均互信息为：

$$I(X;Y) = h(X) - h(X|Y) = \frac{1}{2}\log\left(1 + \frac{\varepsilon}{\sigma^2 - \varepsilon}\right)$$

如果我们选定允许平均失真度为 $D^*-\varepsilon$，则在集合 $B_{D^*-\varepsilon}$ 中，一般应有：

$$R(D^* - \varepsilon) \leqslant I(X;Y) = \frac{1}{2}\log\left(1 + \frac{\varepsilon}{\sigma^2 - \varepsilon}\right)$$

因为信息率失真函数具有单调递减性，以及 ε 是一个任意小的正数，所以有：

$$R(D^*) \leqslant R(D^* - \varepsilon) \leqslant \frac{1}{2}\log\left(1 + \frac{\varepsilon}{\sigma^2 - \varepsilon}\right)$$

又因为

$$\lim_{\varepsilon \to 0} \frac{1}{2}\log\left(1 + \frac{\varepsilon}{\sigma^2 - \varepsilon}\right) = 0$$

即得 $R(D^*) \leqslant 0$。

且我们已经知道，当 $D^* = \sigma^2$ 时有：

$$R(D^*) \geqslant \frac{1}{2}\log\frac{\sigma^2}{D^*} = 0$$

综上可得 $0 \leqslant R(D^*) \leqslant 0$，即得 $R(D^*) = 0$。

（3）$D^* > \sigma^2$

由以上讨论我们已经知道，当 $D^* = \sigma^2$ 时的信息率失真函数，也可以写为 $R(\sigma^2) = 0$。考虑到信息率失真函数的单调递减性，即可得当 $D^* > \sigma^2$ 时，$R(D^*) \leqslant R(\sigma^2) = 0$。另外，由于率失真函数具有非负性，所以 $0 \leqslant R(D^*) \leqslant 0$，即得 $R(D^*) = 0$。

综合以上讨论结果，定理可证。

如果上式中对数符号是以 2 为底的，那么速率的单位就是 "比特（bit）"。率失真曲线被刻画为图 B-6 中的 "非相关高斯型" 曲线，请注意：图中坐标系是一个对数轴坐标系。这时，我们还可以定义编码方法的信噪比（SNR）如下：

$$\text{SNR} = 10 \log_{10}\left(\frac{\sigma^2}{D}, 0\right)$$

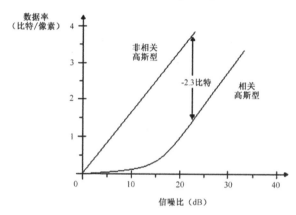

图 B-6　具有高斯型概率分布函数的图像的率失真 SNR 曲线

可以由 $R(D^*)$ 的反函数 $D(R^*) = \sigma^2 \cdot 2^{-2R^*}$，其中 $R \geqslant 0$，得到：

$$\text{SNR} = 10 \log_{10}\frac{\sigma^2}{D} = 10 \log_{10} 2^{2R} \approx 6R$$

信噪比 SNR 以分贝（dB）为单位，是一条斜率为 6 分贝/比特的直线，换言之，就是码字长度每增加 1 位，SNR 增加 6dB。所以对于图像而言，每个像素所用的比特数越多，则信噪比越高，细节就越清晰，图像也就越逼真。由于绝大多数图像既没有高斯直方图分布，也没有非相关的像素，对于非高斯的分布以及相关的信号源，在同样的失真度下，所需要的比率总是低于上述值。

四、有记忆高斯信源

为了推导出有记忆平稳高斯过程的率失真函数 $R(D)$，我们将它分解为 N 个独立的平稳高斯信源。N 阶率失真函数 $R_N(D)$ 可以用独立同分布（independent identically distributed，iid）高斯过程的率失真函数来表示，通过考虑 N 趋近于无穷时 $R_N(D)$ 的极限来得到 $R(D)$。

平稳高斯过程的 N 阶概率密度函数可以由下式给出：

$$f_S^{(G)}(s) = \frac{1}{(2\pi)^{N/2}|C_N|^{1/2}} e^{-\frac{1}{2}(s-\mu_N)^{\mathrm{T}} C_N^{-1}(s-\mu_N)}$$

这里，s 是一个由 N 个连续样本组成的向量，$s = \{s_1, s_2, \cdots, s_N\}$；$\mu_N$ 是一个包含有 N 个元素的向量，每个元素都等于平均值 $\mu = s_i$；C_N 是 s 的一个 N 阶自协方差矩阵[11]，$|C_N|$ 是它的行列式[12]，C_N^{-1} 表示 C_N 的逆矩阵，s^{T} 表示 s 的转置。因为 C_N 是一个对称的实矩阵，它有 N 个实数特征值 $\xi_i^{(N)}$ [13]，$i = 0, 1, \cdots, N-1$。特征值是以下方程的解：

$$C_N \cdot v_i^{(N)} = \xi_i^{(N)} v_i^{(N)}$$

其中，$v_i^{(N)}$ 表示一个具有单位模值的非零向量，它被称作是与特征值 $\xi_i^{(N)}$ 相对应的一个单位模值的特征向量。让 A_N 表示一个矩阵，该矩阵的列是由 N 个单位模值的特征向量构建的。

$$A_N = (v_0^N, v_1^N, \cdots, v_{N-1}^N)$$

通过将 N 个包含特征值解的方程（$i = 0, 1, \cdots, N-1$）组合到一起，我们得到矩阵方程（也就是协方差矩阵 C_N 的特征分解[14]）：

$$C_N = A_N \Xi_N A_N^{\mathrm{T}}$$

其中，Ξ_N 是一个对角矩阵[15]，它的主对角线上包含了 C_N 的 N 个特征值，特征向量彼此正交，A_N 是一个正交矩阵。

---

11 特定时间序列或者连续信号的自协方差是信号与其经过时间平移的信号之间的协方差。协方差矩阵是用矩阵来表示众多协方差的形式，矩阵中每个元素是各个向量元素之间的协方差，即有 $C_{i,j} = \mathrm{cov}(X_i, X_j) = E\{[X_i - E(X_i)][X_j - E(X_j)]\}$。协方差矩阵是一个对称的矩阵，而且对角线是各个维度上的方差。

12 N 阶行列式等于所有取自不同行不同列的 N 个元素的乘积的代数和。

13 对于方阵 A，若有非零向量 X 和数 λ 使 $AX = \lambda X$，即在 A 变换的作用下，向量 X 仅仅在尺度上变为原来的 λ 倍，则称数 λ 是 A 的特征值，称非零向量 X 为 A 相对于特征值 λ 的特征向量。如果一个变换可以写成对角矩阵，那么它的特征值就是它对角线上的元素，而特征向量就是相应的基。

14 特征分解（Eigen decomposition），又称谱分解（Spectral decomposition）是将矩阵分解为由其特征值和特征向量表示的矩阵之积的方法。需要注意：只有对可对角化矩阵才可以施以特征分解。

15 对角矩阵（diagonal matrix）是一个除对角线之外的元素皆为 0 的矩阵。

$$\Xi_N = \begin{bmatrix} \xi_0^{(N)} & 0 & \cdots & 0 \\ 0 & \xi_1^{(N)} & \cdots & 0 \\ \vdots & \vdots & \ddots & \vdots \\ 0 & 0 & \cdots & \xi_{N-1}^{(N)} \end{bmatrix}$$

给定平稳高斯信源 $\{S_n\}$，我们将信源$\{S_n\}$分解成包含 N 个连续随机变量的向量 S，并对每个向量应用下面的变换来构建一个信源$\{U_n\}$：

$$U = A_N^{-1}(S - \mu_N) = A_N^{\mathrm{T}}(S - \mu_N)$$

因为A_N是正交的，所以它的逆矩阵 A^{-1} 存在并且等于它的转置 A^{T}。结果信源$\{U_n\}$是由随机向量 U 级联得到的。同样地，重构$\{U_n{}'\}$和$\{S_n{}'\}$的逆变换可以由下式给出（编码后逆变换与正变换相同，对上述等式两边分别乘以A_N后做简单化简即可）：

$$S' = A_N U' + \mu_N$$

U'和S'分别表示相应的包含 N 个连续随机变量的向量。根据上述两个坐标映射和逆映射，因为$A_N A_N^{\mathrm{T}} = I_N$，$I_N$是单位矩阵（identity matrix），可知 N 阶互信息$I_N(U;U')$就等于 N 阶互信息$I_N(S;S')$，此处具体证明从略。此外，因为A_N是正交的，所以

$$(U' - U) = A_N^{\mathrm{T}}(S' - S)$$

同样有：

$$(S' - S) = A_N(U' - U)$$

可见变换保有一个欧拉模值的失真（事实上，每一个正交变换都会保有一个均方误差（Mean Square Error, MSE）的失真。随机向量 S 中的任何一个实现s（realization）与其重构 s' 之间的 MSE

$$d_N(s;s') = \frac{1}{N}\sum_{i=0}^{N-1}(s_i - s_i')^2 = \frac{1}{N}(s - s')^{\mathrm{T}}(s - s')$$

$$= \frac{1}{N}(u - u')^{\mathrm{T}}A_N^{\mathrm{T}}A_N(u - u') = \frac{1}{N}(u - u')^{\mathrm{T}}(u - u')$$

$$= \frac{1}{N}\sum_{i=0}^{N-1}(u_i - u_i')^2 = d_N(u;u')$$

就等于相应的向量 u 和其重构 u'之间的失真。因此，平稳高斯信源$\{S_n\}$的 N 阶率失真函数 $R_N(D)$也就等于随机过程$\{U_n\}$的 N 阶率失真函数。

一个高斯随机向量的线性变换将得到另外一个高斯随机向量。对于平均矢量以及 U 的自相关矩阵而言，我们可以得到：

$$E\{U\} = A_N^{\mathrm{T}}(E\{S\} - \mu_N) = A_N^{\mathrm{T}}(\mu_N - \mu_N) = 0$$

以及协方差

$$E\{UU^{\mathrm{T}}\} = A_N^{\mathrm{T}}E\{(S - \mu_N)(S - \mu_N)^{\mathrm{T}}\}A_N = A_N^{\mathrm{T}}C_N A_N = \Xi_N$$

因为Ξ_N是一个对角矩阵，随机向量 U 的 pdf 由各个高斯分量 U_i 的 pdf 的乘积给出（被选中的变换服从独立随机变量 U_i 的分布）。因此，分量 U_i 是彼此独立的。

$$f_U(u) = \frac{1}{(2\pi)^{N/2}|\Xi_N|^{1/2}} e^{-\frac{1}{2}u^{\mathrm{T}}\Xi_N^{-1}u} = \prod_{i=0}^{N-1}\frac{1}{\sqrt{2\pi\xi_i^{(N)}}} e^{-\frac{u_i^2}{2\xi_i^{(N)}}}$$

对于一个编码 Q，它的 N 阶互信息和 N 阶失真可以被一个条件概率密度函数 $g_N^Q = g_{U'|U}$ 所描述，它表征了随机向量 U 到其相应的重构向量 U'的映射。由于随机向量 U 的各个分量 U_i 之间的独立性，编码 Q 的 N 阶互信息$I_N(g_N^Q)$ 和 N阶失真$\delta_N(g_N^Q)$可以被写为：

$$I_N(g_N^Q) = \sum_{i=0}^{N-1} I_1(g_i^Q)$$

以及

$$\delta_N(g_N^Q) = \sum_{i=0}^{N-1} \delta_1(g_i^Q)$$

这里，$g_i^Q = g_{U_{i'}|U_i}$表示向量分量 U_i 到其重构 U_i'的映射的条件 pdf。因此，N阶失真率函数 $D_N(R)$ 可以被表示为：

$$D_N(R) = \frac{1}{N}\sum_{i=0}^{N-1} D_i(R_i), \ \text{其中} \ R = \frac{1}{N}\sum_{i=0}^{N-1} R_i$$

这里，$R_i(D_i)$表示一个向量分量 U_i 的一阶率失真函数。根据上一小节给出的高斯 iid 过程的一阶失真率函数，我们可以得到分量 U_i 的一阶失真率函数 $D_i(R_i)$：

$$D_i(R_i) = \sigma_i^2 2^{-2R_i} = \xi_i^{(N)} 2^{-2R_i}$$

其中，$\xi_i^{(N)}$ 是 C_N 的特征值。

向量分量 U_i的方差σ_i^2等于 N阶自协方差矩阵 C_N的特征值$\xi_i^{(N)}$。因此，N阶失真率函数可以被写作：

$$D_N(R) = \frac{1}{N}\sum_{i=0}^{N-1}\xi_i^{(N)}2^{-2R_i}$$

其中，$R = \frac{1}{N}\sum_{i=0}^{N-1}R_i$。

下面我们的任务就变成了求最小值。

$$\min_{R_0,R_1,\cdots,R_{N-1}} D_N(R) = \frac{1}{N}\sum_{i=0}^{N-1}\xi_i^{(N)}2^{-2R_i}$$

此时，有$R \geqslant \frac{1}{N}\sum_{i=0}^{N-1}R_i$ 。

根据算术平均值和几何平均值的不等式关系[16]我们可以得到下面的结论（当且仅当所有的元素均具有相同的取值时，等号才成立）：

$$D_N(R) = \frac{1}{N}\sum_{i=0}^{N-1}\xi_i^{(N)}2^{-2R_i} \geqslant \left(\prod_{i=0}^{N-1}\xi_i^{(N)}2^{-2R_i}\right)^{\frac{1}{N}} = \underbrace{\left(\prod_{i=0}^{N-1}\xi_i^{(N)}\right)^{\frac{1}{N}}}_{=|C_N|=\tilde{\xi}^{(N)}} \cdot 2^{-2R} = \tilde{\xi}^{(N)} \cdot 2^{-2R}$$

上述不等式右边的表达式是一个定值，这里 $\tilde{\xi}^{(N)}$ 表示特征值 $\xi_i^{(N)}$ 的几何平均数。当且仅当$\xi_i^{(N)}2^{-2R_i} = \tilde{\xi}^{(N)} \cdot 2^{-2R}$时，$D_N(R)$取得最小值，其中 $i = 0, 1, \cdots, N-1$，并服从

$$R_i = R + \frac{1}{2}\log_2\frac{\xi_i^{(N)}}{\tilde{\xi}^{(N)}} = \frac{1}{2}\log_2\frac{\xi_i^{(N)}}{\tilde{\xi}^{(N)}2^{-2R}}$$

其中，$\tilde{\xi}^{(N)} = \left(\prod_{i=0}^{N-1}\xi_i^{(N)}\right)^{\frac{1}{N}}$。

到目前为止,我们一直忽略了分量 U_i 的互信息 R_i（率失真 R 是互信息 I 的最小值，所以率失真 R 也是互信息）不能小于 0 这件事。因为

$$R_i = \frac{1}{2}\log_2\frac{\xi_i^{(N)}}{\tilde{\xi}^{(N)}2^{-2R}} \geqslant 0$$

所以当$\xi_i^{(N)} < \tilde{\xi}^{(N)} \cdot 2^{-2R}$时，分量的互信息 R_i 就应当被置为 0。

观察失真率函数$D_i(R_i) = \sigma_i^2 2^{-2R_i}$的表达式，根据指数函数的性质，易知当 R_i 取值

16　设$x_1,\cdots,x_n$为 n 个正实数，它们的算术平均数是$A_n = \frac{x_1+x_2+\cdots+x_n}{n}$，它们的几何平均数是$G_n = \sqrt[n]{x_1 \cdot x_2 \cdots x_n}$。算术-几何平均值不等式表明，对任意的正实数，总有$A_n \geqslant G_n$，等号成立当且仅当$x_1 = x_2 = \cdots = x_n$。

越小时，函数的曲线越陡峭（即失真的取值越大），所以在 R_i 被置为 0 时，互信息 R 需要在剩余的分量中分布，从而使得失真最小化。通过引入一个参数 θ，$\theta \geqslant 0$，我们可以较好且简洁地表现这一点。在引入参数 θ 之后，我们可以根据下面这个式子来设定分量的失真。

$$D_i(\theta) = \min\left(\theta, \xi_i^{(N)}\right)$$

或者记为

$$D_i = \begin{cases} \theta, & 0 \leqslant \theta \leqslant \xi_i^{(N)} \\ \xi_i^{(N)}, & \theta > \xi_i^{(N)} \end{cases}$$

这种思想也被称为独立高斯信源的逆向注水算法（inverse water-filling），而参数 θ 也可以被解释为注水线（water level）。根据 $D_i(R_i) = \sigma_i^2 2^{-2R_i} = \xi_i^{(N)} 2^{-2R_i}$，我们可以得到互信息 R_i 的表达式：

$$R_i(\theta) = \frac{1}{2}\log_2 \frac{\xi_i^{(N)}}{\min\left(\theta, \xi_i^{(N)}\right)} = \max\left(0, \frac{1}{2}\log_2 \frac{\xi_i^{(N)}}{\theta}\right)$$

或者记为

$$R_i = \begin{cases} \dfrac{1}{2}\log_2 \dfrac{\xi_i^{(N)}}{\theta}, & 0 \leqslant \theta \leqslant \xi_i^{(N)} \\ 0, & \theta > \xi_i^{(N)} \end{cases}$$

N 阶率失真函数 $R_N(D)$ 可以由下述参数公式来表示（其中 $\theta \geqslant 0$）：

$$D_N(\theta) = \frac{1}{N}\sum_{i=0}^{N-1} D_i = \frac{1}{N}\sum_{i=0}^{N-1} \min\left(\theta, \xi_i^{(N)}\right)$$

$$R_N(\theta) = \frac{1}{N}\sum_{i=0}^{N-1} R_i = \frac{1}{N}\sum_{i=0}^{N-1} \max\left(0, \frac{1}{2}\log_2 \frac{\xi_i^{(N)}}{\theta}\right)$$

平稳高斯随机过程 $\{S_n\}$ 的率失真函数 $R(D)$ 由下列极限给出：

$$R(D) = \lim_{N\to\infty} R_N(D)$$

并服从参数公式（其中 $\theta > 0$）：

$$D(\theta) = \lim_{N\to\infty} D_N(\theta) = \lim_{N\to\infty} \frac{1}{N}\sum_{i=0}^{N-1} \min(\theta, \xi_i^{(N)})$$

$$R(\theta) = \lim_{N \to \infty} R_N(\theta) = \lim_{N \to \infty} \frac{1}{N} \sum_{i=0}^{N-1} \max\left(0, \frac{1}{2}\log_2 \frac{\xi_i^{(N)}}{\theta}\right)$$

对于零均值高斯过程（$C_N = R_N$），我们可以应用托普利茨（Toeplitz）矩阵[17]序列的有关定理来表示率失真函数。对于无限 Toeplitz 矩阵有 Grenander-Szegös 定理——假设零均值过程（$C_N = R_N$），给定如下条件：R_N 是一个 Hermitian Toeplitz 矩阵序列（其中第 k 个对角线上的元素是 ϕ_k）；傅里叶序列的下确界 $\Phi_{\inf} = \inf_\omega \Phi(\omega)$ 和上确界 $\Phi_{\sup} = \sup_\omega \Phi(\omega)$ 有限：

$$\Phi(\omega) = \sum_{k=-\infty}^{\infty} \phi_k \mathrm{e}^{-\mathrm{j}\omega k}$$

且函数 G 在区间 $[\Phi_{\inf}, \Phi_{\sup}]$ 上连续。则有下列等式成立：

$$\lim_{N \to \infty} \frac{1}{N} \sum_{i=0}^{N-1} G(\xi_i^{(N)}) = \frac{1}{2\pi} \int_{-\pi}^{\pi} G[\Phi(\omega)]\mathrm{d}\omega$$

这里，$\xi_i^{(N)}$（其中 $i = 0, 1, \cdots, N-1$）表示第 N 个矩阵 R_N 的特征值。

于是，我们得出零均值的平稳高斯信源的率失真函数 $R(D)$ 的参数方程如下，其中 $\theta \geqslant 0$，$\Phi_{SS}(\omega)$ 是信源的功率谱密度。

$$D(\theta) = \frac{1}{2\pi} \int_{-\pi}^{\pi} \min[\theta, \Phi_{SS}(\omega)]\mathrm{d}\omega$$

$$R(\theta) = \frac{1}{2\pi} \int_{-\pi}^{\pi} \max\left[0, \frac{1}{2}\log_2 \frac{\Phi_{SS}(\omega)}{\theta}\right]\mathrm{d}\omega$$

在时域上我们需要取得一个允许失真的最大限度 D^*，$R(D)$ 具有单调递减特性，所以当取得 D^* 时，R 取最小值。最小化上述含参数的率失真函数的过程可以由图 B-7 说明。它可以被解释为，在每个频率上，将由功率谱密度 $\Phi_{SS}(\omega)$ 给出的相应的频率分量的方差同参数 θ 作比较，θ 表示频率分量的均方误差（也就是噪声）。如果 $\Phi_{SS}(\omega)$ 被发现比 θ 大，互信息则被置为 $\frac{1}{2}\log_2 \frac{\Phi_{SS}(\omega)}{\theta}$，否则一个为零的互信息就被赋给那个频率分量。

注水线 θ 是由所需的平均失真 D 决定的。因此，有记忆高斯信源的 $R(D)$ 可以被表示为无限个独立高斯变量的率失真函数的和，其中每一个角频率的范围是 $\omega \in [-\pi, \pi]$。注水线 θ 在频谱上捕捉平均时域率失真限制，因此对于任何 ω 而言，那个失真都是注

---

17 Toeplitz 矩阵又叫常对角矩阵（diagonal-constant matrix），指矩阵中每条自左上至右下的斜线上的元素是常数。最常见的 Toeplitz 矩阵是对称 Toeplitz 矩阵，这种矩阵仅由第一行元素就可以完全确定。如果一个复 Toeplitz 矩阵的元素满足复共轭对称关系，则称之为 Hermitian Toeplitz 矩阵。

水线和功率谱密度（Power Spectral Density，PSD）之间更小的那个值。变换域的注水算法表明，在实际中时间序列数据可以被一个需要的失真等级所过滤（通过傅里叶变换）。对于每一个频率而言，只有那些信号能量大于注水线 θ 的部分才会被保留。

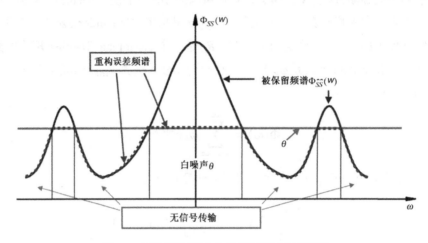

图 B-7　平稳高斯过程率失真函数参数方程的图示

前面我们已经知道，给定方差的独立同分布高斯过程的率失真函数是具有相同方差的独立同分布过程的率失真函数的上边界。这个表述对于有记忆的平稳高斯过程同样成立。零均值的平稳高斯过程的率失真函数（由前面的参数形式给出）同样是其他具有相同功率谱密度的平稳过程的率失真函数的上边界。

因为绝大多数图像既没有高斯直方图分布，也没有非相关像素（显然一幅图像中的大多数像素都是相关的），所以上一小节中的直线特性所代表的是最不利于编码的情况。对于有记忆的信源，相邻采样点之间的相关性可以被利用，从而能够在一个较低的速率上对图像进行编码。图像中相邻的像素之间的相关系数可以由图像的自相关函数来确定，同样也可以由它的功率谱来确定。

让我们来考虑一个二维空间遍历的、幅值连续的高斯信源（图像）$f(x, y)$，图像的功率谱密度为 $\Phi_{xx}(\Omega_1, \Omega_2)$，我们同样使用平方误差作为失真函数。虽然有记忆的高斯信源（即认为图像的相邻像素之间有相关性）的率失真函数最终不能写成一个明确的表达式，但失真度的数据率可表示成另一个参数 θ 的函数：

$$D(\theta) = \frac{1}{4\pi^2} \int_{\Omega_2} \int_{\Omega_1} \min[\theta, \Phi_{xx}(\Omega_1, \Omega_2)] d\Omega_1 d\Omega_2$$

$$R(\theta) = \frac{1}{8\pi^2} \int_{\Omega_2} \int_{\Omega_1} \max\left[0, \log\frac{\Phi_{xx}(\Omega_1, \Omega_2)}{\theta}\right] d\Omega_1 d\Omega_2$$

每一个 θ 值（在适当的取值范围内）都可以确定 $R(D)$ 曲线上的一点，当 θ 取遍整个范围时，公式就可确定率失真函数。如图 B-7 所示，设图像具有高斯 pdf，以及按指数递减的自相关函数，这样在较大比特率时它的率失真 SNR 曲线就落在非相关情况的曲线下方 2.3 比特的位置（换言之，利用相邻像素之间的相关性，可以将比特率降低 2 比特/像素左右）。对于拥有相同功率谱密度的非高斯信源，率失真曲线则一直位于高斯情形的下方。所以，对于非高斯分布及相关的信源，在同样的失真度下，所需要的比特率比直线值低。

因为噪声与重构信号是无关的，所以有：

$$\Phi_{\hat{x}\hat{x}}(\Omega_1, \Omega_2) = \Phi_{xx}(\Omega_1, \Omega_2) - \theta, \quad \forall \Omega_1, \Omega_2: \Phi_{xx}(\Omega_1, \Omega_2) > \theta$$

在$\Phi_{xx}(\Omega_1, \Omega_2) < \theta$的频率范围内，信号自身的能量要小于编码引入的噪声。因此，这将导致在这部分频谱中根本没有传输任何信号。

$$\left.\begin{array}{l}\Phi_{\hat{x}\hat{x}}(\Omega_1, \Omega_2) = 0 \\ \Phi_{nn}(\Omega_1, \Omega_2) = \Phi_{xx}(\Omega_1, \Omega_2)\end{array}\right\} \quad \forall \Omega_1, \Omega_2: \Phi_{xx}(\Omega_1, \Omega_2) < \theta$$

到此为止，率失真理论再次给我们提供了一种设计最优编码方案的思路。因为最终的整体速率是通过对所有单个频率分量的率贡献 dR 进行积分得到的，所以一个最优编码器可以通过这样的方法来构建，即将原始信号频谱分量分离成许多极其微小的带宽 $d\Omega_1$、$d\Omega_2$，并对这些频谱分量进行独立编码。对于能量大于阈值的子带分量，使用一些数量的位来对它们进行编码，具体编码的位数与它们能量的对数成一定比例，而其余的子带则受到抑制。

参考文献及推荐阅读材料

[1] B. Girod, F. Hartung, U. Horn. "Subband Image Coding," in A. Akansu，M. J. T. Smith (eds.), Design and Applications of Subbands and Wavelets. Kluwer Academic Publishers, Norwell, MA, pp. 213-250, Oct. 1995.

[2] Thomas M. Cover, Joy A. Thomas. Elements of Information Theory. John Wiley & Sons Inc, 1991.

[3] Thomas Wiegand, Heiko Schwarz. Source Coding: Part I of Fundamentals of Source and Video Coding. Now Publishers Inc, 2010.

[4] Robert J.McEliece. 李斗，等译. 信息论与编码理论（第 2 版）. 北京：电子工业出版社，2004.

[5] 章照止，林须端. 信息论与最优编码. 上海：上海科学技术出版社，1993.

[6] 仇佩亮. 信息论与编码. 北京：高等教育出版社，2004.

博文视点精品图书展台

专业典藏

移动开发

大数据·云计算·物联网

数据库

Web开发

程序设计

软件工程

办公精品

网络营销